GRUNDBAU
IN BEISPIELEN TEIL 3

GRUNDBAU IN BEISPIELEN TEIL 3

NACH EUROCODE 7

Baugruben und Gräben
Tief gegründete Stützwände, Verankerungen, Böschungs- und Geländebruch

von

Prof. Dr.-Ing. Wolfram Dörken

Prof. Dipl.-Ing. Erhard Dehne

Prof. Dr.-Ing. Kurt Kliesch

5., überarbeitete und aktualisierte Auflage

Reguvis

Bibliografische Information der Deutschen Nationalbibliothek
Die Deutsche Nationalbibliothek verzeichnet diese Publikation in der Deutschen Nationalbibliografie; detaillierte bibliografische Daten sind im Internet über http://dnb.d-nb.de abrufbar.

Reguvis Fachmedien GmbH
Amsterdamer Str. 192
50735 Köln
www.reguvis.de

Beratung und Bestellung:
Tel.: +49 (0) 221 97668-306
Fax: +49 (0) 221 97668-237
E-Mail: bau-immobilien@reguvis.de

ISBN: 978-3-8462-1138-0

Herstellung: Günter Fabritius
Satz: Prof. Dr.-Ing. Kurt Kliesch, Frankfurt University of Applied Sciences
Druck und buchbinderische Verarbeitung: Appel & Klinger Druck und Medien GmbH, Schneckenlohe
Printed in Germany

Vorwort zur 5. Auflage

Die DIN EN 1997-1, DIN EN 1997-1/ NA und DIN 1054 bilden das verbindliche Regelwerk für geotechnische Nachweise und werden im Handbuch Eurocode 7 Teil 1 (2015) zusammengefasst. Es bildet die Grundlage für die seit 1993 aufgelegte dreiteilige Buchreihe „Grundbau in Beispielen", die seit 2014 vom Bundesanzeiger Verlag und ab 2019 in dessen Fachmedienbereich Reguvis herausgegeben wird.

Die Grundidee der 1. Auflage (siehe auch Auszug des Vorwortes zur 1. Auflage) soll auch bei dieser 5. Auflage des Teils 3 beibehalten werden: der Schwerpunkt liegt auch wieder auf der umfangreichen Sammlung und der anwendungsbezogenen Darstellung von Beispielen, Aufgaben (mit Lösungen), Fragen und Antworten.

Für die vorliegende Auflage wurde Teil 3 auf den neuesten Stand gebracht und die Beispiele ergänzt und aktualisiert. Die ersten beiden Abschnitte wurden nun in den drei neuen Abschnitten „Baugruben und Gräben - Bauverfahren", „Tief gegründete Stützwände - Nachweise" und „Verankerungen" neu geordnet.

Wie in den vergangenen Auflagen sind auch wieder Beispiele enthalten, die nach dem alten Globalsicherheitskonzept berechnet wurden. Dies soll zum Verständnis alter Berechnungen dienen und soll unter Berücksichtigung der empfohlenen Umrechnungsmethoden zwischen den Sicherheitskonzepten zur Zeitersparnis bei der Berechnung führen.

An vielen Stellen wurden Verbesserungen vorgenommen. Diese gehen zum Teil auf Zuschriften unserer Leser zurück, für die ich mich auch im Namen meines Kollegen Dehne an dieser Stelle recht herzlich bedanken möchte. Herr Dörken ist leider 2017 verstorben.

Wir danken dem Bundesanzeiger Verlag für die gute Zusammenarbeit und Frau Barbara Schneider für das kritische und konstruktive Lektorat der Texte.

Ein geringer Teil der überarbeiteten Zeichnungen wurde durch mich mit Hilfe des CAD-Programms Mini-CAD, Version 7 der Software-Firma GGU GmbH, Braunschweig erstellt. Dieses Programm wurde mir freundlicherweise von der Firma Civil-Serve GmbH, Steinfeld zur Verfügung gestellt.

Für die tatkräftige Unterstützung mit Rat und Tat sowie ihr Verständnis danke ich meiner Frau Patricia Kliesch.

Meinem Mitautor Herrn Dehne danke ich vielmals für die gute Zusammenarbeit auch bei dieser Neuauflage.

Wir sind für Anregungen, Verbesserungs- und Korrekturvorschläge unserer Leser sehr dankbar. Wir haben den Inhalt dieser Veröffentlichung mit großer Sorgfalt geprüft, möchten aber um Verständnis dafür bitten, dass aus den Angaben, Abbildungen und Beschreibungen usw. keine juristischen Ansprüche hergeleitet werden können. Wir können auch keine Verantwortung für Irrtümer oder für Informationen über Berechnungen und Bauverfahren übernehmen, die sich als irreführend erweisen. Dies gilt selbstverständlich auch für die früher erschienenen Teile dieser Buchreihe.

Frankfurt am Main, September 2020, Prof. Dr.-Ing. Kurt Kliesch

Vorwort zur 1. Auflage (Auszug)

Auf vielseitigen Wunsch unserer Leser der beiden ersten Teile von "Grundbau in Beispielen" werden im vorliegenden 3. Teil unserer Buchreihe weitere wichtige Teilbereiche des Grundbaus behandelt: Baugruben und Gräben, Spundwände und Verankerungen sowie Böschungs- und Geländebruch.

Dies geschieht in der bewährten bisherigen Konzeption: Auch bei dem vorliegenden Teil 3 handelt es sich nach dem Titel der Buchreihe nicht um eins der üblichen Lehrbücher mit viel Stoff und wenig Beispielen. Da über jedes der hier behandelten Themen schon ganze Buchreihen erschienen sind, mussten wir, um möglichst viele Beispiele bringen zu können, die erläuternden Texte auf das Wichtigste beschränken und bezüglich weiterer Einzelheiten überall auf die ausführlichen Regelwerke und die weiterführende Literatur verweisen. Schon mit Rücksicht auf unsere studentischen Leser konnte im Hinblick auf den Umfang / Preis des Buchs auch diesmal kein Anspruch auf Vollständigkeit bestehen.

Mit Beispielen sind - wie in den früheren Teilen - vor allem Zahlenbeispiele gemeint. Bei den hier behandelten Themen mussten aber zusätzlich auch viele Beispiele in Form von Fotos und Skizzen mit erläuterndem Text über die verschiedenen Bauverfahren sowie mögliche und in der Praxis bereits ausgeführte Anwendungen gebracht werden, um dem durchgehenden Motto der Buchreihe gerecht zu werden: "Lang ist der Weg durch Lehren, kurz und wirksam durch Beispiele" (Seneca).

Wie bei den früheren Teilen wird jeder Abschnitt durch Kontrollfragen, Aufgaben und Lösungen ergänzt. Diese sollen nicht zum stereotypen Auswendiglernen von Antworten führen sondern dazu verhelfen, ein Grundwissen für Prüfungen und für die notwendige Kommunikation im Berufsleben sowie ein Verständnis für größere Zusammenhänge zu erwerben.

Frankfurt am Main, April 2001 Prof. Dr.-Ing. Wolfram Dörken, Prof. Dipl.-Ing. Erhard Dehne

Benutzerhinweise

□ bedeutet: „Box", eingerahmter Bereich für Rechenbeispiele

⇒ bedeutet: weitere Einzelheiten siehe z.B.

Inhaltsverzeichnis

1 Baugruben und Gräben - Bauverfahren

1.1 Grundlagen

Baugruben Baugruben werden ausgehoben, um die unterirdischen Teile eines Bauwerks (z. B. Keller, Tunnel) auszuführen und Leitungen (z. B. Kabel oder Rohre) oder Kanäle (z. B. Entwässerungs-, Fernwärme- oder Kabelkanäle) zu verlegen.

Verbaute breite Baugruben werden aus baubetrieblichen Gründen heute nur noch selten von Wand zu Wand abgestützt, sondern durch Anker gesichert (siehe Abschnitt 1.8).

Gräben Sonderformen von Baugruben (siehe Abschnitt 1.04.2). Sie werden zum Verlegen von Kabeln oder Kanälen ausgehoben, sind deshalb schmal und lang gestreckt und werden - bis auf die in Abschnitt 1.02 beschriebenen Fälle, bei denen ohne oder mit geringer Sicherung gearbeitet werden kann - in der Regel von Wand zu Wand abgestützt. Eine Abböschung der Grabenwände kommt in bebauten Gebieten aus Platzgründen nur selten in Frage.

Herstellung Die beim Aushub freigelegten Erd- und Felswände von Baugruben und Gräben sind so abzuböschen (siehe Abschnitt 1.02), zu verbauen (siehe Abschnitt 1.03) oder anderweitig zu sichern, dass sie während der einzelnen Bauzustände standsicher sind. Erst danach dürfen sie betreten werden (DIN 4124, Abschnitte 4.1.1 und 4.1.2).

Beim Aushub ist nach den Regeln der DIN 4123 oder durch anderweitige Sicherungsmaßnahmen zu gewährleisten, dass Standsicherheit und Gebrauchstauglichkeit von benachbarten Gebäuden, Leitungen und anderen baulichen Anlagen oder Verkehrsflächen nicht beeinträchtigt werden (DIN 4124, Abschnitt 4.1.5).

⇒ DIN 4124.

Regelwerke DIN 4124 Baugruben und Gräben.

Sie gilt für geböschte und für verbaute Baugruben und Gräben, die maschinell oder von Hand ausgehoben werden und enthält Regeln für ihre Bemessung und Ausführung sowie Hinweise, in welchen Fällen besondere statische Nachweise entfallen können („Normverbau"). Für Ausführungen, die von dieser Norm abweichen, sind Nachweise der Brauchbarkeit, z. B. durch eine allgemeine bauaufsichtliche Zulassung, erforderlich.

DIN 4123 Ausschachtungen, Gründungen und Unterfangungen im Bereich bestehender Gebäude

Diese Norm ist im Bereich benachbarter baulicher Anlagen (siehe Abschnitt 1.14) zu beachten.

	Handbuch Eurocode 7, Band 1	geotechnische Bemessung: Allgemeine Regeln
	EAB	Empfehlungen des Arbeitskreises "Baugruben" der Deutschen Gesellschaft für Geotechnik

Normenhandbuch EC 7-1 Das Handbuch Eurocode 7 („Normenhandbuch EC 7-1" oder „Handbuch EC 7-1") umfasst die DIN EN 1997-1, den dazugehörigen Nationalen Anhang DIN EN 1997-1/NA sowie die ergänzenden Regelungen der DIN 1054.

Schutzstreifen An den Rändern von Baugruben und Gräben, die betreten werden müssen, sind mindestens 0,60 m breite, möglichst waagerechte Schutzstreifen anzuordnen und von Aushubmaterial, Hindernissen und nicht benötigten Gegenständen freizuhalten (siehe z. B. □ 1.02) . Bei Gräben bis zu einer Tiefe von 0,80 m kann auf einer Seite auf den Schutzstreifen verzichtet werden. Solche Schutzstreifen sind auch dann seitlich anzuordnen, wenn ein geböschter Voraushub zur Verringerung der Höhe eines Baugruben- oder Grabenverbaus ausgeführt wird (DIN 4124, Abschnitte 4.1.6 und 4.17).

Bohle Dickes Brett mit den Regelabmessungen $l = 4{,}5$ m, $b = 0{,}25$ m, $d \geq 0{,}05$ m

Saumbohle Bohle am oberen Rand eines Grabens

Rückbau Entfernen des Verbaus aus der Baugrube nach Fertigstellung der unterirdischen Teile eines Bauwerks

Beweissicherung Selbst bei sorgfältiger Planung und Bauausführung von Baugruben treten an Gebäuden in ihrer unmittelbaren Umgebung sehr häufig Schäden auf. Daher muss der bauliche Zustand der umgebenden Bebauung vor der Baumaßnahme zur späteren Regelung von Schadensersatzansprüchen im Rahmen einer Beweissicherung dokumentiert werden.

Nachweisführung-Handbuch EC 7 bzw. EAB Der Nachweis ist für den Bemessungssituation BS-T und den Grenzzustand ULS (GEO-2) „Grenzzustand des Versagens von Bauwerken und Bauteilen" gemäß Handbuch EC 7-1 (siehe Abschnitte 1.01 und 2) zu führen. ⇒ Dörken/ Dehne/ Kliesch Teil 2, Abschnitt 1. Danach werden die Bemessungswerte der Einwirkungen E_d den Bemessungswerten der Widerstände R_d gegenübergestellt. Der Nachweis ist erbracht, wenn $E_d \leq R_d$.

Nachweisführung DIN EN 1997-1 Der Nachweis ist - sobald die bauaufsichtliche Einführung erfolgt ist – für die Bemessungssituation BS-T und für den Grenzzustand ULS (STR) „Grenzzustand des Versagens von Bauwerken, Bauteilen und Baugrund" gemäß DIN EN 1997-1 zu führen.

Damit entspricht BS-T dem Bemessungssituation BS-T und der Grenzzustand STR dem Grenzzustand GEO-2 . Die Teilsicherheitsbeiwerte sind entsprechend identisch.

⇒ Handbuch EC 7-1 (siehe Abschnitte 1.01 und 2), EAB,

⇒ Dörken/ Dehne/ Kliesch Teil 2, Abschnitt 1

1.2 Nicht verbaute Baugruben und Gräben

Ohne Sicherung

Nicht verbaute Baugruben und Gräben bis höchstens 1,25 m Tiefe dürfen ohne besondere Sicherung mit senkrechten Wänden hergestellt werden, wenn die anschließende Geländeoberfläche

a) bei nichtbindigen und weichen bindigen Böden nicht stärker als 1:10,

b) bei mindestens steifen bindigen Böden nicht stärker als 1:2 geneigt ist (DIN 4124, Abschnitt 4.2.2)

und wenn die Voraussetzungen vorliegen, die unter den Stichworten (weiter unten am linken Textrand) „Besondere Einflüsse", „Abstände" und „Erforderliche Nachweise" genannt werden.

Geringe Sicherung

Wenn die Geländeoberfläche nicht steiler als 1:10 ansteigt, darf in mindestens steifen bindigen Böden und bei Fels bis zu einer Tiefe von 1,75 m unter der Voraussetzung ausgehoben werden (DIN 4124, Abschnitt 4.2.3), dass der mehr als 1,25 m über der Sohle liegende Bereich der Wand unter einem Winkel ß < 45° abgeböscht (□ 1.01 a) oder im oberen Bereich gesichert wird (□ 1.01 b). ⇒ Rieger (1991).

□ 1.01 Beispiele: Aushub mit geringer Sicherung (nach DIN 4124)

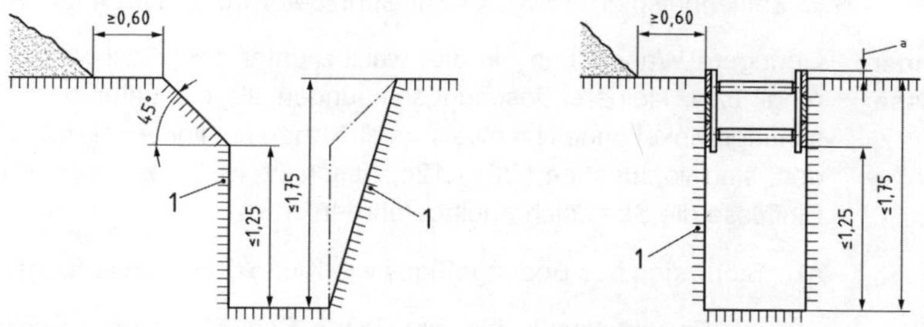

1: bindiger Boden; mindestens steife Konsistenz

Böschung

Nicht verbaute Baugruben und Gräben mit einer Tiefe von mehr als 1,25 m bzw. 1,75 m, die nicht die Voraussetzungen für eine Ausführung „ohne Sicherung" oder „geringe Sicherung" erfüllen (siehe die entsprechenden Stichworte am linken Textrand) müssen mit Böschungen hergestellt werden. Die Böschungsneigung richtet sich unabhängig von der Lösbarkeit des Bodens nach dessen bodenmechanischen Eigenschaften unter Berücksichtigung der Zeit, während der Baugruben oder Gräben offen zu halten sind und nach den äußeren Einflüssen, die auf die Böschung wirken (DIN 4124, Abschnitt 4.2.4).

Die Ausführung von geböschten Baugruben stößt im innerstädtischen Bereich aus Platzmangel und ab einer gewissen Tiefe auch in freiem Gelände aus wirtschaftlichen Gründen (Kosten für Mehraushub und Wiederverfüllung) an Grenzen, so dass Baugruben in diesen Fällen meistens verbaut werden.

Böschungswinkel ohne Nachweis Folgende Böschungswinkel (siehe Abschnitt 3.01) dürfen ohne rechnerischen Nachweis der Standsicherheit nicht überschritten werden (DIN 4124, Abschnitt 4.2.4)

a) bei nichtbindigen oder weichen bindigen Böden: ß= 45°,

b) bei mindestens steifen bindigen Böden: ß= 60°,

c) bei Fels: ß= 80°,

wenn die Voraussetzungen vorliegen, die unter den Stichworten „Besondere Einflüsse“, „Abstände“ und „Erforderliche Nachweise“ (siehe weiter unten am linken Textrand) genannt sind.

Scheinbare Kohäsion Aus diesen zulässigen Werten für den Böschungswinkel geht hervor, dass die Neigung von Baugrubenböschungen in nichtbindigen Böden größer sein kann als der Reibungswinkel des Bodens. Das liegt an der scheinbaren Kohäsion (siehe Dörken/ Dehne/ Kliesch, Teil 1). Damit diese nicht verloren geht, muss bei längerer Standzeit (durch Abdecken mit Folien oder Spritzbeton bzw. durch Begrünen der Böschung) dafür gesorgt werden, dass der natürliche Wassergehalt des Bodens erhalten bleibt. Anderenfalls besteht die Gefahr, dass die Böschung abrutscht.

⇒ Zahlenbeispiel: □ 3.51. ⇒ Zur Spritzbetonweise: DIN 4124, Abschnitt 8.4.

Besondere Einflüsse Geringere Wandhöhen als die, welche unter dem Stichwort "Geringe Sicherung" bzw. kleinere Böschungsneigungen als die unter dem Stichwort "Böschungswinkel ohne Nachweis" (siehe oben am linken Textrand) genannt wurden, sind vorzusehen (DIN 4124, Abschnitt 4.2.7), wenn folgende besondere Einflüsse die Standsicherheit gefährden:

a) Störungen des Bodengefüges wie Klüfte oder Verwerfungen,

b) zur Einschnittsohle hin einfallende Schichtung oder Schieferung (siehe Dörken/ Dehne/ Kliesch, Teil 1),

c) nicht oder nur wenig verdichtete Verfüllungen oder Aufschüttungen,

d) erhebliche Anteile an Seeton, Beckenschluff, organischen Bestandteilen und ähnlichen festigkeitsmindernden Bodenarten im Fall eines weichen bindigen Bodens,

e) Grundwasserabsenkung durch offene Wasserhaltung (siehe Dörken/ Dehne/ Kliesch, Teil 1),

f) Zufluss von Schichtenwasser,

g) nicht entwässerte Fließsandböden (siehe Dörken/ Dehne/ Kliesch, Teil 1),

h) der Verlust der Kapillarkohäsion eines nichtbindigen Bodens durch Austrocknen,

i) fehlender lastfreier Schutzstreifen bei Baugruben und Gräben mit mehr als 0,80 m Tiefe,

j) starke Erschütterungen aus Verkehr, Rammarbeiten, Verdichtungsarbeiten oder Sprengungen.

Abstände Eine „Geringe Sicherung“ bzw. ein „Böschungswinkel ohne Nachweis“ (siehe Stichworte am linken Textrand oben) können nur unter der Voraussetzung gewählt werden (DIN 4124, Abschnitt 4.2.5), dass im Regelfall

a) Straßenfahrzeuge, die nach der Straßenverkehrs-Zulassungs-Ordnung allgemein zugelassen sind, sowie Baumaschinen oder Baugeräte bis zu 12 t Gesamtgewicht (= Eigengewicht des Geräts und Gewicht des geförderten Bodens bzw. der angehängten Last) einen Abstand von mindestens 1,00 m zwischen der Außenkante der Aufstandsfläche und der Böschungskante einhalten,

b) schwerere Fahrzeuge als nach a) sowie Baumaschinen und Baugeräte über 12 t bis 40 t Gesamtgewicht einen Abstand von mindestens 2,00 m zwischen der Außenkante der Aufstandsfläche und der Böschungskante einhalten.

Davon abweichend ist bei Baugruben und Gräben bis 1,75 m Tiefe für Baumaschinen und Baugeräte von mehr als 12 t bis 18 t Gesamtgewicht

- bei Baugruben und Gräben „Ohne Sicherung“ (siehe Stichwort oben am linken Textrand) ein Abstand einzuhalten, der mindestens gleich der Baugruben- bzw. Grabentiefe ist,

- bei geböschten Baugruben und Gräben in nichtbindigen oder weichen bindigen Böden mit einem Böschungswinkel von ß= 45° (siehe oben) ein Abstand von mindestens 0,60 m einzuhalten,

- bei Baugruben und Gräben mit „Geringer Sicherung“ (siehe Stichwort am linken Textrand oben) ein Abstand von mindestens 1,00 m nur dann ausreichend, wenn ein fester Straßenoberbau (z. B. Beton, Asphaltschichten, in festem Verband liegendes Steinpflaster) von mindestens 15 cm Dicke bis an die Böschungskante heranreicht,

- bei geböschten Baugruben und Gräben in mindestens steifen bindigen Böden mit einem Böschungswinkel von ß= 60° (siehe oben) ein Abstand von mindestens 1,25 m einzuhalten.

Erforderliche Nachweise Nach DIN 4124, Abschnitt 4.2.7) ist die Standsicherheit nicht verbauter Wände nach DIN 4084 (siehe Abschnitt 3) und Handbuch EC 7-1 (siehe Abschnitt 1.01) oder durch Sachverständigengutachten nachzuweisen, wenn

a) eine Böschung mehr als 5 m hoch ist,

b) bei senkrechten Wänden, die unter den Stichworten "Ohne Sicherung" und "Geringe Sicherung" (siehe oben am linken Textrand) genannten Bedingungen nicht erfüllt sind,

c) die unter dem Stichwort "Böschungswinkel ohne Nachweis" (siehe oben am linken Textrand) angegebenen Böschungswinkel überschritten werden, wobei eine Böschungsneigung von mehr als 80° in keinem Fall zulässig ist,

d) einer der Einflüsse vorliegt, die unter dem Stichwort „Besondere Einflüsse“ (siehe oben am linken Textrand) genannt sind bzw. wenn der Böschungswinkel nicht nach vorliegenden Erfahrungen zuverlässig festgelegt werden kann,

e) vorhandene Gebäude, Leitungen, andere bauliche Anlagen oder Verkehrsflächen gefährdet werden können,

f) unmittelbar neben dem Schutzstreifen von 0,60 m eine stärker als 1:2 geneigte Erdaufschüttung bzw. Stapellasten von mehr als 10 kN/m² zu erwarten sind,

g) die unter dem Stichwort „Abstände“ (siehe oben am linken Textrand) genannten Maße nicht eingehalten werden.

Bermen

Bermen (waagerechte Absätze in Böschungen) zum Auffangen von abrutschenden Teilen (Steinen, Felsbrocken usw.) sind in der Regel mindestens 1,50 m breit (Befahrbarkeit für Unterhaltungsfahrzeuge) und werden in Stufen angeordnet werden (□ 1.02). Bermen dienen auch zum Einrichten von Wasserhaltungsanlagen, zur Herabsetzung der mittleren Neigung sowie der regelmäßigen Inspektion (Wasseraustritt, Rissbildungen usw.) von hohen Baugrubenböschungen. Nachteil: Über eine Berme kann eher Niederschlagswasser in die Böschung eindringen als über eine geneigte Böschungsfläche.

□ 1.02 Beispiel: Berme, u.a. zum Auffangen von abrutschenden Teilen

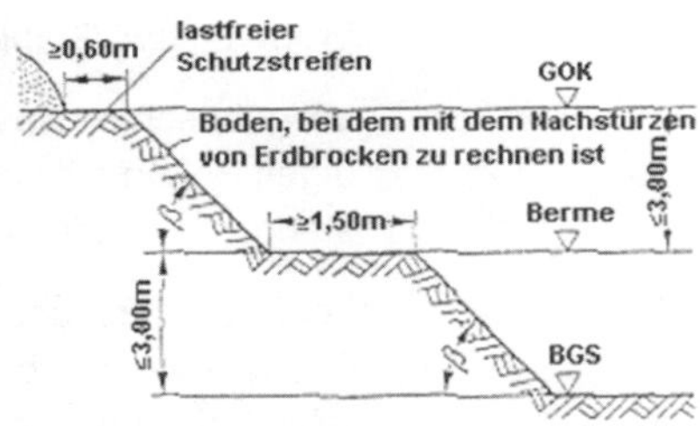

Die Standsicherheit relativ steiler Böschungen kann durch Vernagelung (siehe Abschnitt 1.13) oder durch Sicherung mit Verpressankern (siehe Abschnitt 3.01.2) gewährleistet werden.

Abschnittsweise ausgehobene Baugrubenwände werden mit einer bewehrten Spritzbetonhaut von ca. 10 cm Dicke und mit Bodennägeln oder Ankern gesichert. Bei den Bodennägeln handelt es sich um bauaufsichtlich zugelassene Gewindestähle BSt 500/550 mit Durchmessern von 22, 25 oder 28 mm, die in vorgebohrte Löcher eingebracht und mit Zementmörtel verpresst werden. Die kraftschlüssige Verbindung des Nagelkopfs mit der Spritzbetonhaut erfolgt über eine Ankermutter mit Unterlegplatte. Die Sicherung mit Verpressankern (siehe Abschnitt 3.01.2) erfolgt über Stahlträger ("Essener Verbau") oder Betonfertigteilplatten, die in der Fall-Linie der Böschung liegen (□ 1.03). Nachdem der Aushubabschnitt fertiggestellt wurde, wird der darunter liegende Abschnitt ausgehoben und ebenso gesichert. ⇒ Zur Spritzbetonweise: DIN 4124, Abschnitt 8.5.

□ 1.03 Beispiel: Sicherung einer Baugrubenböschung durch Spritzbeton und verankerte Fertigteilplatten (aus: Informationsschrift der Bilfinger + Berger Bauaktiengesellschaft)

Der Standsicherheitsnachweis für diese Wände wird meist mit zusammengesetzten Bruchmechanismen mit geraden Gleitlinien geführt (siehe Abschnitt 4).

Weitere Hinweise Bezüglich Erdaufschüttungen, Gefährdung und Überprüfung von Böschungen, Gräben, die nicht betreten werden müssen usw.: siehe DIN 4124.

1.3 Verbaute Baugruben und Gräben

Baugruben und Gräben sind zu verbauen, wenn nicht nach den Angaben des Abschnitts 1.02 gearbeitet wird.

Teilverbau Gräben in mindestens steifen bindigen Böden sowie in Fels dürfen bis zu einer Tiefe von 1,75 m senkrecht ausgehoben werden, wenn der mehr als 1,25 m über der Grabensohle liegende Bereich nach □ 1.0.1 b) verbaut wird, wenn die Geländeoberfläche nicht steiler als 1 : 10 ansteigt und die Mindestabstände von Fahrzeugen, Baumaschinen und Baugeräten (siehe Stichwort „Abstände" am linken Textrand von Abschnitt 1.02) eingehalten werden. Wenn die Grabensohle zum Einbau dieses Teilverbaus betreten werden muss, darf zunächst nur bis 1,25 m Tiefe ausgehoben werden.

Überstand Der Verhau muss mindestens 5 cm über die Geländeoberfläche hinausragen (siehe z. B. □ 1.01).

Verfahren

a) Bei Baugruben mit geringen Abmessungen und bei Gräben werden hauptsächlich folgende Verbauverfahren angewandt (DIN 4124, Abschnitt 4.3.2 a):
   - waagerechter Grabenverbau (siehe Abschnitt 1.08),
   - senkrechter Grabenverbau (siehe Abschnitt 1.09),
   - Grabenverbaugeräte (siehe Abschnitt 1.10),

b) Wenn diese Verbauverfahren - z. B. wegen der Abmessungen einer Baugrube oder eines Grabens, der erforderlichen steifenfreien Räume, der An-

forderungen nach Wasserdichtigkeit oder geringer Verformbarkeit der Baugrubenwand - nicht in Frage kommen, ist eines der folgenden Verbauverfahren anzuwenden
(DIN 4124, Abschnitt 4.3.2 b):

- Spundwände (siehe Abschnitte 1.8 und 2),
- Trägerbohlwände (siehe Abschnitt 1.12),
- Schlitzwände (siehe Abschnitt 1.13),
- Pfahlwände (siehe Abschnitt 1.15),
- durch Injektion, im Düsenstrahlverfahren oder durch Vereisung verfestigte Erdwände (siehe Abschnitte 1.17.3, 1.17.4 und 1.16),
- Unterfangungswände nach DIN 4123 (siehe Abschnitt 1.17).

Außerdem kommen vernagelte Wände (siehe Abschnitt 1.16), Elementwände (siehe Abschnitt 1.16), bewehrte Erde (siehe Dörken/ Dehne/ Kliesch, Teil 2), Geotextilien und biologische Sicherungen (siehe z. B. Schmidt / Seitz 1998) als Verbau in Frage.

Herstellung Die **Verkleidung der Wände** muss auf ihrer ganzen Fläche von der Geländeoberfläche bis zur Sohle dicht am Boden anliegen und so vollflächig sein, dass kein Boden durch Fugen und Stöße durchtreten kann. Ausnahmen (DIN 4124, Abschnitt 4.3.3):

a) Bei mindestens steifem bindigen Boden darf der Verbau in vorübergehenden Bauzuständen 0,50 m oberhalb der Aushubsohle enden, sofern kein Erddruck aus Bauwerkslasten und keine Einflüsse aus Fahrzeugen oder Baugeräten (siehe Stichwort „Abstände“ am linken Textrand von Abschnitt 1.02) vorliegen.

b) Bei Fels auch für längerfristige Bauzustände, wenn ein Standsicherheitsnachweis erbracht und ggf. zusätzliche Sicherungsmaßnahmen vorgesehen werden.

Gurte und Brusthölzer müssen an ihren Berührungsflächen satt anliegen und sind gegen Herabfallen, Verdrehen und seitliches Verschieben zu sichern. ⇒ DIN 4124, Abschnitt 4.3.5).

Steifen und Streben sind gegen Herabfallen zu sichern. ⇒ DIN 4124, Abschnitt 4.3.6).

Keile, Anker, Spannschlösser und Bolzen sind so anzuordnen, dass ein Spannen, Nachtreiben oder Nachziehen möglich ist. ⇒ DIN 4124, Abschnitt 4.3.7).

⇒ DIN 4124, Abschnitte 4.3.9 und 4.3.10.

Standsicherheit Der Verbau muss in jedem Bauzustand bis zum Erreichen der endgültigen Baugrubensohle und auch während des Rückbaus standsicher sein (siehe Abschnitt 1.07). Er darf nur zurückgebaut werden, wenn er durch Verfüllen oder andere Sicherungsmaßnahmen entbehrlich geworden ist. Wenn er nicht gefahrlos entfernt werden kann, ist er beim Verfüllen an Ort und Stelle zu belassen (DIN 4124, Abschnitt 4.3.9). Hierbei ist zu beachten, dass - z. B. durch spätere Verrottung von Holzverbauteilen - Schäden (z. B. an Straßendecken) durch Sackungen der Geländeoberfläche auftreten können.

Messungen Bei tiefen und in kritischen Böden ausgeführten Baugruben ist ein umfangreiches Überwachungs- und Messprogramm erforderlich: Wiechers (1979). Triantafyllidis (1997 / 1 und 2). Informationsschriften der Spezialtiefbaufirmen.

Weitere Hinweise Weißenbach (1977,1990, 1991). Witt (Hrsg. Grundbautaschenbuch, verschiedene Jahrgänge). Schmidt / Seitz (1998).

1.4 Arbeitsraumbreiten

1.4.1 Baugruben

Mindestbreite Arbeitsräume, die betreten werden, müssen in Hinblick auf die Sicherheit der Beschäftigten und auf eine einwandfreie Bauausführung mindestens 0,50 m breit sein.

Breite Als Breite des Arbeitsraums gilt (DIN 4124, Abschnitt 9.1.1):

a) bei abgeböschten Baugruben der waagerecht gemessene Abstand zwischen dem Böschungsfuß und der Außenseite des Bauwerkes (□ 1.04),
b) bei verbauten Baugruben der lichte Abstand zwischen der Luftseite der Verkleidung (□ 1.05) bzw. der Vorderseite der Gurtung (□ 1.06, siehe Stichwort "Gurtungen") und der Außenseite des Bauwerks.

□ 1.02 Beispiel: Arbeitsraumbreite bei geböschten Baugruben (aus DIN 4124, Bild 17)

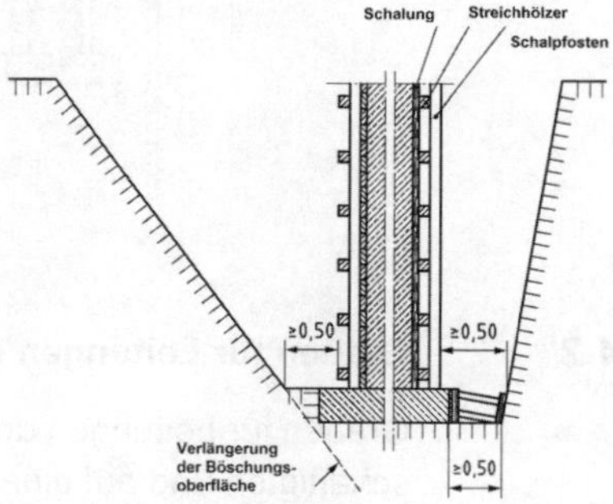

Außenseite Als Außenseite des Bauwerks ist die Außenseite des Baukörpers anzunehmen zuzüglich der zugehörigen Abdichtungs-, Vorsatz- oder Schutzschichten oder zuzüglich der Schalungskonstruktion des Baukörpers (siehe □ 1.05 und 1.06). Jeweils die größere Breite ist maßgebend (DIN 4124, Abschnitt 9.11).

Gurtungen Sofern waagerechte Gurtungen im Bereich des Bauwerks oder der Schalungskonstruktion weniger als 1,75 m über der Baugrubensohle bzw. beim Rückbau über der jeweiligen Verfüllungsoberfläche liegen, wird der lichte Abstand von der Vorderkante der Gurtungen gemessen (□ 1.06, DIN 4124, Abschnitt 9.12).

Verankerte Wände Bei verankerten Baugrubenwänden (siehe Abschnitt 2.09) wird der lichte Abstand vom freien Ende des Stahlzugglieds bzw. von der Abdeckhaube aus gemessen, wenn der waagerechte Abstand der Anker kleiner als 1,50 m ist (DIN 4124, Abschnitt 9.12).

Sonderfälle Arbeitsraumbreiten bei eingeschalten und nicht eingeschalten Fundamenten und Sohlplatten sowie bei Schächten: siehe DIN 4124, Abschnitte 9.1.3 bis 9.1.5.

□ 1.05 Beispiel: Arbeitsraumbreite bei verbauten Baugruben ohne Behinderung durch Gurte und Steifen (aus DIN 4124)

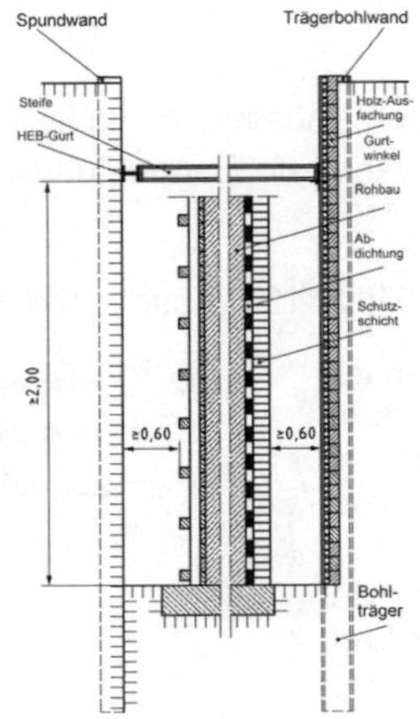

□ 1.06 Beispiel: Arbeitsraumbreite bei verbauten Baugruben mit Behinderung durch Gurte und Steifen (aus DIN 4124)

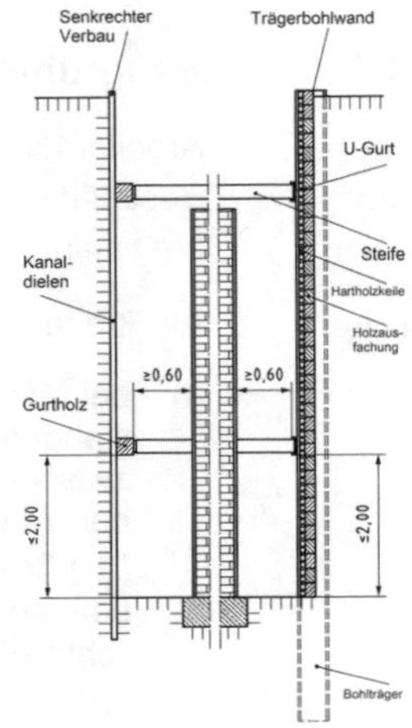

1.4.2 Gräben für Leitungen und Kanäle

Gräben für Leitungen und Kanäle müssen in Hinblick auf die Sicherheit der Beschäftigten und auf eine einwandfreie Bauausführung eine lichte Mindestbreite aufweisen, die sich in der Regel aus der Breite der Leitung bzw. des Kanals und dem erforderlichen Arbeitsraum auf beiden Seiten zusammensetzt. Dabei ist nach DIN 4124, Abschnitt 9.2.1 zu unterscheiden zwischen

a) Gräben für Abwasserleitungen und Abwasserkanäle und
b) Gräben für alle übrigen Leitungen und Kanäle

1.4.2.1 Gräben für Abwasserleitungen und Abwasserkanäle

Für diese Gräben sind

- die Regelungen der DIN EN 1610
- und außerdem die Regelungen maßgebend, die im Abschnitt 1.04.2.2 unter den Stichworten „Lichte Mindestgrabenbreiten“, „Einschränkungen“;

„Stufengräben" und „Betonummantelung" am linken Textrand genannt sind.

Für Abwasserleitungen und Abwasserkanäle gelten nach DIN EN 1610 (⇒ in dieser Norm) für die Mindestbreite der Gräben die Tabellen □ 1.07 und □ 1.08. Maßgebend ist der jeweils größere Wert aus diesen beiden Tabellen.

Die nach diesen Tabellen ermittelte Mindestbreite darf unter folgenden Voraussetzungen verändert werden (DIN EN 1610):

□ 1.07: Mindestbreite in Abhängigkeit von der Nennweite DN (nach DIN EN 1610)

DN	**Mindestgrabenbreite (OD + x) m**		
	Verbauter Graben	**Unverbauter Graben**	
		β > 60°	**$\beta \leq$ 60°**
≤ 225	OD + 0,40	OD + 0,40	
> 225 bis ≤ 350	OD + 0,50	OD + 0,50	OD + 0,40
> 350 bis ≤ 700	OD + 0,70	OD + 0,70	OD + 0,40
> 700 bis ≤ 1200	OD + 0,85	OD + 0,85	OD + 0,40
> 1200	OD + 1,00	OD + 1,00	OD + 0,40
Bei den Angaben OD + x entspricht x/2 dem Mindestarbeitsraum zwischen Rohr und Grabenwand bzw. Grabenverbau (Pölzung). Dabei ist OD der Außendurchmesser, in m b der Böschungswinkel des unverbauten Grabens, gemessen gegen die Horizontale (siehe Bild 2)			

□ 1.08: Mindestbreite in Abhängigkeit von der Grabentiefe (nach DIN EN 1610)

Grabentiefe m	**Mindestgrabenbreite b**
< 1,00	keine Mindestbreite vorgegeben
≥ 1,00 bis ≤ 1,75	0,80
> 1,75 bis ≤ 4,00	0,90
> 4,00	1,00

1.4.2.2 Gräben für alle übrigen Leitungen und Kanäle

Lichte Mindestgrabenbreite

Als lichte Mindestgrabenbreite gilt, wenn keine Einschränkungen (siehe Stichwort "Einschränkungen" am linken Textrand unten) maßgebend sind (DIN 4124, Abschnitt 9.2.2):

a) bei geböschten Gräben die Sohlbreite in Höhe der Rohrschaftunterkante,

b) bei Gräben mit senkrechten Wänden ohne oder mit geringer Sicherung (siehe Abschnitt 1.02) der lichte Abstand der Erdwände,

c) bei waagerechtem Verbau (siehe Abschnitt 1.5) der lichte Abstand der Holzbohlen,

d) bei senkrechtem Verbau (siehe Abschnitt 1.6) der lichte Abstand der Holzbohlen oder Kanaldielen,

e) bei Grabenverbaugeräten (siehe Abschnitt 1.7) der lichte Abstand der Platten,

f) bei Spundwandverbau (siehe Abschnitt 2) der lichte Abstand der baugrubenseitigen Bohlenrücken,

g) bei Trägerbohlwänden (siehe Abschnitt 1.9) der lichte Abstand der Verbohlung,

h) bei gestaffeltem Verbau wird die Grabenbreite im Bereich der untersten Staffel gemessen.

Gräben ohne Arbeitsraum (DIN 4124, Abschnitt 9.2.4): In Abhängigkeit von der Regelverlegetiefe (Abstand von der Geländeoberfläche bis zur Unterkante der Leitung) sind bei Gräben ohne Arbeitsraum die lichten Mindestgrabenbreiten nach Tabelle □ 1.09 einzuhalten.

□ 1.09: Lichte Mindestgrabenbreite für Gräben ohne Arbeitsraum (nach DIN 4124; Tabelle gilt nicht für Abwasserkanäle und –leitungen nach DIN EN 1610)

Regelverlegetiefe	**≤ 0,70 m**	**> 0,70 m ≤ 0,90 m**	**> 0,90 m ≤ 1,00 m**	**> 1,00 m ≤ 1,25 m**
Lichte Grabenbreite	0,30 m	0,40 m	0,50 m	0,60 m

Die Tabelle gilt für Gräben mit senkrechten Wänden bis zu einer Tiefe von 1,25 m, die zwar zum Ausheben und Verfüllen betreten werden, in denen aber neben den Leitungen kein Arbeitsraum zum Verlegen oder Prüfen der Leitungen benötigt wird, z. B. für Drängräben. Die Tabelle gilt nicht für Abwasserkanäle und -leitungen nach DIN EN 1610.

Wenn planmäßig tiefer ausgehoben wird als bis zur Regelverlegetiefe, z. B. um ein Sandbett einzubringen, und dazu der Graben in dieser Tiefe betreten werden muss, dann ist anstelle der Regelverlegetiefe die tatsächliche Aushubtiefe maßgebend.

Gräben mit Arbeitsraum (DIN 4124, Abschnitt 9.2.5): Bei Gräben, die einen Arbeitsraum zum Verlegen und Prüfen von Leitungen und Kanälen haben müssen, sind in Abhängigkeit vom Leitungs- bzw. vom äußeren Rohrschaftdurchmesser d bzw. bei Gräben mit senkrechten Wänden auch in Abhängigkeit von der Grabentiefe die in den Tabellen □ 1.10 und □ 1.8 angegebenen lichten Mindestgrabenbreiten einzuhalten, wenn in den folgenden Abschnitten nichts anderes bestimmt ist. Der jeweils größere Wert ist maßgebend. Dabei ist Folgendes zu beachten:

a) Bei nicht kreisförmigen Querschnittsformen setzt sich die lichte Mindestgrabenbreite aus der größten Außenbreite des Rohrschafts bzw., des Kanals und dem Arbeitsraum zusammen. Die maßgebende Breite des Arbeitsraums ergibt sich aus Tabelle □ 1.10 mit dem Ansatz von OD für die größte Außenhöhe des Rohrschafts bzw. des Kanals.

b) Die mit „Umsteifung“ beschriebene Spalte in Tabelle □ 1.10 ist nur anzuwenden, wenn während des Herablassens von langen Einzelrohren planmäßig Umsteifarbeiten erforderlich sind. Sie gilt für Mehrfachleitungen nur dann, wenn diese nicht nacheinander, sondern auf ganzer Breite gleichzeitig herabgelassen werden.

□ 1.10: Lichte Mindestgrabenbreite für Gräben mit Arbeitsraum in Abhängigkeit vom äußeren Leitungs- bzw. Rohrschaftdurchmesser (nach DIN 4124; Tabelle gilt nicht für Abwasserkanäle und –leitungen nach DIN EN 1610)

<table>
<tr><th rowspan="3">Äußerer Leitungs- bzw. Rohrschaft-durchmesser OD in m</th><th colspan="4">Lichte Mindestbreite in m</th></tr>
<tr><th colspan="2">Verbauter Graben</th><th colspan="2">Nicht verbauter Graben</th></tr>
<tr><th>Regelfall</th><th>Umsteifung</th><th>≤ 60°</th><th>> 60°</th></tr>
<tr><td>OD ≤ 0,40</td><td>b = OD + 0,40</td><td>b = OD + 0,70</td><td colspan="2">b = OD + 0,40</td></tr>
<tr><td>0,40 < OD ≤ 0,80</td><td colspan="2">b = OD + 0,70</td><td rowspan="3">b = OD + 0,40</td><td rowspan="3">b = OD + 0,70</td></tr>
<tr><td>0,80 < OD ≤ 1,40</td><td colspan="2">b = OD + 0,85</td></tr>
<tr><td>OD > 1,40</td><td colspan="2">b = OD + 1,00</td></tr>
</table>

□ 1.8: Lichte Mindestgrabenbreite für Gräben mit Arbeitsraum und senkrechten Wänden in Abhängigkeit von der Grabentiefe (nach DIN 4124; Tabelle gilt nicht für Abwasserkanäle und –leitungen nach DIN EN 1610)

Lichte Mindestbreite m	Art und Tiefe des Grabens
0,60	Geböschter Graben bis 1,75 m Teilweise verbauter Graben bis 1,75 m
0,70	Verbauter Graben bis 1,75 m
0,80	Verbauter Graben über 1,75 m bis 4,00 m
1,00	Verbauter Graben über 4,00 m

Einschränkungen

In folgenden Fällen wird die lichte Mindestgrabenbreite anders als oben (unter dem Stichwort „Lichte Mindestgrabenbreiten“ am linken Textrand) angegeben bestimmt (DIN 4124, Abschnitt 9.2.3):

a) Sofern bei äußerem Rohrschaftdurchmesser 0,30 m < OD < 0,60 m waagerechte Gurtungen weniger als 1,75 m über Grabensohle liegen, wird als lichte Grabenbreite der lichte Abstand der Gurtungen rechtwinklig zur Grabenachse gemessen. Bei einem äußeren Rohrschaftdurchmesser von OD ≥ 0,30 m gilt dies ebenfalls, wenn die Unterkante der waagerechten Gurtungen weniger als 0,50 m über der Oberkante Rohrschaft liegt.

b) Ist bei einem waagerechten Verbau der planmäßige Achsabstand von Brusthölzern oder stählernen Aufrichtern (Stahlprofile als Ersatz für ein Brustholz, siehe Abschnitt 1.08) in dem fertig ausgehobenen und verbauten Graben innerhalb einer Bohlenlänge kleiner als 1,50 m, so gilt als lichte Mindestgrabenbreite der lichte Abstand zwischen den Brusthölzern bzw. Aufrichtern. Hilfskonstruktionen zum Umsteifen während des Aushubs bzw. während der Verfüllung und zusätzliche Konstruktionen zur Abstützung der untersten Bohlen (siehe Abschnitt 1.08) zählen hierbei nicht mit, wenn sie unmittelbar neben den planmäßigen Brusthölzern bzw. Aufrichtern angeordnet werden.

Hindernisse, Zwangspunkte

Die oben angegebenen lichten Mindestgrabenbreiten müssen auch dann eingehalten werden, wenn der Graben wegen vorhandener Bauteile, Leitungen, Kanäle oder anderer Hindernisse seitlich so verschoben wird, dass die geplante Leitung oder der geplante Kanal ausmittig zu liegen kommt (DIN 4124, Abschnitte 9.2.6). Bei Einengungen durch längs verlaufende Hindernisse auf größerer Länge: siehe DIN 4124, Abschnitt 9.2.7. An Zwangspunkten, z. B. auf Grund schwieriger örtlicher Verhältnisse in Teilbereichen: siehe DIN 4124, Abschnitt 9.2.10).

Mehrfachleitungen

Bei Gräben für Mehrfachleitungen, die einen Arbeitsraum zum Verlegen oder Prüfen von Leitungen oder Kanälen haben müssen, errechnet sich die lichte Mindestgrabenbreite b (□ 1.12) nach DIN 4124, Abschnitt 9.2.8 aus

- den jeweiligen halben lichten Mindestgrabenbreiten $\frac{1}{2} \cdot b_1$ und $\frac{1}{2} \cdot b_2$ nach Tabelle □ 1.10 für jede der beiden äußeren Leitungen,
- den halben äußeren Leitungs- bzw. Rohrschaftdurchmesser $\frac{1}{2} \cdot OD_1$ und $\frac{1}{2} \cdot OD_2$ dieser beiden Leitungen,
- gegebenenfalls den äußeren Leitungs- bzw. Rohrschaftdurchmessern von weiteren Leitungen bzw. Kanälen und
- den Abständen z zwischen den Leitungen bzw. Kanälen.

□ 1.12 Lichte Mindestgrabenbreite für Gräben mit Arbeitsraum für Mehrfachleitungen (nach DIN 4124)

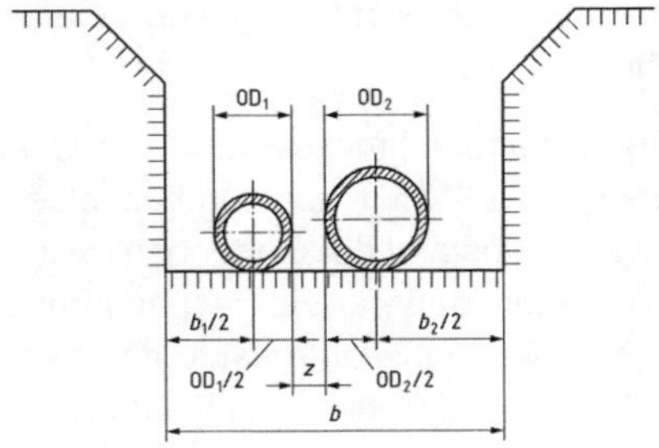

□ 1.13 Lichte Mindestgrabenbreite für Gräben mit Arbeitsraum für Stufengräben (nach DIN 4124)

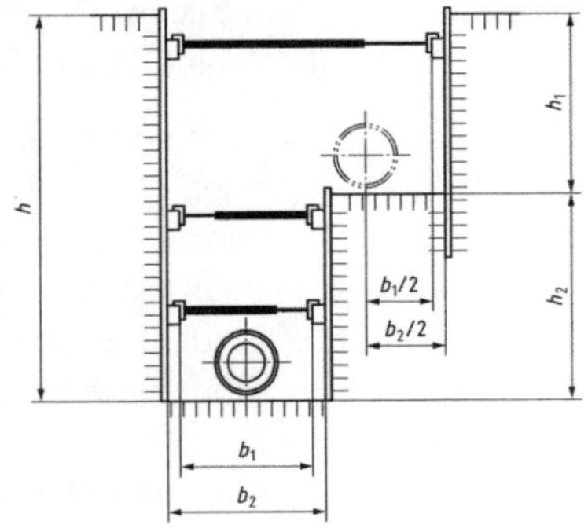

Der Abstand z richtet sich nach der Verlegetechnik und den Erfordernissen der Verdichtung. Wenn der Zwischenraum betreten werden muss, dann ist die

Breite z in Anlehnung an die Tabelle □ 1.10 in Abhängigkeit vom äußeren Leitungs- bzw. Rohrschaftdurchmesser OD mit mindestens ½ · 0,40 m = 0,20 m bzw. ½ · 0,70 m = 0,35 m auszuführen (DIN 4124, Abschnitt 9.2.8).

Stufengräben Für Stufengräben (Gräben mit unterschiedlichen Tiefen) gelten die lichten Mindestgrabenbreiten sinngemäß. Als Grabentiefen sind die in □ 1.13 mit h1 und h2 bezeichneten Höhen der beiden Einzelstufen anzunehmen (DIN 4124, Abschnitt 9.2.9). Die Breiten b1 und b2 ergeben sich nach □ 1.13 und den Stichworten „Lichte Mindestgrabenbreite" und „Einschränkungen", Punkt a) (siehe oben am linken Textrand).

Betonummantelung Für Rohrleitungen, die nach dem Verlegen mit Beton ummantelt werden, gelten sinngemäß die Regelungen für Baugruben in Abschnitt 1.04.1, wenn dafür eine gesonderte Schalung benötigt wird (DIN 4124, Abschnitt 9.2.12):

⇒ Zahlenbeispiele: □ 1.14 und □ 1.15.

□ 1.14 Beispiel 1: Lichte Grabenbreite, Aushubbreite

Geg.: *Graben 4,2 m tief für Abwasserkanal, äußerer Rohrschaftdurchmesser 0,6 m, Achsabstand der Brusthölzer 8/16 innerhalb einer Bohlenlänge des waagerechten Verbaus: 1,4 m; Bohlendicke 5 cm.*

Ges.: *a) lichte Grabenbreite b) abrechnungstechnische Aushubbreite des Grabens.*

Lösg.: *Es gilt DIN EN 1610*

Zu a) Tabelle DIN EN 1610/1: DN > 350 bis ≤ 700 mm: b = OD + 0,70

b = 0,60 + 0,70 = 1,3 m

Dieser Wert ist größer als die Mindestbreite in Abhängigkeit von der Grabentiefe und somit maßgebend:

Für t = 4,2 m > 4,0 m ist min b = 1,0 m < 1,3 m

Zu b) Achsabstand der Brusthölzer 1,4 m < 1,5 m.

Daraus folgt: b = 1,3 + 2 · 0,05 + 2 · 0,08 = 1,56 m

Ges.: *Zusatzfrage: Was würde sich ändern, wenn es sich um einen Kanal für die Wasserversorgung handelte?*

Lösg: *Es gilt DIN 4124*

Zu a) *Tabelle □ 1.10: OD > 0,40 bis 0,80 m: b = OD + 0,70*

b = 0,60 + 0,70 = 1,3 m

Dieser Wert ist größer als die Mindestbreite in Abhängigkeit von der Grabentiefe und damit maßgebend:

Verbauter Graben über 4,0 m: min b = 1,0 m < 1,3 m

Somit ändert sich nichts.

Zu b) *keine Änderung.*

□ 1.15 Beispiel 2: Bohlenabstand

Geg.: *Senkrechter Holzverbau*

Ges.: *Bohlenabstand A = ?*

Lösg.: *Wenn*
$0{,}4\ m\ <\ d = 0{,}45\ m\ <\ 0{,}8\ m$ *ist, ergibt sich* $b = d + 0{,}7 = 0{,}45 + 0{,}7 = 1{,}15\ m$.

Dieser Wert ist größer als ${}_{\min}b = 0{,}8\ m$.

Aus Abschnitt 1.04.2 Stichwort „Einschränkungen", Punkt a) folgt:
$A = 1{,}15 + 2 \cdot 0{,}2 = 1{,}55\ m$.

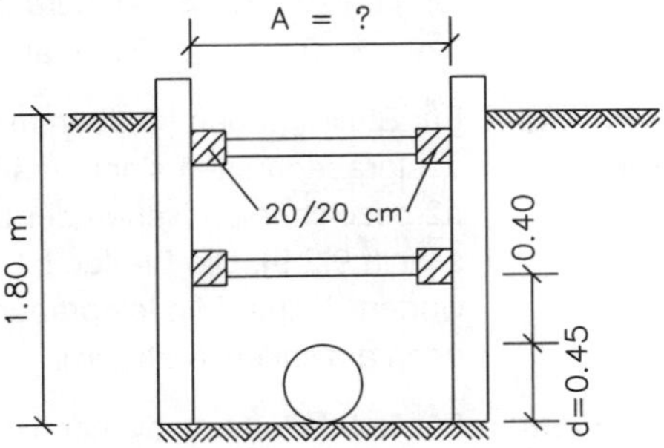

1.5 Waagerechter Grabenverbau

1.5.1 Grundlagen

Elemente

Ein Grabenverbau wird als waagerecht bezeichnet, wenn die Verbauelemente, die den Boden direkt stützen (Holzbohlen, Kanaldielen oder dergleichen) waagerecht liegen. Die waagerecht liegenden Bohlen werden durch senkrechte Kanthölzer ("Brusthölzer") oder Stahlprofile ("stählerne Aufrichter") und diese wiederum - von Wand zu Wand - durch Steifen ("Spreizen", "Streben") gestützt (□ 1.16).

□ 1.16 Beispiel: Waagerechter Verbau mit Holzbohlen (Rübener 1985)

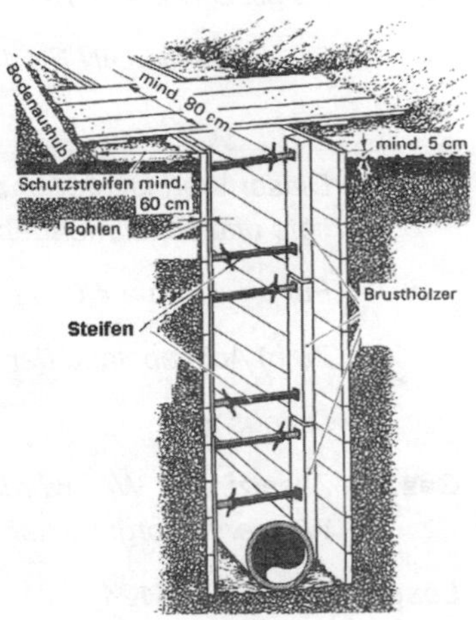

Heute werden fast nur noch Steifen aus Stahl ("Kanalspindeln", "Spindelsteifen", "Kanalstreben") verwendet, deren Länge verändert werden kann □ 1.17 c und d). Die früher üblichen Holzsteifen mit "Kantenschlag" (d. h. Zuspitzung an den Enden, □ 1.17 a) sieht man nur noch selten. Von Nachteil sind nämlich ihre konstante Länge, ihre geringere Tragkraft und die Tatsache, dass sie beim Einbringen schräg angesetzt und eingeschlagen werden müssen. Dies verursacht Erschütterungen, die zum Lockern oder Ausrieseln des angrenzenden Bodens führen können. Nur bei breiten Gräben werden dicke Holzsteifen mit Spindelköpfen aus Stahl (□ 1.17 b) verwendet, weil lange Stahlsteifen zu schwer sind.

Regelmaße Bohlen:

l = 2,5 m bis 4,5 m, b = 0,25 m, d ≥ 0.05 m;

Brusthölzer:

l ≥ 0,6 m, b ≥ 0,16 m, d ≥ 0,08 m.

Anwendung Wegen des hohen Personalaufwands bei der Ausführung wird der waagerechte Grabenverbau heute nur noch dann angewendet, wenn sich der Einsatz von Grabenverbaugeräten für den maschinellen Grabenaushub (siehe Abschnitt 1.7) wegen des zu geringen Bauvolumens nicht lohnt oder aus Platzgründen nicht möglich ist.

Bei Böden, die nicht so standfest sind, dass sie wenigstens vorübergehend auf die Tiefe einer Bohlenbreite frei stehen bleiben, ist der waagerechte Grabenverbau nicht zulässig (DIN 4124, Abschnitt 6.1.2). Bei seiner Herstellung sind die in Abschnitt 1.03 genannten Festlegungen zu beachten. Wegen dieser Einschränkungen ist der Einsatz des waagerechten Verbaus fast ausschließlich auf bindige Böden mit mindestens steifer Konsistenz beschränkt.

□ 1.17 Beispiel: Steifen für Gräben (nach Voth 1977)
a) einfache Rundholzsteifen
b) Rundholzsteifen mit aufgesetzter Stahlspindel
c) einfache Stahlsteife (auswechselbare Rohrhülse mit aufgesetzter Spindel
d) Stahlsteife mit Innen- und Außenrohr mit Spindel, Innenrohr zur Grobeinstellung ausziehbar und mit Steckdornen gesichert

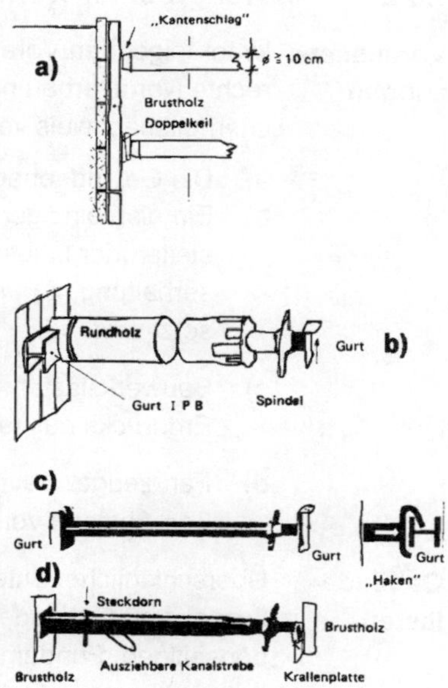

Einbau Ein Verbau mit waagerechten Bohlen ist stets mit dem Aushub fortschreitend von oben nach unten einzubauen. Mit dem Einziehen der Bohlen und dem Einbringen der Aussteifung ist spätestens zu beginnen, wenn die Tiefe von 1,25 m erreicht ist. Wird die Standsicherheit des unverbauten Grabens durch eine der Ursachen gefährdet, die in Abschnitt 1.02 unter dem Stichwort "Einschränkungen" am linken Textrand genannt sind, so ist schon bei geringerer Aushubtiefe zu verbauen. Das weitere Einbringen des Verbaus darf hinter dem Aushub bei nichtbindigen oder weichen bindigen Böden nur um eine Bohlenbreite, bei steifen oder halbsteifen bindigen Böden um höchstens zwei Bohlenbreiten zurück sein. Beim Rückbau und Verfüllen der Baugrube ist sinngemäß zu verfahren (DIN 4124, Abschnitte 6.1.2 und 6.1.3).

Konstruktion In den einzelnen Feldern dürfen nur Bohlen von gleicher Länge eingebaut werden. Versetzte Stöße (bei ihnen liegen die Bohlenenden nicht übereinander) sind unzulässig. An den Enden der einzelnen Einbaufeldern ist eine doppelte Versteifung (d. h. Brusthölzer und Steifen auf beiden Seiten des Stoßes) zu setzen. Bei Bohlen von mehr als 2,5 m Länge ist mindestens eine weitere Versteifung in der Mitte einzuziehen (DIN 4124, Abschnitt 6.1.4).

Bauholz für waagerechten Grabenverbau muss mindestens der Sortierklasse S 10 nach DIN 4074-1 entsprechen. Holzbohlen müssen mindestens 5 cm dick, parallel besäumt und vollkantig, Brusthölzer mindestens 0,60 m lang, 8 cm dick und 16 cm breit sein. Bohlen anstelle von Brusthölzern sind nicht zulässig. Brustträger aus Stahl ("stählerne Aufrichter") müssen mindestens einem U-Profil DIN 1026 - U 100 – S235JR oder einem U-Profil DIN 1026 – UPE 100 – S235JR entsprechen (DIN 4124, Abschnitt 6.1.5).

Ein Verbau ohne Brusthölzer oder stählerne Aufrichter ist nicht zulässig. Brusthölzer bzw. Aufrichter sind durch mindestens zwei Steifen abzustützen. Bei Gräben von mehr als 2,00 m Tiefe sollten die Brusthölzer mindestens 2,00 m lang sein (DIN 4124, Abschnitt 6.1.6). ⇒ DIN 4124, Abschnitte 6.1.6 und 6.1.7.

Zahlenbeispiele (Abschnitt 2): □ 2.01, □ 2.02, □ 2.03, □ 2.04, □ 2.06

1.5.2 Waagrechter Normverbau

Voraussetzungen

Unter folgenden Voraussetzungen (DIN 4124, Abschnitt 6.2.1) darf der waagerechte Normverbau nach DIN 4124, Abschnitt 6.22 ohne besonderen Standsicherheitsnachweis verwendet werden:

a) Die Geländeoberfläche verläuft annähernd waagerecht.

b) Ein nichtbindiger Boden oder ein bindiger Boden, der von Natur aus eine steife oder halbfeste Konsistenz aufweist oder durch eine geeignete Wasserhaltung, z.B. durch eine Vakuumanlage, in einen solchen Zustand versetzt wird.

c) Bauwerkslasten üben keinen Einfluss auf Größe und Verteilung des Erddrucks aus (siehe Stichwort „Gebäudelasten“ am linken Textrand).

d) Fahrzeuge, Baumaschinen und Baugeräte halten einen ausreichend großen Abstand vom Verbau ein. ⇒ DIN 4124, Abschnitte 6.2.3 bis 6.2.8.

Gebäudelasten

Überschlägliche Untersuchung des Einflusses von Gebäudelasten: von der grabenseitigen Fundamentkante wird eine unter 30° geneigte Linie eingezeichnet. Wenn diese die Grabenwand trifft, ist davon auszugehen, dass die Gebäudelast den Verbau beeinflusst (□ 1.18).

⇒ Zahlenbeispiel: □ 1.19.

□ 1.18 Beispiel: Kein Einfluss der Gebäudelast

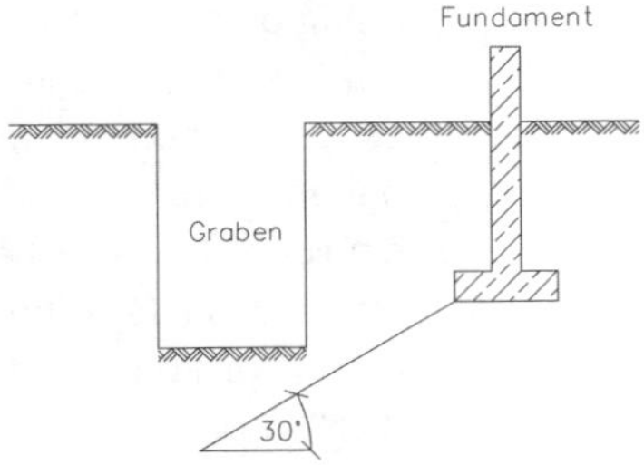

□ 1.19 Beispiel 3: Eignung des waagrechten Normverbaus

Geg.: *Graben mit Nachbarfundament, Baugrund U, t', Wassergehalt: 0,23, Ausrollgrenze: 0,20, Fließgrenze: 0,25, Feuchtwichte: 17 kN/m³.*

Ges.: *Kann ein waagerechter Normverbau ausgeführt werden? Begründung!*

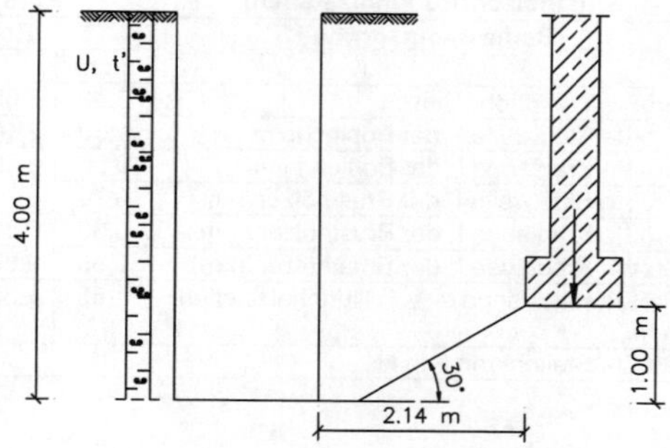

Lösg.: *a) Bauwerkseinfluss:* $\frac{1}{x} = \tan 30° \rightarrow x = 1{,}73\ m\ <\ 2{,}14\ m$. *Die Linie unter 30° trifft die Baugrubenwand nicht. Die Gebäudelast hat keinen Einfluss.*

b) Konsistenz $I_c = \frac{0{,}25 - 0{,}23}{0{,}25 - 0{,}20} = 0{,}4 \rightarrow$ *breiig*

Wegen zu niedriger Konsistenz kann ein Normverbau nicht ausgeführt werden.

Konstruktion Die für die Konstruktion des waagerechten Normverbaus (□ 1.20) notwendigen Angaben können für Bohlen von 2,50 bis 4,50 m Länge, Brusthölzer 8 cm x 16 cm bzw. 12 cm x 16 cm und Rundholzsteifen von 10 cm bzw. 12 cm Durchmesser sowie für Holz der Sortierklasse S 10 nach DIN 4074-1 aus der Tabelle □ 1.21 entnommen werden (DIN 4124, Abschnitt 6.2.2 a).

□ 1.20 Beispiel: Waagerechter Normverbau (nach DIN 4124)
a) Schnitt, b) Ansicht

a) b)

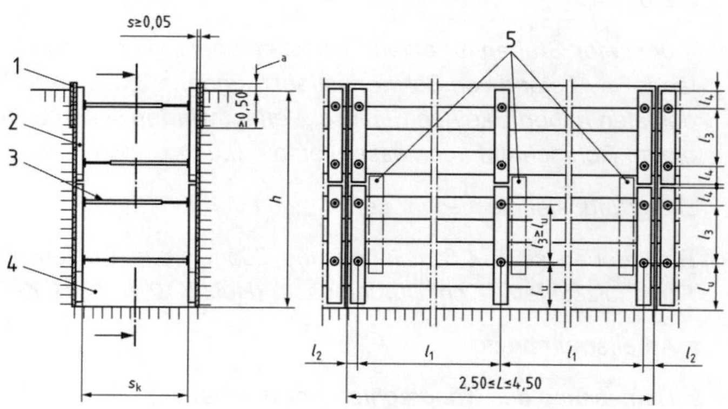

Legende

1 Verdoppelung der Bohlen (falls erforderlich)
2 Aufrichter (Brustholz), 8 cm × 16 cm bzw. 12 cm × 16 cm]
3 Rundholzsteife, *d* = 10 cm bzw. 12 cm oder Kanalstrebe
4 Raum zum Rohreinbau bzw. zur Kabelverlegung
5 Diese Aufrichter (Brusthölzer) dürfen im Vollaushubzustand entfernt werden a ≥ 0,05 bzw. ≥ 0,10

□ 1.21: Waagerechter Normverbau: Konstruktion (nach DIN 4124); $s_k = l_{ef}$

	Brusthölzer (Rundholzsteifen)	8x16 cm (∅ 10 cm)					12x16 cm (∅ 12 cm)				
	Bemessungsgröße	Bohlendicke s					Bohlendicke s				
		5 cm	6 cm			7 cm	5 cm	6 cm			7 cm
1	Größte Wandhöhe in m	3,00	3,00	4,00	5,00	5,00	3,00	3,00	4,00	5,00	5,00
2	Größte Stützweite l_1 der Bohlen in m	1,90	2,10	2,00	1,90	2,10	1,90	2,10	2,00	1,90	2,10
3	Größte Kraglänge l_2 der Bohlen in m	0,50	0,50	0,50	0,50	0,50	0,50	0,50	0,50	0,50	0,50
4	Größte Stützweite l_3 der Brusthölzer in m	0,70	0,70	0,65	0,60	0,60	1,10	1,10	1,00	0,90	0,90
5	Größte Kraglänge l_4 der Brusthölzer in m	0,30	0,30	0,30	0,30	0,30	0,40	0,40	0,40	0,40	0,40
6	Größte Kraglänge l_u der Brusthölzer in m	0,60	0,60	0,55	0,50	0,50	0,80	0,80	0,75	0,70	0,70
7	Größte Knicklänge s_K von Rundholzsteifen in m	1,65	1,55	1,50	1,45	1,35	1,95	1,85	1,80	1,75	1,65
8	Größte Steifenkraft F in kN	31	34	37	40	43	49	54	57	59	64

Sollen Steifen mit anderen Durchmessern oder aus anderem Material verwendet werden, so ist ihre Tragfähigkeit entsprechend der größten vorhandenen Knicklänge für die in Tabelle □ 1.21, Zeile 8, angegebenen Kräfte nachzuweisen (DIN 4124, Abschnitt 6.2.2 b).

Die untersten Brusthölzer müssen mindestens 1,40 m lang sein, sofern sie um mehr als das Maß l_4 über der Baugrubensohle gestützt werden sollen, um einen genügend großen Arbeitsraum, z. B. zum Verlegen von Rohren, zu schaffen. Außerdem darf die Kraglänge l_u der untersten Steife von der Sohle höchstens so groß sein wie der Achsabstand der untersten zur nächst höheren Steife, jedoch nicht größer als in Tabelle □ 1.21, Zeile 6, angegeben (DIN 4124, Abschnitt 6.2.2 c).

Die in Tabelle □ 1.21 für die Baugrubentiefe 3,00 m und Bohlendicke 5 cm angegebene Stützweite der Bohlen darf bei Baugrubentiefen bis 2,00 m auf l_1 = 2,10 m vergrößert werden (DIN 4124, Abschnitt 6.2.2 d).

⇒ Zahlenbeispiel: □ 1.22.

□ 1.22 Beispiel 4: Bemessung eines waagrechten Normverbaus nach DIN 4124 (vergleiche □ 2.01)

Geg.: *4,0m tiefer Graben für einen Abwasserkanal in annähernd waagerechtem Gelände. Abstand von Schwerlastfahrzeugen: > 3,0 m vom Grabenrand. Gebäudelasten haben keinen Einfluss. Verlegt werden sollen 2,0 m lange Rohre mit einem Rohrschaftdurchmesser von d = 0,5 m.*

Baugrund: steifplastischer Lehm

Einzubauen sind: 4,5 m lange und 20cm breite Bohlen. Brusthölzer 12/16 cm. Rundholzsteifen 12 cm Durchmesser (Holz S10, früher GK II).

Ges.: *1. Arbeitsraumbreite*

2. Bemessung des waagrechten Normverbaus

3. Skizze mit Maßen

□ 1.22 Fortsetzung Beispiel 4: Bemessung eines waagrechten Normverbaus nach DIN 4124 (vergleiche □ 2.01)

***Lösg.**: Anmerkung: Die Voraussetzungen für die Anwendung des Normverbaus sind erfüllt.*

***1.** Maßgebend ist DIN EN 1610.*

Für einen Rohrschaftdurchmesser $0{,}35 < {}_{vorh}d = 0{,}5\ m\ < 0{,}7\ m$ *muss die lichte Breite* $b = OD + 0{,}7 = 0{,}5 + 0{,}7 = 1{,}2\ m$ *werden. Dieser Wert ist maßgebend, da er größer ist als die geforderte Mindestbreite b = 0,8 m bei Grabentiefen bis einschließlich 4,0 m. Weil der planmäßige Achsabstand der Brusthölzer innerhalb einer Bohlenlänge ≥ 1,5 m beträgt, zählt die lichte Breite von Verbaubohle zu Verbaubohle.*

***2.** Verbaubohlen: Aus der Normverbau-Tabelle für Brusthölzer 12/16 cm und für Aussteifungen ∅ 12 cm ergibt sich für eine Grabentiefe t = 4,0 m eine erforderliche Bohlendicke s = 6 cm.*

Weitere Abmessungen: ${}_{max}l_1 = 2{,}0\ m$: *gew.* $l_1 = 1{,}8\ m$

$$l_2 = \frac{1}{2} \cdot (4{,}5 - 2 \cdot l_1) = 0{,}45\ m\ < {}_{max}l_2 = 0{,}5\ m$$

Brusthölzer:

${}_{max}l_4 = 0{,}4\ m$: *gew.* $l_4 = 0{,}2\ m$

${}_{max}l_u = 0{,}75\ m$: *gew.* $l_u = 0{,}75\ m$

(erforderlich für die Rohrverlegung!)

Da die untersten Brusthölzer in diesem Fall mindestens 1,5 m lang sein müssen, muss

l3 = 0,75 m werden $\left(< {}_{max}l_3 = 1{,}0\ m\right)$.

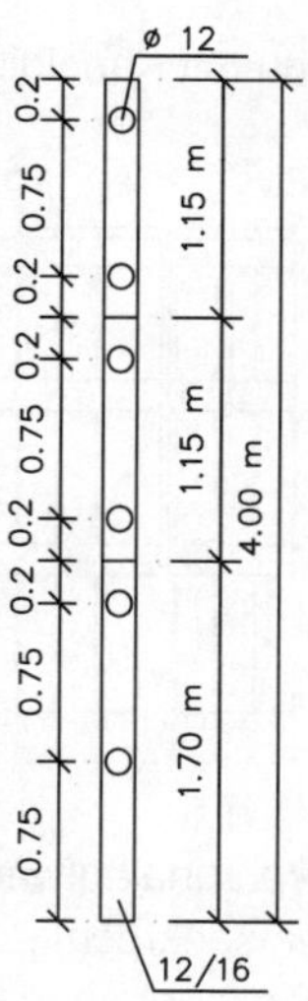

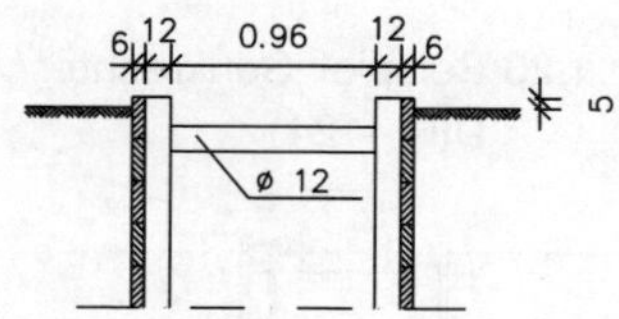

Brustholzlänge im oberen Bereich:

$0{,}75 + 2 \cdot 0{,}20 = 1{,}15\ m\ > {}_{min}l = 0{,}6\ m;$

Brustholzlänge im Rohrbereich:

$0{,}20 + 2 \cdot 0{,}75 = 1{,}70\ m\ > {}_{min}l = 1{,}5\ m.$

Anmerkung: Für die Rohrverlegung muss ein zusätzliches Brustholz angeordnet werden.

Aussteifung:

$$\max\ l_{ef} = \max s_k = 1{,}8\ m\ > vorh\ l_{ef} = vorh\ s_k = 1{,}20 - 2 \cdot 0{,}12 = 0{,}96\ m.$$

1.6 Senkrechter Grabenverbau

1.6.1 Grundlagen

Elemente Ein Grabenverbau wird als senkrecht bezeichnet, wenn die Verbauelemente, die den Boden direkt stützen (Kanaldielen, Spundbohlen, in Sonderfällen auch Holzbohlen) senkrecht stehen. Diese senkrechten Verbauelemente werden durch waagerechte Gurte aus Holz ("Rahmhölzer") oder Stahl ("Gurtträger") und diese wiederum - von Wand zu Wand - durch Steifen ("Spreizen", "Streben") gestützt (□ 1.23 und □ 1.24). Als Steifen kommen die gleichen Ausführungen wie beim waagerechten Verbau in Frage (siehe Abschnitt 1.05.1).

Außerdem kommen beim senkrechten Verbau noch folgende Verbauelemente hinzu: Hängeeisen, Ketten oder andere gleichwertige Vorrichtungen, um die Gurthölzer (Rahmenhölzer) oder Gurtträger aufzuhängen, damit sie - z. B. beim Schrumpfen oder Kriechen des seitlich anstehenden Baugrunds - nicht herunterfallen. Wenn die Kanaldielen oder Holzbohlen nicht in der Lage sind, das Eigengewicht der Gurthölzer bzw. Gurtträger sowie der Steifen in den Untergrund abzutragen, werden die Hängeeisen oder Ketten an Unterlagshölzern befestigt, die seitlich auf dem Baugrund aufliegen (DIN 4124, Abschnitt 7.1.5, □ 1.24).

□ 1.23 Beispiel: Senkrechter Verbau mit Kanaldielen (nach DIN 4124)

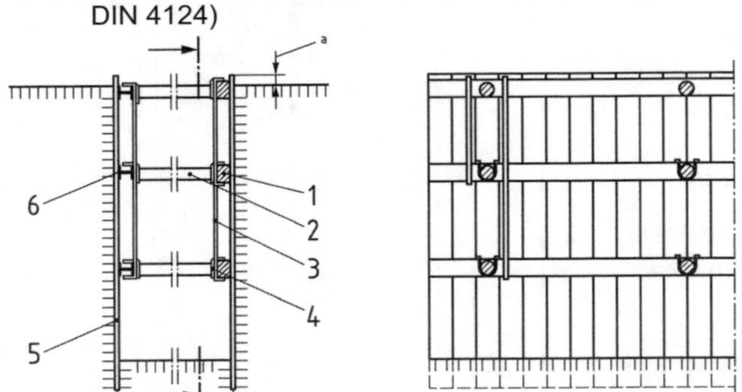

□ 1.24 Beispiel: Senkrechter Verbau mit Kanaldielen (aus Informationsschrift der Krupp Gft mbH)

Anwendung Wegen des hohen Personalaufwands bei der Ausführung wird der senkrechte Verbau mit Kanaldielen in der beschriebenen Form heute nur noch dann angewendet, wenn sich der Einsatz der Verbauverfahren für den maschinellen Grabenaushub (Grabenverbaugeräte, siehe Abschnitt 1.7) wegen des zu geringen Bauvolumens nicht lohnt oder aus Platzgründen nicht möglich ist.

Einbau Bei locker gelagerten nichtbindigen Böden und bei weichen bindigen Böden, bei denen ein waagerechter Verbau nicht in Frage kommt (siehe Abschnitt 1.5.1), müssen die Holzbohlen oder Kanaldielen in jedem Bauzustand so weit in den Untergrund einbinden bzw. dem Aushub folgend nachgetrieben werden, dass ein Aufbruch der Baugrubensohle ausgeschlossen ist (DIN 4124, Abschnitt 7.1.3).

Bei Böden, welche die Anwendung des waagerechten Verbaus zulassen (siehe Abschnitt 1.5.1), müssen die Holzbohlen oder Kanaldielen nur dann in den Boden unterhalb der jeweiligen Aushubsohle einbinden, wenn dies wegen der Standsicherheit erforderlich ist (DIN 4124, Abschnitt 7.1.4).

Da Holzbohlen (vorgeschriebene Mindestdicke: 5 cm) nicht ohne Beschädigung ständig vor dem jeweiligen Aushub um ein ausreichendes Maß in den Boden eingebracht werden (vorauseilen) können, kommt ein senkrechter Verbau mit Holzbohlen nur dann in Frage, wenn der Boden vorübergehend so weit standfest ist, dass die Holzbohlen dem Aushub nachfolgen können. Der Aushub darf jedoch auch bei steifen oder halbfesten bindigen Böden der Verbohlung auf eine Tiefe von höchstens 0,50 m, und dies auf eine Länge von nicht mehr als 5 m, vorauseilen. Bei vorübergehend standfesten nichtbindigen oder weichen bindigen Böden ist die Vorauseilung des Aushubs auf 0,25 m und auf höchstens drei Bohlen nebeneinander zu begrenzen (DIN 4124, Abschnitt 7.2.1).

Der senkrechte Verbau wird daher in der Regel mit Kanaldielen ausgeführt und dabei meist auf volle Länge in den Boden gerammt oder gerüttelt. Anschließend wird der Graben so ausgeräumt, dass die erforderlichen Gurtungen eingehängt und die Absteifungen vorgenommen werden können. Anstelle von Kanaldielen können auch Leichtspundwände, Tafelprofile, Rammbleche o. ä. verwendet werden (DIN 4124, Abschnitt 7.2.2).

Konstruktion

Bauholz für senkrechten Grabenverbau muss mindestens der Sortierklasse S 10 nach DIN 4074-1 entsprechen. Holzbohlen müssen mindestens 5 cm dick, parallel besäumt und vollkantig sein. Güte und Maße von Kanaldielen und Spundbohlen siehe DIN EN 10248-1, DIN EN 10248-2, DIN EN 10249-1 und DIN 10249-2. Gurthölzer müssen einen Querschnitt von mindestens 12 cm x 16 cm, Gurtträger ein I-Profil DIN 1025-S235JR – IP B 100, Hängeeisen einen Querschnitt von mindestens 10 mm x 30 mm oder einen Durchmesser von mindestens 16 mm und Unterlagshölzer einen Durchmesser bzw. eine Kantenlänge von mindestens 16 cm aufweisen sowie auf beiden Seiten des Grabens mindestens 0,60 m aufliegen und in die Geländeoberfläche eingelassen oder mit Material eingebettet werden. Alle Stahlteile müssen mindestens der Stahlsorte S235JR nach DIN EN 10025 entsprechen (DIN 4124, Abschnitte 7.1.2 und 7.1.5).

Die Gurte sind am besten ausgenutzt, wenn das Kragmoment bei der Abstützung des Gurts mit zwei Steifen genau so groß wie das Feldmoment wird (□ 1.25 a). Hierdurch wird der horizontale Steifenabstand allerdings geringer und die Rohrverlegung schwieriger als bei der Lösung mit kleineren Kragarmen (□ 1.25 b) und dem wesentlichen größeren Feldmoment.

Gestaffelter Verbau Der senkrechte Verbau mit Holzbohlen bzw. Kanaldielen kann auch als gestaffelter Verbau ausgeführt werden. Die Überdeckungen müssen dabei im Bereich eines Gurts liegen und mindestens 0,20 m betragen (□ 1.26).

□ 1.25 Beispiele: Steifenlagen beim senkrechten Verbau

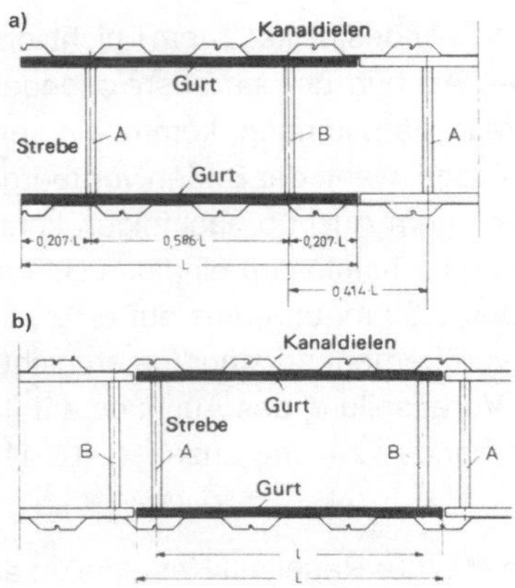

□ 1.26 Beispiel: Gestaffelter Verbau mit Kanaldielen (nach DIN 4124)

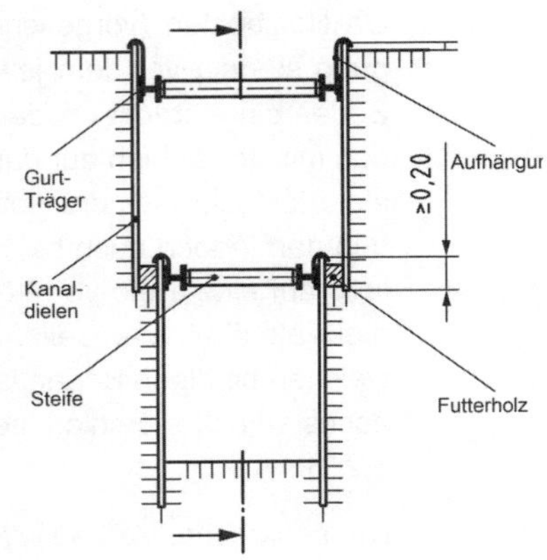

Statischer Nachweis Die Standsicherheit eines senkrechten Verbaus ist statisch nachzuweisen, wenn die Voraussetzungen für die Anwendung des Normverbaus (siehe Abschnitt 1.5.2) nicht vorliegen.

Einbindetiefe Die Einbindetiefe (Rammtiefe) des senkrechten Verbaus ist so zu wählen, dass

$$E_{p,h,d} \geq U_{h,d} \qquad (1.01)$$

wobei $E_{p,h,d}$ (= E_{rh}) der Bemessungswert des resultierenden Erdwiderstands und $U_{h,d}$ (= U_h) der Bemessungswert der unteren Auflagerkraft der Wand im Boden ist (□ 1.27). Daraus folgt

$$t \geq \sqrt{\frac{2 \cdot U_{h,d} \cdot \gamma_{R,e}}{\gamma \cdot K_{p,h,k} \cdot \eta_{EP}}} \qquad (1.02)$$

und mit der vereinfachenden Annahme, dass

$$U_{h,d} = \frac{(e^{g}_{a,h,k} \cdot \gamma_G + e^{p}_{a,h,k} \cdot \gamma_Q) \cdot a}{2} \qquad (1.03)$$

ist, ergibt sich

□ 1.27 Beispiel: Erforderliche Einbindetiefe eines senkrechten Verbaus

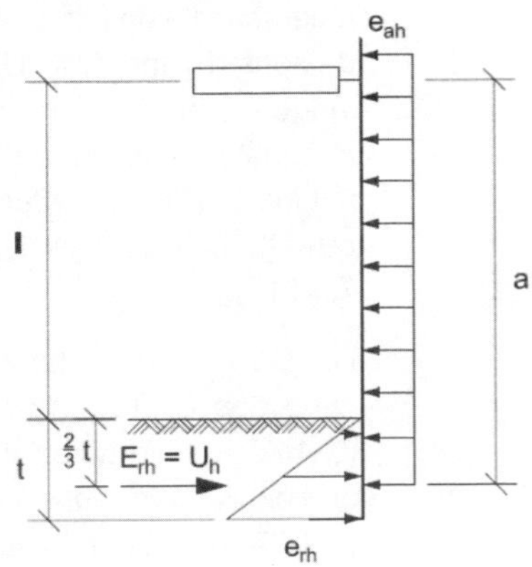

$$t \geq \sqrt{\frac{(e^g_{a,h,k} \cdot \gamma_G + e^p_{a,h,k} \cdot \gamma_Q) \cdot a \cdot \gamma_{R,e}}{\gamma \cdot K_{p,h,k} \cdot \eta_{EP}}} \qquad (1.04)$$

Hierin ist (siehe Dörken / Dehne / Kliesch, Teil 1, Abschnitt 6)

Anpassungsfaktor η_{EP} nach EAB, EB 14 für Trägerbohlwände („Holzwände")

$\eta_{EP} = 0{,}8$ bei erlaubten Verschiebungen der Wand (1.05)

$\eta_{EP} = 0{,}6$ bei reduzierten Verformungen z.B. neben Gebäuden (1.06)

Anpassungsfaktor η_{EP} nach EAB, EB 19 für Spundwände (Stahlwände)

$\eta_{EP} = 1{,}0$ bei erlaubten Verschiebungen der Wand (1.07)

$\eta_{EP} = 0{,}8$ bei reduzierten Verformungen z.B. neben Gebäuden (1.08)

⇒ Zahlenbeispiele: □ 1.28, □ 1.29, □ 1.147, □ 1.148.

□ 1.28 Beispiel 4: Einbindetiefe eines Kanaldielenverbaus

Geg.: *Sohlbereich eines Kanaldielenverbaus*

Baugrund: SU, γ = 20 kN/m³, $\varphi_k = \varphi'$ = 30°

(umgelagerter) Erddruck aus ständiger Einwirkung $e_{ah} = e^g_{ah,k} = 25\ kN/m^2$

Höhe der Steifenlage von l = 2,0 m über der Sohle

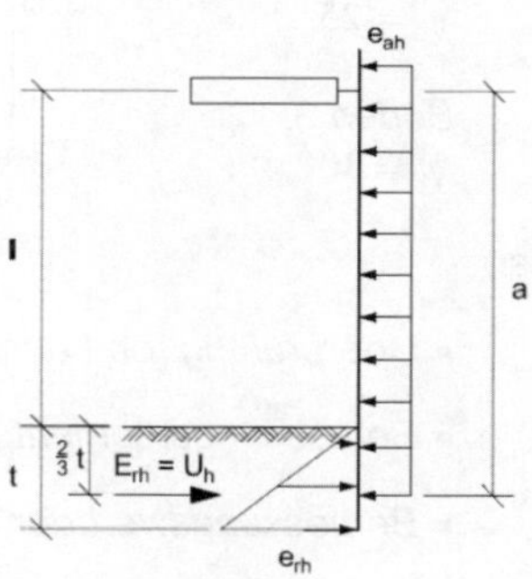

Ges.: *Die erforderliche Einbindetiefe t der Kanaldielen*

Lösg.: *Teilsicherheitsbeiwerte γ_G = 1,20; γ_Q =1,30;*

$\gamma_{R,e}$ =1,30 (Bemessungssituation BS-T bzw. BS-T; nach Dörken/ Dehne/ Kliesch, Teil 2)

Erddruckbeiwerte: K_{ah} = 0,28; K_{ph} = 5,74, η_{EP} = 0,8

Mit der Gleichung für die Einbindetiefe (nur ständige Einwirkungen)

$t \geq \sqrt{\frac{e^g_{a,h,k} \cdot \gamma_G \cdot a \cdot \gamma_{R,e}}{\gamma \cdot K_{p,h,k} \cdot \eta_{EP}}}$ *und dem zunächst noch unbekannten Wert* $a = \frac{2}{3} \cdot t + l$

ergibt sich

$$t = \sqrt{\frac{25 \cdot 1{,}20 \cdot \left(\frac{2}{3} \cdot t + 2{,}0\right) \cdot 1{,}3}{20 \cdot 5{,}74 \cdot 0{,}8}} \quad \text{und} \quad t^2 = \frac{26{,}00 \cdot t + 81{,}25}{91{,}84}$$

Damit erhält man die quadratische Gleichung

□ 1.28 Fortsetzung Beispiel 4: Einbindetiefe eines Kanaldielenverbaus

$$91{,}84 \cdot t^2 - 26{,}00 \cdot t - 81{,}25 = 0 \quad / : 91{,}84$$

$$t^2 - 0{,}2831 \cdot t - 0{,}8847 = 0$$

mit der brauchbaren Lösung t = 1,09 m.

□ 1.29 Beispiel 5: Grabenverbau mit Kanaldielen

Geg.: *Der dargestellte Baugrubenverbau*

t = 1,2 m;

$$\delta_a = \frac{2}{3} \cdot \varphi'$$

Boden 1:
$\varphi' = 27{,}5°$;

Boden 2:
$\varphi' = 25°$;

Boden 3:
$\varphi' = 30°$

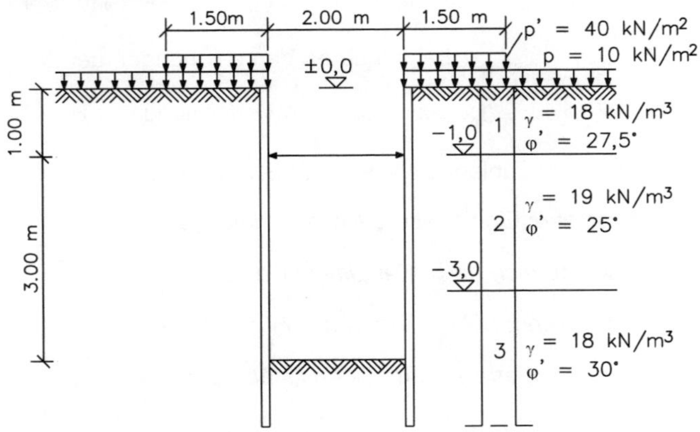

Ges.:

- *Überprüfung, ob t ausreichend ist*
- *Bemessungsmoment*
- *Bemessungswert der Steifenkraft*

Lösg.: *Teilsicherheitsbeiwerte γ_G = 1,20; γ_Q =1,30; $\gamma_{R,e}$ =1,30; η_{EP}= 0,8 (Bemessungssituation BS-T bzw. BS-T)*

$$\varphi_k = \varphi', \; e^g_{ah} = e^g_{ah,k}, \; e^p_{ah} = e^q_{ah,k}, \; p = p_k, \; p' = p'_k, \; K_{ah} = K_{ah,k}$$

1 Erddruck

1.1 Bodeneigenlast g sowie Anteil aus unendlicher Streifenlast p = 10 kN/m²

Boden 1: $\varphi' = 27{,}5°$; $\delta_a = \frac{2}{3} \cdot \varphi' \rightarrow K_{ah_1} = 0{,}31$

Boden 2: $\varphi' = 25°$; $\delta_a = \frac{2}{3} \cdot \varphi' \rightarrow K_{ah_2} = 0{,}35$

Boden 3: $\varphi' = 30°$; $\delta_a = \frac{2}{3} \cdot \varphi' \rightarrow K_{ah_3} = 0{,}28$

□ 1.29 Fortsetzung Beispiel 5: Grabenverbau mit Kanaldielen

Bei t = 1,2 m liegt die untere Kote für die Erddruckermittlung $\frac{2}{3} \cdot t = \frac{2}{3} \cdot 1{,}2 = 0{,}8\ m$

unter der Baugrubensohle.

Boden	Kote	h	γ	$\gamma \cdot h$	σ	K_{ah}^{g}	$e_{ah}^{g} = \sigma \cdot K_{ah}$
1	± 0,0	1,0	18	18,0	0	0,31	0
	- 1,0				18,0		5,6
2	- 1,0	2,0	19	38,0	18,0	0,35	6,3
	- 3,0				56,0		19,6
3	- 3,0	1,8	18	32,4	56,0	0,28	15,7
	- 4,8				88,4		24,8

1.2 Unbegrenzte Flächenlast $p = 10\ kN/m^2$

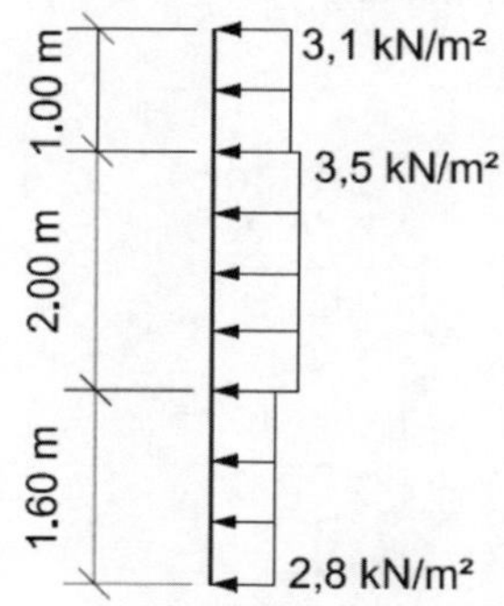

$$e_{ah_1}^{p} = 10 \cdot 0{,}31 = 3{,}1\ kN/m^2$$

$$e_{ah_2}^{p} = 10 \cdot 0{,}35 = 3{,}5\ kN/m^2$$

$$e_{ah_3}^{p} = 10 \cdot 0{,}28 = 2{,}8\ kN/m^2$$

1.3 Streifenlast $p' = 40\ kN/m^2$

Bei der Berechnung wird vereinfachend ein mittlerer Reibungswinkel der beteiligten Schichten 1 und 2 angesetzt:

$$\varphi_M^{'} = \frac{27{,}5° + 25°}{2} = 26{,}3°$$

Damit ergibt sich der Gleitflächenwinkel zu

$$\tan \vartheta_a = \frac{\sin \varphi' + \sqrt{\dfrac{\tan \varphi'}{\tan \varphi' + \tan \delta_a}}}{\cos \varphi'} = \frac{\sin 26{,}3° + \sqrt{\dfrac{\tan 26{,}3°}{\tan 26{,}3° + \tan \frac{2}{3} \cdot 26{,}3°}}}{\cos 26{,}3°} = 1{,}3707$$

$\rightarrow \vartheta_a = 53{,}9°$

Mit dem aktiven Erddruckbeiwert für Streifenlasten

$$K_a^p = \frac{\sin(\vartheta_a - \varphi')}{\sin(90° - \vartheta_a + \varphi' + \delta_a)} = \frac{\sin(53{,}9° - 26{,}3°)}{\sin\left(90° - 53{,}9° + 26{,}3° + \frac{2}{3} \cdot 26{,}3°\right)} = \frac{\sin 27{,}6°}{\sin 79{,}9°} = 0{,}48$$

und der Einflusshöhe $h_{p'} = 1{,}5 \cdot \tan 53{,}9° \approx 2{,}0\ m$

wird die Ordinate des (umgelagerten) Erddrucks

□ 1.29 Fortsetzung Beispiel 5: Grabenverbau mit Kanaldielen

$e_a^{p'} = \frac{p' \cdot b \cdot K_a^p}{h_{p'}} = \frac{40 \cdot 1{,}5 \cdot 0{,}48}{2{,}0} = 14{,}4 \ kN/m^2.$

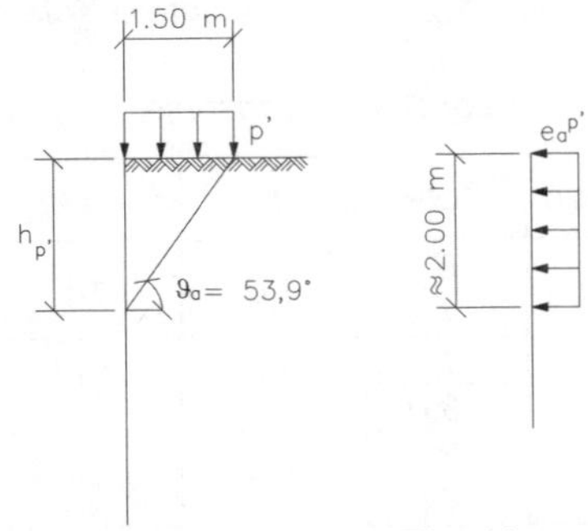

Umgelagertes Gesamtlastbild: ständige Einwirkung $e_{ah}^g + e_{ah}^p$, veränderliche Einwirkung $e_{ah}^{p'}$

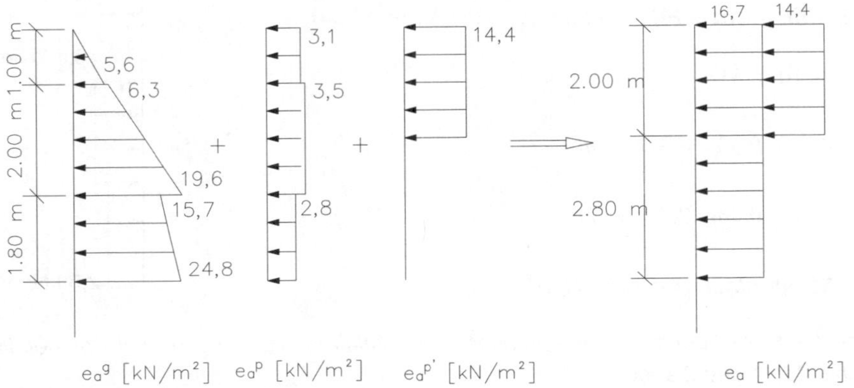

2 Statische Berechnung

2.1 Statisches System:

2.2 Auflagerkräfte:

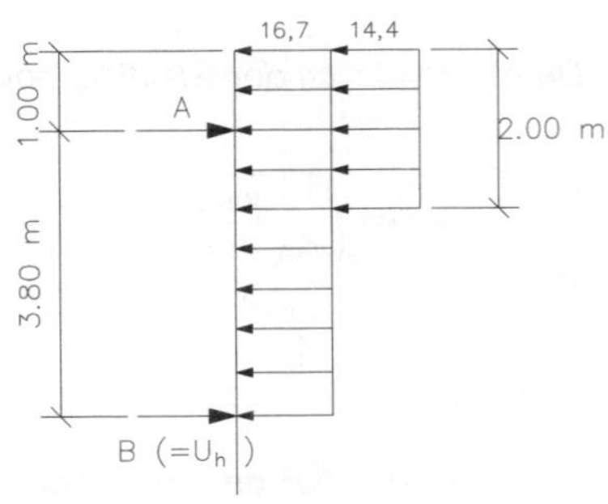

Ständige Einwirkung

$$\sum M_B^g = 0 = A_k^g \cdot 3{,}8 - 16{,}7 \cdot 4{,}8 \cdot \frac{4{,}8}{2}$$

$$\rightarrow A_k^g = \frac{192{,}4}{3{,}8} = 50{,}6 \ kN/m$$

$$B_k^g = U_{h.k}^g = 16{,}7 \cdot 4{,}8 - 50{,}6 = 29{,}6 \ kN/m$$

Veränderliche Einwirkung

$$\sum M_B^{p'} = 0 = A_k^{p'} \cdot 3{,}8 - 14{,}4 \cdot 2{,}0 \cdot 3{,}8 \rightarrow A_k^{p'} = \frac{109{,}4}{3{,}8} = 28{,}8 \ kN/m$$

$$B_k^{p'} = U_{h,k}^{p'} = 14{,}4 \cdot 2{,}0 - 28{,}8 = 0$$

□ 1.29 Fortsetzung Beispiel 5: Grabenverbau mit Kanaldielen

2.3 Nachweis ausreichender Einbindetiefe

Maßgebend sind die Kennwerte des Bodens 3: $K_{ah_3} = 0{,}28$ *(s. Punkt 1)*

$$\alpha = \beta = 0\,;\ \varphi' = 30°\,;\ \delta_p = -\frac{2}{3}\cdot\varphi' \ \rightarrow K_{ph} = 5{,}74$$

Damit ergibt sich die erforderliche Einbindetiefe zu

$$erf\ t\ \geq \sqrt{\frac{2\cdot B_{h,d}\cdot\gamma_{R,e}}{\gamma\cdot K_{p,h,k}\cdot\eta_{EP}}} = \sqrt{\frac{2\cdot 29{,}6\cdot 1{,}20\cdot 1{,}3}{18\cdot 5{,}74\cdot 0{,}8}} = 1{,}06\ m\cdot$$

Die vorgegebene Einbindetiefe von t = 1,2 m ist damit ausreichend und könnte verringert werden. Hier im Beispiel wird mit t = 1,2 m weitergerechnet.

2.4 Bemessungsmoment

Stützmoment $M_{A,d}$ bei A:

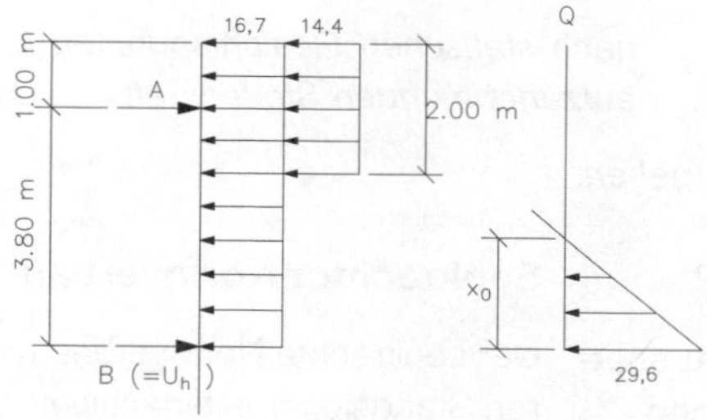

$$M_{A,d} = (16{,}7\cdot 1{,}20 + 14{,}4\cdot 1{,}30)\cdot\frac{1{,}0^2}{2}$$

$$M_{A,d} = |19{,}38|\ kNm/m$$

Maximales Feldmoment

Stelle von max $M_{F,d}$:

$$x_0 = \frac{B_k^g}{e_{ah}} = \frac{29{,}6}{16{,}7} = 1{,}77\ m \rightarrow$$

$$\max\ M_{F,d} = \frac{1}{2}\cdot 29{,}4\cdot 1{,}77\cdot 1{,}20 = 31{,}2\ kNm/m > M_{A,d}$$

3 Zusammenstellung der Bemessungsgrößen

Erforderliche Einbindetiefe: $erf\ t = 1{,}06\ m < vorh\ t = 1{,}2\ m$

Bemessungsmoment: $\max M_d = 31{,}2\ kNm/m$

Aufzunehmende Steifenkraft: $A_d = 50{,}6\cdot 1{,}20 + 28{,}8\cdot 1{,}30 = 98{,}2\ kN/m$

Anmerkung: Wegen der Erddruckumlagerung sollten Aussteifungen großzügig bemessen werden.

□ 1.29 Fortsetzung Beispiel 5: Grabenverbau mit Kanaldielen

4 Konstruktionshinweise

Bei der Festlegung der Steifenabstände und der Gurtlängen muss beachtet werden, dass die Aussteifungen dort liegen, wo die Gurte „satt" am Dielenrücken anliegen.

Dies setzt voraus, dass der Steifenabstand (a) ein gerades Vielfaches der Dielenbreite (b) beträgt.

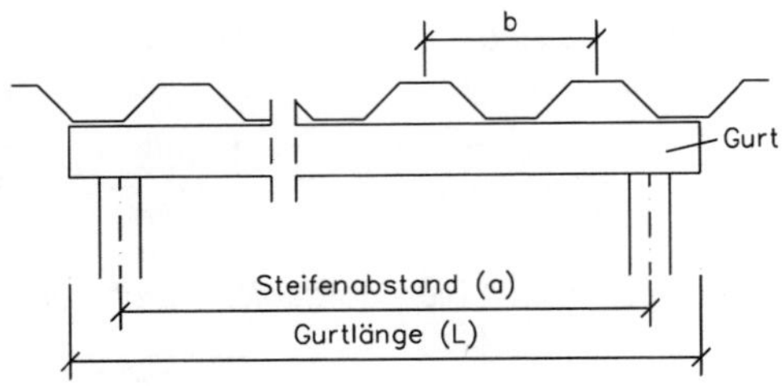

Die Gurtlänge (L) kann sich

- *nach baubetrieblichen Anforderungen (z.B. möglichst große Steifenabstände für die Rohrverlegung) oder*
- *nach statischen Gesichtspunkten (z.B. Optimierung der Bemessungsgrößen der aufzunehmenden Steifenkraft und des maßgebenden Moments)*

ergeben.

1.6.2 Senkrechter Normverbau

Voraussetzungen

Der senkrechte Normverbau nach DIN 4124, Abschnitt 7.3 darf ohne besonderen Standsicherheitsnachweis verwendet werden, wenn die in Abschnitt 1.5.2, Punkte a) bis c) genannten Voraussetzungen für den waagerechten Normverbau erfüllt sind und Straßenfahrzeuge einen Abstand von mindestens 0,60 m zur Hinterkante der Bohlen einhalten. Das Gleiche gilt für Bagger und Hebezeuge, die unbelastet am Grabenrand entlangfahren. Baufahrzeuge mit Gesamtgewichten und Achslasten nach der Straßenverkehrs-Zulassungs-Ordnung sowie Bagger und Hebezeuge bis zu 12 t Gesamtgewicht brauchen keinen Abstand einzuhalten. Zum Abstand von schweren Baufahrzeugen und Baugeräten siehe DIN 4124, Abschnitt 7.3.3.

Konstruktion

Die für die Konstruktion des senkrechten Normverbaus aus Holz (□ 1.30) notwendigen Angaben können für Gurthölzer 18 cm x 18 cm bzw. 20 cm x 206 cm und für Holzsteifen mit einem Durchmesser von 12 cm bzw. 14 cm für Holz der Sortierklasse S 10 nach DIN 4074-1 aus der Tabelle □ 1.31 entnommen werden (DIN 4124, Abschnitt 7.3.2 a).

Sollen Steifen mit anderem Durchmesser oder aus anderem Material verwendet werden, so ist ihre Tragfähigkeit entsprechend der größten vorhandenen Knicklänge für die in Tabelle □ 1.31, Zeile 8, angegebenen Kräfte nachzuweisen (DIN 4124, Abschnitt 7.3.2 b).

Der Abstand l_o von der Geländeoberfläche bis zur obersten Steifenlage darf nicht größer sein als der Achsabstand von der ersten zur zweiten Steifenlage und nicht größer als in Tabelle □ 1.31, Zeile 2 angegeben (DIN 4124, Abschnitt 7.3.2 c).

□ 1.30 Beispiel: Senkrechter Normverbau aus Holz (nach DIN 4124) a) Schnitt b) Ansicht

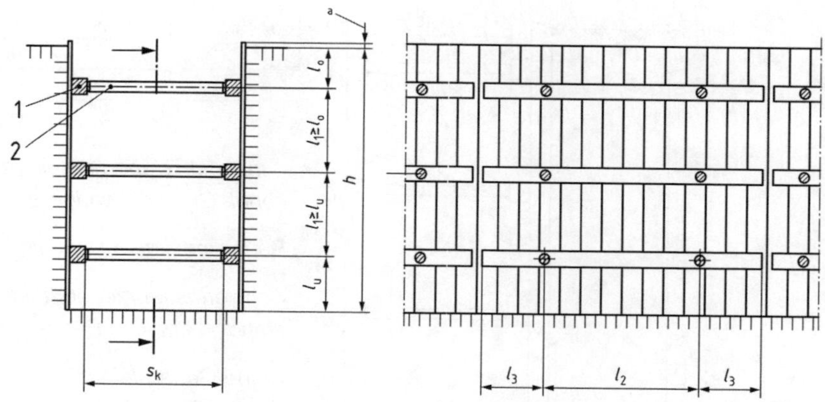

Der Abstand l_u von der Baugrubensohle bis zur untersten Steifenlage darf nicht größer sein als der Achsabstand von der untersten zur darüber liegenden Steifenlage und nicht größer als in Tabelle □ 1.31, Zeile 4 angegeben (DIN 4124, Abschnitt 7.3.2 d).

□ 1.31: Senkrechter Normverbau aus Holz: Konstruktion (nach DIN 4124)

	Brusthölzer (Rundholzsteifen)	**16x16 cm (∅ 12 cm)**					**20x20 cm (∅ 14 cm)**				
	Bemessungsgröße	**Bohlendicke s**					**Bohlendicke s**				
		5 cm	**6 cm**			**7 cm**	**5 cm**	**6 cm**			**7 cm**
1	Größte Wandhöhe in m	3,00	3,00	4,00	5,00	5,00	3,00	3,00	4,00	5,00	5,00
2	Größte Kraglänge l_0 der Bohlen in m	0,50	0,60	0,60	0,60	0,70	0,50	0,60	0,60	0,60	0,70
3	Größte Stützweite l_1 der Bohlen in m	1,80	2,00	1,90	1,80	2,00	1,80	2,00	1,90	1,80	2,00
4	Größte Kraglänge l_u der Bohlen in m	1,20	1,40	1,30	1,20	1,40	1,20	1,40	1,30	1,20	1,40
5	Größte Stützweite l_2 der Gurthölzer in m	1,60	1,50	1,40	1,30	1,20	2,30	2,20	2,00	1,80	1,70
6	Größte Kraglänge l_3 der Gurthölzer in m	0,80	0,75	0,70	0,65	0,60	1,15	1,10	1,00	0,90	0,85
7	Größte Knicklänge s_K von Rundholzsteifen in m	1,70	1,65	1,50	1,30	1,25	1,90	1,85	1,65	1,45	1,40
8	Größte Steifenkraft F in kN	61	62	70	79	80	88	91	100	111	114

Werden die Gurthölzer jeweils an den äußeren Fünftelpunkten der Gurtlänge gestützt, so darf der in der Tabelle □ 1.31 angegebene Steifenabstand l_2 um ein Drittel vergrößert werden (DIN 4124, Abschnitt 7.3.2 e).

Anstelle von Holzbohlen dürfen auch Kanaldielen und anstelle der Gurthölzer Stahlprofile verwendet werden, sofern sie imstande sind, ein gleich großes Biegemoment aufzunehmen. Eine Staffelung der Kanaldielen ist zulässig. Die Überdeckung muss jedoch im Bereich eines Gurtes liegen und mindestens 0,20 m betragen (DIN 4124, Abschnitt 7.3.2 f).

Zur Berücksichtigung von Baufahrzeugen, Baggern und Hebezeuge siehe DIN 4124, Abschnitte 7.3.3 und 7.3.4.

⇒ Zahlenbeispiel: □ 1.32

□ 1.32 Beispiel 6: Bemessung eines senkrechten Normverbaus aus Holz

Geg.:

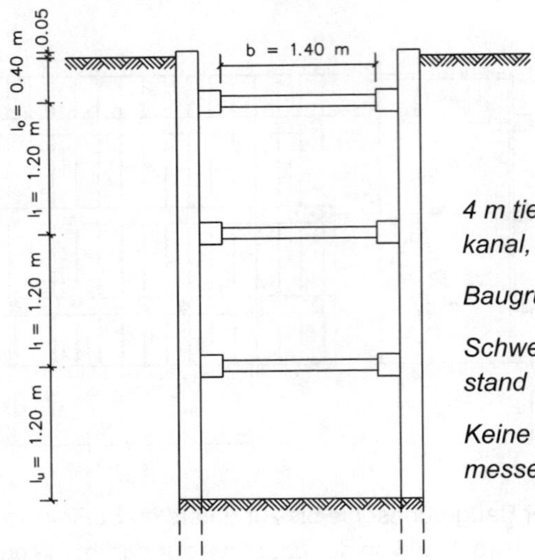

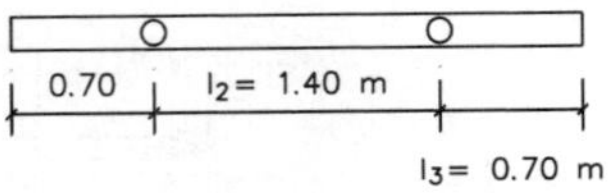

4 m tiefer Graben für einen Abwasserkanal, Gelände waagerecht,

Baugrund: leicht schluffiger Sand,

Schwerlastfahrzeuge halten einen Abstand > 3 m vom Baugrubenrand ein.

Keine Gebäudelasten, Rohrschaftdurchmesser D = 0,7 m, Rohrlänge 2,0 m.

Ges.: *1. Arbeitsraumbreite*

2. Bemessung des Verbaus (mit Ansichts- und Schnittskizze) als senkrechter Normverbau in Holz, Sortierklasse S 10 (früher: Güteklasse II).

3. Kann man eine Steifenlage sparen?

Lösg.: *Die Voraussetzungen für die Anwendung des Normverbaus sind erfüllt.*

1: *Für einen Rohrschaftdurchmesser* $0{,}4 < {}_{vorh}d = 0{,}7\ m < 0{,}8\ m$ *muss die lichte Breite* $b = d + 0{,}7 = 0{,}7 + 0{,}7 = 1{,}4\ m$ *werden.*

Dieser Wert ist maßgebend, da er größer ist als die geforderte Mindestbreite b = 0,8 m bis einschließlich 4,0 m Tiefe. Da $l_u = 1{,}2\ m < 1{,}75\ m$, *zählt die lichte Breite von Gurtung zu Gurtung.*

2: *Die vorhandene Knicklänge ist somit* ${}_{vorh}s_k = 1{,}4\ m < {}_{\max}s_k = 1{,}5\ m$,

was für die einzelnen Verbauteile folgende Abmessungen erforderlich macht:

Gurthölzer 16/16 cm; Rundholzsteifen d = 12 cm; Verbaubohlen s = 6 cm

Maximal zulässige Längen des Verbaus: $l_0 = 0{,}6\ m;\ l_1 = 1{,}9\ m;\ l_2 = 1{,}4\ m;$ $l_3 = 0{,}7\ m;\ l_u = 1{,}3\ m$

3. *Kann man eine Steifenlage sparen?* *Nein.*

Aushubbreite des Grabens: $B = 1{,}4 + 2 \cdot 0{,}16 + 2 \cdot 0{,}06 = 1{,}84\ m$

1.7 Grabenverbaugeräte

1.7.1 Allgemeines

Konventioneller Grabenverbau Der so genannte „konventionelle Grabenverbau“ aus Holz oder Stahl (siehe Abschnitte 1.5 und 1.6) ist in den letzten Jahrzehnten durch steigende Personalkosten immer lohnintensiver geworden. Denn der Grabenaushub darf bei diesen Verfahren nur schrittweise vorgenommen und muss immer wieder durch den Einbau der einzelnen Verbauelemente unterbrochen werden. Daher ist er heute nur noch bei Baumaßnahmen von geringem Umfang, bei beengten Platzverhältnissen oder bei vielen kreuzenden Leitungen wirtschaftlich einsetzbar.

Maschineller Aushub Hinzu kommt, dass es mit den modernen, leistungsfähigen Erdbaumaschinen - vor allem dem Tieflöffelbagger – möglich wurde, den Graben in einem Arbeitsgang auf größere Tiefen auszuheben. Bei größeren Tiefen als 1,25 m bzw. 1,75 m (siehe Abschnitte 1.2 uns 1.3) dürfen aber Baugruben und Gräben - auch in vorübergehend standfesten Böden - ohne Abböschung oder Verbau nur dann ausgehoben werden, wenn dadurch weder Menschen noch Leitungen oder andere bauliche Anlagen gefährdet werden (DIN 4124).

Als vorübergehend standfest wird ein Boden bezeichnet, der in der Zeit zwischen Beginn der Ausschachtung und Einbringen des Verbaus keine wesentlichen Nachbrüche aufweist (DIN 4124, Abschnitt 5.3.2). Aber auch unter dieser Voraussetzung dürfen Gräben erst betreten werden, wenn unter besonderen Sicherheitsmaßnahmen ein fachgerechter Grabenverbau eingebracht worden ist.

Um die Forderung nach besonderen Sicherheitsmaßnahmen zu erfüllen, wurden bei maschinellem Grabenaushub früher häufig **Bauhilfsgeräte** (rahmenartige Verbau- und Vorstreckgeräte) eingesetzt, die so lange zur Sicherung der Beschäftigten dienten, bis der konventionelle waagerechte oder senkrechte Grabenverbau (siehe Abschnitte 1.5 und 1.6) eingebracht worden war. Diese Bauhilfsgeräte werden aber heute kaum noch verwendet – einmal wegen der hohen Kosten des konventionellen Grabenverbaus (siehe Stichwort „Konventioneller Grabenverbau“ am linken Textrand), zum anderen weil inzwischen fast ausschließlich moderne **Grabenverbaugeräte** (siehe Stichwort am linken Textrand) entwickelt und eingesetzt werden, mit denen ein Verbau schneller und damit kostengünstiger hergestellt werden kann, wenn sich die relativ hohen Kosten der Erstinvestition in diese Arten des Grabenverbaus amortisiert haben.

⇒ Mosch (1979). Suppelt (1979). Uffmann (1985). Uffmann (1986).

Grabenverbaugeräte Grabenverbaugeräte sind Einrichtungen zur Sicherung von Grabenwänden. Sie bilden den fertigen Verbau eines Grabenteilstücks und werden vor allem eingesetzt als Verbau mit

a) Schachtplatten (siehe Abschnitt 1.7.2),

b) Gleitschienen (siehe Abschnitt 1.7.3),

c) Dielenkammern (siehe Abschnitt 1.7.4).

Weitere Entwicklungen im Grabenverbau, die allerdings wegen der hohen Investitionskosten in das jeweilige Gerät selten angewendet werden, sind

d) Gleitender Messerverbau (siehe Abschnitt 1.7.5) und

e) Automatisches Dielenkammer-Verbau-System und Hydrapressverfahren (siehe Abschnitt 1.7.6).

Aufrichter Senkrecht angeordnete Verbindungsteile zwischen Platten und Streben (DIN 4124, Abschnitt 5.1.2).

Gleitschienen Senkrecht angeordnete Profilträger, die zur Führung und Stützung von Verbauplatten dienen (DIN 4124, Abschnitt 5.1.3).

Stützbauteile Teile des Verbaus (z. B. Streben und Stützrahmen), die zur Aufnahme von Druck- und Zugkräften bestimmt sind (DIN 4124, Abschnitt 5.1.4).

Einsatzvoraussetzung **Zulassung**: Grabenverbaugeräte dürfen nach E DIN EN 13 331-1 nur verwendet werden, wenn sie von der Prüfstelle des Fachausschusses „Tiefbau" geprüft sind (DIN 4124, Abschnitt 5.2.1). Beim Einsatz ist die Verwendungsanleitung des Herstellers zu beachten (DIN 4124, Abschnitt 5.2.2). Nur für diese Einsatzart zugelassene Grabenverbaugeräte, z. B. Schleppboxen (siehe unten), dürfen durch den Graben gezogen werden (DIN 4124, Abschnitt 5.2.5).

Grundwasser: Der Grundwasserspiegel muss beim Einsatz von Grabenverbaugeräten bis unter die Aushubsohle abgesenkt werden. Bei offener Wasserhaltung sind ungesicherte Grabenwände unterhalb des Grundwasserspiegels infolge eines Unterwasseraushubs in nichtbindigen Böden auch kurzfristig nicht zulässig (DIN 4124, Abschnitt 5.2.3).

Fließböden: Böden, die zum Fließen neigen (siehe Dörken/ Dehne/ Kliesch, Teil 1, Abschnitt 4), müssen vor dem Einsatz von Grabenverbaugeräten, z. B. durch eine Vakuum-Wasserhaltung (siehe Dörken/ Dehne/ Kliesch, Teil 1, Abschnitt 7), stabilisiert werden (DIN 4124, Abschnitt 5.2.4).

Plattenabstand: Der Abstand der Platten zueinander darf sich in keinem Bauzustand nach unten verringern (DIN 4124, Abschnitt 5.2.6).

Nachbarbebauung: In Hinblick auf Standsicherheit und Gebrauchstauglichkeit von Gebäuden, Leitungen, anderen baulichen Anlagen oder Verkehrsflächen dürfen nach DIN 4124, Abschnitt 5.2.7 in ihrem Einflussbereich nur solche Geräte und Verfahren verwendet werden, bei denen eine Gefährdung durch Auflockerungen oder Nachgeben des anstehenden Bodens ausgeschlossen ist, z. B. Gleitschienen-Grabenverbaugeräte mit Stützrahmen (siehe Abschnitt 1.7.3) und Dielenkammergeräte (siehe Abschnitt 1.7.4).

Die zusätzliche Erddruckbelastung, z. B. aus benachbarten Bauwerken, seitlich ansteigendem Gelände oder Verkehrslasten sind zu berücksichtigen. Die zulässige Belastung eines Grabenverbaugeräts ist der Verwendungsanleitung des Herstellers zu entnehmen (DIN 4124, Abschnitt 5.2.8).

Grabenstirnseite: Sie wird in der Regel durch Verbau gesichert. Hier ist aber auch eine zulässig geneigte Kopfböschung möglich (DIN 4124, Abschnitt 5.2.9).

Einstellen

Beim Einstellverfahren wird der Graben zunächst ausgehoben und die Grabenverbaugeräte danach eingestellt. Dies ist nach DIN 4124, Abschnitt 5.3.2 unter folgenden Voraussetzungen zulässig:

- vorübergehend standfester Boden;
- senkrechte Grabenwände;
- gleich bleibende Grabenbreite auf der Länge eines Verbaugeräts;
- kein Betreten und keine Belastung der noch nicht gesicherten Grabenkanten;
- kein Betreten des Grabens vor dem Einstellen des Grabenverbaugeräts;
- keine Leitungen, Gebäude oder andere bauliche Anlagen bzw. Verkehrsflächen im Einflussbereich des Grabens;
- hinnehmbare Größe der zu erwartenden Setzungen, Auflockerungen und Verschiebungen des Bodens im Einflussbereich des Grabens.

Absenken

Beim Absenkverfahren werden Grabenverbaugeräte oder Teile davon in den Boden gedrückt. Das Absenken und der Bodenaushub wechseln sich ab. Dabei darf der vorauseilende Bodenaushub unterhalb der Platten das Maß von 0,50 m nicht überschreiten (DIN 4124, Abschnitt 5.4.2).

Um das Absenken bei Verbaugeräten mit wechselnder Neigung der Streben zu ermöglichen, darf der Abstand gegenüber liegender Platten und Gleitschienen planmäßig unten größer sein als oben, falls nicht ein Grabenverbaugerät mit starren Stützrahmen eingesetzt wird (DIN 4124, Abschnitt 5.4.3). Zu den damit verbundenen Verformungen des Bodens siehe DIN 4124, Abschnitt 5.2.7.

Gleitschienengestützte Platten dürfen nur dann abgesenkt werden, wenn sich die Streben in waagerechter Lage befinden (DIN 4124, Abschnitt 5.4.4). Mittig gestützte Grabenverbaugeräte (siehe Abschnitt 1.10.2) dürfen nicht im Absenkverfahren eingesetzt werden (DIN 4124, Abschnitt 5.4.5).

Einbau in senkrechter Richtung

Beim Einbau des Verbaus in senkrechter Richtung ist nach DIN 4124, Abschnitt 5.5, Folgendes zu beachten:

- Die oberen Plattenränder müssen die Geländeoberfläche um mindestens 0,05 cm überragen.
- Rand- und rahmengestützte Grabenverbaugeräte (siehe Abschnitte 1.10.2 und 1.10.3) dürfen nur bis zu einer Grabentiefe von 6,00 m eingesetzt werden.

- Grabenverbaugeräte mit nur einer Strebe je Aufrichter dürfen nur als Aufsatzgeräte in Verbindung mit Grabenverbaugeräten verwendet werden, die zwei Streben je Aufrichter besitzen.
- Mittig gestützte Grabenverbaugeräte (siehe Abschnitt 1.10.2) dürfen nur bis zu einer Grabentiefe von 4,00 m eingesetzt und dabei höchstens zwei Grabenverbaugeräte übereinandergestellt werden.
- Werden Grabenverbaugeräte aufgestockt, z. B. durch Aufsatzgeräte oder durch zusätzliche, auf den Kopf gestellte Geräte, dann sind die einzelnen Teile an allen konstruktiv vorgesehenen Stellen miteinander zu verbinden.
- Gleitschienen müssen bis zum unteren Rand der Platten reichen und die Platten auf ihrer gesamten Höhe bis zur Geländeoberfläche abstützen.

Einbau in waagrechter Richtung

Beim Einbau des Verbaus in waagerechter Richtung ist nach DIN 4124, Abschnitt 5.6, Folgendes zu beachten:

- Mittig gestützte Grabenverbaugeräte (siehe Abschnitt 1.10.2) müssen stets so eingebaut werden, dass sie beidseitig auf ihrer gesamten Länge am Erdreich anliegen.
- Die Länge eines mit Grabenverbaugeräten zu sichernden Grabenabschnitts muss so groß sein, dass zwischen Rohr- und Bauwerksende und den Enden des verbauten Grabenabschnitts jeweils ein Sicherheitsabstand von mindestens 1,00 m eingehalten wird (□ 1.33). Auf diesen Sicherheitsabstand darf verzichtet werden, wenn die Stirnwand verbaut ist.
- Mittig gestützte Grabenverbaugeräte (siehe Abschnitt 1.7.2) dürfen auf keinen Fall einzeln eingesetzt werden. Andere Grabenverbaugeräte dürfen nur dann eingesetzt werden, wenn die Stirnwände verbaut sind, z. B. bei Schachtbaugruben und bei Leitungsreparaturen.
- Unvermeidliche Lücken zwischen einzelnen Verbaugeräten, z. B. bei Leitungskreuzungen, müssen gesondert verbaut werden, z. B. mit Holzbohlenverbau (siehe Abschnitte 1.5 und 1.6).

□ 1.33 Mit Grabenverbaugeräten gesicherter Grabenabschnitt (nach DIN 4124)

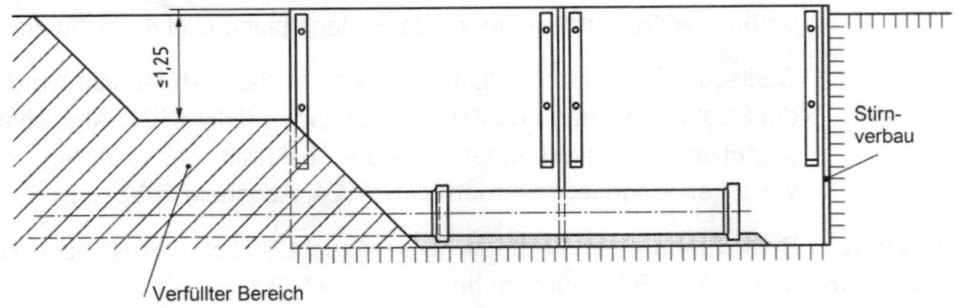

Streben

Während des Ein- und Rückbaus von Grabenverbaugeräten darf die Neigung der Streben gegenüber der Waagerechten das Maß von 1 : 20 nicht überschreiten (DIN 4124, Abschnitt 5.7.1). Streben dürfen quer zur Achse nicht belastet werden (DIN 4124, Abschnitt 5.7.2).

1.7.2 Schachtplattenverbau

Grabenver-bau-geräte

Bei den Schachtplatten handelt es sich um vorgefertigte, großflächige Stahlplatten, die mit den Stützbauteilen zusammen eine "Verbaubox" bilden. Je nach Lage der Aufrichter, Streben bzw. anderer Stützbauteile werden nach DIN 4124 unterschieden:

a) **Mittig gestützte Platten**, auch „Mittelträgerplatten“ bzw. – in DIN 4124, Abschnitt 5.1.1 a) - „Mittig gestützte Grabenverbaugeräte“ genannt. Das sind Plattenpaare, die über mittig angeordnete Aufrichter durch Stützbauteile verbunden sind (□ 1.34 a),

b) **Randgestützte Platten**, auch „Randträgerplatten“ bzw. – in DIN 4124, Abschnitt 5.1.1 b) - „Randgestützte Grabenverbaugeräte“ genannt. Das sind Plattenpaare, die über an den Rändern der Platten angeordnete Aufrichter durch Stützbauteile verbunden sind (□ 1.34 b),

c) **Schleppboxen**, nach DIN 4124, Abschnitt 5.1.1 c) „Randgestützte Grabenverbaugeräte genannt, die waagerecht gezogen werden“ (□ 1.34 c).

d) **Rahmengestützte Grabenverbaugeräte** nach DIN 4124, Abschnitt 5.1.1 d). Das sind Plattenpaare oder Sonderprofile, die durch waagerecht angeordnete Rahmen gestützt sind.

Die Verbaubox wird bei standfestem Boden neben dem Graben bereitgestellt (□ 1.35 und □ 1.36) und nach dem Aushub mit geeignetem Hebezeug in den Graben eingeschwenkt und abgesetzt ("Einstellverfahren"). Ist der Boden nicht standfest, so können die Platten auch kontinuierlich mit dem Aushub zur Stützung der Grabenwände eingedrückt werden ("Absenkverfahren"). Bei größeren Tiefen kann die Verbaubox durch Aufsatzboxen aufgestockt werden. Nachdem die seitlichen Platten der Verbaubox durch Anziehen der Steifen gegen die Grabenwände gedrückt worden sind, können die Leitungsarbeiten ausgeführt werden.

□ 1.34 Beispiele: Grabenverbaugeräte a) mittig gestützt, b) randgestützt, c) Schleppbox (nach DIN 4124)

a) b) c)

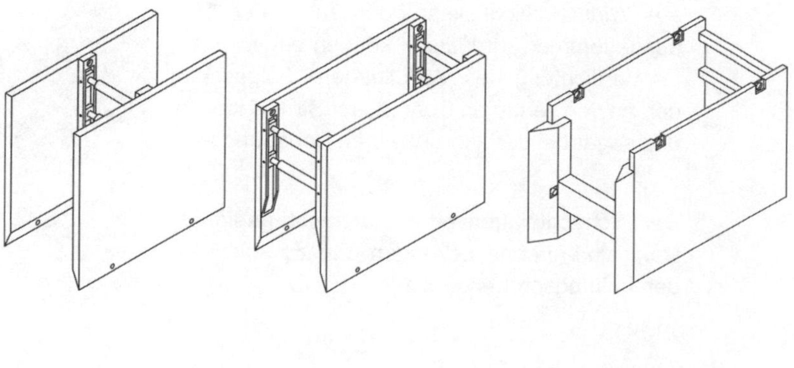

Der Rückbau erfolgt in folgenden Schritten: a) Verfüllung und Verdichtung bis zum Rohrscheitel, b) Ziehen der Schachtplatte bis zur Oberkante der Verfüllung, c) Einfüllen und Verdichten des Boden bis 1,25 m unter Oberkante Graben und d) Ziehen der Verbaubox aus dem Graben, e) restliche Verfüllung und Verdichtung.

Von den Herstellerfirmen wird ein umfangreiches Programm von Schachtplatten für die verschiedenen Grabentiefen und Anwendungsbereiche angeboten.

Im freien Gelände und bei entsprechenden Bodenverhältnissen kann sehr wirtschaftlich mit der Schleppbox (□ 1.34 c) gearbeitet werden: eine verstärkte, randgestützte Schachtplatte wird von einem schweren Bagger durch den Boden gezogen. Dabei wird der Boden im vorderen Teil der Box ausgehoben, im mittleren Teil werden die Rohre verlegt, und im hinteren Teil wird verfüllt.

Anwendung Wegen der hohen aufzubringenden Kräfte beim Absenken und späteren Ziehen der Schachtplatten ergeben sich häufig Probleme (z. B. bei rolligen Böden mit hoher Reibung). In diesen Fällen ist der Gleitschienenverbau vorzuziehen (siehe Abschnitt 1.7.2).

Schachtplatten sind wirtschaftlich einzusetzen bei geringen Grabentiefen (bis ca. 3 m) und Böden, die vorübergehend standfest sind. Eine ordnungsgemäße Verdichtung des Verfüllbodens kann zwar bei sorgfältiger Arbeit ausgeführt werden. Die Größe und Einheitlichkeit der Verbaubox kann aber dazu verführen, dass sie aus Wirtschaftlichkeitsgründen zu schnell herausgenommen wird. Dann können bei schlechter Verdichtung des Verfüllbodens Folgeschäden an den verlegten Rohren, der Straßendecke und sogar bei der angrenzenden Bebauung auftreten.

Der Schachtplattenverbau ist nicht geeignet, wenn vorhandene Leitungen den zu erstellenden Leitungsgraben kreuzen.

□ 1.35 Beispiel: Schachtplattenverbau (aus Informationsschrift der Emunds & Staudinger GmbH)

□ 1.36 Beispiel: Schachtplatten (Verbauboxen vor (a) und nach (b) dem Einbringen in den Graben (aus Informationsschrift der Krings Verbau GmbH)

Da eine ordnungsgemäße Verdichtung des Verfüllbodens beim Einsatz der Schleppbox nicht möglich ist, kann sie nur im freien Gelände und bei geringen Grabentiefen eingesetzt werden.

1.7.3 Gleitschienenverbau

Für den Gleitschienenverbau werden nach DIN 4124, Abschnitt 5.1.1 e) in Einfach- und Mehrfach-Gleitschienenpaaren geführte Platten verwendet, die durch gelenkige oder steife Stützbauteile verbunden sind (□ 1.37 a). Außerdem sind nach DIN 4124, Abschnitt 5.1.1 f) Gleitschienen-Grabenverbaugeräte mit Stützrahmen im Einsatz, bei denen in der Höhe verschiebliche Stützrahmen dafür sorgen, dass sich der Abstand gegenüberliegender Gleitschienen und Platten zueinander beim Absenkvorgang nicht verändert (□ 1.37 b).

□ 1.37 Beispiele: Gleitschienen Grabenverbaugeräte mit a) gelenkigen Streben, b) Stützrahmen (nach DIN 4124)

a) b)

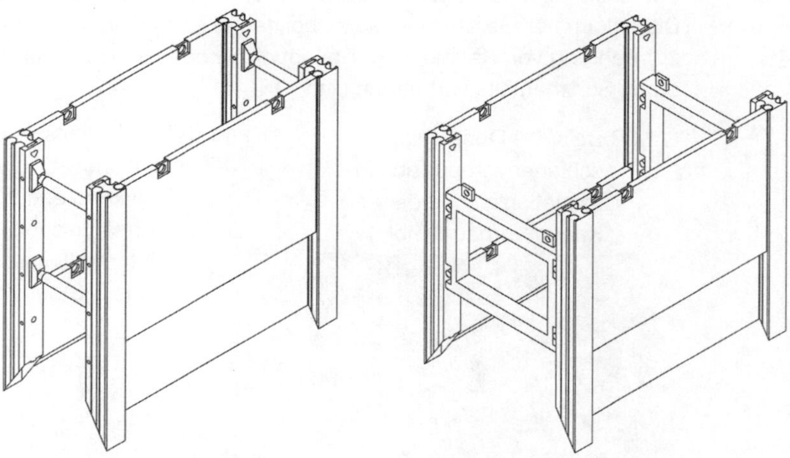

Verfahren Da die Platten zweier benachbarter „Verbaufelder“ in einer Gleitschiene geführt werden (□ 1.38, □ 1.39), entsteht ein für nicht standfeste Böden wichtiger lückenloser Verbau, dessen Elemente (Platten und Schienen) kontinuierlich mit dem Aushub eingedrückt werden können.

Anwendung Der Gleitschienenverbau eignet sich bei größeren Tiefen und bei nicht standfestem Boden besser als der Schachtplattenverbau.

Ein wesentlicher Vorteil ist die Gliederung des Verbaus in Gleitschienen und obere und untere Platten, so dass erheblich geringere Kräfte zum Ziehen der Platte benötigt werden als beim Ziehen der Verbauboxen. Ein weiterer Vorteil ist, dass der in Lagen eingebrachte Verfüllboden nach dem abschnittsweisen Ziehen der Platten direkt gegen den gewachsenen Boden verdichtet werden kann.

□ 1.38 Beispiel: Gleitschienenverbau („Linearverbau mit Laufwagen“ aus Informationsschrift der Emunds & Staudinger GmbH)

Ähnlich wie beim Schachtplattenverbau treten bei kreuzenden Leitungen Probleme auf. In diesem Fall können Varianten des Gleitschienenverbaus, z. B. mit Dielenkammern und kurzen Dielen (□ 1.40) oder das Dielenkammerverfahren (siehe Abschnitt 1.7.4) eingesetzt werden.

1.7.4 Dielenkammerverfahren

Grabenverbaugeräte

Für das Dielenkammerverfahren werden nach DIN 4124, Abschnitt 5.1.1 f) Dielenkammer-Geräte eingesetzt, bei denen es sich um Gurtpaare handelt, die zur Führung von Kanaldielen, Spundbohlen oder Sonderprofilen geeignet und durch Stützbauteile verbunden sind (□ 1.41).

□ 1.39 Beispiel: Doppelgleitschienenverbau (aus Informationsschrift der Krings Verbau GmbH)

□ 1.40 Beispiel: Gleitschienenverbau mit Dielenkammern und kurzen Dielen bei kreuzenden Leitungen („innerstädtischer Linearverbau“, aus Informationsschrift der Emunds & Staudinger GmbH)

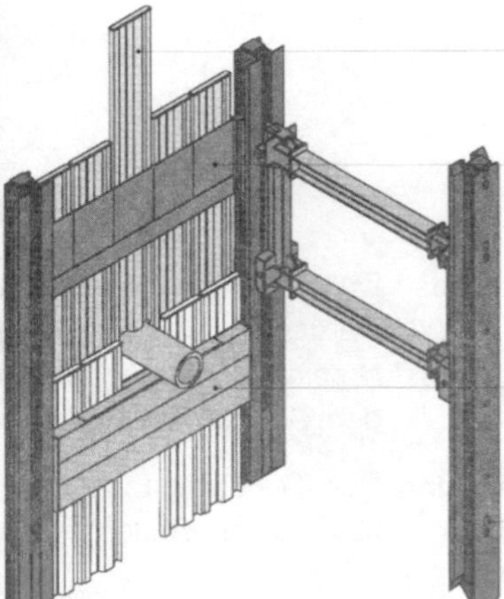

Verfahren

Die Gurtpaare (Dielenkammerplatten, □ 1.42) liegen horizontal im oberen Grabenbereich, führen dort exakt die Bohlen (Kanaldielen, Spundwandprofile o. ä.) und dienen gleichzeitig als deren Aussteifung und als Auflagerung für die Streben. Im unteren Grabenbereich werden die Kanaldielen konventionell ausgesteift und / oder so weit unter die Grabensohle eingebracht, dass ein Erdauflager entsteht.

□ 1.41 Beispiel: Durch Dielenkammerverbau gesicherter Graben (aus Informationsschrift der Krings Verbau GmbH)

□ 1.42 Beispiel: Dielenkammerplatte (aus Informationsschrift der Krings Verbau GmbH)

□ 1.43 Beispiel: Bauablauf beim Dielenkammer-Verfahren (aus Informationsschrift der Krings Verbau GmbH)

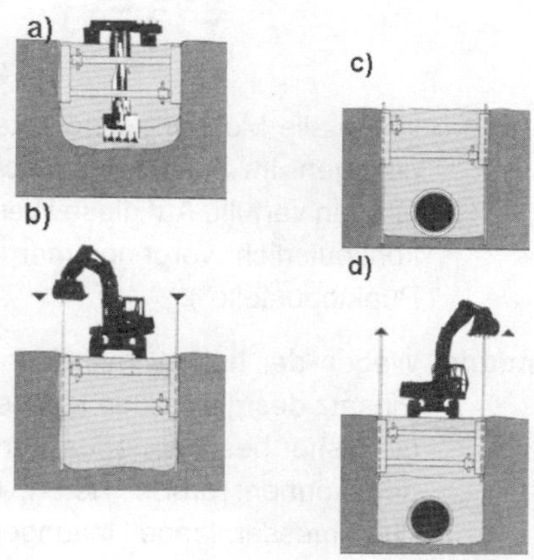

Zunächst wird der Boden so tief ausgehoben, dass die Kammerplatte eingesetzt und die Spindeln festgezogen werden können (□ 1.43 a). Hierdurch ist der Graben im oberen Bereich gesichert. Dann werden die Kanaldielen von oben in die Kammern eingeführt und mit dem Baggerlöffel jeweils dem Aushub vorauseilend vordrückt (□ 1.43 b). Bei nichtbindigem Boden können sie auch eingerüttelt werden. Der Aushub erfolgt abschnittsweise durch den am Kopf des Grabens stehenden Bagger. Die Rohre werden verlegt (□ 1.43 c) und der Rückbau vorgenommen (□ 1.43 d). Dabei wird der Graben entweder bis zur Unterkante der Kammerplatte lagenweise verfüllt und verdichtet und die Kanaldielen erst dann gezogen, oder die Kanaldielen werden immer um das jeweilige Verfüllmaß gezogen, so dass der Boden gegen die gewachsene Grabenwand ordnungsgemäß verdichtet werden kann.

Anwendung Das Dielenkammerverfahren wird häufig eingesetzt, wenn der Großflächenverbau mit Schachtplatten oder Gleitschienen problematisch wird:

Bei nichtbindigen Böden, bei denen ein Voraushub nicht möglich und ein Vordrücken der Verbauplatten schwierig ist, vor allem aber wenn kreuzende Leitungen vorhanden sind. In diesem Fall endet die entsprechende Diele oberhalb der Leitung, und der unterhalb liegende Raum wird konventionell verbaut.

1.7.5 Gleitender Messerverbau

Verfahren In einem schweren Verbaugerät sind ein Vorlauf- und ein Nachlaufrahmen miteinander gekoppelt. In dem Vorlaufrahmen sind waagerecht hydraulisch verschiebbare Messer angebracht, die nacheinander in den Boden gedrückt werden können. Das Gerät selbst bildet dabei das Widerlager. Ein am Kopf der Baugrube arbeitender Bagger nimmt den Aushub vor (□ 1.44).

□ 1.44 Beispiel: Gleitender Messerverbau

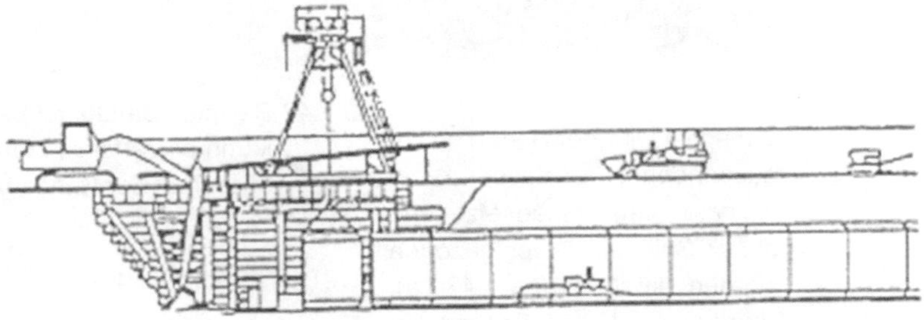

Wenn alle Messer ausgefahren sind, wird der Vorlaufrahmen hydraulisch vorgezogen. Im Schutz des Nachlaufrahmens werden die Rohre verlegt und der Graben verfüllt. Auf diese Weise können Aushub, Rohrverlegung und Rückbau kontinuierlich vorgenommen werden (man spricht von einer "wandernden Punktbaustelle").

Anwendung Wegen der hohen Investitionskosten in eine solche Verbaumaschine ist der Einsatz des gleitenden Messerverbaus auf Verhältnisse beschränkt, die durch die bisher beschriebenen Verbauverfahren nur schwer rentabel bewältigt werden können: große Tiefen, ungünstige Baugrundverhältnisse, große Rohrdurchmesser, lange Haltungen.

1.7.6 Automatisches Dielenkammer-Verbau-System und Hydrapressverfahren

Verfahren Das Automatische Dielenkammerverbausystem (ADVS) und das Hydrapressverfahren (HDP) werden mit einem auf Schienen fahrbaren, hydraulisch arbeitenden Einpressgerät (□ 1.45) ausgeführt. Eine Dielenkammer ermöglicht die untere und obere Führung der Dielen. Mit dem dazwischen liegenden hydraulisch betätigten "Balken" können die Dielen einzeln oder paarweise in den Boden gedrückt oder wieder gezogen werden. Dabei werden die gelochten Dielen mit kurzen Stahlstiften oberhalb oder unterhalb des Balkens abgesteckt.

Mit der gleichen Hydraulik kann über Spezialprofile, die wie die Kanaldielen oder Leichtspundwände in die Kammerseiten eingestellt werden, kontinuierlich mit dem Aushub eine Gurtung in die erforderliche Tiefe gedrückt werden. Sogar eine weitere Gurtung kann bei tiefen Gräben über Spezialprofile in die richtige Tiefe befördert werden.

Sind kreuzende Leitungen vorhanden, so kann die Gurtung von den Spezialprofilen gelöst und unterhalb der Leitungen wieder eingebaut werden. Die Dielen, die über der kreuzenden Leitung stehen, werden nicht mehr weiter vorgedrückt.

☐ 1.45 Beispiel: Hydrapress-Gerät (aus Informationsschrift der Krings Verbau GmbH)

Schließlich kann noch ein Stirnverbau mit den an den vier Eckpunkten der Kammer befindlichen Spezial-Profilen heruntergedrückt werden.

Ist ein Abschnitt fertiggestellt, werden die Schienen, auf denen das Gerät steht, unter der Kammer weggezogen und für das anschließende Teilstück ausgerichtet. Dann kann das Gerät mit eingestellten Dielen, Spezialprofilen und Gurtung über die Schienen in die nächste Stellung gezogen werden.

Anwendung Mit Hilfe dieser Verfahren ist der Grabenverbau auch in größeren Tiefen technisch einwandfrei, schnell und damit wirtschaftlich möglich. Sie sind sehr umweltfreundlich, weil die Geräte leise und erschütterungsfrei arbeiten und deshalb vor allem für den innerstädtischen Tiefbau geeignet sind.

Die Verfahren sind schnell und wirtschaftlich, weil beim Vorbau das Eindrücken der Dielen und der Aushub sowie beim Rückbau das Ziehen der Dielen, der Einbau und die Verdichtung des Verfüllmaterials gegen den gewachsenen Boden gleichzeitig ausgeführt werden können.

Sie sind in fast allen Böden anwendbar, Hindernisse können relativ einfach durch den Bagger beseitigt werden, und kreuzende Leitungen stellen kein Problem dar. Sie sind Dielen schonend und verschleißarm, weil nicht gerammt wird.

Weil der Grabenaushub gleichzeitig mit dem Aushub erfolgen kann, liegen die Press- und Ziehkräfte weit unter denen anderer Verbauarten. Daher ist auch

1.8 Spundwände

1.8.1 Grundlagen

Anwendung Spundwandverbau (□ 1.05) ist wegen seiner Wasser absperrenden Funktion und vollflächigen Wandstützung besonders geeignet für Baugruben in offenen Gewässern und auch dann, wenn anstehendes Grundwasser nicht abgesenkt werden darf oder kann.

Profile Bei der Wahl des Spundwandprofils und der Stahlqualität sind nicht nur die Ausnutzung der Tragfähigkeit, sondern auch Kriterien der Gebrauchstauglichkeit, der Rammbarkeit und der Wiedergewinnbarkeit zu berücksichtigen (DIN 4124, Abschnitt 8.1.3).

Je nach den vorliegenden Untergrundverhältnissen und dem Zweck der Spundwand steht eine große Zahl von Profilen und Stahlsorten (gemäß DIN EN 10 248-1: ⇒ Informationsschriften der Lieferfirmen) mit unterschiedlichen Abmessungen, statischen Werten und Schlossausbildungen von verschiedenen Herstellern zur Verfügung (□ 1.46 und □ 1.47).

Nachbarbebauung

□ 1.46 Beispiele: Spundwandprofile (a, b, c ... siehe □ 1.47) nach Schneider, 2010

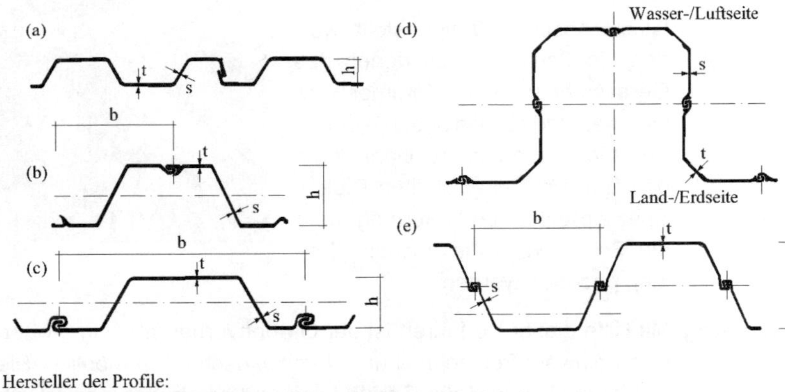

Hersteller der Profile:
AU, AZ, L, PU: Arcolor Commercial Spundwand Deutschland GmbH
LARSSEN, HOESCH: Salzgitter Gruppe

Im innerörtlichen Bereich und bei nahegelegenen baulichen Anlagen sind im Hinblick auf Erschütterungs- und Lärmemissionen gegebenenfalls erhöhte Anforderungen an das Einbring- und Ziehverfahren für Spundbohlen zu beachten (DIN 4124, Abschnitt 8.1.4).

In Deutschland werden vor allem Spundwände von Hoesch und ProfilARBED / ISPC, Luxemburg verwendet, wobei Vertrieb und Beratung für HOESCH-Spundwände über die HSP Hoesch Spundwand und Profil GmbH in Dortmund, ein Unternehmen der Salzgitter Gruppe, und für ARBED-Spundwände über die Krupp GfT Gesellschaft für Anlagen-, Bau- und Gleittechnik mbH in Essen erfolgen, siehe auch Firmenverzeichnis: Anhang E).

☐ 1.47 Beispiele: Statische Werte der Spundwandprofile (nach Schneider, 2000)

Profil	Profiltyp	W_y	I_y	Gewicht		b	h	t	s	A
		[cm³/m]	[cm⁴/m]	[kg/m]	[kg/m²]	[mm]	[mm]	[mm]	[mm]	[cm²/m]
1. Kanaldielen										
KD III S	c	80	150	23,2	62	375	40	6,5	6,5	79,0
HKD 400/6	b	102	254	22,1	55	400	50	6,0	6,0	70,4
KD VI	c	242	968	50,0	83	600	80	8,0	8,0	106,0
HKD/KD 800	a	273	1364	59,0	73	800	100	8,0	8,0	93,0
2. Leichtprofile										
HL / KL 1	f	140	560	20,2	45,0	450	80,0	4,5	4,5	57,6
DWU 44	f	161	742	28,8	43,6	660	90,5	4,5	4,5	55,6
DWU 35	f	329	2061	38,9	54,7	711	127,0	5,0	5,0	69,7
HL / KL 2	f	338	220	37,8	63,0	600	130,0	6,0	6,0	80,3
HL / KL 2/7	f	388	2560	45,0	75,0	600	131,0	7,0	7,0	95,5
HL / KL 3	f	540	4050	61,5	88,0	700	150,0	8,0	8,0	111,9
DWU 55	f	562	5390	52,2	70,7	739	190,5	5,5	5,5	82,0
DWU 56	f	658	6359	61,4	83,1	739	191,5	6,5	6,5	105,9
3. Normalprofile										
Larssen 600	g	510	3840	56,4	94	600	150	9,5	9,5	120
Larssen 600 K	g	540	4050	59,4	99	600	150	10,0	10,0	126
Larssen 20	g	600	6600	39,5	79	500	220	7,0	6,0	101
PU 6	g	600	6720	45,3	75	600	226	7,5	6,4	96
Larssen 21	g	700	7700	47,5	95	500	220	8,2	8,0	121
Larssen 601	g	745	11520	46,3	77	600	310	7,5	6,4	98
HOESCH 95	d	750	7130	49,9	95	525	190	8,0	8,0	121
PU 8	g	830	11610	54,5	91	600	280	8,0	8,0	116
Larssen 602	g	830	12870	53,4	89	600	310	8,2	8,0	113
Larssen 32	g	850	10600	45,9	122	450	250	10,5	10,5	155
JSP 2	g	874	8740	48,0	120	400	200	10,5	-	153
HOESCH 122	d	940	8930	64,1	122	525	190	11,0	10,7	155
HOESCH 1200	d	1140	14820	61,5	107	575	260	9,5	9,5	136
Larssen 603	g	1200	18600	64,8	108	600	310	9,7	8,2	138
PU 12	g	1200	21550	65,9	110	600	360	9,8	9,0	140
HOESCH 116	d	1200	15000	60,9	116	525	250	9,3	9,0	148
Larssen 703	g	1210	24200	67,5	96,5	700	400	9,5	8,0	123
Larssen 603 K	g	1240	19220	68,1	113	600	310	10,0	9,0	145
AZ 13	d	1300	19700	72,0	107	670	303	9,5	9,5	137
Larssen 703 K	g	1300	25950	72,1	103	700	400	10,0	9,0	131
JSP 3	g	1340	16800	60,0	150	400	250	13,0	-	191
Larssen III	g	1350	16670	62,0	155	400	247	14,2	9,2	197
PU 16	g	1600	30520	74,7	124	600	380	12,0	9,0	159
L 2 S	g	1600	27200	69,7	139	500	340	12,3	9,0	177
Larssen 604	g	1620	30710	74,5	124	600	380	10,5	9,0	158
Larssen 43	g	1660	34900	83,0	166	500	420	12,0	12,0	212
HOESCH 1700 K	d	1700	29750	67,3	117	575	350	9,5	9,5	149
HOESCH 134	d	1700	25500	70,4	134	525	300	10,0	9,5	171
HOESCH 1700	d	1720	30100	66,7	116	575	350	10,0	9,0	148
AZ 18	d	1800	34200	74,4	118	630	380	9,5	9,5	150
Larssen 23	g	2000	42000	77,5	155	500	420	11,5	10,0	197
HOESCH 155	d	2000	30000	81,4	155	525	300	12,8	9,8	197
PU 20	g	2000	43000	84,3	141	600	430	12,4	10,0	180
L 3 S	g	2000	40010	78,9	158	500	400	14,1	10,0	201
Larssen 605	g	2020	42370	83,5	139	600	420	12,5	9,0	177
Larssen 605 K	g	2030	42550	86,7	144	600	420	12,2	10,0	184
HOESCH 2500	d	2480	43400	87,4	152	575	350	12,5	9,5	193
Larssen 606	g	2500	54370	94,4	157	600	435	15,6	9,2	201
Larssen 24	g	2500	52500	87,5	175	500	420	15,6	10,0	223
PU 25	g	2500	56500	94,1	157	600	452	14,2	10,0	200
L 4 S	g	2500	55010	86,2	172	500	440	15,5	10,0	219

□ 1.47 Fortsetzung Beispiele: Statische Werte der Spundwandprofile (nach Schneider, 2000)

Profil	Profiltyp	W_y	I_y	Gewicht		b	h	t	s	A
		[cm³/m]	[cm⁴/m]	[kg/m]	[kg/m²]	[mm]	[mm]	[mm]	[mm]	[cm²/m]
3. Normalprofile										
Larssen 606 K	g	2540	55240	97,5	162	600	435	15,6	10,0	207
HOESCH 2500 K	d	2540	44450	89,1	155	575	350	12,8	10,0	197
Larssen 24/12	g	2550	53610	92,7	185	500	420	15,6	12,0	236
HOESCH 175	d	2600	44200	91,9	175	525	340	14,0	10,0	223
AZ 26	d	2600	55510	97,8	155	630	427	13,0	12,2	198
Larssen 25	g	3040	63840	103,0	206	500	420	20,0	11,5	262
HOESCH 215	d	3150	53550	113,0	215	525	340	18,8	12,0	274
Larssen 607	g	3200	69600	114,4	191	600	435	21,5	9,8	243
PU 32	g	3200	72260	114,6	191	600	452	19,5	11,0	243
Larssen 607 K	g	3220	70030	115,2	192	600	435	21,5	10,0	244
AZ 36	d	3600	82800	122,2	194	630	460	18,0	14,0	247
BZ 42	d	4200	73920	135,3	271	500	354	24,0	14,0	345
Larssen 430	c	6450	241800	83,0	235	708	750	12,0	12,0	299

DIN EN 12063 Ausführung von besonderen geotechnischen Arbeiten (Spezialtiefbau) Spundwandkonstruktionen

Technische Lieferbedingungen: DIN EN 10248-1 und DIN EN 10249-1

Grenzabmaße: DIN EN 10248-2 und DIN EN 10249-2

Empfehlungen des Arbeitskreises "Baugruben" (EAB)

Regelwerke

Empfehlungen des Arbeitsausschusses "Ufereinfassungen" (EAU).

Weitere Unterlagen

Arbed: Spundwand-Handbuch, Teil 1. Grundlagen

HSP Hoesch: Spundwand-Handbuch-Berechnung.

Planung, Berechnung und Ausschreibung von Spundwandbauwerken können u. a. mit Hilfe und Beratung der Spundwandhersteller und -vertriebsgesellschaften (siehe auch Anhang E: Firmenverzeichnis) und der über sie erhältlichen umfangreichen Druckschriften erfolgen. ⇒ Rizkallah (2000/2).

⇒ Lund, N. C. 2000, Rizkallah 2000/2. Lieferung der Spundbohlen: siehe TL Spundbohlen des Bundesministers für Verkehr (1992) bzw. DIN EN 10 248 oder DIN EN 10 249. Veröffentlichungen des Stahl-Informationszentrums, 40213 Düsseldorf (siehe Literaturverzeichnis, Anhang B).

Geschichte

Spundwände werden seit ca. 100 Jahren als konstruktives Element im Bauwesen eingesetzt. ⇒ Druckschriften der Spundwandfirmen. Historische Entwicklung der Standsicherheitsnachweise: Kalle / Zentgraf (1992). Wind / Wieners (1997).

Spundwandkonstruktion

Konstruktion zum Zurückhalten von Boden und Wasser, bestehend aus Spundbohlen, Boden oder Fels, einer Gurtung und aus Steifen / Stützen oder Verankerungen (□ 1.48).

□ 1.48 Beispiele: Spundwand Konstruktionen (nach EN 12063)

1 Spundbohle	5 Ankerstab
2 Steife	6 Ankertafel oder -wand
3 Gurt	7 Variabler Winkel
4 Felsdübel	8 Verpressanker oder Zugpfahl

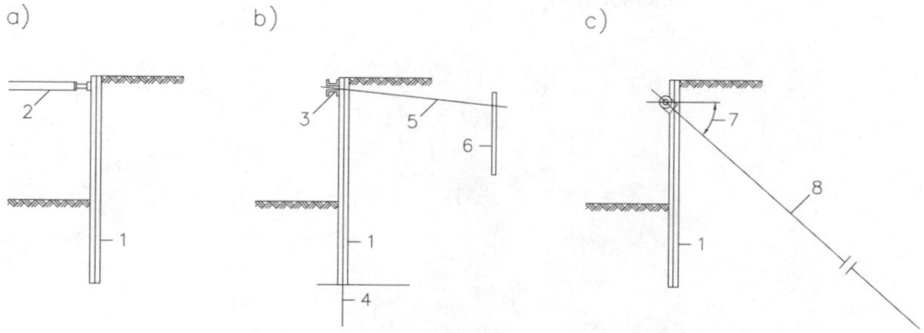

Steife/ Stütze Auf Druck beanspruchtes Bauteil, gewöhnlich aus Stahl, Holz oder Stahlbeton, zum Abstützen der Spundwand, das meistens mit einer Gurtung verbunden ist.

Gurtung Horizontaler Träger, gewöhnlich aus Stahl oder Stahlbeton, an dem die Verankerungen oder Steifen befestigt sind. Die Gurtung verteilt die angreifenden Kräfte gleichmäßig über die Spundwand und dient auch zum Ausrichten und Aussteifen der Wand (□ 1.49, □ 1.50 und □ 1.51).

E 29 der EAU empfiehlt, die Gurte kräftig auszubilden und reichlich zu bemessen, wobei schwere Gurte aus St 37 leichteren Gurten aus St 52 vorzuziehen sind.

Verankerungen Spundwände können mit Hilfe von Rundstahlankern an Ankerwänden oder Ankertafeln ("konventionelle" Verankerung) oder mit Hilfe von Verpressankern oder Ankerpfählen verankert werden (siehe Abschnitt 3).

Felsdübel Stab, der am Fuß der Spundbohle herausragt und zur Befestigung der Spundbohlen im gewachsenen Fels verwendet wird (□ 1.48).

Steifen / Anker Steifen und Anker dürfen nur gegen Zangen und Gurte gesetzt werden, sofern nicht jede Doppelbohle für sich gestützt wird oder bei Stützung nur jeder zweiten Doppelbohle ein Nachweis der Lastübertragung geführt wird. Wo die Zangen oder Gurtungen nicht an der Spundwand anliegen, ist der Zwischenraum so weit auszufüttern, wie es für eine einwandfreie Kraftübertragung erforderlich ist (DIN 4124, Abschnitt 8.1.5).

Kombinierte Stützwand Stützwand, die aus Trag- und Zwischenelementen besteht (auch "gemischte Spundwand" genannt). Trägerelemente können Stahlrohre, Träger oder Kastenpfähle sein. Zwischenelemente sind meistens U- und Z-Spundbohlen (□ 1.52).

□ 1.49 Beispiel: Baugrubenverbau mit zweifach verankerter Spundwand und Spundbohlengurten, an denen die Verpressanker befestigt sind (aus Informationsschrift der HSP Hoesch Spundwand und Profile GmbH)

□ 1.50 Beispiel: Verankerung einer Spundwand: Spundbohlengurt mit Kopf eines Verpressankers (aus Informationsschrift der HSP Hoesch Spundwand und Profile GmbH)

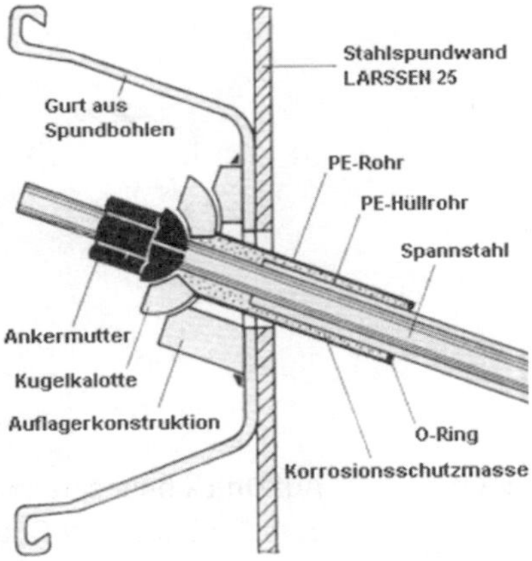

□ 1.51 Beispiel: Spundwand-Schachtgrube mit Aussteifung durch Stahlbetonkreisringe (aus Informationsschrift der HSP Hoesch Spundwand und Profile GmbH)

Vor- und Nachteile Als Fertigbauweise kurze Bauzeit und geregelte Qualitätssicherung auch nach dem Einbau, schnelles Einbringen mit überschaubarem Geräteeinsatz und geringem Personalaufwand. Sofortige Belastbarkeit, hohe Traglastreserven, geringe Witterungseinflüsse, wirtschaftliche Anpassung an die jeweiligen Verhältnisse. Änderungen und Erweiterungen sind relativ einfach möglich. Entfernung und Wiederverwendung nach Gebrauch möglich. Nahezu wasserdichte Verbauwand. Erhöhung der Wasserdichtigkeit durch Einsatz von Schlossverfüllungen oder Schlossdichtung. Integration in das Bauwerk als statisch tragendes Bauteil. Nachteil ist die Korrosion von Stahl (siehe hierzu Stichwort "Korrosion").

□ 1.52 Beispiele: Kombinierte Spundwände (nach EN 12063)

a) Rohre + U-Spundbohlen
b) Kastenpfähle aus U-Bohlen + U-Spundbohlen
c) Kastenpfähle aus Z-Bohlen + Z-Spundbohlen
d), e) Träger + Z-Spundbohlen

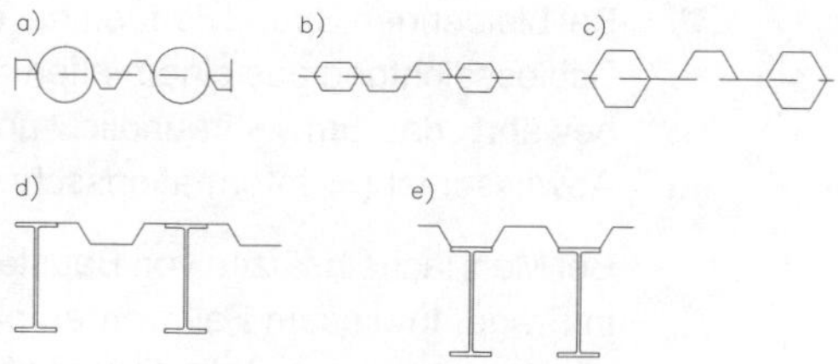

Korrosion Maßnahmen zum Korrosionsschutz: a) Feuerverzinkung, b) Beschichtungen nach verschiedenen Verfahren und in unterschiedlichen Kombinationen je nach Anwendungsbereich der Spundwand und der Verankerungselemente: siehe Informationsschriften der Firmen, z. B. Krupp GfT / SIGMA Coatings), c) Korrosionszuschlag bei der Bemessung, z. B. 0,02 mm pro Jahr (Mittellandkanal), bei aggressivem Boden und Wasser (□ 1.53) höher (Schmidt-Vöcks 2000).

□ 1.53 Beispiel: Spundwand in der Spritzwasserzone (Meerwasserimmersion, aus Informationsschrift der HSP Hoesch Spundwand und Profile GmbH)

⇒ Rust (1992). Karius (1995).

Rückbau Schrittweises Entfernen einer Spundwand aus der Baugrube nach Abschluss der unterirdischen Baumaßnahme. Jeder einzelne Rückbauzustand ist statisch nachzuweisen (siehe Abschnitt 2.2.2).

1.8.2 Konstruktion

Profile

Bei der Auswahl der Profile (□ 1.46 und □ 1.47) müssen außer statischen auch rammtechnische Gesichtspunkte beachtet werden, vor allem bei großen Bohlenlängen und Rammtiefen sowie bei festem Untergrund (⇒ TESPA: Rammfibel für Stahlspundwände).

Schlösser

Bei Baugruben- und bleibenden Spundwänden mit Wasserüberdruck wird meistens eine wasserdichte Ausführung verlangt.

Bei bleibenden Spundwänden hat sich seit einigen Jahren eine dauerelastische Schlossdichtung aus einem alterungs- und witterungsbeständigen Polyurethan bewährt, das umweltfreundlich und resistent gegen Seewasser und normale Abwässer ist (⇒ Informationsschriften der Spundwandfirmen).

Bei Mehrfacheinsätzen von Baustellenspundwänden kommt diese Lösung nicht in Frage. In diesem Fall werden phenolfreie Bitumenkitte als Dichtungsmaterialien verwendet und die Spundwände durch Rammen eingebracht. Beim Einsatz von Vibrationsbären besteht die Gefahr eines erhöhten Abriebs des Dichtungsmaterials (Schmidt / Seitz 1998).

Einbindetiefe

Über die statisch nachgewiesene Einbindetiefe erf t (siehe Berechnungsbeispiele) hinaus ist oftmals eine Vergrößerung der Einbindetiefe notwendig, um

- die geforderte Sicherheit gegen Geländebruch oder hydraulischen Grundbruch herzustellen,
- bei einer Uferspundwand ein Auskolken (Ausspülen) der Sohle zu verhindern,
- bei einer Baugrubenspundwand die Wasserhaltungskosten dadurch zu minimieren, dass die Wand in eine schwer wasserdurchlässige Schicht eingebunden wird.

Gurtung

Wenn der Boden eine ausreichende Einbindetiefe zulässt, besitzen Spundwände i. Allg. ein Erdauflager und eine oder mehrere hoch liegende Gurte, an denen die Verankerungen (siehe Abschnitt 2.9) angreifen.

Das Bemessungsmoment der Gurtung kann näherungsweise mit folgendem Ansatz berechnet werden:

$$max\, M_k = 0{,}1 \cdot A_{h,k} \cdot a^2 \qquad (1.09)$$

Hierin ist:

A_h horizontale Ankerkraft (kN/ m)

a Ankerabstand (m).

Gurtausbildungs- und -befestigungsmöglichkeiten: ⇒ Informationsschriften der Spundwandfirmen.

Anker Siehe Abschnitt 3. Ankerelemente, Ankerteile, Anschlusselemente an der Hauptwand und der Ankerwand / Ankertafel: □ 2.67 ⇒ Informationsschriften der Spundwandfirmen.

Holm Bleibende Spundwände erhalten als oberen Abschluss einen Holm aus Stahl oder Stahlbeton. Dieser wird nach konstruktiven und betrieblichen, bei einer Übertragung von Auflagerkräften (Holmgurt) auch nach statischen Gesichtspunkten ausgebildet: ⇒ Informationsschriften der Spundwandfirmen.

Staffelung Spundwand und Ankerwand können aus Wirtschaftlichkeitsgründen gestaffelt werden. Dabei kann jede zweite Bohle nach EAU ohne rechnerischen Nachweis bis zu einem Meter tiefer gerammt werden als die anderen Bohlen. Durch Gewölbebildung wird der Erddruck auf die tiefer gerammten Bohlen übertragen, so dass die Wand wirkt, als ob sämtliche Bohlen gleich tief gerammt worden wären.

Weitere Hinweise EAB. EAU. Grundbautaschenbuch (verschiedene Jahrgänge). Hoesch Stahl AG: Spundwand-Handbuch Berechnung.

ThyssenKrupp: Profil ARBED Spundwände / Pfähle. Informationsschriften der Lieferfirmen (siehe Anhang E). Weißenbach (1990).

1.8.3 Einbringen

Die Spundwandbauweise ist besonders wirtschaftlich, wenn die Bohlen durch Rammen oder Rütteln eingebracht werden können. Die dabei einzusetzenden Geräte und Verfahren werden in der diesbezüglichen umfangreichen Literatur (siehe Anhang B) und in den Informationsschriften der Spundwandfirmen (siehe Anhang E, z. B. TESPA: Rammfibel für Stahlspundbohlen) ausführlich beschrieben, so dass hier nur ein kurzer Überblick gegeben wird.

Eignung von Böden für das Einbringen von Spundbohlen: siehe EAU, Schnell (1990), Informationsschriften der Lieferfirmen (siehe Anhang E).

Rammbär Teil des Rammgeräts (□ 1.55 und □ 1.56), das die Bohlen durch Schlagenergie auf Tiefe bringt (□ 1.54 a). Für das Einrammen von Spundwänden kommt vor allem der Schnellschlagbär in Frage: in einem Zylinder bewegt sich ein Doppelkolben mit geringer Schlaghöhe rasch hin und her, weil er mit Druckluft von oben und unten wechselweise beaufschlagt wird.

Er wird zum Einbringen und Ziehen von Spundbohlen und Kanaldielen vor allem in nichtbindigen Böden eingesetzt (□ 1.57).

Mäkler Stahlträger oder ähnliches Element, das am Rammgerät befestigt ist (□ 1.54 a), um den Bär, den Pfahl oder die Spundbohle zu führen, so dass ein maßgerechtes Einbringen gewährleistet ist.

Rammhaube Vorrichtung (□ 1.54 b und □ 1.55), die auf der Spundbohle sitzt und über ein Futter den Schlag des Rammbärs dämpft und verteilt, so dass eine Beschädigung des Bohlenkopfs vermieden wird.

□ 1.54 Beispiel: Rammhaube a) Vertikalschnitt, b) Horizontalschnitt (nach EN 12063)

1 Bär
2 Rammhaubenfutter
3 Mäkler
4 Gleitführung
5 Rammhaube
6 Mäklerführung

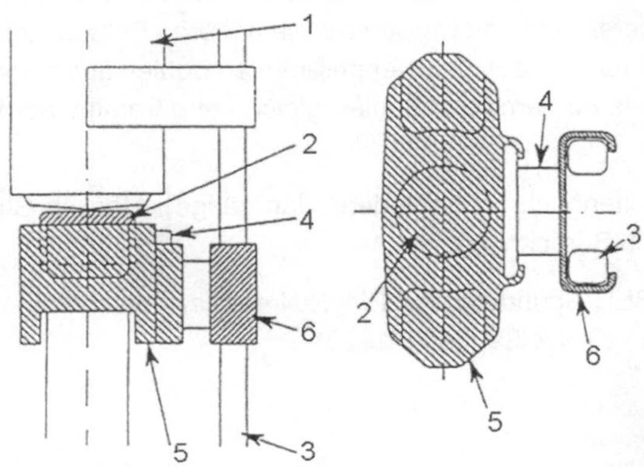

□ 1.55 Beispiel: Rammgerät mit feststehendem Mäkler (nach ThyssenKrupp, 2010)

Spülhilfe Einsatz von Druckwasser zur Verminderung des Eindringungswiderstands während des Einbringens der Spundbohle, wenn Rammen oder Rütteln allein nicht zum Ziel führt. Das Druckwasser (4...6 bar) wird mit einer Spüllanze bis an den Bohlenfuß geführt. Hierdurch wird der Boden aufgelockert und ein aufsteigender, reibungsmindernder Spülstrom erzeugt. Daher kann die Spundbohle (Kanaldiele) schon allein durch das Spülen einsinken, so dass erst auf den letzten Metern gerammt / gerüttelt werden muss.

Rammgerät Gerüst, Kran oder Bagger, an denen der Mäkler mit dem Rammbär (Rüttelbär) befestigt ist. Der Einsatz von gleisgebundenen Gerüstrammen, mit denen umfangreiche und genaue Rammarbeiten (z. B. für Kaianlagen) möglich sind, erfordern aufwändige Vorarbeiten (Gleisverlegung, provisorische Holzpfahlgründung usw.). Dagegen arbeiten raupenfahrbare Kran- (□ 1.55) oder Baggerrammen (□ 1.56) nicht so genau, sind aber sofort in jedem Gelände einsetzbar. Bagger müssen allerdings für diesen Zweck umgebaut und mit einem Mäkler versehen werden.

Für Rammarbeiten im offenen Wasser können Landrammen auf Pontons, Deckschuten, Baggerprähmen usw. oder andere für diesen Zweck konstruierte Schwimmkörper mit geringem Tiefgang gestellt werden, deren große Fläche eine ruhige Lage begünstigt und ein Verkanten beim Rammvorgang verhindert. Eine größere Genauigkeit wird mit einem Rammgerät auf einer Hubinsel erreicht, die schwimmend zur Einsatzstelle geschleppt und auf ihren hydraulischen Beinen so weit angehoben wird, dass der Wellengang ihre Plattform nicht mehr erreicht.

Emissionen

Die beim Einbringen von Spundwänden durch Rammen o der Rütteln auftretenden Emissionen (Erschütterungen, Lärmentwicklung) können durch Proberammungen mit entsprechenden Messungen in der Planungsphase (Deman/ Scheuerer 1997) oder durch Prognoseverfahren (Gerasch 1995) ermittelt und in eng bebauten Gebieten durch besondere Maßnahmen gemindert oder vermieden werden.

□ 1.56 Beispiel: Baggerramme (nach ThyssenKrupp, 2010)

Einstellen oder Einhängen in suspensionsgestützte Schlitze: Diese Bauweise wird vor allem angewendet, wenn eine Dichtwand (siehe Abschnitt 1.11) auch eine tragende Funktion als Baugrubenwand haben soll und das Einrammen oder Einrütteln von Spundwänden nicht in Frage kommt. Nach Niederbringen des mit Stützflüssigkeit gefüllten Schlitzes bis zum Grundwasserstauer wird die Spundwand entweder eingestellt oder - vor allem bei großer Tiefe - nur im oberen, statisch erforderlichen Bereich des Dichtungsschlitzes "eingehängt" und übernimmt dort ihre Stützfunktion gegen den seitlichen Erddruck (□ 1.58, □ 1.59 und □ 1.60).

Einpressen ohne und mit Bohrhilfe: Für das Einbringen von Spundwänden im Bereich von engbebauten Stadtgebieten werden Pressgeräte eingesetzt (□ 1.62 und □ 1.63), mit denen die Bohlen geräuscharm und erschütterungsfrei eingedrückt werden können.

Resonanzfreie Vibrationstechnik: Durch den Einsatz von Vario-Rüttlern, bei denen die Exzentermomente während des Betriebs variiert werden können, ist eine optimale Anpassung von Frequenz und Amplitude an den Baugrund möglich. Dabei wird der "Anfahrpeak" im kritischen Frequenzbereich (Eigenfrequenz des Bodens) ausgeschaltet (Informationsschrift der Bauer Spezialtiefbau GmbH).

Einbring-hilfen

Wenn ein Rammfortschritt in schweren Böden nur mit sehr hoher Rammenergie zu erreichen ist, können als rammbegleitende Maßnahmen je nach den Baugrundverhältnissen folgende Einbringhilfen eingesetzt werden (Schmidt / Seitz 1998): Nieder- oder Hochdruckspülung, Entspannungsbohrungen vor Rammbeginn, die bei hohen Porenwasserdrücken mit Vertikaldränung kombiniert werden, und Lockerungssprengungen.

Weitere Hinweise TESPA: Rammfibel für Stahlspundbohlen sowie Informationsschriften der Spundwandfirmen (siehe Anhang E). Döhl / Roth (1989). Walter (1991). Gerasch (1995). Demann / Scheuerer (1997).

□ 1.57 Beispiel: Einbringen einer Spundwand mit einem Vibrationsbär (aus Informationsschrift der HSP Hoesch Spundwand und Profile GmbH)

□ 1.58 Beispiel: Einsetzen einer Spundbohle in einen Dichtschlitz (aus Informationsschrift der Franki Grundbau GmbH)

1.8.4 Anwendungsbeispiele

Spundwände werden u. a. angewendet:

- Traditionell als Stütz- und Dichtwand für bleibende Bauwerke im Wasserbau im Rahmen von Häfen und Ufersicherungen an der See und an Binnenwasserstraßen: Conrad (1992); Kirchdörfer (1992); Dücker (1992); Schmidt-Vöcks (2000, □ 1.61); Rizkallah (2000/1, □ 1.64). Radomski / Mayer (1982); Kammerschleuse Mannheim (□ 1.67).
- Als Baugrubenumschließung im Grundwasser: Haak / Idelberger (1979); U-Bahnhofsbauwerk München (□ 1.65), Anfahrschacht Rohrvortrieb (Informationsschrift der Keller Grundbau GmbH, □ 1.66); Baugrube für das Geschäftsgebäude Fetscherplatz in Dresden (Informationsschrift der Keller Grundbau GmbH).

□ 1.59 Beispiel: In einen suspensionsgestützten Schlitz eingehängte Spundwand (aus Informationsschrift der HSP Hoesch Spundwand und Profile GmbH)

□ 1.60 Beispiel: In einen suspensionsgestützten Schlitz eingestellte Spundwand (aus Informationsschrift der Brückner Grundbau GmbH)

□ 1.61 Beispiel: Ufersicherung am Mittellandkanal durch mit Schrägpfählen verankerte Spundwände (aus Schmidt-Vöcks, 2000)

□ 1.62 Beispiel: Bohrpressen von Spundwänden (aus Informationsschrift der Baugesellschaft Klammt KG)

- Als Baugrubenumschließung im offenen Wasser □ 1.68), die in das spätere Bauwerk einbezogen werden (□ 1.69), und bei großen Wasserdrücken und als Schutz vor Schiffsstößen als Fangedamm (□ 1.70 und □ 1.71) ausgebildet werden kann (□ 1.72 und □ 1.73).

- Im Ingenieur- und Verkehrswegebau als Stütz- und Dichtwand und zur Aufnahme von Vertikal- und Horizontalkräften im Bereich von Verkehrswegen und Brücken, die durch spezielle Konstruktionen direkt aus dem Überbau in die Spundwände eingeleitet werden: Gantke (1973); Reis / Schmiers (1997); Schulz (1997); Bartels (2000); Behelfsbrücke Pferdeturmkreuzung Hannover: Meyer, R. (2000, □ 1.74); Straßenbrücke Thionville: Informationsschrift der TESPA (□ 1.75), Eisenbahnbrücke Hazebrouck: Informationsschrift der TESPA (□ 2.63). Tunnel und Tiefgaragen: Tiefgarage Oslo-City (Informationsschrift der TESPA, □ 1.77).

□ 1.63 Beispiel: Einbringen einer Spundwand mit einer Hydraulikpresse a) Ansicht

□ 1.63 Beispiel (Fortsetzung): Einbringen einer Spundwand mit einer Hydraulikpresse b) Arbeitsablauf (aus TESPA Rammfibel für Stahlspundbohlen)

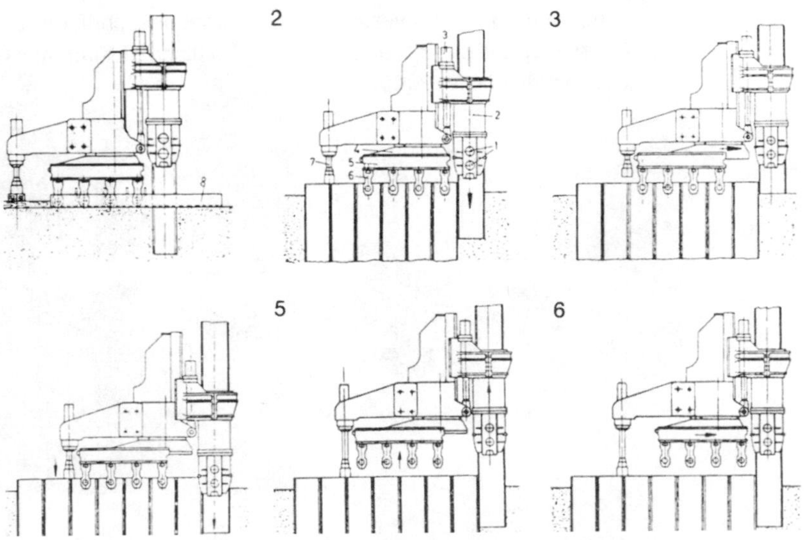

□ 1.64 Beispiel: Kombinierte (gemischte) Spundwand (Tragbohlen als I-Querschnitt in Psp 800 mit Doppelbohlen in Z-Form als Zwischenbohlen) im Hafenbau: Braunschweigkai in Wilhelmshafen (aus Rizkallah 2000)

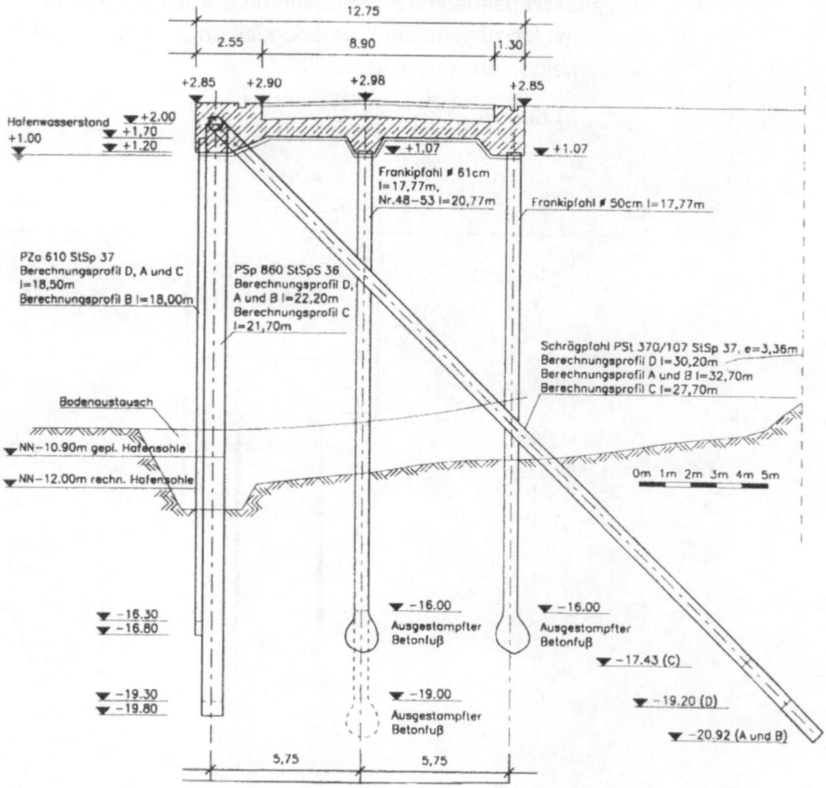

□ 1.65 Beispiel: Baugrubensicherung mit zweifach verankerten Spundwänden, die im Rüttelspülverfahren eingebracht wurden für ein U-Bahnhofsbauwerk in München (aus Informationsschrift der TESPA)

□ 1.66 Beispiel: Mit einer einfach verankerten Spundwand gesicherte Baugrube (Anfahrschacht für einen Rohrvortrieb) mit einem Außendurchmesser von 3600 mm (aus Informationsschrift der Keller Grundbau GmbH)

□ 1.67 Beispiel: Kammerschleuse bei Mannheim aus zweifach verankerten Larssenspundwänden, obere Verankerung mit Rundstahlankern an einer Ankerwand, untere Verankerung aus Rammpresspfählen. Die Schleusensohle aus Stahlbeton wurde gegen Auftrieb im Bauzustand mit Verpressankern, im endgültigen Zustand mit 14,5 m langen Doppelbohlen verankert

a) Schnitt

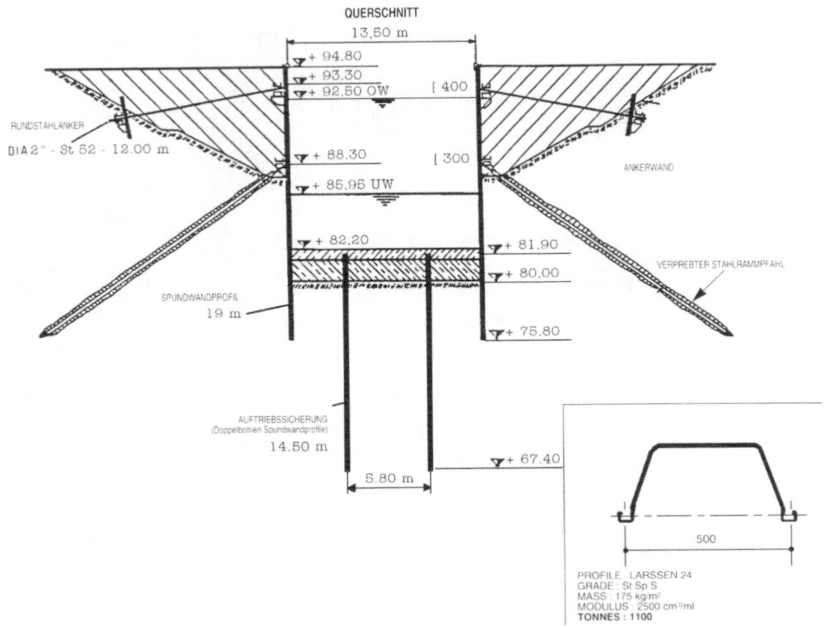

b) Ansicht (aus Informationsschrift der TESPA)

□ 1.68 Beispiel: Spundwandbaugrube für einen Brückenpfeiler (aus Informationsschrift der HSP Hoesch Spundwand und Profil GmbH)

□ 1.69 Beispiel: Flach-/Tiefgründung für die Mainbrücke in Frankfurt am Main - Kelsterbach a) Ansicht der Spundwandbaugrube b) Schnitt durch den Brückenpfeiler (aus Informationsschrift der HSP Hoesch Spundwand und Profil GmbH)

□ 1.69 Beispiel (Fortsetzung): Flach-/Tiefgründung für die Mainbrücke in Frankfurt am Main - Kelsterbach b) Schnitt durch den Brückenpfeiler (aus Informationsschrift der HSP Hoesch Spundwand und Profil GmbH)

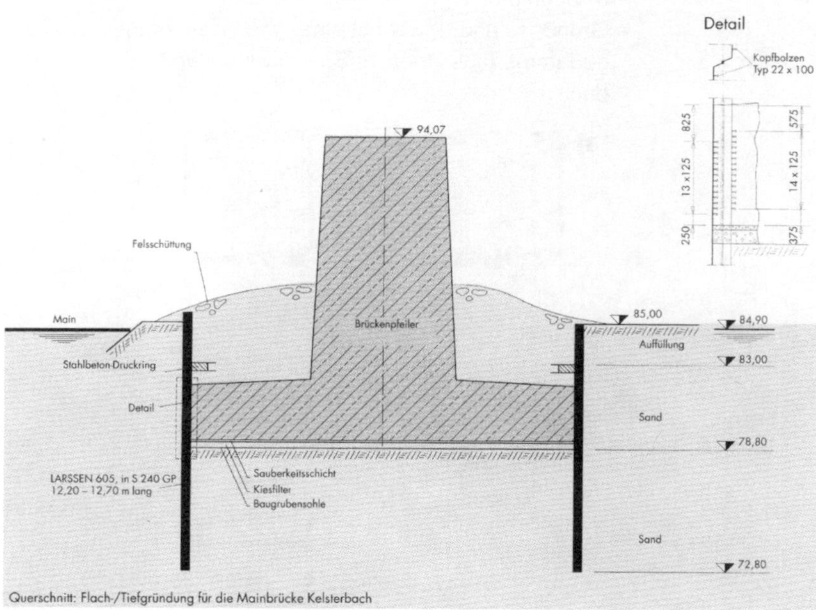

Querschnitt: Flach-/Tiefgründung für die Mainbrücke Kelsterbach

□ 1.70 Beispiel: Kastenfangedamm a) Schnitt: rammbarer Baugrund b) Schnitt: fester Fels c) Grundriss mit Festpunktblock (aus Hoesch, Spundwand Handbuch)

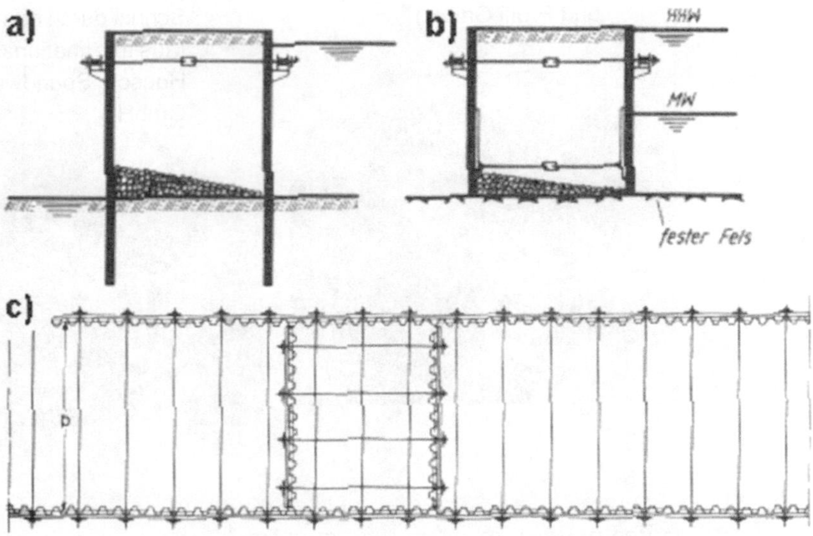

□ 1.71 Beispiel: Zellenfangedämme a) Grundriss und b) Schnitt eines Kreiszellenfangedamms c) Grundriss und d) Schnitt eines Flachzellenfangedamms (aus Hoesch, Spundwand Handbuch)

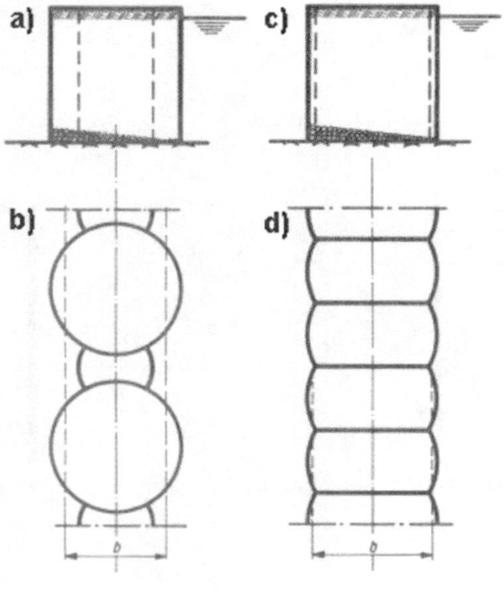

☐ 1.72 Beispiel: Kreiszellenfangedamm aus Spundwandflachprofilen als Schutz des Nordpfeilers der Normandiebrücke über das Mündungsdelta der Seine bei Le Havre gegen Schiffsstoß a) Schema b) Ansicht (aus Informationsschrift der TESPA)

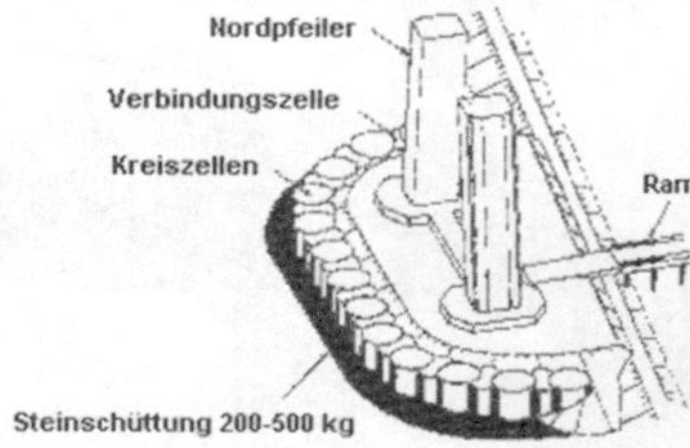

☐ 1.73 Beispiel: Kreiszellenfangedamm aus Spundwandflachprofilen für einen Kraftwerksneubau a) Einschwimmen des Führungstisches b) (aus Informationsschrift der HSP Hoesch Spundwand und Profil GmbH).

☐ 1.74 Beispiel: Auflagerung einer Behelfsbrücke auf Spundwände, die in einer Dichtwand eingestellt wurden bei der Baugrube des Trogbauwerks der Pferdeturmkreuzung in Hannover (nach Meyer, R. 2000)

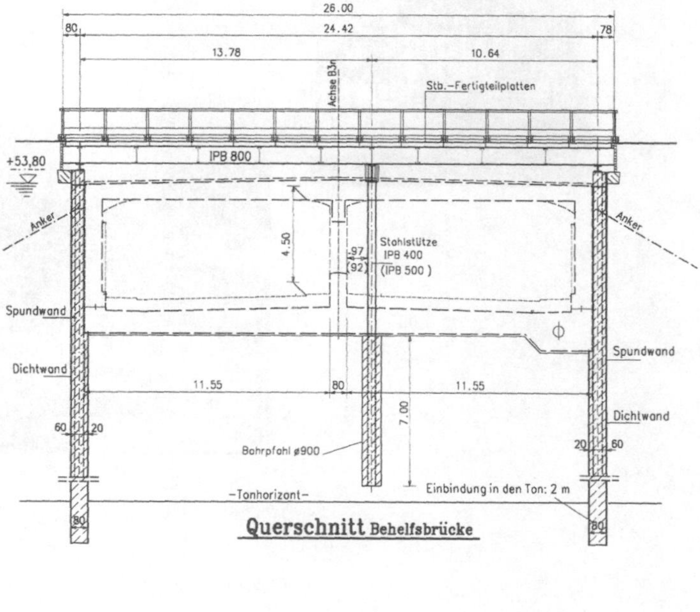

□ 1.75 Beispiel: Widerlager und Stützpfeiler aus beschichteten Larssenspundbohlen für eine Brücke über die Autobahn A 31 bei Thionville, Frankreich (aus Informationsschrift der TESPA).

□ 1.76 Beispiel: Spannbetonplatte und Eisenbahnbrücke bei Hazebrouk, Frankreich, Widerlager aus eingepressten Larssenbohlen mit Rundstahlverankerung an Ankerwänden (aus Informationsschrift der TESPA).

□ 1.77 Beispiel: Sechsgeschossige Tiefgarage Oslo-City mit Larssen-Spundwänden als bleibender Verbau, die auch zur Abtragung der Gebäudelasten in das Bauwerk integriert wurden (aus Informationsschrift der TESPA).

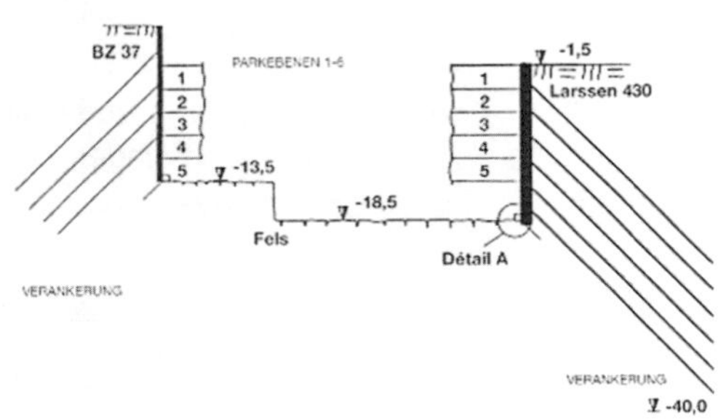

□ 1.78 Beispiel: Neubau Regenüberlaufbecken Bad König in Spundwandbauweise (aus Informationsschrift der HSP Hoesch Spundwand und Profil GmbH).

□ 1.79 Beispiel: Einkapselung kontaminierter Böden in Penzberg mit Spundwänden a) Schnitt b) Versuchskasten zur Überprüfung des Wasserdurchflusses (aus Informationsschrift der HSP Hoesch Spundwand und Profil GmbH).

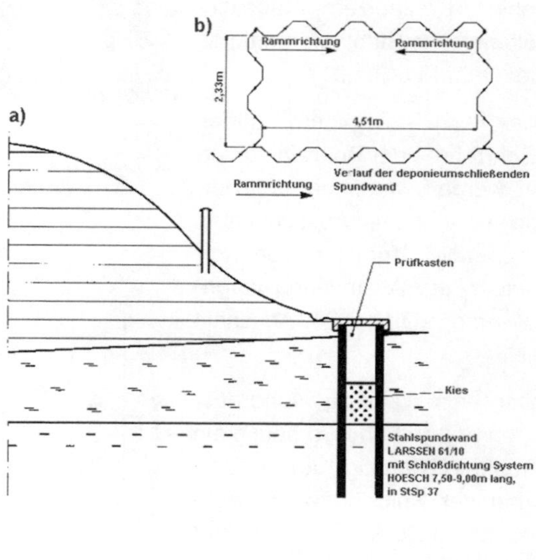

1.9 Trägerbohlwände

1.9.1 Grundlagen

Allgemeines Gebräuchlichstes und wirtschaftlichstes Verfahren zur Sicherung von Baugruben, das nach seiner Anwendung beim U-Bahn-Bau in Berlin in den dreißiger Jahren des vorigen Jahrhunderts manchmal auch noch als "Berliner Verbau" bezeichnet wird.

Außer der Wirtschaftlichkeit und Anpassungsfähigkeit der Trägerbohlwand an andere Bauweisen (z. B. Schlitz- und Bohrpfahlwände, siehe unten) liegt ihr besonderer Vorteil in ihrer Rückbaubarkeit.

1.9.2 Konstruktion

Träger Trägerbohlwände (□ 1.80) bestehen aus vertikalen Stahlträgern (I-, IB, IPB- und PSP-Profile oder doppelte U-Profile), die vor dem Aushub der Baugrube im Abstand von 1,5 m bis 2,5 m im freien Gelände in den Boden gerammt ("Rammträgerverbau") oder eingerüttelt oder in bebauten Gebieten - zur Vermeidung von Erschütterungen und Lärmbelästigung - in Bohrlöcher gestellt ("Bohrträgerverbau") werden und einer waagerecht gespannten Ausfachung aus Holzbohlen, Kanthölzern, Kanaldielen, seltener aus Stahlbetonfertigteilen oder Ortbeton (□ 1.81).

Anstelle von Stahlträgern dürfen auch Bohrrohre oder Bohrpfähle verwendet werden, wenn bei der Herstellung oder beim Ausschachten entsprechende Vorrichtungen zur Auflagerung der Ausfachung vorgesehen werden (DIN 4124. Abschnitt 8.2.1).

In breiten, von Wand zu Wand ausgesteiften Baugruben wird häufig ein Mittelträgerfeld benötigt, u.a. zur Verringerung der Knicklänge der Aussteifungen und als Auflagerung einer Fahrbahndecke.

□ 1.80 Beispiel: Verankerung (Temporäranker) einer Trägerbohlwand mit Holzausfachung und aufgelöstem Gurt (aus Informationsschrift der Brückner Grundbau GmbH)

□ 1.81 Beispiel: Detail einer Ausgesteiften Trägerbohlwand (nach DIN 4124)

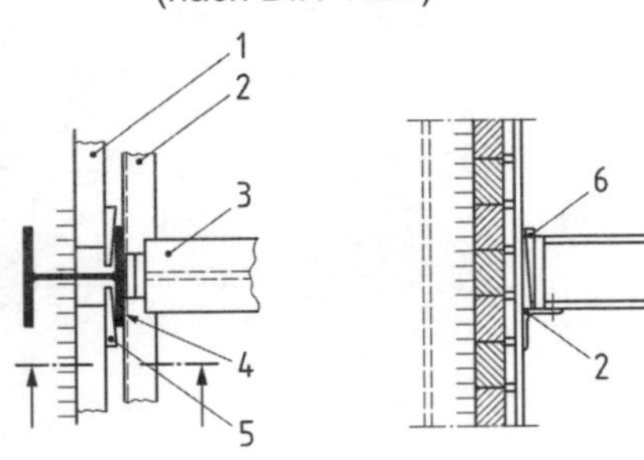

Die Träger müssen außer den Horizontallasten auch Vertikallasten aufnehmen, und zwar aus der Vertikalkomponente des Erddrucks und der Ankerkräfte sowie aus evtl. Abdeckungen der Baugrube. In Bohrlöcher eingestellte Träger erhalten daher einen Trägerfuß aus Beton in Verbindung mit einer Fußplatte aus Stahl, was bei eingerammten oder eingerüttelten Trägern nicht möglich ist.

1.9.3 Herstellung

Ausfachung Beim stufenweisen Aushub der Baugrube (siehe unten) werden in die Felder zwischen den Trägern horizontal liegende und gegen die Trägerflansche verkeilte Holzbohlen (□ 1.82 a), oder Kanaldielen (□ 1.82 b) eingebaut. Die Keile müssen gegen Herausfallen gesichert werden, z. B. durch eine aufgenagelte Latte beim Holzverbau. Bei standfesten Böden wird der Raum zwischen den Trägern in manchen Fällen durch Spritzbeton (□ 1.82 c und □ 1.83) oder Fertigteile (□ 1.84) geschlossen.

⇒ Zur Spritzbetonweise: DIN 4124, Abschnitt 8.4.

□ 1.82 Beispiel: Trägerbohlwand mit Ausfachung aus a) Holz, b) Kanaldielen, c) Spritzbeton (aus Informationsschrift der Brückner Grundbau GmbH)

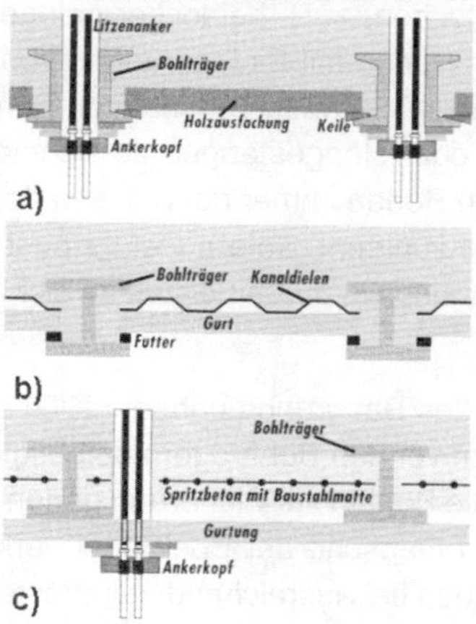

□ 1.84 Beispiel: Trägerbohlwand mit Ausfachung aus Betonfertigteilen (aus Informationsschrift der Franki Grundbau GmbH)

□ 1.83 Beispiel: Verankerte Trägerbohlwand mit Spritzbetonausfachung und versenkten Ankerköpfen beim Gildehof in Essen (aus Informationsschrift der Brückner Grundbau

Die Ausfachung zwischen den Trägern muss stets mit dem Aushub fortschreitend eingebracht werden. Spätestens ist mit der Ausfachung zu beginnen, wenn eine Aushubtiefe von 1,25 m erreicht ist. Der Einbau der weiteren Ausfachung darf hinter dem Aushub bei mindestens steifen bindigen Böden höchstens um 1 m, bei vorübergehend standfesten (siehe Abschnitt 1.10) nichtbindigen Böden höchstens um

0,50 m zurück sein. Bei wenig standfesten Böden, zum Beispiel bei locker gelagerten gleichkörnigen Sand- und Kiesböden, kann es erforderlich sein, die Höhe der Abschachtung auf die Höhe der Einzelteile der Ausfachung zu beschränken. Beim Rückbau ist sinngemäß zu verfahren (DIN 4124, Abschnitt 8.2.3).

Sortierklassen für Holzbohlen, Kanthölzer und Rundhölzer siehe DIN 4124, Abschnitt 8.2.2). Holzbohlen müssen mindestens 5 cm, Rundhölzer mindestens 10 cm dick sein (DIN 4124, Abschnitt 8.2.2).

Die Einzelteile der Ausfachung müssen so lang sein, dass sie auf jeder Seite mindestens auf einem Fünftel der Flanschbreite aufliegen, soweit nicht im Einzelfall, z. B. bei einer Ausfachung mit Stahlbeton, ein größeres Maß erforderlich ist. Sie müssen mit Keilen, die zwischen der Ausfachung und den Trägerflanschen einzuschlagen sind, oder mit anderen gleichwertigen Mitteln fest und unverschiebbar gegen den Boden gepresst werden. Besteht Gefahr, dass die Einzelteile der Ausfachung abrutschen, z. B. bei locker gelagerten nichtbindigen Böden oder bei geschichteten Böden mit Einlagerungen von weichen bindigen Böden oder Fließsand (enggestufter, wassergesättigter Feinsand), so sind sie durch aufgenagelte Laschen oder Hängestangen zu sichern. Das Gleiche gilt unabhängig vom anstehenden Boden immer dann, wenn der Abstand benachbarter Bohlträger mit der Tiefe zunimmt. Sofern Gefahr besteht, dass die Keile sich lockern und herausfallen, sind sie durch Leisten zu sichern (DIN 4124, Abschnitt 8.2.4).

Wenn größere Bewegungen des Baugrunds unbedenklich sind, dürfen durchlaufende Bohlen mit Klammern vor den Bohlträgern befestigt, statt Bohlen auch Rundhölzer verwendet oder die Bohlen zur Sicherung gegen Abrutschen gegen die Innenseite der erdseitigen Flansche der Bohlträger verkeilt werden. Unter dieser Voraussetzung kann auch bei ausreichend standfestem Boden ein planmäßiger maschineller Mehraushub und damit verbunden ein nachträgliches Hinterfüllen der Ausfachung mit Boden hingenommen werden (DIN 4124, Abschnitt 8.2.5).

Bei Böden, die zum Fließen neigen, kann es zweckmäßig sein, senkrechte, gestaffelte oder gepfändete Kanaldielen zwischen den einzelnen Bohlträgern einzurammen und durch waagerechte Gurte auf die Bohlträger abzustützen (DIN 4124, Abschnitt 8.26).

Mögliche Verhinderungen von Bewegungen der Trägerbohlwand und des Bodens in der Nähe von Gebäuden und Leitungen siehe DIN 4124, Abschnitt 8.2.7. Gegebenenfalls ist eine massive Verbauart (siehe Abschnitte 1.10 und 1.11) zu wählen (DIN 4124, Abschnitt 8.2.7).

1.9.4 Anwendungsvarianten

Gurte / Steifen / Anker

Die von der Ausfachung aufgenommenen Erddruckkräfte werden in die Träger eingeleitet und von dieser - meistens über horizontal liegende Gurte - an eine Baugrubenaussteifung oder an eine Verankerung (vorwiegend Verpressanker, siehe Abschnitt 3) sowie an den Boden unterhalb der Baugrubensohle abgegeben.

Die Gurte werden in den lt. Statik erforderlichen Tiefen - bei tiefen Baugruben in mehreren Lagen - gleichzeitig mit der Ausfachung eingebracht. Sie werden in einfachen Fällen direkt an den vertikalen Trägern befestigt, meist aber auf Konsolen gelegt, die an den Trägern angeschraubt oder angeschweißt werden. Die Gurte dienen auch zum Ausrichten der Wand und als Auflager für die Anker (□ 1.80) oder Steifen (□ 1.85).

Steifen dürfen entweder unmittelbar zwischen gegenüberliegende Bohlträger oder zwischen Gurte gesetzt werden. Bei Verpressankern darf auf Gurtungen verzichtet werden, wenn die Anker zwischen Bohlträgern aus doppelten U-Profilen angeordnet werden (DIN 4124, Abschnitt 8.2.8).

Zur Sicherung des Bohlträgerabstandes und als konstruktive Maßnahme gegen Ausfall einer Steife oder eines Ankers ist wenigstens ein Zugglied in der oberen Hälfte der Baugrubenwand auf größere Abschnitte der Baugrube anzuordnen. Wenn dazu nicht die oberste Gurtung herangezogen wird, ist im Wandkopfbereich ein leichtes Stahlprofil geradlinig von Bohlträger zu Bohlträger vorzusehen (DIN 4124, Abschnitt 8.2.9).

□ 1.85 Beispiel: Ausgesteifte Trägerbohlwand (nach Haak/ Idelberger 1979)

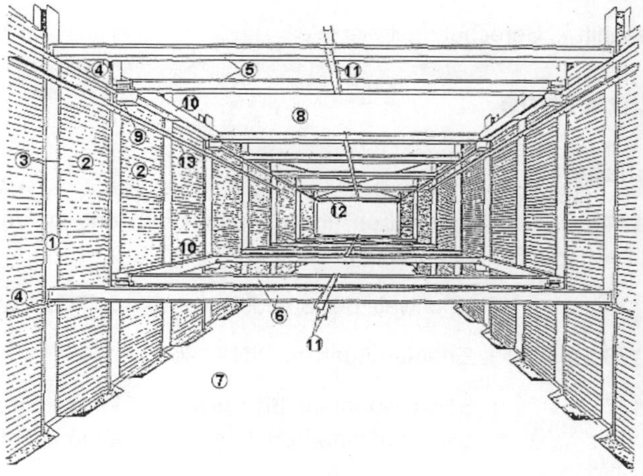

1 Bohlträger
2 Verbohlung
3 Verkeilung
4 Auflagergurt
5 obere oder erste Steifenlage
6 zweite Steifenlage
7 Unterbeton als untere Aussteifung und Bohlträgerunterstützung
8 Baggerloch
9 Auflagerkonsole
10 Längsgurt zur Unterbrechung der Steifenlage (Steifenauswechslung)
11 Knickgurt längs
12 Knickverband diagonal als Kreuzverband
13 Längsverband

Steckträgerverbau Da Trägerbohlwände nicht wasserdicht sind, wird bei vorhandenem Grund- oder Schichtenwasser entweder eine Wasserhaltung, meist mit Rohrbrunnen außerhalb der Baugrube, erforderlich. Wenn das Grundwasser nicht abgesenkt werden soll, wird eine wasserdichte "Grundwasserwanne" (Wand-Sohle-Methode) aus Spundwänden, Schlitz-, oder Bohrpfahl- oder Schmalwänden in Kombination mit einer wasserdichten Sohle (siehe Abschnitt 1.14.3) unterhalb des Grundwasserspiegels ausgeführt und oberhalb des Grundwasserspiegels eine Trägerbohlwand aufgesetzt ("Steckträgerverbau", □ 1.86).

Bahnbau Varianten der Trägerbohlwand, die durch unterschiedliche Boden- und Grundwasserverhältnisse entstanden sind und beim Bau der jeweiligen U- und S-Bahnnetze ausgeführt wurden, sind u. a. die Berliner, Frankfurter, Hamburger, Münchener und Stuttgarter Bauweise. Die Unterschiede bestehen z. B. in der Zahl der Steifenlagen und dem Freilassen von Arbeitsräumen zwischen der Trägerbohlwand und dem Tunnelkörper zum Einbringen der Abdichtung.

□ 1.86 Beispiel: Grundwasserwanne mit aufgesetzter Trägerbohlwand für eine tiefe Baugrube (aus Informationsschrift der Keller Grundbau GmbH)

Berechnungsgrundlagen Als Berechnungsgrundlagen dienen die Empfehlungen des Arbeitskreises "Baugruben" der Deutschen Gesellschaft für Geotechnik (EAB) sowie DIN 4124 "Baugruben und Gräben".

⇒ Abschnitt 2: Berechnungsbeispiele

1.10 Schlitzwände

1.10.1 Grundlagen

Regelwerke

DIN 4124	Baugruben und Gräben; Böschungen, Verbau, Arbeitsraumbreiten
DIN 4126	Nachweis der Standsicherheit von Schlitzwänden.
DIN 4126, Beiblatt 1	Erläuterungen zu DIN 4126
DIN 4127	Schlitzwandtone für stützende Flüssigkeiten; Anforderungen, Prüfverfahren, Lieferung, Güteüberwachung
DIN 18313	Schlitzwandarbeiten mit stützenden Flüssigkeiten
DIN EN 1536	Ausführung von besonderen geotechnischen Arbeiten (Spezialtiefbau) – Bohrpfähle
DIN EN 1538	Ausführung von besonderen geotechnischen Arbeiten (Spezialtiefbau) – Schlitzwände

DIN EN 16228-5 Geräte für Schlitzwandarbeiten

DIN EN 16228-5/ A1 Geräte für Schlitzwandarbeiten

DIN SPEC 18140 Ergänzende Festlegungen zu DIN EN 1536 - Bohrpfähle

Empfehlungen des Arbeitskreises "Baugruben" (EAB).

Massive Bauart

Schlitzwände sind nach DIN 4124, Abschnitt 8.3.2 Wände im Untergrund, für die zunächst in Wanddicke Schlitze ausgehoben und mit einer Stützflüssigkeit am Einsturz gehindert werden. Anschließend werden die einzelnen Schlitzwandelemente aus Stahlbeton unter gleichzeitigem Verdrängen der Stützflüssigkeit hergestellt, wodurch streifenweise eine vollflächige Ortbetonwand entsteht (siehe DIN EN 1538).

Schlitzwände gehören zu den massiven Verbauarten (DIN 4124, Abschnitt 8.3). Dabei handelt es sich um Ortbetonwände, die vor dem Aushub der Baugrube als Schlitzwand oder Bohrpfahlwand (siehe Abschnitt 1.12) hergestellt werden. Sie gelten wegen ihrer hohen Biegesteifigkeit bei weitgehend unnachgiebiger oder zumindest wenig nachgiebiger Stützung durch vorgespannte Verpressanker oder Steifen als verformungsarme Baugrubensicherungen (DIN 4124, Abschnitt 8.3.1).

Stützflüssigkeit

Zur Herstellung von Schlitzwänden wird ein Schlitz im Boden ausgehoben, der durch Stützflüssigkeit stabilisiert wird. Bei der Stützflüssigkeit ("thixotrope Flüssigkeit", "Dickflüssigkeit") handelt es sich um eine Suspension (Gegensatz: Lösung) aus Wasser, Bentonit und evtl. weiteren Zusatzmitteln. Stützflüssigkeiten haben im Gegensatz zu nicht stützenden Flüssigkeiten eine gewisse Scherfestigkeit ("Fließgrenze", Viskosität).

Bentonit ist ein natürlich vorkommender spezieller Ton, der nach einer Lagerstätte bei Fort Benton im US-Staat Wyoming benannt wurde. Er besteht aus dem Hauptmineral Montmorillonit (einem Silikat mit Blattstruktur, benannt nach einer Lagerstätte in Montmorillon / Südfrankreich) sowie aus weiteren Mineralien (u. a. Quarz, Glimmer, Feldspat, Pyrit, Kalk). Er wird meist industriell aufbereitet (Austausch der Kalzium-Ionen gegen Natrium-Ionen), in Pulverform geliefert und in Konzentrationen von ca. 30 g/l bis 60 g/l (je nach Bentonitsorte, Wassertemperatur und Bodenart) dem Wasser unter intensivem Rühren zugesetzt. Das dabei zunächst auftretende "Quellen" der Suspension ist nicht mit einer Volumenvergrößerung verbunden, sondern auf eine Einlagerung von Wasser in das Kristallgitter des Montmorillonits zurückzuführen. Nach Abschluss dieses Vorgangs wird die Suspension verwendet.

Diese Suspension hat thixotrope Eigenschaften (Thixotropie bedeutet "Veränderung durch Berühren"). In Ruhe wird sie nach einer bestimmten Zeit gallertartig ("Gelphase"), bei einem mechanischen Eingriff (Bagger, Pumpen) dagegen schlagartig flüssig ("Solphase"). Diese Änderung ist beliebig oft wiederholbar (reversibel) und isotherm (nicht temperaturabhängig).

Wichtig für die Stützwirkung sind die ständige Überprüfung der Eigenschaften der Stützflüssigkeit im Baustellenlabor und eine Aufbereitung nach Verschmutzung (Vermischung) mit Bodenmaterial.

Wenn die Suspension in den ausgehobenen Schlitz eingefüllt wird, können die Tonteilchen in bindige und feinsandige Böden nicht eindringen. Die Grenzfläche zwischen der Suspension und dem Boden wird aber dadurch stabilisiert, dass Wasser abfiltriert und sich ein dichter "Filterkuchen", eine Art Membran, bildet, gegen die der Flüssigkeitsdruck wirkt. Die Stützwirkung hängt nicht davon ab, ob die Stützflüssigkeit sich in der Gel- oder Solphase befindet.

In mittel- bis grobsandige und kiesige Böden dringt die Stützflüssigkeit um ein bestimmtes Maß, das vor allem vom Wasserdruck, also von der Schlitztiefe, aber auch von ihrer Viskosität sowie dem Porenanteil und der Durchlässigkeit des Baugrunds abhängt, in den Boden ein. Hierbei bildet sich zunächst kein Filterkuchen, sondern die Stützwirkung beruht in diesem Fall auf der Scherfestigkeit ("Fließgrenze", Viskosität) der Suspension, auch wenn diese relativ niedrig ist.

Anmerkung: Stützflüssigkeiten der beschriebenen Art werden außer für Schlitz- und Dichtwände u. a. auch bei unverrohrten Bohrungen, zur Herabsetzung der Mantelreibung bei Brunnen als Tiefgründungselement und zur Hebung von schief stehenden Gebäuden eingesetzt.

1.10.2 Herstellung

Herstellung

Leitwände: Vor dem Aushub werden an der Erdoberfläche auf beiden Seiten des auszuhebenden Schlitzes Leitwände aus Ortbeton oder aus Stahlbetonfertigteilen (Rechteck- oder Winkelquerschnitt mit einer Höhe von ca. 0,8 bis 1,5 m) in einem Abstand erstellt, der etwas größer ist als die Schlitzbreite (□ 1.87). Sie dienen der anfänglichen Führung des Aushubgeräts, als Auflager für die Bewehrungskörbe und die hydraulischen Pressen zum Ziehen der Abschalrohre und vor allem als Kantenschutz, weil die Stützflüssigkeit dicht unter ihrer Oberfläche noch keinen ausreichenden Stützdruck erzeugt.

□ 1.87 Beispiel: Schlitzwandgreifer, Schlitz mit Leitwänden (aus Informationsschrift der Bilfinger + Berger Bauaktiengesellschaft)

Lamellen: Nach dem Einbringen der Leitwände (siehe Stichwort am linken Textrand "Leitwände") wird eine Schlitzwand in einzelnen Aushub-

und Betonierabschnitten, den so genannten Schlitzwandlamellen, im Pilgerschrittverfahren erstellt. Zunächst werden die Vorläuferlamellen 1, 3, 5 usw. ausgehoben, bewehrt und ausbetoniert. Zwischen diesen bleibt jeweils ein Bodenstück in Lamellenlänge stehen. Auf diese Weise kann mit dem geringeren räumlichen Erddruck gerechnet und die horizontale Länge der Bewehrungskörbe und der Betonierabschnitte begrenzt werden (□ 1.90). Danach werden die Nachläuferlamellen 2, 4, 6 usw. erstellt.

Aushub: Schlitzwände werden meistens mit dem Schlitzwand-Seilgreifer (□ 1.87) ausgehoben. Eine kontinuierliche Arbeitsweise ist mit der Schlitzwandfräse (□ 1.88 und □ 1.89) mit Spülförderung des gelösten Materials möglich. Bei geringen Tiefen kann der Hydraulikbagger mit Tieflöffel eingesetzt werden. Schwere Böden und Fels werden vor dem Aushub mit Meißeln gelöst.

Die zum Aushub verwendeten Geräte arbeiten in dem mit Stützflüssigkeit gefüllten Schlitz. Dabei müssen Bodenaushub und Verluste an Stützflüssigkeit ständig durch Zupumpen neuer Suspension ausgeglichen werden.

Leitungen: Kreuzende Leitungen werden verlegt oder unterschlitzt, wobei sie in Leerrohre verlegt und in einen Schutzriegel einbetoniert werden.

□ 1.88 Beispiel: a) Schlitzwandfräse am Trägergerät, b) Fräsräder für eine 0,6 m dicke Schlitz-/Dichtwand (aus Informationsschrift der Bilfinger + Berger Bauaktiengesellschaft)

Abschalelemente: Zur stirnseitigen Begrenzung der Schlitzwandlamellen werden Abschalelemente (Abschalrohre aus Stahl (□ 1.90) bzw. bei Schlitzwanddicken > 0,8 m meist flache Stahlprofile oder andere Flachfugenelemente) eingebracht, die in einzelnen Schüssen entsprechend der Tiefe der Schlitzwand zusammengesetzt werden

Bewehrung: Die in Schlitzwandlänge vormontierten Bewehrungskörbe werden in die Stützflüssigkeit eingehängt (□ 1.90). Sie sind in Hinblick auf die Betonüberdeckung mit Abstandhaltern versehen und werden bei tiefen Schlitzen aus einzelnen Schüssen zusammengesetzt.

□ 1.89 Beispiel: Details einer Schlitzwandfräse (aus Informationsschrift der Bauer Spezialtiefbau GmbH)

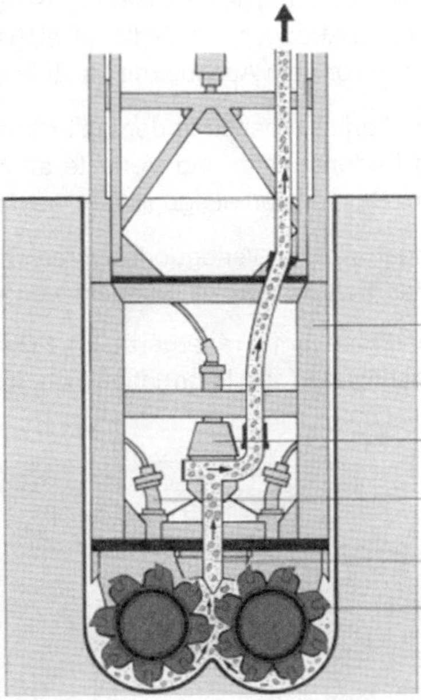

Bei verankerten oder ausgesteiften Schlitzwänden wird zur Lastverteilung durch Verstärkung der Schlitzwandbewehrung ein verdeckter Gurt ausgebildet und Rohrdurchführungen für die Anker und Stahlplatten als Auflager für die Steifen am Bewehrungskorb montiert. Zum Anschluss von Bauwerksteilen aus Beton an die Schlitzwand werden Betonaussparungen vorgesehen, indem Aussparungskörper, z. B. aus Holz oder PVC, in den Bewehrungskorb montiert werden.

Betonieren: Die Einbringung des Betons erfolgt im Kontraktorverfahren (□ 1.90), bei dem ein Betonierrohr bis zur Sohle des Schlitzes heruntergelassen und immer nur so weit hochgezogen wird, dass die Spitze des Rohrs einige Dezimeter unterhalb der Oberfläche des eingebrachten Betons bleibt. Bei längeren Schlitzen werden mehrere Rohre verwendet. Auf diese Weise kommt nur die oberste Betonschicht mit der Stützflüssigkeit in Berührung und kann abschließend entfernt werden, so dass der Wasserzementwert der Betonmischung unterhalb nicht verändert wird.

Die Stützflüssigkeit, welche die Haftung des Betons an der Bewehrung nicht beeinträchtigt, wird mit zunehmender Betonfüllung des Schlitzes zur Aufbereitung und Wiederverwendung abgepumpt.

☐ 1.90 Beispiel: Arbeitsvorgänge beim Herstellen einer Schlitzwand (aus Informationsschrift der Brückner Grundbau GmbH)

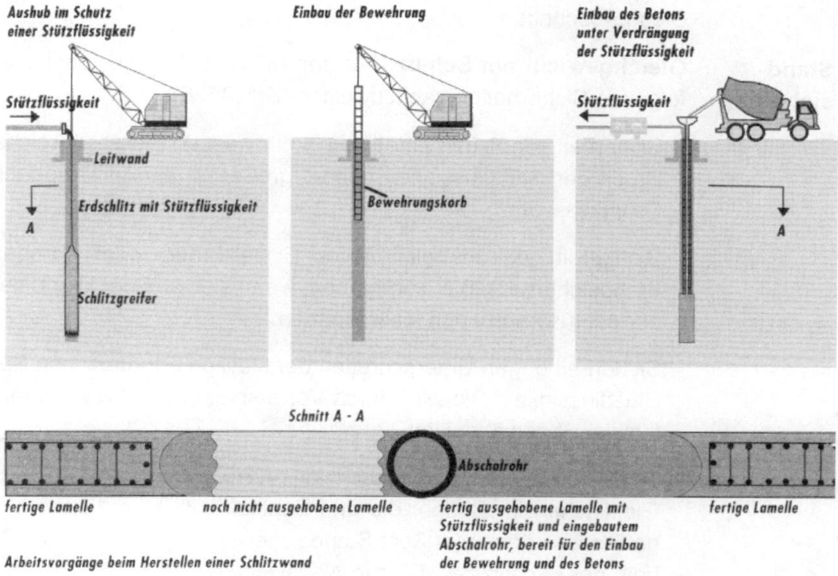

Arbeitsvorgänge beim Herstellen einer Schlitzwand

Nach dem Erstarren des Betons werden die Abschalelemente mit hydraulischen Pressen gezogen. Auf diese Weise kommt eine Verzahnung der einzelnen Wandabschnitte zustande, wenn die Zwischenlamellen erstellt worden sind. Der Zeitpunkt des Ziehens muss so gewählt werden, dass der Beton bereits so steif ist, dass er nicht in die von den Abschalelementen zurückgelassenen Hohlräume drückt, aber noch nicht so fest, dass ein Ziehen nicht mehr möglich ist.

Fugen: Der Lamellenstoß ist ohne besondere Maßnahmen nicht wasserdicht. Bei Schlitzwänden als Baugrubenumschließung werden Feuchtstellen in Kauf genommen. Fehlerhaft ausgebildete Fugen, durch die Grundwasser fließt, können durch Injektionen saniert werden. Undichtigkeiten durch das Öffnen von Fugen durch Wandverformungen und Schwinden können bei bleibenden Schlitzwänden durch Fugenbänder und Dehnungsfugen vermieden werden.

Übliche Breiten von Schlitzwandlamellen sind 60 bis 100 cm, in Sonderfällen bis 140 cm.

Die Tiefe von Schlitzwandlamellen beträgt, je nach Bauaufgabe, selten mehr als ca. 40 m. Mit der Tiefe wächst die Gefahr, dass die Schlitzwandlamellen von der Lotrechten abweichen („verlaufen"), was u. a. zu Spalten zwischen ihnen führen kann.

Die (horizontale) Länge der Lamellen hängt u. a. von den Bodeneigenschaften, der Belastung, dem Grundwasserstand, dem Aushubgerät und der Stützflüssigkeit ab und liegt meistens zwischen 2,5 und 7,5 m. Sie wird möglichst groß gewählt, um die Zahl der Fugen gering zu halten.

1.10.3 Standsicherheit

Siehe Abschnitt 3

Stand-sicherheit

Gleichgewicht am Schlitz: Für den mit Stützflüssigkeit gefüllten Schlitz sind folgende Sicherheiten nachzuweisen (DIN 4126):

- Sicherheit gegen den Zutritt von Grundwasser. Sie ist ausreichend, wenn der Druck der Stützflüssigkeit überall größer ist als der 1,05-fache Druck des Grundwassers.
- Sicherheit gegen Abgleiten von Einzelkörnern oder Korngruppen (innere Standsicherheit). Sie ist gegeben, wenn sich aus der Wand keine Einzelkörner oder Korngruppen lösen können.
- Sicherheit gegen Unterschreiten der statisch erforderlichen Spiegelhöhe der Stützflüssigkeit. Sie wird durch Vorratshaltung und Nachpumpen von Stützflüssigkeit gewährleistet.
- Sicherheit gegen die Ausbildung von Gleitflächen im Boden, die den Schlitz gefährden können (äußere Standsicherheit des Schlitzes). Dieser Nachweis wird durch Gegenüberstellung von Flüssigkeitsdruck, (räumlichem) Erddruck und evt. Grundwasserdruck (□ 1.91) geführt (⇒ Schmidt / Seitz 1998).

□ 1.91 Gleichgewicht am Schlitz

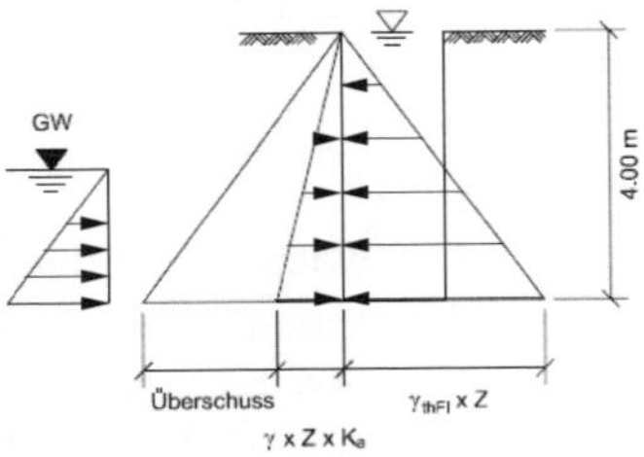

⇒ DIN 4126

Fertige Wand: Nach Fertigstellung der Schlitzwand wird der Boden in der Baugrube ausgehoben. Die Standsicherheit der Schlitzwand wird meistens durch Rückverankerung, bei hohen Wänden in mehreren Lagen (□ 1.92), selten durch Aussteifung oder Einspannung im Boden gewährleistet, weil eine Aussteifung den Arbeitsraum innerhalb der Baugrube einschränkt und für die Einspannung eine große Tiefe der ohnehin sehr teuren Schlitzwand benötigt würde.

Standsicherheitsnachweise und Bemessung der fertigen Schlitzwand werden wie bei Spund- und Bohrpfahlwänden nach der EAB vorgenommen, wobei die Aufnahme vertikaler Lasten im Baugrund und ausreichende Sicherheiten gegen Geländebruch, gegen Bruch in der tiefen Gleitfuge (bei verankerten Wänden) und gegen hydraulischen Grundbruch (bei großem Wasserüberdruck) zu berücksichtigen sind.

⇒ Zahlenbeispiel: Abschnitt 2.4.4 (□ 2.52)

Standsicherheit Nach den Empfehlungen des Arbeitskreises „Baugruben“ gibt es bei der Berechnung einer Spundwand und einer Ortbetonwand keine grundsätzlichen Unterschiede. Daher können die im Abschnitt 2 vorgestellten Berechnungsverfahren für Spundwände übernommen werden. Da eine Ortbetonwand aber verformungsarm ist, wird für den angreifenden Erddruck ein erhöhter aktiver oder - im Grenzfall – Erdruhedruck angenommen.

⇒ Dörken / Dehne / Kliesch, Teil 1, Abschnitt 6.

⇒ Nachweis der Vertikalkräfte: siehe Abschnitt 2.4.4

□ 1.92 Beispiel: Verankerte Schlitzwand. Die dritte Ankerlage wird gerade eingebaut (aus Informationsschrift der Bauer Spezialtiefbau GmbH)

Fertigteile Wenn die Undichtigkeit der Fugen, die grobe Oberflächenstruktur und die Maßabweichungen der Ortbetonschlitzwand stören, werden Fertigteilschlitzwände eingesetzt. Fertigteilelemente werden in den Schlitz eingestellt, der 10 bis 20 cm breiter als die Fertigteile ausgehoben und durch eine Suspension aus Bentonit, Zement und Wasser gestützt wird. Diese Suspension erhärtet nach dem Bauablauf und dient als Dichtung im Bereich der Fugen und des Wandfußes. Bei großen Anforderungen an die Dichtigkeit von Schlitzwänden als endgültige Bauwerkswand können Fugenbänder vorgesehen werden.

1.10.4 Anwendung von Schlitzwänden

Schlitzwände werden vor allem als Verbau tiefer Baugruben mit hoher Nachbarbebauung und im Grundwasser eingesetzt. Sie gehören nämlich - wie Bohrpfahl-, Injektions-, HDI- und Frostwände - zu den verformungsarmen („massiven“) Verbauarten (siehe Stichwort am linken Textrand oben) im Gegensatz zu den biegeweichen Verbauarten Spundwände und Trägerbohlwände. Letztere können sich - bei großen Lasten aus vorhandener Nachbarbebauung - so stark verformen, dass ungleichmäßige Setzungen und Schäden an diesen Bauwerken auftreten können.

Ein großer Vorteil ist, dass die Herstellung von Schlitzwänden Grundwasser schonend, geräusch- und erschütterungsarm und auch unterhalb des Grundwasserspiegels möglich ist. Als gleichzeitige Stütz- und Dichtwand entsteht mit einer Unterwasserbeton-Sohle oder einer im Injektions- oder Düsenstrahlverfahren erstellten Sohle (siehe Abschnitte 1.14.3 und 1.14.4) ein nahezu wasserdichter Trog (Conrad / Meißner (1980) sowie □ 1.93 und □ 1.94) als Grundwasser schonende Bauweise (siehe Dörken / Dehne/ Kliesch, Teil 1, Abschnitt 7).

Wenn eine Schlitzwand unmittelbar neben einem vorhandenen Gebäude hergestellt wird, dient sie zur Gebäudesicherung in Fällen, bei denen eine Unterfangung nach DIN 4023 (siehe Abschnitt 1.14.1) nicht in Frage kommt. Dabei erfolgt keine Auflockerung und Verdichtung des Bodens in der näheren Umgebung wie bei Wänden, die durch Rammen oder Rütteln eingebracht werden, mit der möglichen Folge von Schäden an nahestehenden Gebäuden.

□ 1.93 Beispiel: Baugrube im Grundwasser, unterhalb des Grundwasserspiegels gesichert mit ausgesteifter Schlitzwand und verankerter Unterwasserbetonsohle, oberhalb des Grundwasserspiegels mit aufgesetzter Trägerbohlwand (aus Informationsschrift der Brückner Grundbau GmbH)

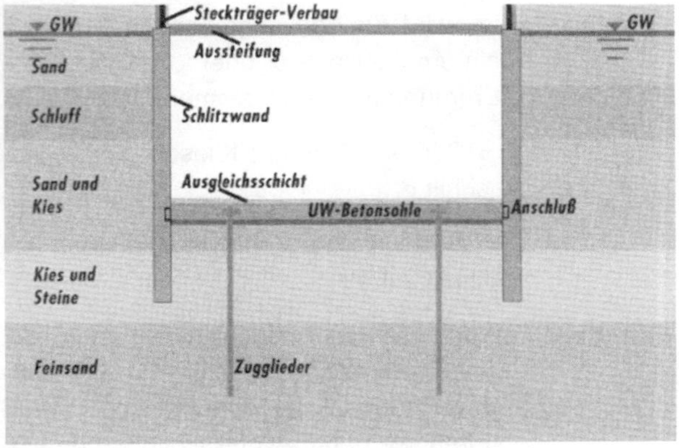

Als massive Stahlbetonwand kann die zunächst als Verbau dienende Schlitzwand als Stütz-, Trag- und Dichtungswand in das spätere Bauwerk einbezogen werden (Evers 1992).

□ 1.94 Beispiel: ca. 45 m tiefe Schlitzwand mit rundem Grundriss für einen Anfahrschacht eines Dükers in Hamburg (aus Informationsschrift der Franki Grundbau GmbH)

Neben dem Einsatz bei den hier zu behandelnden Baugruben werden Schlitzwände u. a. auch als Stützwände an Geländesprüngen, im Schachtbau (□ 1.94), zur Aufnahme vertikaler und schräger Lasten (Zugverankerung), zur Gebäudesicherung (siehe Abschnitt 1.14.2) und als Dichtwand bei Dämmen und Deponien verwendet.

Den Vorteilen der Schlitzwand stehen als Nachteil hohe Herstellungskosten gegenüber.

Weitere Hinweise Weiß (1967). Veder (1975). Müller-Kirchenbauer / Walz / Kilchert (1979). Karstedt (1980). Ruppert (1980). Ulrichs (1981). Kilchert / Karstedt 1983). Walz / Pulsfort (1983). Kilchert / Karstedt (1984). Weiß / Winter (1985). Güttler / Seitz (1990). Schulze / Brauns / Schwalm (1991). Stehn (1992). Stocker / Walz (1992). Placek / Londong (1994). Schmidt / Seitz (1998). Stötzer / Schwank (1996). Stötzer / Schöpf / Schwank / Nakajima (1998). Grundbautaschenbuch (Hrsg. Witt, verschiedene Jahrgänge).

1.11 Dichtwände

Anwendung Dichtwände als vertikale Dichtung im Boden werden bei Baugruben (□ 1.95), zur Verhinderung von Unterströmungen bei Dämmen (□ 1.96), Wasserbauwerken und vor allem zur Einkapselung von Mülldeponien und Industrieanlagen (Tanklager, Raffinerien usw.) eingesetzt. Die horizontale Abdichtung eines von Dichtwänden umschlossenen Bereichs auch gegen von unten eindringendes Wasser erfolgt entweder durch Einbinden der Dichtwände in eine undurchlässige Schicht oder, wenn diese fehlt, durch Ausführung einer wasserdichten Sohle (Unterwasserbetonsohle, Injektionssohle bzw. eine Sohle, die nach dem Düsenstrahlverfahren hergestellt wurde).

□ 1.95 Beispiele: Herstellung einer wasserdichten Baugrubenumschließung (Schlitz- bzw. Bohrpfahlwand) mit verankerter Unterwasserbetonsohle (aus Informationsschrift der Brückner Grundbau GmbH)

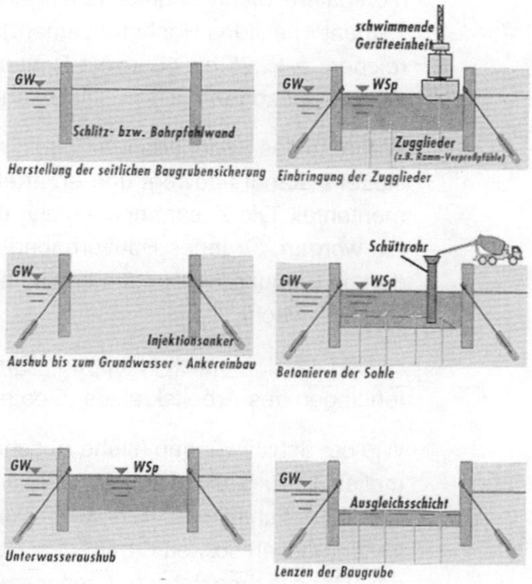

Arten Als Dichtwände kommen Spundwände, Dichtungsschlitzwände, überschnittene Bohrpfahlwände, Rüttelschmalwände, Injektionswände (siehe Abschnitt 1.14.3) und Frostwände (siehe Abschnitt 1.13) in Frage.

Je nach dem Anwendungsbereich ist zu unterscheiden zwischen vorübergehenden und dauerhaften Abdichtungen. Die vorübergehende Abdichtung für eine Baugrube soll lediglich für die Dauer der Bauzeit die abzupumpende Wassermenge geringhalten und eine weitreichende Absenkung des Grundwassers verhindern. An sie werden geringere Anforderungen gestellt als an dauerhafte Abdichtungen für Staudämme oder für Mülldeponien, wobei letztere auch gegen kontaminiertes Wasser schützen müssen.

Spundwände

Siehe Stichwort "Kombinationswände" am linken Textrand und Abschnitt 1.8.

Dichtungsschlitzwände

Dichtungsschlitzwände werden in Dicken von 0,4 bis 1,2 m, ähnlich wie gewöhnliche Schlitzwände, hergestellt, und zwar im Einmassen- oder im Zweimassenverfahren. Mit einem Durchlässigkeitsbeiwert von $k < 10^{-8}$ m/sec gelten sie als "bautechnisch dicht". Sie haben meist keine tragende Funktion, so dass an ihre Festigkeit geringere Anforderungen gestellt werden als an Schlitzwände.

□ 1.96 Beispiel: Abgeböschte Baugrube im Grundwasser mit Dichtungswand, die in eine undurchlässige Schicht einbindet (aus Informationsschrift der Brückner Grundbau GmbH)

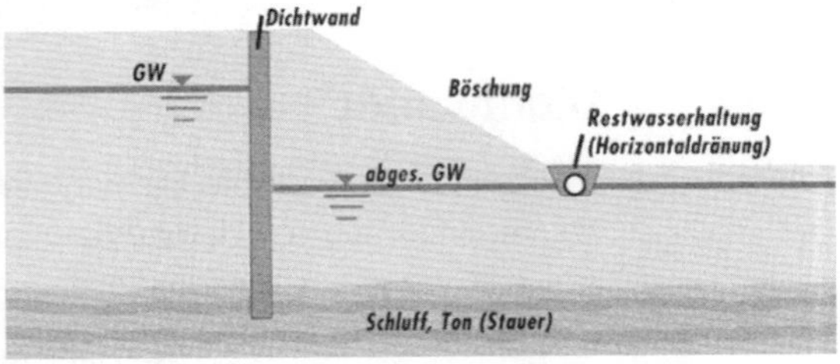

Einmassenverfahren: Zur Stützung des ausgehobenen Schlitzes wird sofort die spätere Dichtwandmasse eingefüllt. Sie besteht aus Bentonit, Wasser und Zement (meistens Hochofenzement), um eine längere Verarbeitungszeit zu erreichen; z. B. 25 bis 40 kg Na-Bentonit, 150 bis 250 kg HOZ 35L, 900 - 940 kg Wasser (bezogen auf 1 m³ Dichtwandmasse).

Während des Bodenaushubs wird die Stützflüssigkeit zur Verhinderung des Ansteifens ständig bewegt und erhärtet danach in Ruhe langsam durch den Zementanteil. Die Zusammensetzung der Dichtwandmasse und ihre Eigenschaften werden, für jedes Bauvorhaben und die speziellen Anforderungen gesondert, in Eignungsversuchen bestimmt und auf der Baustelle durch Güteprüfungen überwacht.

⇒ DIN 4126. Meseck / Ruppert / Simons (1979). Schmidt / Seitz (1998), Empfehlungen des Arbeitskreises „Geotechnik der Deponiebauwerke".

Wie bei Schlitzwänden (siehe Abschnitt 1.10) werden zunächst die Vorläuferlamellen 1, 3, 5 usw. erstellt, allerdings ohne Abschalrohre. Der Aushub der Nachläuferlamellen 2, 4, 6 usw. erfolgt, wenn die Dichtwandmasse in den Vorläuferlamellen so weit erhärtet ist, dass sie sich im "stichfesten" Zustand befindet. Dann schneidet der Greifer zum Aushub der Nachläuferlamellen in die noch relativ weiche Masse der Vorläuferlamellen ein und erzeugt - je nach Aushubtiefe - ein Überschneidungsmaß von ca. 10 bis 60 cm. Der hierdurch erreichte gute Verbund mit der Dichtwandmasse der Nachläuferlamellen ist ein Vorteil gegenüber dem Zweimassenverfahren, bei dem durch die Verwendung von Abschalrohren ausgeprägte Fugen entstehen.

Gegenüber Dichtungsschmalwänden (siehe unten) mit ähnlichem Durchlässigkeitsbeiwert hat eine Dichtungsschlitzwand folgende Vorteile: Eine höhere Sicherheit wegen der größeren Wanddicke, der geringeren Fugenanzahl und wegen der Möglichkeit, die Überschneidung der einzelnen Lamellen, den Bodenaushub sowie das Einbinden in eine undurchlässige Schicht zu kontrollieren.

Zweimassenverfahren: In einem ersten Arbeitsgang wird der Schlitz, wie bei den gewöhnlichen Schlitzwänden (siehe Abschnitt 1.10.1), nach Herstellung der Leitwände in einzelnen, durch Abschalrohre begrenzte Lamellen ausgehoben und mit der üblichen Bentonitsuspension gestützt. In einem zweiten Arbeitsgang wird die Stützflüssigkeit gegen die eigentliche Dichtwandmasse ausgetauscht. Diese wird im Kontraktorverfahren eingebracht und muss eine größere Dichte als die Bentonitsuspension besitzen, um diese zu verdrängen.

Zur Erhöhung der Dichtigkeit können nach verschiedenen Verfahren Fugenbänder eingebaut werden.

Die Anwendung des Zweimassenverfahrens ist zu empfehlen, wenn die Herstellung sehr zeitaufwendig ist (u. a. große Tiefen, Meißelarbeiten bei Hindernissen). Außerdem können - in Anpassung an die örtlichen Gegebenheiten - verschiedene Dichtwandmassen, meist Erdbetone verwendet werden. Dichtwandbeton setzt sich zusammen aus Zement, Bentonit, Steinmehl und / oder Tonmehl, Sand, Kies, Wasser und evtl. chemischen Zusatzstoffen. Bei kontaminierten Sickerwässern mit aggressiven Inhaltsstoffen werden beim Zweimassenverfahren zementfreie Dichtwandmassen verwendet (⇒ Schmidt / Seitz 1998). Eignungs- und Güteprüfungen wie beim Einmassenverfahren.

Dichtungsschlitzwände: ⇒ Stocker / Walz (1992). Schmidt / Seitz (1998). Scholz (1999).

Kombinationswände In Dichtungswände, die nach dem Einmassenverfahren hergestellt werden, können statisch tragende bzw. zusätzlich abdichtende Elemente eingebaut werden.

Spundwände: Als tragende und abdichtende Elemente werden im Bereich, der durch Erddruck beansprucht wird, verankerte Spundwände in Dichtwandschlitze eingehängt (□ 1.97). Im unteren Teil der kombinierten Wand bindet die Dichtungsschlitzwand allein in eine undurchlässige Bodenschicht oder eine Injektionssohle ein. Oberhalb des Grundwasserspiegels kann - wie bei Schlitz- und Bohrpfahlwänden häufig - aus Wirtschaftlichkeitsgründen eine Trägerbohlwand aufgesetzt werden (□ 1.99).

□ 1.97 Beispiel: Baugrube im Grundwasser, gesichert durch rückverankerte Spundwand, die in einen Dichtungsschlitz eingehängt wurde, der in eine undurchlässige Schicht einbindet (aus Informationsschrift der Brückner Grundbau GmbH)

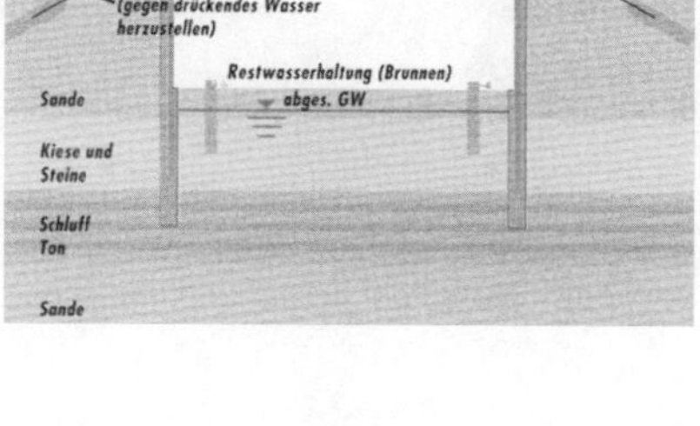

Spundwände werden vor allem auch dann in Dichtwandschlitze eingestellt oder eingehängt, wenn zu erwarten ist, dass Bodenhindernisse beim Einrammen oder Einrütteln der Spundbohlen erhebliche Schwierigkeiten bereiten. Die Spundbohlen laufen kontrolliert in den Schlössern, und die Dichtwirkung der Spundwand wird durch die Dichtmasse erheblich verbessert.

Betonfertigteile: Statt der Spundwände können auch Stahlbetonfertigteile in den Schlitz eingehängt werden, so dass von den Fertigteilen statische, von der Einmassenschlitzwand abdichtende Funktionen übernommen werden.

Kunststoffbahnen: Bei diesen Kombinationswänden werden in die noch nicht abgebundene Bentonit-Zement-Suspension der im Einmassenverfahren hergestellten Dichtwand Kunststoffdichtungsbahnen eingehängt (□ 1.98). Dabei werden unterschiedliche Verfahren beim Einbau und bei der Verbindung der abschnittsweise eingebauten Bahnen angewendet (⇒ Schmidt / Seitz 1998).

Kombinationswände: ⇒ Jörger / Wieners (1993). Güttler / Zentgraf (1994). Wieners (1995). Itzek (1997). Schmidt / Seitz (1998).

□ 1.98 Beispiel: Herstellen einer Kombinationsdichtwand mit nachlaufendem Einbau von HDPE-Kunststoffbahnen für die Zentraldeponie Emscherbruch (aus Informationsschrift der Bilfinger + Berger Bauaktiengesellschaft)

□ 1.99 Beispiel: Spundwand, die in einen suspensionsgestützten Schlitz eingestellt wurde mit aufgesetzter Trägerbohlwand (aus Informationsschrift der Brückner Grundbau GmbH)

Überschnittene Bohrpfahlwände Siehe Abschnitt 1.12.

Rüttelschmalwände

Herstellung: Ein schweres Stahlprofil (Breitflanschträger IPB 500 bis IPB 1000) wird mit einem starken Vibrationsbär in den Boden eingebracht und danach unter Einpressen einer Dichtwandmasse aus Zement, Bentonit, Wasser und Füller (z. B. Quarzmehl, Steinmehl oder Tonmehl) am Fuß des Profils wieder gezogen (□ 1.100). Am Trägerfuß befinden sich ein Bohlenschuh (Stärke 60 bis 80 mm), mehrere Einpressdüsen und ein Schwert (Verlängerung des Bohlenstegs) zur Führung des Trägers beim Abtauchen mit einem bestimmten Überlappungsmaß in die vorher erstellte Lamelle.

□ 1.100 Beispiel: Altlasteneinkapselung Mörtelwerk Gifhorn mit einer kontrollier- und reparierbaren Umschließung durch ein Dichtwandkammersystem aus Schmalwänden a) Kammerschnitt mit abgesenktem Innenwasserspiegel, b) Herstellen der Schmalwand, Grundwasserabsenkung mit Vakuumanlage (aus Informationsschrift der Bilfinger + Berger Bauaktiengesellschaft)

a)

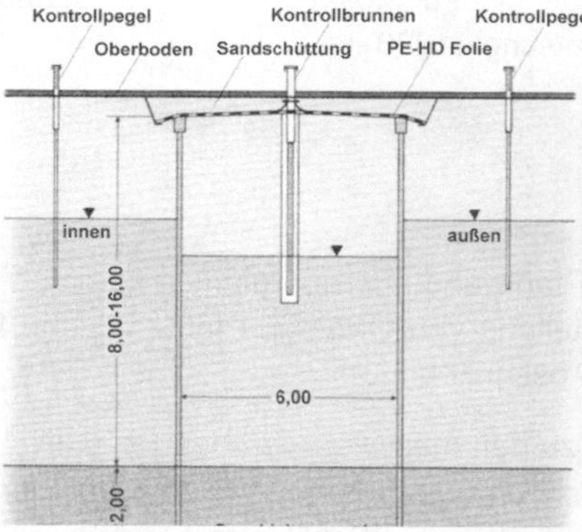

b)

Wandabmessungen: Übliche Tiefen: 15 m bis 20 m, z. T. auch mehr. Die Dicke der Wand hängt von der Stärke des Bohlenschuhs, von der Bodenschicht und dem Einpressdruck ab. In grobkörnigen Böden kann die Suspension in die Poren des Bodens eindringen, so dass die Wand manchmal doppelt so dick wie die Nenndicke wird. In diesem Fall besteht sie nicht nur aus erhärteter Ton-Zement-Mischung, sondern aus einem Boden-Dichtwandmasse-Gemisch mit etwas höherer Durchlässigkeit.

Vor- / Nachteile: Eine Rüttelschmalwand ist das wirtschaftlichste Dichtwandsystem. Unter günstigen Voraussetzungen sind sehr hohe Leistungen pro Schicht möglich. Wenn nicht genau gearbeitet und kontrolliert wird, kann es aber - vor allem durch unexakte Führung der Bohle - zu Lücken in der Wand kommen. Daher werden im Deponiebau häufig doppelte Wände mit dazwischen liegenden Kammern zur Kontrolle der Durchlässigkeit verwendet (Dichtwandkammersysteme, siehe Heil / Möller 1992), die häufig immer noch kostengünstiger als eine einfache Wand eines anderen Dichtwandsystems sind.

In bindigen Böden ist eine geschlossene Wand kaum herstellbar, weil sich der volumenstabile Boden beim Ziehen der Bohle mit dem Rüttelbär so umlagert, dass die bereits fertig gestellte Schmalwand verdrängt wird. Bei diesen Böden wird das **Vibrosolverfahren** angewendet, bei dem die Suspension über zwei HDI-Düsen (siehe Abschnitt 1.14.4) in wechselnder Richtung in die Wandachse injiziert wird. Beim Einrütteln wird der Boden durch die erste Düse vorgeschnitten, so dass die Bohle leichter eingebracht werden kann. Beim Ziehen wird über die zweite Düse Suspension eingepresst und dadurch ein Zusammenrütteln der bereits eingebrachten Wand ausgeschlossen (Informationsschriften der Bauer Spezialtiefbau GmbH).

Anwendungsbeispiele: Deponiebau und Einkapselung: Arz/ Schmidt/ Seitz/ Semprich (1991). Heil/ Möller (1992). Einkapselung kontaminierten Bodens in Göttingen sowie Altlasten-Einkapselung mit Vibrosol-Dichtwand in Duisburg-Homberg (Informationsschriften der Bauer Spezialtiefbau GmbH). Abdichtungen im Bereich von Flüssen: Rheindeich Neuwied: Informationsschrift der Keller Grundbau GmbH; Hochwasserdeich am Rhein bei Worms sowie Hochwasserschutz für die Gemeinde Lieser/ Mosel (Informationsschriften der Bauer Spezialtiefbau GmbH). Hentschel (1998).

1.12 Bohrpfahlwände

Pfahlwand Für die Ausführung einer Pfahlwand aus Bohrpfählen kommen alle Verfahren in Frage, die für die Herstellung von Ortbeton-Pfählen (siehe DIN EN 1536) geeignet sind (DIN 4124, Abschnitt 8.3.3).

Massive Verbauart Bohrpfahlwände gehören zu den massiven Verbauarten (DIN 4124, Abschnitt 8.3). Dabei handelt es sich um Ortbetonwände, die vor dem Aushub der Baugrube als Bohrpfahlwand oder Schlitzwand (siehe Abschnitt 1.13) hergestellt werden. Sie gelten wegen ihrer hohen Biegesteifigkeit bei weitgehend unnachgiebiger oder zumindest wenig nachgiebiger Stützung durch vorgespannte Verpressanker oder Steifen als verformungsarme Baugrubensicherungen (DIN 4124, Abschnitt 8.3.1).

Bei sorgfältiger Herstellung der Pfähle und Ausführung des Baugrubenaushubs und der Abstützung können – wie bei Schlitzwänden (siehe Abschnitt 1.13) Bodenbewegungen und damit Setzungen benachbarter Bausubstanz weitgehend ausgeschlossen werden. Daher eignen sie sich sehr gut als Baugrubenumschließungen im unmittelbaren Druckausbreitungsbereich schwerer Bauwerke. Zur Sicherung der Wand werden meistens Verpressanker aber auch vorgespannte Steifen verwendet.

Regelwerke DIN EN 1536, EAB, EAU, DIN 1045, Handbuch EC 7-1 (siehe Abschnitt 1.01), DIN 18301.

Herstellung Hauptsächlich mit verrohrten Bohrungen, weil hierdurch der ursprüngliche Spannungszustand des umgebenden Bodens im Wesentlichen erhalten bleibt.

Zur Herstellung überschnittener und tangierender Bohrpfahlwände wird an der Erdoberfläche zunächst eine bewehrte Bohrschablone erstellt (□ 1.101, □ 1.102). Bei Pfählen mit großen Durchmessern (> 80 cm), deren Verwendung sich aus wirtschaftlichen Gründen durchgesetzt hat, wird die Verrohrung vor allem mit Verrohrungsmaschinen (□ 1.102) oder mit dem Drehkopf schwerer Drehbohranlagen (□ 1.106) niedergebracht. Mit Drehbohranlagen werden auch Pfähle mit kleineren Durchmessern hergestellt. Die Ausräumung des Bodens innerhalb der Verrohrung erfolgt hauptsächlich mit Einseilgreifern (□ 1.102) oder Schneckenbohrern.

□ 1.101 Beispiel: Schablone für das Bohren einer überschnittenen Pfahlwand (aus Informationsschrift der Bilfinger + Berger Bauaktiengesellschaft)

Die Herstellung unverrohrter Bohrpfähle ist im standfesten Boden mit Stützflüssigkeit oder mit durchgehender Bohrschnecke ("Schneckenbohrpfähle" oder“Schraub-bohrpfähle") möglich. Hierbei wird eine von einem hydraulischen Drehkopf angetriebene Durchlaufschnecke mit einem Durchmesser von 400 bis 1000 mm und einem Seelenrohr von 100 - 150 mm bzw. > 400 mm (bei einem zweiten Verfahren) eingesetzt.

□ 1.102 Beispiel: Herstellung einer überschnittenen Bohrpfahlwand (nach Rübener 1985)

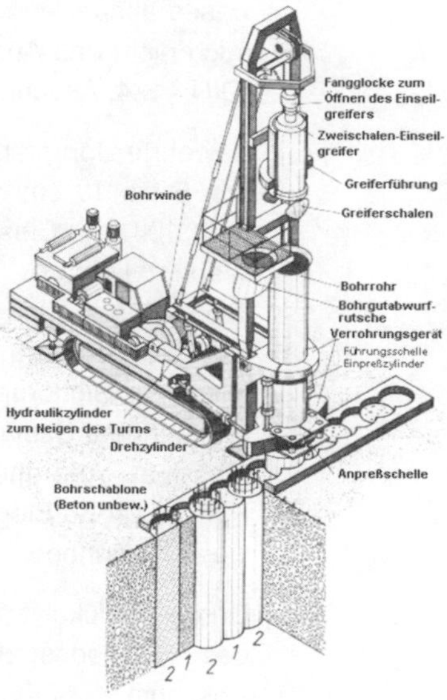

Nachdem die gewünschte Tiefe erreicht ist, wird der Bewehrungskorb eingeführt (□ 1.103), der Pfahlschaft betoniert (im Grundwasser mit dem Kontraktorverfahren, siehe Abschnitt 1.10) und gleichzeitig das Bohrrohr wieder gezogen.

Arten

Folgende Wandarten werden nach DIN 4124, Abschnitt 8.3.3 unterschieden (□ 1.104):

Überschnittene Bohrpfahlwände: Wenn eine absperrende Funktion der Wand gegen Grundwasser angestrebt wird und bei Böden, die zum Fließen neigen, müssen sich die einzelnen Pfähle einer Pfahlwand überschneiden (DIN 4124, Abschnitt 8.3.3 a).

Bei der „klassischen" überschnittenen Pfahlwand (□ 1104 a) werden zunächst die unbewehrten Pfähle 1, 3, 5 usw. ("Primärpfähle") und nach ihrem Abbinden die bewehrten Zwischenpfähle ("Sekundärpfähle") dadurch hergestellt, dass sie in die benachbarten unbewehrten Pfähle einschneiden ("1 : 1 - System"). Bei geringen Wandbelastungen können aber auch zwei bzw. drei unbewehrte Pfähle neben einem bewehrten Pfahl stehen ("1 : 2" - bzw. "1 : 3 System").

□ 1.103 Beispiel: Ausführung von Bohrpfählen: Absenken des Bewehrungskorbs (aus Informationsschrift der Bilfinger + Berger Bauaktiengesellschaft)

Das Maß der Überschneidung hängt von der Pfahllänge und vom Pfahldurchmesser ab und sollte 10 bis 15 cm nicht unterschreiten, weil bei Bohrpfählen je nach Bodenart und Gerät Abweichungen von 0,5% bis 1% von der Senkrechten auftreten können (Schmidt / Seitz 1998). Die Herstellung der anderen Systeme erfolgt in ähnlicher Weise.

Tangierende Bohrpfahlwände: Pfahlwände, bei denen sich die Pfähle nahezu berühren. Sie bieten eine vollflächige Wandabstützung. Sie sind jedoch ohne Weiteres nicht wasserabsperrend und verhindern dann auch nicht das Ausfließen von Feinteilen (DIN 4124, Abschnitt 8.3.3 b).

□ 1.104 Beispiel: Pfahlanordnung bei Bohrpfahlwänden a) überschnittene, b) tangierende, c) aufgelöste Bohrpfahlwand (aus Informationsschrift der Brückner Grundbau GmbH)

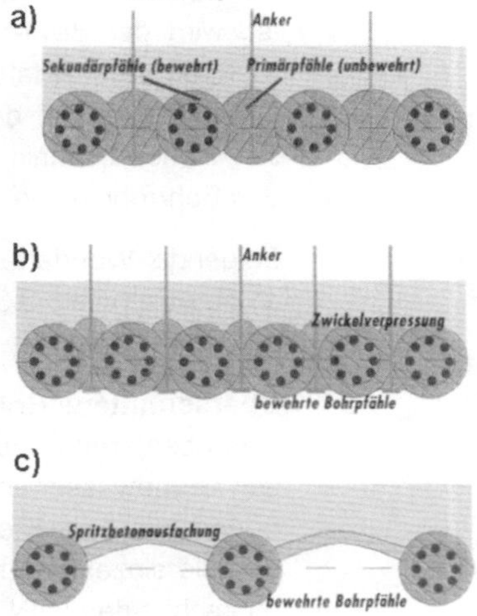

Bewehrte Bohrpfähle werden im Abstand von 5 bis 10 cm nebeneinander gestellt (□ 1.104 b). Diese wasserdurchlässige Wand kommt für Baugruben im Trockenen oder bei einer Grundwasserabsenkung in Frage und dient vor allem zur Sicherung von unmittelbar angrenzenden Bauwerken, weil durch die massive Anordnung von bewehrten Pfählen große Biegemomente übertragen werden können.

Durch "Zwickelverpressungen" (mit Hilfe des Düsenstrahlverfahrens, siehe Abschnitt 1.14.4) oder von Injektionen (siehe Abschnitt 1.14.3) kann eine Abdichtung zwischen den einzelnen Pfählen erreicht werden.

Aufgelöste Bohrpfahlwände: Sie können bei günstigen Bodenverhältnissen, z. B. bei kohäsiven oder felsartigen Böden ausgeführt werden (DIN 4124, Abschnitt 8.3.3 c).

Bei diesen nicht wasserdichten Wänden (□ 1.104 c) stehen die bewehrten Bohrpfähle im Achsabstand von 1,0 bis 3,0 m. Im Zuge des Aushubs wird der Zwischenraum zwischen den Pfählen durch Spritzbeton in Form eines Gewölbes oder auch durch Ortbeton in ebener Form gesichert (□ 1.105).

Sickerwasser kann durch Dränmatten oder andere Sickereinrichtungen hinter dem Spritzbeton gefasst und abgeleitet werden. Diese besonders wirtschaftlichen Wände dienen zur Sicherung von Straßen und - bei leichter Bebauung - neben der Baugrube, wenn Spundwände oder Trägerbohlwände wegen ihrer zu geringen Steifigkeit nicht in Frage kommen.

⇒ Zur Spritzbetonweise: DIN 4124, Abschnitt 8.4.

□ 1.105 Beispiel: Aufgelöste Bohrpfahlwand mit Spritzbetonausfachung (aus Informationsschrift der Brückner Grundbau GmbH)

□ 1.106 Beispiel: Herstellen einer Bohrpfahlwand mit 8 m langen Pfählen Durchmesser 305 mm mit einem VDW-Großdrehbohrgerät (aus Informationsschrift der Bauer Spezialtiefbau GmbH)

Kleinpfahlwände

Nachdem Bohrgeräte entwickelt wurden, deren Drehantrieb nicht mehr über das Bohrrohr hinausragt (□ 1.106), wie es beim konventionellen Kelly-Bohren der Fall ist, werden häufiger Bohrpfahlwände ausgeführt, bei denen der Pfahldurchmesser kleiner ist als bei den üblichen Bohrpfahlwänden. Mit diesen Bohrgeräten können Bohrpfahlwände unmittelbar neben bestehenden Bauwerken hergestellt werden (□ 1.107). Sie werden VDW-Wände (VDW = "Vor - der - Wand") oder auch ADW - (ADW = "An - der - Wand") - Bohrpfahlwände genannt und bestehen vorwiegend aus tangierenden Pfählen entweder aus Bewehrungskorb und Beton oder aus Stahlprofilen und Zementsuspension.

Bei einem Durchmesser ≥ 400 mm ist unter bestimmten Voraussetzungen auch eine Überschneidung der Pfähle möglich. Die Grenze dieser Bohrpfahlwandvariante liegt wegen der beschränkten Leistung der Drehantriebe bei dieser kompakten Bauart zur Zeit noch bei einem Pfahldurchmesser von ca. 400 mm und einer Pfahllänge von ca. 15 bis 20 Metern.

Veranke-rung Bohrpfahlwände werden - ähnlich wie Schlitz- und Spundwände - bei großer freier Höhe meistens verankert (siehe Abschnitt 3). Dabei kommt eine Zwickelverankerung (□ 1.108 und □ 1.109) oder eine Verankerung über einen Gurt (häufig Stahlbeton) in Frage.

Anwendung Für Bohrpfahlwände gibt es ähnliche Anwendungsmöglichkeiten wie für Schlitzwände (siehe Abschnitt 1.10). Ein Vorteil gegenüber Schlitzwänden ist, dass sie auch mit einer leichten Neigung (max. ca. 10 : 1) versehen werden können, was bei beengten Platzverhältnissen wichtig sein kann. Wie Schlitzwände können sie zunächst als Baugrubenverbau dienen und später als stützende und tragende Wände in die Bauwerke einbezogen werden (□ 1.110 und □ 1.111, Stehn 1992).

Bohrpfahlwände können - wie Schlitz- und Spundwände - mit anderen Wänden wirtschaftlich kombiniert (□ 1.112) und in einen wasserdichten Trog mit einer Unterwasserbetonsohle einbezogen werden.

Weitere Hinweise Grundbautaschenbuch (Hrsg. Witt, verschiedene Jahrgänge). Stocker / Walz (1992). Schmidt / Seitz 1998.

□ 1.107 Beispiel: Herstellung einer Bohrpfahlwand: a) Vor-der-Wand (VDW), b) im Drehbohrverfahren (aus Informationsschrift der Brückner Grundbau GmbH)

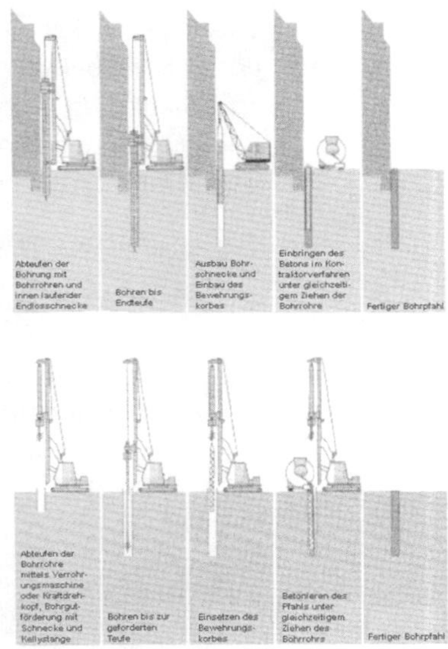

□ 1.108 Beispiel: Zwickelverankerung (Temporäranker) einer tangierenden Bohrpfahlwand (aus Informationsschrift der Brückner Grundbau GmbH)

□ 1.109 Beispiel: 30 m tiefe Baugrube mit verankerten Bohrpfahlwänden (aus Informationsschrift der Bauer Spezialtiefbau GmbH)

□ 1.110 Beispiel: Tangierende Bohrpfahlwand als Widerlager der DB-Brücke bei Weidenthal (aus Informationsschrift der Bilfinger + Berger Bauaktiengesellschaft)

□ 1.111 Beispiel: Überschnittene Bohrpfahlwand zur wasserdichten Baugrubenumschließung und als Wand einer Tiefgarage in Sindelfingen (aus Informationsschrift der Bilfinger + Berger Bauaktiengesellschaft)

□ 1.112 Beispiel: Rückverankerte Baugrubenwand in verschiedenen Bauweisen: Spundwand und Bohrpfahlwand mit aufgesetzter Trägerbohlwand (aus Informationsschrift der Bauer Spezialtiefbau GmbH)

1.13 Weitere Verbauverfahren

1.13.1 Bodenvernagelung

Vernagelte Wände

Dieses Verfahren war schon längere Zeit zur Felssicherung (siehe Dörken/ Dehne/ Kliesch, Teil 2, Abschnitt 7) und beim Tunnelbau angewandt worden ("Felsvernagelung"), bevor es auf Böden übertragen und für den Baugrubenverbau und zur bleibenden Sicherung von Geländesprüngen verwendet wurde ("Bodenvernagelung").

Herstellung: Zunächst wird im anstehenden Baugrund eine leicht geneigte Wandfläche (mindestens 5° gegen die Vertikale) von 1,0 bis 1,5 m Tiefe freigelegt (□ 1.113 a), mit Baustahlgewebe bewehrt und mit einer Spritzbetonschicht bedeckt (□ 1.113 b und □ 1.114, Dicke ca. 10 cm bei Baugrubenwänden und 20 cm bei bleibenden Wänden). Gegebenenfalls wird die Wand drainiert, damit hinter ihr kein Wasserdruck entstehen kann.

Nachdem der Spritzbeton ausreichend fest ist, werden Nägel aus Betonstahl Bst 500 / 550 vom Durchmesser 22, 25 oder 28 mm in vorgebohrte Löcher eingebracht und der Verbund zwischen Betonstahl und Boden durch Einpressen bzw. Verfüllen mit Zementmörtel hergestellt. Hierbei ist durch PVC - Federabstandshalter eine Zement-überdeckung von ca. 20 mm einzuhalten. Nach Abbinden des Zementmörtels wird der Nagelkopf mit der Spritzbetonschicht über eine Unterlegplatte mit einer Ankermutter kraftschlüssig ohne Vorspannung verbunden (□ 1.113 c). Danach wird der nächste Wandabschnitt hergestellt (□ 1.113 d) und □ 1.115).

□ 1.113 Beispiele: Herstellen der Bodenvernagelung
a) Aushub der ersten Lage,
b) Bewehren und Aufbringen einer Spritzbetonhaut,
c) Einbau der Bodennägel,
d) Aushub der zweiten Lage
(aus Informationsschrift der Bauer Spezialtiefbau GmbH)

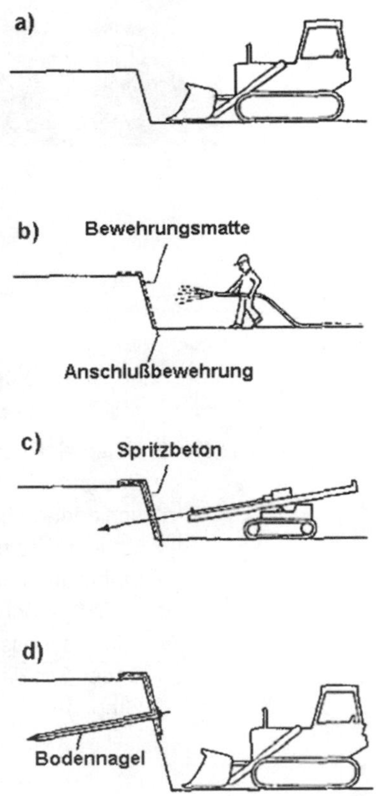

Bei Baugrubensicherungen sind die Temporärnägel durch den Zementstein gegen Korrosion geschützt. Bei dauerhafter Sicherung werden die Permanentnägel werkmäßig gegen Korrosion geschützt und befinden sich auf ganzer Länge in einem gerippten Hüllrohr. Der Ringraum zwischen Stahl und Hüllrohr wird mit Zementmörtel verpresst. Außerdem wird der Nagelkopf gegen Korrosion mit einer bewehrten Spritzbetonschicht von ca. 5 cm Dicke überzogen (□ 1.117).

⇒ Zur Spritzbetonweise: DIN 4124, Abschnitt 8.4

Vor- / Nachteile: Vernagelte Wände haben ähnliche Vorteile wie aufgelöste Elementwände (siehe Stichwort am linken Textrand "Elementwände"). Da die Boden- bzw. Felsnägel aber nicht vorgespannt sind und die Zugkräfte erst durch Verschiebungen aktiviert werden, ist mit Wandverformungen zu rechnen.

□ 1.114 Beispiel: Baugrubensicherung durch Boden-/ Felsvernagelung: Aufbringen des Spritzbetons (aus Informationsschrift der Brückner Grundbau GmbH)

Bemessung: Für die Bemessung der Spritzbetonhaut nach DIN 1045 kann der Erddruck (Kohäsion wird nicht berücksichtigt) mit dem Faktor 0,85 abgemindert und rechteckförmig umgelagert werden. Im Bereich der Nagelköpfe ist der Nachweis gegen Durchstanzen und der Teilflächenpressungen nach DIN 1045 zu führen.

⇒ Zur Spritzbetonweise: DIN 4124, Abschnitt 8.4

Die Bodennägel werden für die Lastanteile bemessen, die sich aus den Gleit-körperuntersuchungen für den End- oder Bauzustand bzw. aus dem Erddruck auf die Außenhaut ergeben. Ihre Länge entspricht ca. der 0,5- bis 0,7fachen Wandhöhe - je nach Bodenart. Der maximale Nagelabstand beträgt ca. 1,5 m. Die Anzahl und die Länge der Bodennägel ergeben sich aus den statischen Nachweisen. Die rechnerische Gebrauchslast der Bodennägel ist durch Probebelastungen zu kontrollieren.

□ 1.115 Beispiel: Vernagelte Wand (aus Informationsschrift der Brückner Grundbau GmbH)

Standsicherheit: Die Standsicherheit des vernagelten Bodenkörpers wird - wie bei Gewichtsstützwänden - durch den Nachweis der Sicherheit gegen Kippen, Gleiten, Grund- und Geländebruch ermittelt (siehe Dörken/ Dehne/ Kliesch, Teil 2, Abschnitt 7), wobei verschiedene, kinematisch mögliche Gleitkörper untersucht werden. ⇒ Stocker (1976). Stocker / Gäßler (1979). Gäßler (1987 und 1989). Hilmer / Knappe / Nowack (1987).

□ 1.116 Beispiel: Bodenvernagelung mit zusätzlichen Felsankern hinter einer Wohnanlage in Wertheim a) Skizze, b) Ansicht (aus Informationsschrift der Keller Grundbau GmbH)

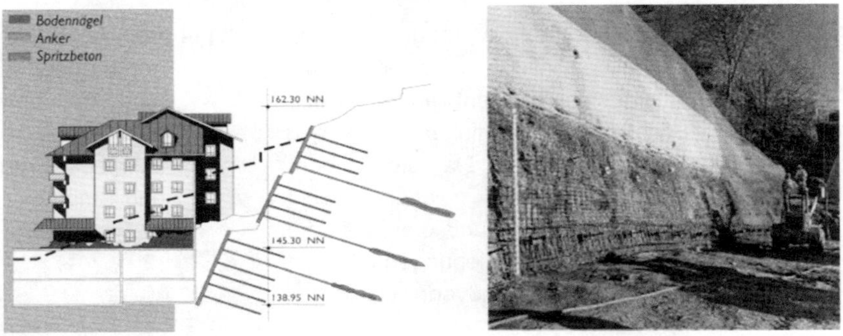

Anwendungsbeispiele: □ 1.118 (Informationsschrift der Bauer Spezialtiefbau GmbH). Baugruben / Hangsicherung in Neunkirchen / Saar □ 1.116 sowie Sicherung einer Felswand mit Dauerankern □ 1.117, (Informationsschriften der Keller Grundbau GmbH). Sicherung eines Hangeinschnitts Wohnanlage Lauf-Rückersdorf (Informationsschrift der Bauer Spezialtiefbau GmbH). Nitzsche / Wolff (1989).

□ 1.117 Beispiel: Bodenvernagelung mit Dauernägeln zur Baugruben-/ Hangsicherung in Neuenkirchen/Saar a) Bauabschnitte, b) Ansicht/Schnitt (aus Informationsschrift der Keller Grundbau GmbH)

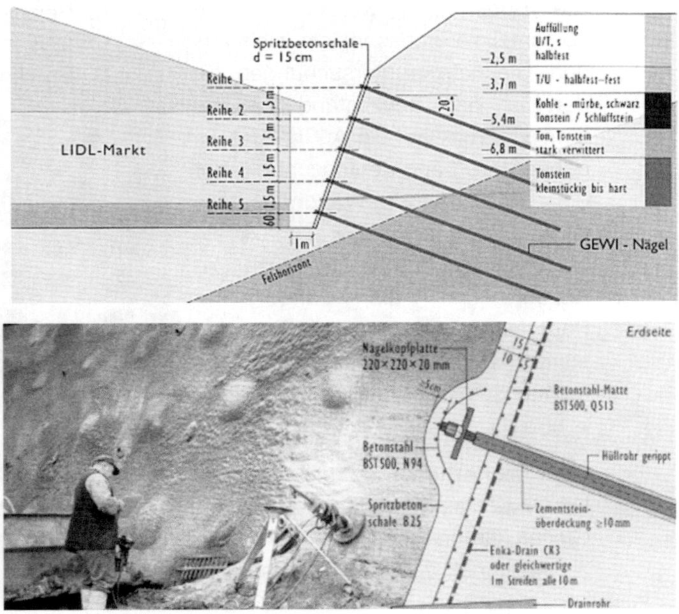

1.13.2 Elementwände

Element-wände

Aufgelöste Elementwände werden als bleibendes Stützbauwerk (siehe Dörken/ Dehne/ Kliesch, Teil 2, Abschnitt 7) und überwiegend zur Sicherung von Baugruben in schwierigem Gelände (im Bereich von Hängen und Böschungen) ausgeführt, wenn schwere Geräte für andere Baugrubensicherungen nicht oder nur mit hohem Aufwand eingesetzt werden können. Der Untergrund muss eine zumindest vorübergehend wirksame Kohäsion aufweisen.

□ 1.118 Beispiele: Bodenvernagelung Anwendungen (aus Informationsschrift der Bauer Spezialtiefbau GmbH)

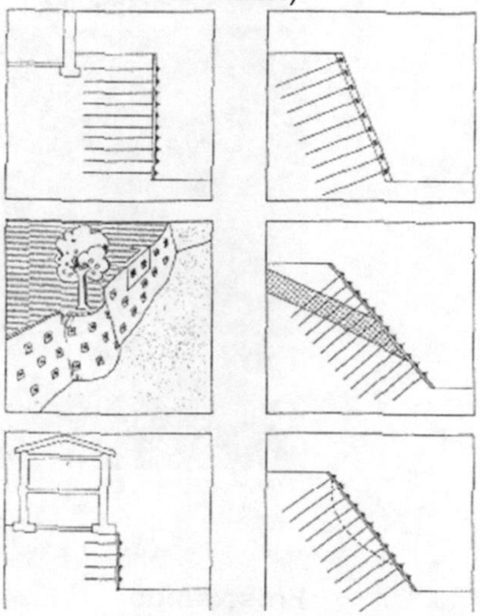

Herstellung: Je nach Standfestigkeit des Bodens wird ein geneigter Wandabschnitt (mindestens 5° gegen die Vertikale) von 1,50 bis 2,50 m Tiefe ausgehoben und sofort mit einer Baustahlgewebematte und Spritzbeton gesichert. Bei Schichtenwasser wird eine Dränmatte unterlegt. Danach werden die Anker eingebracht und deren Köpfe mit Hilfe von Stahlbetonelementen (z. B. quadratische Fertigteilplatten) festgelegt. Nach dem Abbinden des Zementmörtels und dem Spannen der Erdanker wird der darunter liegende Wandteil abschnittsweise ausgehoben. Zwischen den einzelnen Aushubabschnitten bleibt immer eine bis zu 3 m breite Berme stehen. In den frei gelegten Teilen wird die geneigte Wand wie beschrieben mit Elementen verbaut. Nach Anspannen der Anker werden die stehengebliebenen Bermen entfernt und ebenfalls verbaut (□ 1.119 und □ 1.120).

⇒ Zur Spritzbetonweise: DIN 4124, Abschnitt 8.4

Vorteile: Der Verbau kann fortschreitend mit dem Aushub der Baugruben von oben nach unten ohne Verbauträger (wie bei Trägerbohlwänden) hergestellt werden, so dass große und tiefe Baugruben mit relativ geringem Geräteeinsatz in kurzer Zeit gesichert werden können. Da der anstehende Boden direkt mit Spritzbeton abgedeckt wird, können keine Auflockerungen wie bei einem konventionellen Verbau entstehen

⇒ Zur Spritzbetonweise: DIN 4124, Abschnitt 8.4.

Bemessung und Standsicherheit: Statische Nachweise nach den diesbezüglichen Vorschriften der EAB (9.31), der DIN 4084 und der DIN 4124. Eine Untersuchung tief liegender natürlicher Gleitflächen ist erforderlich. ⇒ Raisch (1979).

Ausführungsbeispiele: Schurr / Babendererde / Wanninger (1978). Erhard / Lutz (1988).

□ 1.119 Beispiel: Elementwand (aus Informationsschrift der Brückner Grundbau GmbH)

□ 1.120 Beispiel: Sicherung einer Felsböschung durch eine Elementwand mit Dauerankern (aus Informationsschrift der Bilfinger + Berger Bauaktiengesellschaft)

1.13.3 Frostwände

Frostwände Bei der Herstellung von Frostwänden („Bodenvereisung“) wird das Porenwasser im Boden durch künstliche Abkühlung gefroren. Hierdurch erhält der Boden - je nach Wassergehalt und Frostkörpertemperatur eine zusätzliche Festigkeit (vergleichbar einem unbewehrten Beton) und wird undurchlässig. Die Herstellung von Frostwänden ist daher nur bei ausreichendem Wassergehalt des Bodens möglich.

Das Verfahren wird heute trotz hoher Kosten häufiger angewendet, weil es sehr umweltfreundlich ist. Denn der Grundwasserstand wird kaum beeinflusst und der natürliche Zustand des Bodens nur kurzfristig für die Dauer der Baumaßnahme verändert.

Zur Herstellung einer Frostwand werden im Bereich der geplanten Frostwand Gefrierrohre in den Boden eingebracht, die mit Kühlaggregaten bzw. mit Drucktanks für das Flüssiggas verbunden sind. Als Kälteträger wird eine tief abgekühlte Salzlösung verwendet ("Sole-Vereisung"), oder ein verflüssigtes Gas wird verdampft (meist flüssiger Stickstoff: "Stickstoff-Vereisung"). Durch den kontinuierlichen Wärmeentzug bilden sich um die Gefrierrohre zylindrische Frostkörper, die immer größer werden und schließlich zusammenwachsen, so dass sie eine geschlossene, standfeste und wasserdichte Frostwand bilden (□ 1.121). Der Gefrierprozess wird so lange mit voller Leistung fortgesetzt, bis die Frostwand die verlangte statische Dicke erreicht hat ("Vorgefrierzeit" oder "Aufgefrierphase"). Danach kann sich die Kältezufuhr auf den Ausgleich der abfließenden Wärmemenge beschränken ("Frosterhaltungszeit").

Durch zweckmäßige Anordnung der Gefrierrohre lassen sich verschiedene Wandformen schaffen, welche die Baugrube oder den Tunnelabschnitt (□ 1.122) umschließen und in deren Schutz der Aushub und die nachfolgenden Bauarbeiten ausgeführt werden können.

□ 1.121 Beispiel: Herstellung einer Frostwand (nach Rübener 1985)

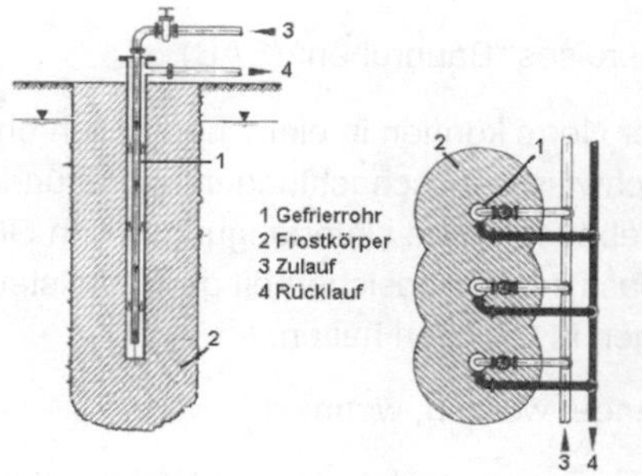

□ 1.122 Beispiel: Bodenvereisung beim Bau des S-Bahn-Tunnels unter der Limmat in Zürich (aus Informationsschrift der Philipp Holzmann AG)

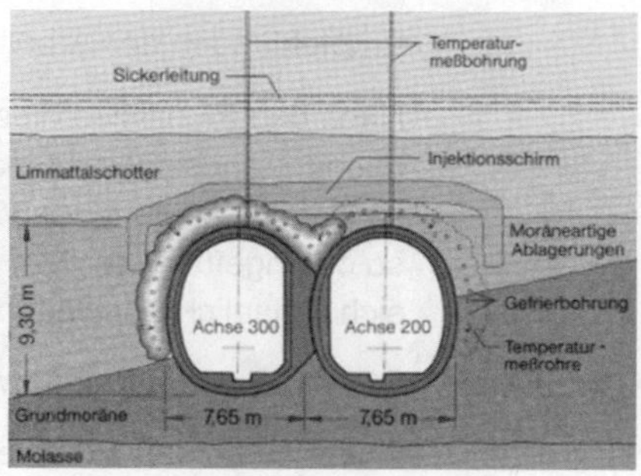

Bei einer Verfestigung des Bodens durch Vereisung ist dafür zu sorgen, dass durch mögliche Hebungen oder Setzungen des Bodens keine benachbarten Gebäude oder andere baulichen Anlagen gefährdet werden. Die Verfestigung ist spätestens beim Aushub zu prüfen (DIN 4124, Abschnitt 8.3.4).

⇒ Jessberger (1982). Gudehus / Orth (1985). Jessberger / Jordan (1986). Orth (1988). Schmidt / Seitz (1998, Unterabschnitt 8 "Bodenvereisung"). Hierin werden das physikalischen Prinzip, die Grundlagen und die Bemessung, die Festigkeitseigenschaften des gefrorenen Bodens sowie die Technologie der Bodenvereisung mit Ausführungsbeispielen und zahlreichen Literaturangaben ausführlich beschrieben.

1.14 Gebäudesicherung

Unter Gebäudesicherungen werden hier - im Zusammenhang mit den in diesem Abschnitt behandelten Baugruben - Maßnahmen verstanden, die erforderlich werden, wenn eine Baugrube direkt neben oder in der Nähe eines bestehenden Gebäudes / Fundaments ausgeführt werden muss. In diesem Fall muss dafür gesorgt werden, dass die Grundbruchsicherheit des bestehenden Gebäudes gewährleistet ist und keine schädlichen Setzungen auftreten.

Eine Gebäudesicherung kann durch eine Unterfangung nach DIN 4123 erfolgen, wenn die hierfür notwendigen Voraussetzungen vorliegen (siehe Abschnitt 1.17.1). Bei Höhenunterschieden über 5 m, hohen und schweren Gebäuden und / oder unterhalb des Grundwasserspiegels kann das Gebäude durch eine verformungsarme (ggf. dichte) Baugrubenwand (siehe Abschnitt 1.17.2), eine Injektion (siehe Abschnitt 1.17.3), mit Hilfe des Düsenstrahlverfahrens (siehe Abschnitt 1.17.4) oder z. B. mit Hilfe von Verpresspfählen gesichert werden.

Bei der Ausführung tiefer Baugruben in der Nachbarschaft bestehender Gebäude werden häufig umfangreiche messtechnische Überwachungsprogramme erforderlich.

⇒ Ulrichs (1979). Sommer / Wittmann / Ripper (1982). Smoltczyk (1992). Triantafyllidis (1997 / 2 und 2).

1.14.1 Unterfangung nach DIN 4123

Regelwerke DIN 4123 "Ausschachtungen, Gründungen und Unterfangungen im Bereich bestehender Gebäude".

Empfehlungen des Arbeitskreises "Baugruben" (EAB).

Nach den Richtlinien dieser Norm können in einfachen Fällen ohne umfangreiche Standsicherheitsnachweise Ausschachtungen und Gründungsarbeiten im Bereich bestehender Gebäude sowie Unterfangungen von Gebäudeteilen so durchgeführt werden, dass ihre Standsicherheit gewährleistet bleibt und sich schädliche Bewegungen in Grenzen halten.

Geltungsbereich DIN 4123 darf nur angewendet werden, wenn

- es sich bei den zu unterfangenden Gebäuden um Wohn- oder Bürogebäude mit nicht mehr als fünf Vollgeschossen oder vergleichbare Bauten entsprechender Höhe handelt,
- die zu unterfangenden Gebäude auf Streifenfundamenten oder, ausgenommen im Unterfangungsbereich, auf durchgehenden Platten gegründet sind,
- zu unterfangende Wände als Scheiben wirken,
- der Baugrund im Einflussbereich der geplanten Baugrube aus dem zu unterfangenden Gebäude überwiegend lotrechte Lasten aufzunehmen hat,

  die neue Baugrube nicht tiefer als 5 m unter der vorhandenen Geländeoberfläche ausgehoben wird.

Beweissicherung Vor Beginn der Baumaßnahme sollte der Zustand der vorhandenen Gebäude durch eine Fotodokumentation unter Mitwirkung aller Beteiligten festgestellt und auch während der Bauarbeiten und in der Zeit danach beobachtet werden. Auf vorhandenen oder während der Bauzeit auftretenden Rissen sind Gipsmarken anzubringen sowie Sicherungsmaßnahmen zur Vermeidung größerer Schäden einzuleiten. ⇒ DIN 4107.

Ausschachtungen Zur Sicherung einer Gründung gegen Grundbruch darf ein bestehendes Bauwerk nicht ohne ausreichende Sicherungsmaßnahmen bis zu seiner Fundamentunterkante oder tiefer frei geschachtet werden. Wenn die Grundbruchsicherheit des vorhandenen Fundaments nicht durch andere Maßnahmen gewährleistet wird, kann sie durch einen Erdblock mit den in □ 1.118 dargestellten Abmessungen gewahrt werden. Dabei muss die Oberfläche (O. F.) der Berme mindestens 0,5 m über der Unterkante (U.K.) des vorhandenen Fundaments, jedoch nicht tiefer als Oberkante (O.K.) Kellerfußboden des bestehenden Gebäudes liegen. Ihre Breite muss mindestens 2 m betragen. Die Böschung des Erdblocks darf nicht steiler als 1 : 2 geneigt sein (□ 1.118).

⇒ DIN 4123

□ 1.123 Beispiel: Bodenaushubgrenzen (nach DIN 4123)

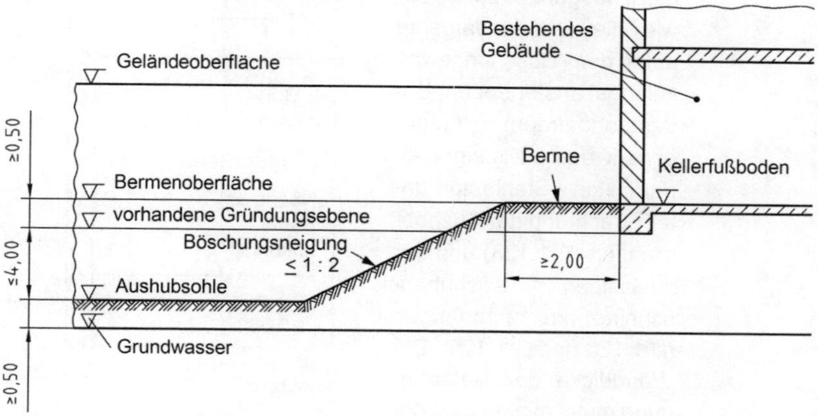

Aushub-abschnitte Der Boden im Bereich des Erdblocks vor dem zu unterfangenden Fundament (□ 1.124 a) darf zur Vermeidung eines Grundbruchs nur abschnittsweise mit Hilfe von Stichgräben oder Schächten von höchstens 1,25 m Breite entfernt werden (□ 1.124 b). Zwischen gleichzeitig hergestellten Stichgräben bzw. Schächten ist ein Abstand von mindestens der dreifachen Breite eines Stichgrabens bzw. Schachtes einzuhalten (□ 1.124 b). Weitere Stichgräben bzw. Schächte dürfen erst dann hergestellt werden, wenn die vorangegangenen neuen Fundamentabschnitte ausreichend fest sind.

⇒ DIN 4123

□ 1.124 Beispiel: Gründung der neuen Wand (nach DIN 4123) a) Schnitt,

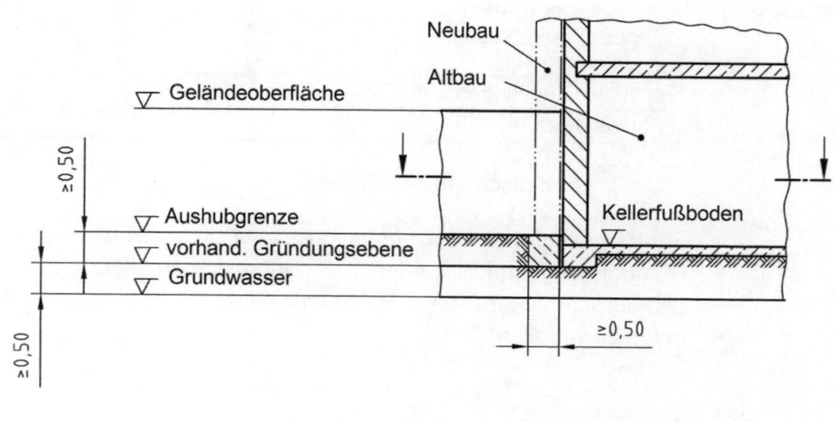

Unterfangung Liegt die Gründungssohle des neu zu errichtenden Gebäudes tiefer als die des bestehenden, so ist das angrenzende Fundament auf ganzer Länge sowie die Querfundamente unter dem Böschungswinkel des anstehenden Bodens abgetreppt mit Mauerwerk aus Vollsteinen oder Beton / Stahlbeton unter Beachtung der Aushubgrenzen (□ 1.123) und der zulässigen Aushubabschnitte zu unterfangen (□ 1.125 und □ 1.126). Die Wanddicke der Unterfangung muss mindestens der Wanddicke der zu unterfangenden Fundamente entsprechen.

□ 1.124 Beispiel (Fortsetzung): Gründung der neuen Wand (nach DIN 4123)

b) Grundriss

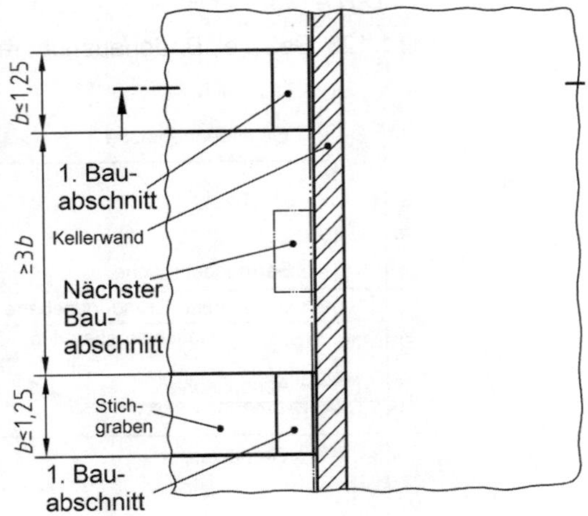

□ 1.125 Beispiel: Unterfangung des bestehenden Fundaments a) Schnitt,

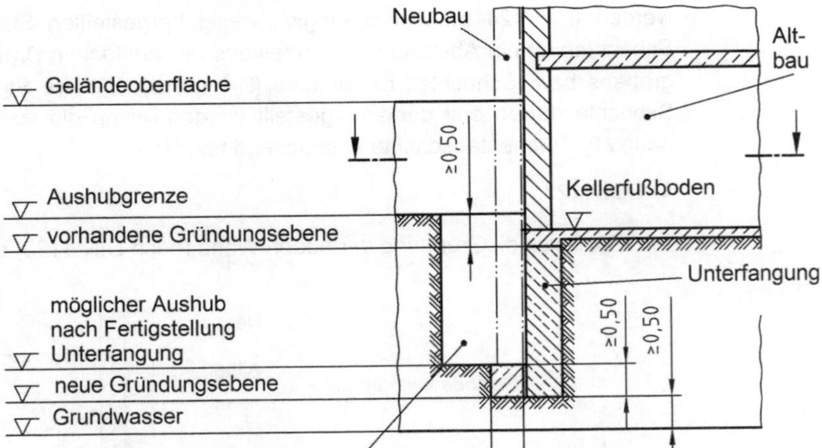

Zur Vermeidung von Setzungen muss eine sichere Kraftübertragung durch die Unterfangung erreicht werden (z. B. Einbringen großflächiger Stahldoppelkeile, hydraulische Anpressung). Hohlräume hinter der Unterfangung sind mit Magerbeton zu verfüllen.

Gleichzeitig mit der Unterfangung ist das Fundament des neuen Gebäudes abschnittsweise herzustellen. Wenn dieses bewehrt werden muss, ist die Unterfangung um mindestens 0,5 m tiefer als die Unterkante des neuen Stahlbetonfundaments auszuführen, damit unter dem neuen Stahlbetonfundament gleichzeitig mit der Unterfangung ein unbewehrtes Fundament erstellt werden kann.

□ 1.125 Beispiel (Fortsetzung): Unterfangung des bestehenden Fundaments b) Grundriss (nach DIN 4123)

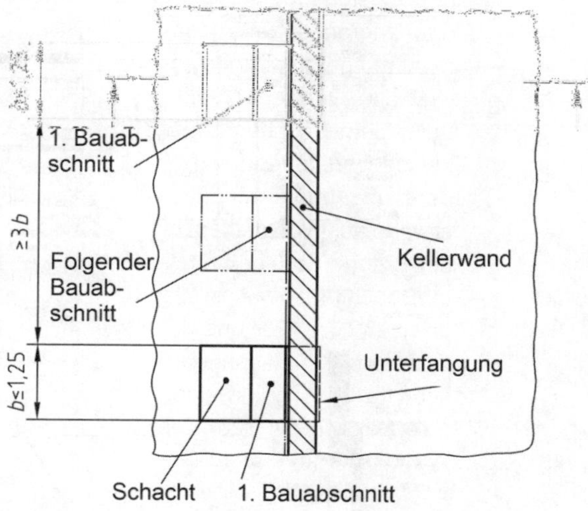

□ 1.126 Beispiel: Gebäudesicherung (Unterfangung) mit einer mehrfach verankerten Bohrpfahlwand (aus Informationsschrift der Brückner Grundbau GmbH)

⇒ DIN 4123

□ 1.127 Beispiel: Herstellung einer konventionellen Unterfangung (nach Voth 1977)

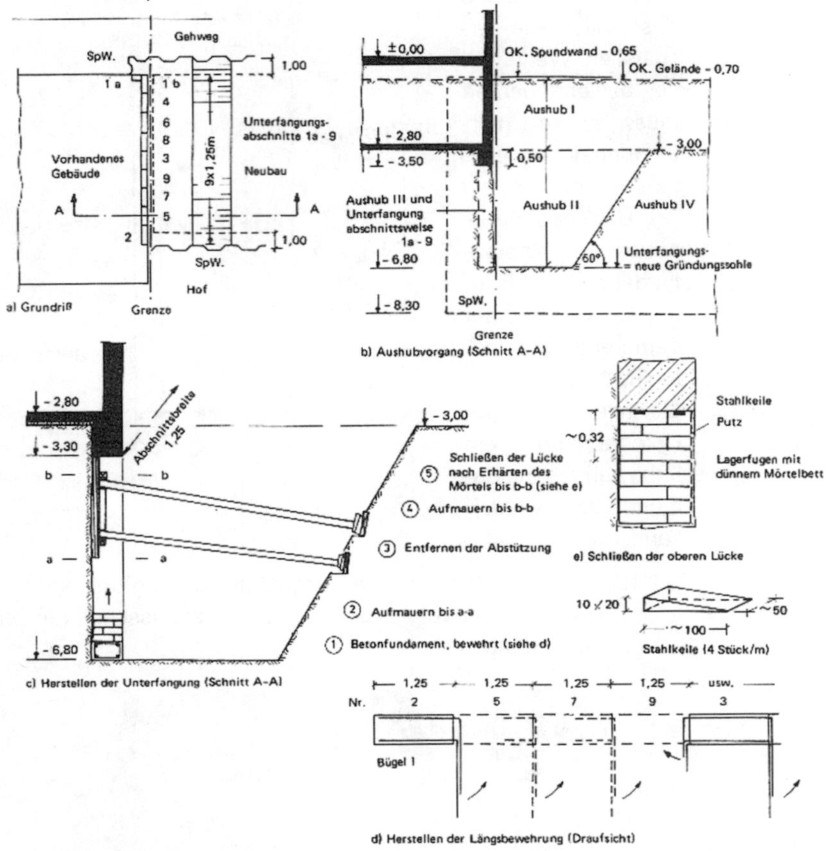

1.14.2 Verformungsarmer Verbau

Wenn eine Sicherung durch konventionelle Unterfangung nach DIN 4123 nicht in Frage kommt (siehe Stichwort "Geltungsbereich" in Abschnitt 1.14.1), weil z. B. hohe und schwere Bauwerke im Einflussbereich der Baugrube stehen, werden zur Sicherung dieser Gebäude verformungsarme Verbauarten (Schlitzwände, siehe Abschnitt 1.10 oder Bohrpfahlwände, siehe Abschnitt 1.12) unmittelbar vor dem bestehenden Gebäude ausgeführt (□ 1.127). Spundwände und Trägerbohlwände kommen in diesem Fall nicht in Frage. Sie würden sich durch den Druck des bestehenden Gebäudes und den Erddruck zu stark verformen, so dass unzulässig große Setzungen und Schäden an den bestehenden Gebäuden auftreten können.

1.14.3 Injektion

Unter einer Injektion versteht man im Grundbau das Einbringen fließfähiger Mittel in die Poren und Klüfte des Baugrunds zur Erhöhung seiner Festigkeit und / oder zu seiner Abdichtung. Sie führt dann zum Erfolg, wenn das jeweilige Injektionsmittel und das Einpressverfahren richtig auf den Untergrund abgestimmt werden und dieser injizierbar ist.

Regelwerke DIN 4093 Einpressungen in den Untergrund und Bauwerke. Richtlinie für Planung und Ausführung

DIN 18 309 VOB, Teil C: Allgemeine Technische Vertragsbedingungen für Bauleistungen (ATV) Einpressarbeiten

DIN EN 12715 Ausführung von besonderen geotechnischen Arbeiten (Spezialtiefbau) - Injektionen.

DIN SPEC 18187 Ergänzende Festlegungen zu DIN EN 12715

Injektionsmittel Mörtel und Pasten, Suspensionen, Lösungen und Emulsionen (□ 1.128). Welches Injektionsmittel eingesetzt werden kann, hängt von seinem Fließverhalten, von der Klüftigkeit des Gebirges bzw. der Durchlässigkeit des Bodens sowie vom Zweck der Injektion (Verfestigung oder Abdichtung) ab. Daher lassen sich die verschiedenen Injektionsmittel und -verfahren nur in bestimmten Grenzen anwenden (□ 1.129).

□ 1.128 Beispiele: Injektionsmittel (nach Schmidt/Seitz 1998)

Art	Mörtel und Pasten	Suspension	Lösungen	Emulsion
Begriffsbestimmung	Suspensionen mit sehr hohem Feststoffanteil	Feine Verteilung eines nicht gelösten Stoffes in einer Trägerflüssigkeit	Auflösung von festen Stoffen in Lösungsmittel	Aufschwemmung zweier verschiedener, flüssiger Medien, meist mit Stabilisatoren
Zusammensetzung	Mischung aus: Wasser, Zement, Sand und ggf. speziellen Zusätzen, W/Z-Wert i.a. kleiner 1	Mischungen aus: Wasser, Zement, oder Feinstbindemittel und ggf. Bentonit, Flugasche o.ä. Stoffen W/Z-Wert i.a. größer 1	Mischungen aus: Wasser, Wasserglas, Härter, Kunstharzen, Kunststoffen	Mischungen aus: Wasser, Bitumen, Emulgatoren, wasserunlöslichen Wasserglashärtern, z.B. Durcisseur
Anwendung	Verfüllen von Hohlräumen und Spalten. Herstellen von Injektionsbeton und Unterwasserbeton	Abdichten und Verfestigen von Kies- u. Sandböden, Klüften u. Spalten im Fels, Rissen im Mauerwerk	Abdichten und Verfestigung von Sand- und Feinkiesböden, Haarrissen im Mauerwerk	Abdichten von Feinsandböden

Das am häufigsten verwendete Injektionsmittel ist eine Suspension aus normalem Zement, Wasser, Bentonit und evtl. weiteren Zusatzstoffen. Die beiden zuletzt genannten Anteile sollen das Sedimentieren in den Bodenporen verhindern. Bei sehr durchlässigen Böden oder größeren Hohlräumen im Fels können der Suspension aus Wirtschaftlichkeitsgründen noch zusätzliche Feststoffanteile (Sand, Flugasche oder Dämmer) beigegeben werden.

□ 1.129 Beispiele: Injektionsmittel (nach Schmidt/Seitz 1998)

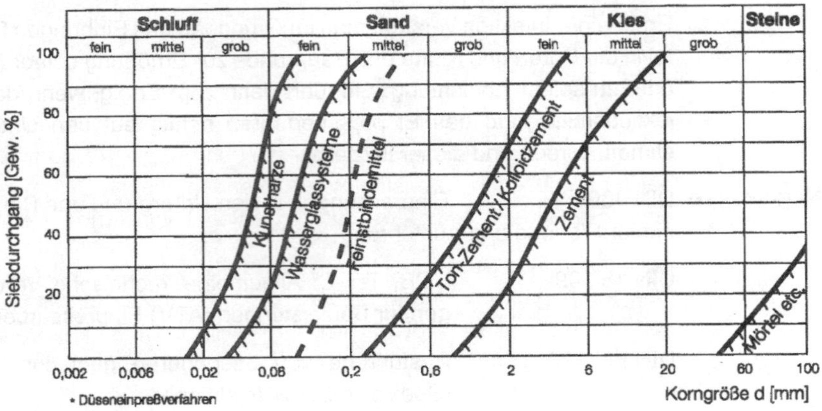

Die Suspension erstarrt nach dem Einpressen in Ruhe zu einer plastischen Masse, wobei der Zementanteil die Festigkeit, der Anteil von Bentonit oder von anderen Tonarten die Abdichtungswirkung bestimmt.

Die Anwendung von Suspensionen mit normalem Zement ist auf Kiesböden mit geringem Sandanteil beschränkt (□ 1.129). Durch Verwendung von Feinstbindemitteln (fein gemahlene Zemente mit einem Korndurchmesser von 1 bis ca. 20 μm) kann die Zementinjektion bis in Mittelsande mit ca. 20 bis 30% Feinsandanteil ausgedehnt werden.

Die früher zur Injektion von Sanden häufig verwendeten chemischen Injektionsmittel auf Silikatbasis (Wasserglas) und die zur Einpressung in noch feinkörnigere Böden bis in den Schluffbereich eingesetzten Kunststoff-lösungen (Epoxidharze bzw. Polyurethan) sowie Bitumen-Emulsionen (□ 1.129) kommen auf Grund von Umweltschutzvorschriften wegen ihrer Grundwasserbelastung nur noch selten zum Einsatz und werden zunehmend durch das Düsenstrahlverfahren (siehe Abschnitt 1.14.4) ersetzt. ⇒ Poremba (1976).

Voruntersuchungen Die Abstände der Injektionsbohrungen und die Art und Menge des Injektionsmittels werden je nach der örtlichen Situation mit Hilfe von Voruntersuchungen bestimmt. ⇒ o.a. Normen sowie Schmidt / Seitz (1998).

Fels: Standfester Fels wird nach Herstellung des Bohrlochs mit einem Doppelpacker von unten nach oben injiziert. Der Doppelpacker begrenzt den Injektionsbereich oben und unten, so dass eine gezielte seitliche Verpressung in einem bestimmten Abschnitt möglich ist. Bei brüchigem ("gebrächem") Fels oder der Gefahr von Geländehebungen durch hohe Verpressdrücke kann die Injektion auch von oben nach unten erfolgen. Die Herstellung des Bohrlochs und die Injektion erfolgt in diesem Fall in mehreren Abschnitten, so dass die vorteilhafte Trennung der Arbeitsvorgänge wie bei standfestem Fels nicht möglich ist. Der bereits injizierte Bereich muss nach der Verfestigung des Injektionsmittels wieder aufgebohrt werden. Dieses zweite, kostenintensivere Verfahren ist der einzige Weg, oberflächennahe Schichten wirtschaftlich zu injizieren (Schmidt / Seitz 1998).

Böden: Die für die Injektion von Fels beschriebenen beiden Verfahren erfordern bei Böden eine Verrohrung und werden deshalb nur noch selten angewendet. Hier wird meistens mit Manschettenrohren (Kunstoffrohre mit Doppelpacker und Löchern in bestimmten Abständen, die mit Gummimanschetten überzogen sind, □ 1.130) von unten nach oben injiziert.

Bei feinkörnigen Böden, bei denen eine Poreninjektion wegen geringer Durchlässigkeit nicht möglich ist, wird das **Soilfrac-Verfahren** (Keller Grundbau GmbH: Soilfracturing-Verfahren) oder das Düsenstrahlverfahren (siehe Abschnitt 1.14.4) angewendet.

□ 1.130 Beispiel: Injektion mit Manschettenrohren (aus Informationsschrift der Bauer Spezialtiefbau GmbH)

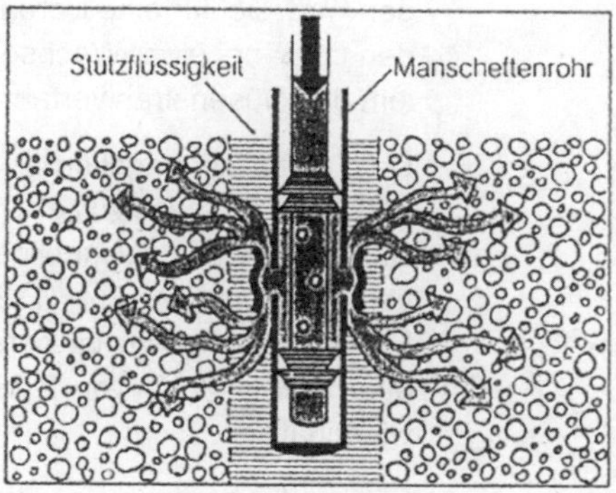

Bei dem Soilfrac-Verfahren wird durch Einpressen des Injektionsmittels (meistens Zementsuspensionen) mit hohem Druck ein örtliches Aufbrechen ("Cracken") des Bodens erreicht, das bei der Poreninjektion vermieden werden soll. Durch Mehrfachverpressung des Injektionsmittels über Manschettenrohre aus Kunststoff oder Stahl im Abstand von 1 bis 2 m wird im Boden ein verästeltes Feststoffskelett erzeugt (□ 1.131). Das Verfahren wird u.a. zur Unterfangung, zum Setzungsausgleich während der Tunnelunterfahrung von Gebäuden und zur planmäßigen Hebung von Bauwerken angewendet, bei denen größere Setzungsunterschiede aufgetreten sind: z. B. Hebung eines schief gestellten Hochhauses in Berlin, Kochstraße (Informationsschrift der Fa. Keller GmbH).

□ 1.131 Beispiel: Soilfrac-Verfahren (aus Informationsschrift der Keller Grundbau GmbH)

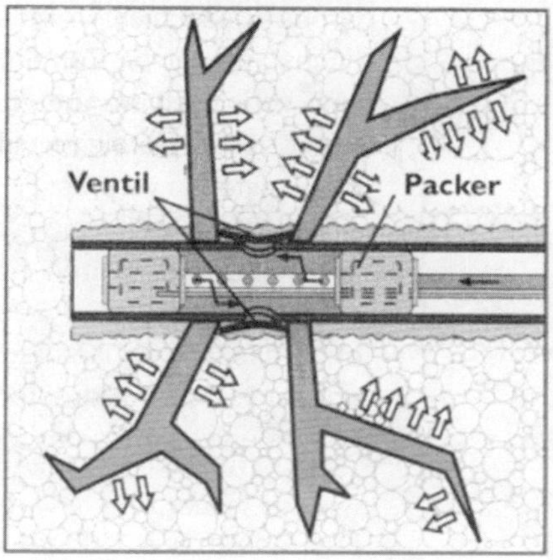

Anwendungen des Soilfrac-Verfahrens: Raabe / Esters (1986); Meissner / Petersen (1990); Aktiver Setzungsausgleich beim Hauptbahnhof Antwerpen (Informationsschrift der Keller Grundbau GmbH).

Anwendung Injektionen haben im Grundbau ein großes Anwendungsgebiet gefunden (z. B. Schirminjektionen beim Tunnelvortrieb unter Druckluft und zur Lastverteilung im Bereich von Gebäudeunterfahrungen, Dichtschürzen gegen Unterläufigkeit unter Staubauwerken). Im Zusammenhang mit den im vorliegenden Abschnitt behandelten Baugruben werden im Folgenden als Anwendungen von Injektionen Unterfangungen, Injektionssohlen und Lückeninjektionen beschrieben.

Unterfangung Die Herstellung einer Injektionswand ist häufig die technisch und wirtschaftlich optimale Lösung für eine Gebäudesicherung durch Unterfangung, wenn der Baugrund für eine Injektion geeignet ist. Sie hat nämlich gegenüber anderen hierfür in Frage kommenden Verfahren (Unterfangung nach DIN 4123, Schlitzwand, Bohrpfahlwand) vor allem den Vorteil, dass die Last aus den bestehenden Fundamenten unmittelbar auf den Unterfangungskörper übertragen wird. Bei für eine Poreninjektion nicht geeigneten oder inhomogenen Böden (z. B. bei einer Wechsellagerung von Schluff, Sand und Kies) wird vor allem das Düsenstrahlverfahren (siehe Abschnitt 1.14.4) angewendet.

Der Unterfangungskörper muss entweder so massiv wie eine Gewichtsstützwand ausgebildet oder verankert werden (□ 1.132). Der Einbau von Ankern ist bereits ab einer freien Höhe von 2 bis 3 m wirtschaftlich.

□ 1.132 Beispiel: Mit zwei Permanentankerlagen gesicherte 8 m hohe Unterfangungswand, hergestellt durch Feinst-bindemittelinjektion in Duisberg (aus Informationsschrift der Franki Grundbau Gmbh)

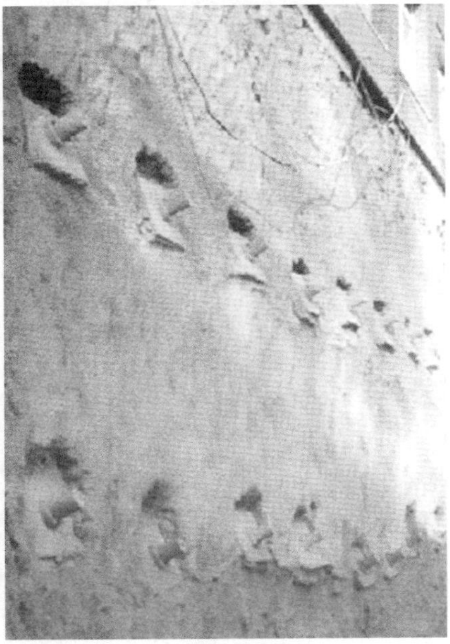

Für die Herstellung der Unterfangungswand werden vornehmlich Schrägbohrungen außerhalb und gegebenenfalls auch innerhalb des zu unterfangenden Bauwerks niedergebracht.

Grobe Kiesschichten müssen zunächst mit einer Zementsuspension vorinjiziert werden, bevor die feinkörnigen Bereiche mit Feinstbindemitteln verpresst werden. Anderenfalls breitet sich das Injektionsmittel nur in den grobkörnigen, durchlässigeren Böden aus, ohne dass die feinkörnigen Zonen erfasst werden. Hierdurch kommt es zu Fehlstellen in der Injektionswand.

Die innere und äußere Standsicherheit von durch Injektion erstellten Unterfangungskörpern ist statisch nachzuweisen. Hierzu werden Normal- und Biegespannungen in maßgebenden

Schnitten, Scherspannungen am Fuß und Kopf des Injektionskörpers (innere Sicherheit) sowie seine Sicherheit gegen Grundbruch, Gleiten und Geländebruch (äußere Sicherheit) untersucht.

Bei einer Verfestigung des Bodens durch Injektion ist dafür zu sorgen, dass durch mögliche Hebungen oder Setzungen des Bodens keine benachbarten Gebäude oder andere baulichen Anlagen gefährdet werden. Die Verfestigung ist spätestens beim Aushub zu prüfen (DIN 4124, Abschnitt 8.3.4)

Dichtsohlen Bei tiefen Baugruben im innerstädtischen Bereich werden als grundwasserschonende Bauweise (siehe Dörken/ Dehne/ Kliesch, Teil 1) weitgehend wasserdichte Baugrubensohlen hergestellt, wenn in erreichbarer Tiefe keine wasserstauende Schicht vorhanden ist, in welche die vorgesehenen nahezu wasserdichten Baugrubenwände (siehe Abschnitt 1.11) einbinden können. Bei dem auf diese Weise geschaffenen Trogbauwerk ("Grundwasserwanne") wird die noch anfallende Restwassermenge durch kontinuierliche Wasserhaltung während der Bauzeit abgeführt.

Tief liegende Dichtsohlen können mit Hilfe des Düsenstrahlverfahrens ("HDI"- bzw. "Soilcrete"-Sohlen, siehe Abschnitt 1.14.4) oder als Injektionssohlen in der für die Sicherheit gegen Auftrieb (1,1-fach) erforderlichen Tiefe hergestellt werden. Bei ihnen steht dem von unten wirkenden Wasserdruck die Eigenlast der Sohle und der überlagernden Bodenschichten gegenüber (Berechnungsbeispiel siehe Dörken/ Dehne/ Kliesch, Teil 1, Abschnitt 7). ⇒ Weißenbach / Gollup (1995).

Hoch liegende Dichtsohlen (Unterwasserbetonsohlen, HDI-Sohlen), die den unteren Abschluss der Baugrube bilden, werden als Schwergewichtssohlen ausgebildet bzw. zusätzlich mit Verpressankern oder Zugpfählen (siehe Abschnitt 3) gesichert (Radomski / Mayer 1982). Außerdem können die Auftriebskräfte bei lang gestreckten, schmalen Baugruben über Reibung oder Gewölbewirkung in die seitliche Baugrubenumschließung übertragen werden. Vorteil hoch liegender Sohlen ist, dass von der Baugrube aus im Bereich zugänglicher Wandanschlüsse Nachdichtungsarbeiten möglich sind.

⇒ Stockhammer / Baumann (1976)

Unterwasserbetonsohlen: Sie werden vor allem bei schmalen, langen Baugruben im städtischen Verkehrstiefbau unbewehrt oder bewehrt mit einer Dicke von bis zu 1,5 m im Kontraktorverfahren eingebracht. Die Sicherheit gegen Auftrieb ist nachzuweisen (siehe Dörken/ Dehne/ Kliesch, Teil 1, Abschnitt 7). Durch Verankerung der Sohle wird vermieden, die Sohle noch dicker zu machen bzw. in größere Tiefe zu legen (□ 1.133). Auf die konstruktive Ausbildung des Sohlanschlusses an die jeweilige Wand muss besonders geachtet werden. Anwendungsbeispiel: Schleuse Mannheim (Radomski / Mayer 1982). Weitere Hinweise: Brehm / Vogel / Wooge / Triantafyllidis (1996). Mönnich / Kramer (1996).

HDI- (Soilcrete-) Sohlen: siehe Abschnitt 1.14.4

Injektionssohlen (□ 1.134 und □ 1.135): Sie werden nach zwei verschiedenen Verfahren hergestellt:

Bei dem **Manschettenrohrverfahren** wird ein Bohrloch durch Rammen oder Bohren erstellt, in welches das Injektionsrohr eingebaut wird. Letzteres ist im Bereich der vorgesehenen Injektionssohle mit Manschetten versehen, durch welche das Injektionsmittel über einen Packer in den Untergrund gepresst wird. Damit sich das Injektionsmittel nicht entlang des Injektionsrohrs ausbreitet, ist der Ringraum zwischen Bohrloch und Injektionsrohr mit einer Stützflüssigkeit gefüllt.

□ 1.133 Beispiel: Spundwandbaugrube mit verankerter Unterwasserbetonsohle a) Übersicht, b) Ankerköpfe nach dem Lenzen der Baugrube (aus Informationsschrift der Bilfinger + Berger Bauaktiengesellschaft)

a)

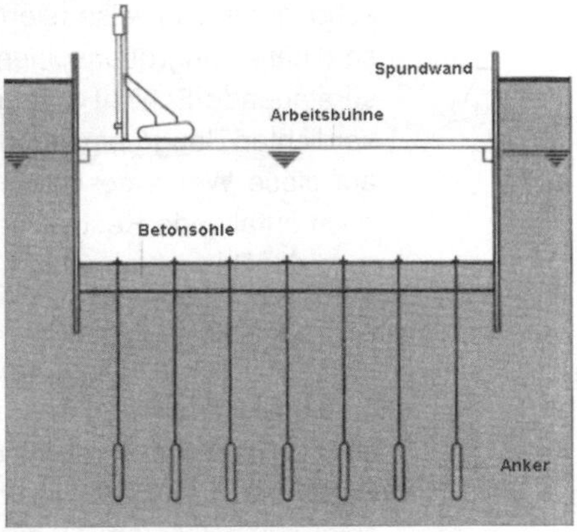

b)

Bei dem **Verfahren mit verlorenen Ventilkörpern** werden Rammrohre mit Verpress-Schläuchen und daran unten befestigten Ventilkörpern mit einem Aufsatzrüttler in die erforderliche Tiefe niedergebracht. Danach wird das Rammrohr unter Rütteln wieder gezogen. Dabei wird der Boden um den Verpress-Schlauch verdichtet und verhindert, dass das Injektionsgut bei der späteren Verpressung entlang des Verpress-Schlauchs nach oben entweicht. Der lose am Fuß des Rammrohrs aufgesteckte Ventilkörper bleibt im Boden. Dieses Verfahren wird vor allem für einlagige, dünne Sohlen angewendet (□ 1.136 und □ 1.137). Für zweilagige Sohlen muss mit zwei Schläuchen gearbeitet werden.

Als **Injektionsmittel** werden bei Kiesböden Zementsuspensionen, bei Sanden Feinstzement-Suspensionen (Schulze / Kühling / Tax 1992) oder - aus Umweltschutzgründen seltener - chemische Lösungen auf Wasserglasbasis verwendet. Da Injektionssohlen nur eine relativ geringe Eigenfestigkeit aufweisen müssen, ist der Tonanteil (meist Bentonit) des Injektionsmittels groß und kann sogar den Zementanteil übersteigen. Nur beim Einsatz von Feinstbindemitteln wird in Hinblick auf die Eindringfähigkeit der Mischung meistens auf die Zugabe von Bentonit verzichtet.

Die **Dicke** einer Injektionssohle wird vor allem von wirtschaftlichen Gesichtpunkten, also vom Abstand der Bohrpunkte bzw. Ventilkörper und von der

Menge des Injektionsmittels, weniger von der Durchlässigkeit, bestimmt. Üblich sind Sohlmächtigkeiten von 1 bis 2 m bei entsprechend großen Bohrabständen.

⇒ Büttner (1974), Stockhammer / Baumann (1976), Bialas / Kessler / Stahlschmidt (1979), Tausch / Poremba (1979), Schulze (1992).

□ 1.134 Beispiel: Baugrubenumschließung mit zweifach verankerter Trägerbohlwand (oberhalb GW), Rüttelschmalwand mit eingestellter einfach verankerter Spundwand (unterhalb GW) sowie Injektionssohle in Frankfurt-Kelsterbach (aus Informationsschrift der Keller Grundbau GmbH)

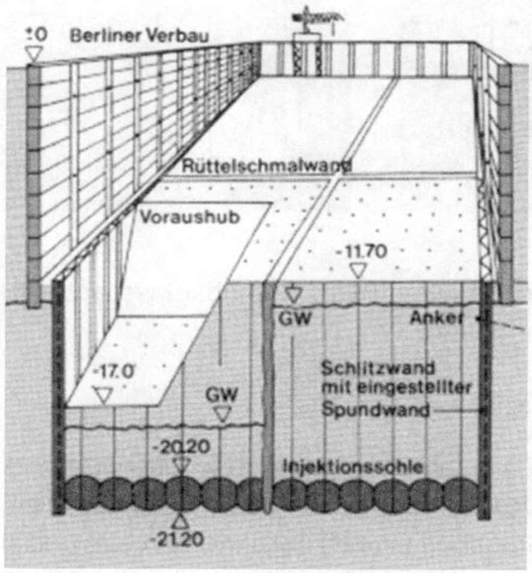

□ 1.135 Beispiel: Baugrube im Grundwasser, gesichert durch rückverankerte Schlitz- oder Bohrpfahlwand mit tief liegender Injektionssohle (aus Informationsschrift der Brückner Grundbau GmbH)

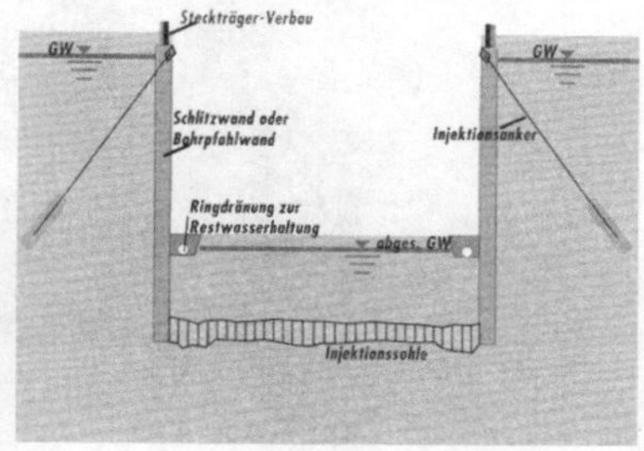

Lücken Im Bereich von Baugruben werden Injektionen in Lücken von Schlitz- oder Bohrpfahlwänden ausgeführt, wenn diese durch Leitungen oder Kanäle unterbrochen werden mussten. Auch bei Spundwänden, die aus den Schlössern gesprungen sind, oder bei Bohrpfahlwänden, bei denen die Überschneidung nicht ausreichend ist, sowie in Ecken und Lücken senkrechter Verbauwände können Injektionen eingesetzt werden.

□ 1.136 Beispiel: Einrütteln von Doppelschläuchen mit Ventilkörpern zur Herstellung einer zweilagigen Injektionssohle in der Baugrube Stadthalle Karlsruhe (aus Informationsschrift der Bilfinger + Berger Bauaktiengesellschaft)

□ 1.137 Beispiel: Herstellen einer Injektionssohle (aus Informationsschrift der Bilfinger + Berger Bauaktiengesellschaft)

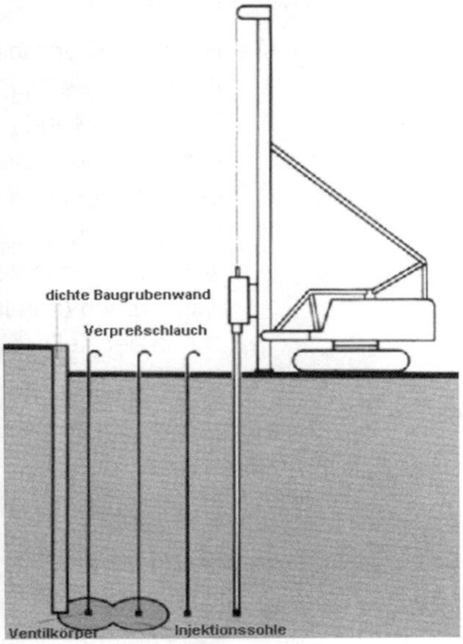

Weitere Hinweise Kutzner (1991), Schmidt / Seitz (1998), Grundbautaschenbuch (Hrsg. Smoltczyk, verschiedene Jahrgänge).

1.14.4 Düsenstrahlverfahren

Das bei uns seit den 70er Jahren angewendete Düsenstrahlverfahren (engl. jet-grouting), auch als Hochdruckinjektion (HDI, Bauer Spezialtiefbau GmbH) oder Soilcrete (Keller Grundbau GmbH) bekannt, hat eine Vielzahl von Anwendungsbereichen und Änderungen in der Geotechnik mit sich gebracht und wird ständig weiter entwickelt. Im vorliegenden Abschnitt werden lediglich die Anwendungsmöglichkeiten im Bereich von Baugruben beschrieben.

Bei den Kluft- und Poreninjektionen dringt das Injektionsmittel in die Hohlräume und Poren von Fels und Boden ein. Das natürliche Korngerüst des Bodens bleibt dabei weitgehend ungestört. Während jedoch umweltverträgliche Injektionsmittel allenfalls noch in Mittelsanden eingesetzt werden können (siehe Abschnitt 1.14.3), können Abdichtungs- und Verfestigungsmaßnahmen mit Hilfe des Düsenstrahlverfahrens ohne schädliche Einflüsse auch in feinkörnigen Böden ausgeführt werden.

Regelwerke EN 12716 Ausführung von besonderen geotechnischen Arbeiten (Spezialtiefbau) - Düsenstrahlverfahren. Deutsche Fassung EN 12716: 2000 (zurückgezogen)

Verfahren Ein Düsenstrahl tritt unter hohem Druck und großer Geschwindigkeit (bis zu 200 m/s) seitlich aus dem Düsenstock aus (□ 1.138), der sich oberhalb der Bohrkrone im Bohrgestänge befindet, und zerschneidet den anstehenden Boden. Dieser wird umgelagert und mit der eingepressten Suspension vermischt. Hierbei entstehen durch Bodenvermörtelung Düsenelemente nach folgendem Verfahren (□ 1.139):

□ 1.138 Beispiel: Austretender Düsenstrahl (aus Informationsschrift der Bauer Spezialtiefbau GmbH)

Zunächst wird ein Bohrloch mit einem den jeweiligen Baugrundverhältnissen angepassten Verfahren, meistens mit Direktspülung, abgeteuft. Wenn die vorgesehene Tiefe erreicht ist, wird auf Düsenstrahlbetrieb umgeschaltet. Dabei kann überschüssige Suspension und gelöster Boden über den Bohrlochringraum drucklos an der Oberfläche austreten. Wenn aufsteigendes Bodenmaterial diesen verstopft, wird eine kontrollierte Herstellung von Düsenstrahlelementen verhindert und Gelände- und Gebäudehebungen sind möglich (Kutzner 1991).

□ 1.139 Beispiel: Arbeitsabläufe beim Düsenstrahlverfahren (Herstellen von Soilcrete-Körpern, aus Informationsschrift der Keller Grundbau GmbH)

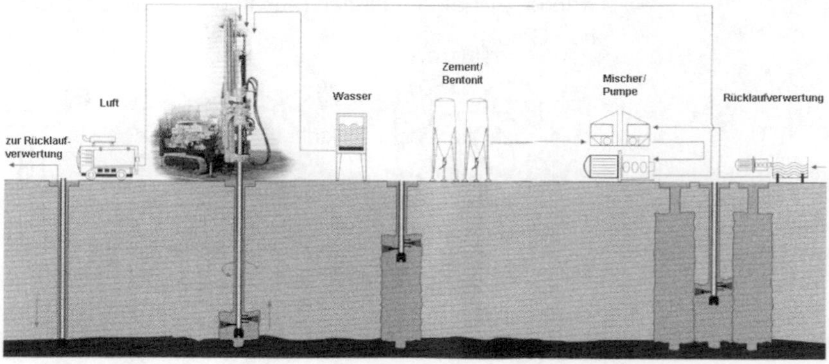

Während des Düsens wird das Gestänge mit konstanter Geschwindigkeit (5 bis 30 cm / min) und Rotation (5 bis 15 U / min) gezogen, wodurch homogene, zylindrische Elemente aus einem Gemisch aus Boden und Suspension entstehen. Durch Ziehen des Gestänges ohne Rotation werden Scheiben und Lamellen ausgebildet. Form und Größe der Düsenstrahlelemente hängen vom anstehenden Boden, von der Druckhöhe, vom Düsendurchmesser (1,5 bis 6,0 mm), von den Gestängeumdrehungen und von der Ziehgeschwindigkeit ab.

Bei einer Verfestigung des Bodens durch das Düsenstrahlverfahren ist dafür zu sorgen, dass durch mögliche Hebungen oder Setzungen des Bodens keine benachbarten Gebäude oder andere baulichen Anlagen gefährdet werden. Die Verfestigung ist spätestens beim Aushub zu prüfen (DIN 4124, Abschnitt 8.3.4).

Elemente Durch Aneinanderreihung von Einzelsäulen, Fächern oder Lamellen, die sich dabei überschneiden (Herstellung „frisch in frisch" oder „frisch gegen fest"), können nahezu beliebige, den jeweiligen Anforderungen entsprechende Elemente hergestellt werden (□ 1.140 und □ 1.141).

□ 1.140 Beispiele: Soilcrete-Ausführungsformen a) Grundformen, b) Zusammengesetzte Soilcrete-Körper (aus Informationsschrift der Keller Grundbau GmbH)

□ 1.141 Beispiel: Zusammengesetzte Soilcrete-Körper aus gleichen Grundformen a) Dichtsohlen, b) Lamellenwände, c) Kammerwände, d) Säulenwände, e) Tiefgründungen (aus Informationsschrift der Keller Grundbau GmbH)

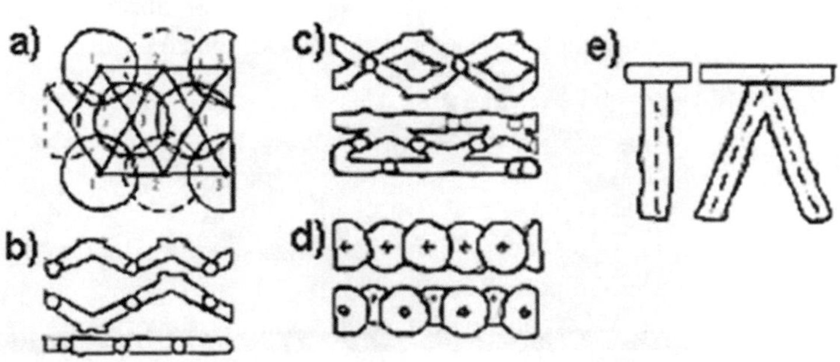

Verfahrensvarianten Je nach den Baugrundverhältnissen und dem jeweiligen Anwendungsgebiet kommen verschiedene Verfahrensvarianten in Frage (□ 1.142):

Einfachverfahren: Bohrgestänge, Spülkopf und Düsenstock sind auf die Förderung eines einzigen Mediums (Suspension) ausgelegt. Über ein Einfachgestänge wird der Düse unter Hochdruck (200 bis 600 bar) Suspension zugeführt. Der Suspensionsstrahl schneidet und vermörtelt den Boden gleichzeitig. Das Verfahren eignet sich vor allem für geringe Tiefen und kleinere bis mittlere Durchmesser der Elemente sowie ihre horizontal liegenden Kombinationen.

□ 1.142 Beispiel: Varianten des Düsenstrahlverfahrens (aus Informationsschrift der Brückner Grundbau GmbH)

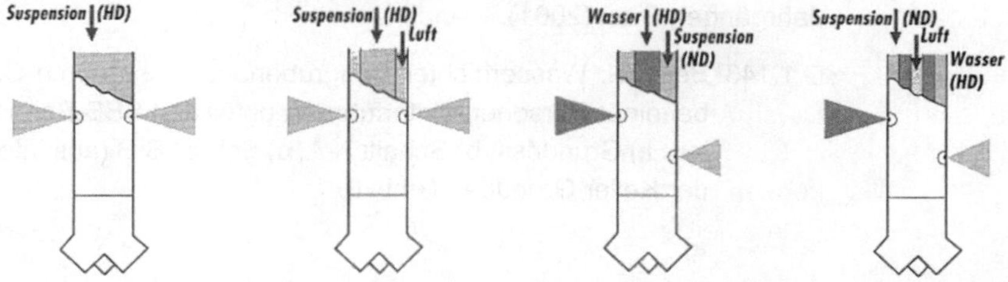

Zweifachverfahren: Bohrgestänge, Spülkopf und Düsenstock sind auf die Förderung zweier Medien (Suspension und Luft oder Wasser) ausgelegt. Im Fall 1 wird die Erosionsarbeit von der luftummantelten Suspension übernommen, wobei die Verfüllarbeit zeitgleich von der Suspension (mit Hochdruck) geleistet wird. Im Fall 2 wird die Erosionsarbeit durch Wasser (mit Hochdruck) geleistet, während die Suspension (mit Niederdruck) die Verfüllarbeit übernimmt. Das Verfahren eignet sich für Lamellenwände, Unterfangungen und Dichtsohlen in sandigen und kiesigen Böden und ermöglicht erheblich größere Durchmesser der Elemente von bis zu 3,0 m.

Dreifachverfahren: Dabei handelt es sich nicht um eine Steigerung der beiden anderen Varianten, sondern um eine grundsätzlich andere Verfahrensweise. Bohrgestänge, Spülkopf und Düsenstock sind auf die Förderung dreier Medien (Suspension, Luft und Wasser) ausgelegt. Die Erosionsarbeit wird von einem mit Luft ummantelten Wasserstrahl (unter Hochdruck) übernommen. Die Suspension leistet (unter Niederdruck) gleichzeitig Verfüllarbeit. Das Dreifachverfahren wird vor allem für Gebäudeunterfangungen, Dichtwände und -sohlen eingesetzt und liefert, wegen der geringeren Dichte des Schneidstrahls, Säulendurchmesser bis zu 2,00 m.

Anwendung Bereich von Baugruben: Als seitliche Baugrubenwand (□ 1.143); als Balkenrost zur Baugrubenaussteifung unterhalb der Baugrubensohle: z. B. U-Bahn-Startbaugrube Duisburg Meiderich (Informationsschrift der Keller Grundbau GmbH; für Unterfangungen (mit kleinem Gerät auch von Kellerräumen aus): □ 1.144 und □ 1.145 ; z. B. Marienkirche Neubrandenburg (Informationsschriften der Keller Grundbau GmbH, □ 1.146); □ 1.148; als Dichtsohle: z. B. DB-Unterführung München (Informationsschrift der Keller Grundbau GmbH, □ 1.147); zur Fugenabdichtung und zum Lückenschluss bei Spund-, Pfahl- oder Schlitzwänden, die infolge von vorhandenen Leitungen nicht kontinuierlich hergestellt werden können usw.

Weitere Anwendungen: Neugründungen, Tiefergründungen, Gründungsanierungen, Gründungsänderungen bei Umbauten, Dammabdichtungen, Dichtwände im Deponiebau, wasserdichter Schachtverbau.

Weitere Hinweise Baumann (1984). Rizkallah / Hilmer (1989), Lackmann (1991), Kluckert (1996), Schmidt / Seitz (1998), Smoltczyk (Hrsg. Grundbautaschenbuch, verschiedene Jahrgänge), Brux (2001).

□ 1.143 Beispiel: Wasserdichter Baugrubenabschluss durch Soilcrete-Wände bei einer Personen-Unterführung unter den SBB-Bahngleisen in Flüelen: a) Grundriss, b) Schnitt A-A, c) Schnitt B-B (aus Informationsschrift der Keller Grundbau GmbH)

a)

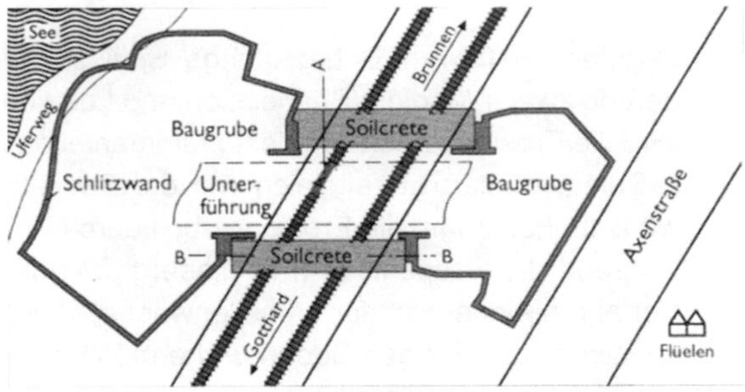

b) **c)**

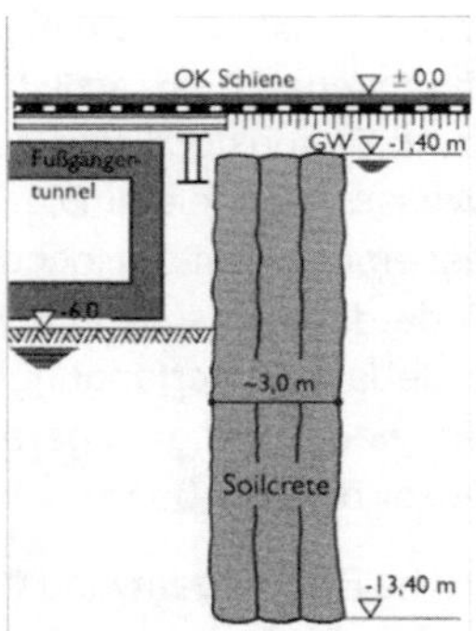

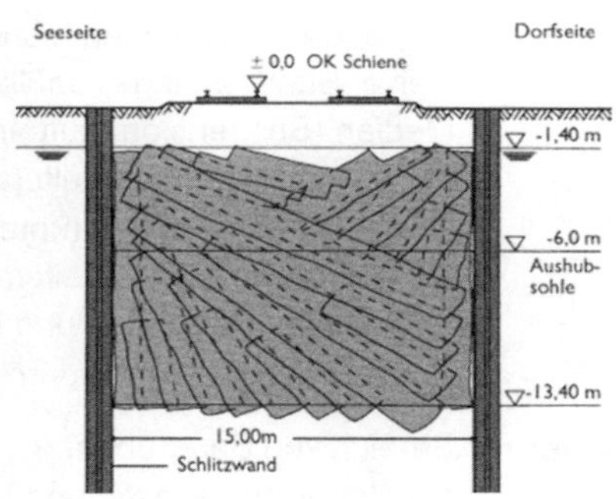

□ 1.144 Beispiel: Herstellen eines Unterfangungskörpers mit dem Düsenstrahlverfahren (aus Informationsschrift der Brückner Grundbau GmbH)

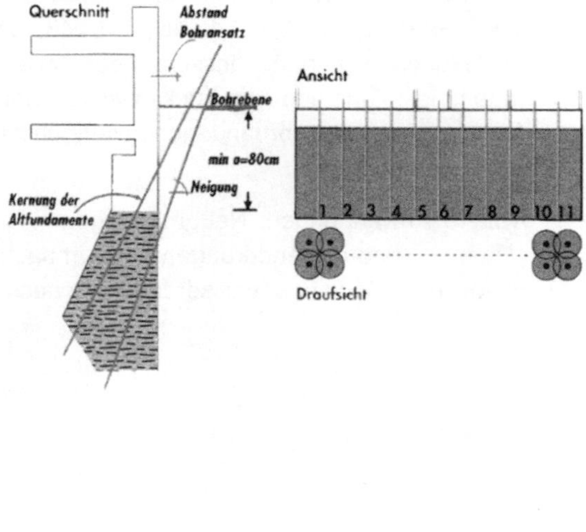

□ 1.145 Beispiel: Unterfangung mit dem Düsenstrahlverfahren (aus Informationsschrift der Brückner Grundbau GmbH)

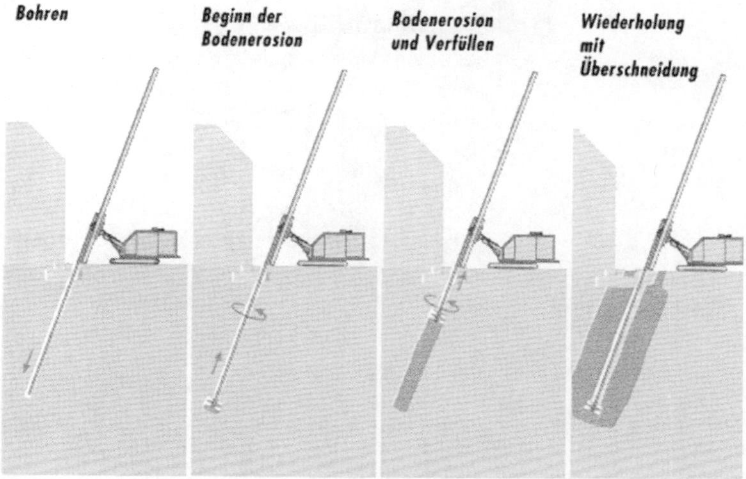

□ 1.146 Beispiel: Unterfangung und horizontale Sohlausbildung mit dem Düsenstrahlverfahren (Soilcrete) bei der Marienkirche in Neubrandenburg (aus Informationsschrift der Keller Grundbau GmbH)

□ 1.147 Beispiel: Mit dem Düsenstrahlverfahren erstellte („Soilcrete-„) Dichtsohle zwischen Bohrpfahl- und Spundwänden für eine DB-Unterführung bei München (aus Informationsschrift der Keller Grundbau GmbH)

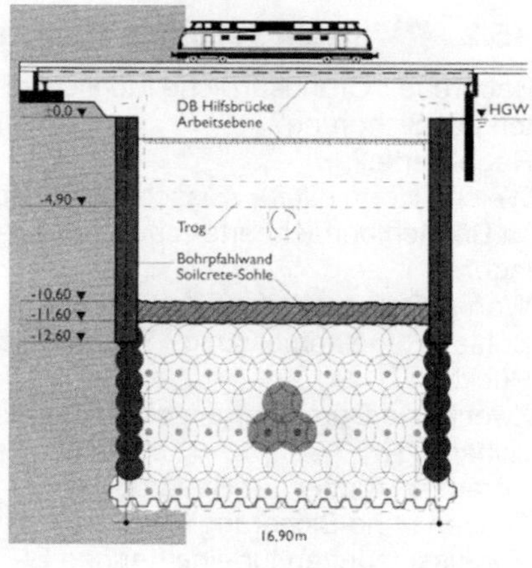

1.148 Beispiel: Gebäude- und Baugrubensicherung mit „Soilcrete“ (Düsenstrahlverfahren) und Ankern sowie Bodenvernagelung in München (aus Informationsschrift der Keller Grundbau GmbH)

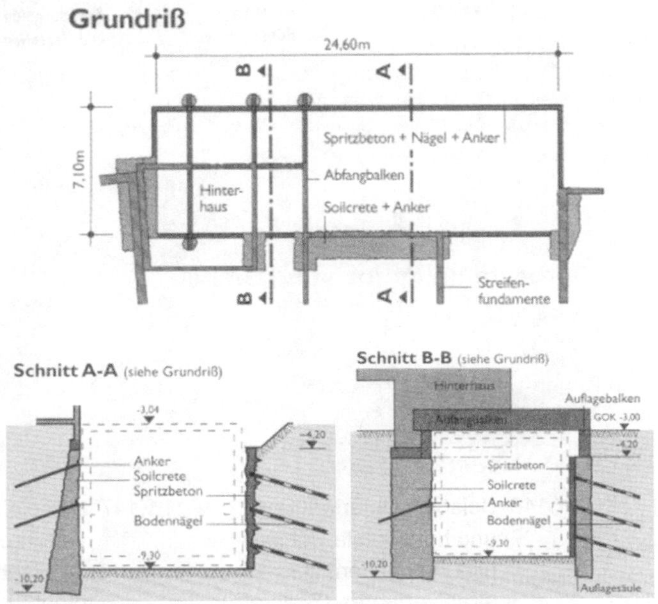

1.15 Kontrollfragen

1.15.1 Grundlagen

1.15.2 Nicht verbaute Baugruben und Gräben

- Baugrube? Grundsätzliche Möglichkeiten der Sicherung?
- Regelwerke?
- Welche Norm gilt für Ausschachtungen im Bereich benachbarter baulicher Anlagen?
- Warum Schutzstreifen? Ausführung?
- Bohle? Regelabmessung? Saumbohle?
- Rückbau?
- Zweck und Durchführung einer Beweissicherung?
- Voraussetzungen für Baugruben und Gräben ohne Sicherung?
- Voraussetzungen für eine geringe Sicherung? Ausführungsskizzen!
- Wann muss eine Baugrube abgeböscht werden?
- Wovon hängt die Neigung einer Baugrubenböschung grundsätzlich ab?
- Geböschte Baugruben im innerstädtischen Bereich?
- Böschungswinkel nach DIN 4124 ohne rechnerischen Nachweis?
- Wovon hängt die Neigung einer Baugrubenböschung im bindigen Boden ab?
- Warum kann die Neigung einer Baugrubenböschung im nichtbindigen Boden größer als der Reibungswinkel sein?
- Was versteht man unter scheinbarer Kohäsion? Handversuche zu ihrer Feststellung?
- Gräben? Zweck? Hauptsächliche Sicherung?
- Maßnahmen zur Sicherung des natürlichen Wassergehalts im Boden bei längerer Standdauer der Böschung?
- Einfluss der Zeit auf die Standsicherheit einer Böschung?

- Welche besonderen Einflüsse können die Standsicherheit einer Böschung gefährden? Maßnahmen, wenn ein solcher Einfluss vorliegt?
- Bodengefüge? Kluft? Verwerfung? Schichtung? Schieferung? Verfüllung? Aufschüttung? Grundwasserabsenkung? Wasserhaltung? Offene Wasserhaltung? Schichtenwasser? Fließsandboden? Rammarbeiten? Verdichtungsarbeiten?
- Wann ist die Standsicherheit nicht verbauter Wände nach DIN 4084 nachzuweisen?
- Mindestabstände von Fahrzeugen von der Graben- bzw. Böschungskante?
- Berme? Zweck von Bermen in Baugrubenböschungen? Abmessungen? Nachteil?
- Vernagelung / Verankerung von Böschungen? Ausführung? Standsicherheitsnachweis?

1.15.3 Verbaute Baugruben und Gräben

1.15.4 Arbeitsraumbreiten

- Wann sind Baugruben und Gräben zu verbauen?
- Teilverbau?
- Warum muss der obere Rand des Verbaus mindestens 5 cm über die Geländeoberfläche hinausragen?
- Kurzbeschreibung folgender Verbauverfahren: Waagerechter / senkrechter Grabenverbau? Grabenverbaugeräte? Spundwände? Trägerbohlwände? Schlitzwände? Pfahlwände? Injektion? Düsenstrahlverfahren? Vereisung? Unterfangung? Vernagelung? Elementwände? Bewehrte Erde?
- Geotextilien? Biologische Sicherungen?
- Herstellung des Verbaus? Gurte? Brusthölzer? Steifen / Streben?
- Keile, Anker, Spannschlösser, Bolzen?
- Standsicherheit des Verbaus?
- Messungen beim Verbau?
- Was versteht man unter Arbeitsraumbreite a) bei abgeböschten Baugruben, b) bei verbauten Baugruben?
- Außenseite eines Bauwerks?
- Abdichtungs-, Vorsatz-, Schutzschicht?
- Gurtung? Schalungskonstruktion? Rückverankerte Baugrubenwand? Verpressanker? Stahlzugglied? Abdeckhaube?
- Wann wird der lichte Abstand von der Vorderkante der Gurtung gemessen?
- Lichte Grabenbreite?
- Bestimmungen für Abwasserleitungen und Kanäle / für alle übrigen Leitungen und Kanäle?
- Einschränkungen bei der Bestimmung der lichten Grabenbreite?
- Rohrschaft? Waagerechter Verbau? Senk-rechter Verbau? Kanaldiele? Unterschied von Kanaldielen und Spundbohlen?
- Wodurch können Sackungen in ehemals verbauten Bereichen auftreten?
- Mindestbreite von Arbeitsräumen bei Baugruben?
- Nicht betretbarer Arbeitsraum? Drängraben? Regelverlegetiefe?
- Lichte Grabenbreite bei a) geböschtem Graben, b) unverkleidetem Graben, c) waagerechtem Verbau, d) senkrechtem Verbau, e) gepfändetem Verbau, f) großflächigen Stahlverbauplatten g) Spundwandverbau, h) Trägerbohlwänden, i) gestaffeltem Verbau?
- Wovon hängen die lichten Mindestbreiten für Gräben a) ohne betretbaren Arbeitsraum b) mit betretbarem Arbeitsraum ab?
- Großflächige Stahlverbauplatten? Spund-wandverbau? Bohlenrücken? Trägerbohlwand? Verbohlung? Gestaffelter Verbau? Brustholz? Stählerner Aufrichter? Umsteifen?
- Warum wird bei geböschten Gräben mit einer Neigung von 60° eine größere Arbeitsraumbreite gefordert als bei < 60°?
- Regelungen bei Hindernissen und Zwangs-punkten?
- Lichte Grabenbreite bei Mehrfachleitungen / bei Stufengräben / bei Betonummantelung?

1.15.5 Waagerechter,
1.15.6 Senkrechter Grabenverbau

- Was versteht man unter einem waagerechten / senkrechtem Verbau?
- Ein waagerechter Grabenverbau aus Holz ist zu skizzieren und die einzelnen Verbauelemente zu bezeichnen. Regelmaße der Elemente?
- Bei welchen Böden ist ein waagerechter Verbau nicht zulässig?
- Holzbohle? Kanaldiele? Steife?
- Kanalstrebe? Spreize? Spindelsteife? Kanalspindel? Brustholz?
- Stählender Aufrichter? Rückbau? Versetzter Bohlenstoß? Holzsteife? Kantenschlag?
- Wann wird der konventionelle waagerechte / senkrechte Grabenverbau heute noch angewendet?
- Wie erfolgt das Einziehen der Bohlen beim waagerechten Verbau?
- Warum darf nicht nur ein Brustholz über den Bohlenstoß gelegt / kein versetzter Stoß angeordnet werden?
- Formen von Steifen beim Grabenverbau? Anwendung?
- Vorteile von Kanalspindeln gegenüber Rundholzsteifen?
- Welcher Erddruck wird beim waagerechten Verbau umgelagert: Aus Eigengewicht? Aus Auflast? Aus Kohäsion?
- Wie wird eine Schrägabsteifung in die Baugrubensohle ausgeführt?
- Wann muss der waagerechte / senkrechte Verbau statisch nachgewiesen werden?
- Was versteht man unter einem waagerechten / senkrechten Normverbau?
- Nennen Sie die wichtigsten Voraussetzungen für die Anwendung des waagerechten / senkrechten Normverbaus!
- Wann ist ein bindiger Boden steif / halbfest?
- Vakuumanlage?
- Überschlägliche Untersuchung des Einflusses von Gebäudelasten?
- Was macht man, wenn die Kraglänge l4 beim waagerechten Normverbau keinen genügenden Raum für das Verlegen von Rohren frei lässt?
- Bis zu welchem Rohrschaftdurchmesser ist die Anwendung des waagerechten Normverbaus noch möglich? Warum?
- Ein senkrechter Grabenverbau ist zu skizzieren, die einzelnen Verbauelemente zu bezeichnen und die Mindestabmessungen einzutragen.
- Unterschied zwischen Kanaldiele und Spundbohle? Rahmholz? Gurtträger? Hängeeisen? Ketten? Krebs? Unterlagshölzer?
- Die Lage der Brusthölzer und Steifen beim waagerechten Verbau ist zu beschreiben.
- Warum / wie müssen die Gurte und Steifen beim senkrechten Verbau gegen Herabfallen gesichert werden? Warum erfolgt diese Sicherung beim waagerechten Verbau nicht?
- Wann / warum müssen Kanaldielen beim senkrechten Verbau dem Aushub vorauseilen (bzw. unterhalb der Baugrubensohle um $\geq$ 30 cm einbinden? Wann nicht?
- Wann macht man waagerechten, wann senkrechten Verbau?
- Kann bei nichtbindigem / bindigem Boden sowohl waagerechter als auch senkrechter Grabenverbau gewählt werden?
- Wann können Holzbohlen bei der Ausführung eines senkrechten Verbaus angewendet werden?
- Krag- und Feldmomente des Gurts je nach Lage der Steifen?
- Skizzieren Sie einen gestaffelten senkrechten Verbau!
- Berechnung des Erdauflagers / der erforderlichen Einbindetiefe eines senkrechten Verbaus?
- Nennen Sie Vorteile der Kanaldiele gegenüber der Holzbohle beim senkrechten Grabenverbau.
- Vorteile des senkrechten Verbaus mit Kanaldielen gegenüber dem waagerechten und senkrechten Holzverbau?
- Wann macht man waagerechten, wann senkrechten Verbau?

- Bei der Zusammenstellung eines waagerechten Normverbaus ergibt sich, dass die tatsächliche Knicklänge der Steifen größer als die Tabellenwerte ist. Was ist zu tun?

1.15.7 Grabenverbaugeräte

- Konventioneller Grabenverbau / Maschineller Aushub?
- Vorübergehend standfester Boden?
- Was sind besondere Sicherungsmaßnahmen?
- Warum sind die Kosten für den konventionellen Verbau in den letzten Jahrzehnten immer mehr gestiegen?
- Verbauhilfsgeräte? Schachtplattenverbau? Verbaubox? Gleitschienenverbau? Gleitender Messerverbau? Hydrapressverfahren? AVDS?
- Aufrichter? Gleitschienen? Stützbauteile?
- Wodurch wird das Plattengewicht beim Gleitschienenverbau verringert?
- Eignung und Grenzen des Gleitschienenverbaus?
- Welches Verbauverfahren für maschinellen Aushub eignet sich besonders für Leitungen, welche den Graben kreuzen?
- Einsatzvoraussetzungen für Grabenverbaugeräte?
- Absenkverfahren? Einstellverfahren?
- Einbau von Grabenverbaugeräten in senkrechter / waagerechter Richtung?
- Mittig gestützte Platten / randgestützte Platten? Schleppboxen? Rahmengestützte Verbaugeräte?
- Welche drei Verfahren zur Sicherung maschinell ausgehobener Gräben werden am häufigsten angewendet?
- Wann wird der Schachtplattenverbau wirtschaftlich eingesetzt? Wann kommt er nicht in Frage? Einsatz der Schleppbox?
- Der Gleitende Messerverbau ist zu beschreiben. Anwendung?
- Beschreibung des Automatischen Dielenkammer-Verbau-Systems / des Hydrapressverfahrens!

1.15.8 Spundwände

- Anwendung von Spundwänden bei Baugruben und Gräben?
- Einsatz von Spundwänden im innerörtlichen Bereich / bei nahegelegenen baulichen Anlagen?
- Steifen und Anker beim Spundwandverbau?
- Wie werden Spundwände wirtschaftlich in den Boden eingebracht?
- Rammbär? Schnellschlagbär? Vibrationsbär? Mäkler? Rammgerät? Rammhaube? Spülhilfe? Schwimmkörper für Rammarbeiten im offenen Wasser? Hubinsel?
- Das Einstellen / Einhängen von Spundwänden in suspensionsgestützte Schlitze ist zu beschreiben.
- Erläutern Sie mit Hilfe einer Skizze das Einpressen einer Spundwand ohne und mit Bohrhilfe!
- Resonanzfreie Vibrationstechnik?
- Einbringhilfen?
- Wie können die beim Einbringen von Spundwänden auftretenden Emissionen ermittelt werden?
- Maßnahmen zur Verringerung / Vermeidung von Emissionen?
- Erläutern Sie mit Hilfe von Skizzen folgende Einsatzmöglichkeiten von Spundwänden:
  a) Als Stütz- und Dichtwand für bleibende Bauwerke im Wasserbau im Rahmen von Häfen und Ufersicherungen an der See und an Binnenwasserstraßen,
  b) als Baugrubenumschließung im Grundwasser
  c) als Baugrubenumschließung im offenen Wasser, die in das spätere Bauwerk einbezogen, und bei großen Wasserdrücken und als Schutz

vor Schiffsstößen als Fangedamm ausgebildet werden kann,

d) im Ingenieur- und Verkehrswegebau als Stütz- und Dichtwand und zur Aufnahme von Vertikal- und Horizontalkräften, die durch spezielle Konstruktionen direkt aus dem Überbau in die Spundwände eingeleitet werden,

e) für Bauwerke im Bereich der Siedlungswasserwirtschaft,

f) als Dichtwände zur Einkapselung von Altlasten und Deponien.

1.15.9 Trägerbohlwände

- Berliner / Frankfurter / Hamburger / ... Verbau?
- Wie wird eine Trägerbohlwand ausgebildet und eingebaut (Skizze mit Bezeichnungen der einzelnen Elemente).
- Vor- und Nachteile der Trägerbohlwand gegenüber anderen Verbauverfahren für Baugruben?
- Rammträgerverbau? Bohrträgerverbau? Mittelträgerfeld? Steckträgerverbau?
- Konstruktive Ausbildung des Trägerfußes beim Bohrträgerverbau?
- Welche Bauteile kommen zur Ausfachung von Trägerbohlwänden in Frage?
- Wie wird die Ausfachung eingebracht?
- Ausbildung und Auflagerung von Gurten bei Trägerbohlwänden?
- Grundwasserwanne? Wand-Sohle-Methode?
- Welche Vertikalkräfte können auf die Träger wirken?
- Erddruck auf eine Trägerbohlwand nach EB: a) unterhalb der Baugrubensohle? b) Wandreibungswinkel? c) Berücksichtigung der Erddruckumlagerung bei einer Steifenlage? d) Voraussetzung für c)? e) Was macht man, wenn d) nicht eingehalten wird?
- Was ist ein Erdauflager? Wo wird es nach EB bei Trägerbohlwänden angesetzt?
- Wie wird die Größe der Erdwiderstandskraft vor einem Bohlträger nach EB berechnet?
- Wie erhält man die Größe der unteren, vom Boden aufzunehmenden Auflagerkraft bei einer einfach abgestützten Trägerbohlwand? (Einzelne Schritte aufführen!)
- Wie erhält man die erforderliche Einbindetiefe einer Trägerbohlwand?
- Wovon hängt der fiktive Erdwiderstandsbeiwert für räumlichen Erdwiderstand nach Weißenbach ab?
- Wie erhält man die Schnittgrößen einer Trägerbohlwand?
- Wie werden Bohlträger, Verbaubohlen und Steifen einer Trägerbohlwand bemessen?
- Erläutern Sie den Nachweis "Gleichgewicht der Horizontalkräfte" nach EAB! Wie erhält man die Horizontalkräfte?
- Erläutern Sie den Nachweis "Gleichgewicht der Vertikalkräfte" nach EAB!
- Wie setzt man den Erddruck unterhalb der Baugrubensohle bei einer Trägerbohlwand an a) für die Bemessung des Bohlträgers,

b) beim Nachweis $\Sigma H = 0$?
- Ausführung von Trägerbohlwänden in unmittelbarer Nachbarschaft von hohen und schweren Gebäuden?

1.15.10 Schlitzwände,

1.15.11 Dichtwände

- Regelwerke für Ausführung und Berechnung von Schlitzwänden?
- Stützflüssigkeit? Thixotropie? Dickflüssigkeit? Fließgrenze? Viskosität?

- Solphase? Gelphase? Isotherm? Filterkuchen? Bentonit? Montmorillonit?
- Unterschied zwischen einer Suspension und einer Lösung?
- Vorwiegendes Mineral von Bentonit? Aufbereitung?
- Herstellung einer Stützflüssigkeit?
- Quellen der Suspension?
- Wovon hängen Eigenschaften und Stabilität einer Stützflüssigkeit ab?
- Wie kommt die Stützwirkung in bindigen und feinsandigen / in mittel- bis grobsandigen und kiesigen Böden zu Stande?
- Weitere Anwendungen von Stützflüssigkeiten?
- Herstellung und Aufgaben von Leitwänden?
- Beschreiben Sie die Herstellung einer Schlitzwand an Hand von Skizzen!
- Warum werden Schlitzwände abschnittsweise, in Lamellen begrenzter Länge und nicht in einem Stück hergestellt?
- Abschalrohre? Schlitzwandlamellen? Pilger-schrittverfahren? Vorläuferlamellen? Nachläuferlamellen? Schlitzwand-Seilgreifer? Schlitzwandfräse? Hydraulikbagger?
- Zweck und Arten von Abschalelementen? Wie / wann werden sie entfernt?
- Ausbildung eines verdeckten Gurts in der Schlitzwand?
- Wie erfolgt der Anschluss von Bauwerksteilen aus Beton an eine Schlitzwand?
- Das Kontraktorverfahren ist zu erläutern! Worauf ist bei diesem Verfahren besonders zu achten?
- Problematik des Lamellenstoßes?
- Schlitzwandbreiten und -tiefen? Länge der Lamellen?
- Gefahr bei tiefen Schlitzwänden?
- Erläutern Sie das Gleichgewicht am ausgehobenen und mit Stützflüssigkeit gesicherten Schlitzes!
- Welche Sicherheiten müssen nachgewiesen werden?
- Standsicherheit der fertigen Schlitzwand?
- Fertigteilschlitzwände?
- Anwendungsmöglichkeiten der Schlitzwand-bauweise? Vor- und Nachteile?
- Erläutern Sie den Einsatz einer Schlitzwand zur Sicherung eines Bauwerks neben einer tiefen Baugrube / als Bestandteil eines wasserdichten Trogbauwerks!
- Weitere Möglichkeiten für die Anwendung von thixotropen Flüssigkeiten im Grundbau?
- Was versteht man unter einer Dichtwand?
- In welchen Bereichen werden Dichtwände eingesetzt?
- Welche Möglichkeiten gibt es, einen durch Dichtwände umschlossenen Bereich auch durch von unten eindringendes Wasser abzudichten?
- Arten von Dichtwänden?
- Vorübergehende und dauerhafte Abdichtungen?
- Was versteht man unter "bautechnisch dicht"?
- Anforderungen an die Festigkeit von Dicht-wänden?
- Das Einmassenverfahren / Zweimassenverfahren ist zu erläutern. Anwendung?
- Vorteile / Nachteile einer Dichtungsschlitz-wand gegenüber einer Rüttelschmalwand?
- Zusammensetzung von Dichtwandbeton?
- Kombinationswände?
- Einstellen / Einhängen von Spundwänden in Dichtschlitze?
- Die Herstellung einer Rüttelschmalwand ist zu beschreiben!
- Dichtwandmasse / Abmessungen / Vor- und Nachteile / Anwendungsbeispiele von Rüttel-schmalwänden?
- Vibrosolverfahren?

1.15.12 Bohrpfahlwände,

1.15.13 Weitere Verbauverfahren

- Bohrpfahlwände und Schlitzwände als verformungsarmer Verbau sind zu erläutern.
- Regelwerke für Bohrpfahlwände?
- Bohrschablone?

- Die Herstellung einer Bohrpfahlwand ist zu beschreiben.
- Niederbringen der Verrohrung / Ausräumen des Bodens bei der Ausführung von Bohr-pfahlwänden?
- Herstellung unverrohrter Bohrpfähle?
- Arten von Bohrpfahlwänden und jeweilige Ausbildung und Funktion?
- 1 : 1 -, 1 : 2 - bzw. 1 : 3 - System?
- Primärpfähle, Sekundärpfähle?
- Überschneidungsmaß? Zwickelverpressung?
- Die Ausführung einer Kleinpfahlwand (ADW-, VDW-Wand) ist zu beschreiben.
- Anwendungsmöglichkeiten für Bohrpfahl-wände?
- Zweck der Boden- bzw. Felsvernagelung?
- Die Herstellung einer vernagelten Wand ist zu beschreiben.
- Unterschied von Temporärnägeln und Permanentnägeln?
- Bemessung, Standsicherheit, Vor- und Nach-teile von vernagelten Wänden?
- Anwendungen der Boden- und Felsvernagelung?
- Anwendungen von Elementwänden als Baugrubensicherung und bleibende Stützbauwerke?
- Wie wird eine Elementwand hergestellt?
- Bemessung, Standsicherheit, Vorteile, Ausführungsbeispiele von Elementwänden?
- Wann kann eine Bodenvereisung durchgeführt werden?
- Zweck / Vor- und Nachteile der Bodenvereisung?
- Herstellung einer Frostwand?
- Gefrierrohr? Kühlaggregat? Kälteträger? Sole-Vereisung? Stickstoff-Vereisung? Frost-körper? Frostwand? Vorgefrierzeit? Frosterhaltungszeit?

1.15.14 Gebäudesicherung

- Was versteht man unter einer Gebäudesicherung?
- Möglichkeiten und Anwendungsbereiche für die Sicherung eines Gebäudes?
- Regelwerke für eine Unterfangung?
- Geltungsbereich der DIN 4123?
- Ausführung einer Beweissicherung?
- Skizzieren Sie die Abmessungen des Erdblocks, der nach DIN 4123 bei Ausschachtungen vor dem Fundament eines bestehenden Gebäudes stehen bleiben muss, sowie die zulässigen Aushubabschnitte im Bereich dieses Blocks!
- Was versteht man unter einer Unterfangung nach DIN 4123, und wie wird sie im Einzelnen ausgeführt?
- Wanddicke des Unterfangungskörpers?
- Unterfangung der Querwände, die an das zu unterfangende Fundament anschließen?
- Kraftsichere Übertragung durch die Unterfangung?
- Abschnittsweises Herstellen des neuen, bewehrten Fundaments?
- Wann muss eine Gebäudesicherung durch einen verformungsarmen Verbau erfolgen? Welche Verbauarten kommen hierfür in Frage / nicht in Frage?
- Was versteht man unter einer Injektion?
- Regelwerke für Injektionen?
- Injektionsmittel?
- Anwendungsbereich von Injektionen mit normalem Zement / mit Feinstbindemitteln?
- Injektionen mit chemischen Injektionsmitteln auf Silikatbasis, mit Kunststofflösungen und Bitumen-Emulsionen?
- Wie werden die Abstände der Injektionsbohrungen und die Menge des Injektionsmittels bestimmt?
- Düsenstrahl- (Soilcrete-) Elemente?
- Varianten des Düsenstrahlverfahrens
- Ausführung von Injektionen im Fels/ in Böden?
- Anwendungen von Injektionen im Grundbau?
- Doppelpacker? Gebrächer Fels? Geländehebungen? Manschettenrohr? Poreninjektion? Soilfrac-Verfahren? Cracken? Düsenstrahlverfahren? Mehrfachverpressung? Verästeltes Feststoffskelett? Schirminjektion? Unterläu-

figkeit? Dichtschürze unter Staubauwerken? Tunnelvortrieb unter Druckluft? Lastverteilung im Bereich von Gebäudeunterfahrungen? Lückeninjektion?
- Anwendungen des Soilfrac-Verfahrens?
- Skizzieren und beschreiben Sie die Ausführung einer Unterfangungswand durch Injektion!
- Vorteil einer Unterfangungsinjektion? Wann kommt sie nicht in Frage?
- Standsicherheit der Unterfangungsinjektionswand?
- Dichtsohle? Möglichkeiten für die Ausführung?
- Wasserdichter Trog ("Grundwasserwanne")? Restwassermenge? Unterwasserbetonsohle? HDI-(Soilcrete-) Sohle?
- Tief liegende / hoch liegende Dichtsohlen? Sicherheit gegen Auftrieb? Vor- und Nachteile? Dicke?
- Ausführung einer Unterwasserbetonsohle?
- Erläutern Sie die beiden Verfahren zur Herstellung einer Injektionssohle?
- Einlagige / zweilagige Injektionssohlen?
- Injektionsmittel für Injektionssohlen?
- Lückeninjektion?
- Regelwerk für das Düsenstrahlverfahren?
- Die Ausführung des Düsenstrahlverfahrens ist zu beschreiben.
- Vorteile und Anwendungen des Düsenstrahlverfahrens

1.16 Aufgaben

1.16.1 Möglichkeiten der Erddruckumlagerung bei einigen Verbauarten sind zu nennen.

1.16.2 Wasser und .... ca. (1)...% Bentonit (dabei handelt es sich um einen ...(2)..., der vorwiegend aus dem Mineral ....(3)...besteht,) ergibt - im Gegensatz zu einer Lösung - eine ...(4).....und wird ....(5)....Flüssigkeit oder ...(6)..., auf der Baustelle auch ....(7)....genannt.

1.16.3 Ein Kanalgraben von 4,5 m Tiefe zur Verlegung von Rohren DN 300 wird durch einen waagerechten Verbau mit Verbaubohlen 8/20 cm und Brusthölzern 10/16 cm gesichert. Ges.: Aushubbreite des Grabens.

1.16.4 Als Aussteifung im Grabenverbau werden häufig Spindelsteifen verwendet. Warum werden vom Hersteller für die aufnehmbare Druckkraft mehrere Werte angegeben?

1.16.5 Unterschied in der Lastabtragung bei einem waagerechten Verbau und einer Trägerbohlwand (siehe auch Abschnitt 2)?

1.16.6 Eine Rohrleitung DN 660 für eine Wasserversorgung soll verlegt werden. Der Graben soll abgeböscht werden und 3,5 m tief sein. Boden: SE. Ges.: Erforderlicher Mindestaushub (m^3 / m).

1.16.7 Skizzieren Sie einen Graben von 1,6 m Tiefe mit Schutzstreifen und a) abgeböschten Kanten b) teilweiser Sicherung c) Saumbohlen!

1.16.8 Erläutern Sie die Aussage über den Ansatz der Scherfestigkeit in Abschnitt 1.06 mit Hilfe des Scherverschiebungsdiagramms!

1.16.9 Gegeben: Streifenlast neben einer Baugrube. Wann setzt man die Erddruckfigur aus Streifenlast als Rechteck / als auf der Spitze stehendes Dreieck an (siehe auch Abschnitt 2)?

1.17 Weitere Beispiele

□ 1.149 Beispiel 7: Bohlenlänge bei waagerechtem Verbau

Geg.: *Kanalgraben von 4,0 m Tiefe, durch einen waagerechten Verbau gesichert. Als Verbaubohlen sind vorrätige Bohlen □ 6/22 der Sortierklasse S10 vorgesehen.*

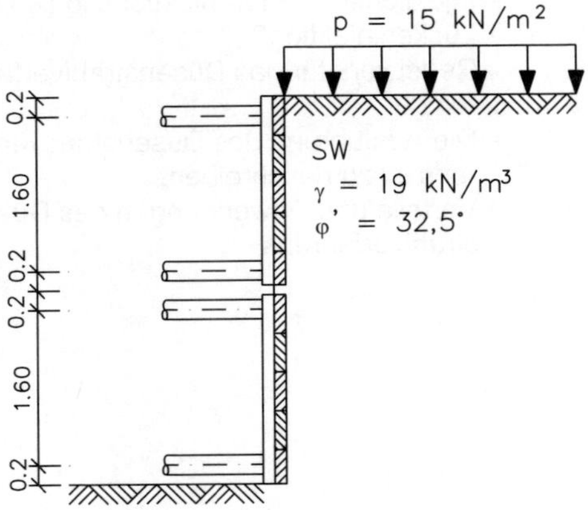

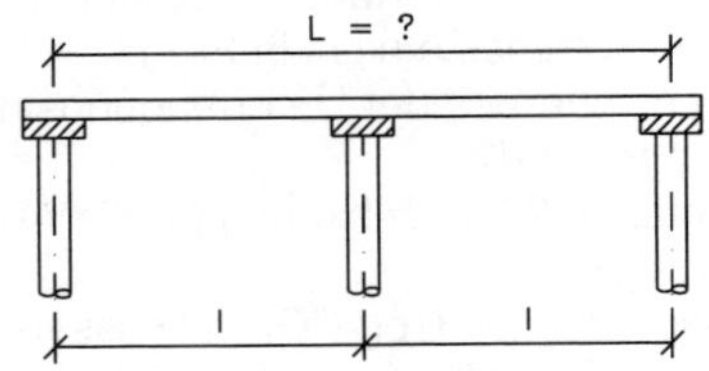

Ges.: *Welche maximale Bohlenlänge L ist in diesem Fall möglich?*

Lösg.: $\varphi_k = \varphi'$, $e^g_{ah} = e^g_{ah,k}$, $e^p_{ah} = e^q_{ah,k}$, $p = p_k$, $K_{ah} = K_{ah,k}$, $K_{ph} = K_{ph,k}$

Teilsicherheitsbeiwerte γ_G = 1,20; γ_Q =1,30; $\gamma_{R,e}$ =1,30

(Bemessungssituation BS-T; nach Dörken/ Dehne/ Kliesch, Teil 2)

Nadelholz, Sortierklasse 10 (Festigkeitsklasse C24) vollkantiges Schnittholz:
$f_{m,d} = 1{,}85\ kN/cm^2$

a) Erddruck

Für α = 0; β = 0; φ_K = 32,5°; $\delta_a \overset{!}{=}$ 0 (Empfehlung Weißenbach) → K_{ah} = 0,30

Flächenlasten bis p_k = 10 kN/m² werden gem. Handbuch EC 7-1 (siehe Abschnitt 1.01) als ständige Lasten, darüber liegende Flächenlasten als veränderliche Lasten betrachtet.

Ermittlung des charakteristischen aktiven Erddrucks aus ständigen Einwirkungen:

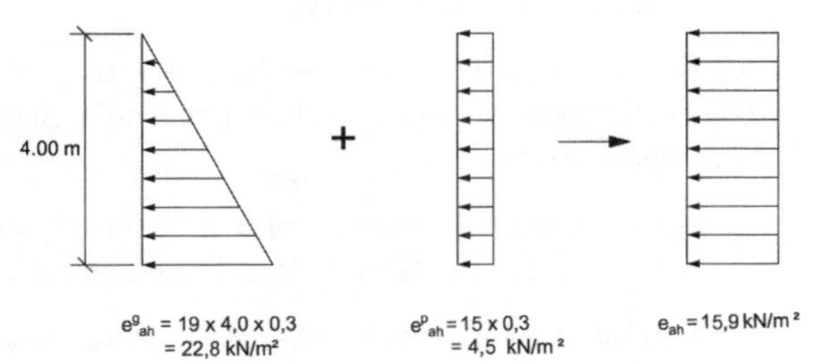

□ 1.149 Fortsetzung Beispiel 7: Bohlenlänge bei waagerechtem Verbau

b) Verbaubohlen

Statisches System:

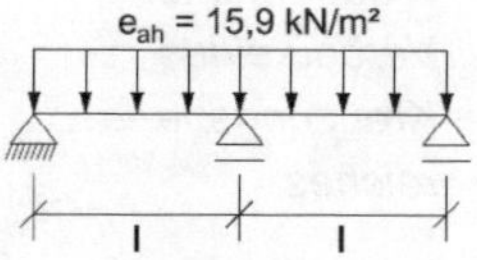

Bemessungsmoment aus ständigen Einwirkungen:

$$M^g_{B,k} \cdot \gamma_G = \left| \frac{e^g_{ah,k} \cdot l^2}{8} \right| \cdot \gamma_G \qquad \Rightarrow \qquad M^g_{B,k} \cdot \gamma_G = \left| \frac{14{,}4 \cdot l^2}{8} \right| \cdot 1{,}20$$

Bemessungsmoment aus veränderlichen Einwirkungen:

$$M^q_{B,k} \cdot \gamma_Q = \left| \frac{e^q_{ah,k} \cdot l^2}{8} \right| \cdot \gamma_Q \qquad \Rightarrow \qquad M^q_{B,k} \cdot \gamma_Q = \left| \frac{1{,}5 \cdot l^2}{8} \right| \cdot 1{,}30$$

Bemessungsmoment gesamt:

$$M_d = \left| \frac{(14{,}4 \cdot 1{,}20 + 1{,}5 \cdot 1{,}30) \cdot l^2}{8} \right| \rightarrow l = \sqrt{\frac{8 \cdot M_d}{e^g_{ah,k} \cdot \gamma_G + e^q_{ah,k} \cdot \gamma_Q}} \qquad (1)$$

Bemessung auf Biegung:

$$\frac{M_d / W_n}{f_{m,d}} < 1 \rightarrow M_d = W_n \cdot f_{m,d} \qquad (2)$$

Widerstandsmoment der Verbaubohlen:

$\not\square$ *6/22* $\rightarrow$ *einzel* $W = 132 \ cm^3$

$$W_n = 132 \cdot \frac{100}{22} = 600 \ cm^3 / m$$

damit wird durch Einsetzen von (2) in (1):

$$l = \sqrt{\frac{8 \cdot f_{m,d} \cdot W_n}{e^g_{ah,k} \cdot \gamma_G + e^q_{ah,k} \cdot \gamma_Q}} = \sqrt{\frac{8 \cdot 1{,}85 \cdot 600 \cdot 100}{(14{,}4 \cdot 1{,}20 + 1{,}5 \cdot 1{,}30)}} = 215 \ cm \mathrel{\hat{=}} 2{,}15 \ m$$

Eine Bohlenlänge von $L = 2 \cdot l = 2 \cdot 2{,}15 = 4{,}30 \ m$ *ist möglich.*

□ 1.150 Beispiel 8: Steifenkräfte beim waagerechten Verbau

Geg.: *Waagerechter Verbau eines Kreuzungsbereiches*

Ges.: *Bemessung der Rundholz-Steifen S_1 und S_2*

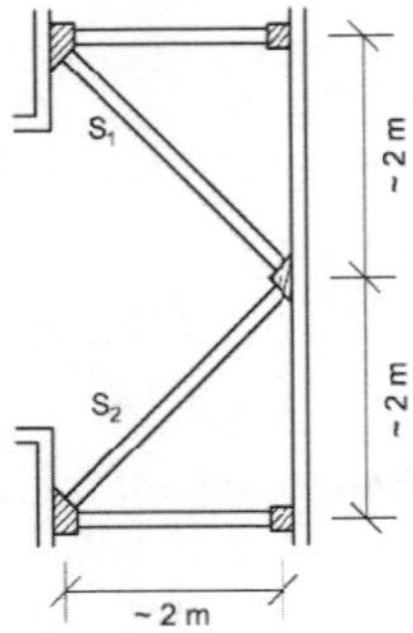

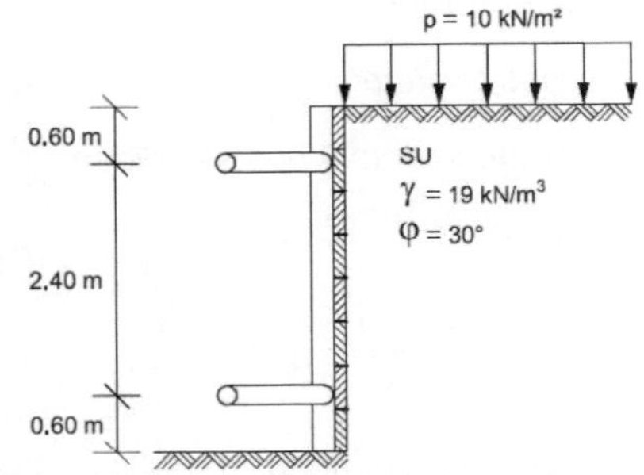

Lösg.: $\varphi_k = \varphi'$,

$e^g_{ah} = e^g_{ah,k}$,

$e^p_{ah} = e^q_{ah,k}$,

$p = p_k$, $K_{ah} = K_{ah,k}$, $K_{ph} = K_{ph,k}$

Teilsicherheitsbeiwerte γ_G = 1,20; γ_Q =1,30; $\gamma_{R,e}$ =1,30

(Bemessungssituation BS-T; nach Dörken/ Dehne/ Kliesch, Teil 2)

a) Erddruck

Für α = 0; β = 0; φ_K = 30°; $\delta_a \overset{!}{=} 0$ (Empfehlung) → K_{ah} = 0,33

Flächenlasten bis p_k = 10 kN/m² werden gem. Handbuch EC 7-1 (siehe Abschnitt 1.01) als ständige Lasten, darüber liegende Flächenlasten als veränderliche Lasten betrachtet.

Ermittlung des charakteristischen aktiven Erddrucks aus ständigen Einwirkungen:

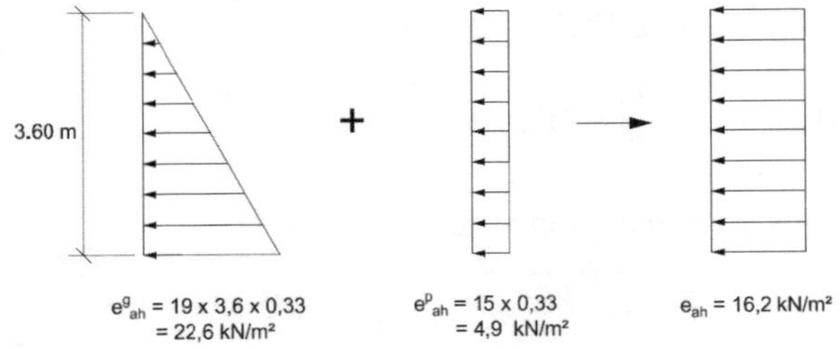

b) Verbaubohlen

statisches System:

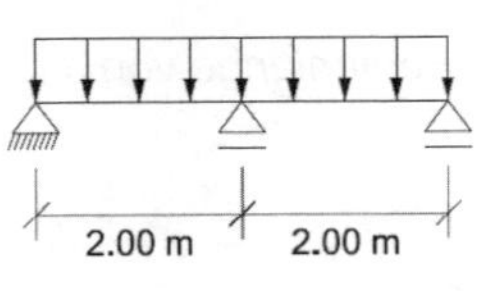

□ 1.150 Fortsetzung Beispiel 8: Steifenkräfte beim waagerechten Verbau

Die höchste Beanspruchung der Brusthölzer

ergibt sich aus der Auflagerkraft B:

Aus ständigen Einwirkungen: $B_d^g = 1{,}25 \cdot 14{,}6 \cdot 2{,}0 \cdot 1{,}20 = 43{,}8\ kN/m$

Aus veränderlichen Einwirkungen: $B_d^q = 1{,}25 \cdot 1{,}5 \cdot 2{,}0 \cdot 1{,}30 = 4{,}9\ kN/m$

Erhöhung gem. DIN 4124 / 9.3.3: $korr\ B_d = 1{,}2(43{,}8 + 4{,}9) = 58{,}4\ kN/m$

c) Brusthölzer

statisches System:

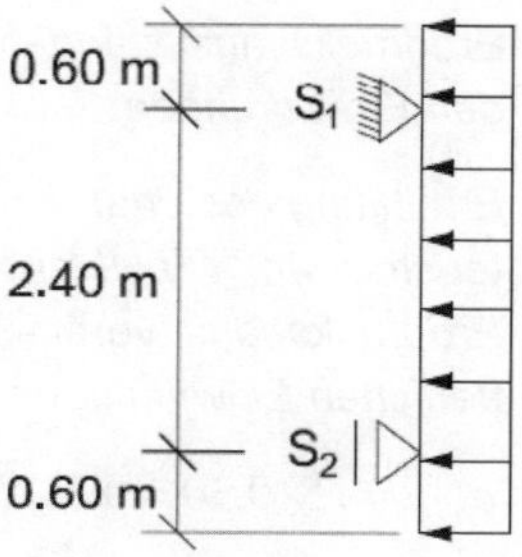

$$S_{1,d} = S_{2,d} = \frac{58{,}4 \cdot 3{,}6}{2} = 105{,}1\ kN$$

d) Aussteifungen

Knicklänge $s_k = 2 \cdot \sqrt{2} = 2{,}8\ m \quad \Rightarrow$

$$S_{1,d}^* = S_{2,d}^* = \frac{105{,}1}{2 \cdot \cos 45°} = 74{,}3\ kN$$

Aus Tabelle □ 1.26 gewählt: ∅ 14.

□ 1.151 Beispiel 9: Rundholzsteifen beim waagerechten Verbau

***Geg.**: Unterer Bauabschnitt eines insgesamt 4,8 m tiefen waagerechten Grabenverbaus*

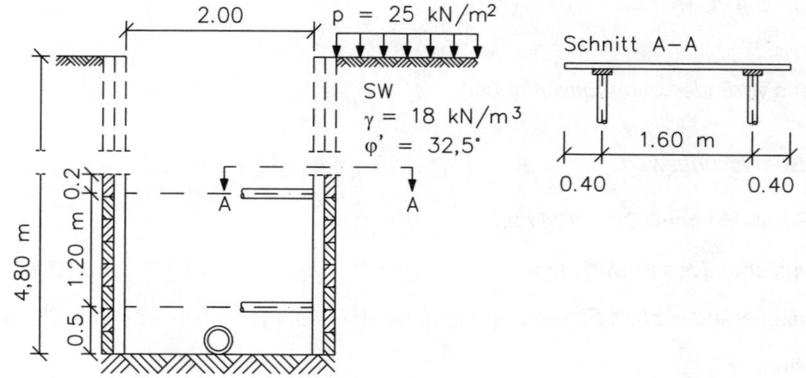

***Ges.**: Reichen Rundholzsteifen der Sortierklasse S10 (früher: Güteklasse II) mit einem Durchmesser von 10 cm aus?*

***Lösg.**:* $\varphi_k = \varphi'$, $e_{ah}^g = e_{ah,k}^g$, $e_{ah}^p = e_{ah,k}^q$, $p = p_k$, $K_{ah} = K_{ah,k}$, $K_{ph} = K_{ph,k}$

Teilsicherheitsbeiwerte $\gamma_G = 1{,}20$; $\gamma_Q = 1{,}30$; $\gamma_{R,e} = 1{,}30$

(Bemessungssituation BS-T; nach Dörken/ Dehne/ Kliesch, Teil 2)

□ 1.151 Fortsetzung Beispiel 9: Rundholzsteifen beim waagerechten Verbau

a) Erdruck

Für $\alpha = 0;\ \beta = 0;\ \varphi_K = 32{,}5°;\ \delta_a \overset{!}{=} 0$ *(Empfehlung)* $\rightarrow K_{ah} = 0{,}30$

Flächenlasten bis $p_K = 10\ kN/m^2$ *werden gem. Handbuch EC 7-1 (siehe Abschnitt 1.01) als ständige Lasten, darüber liegende Flächenlasten als veränderliche Lasten betrachtet.*

Ermittlung des charakteristischen aktiven Erddrucks aus ständigen Einwirkungen:

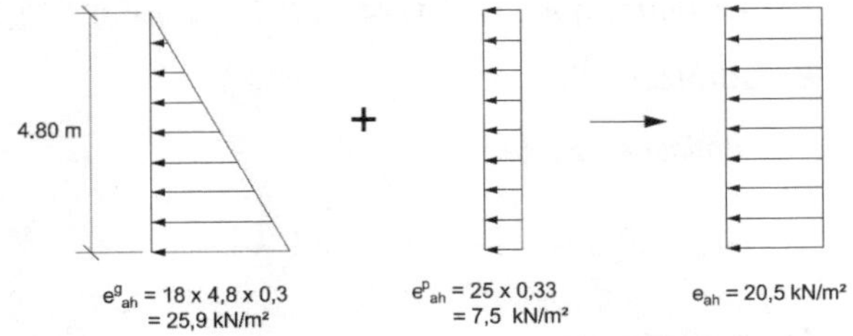

Ermittlung des charakteristischen aktiven Erddrucks aus veränderlichen Einwirkungen:

$$e^q_{ah,k} = 15 \cdot 0{,}30 = 4{,}5\ kN/m^2$$

b) Verbaubohlen

statisches System:

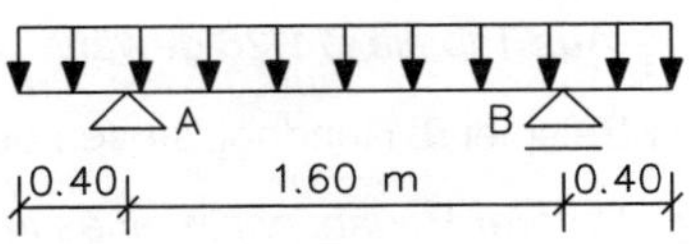

aus ständigen Einwirkungen:

$$A^g_k = B^g_k = 16{,}0 \cdot \frac{2{,}4}{2} = 19{,}2\ kN/m$$

aus veränderlichen Einwirkungen: $A^q_k = B^q_k = 4{,}5 \cdot \frac{2{,}4}{2} = 5{,}4\ kN/m$

(Bemessungswert: $A_d = B_d = 19{,}2 \cdot 1{,}20 + 5{,}4 \cdot 1{,}30 = 30{,}0\ kN/m$*)*

Erhöhung gem. DIN 4124 / 9.3.3:

aus ständigen Einwirkungen: $korr\,A^g_k = korr\,B^g_k = 19{,}2 \cdot 1{,}2 = 23{,}0\ kN/m$

aus veränderlichen Einwirkungen: $korr\,A^q_k = korr\,B^q_k = 5{,}4 \cdot 1{,}2 = 6{,}5\ kN/m$

c) Brusthölzer

statisches System:

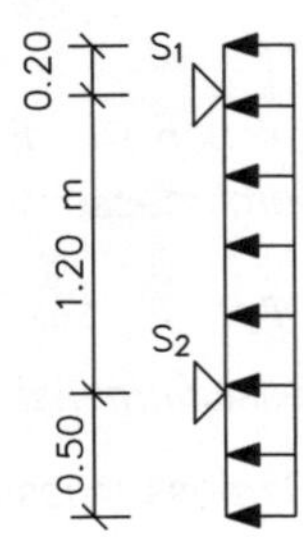

aus ständigen Einwirkungen:

$$\sum M^g_{(S_1)} = 0 = S^g_{2,k} \cdot 1{,}2 - 23{,}0 \cdot 1{,}9 \cdot 0{,}75 \quad \rightarrow$$
$$S^g_{2,k} = 27{,}3\ kN$$

(max. Steifenlast)

□ 1.151 Fortsetzung Beispiel 9: Rundholzsteifen beim waagerechten Verbau

aus veränderlichen Einwirkungen:

$$\sum M^{q}_{(S_1)} = 0 = S^{q}_{2,k} \cdot 1{,}2 - 6{,}5 \cdot 1{,}9 \cdot 0{,}75 \rightarrow S^{q}_{2,k} = 7{,}7\ kN$$

(max. Steifenlast)

Bemessungswert: $S_{2,d} = 27{,}3 \cdot 1{,}20 + 7{,}7 \cdot 1{,}30 = 42{,}8\ kN/m$

d) Aussteifung

Mit der im Holzbau üblichen Tabelle zur Ermittlung der Tragfähigkeit von Rundholzstützen erhält man gemäß Tabelle □ 1.26 für

∅ 10 cm; s_k = 2,0 m $\rightarrow \max R_d = 53{,}9\ kN > S_{2,d}$

Weil die Eigenlast g nicht berücksichtigt wurde und Aussteifungselemente großzügig zu bemessen sind, sollte ein Rundholzdurchmesser von 12 cm gewählt werden.

□ 1.152 Beispiel 10: Senkrechter Grabenverbau

Geg.: *Senkrechter Grabenverbau*

Ges.: *1. Bemessungsmoment der Verbaubohlen*

2. Bemessungsmoment der Gurte

3. Nachweis, ob Rundholzsteifen ∅ 12 der Sortierklasse S10 (früher Güteklasse II) bei einer Knicklänge von 3,5 m ausreichen.

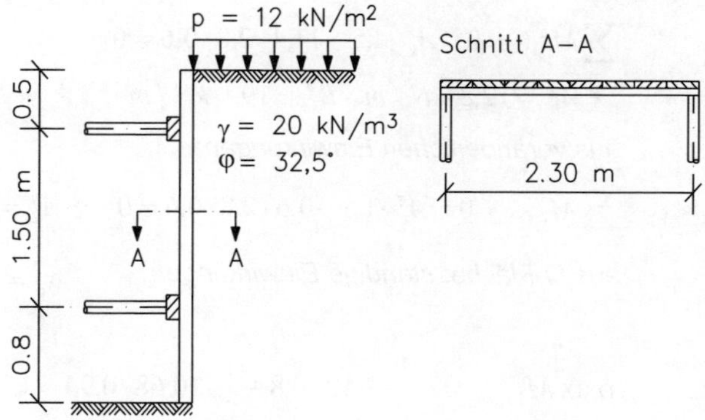

Lösg.: $\varphi_k = \varphi'$, $e^{g}_{ah} = e^{g}_{ah,k}$, $e^{p}_{ah} = e^{q}_{ah,k}$, $p = p_k$, $K_{ah} = K_{ah,k}$, $K_{ph} = K_{ph,k}$

Teilsicherheitsbeiwerte γ_G = 1,20; γ_Q =1,30; $\gamma_{R,e}$ =1,30 (Bemessungssituation BS-T; nach Dörken/ Dehne/ Kliesch, Teil 2)

Erddruck

Für α = 0; β = 0; φ_K = 32,5°; $\delta_a \overset{!}{=} 0$ (Empfehlung) $\rightarrow K_{ah}$ = 0,30

Flächenlasten bis p_k = 10 kN/m² werden gem. Handbuch EC 7-1 (siehe Abschnitt 1.01) als ständige Lasten, darüber liegende Flächenlasten als veränderliche Lasten betrachtet.

□ 1.152 Fortsetzung Beispiel 10: Senkrechter Grabenverbau

Ermittlung des charakteristischen aktiven Erddrucks aus ständigen Einwirkungen:

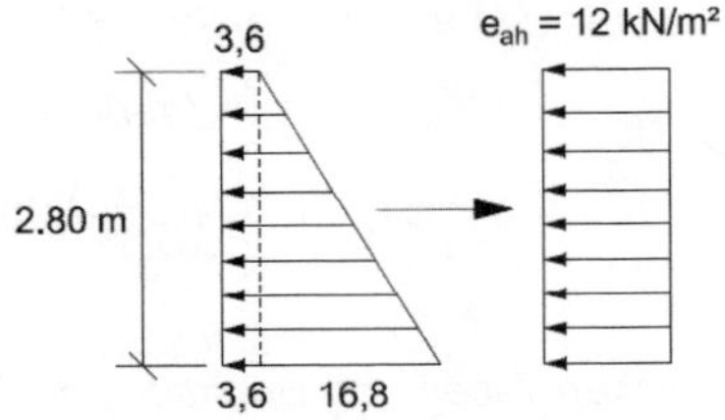

Ermittlung des charakteristischen aktiven Erddrucks aus veränderlichen Einwirkungen:

$e^q_{ah,k} = 2 \cdot 0{,}30 = 0{,}6 \; kN/m^2$

1. Bemessungsmoment der Verbaubohlen

Verbaubohlen:

aus ständigen Einwirkungen:

$\sum M^g_{(A)} = 0: \; A^g_k \cdot 1{,}5 - 11{,}4 \cdot 2{,}8 \cdot 0{,}6 = 0$

$\rightarrow A^g_k = 12{,}8 \; kN/m; \; B^g_k = 19{,}1 \; kN/m$

aus veränderlichen Einwirkungen:

$\sum M^q_{(A)} = 0: \; A^q_k \cdot 1{,}5 - 0{,}6 \cdot 2{,}8 \cdot 0{,}6 = 0 \rightarrow A^q_k = 0{,}7 \; kN/m; \; B^q_k = 1{,}0 \; kN/m$

aus Q-Fläche: ständige Einwirkungen $\quad x_0 = \frac{10{,}68}{11{,}4} = 0{,}94 \; m$

$$\max M^g_{Feld,k} = -\frac{1}{2} \cdot 9{,}12 \cdot 0{,}8 + \frac{1}{2} \cdot 10{,}68 \cdot 0{,}94 = 1{,}37 \; kNm/m$$

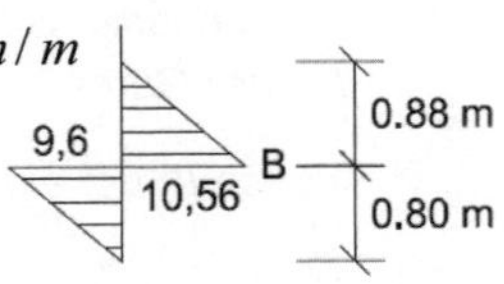

$$\max M^g_{Krag,k} = M^g_k = 11{,}4 \cdot \frac{0{,}8^2}{2} = |3{,}65| \; kNm/m$$

aus Q-Fläche: veränderliche Einwirkungen $\quad x_0 = \frac{0{,}52}{0{,}6} = 0{,}87 \; m$

$$\max M^q_{Feld,k} = -\frac{1}{2} \cdot 0{,}48 \cdot 0{,}8 + \frac{1}{2} \cdot 0{,}52 \cdot 0{,}87 = 0{,}03 \; kNm/m$$

$$\max M^q_{Krag,k} = M^q_k = 0{,}6 \cdot \frac{0{,}8^2}{2} = |0{,}19| \; kNm/m$$

Damit ergibt sich das Bemessungsmoment der Verbaubohlen zu

$M_d = 3{,}65 \cdot 1{,}20 + 0{,}19 \cdot 1{,}30 = 4{,}63 \; kNm/m$

□ 1.152 Fortsetzung Beispiel 10: Senkrechter Grabenverbau

2. Bemessungsmoment der Gurte

Die Belastung der Gurte ergibt sich aus den o. a. Auflagerkräften. Aus bautechnischen und sicherheitstechnischen Gründen wird die Auflagerkraft B für alle Gurte angesetzt:

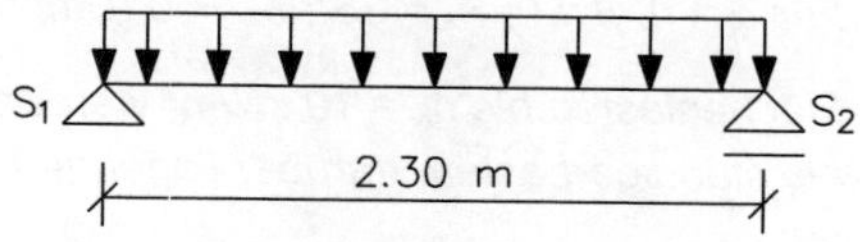

aus ständigen Einwirkungen:

Erhöhung gem. DIN 4124 / 9.3.3:

$$korr B_k^g = 19{,}1 \cdot 1{,}2 = 22{,}9\ kN/m$$

$$S_{1,k}^g = S_{2,k}^g = 22{,}9 \cdot \frac{2{,}3}{2} = 26{,}3\ kN; \qquad M_{Feld,k}^g = \frac{22{,}9 \cdot 2{,}3^2}{8} = 15{,}1\ kNm/m$$

aus veränderlichen Einwirkungen:

Erhöhung gem. DIN 4124 / 9.3.3:

$$korr B_k^q = 1{,}0 \cdot 1{,}2 = 1{,}2\ kN/m; \qquad S_{1,k}^q = S_{2,k}^q = 1{,}2 \cdot \frac{2{,}3}{2} = 1{,}4\ kN$$

$$M_{Feld,k}^q = \frac{1{,}2 \cdot 2{,}3^2}{8} = 0{,}8\ kNm/m$$

Damit ergibt sich das Bemessungsmoment der Gurte zu

$$M_d = 15{,}1 \cdot 1{,}20 + 0{,}8 \cdot 1{,}30 = 19{,}1\ kNm/m$$

3. Nachweis Rundholzsteifen

$$S_{1,d} = S_{2,d} = 26{,}3 \cdot 1{,}20 + 1{,}4 \cdot 1{,}30 = 33{,}4\ kNm/m$$

Aus der Tabelle für Rundholzstützen (□ 1.26) ergibt sich:

∅ 12 cm; s_k = 3,5 m $\rightarrow \max R_d = 39{,}9\ kN > S_{1,d}$

Da die Eigenlast g des Rundholzes nicht berücksichtigt wurde, reicht eine Aussteifung ∅ 12 nicht aus. Gewählt ∅ 14: $\max R_d = 71{,}8\ kN > S_{1,d}$

□ 1.153 Beispiel 11: Senkrechter Verbau mit Baggerlast

Geg.: *Der senkrechte Verbau soll zusätzlich durch einen Bagger von 10 t Gesamtgewicht ohne Abstand von der Wand belastet werden*

Ges.: *Bemessungsmoment der Verbaubohlen*

Lösg.: $\varphi_k = \varphi'$, $e_{ah}^g = e_{ah,k}^g$, $e_{ah}^p = e_{ah,k}^q$, $p = p_k$,

$K_{ah} = K_{ah,k}$, $K_{ph} = K_{ph,k}$

Teilsicherheitsbeiwerte γ_G = 1,20; γ_Q =1,30; $\gamma_{R,e}$ =1,30

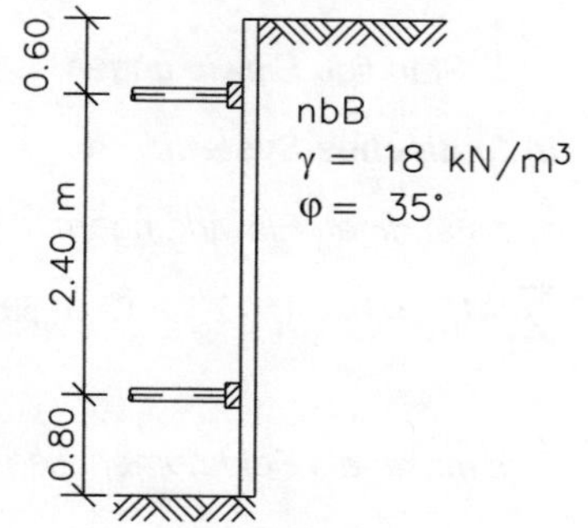

□ 1.153 Fortsetzung Beispiel 11: Senkrechter Verbau mit Baggerlast

(Bemessungssituation BS-T; nach Dörken/ Dehne/ Kliesch, Teil 2)

a) Erddruck

Für $\alpha = 0$; $\beta = 0$; $\varphi_K = 35°$; $\delta_a \overset{!}{=} 0$ (Empfehlung) → $K_{ah} = 0{,}27$

Flächenlasten bis $p_k = 10\ kN/m^2$ werden gem. Handbuch EC 7-1 (siehe Abschnitt 1.01) als ständige Lasten, darüber liegende Flächenlasten als veränderliche Lasten betrachtet.

$$\tan \vartheta_a = \frac{\sin 35° + \sqrt{\dfrac{\tan 35°}{\tan 35° + 0}}}{\cos 35°} = 1{,}921 \rightarrow \vartheta_a = 62{,}5°$$

$$h_{p'} = 1{,}5 \cdot 1{,}921 \approx 2{,}9\ m$$

$$e_{ah}^{g} = 18 \cdot 3{,}8 \cdot 0{,}27 = 18{,}5\ kN/m^2$$

$$e_{ah}^{p} = 10 \cdot 0{,}27 = 2{,}7\ kN/m^2$$

$$K_{ah}^{p} = \frac{\sin(62{,}5° - 35°)}{\sin(90° - 62{,}5° + 35° + 0°)} = 0{,}52$$

$$e_{ah}^{p'} = \frac{p' \cdot b \cdot K_{ah}^{p}}{h_{p'}} = \frac{50 \cdot 1{,}5 \cdot 0{,}52}{2{,}9} = 13{,}5\ kN/m^2$$

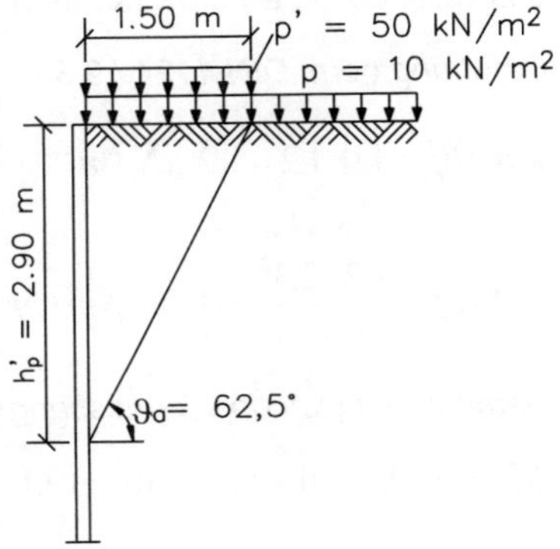

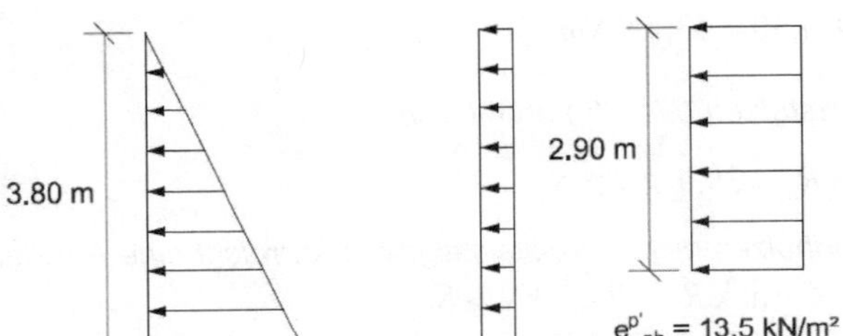

Ständige Einwirkungen **+** *veränderliche Einwirkung*

b) Statisches System:

aus ständigen Einwirkungen:

$$\sum M_{(B)}^{g} = 0:\ A_k^g \cdot 2{,}4 - 12{,}0 \cdot 3{,}8 \cdot (1{,}9 - 0{,}8) = 0 \rightarrow A_k^g = 20{,}9\ kN/m$$

Das maximale Feldmoment liegt bei

□ 1.153 Fortsetzung Beispiel 11: Senkrechter Verbau mit Baggerlast

$$x_0 = \frac{13{,}7}{12} \approx 1{,}14\ m$$

$$M^g_{F,k} = \frac{1}{2} \cdot 13{,}7 \cdot 1{,}14 - \frac{1}{2} \cdot 7{,}2 \cdot 0{,}6 = 5{,}6\ kNm/m$$

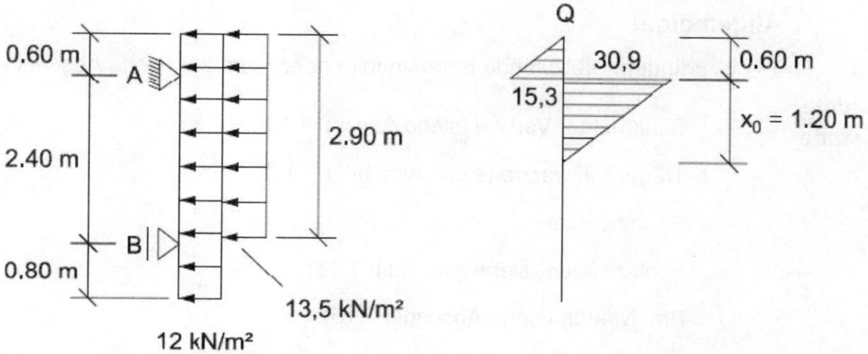

$$M^g_A = 12{,}0 \cdot \frac{0{,}6^2}{2} = |2{,}2|\ kNm/m$$

$$M^g_B = 12{,}0 \cdot \frac{0{,}8^2}{2} = |3{,}8|\ kNm/m$$

aus veränderlichen Einwirkungen:

$$\sum M^q_{(B)} = 0:\ A^q_k \cdot 2{,}4 - 13{,}5 \cdot 2{,}9 \cdot (0{,}1 + 1{,}45) \rightarrow A^q_k = 25{,}3\ kN/m$$

Das maximale Feldmoment liegt bei

$$x_0 = \frac{17{,}2}{13{,}5} \approx 1{,}27\ m \rightarrow M^q_{F,k} = \frac{1}{2} \cdot 17{,}2 \cdot 1{,}27 - \frac{1}{2} \cdot 8{,}1 \cdot 0{,}6 = 8{,}5\ kNm/m$$

$$M^q_A = 13{,}5 \cdot \frac{0{,}6^2}{2} = |2{,}4|\ kNm/m$$

Damit ergibt sich das Bemessungsmoment zu

$$M_d = 5{,}6 \cdot 1{,}20 + 8{,}5 \cdot 1{,}30 = 17{,}8\ kNm/m$$

2 Tief gegründete Stützwände – Nachweise

2.1 Berechnungsgrundlagen

2.1.1 Allgemeines

Tief gegründete Stützwände

Tief gegründete Stützwände treten in folgender Form auf (siehe Abschnitt 1):

- Senkrechter Verbau (siehe Abschnitt 1.5),
- Trägerbohlwände (siehe Abschnitt 1.12),
- Spundwände
- Schlitzwände (siehe Abschnitt 1.13),
- Pfahlwände (siehe Abschnitt 1.15).

Flach gegründete Stützwände

Flach gegründete Stützwände sind Gewichtsstützwände oder Winkelstützwände und werden als flach geründete Bauwerke bemessen (siehe Abschnitt 1 sowie Dörken/ Dehne/ Kliesch, Teil 2). Die Herstellung erfolgt konventionell oder in Spezialtiefbauverfahren (siehe Abschnitt 1) als

- vernagelte Wände (siehe Abschnitt 1.16)
- durch Injektion, im Düsenstrahlverfahren oder durch Vereisung verfestigte Erdwände (siehe Abschnitte 1.17.3, 1.17.4 und 1.16),
- Unterfangungswände nach DIN 4123 (siehe Abschnitt 1.17)
- bewehrte Erde, auch mit Geotextilien (siehe Dörken/ Dehne/ Kliesch, Teil 2)
- biologische Sicherungen

Einsatz von tief gegründeten Stützwänden

Tief gegründete Stützwände werden eingesetzt als

- vorübergehende Baumaßnahme (Baugrubenverbau) und als
- bleibendes Bauwerk.

Für beide Einsatzarten gibt es gemeinsame Berechnungsgrundlagen (im vorliegenden Abschnitt beschrieben) und unterschiedliche Ansätze (siehe Abschnitt 2.1.4.3).

Lasten, Einwirkungen

Eine tief gegründete Stützwand wird hauptsächlich durch Erd- und Wasserdruck auf Biegung beansprucht. Außerdem können aus geneigten Ankern sowie aus Auflagerkräften Vertikalbeanspruchungen auftreten, wenn die Tief gegründete Stützwand z. B. in ein Brückenwiderlager oder in ein Tunnelbauwerk integriert ist oder als Baugrubenverbau Lasten aus Fahrbahnabdeckungen aufnehmen muss. In diesen Fällen ist - nach dem zurzeit gültigen Sicher-heitskonzept - neben dem allgemeinen Spannungsnachweis auch ein Stabilitätsnachweis zu führen.

Die Verformungsmöglichkeit eines senkrechten Verbaus, einer Trägerbohlwand und einer Stützwand erlaubt im Allgemeinen den Ansatz von aktivem Erddruck. Die eingeschränkte, meistens gewünschte Verformungsmöglichkeit einer Schlitzwand oder einer Pfahlwand erfordert im Allgemeinen den Ansatz von erhöhtem aktiven Erddruck.

Wandreibungswinkel δ_α

Der Wandreibungswinkel δ kann wie folgt angesetzt werden:

Bei ebenen Gleitflächen: $\delta_a = + 2/3\ \varphi$ und $\delta_p = - 2/3\ \varphi$

Bei gekrümmten Gleitflächen: $\delta_p = - \varphi$.

⇒ Dörken / Dehne/ Kliesch, Teil 1, Abschnitt 6.

Erddruck

Die Erddruckspannungen aus Bodeneigenlast, Auflast und Kohäsion werden bis zur Wandunterkante nach der klassischen Erddrucktheorie (siehe Dörken / Dehne/ Kliesch, Teil 1) ermittelt. Ausnahmen bilden hier Trägerbohlwände und aufgelöste Bohrpfahlwände, wo die Erddruckspannungen bis zur Wandunterkante Aushubsohle bestimmt. Flächenlasten bis p_k = 10 kN/m² werden gemäß Handbuch EC 7-1 als ständige Lasten, darüber liegende Flächenlasten als veränderliche Lasten betrachtet.

Weitere Hinweise

EAB. EAU. EA-Pfähle. Weißenbach (1991). Weißenbach/ Hettler (2007). Grundbautaschenbuch (verschiedene Jahrgänge). Betonkalender, Teil II (verschiedene Jahrgänge). Handbücher und Informationsschriften der Hersteller und -lieferfirmen im Spezialtiefbau.

2.1.2 Einwirkungen (Lastannahmen)

Bei der Nachweisführung werden gemäß Handbuch EC 7-1 (siehe Abschnitt 1.01) Einwirkungen (früher: Lasten) berücksichtigt. Die Einwirkungen sind nach Handbuch EC 1, Band 1 anzunehmen, soweit nicht genauere Untersuchungen über die tatsächlich zu erwartenden Einwirkungen aus Straßenverkehr, Baustellenverkehr oder Baubetrieb angestellt oder die Empfehlungen des Arbeitskreises „Baugruben“ (EAB) beziehungsweise die Empfehlungen des Arbeitsausschusses „Ufereinfassungen“ (Häfen und Wasserstraßen: EAU) zugrunde gelegt werden. Bei Schienenverkehr sind die einschlägigen Sondervorschriften zu beachten.

Bemessungssituationen, BS-T; BS-P

Die Berechnung des Baugrubenverbaus erfolgt gemäß Handbuch EC 7-1 nach Bemessungssituation BS-T. Berechnungslastfälle siehe EB 24 der EAB.

Die Berechnung von bleibenden Bauwerken erfolgt gemäß Handbuch EC 7-1 nach Bemessungssituation BS-P. Berechnungslastfälle siehe EAU.

Besondere Einflüsse

Die Wirkung von Frostperioden, von Quellungen, Setzungen und Erschütterungen des Baugrunds sowie der Einfluss der Wasserstände und ihre Änderungen sowie etwa gestörte Bodenverhältnisse sind zu beachten.

Lotrechte Lasten Wenn Teile des Verbaus durch lotrechte Lasten beansprucht werden, so sind sie dafür zu bemessen.

Ersatzlasten Nach den Empfehlungen des Arbeitskreises „Baugruben" (EAB) bzw. nach den Empfehlungen des Arbeitsausschusses „Ufereinfassungen" (Häfen und Wasserstraßen: EAU) können die in den folgenden Abschnitten aufgeführten Ersatzlasten angenommen werden.

2.1.2.1 Nutzlasten aus Straßen und Schienenverkehr (EAB 55)

Straßenverkehr Als Ersatzlast für Straßenverkehr darf eine unbegrenzte Flächenlast in Höhe von $p_k = p = 10$ kN / m² angesetzt werden.

Voraussetzungen:

- Verkehr von allgemein zugelassenen Straßenfahrzeugen,
- die Fahrbahndecke einschließlich zugehöriger Tragschichten besteht aus bituminösen Schichten, Beton oder in festem Verband liegendem Steinpflaster und ist mindestens 15 cm dick,
- zwischen den Aufstandsflächen der Räder und der Baugrubenwand ist ein Abstand von mindestens 1,00 m vorhanden.

Bei einem geringeren Abstand ist die Flächenlast in einem Streifen von 1,50 m Breite direkt hinter der Stützwand zu erhöhen um (□ 2.01):

- $p_k = p = 10$ kN/m² bei einem Abstand $\geq 0{,}60$ m,
- $q_k = p' = 40$ kN/m² bei einem Abstand $< 0{,}60$ m.

□ 2.01 Ersatzlast für Straßenverkehr bei einem Abstand von weniger als 1 m (nach EAB)

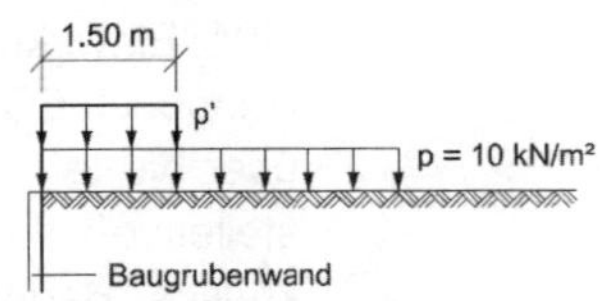

Schienenfahrzeuge Bei Schienenfahrzeugen sind die Nutzlasten (bzw. Ersatzlasten) nach den Vorschriften des zuständigen Verkehrsbetriebs anzusetzen.

Straßenbahnen Bei Straßenbahnen genügt der Ansatz einer unbegrenzten Flächenlast in Höhe von $p = 10$ kN/m² unter der Voraussetzung, dass der Abstand Schwelle/ Baugrubenwand $\geq 0{,}60$ m ist.

2.1.2.2 Nutzlasten aus Baustellenverkehr und Baubetrieb (EAB 56)

Baumaterial Üblich gelagerte Baumaterialien können durch eine unbegrenzte Flächenlast $p_k = p = 10$ kN / m² erfasst werden.

Bei größeren Massen (Erdreich, Stahl, Steine o. ä.) werden die Lasten nach Handbuch EC 1 angenommen.

Baustellenverkehr Bagger und Hebezeuge, die nur an der Baugrube entlangfahren, sind wie Straßenfahrzeuge zu behandeln. Anderenfalls sind sie nach EB 57 (siehe Abschnitt 2.1.2.3) zu berücksichtigen.

Nutzlasten auf Steifen Zur Berücksichtigung von Lasten aus leichten Abdeckungen, Laufstegen, Verbänden u. ä. ist - außer der Eigenlast der Steife und der aufzunehmenden Normalkraft - eine lotrechte Nutzlast von mindestens $q_k = p = 1{,}00$ kN / m anzusetzen.

Bei größeren Steifenbelastungen ist ein genauer Lastansatz erforderlich.

Bei waagerechtem oder senkrechtem Grabenverbau und bei Trägerbohlwänden mit vorgehängten Bohlen ist eine Belastung der Steifen durch Nutzlasten **nicht zulässig**.

2.1.2.3 Nutzlasten aus Baustellenverkehr und Baubetrieb (EAB 56)

Bei einem Mindestabstand von

1,50 m bei einem Gesamtgewicht von 10 t

2,50 m bei einem Gesamtgewicht von 30 t

3,50 m bei einem Gesamtgewicht von 50 t

4,50 m bei einem Gesamtgewicht von 70 t

genügt der Ansatz einer unbegrenzten Flächenlast von $p_k = p = 10$ kN/ m² (Zwischenwerte können geradlinig eingeschaltet werden).

Bei geringerem Abstand können die Lasten $q_k = p'$ nach □ 2.02 angesetzt werden (Zwischenwerte können geradlinig eingeschaltet werden).

□ 2.02 Ersatzlasten aus Baggern und Hebezeugen bei geringem Abstand (nach EAB)

Gesamtgewicht des Gerätes	Zusätzliche Streifenlast $q_k = p'$		Breite der Streifenlast $q_k = p'$
	Kein Abstand	Abstand 0,60 m	
10 t	50 kN/m	20 kN/m	1,50 m
30 t	110 kN/m	40 kN/m	2,00 m
50 t	140 kN/m	50 kN/m	2,50 m
70 t	150 kN/m	60 kN/m	3,00 m

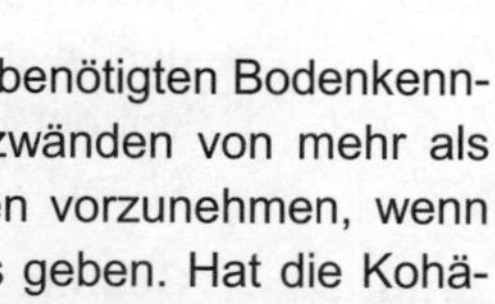

2.1.3 Erddruck (klassische Erddruckverteilung)

Bodenkenngrößen Die für die Ermittlung von Erddruck und Erdwiderstand benötigten Bodenkenngrößen sind nach DIN 1055-2 zu ermitteln. Bei Stützwänden von mehr als 5,00 m Tiefe sind bodenmechanische Untersuchungen vorzunehmen, wenn örtliche Erfahrungen keinen ausreichenden Aufschluss geben. Hat die Kohäsion des Bodens einen ausschlaggebenden Einfluss auf die Standsicherheit der Stützwand, dann sind Verlauf, Mächtigkeit und Konsistenz der bindigen Schichten beim Aushub zu überprüfen.

EAB Berechnungsgrundlage für Stützbauwerke als Baugrubenverbau sind die "Empfehlungen des Arbeitskreises 'Baugruben' (EAB)".

EAU Berechnungsgrundlage für Stützbauwerke als endgültige Bauwerke sind die "Empfehlungen des Arbeitsausschusses 'Ufereinfassungen' (EAU)".

Aktiver Erddruck Im Allgemeinen kann eine tief gegründete Stützwand als Verbau für den einfachen aktiven Erddruck bemessen werden (EAB, EB 8).

Bei der Ermittlung des Erddrucks aus Geländeauflasten (siehe unten) können i.A. der gleiche Wandreibungswinkel δ_a und der gleiche Gleitflächenwinkel ϑ_a wie bei der Bestimmung des aktiven Erddrucks aus Bodeneigengewicht zugrunde gelegt werden (EAB, EB 8 und Dörken/ Dehne/ Kliesch, Teil 1).

Aktiver Erddruck: Trägerbohlwand Die Verformungsmöglichkeit einer Trägerbohlwand erlaubt im Allgemeinen den Ansatz von aktivem Erddruck. Gemäß Empfehlung EB 15(1) darf der Erddruck unterhalb der Baugrubensohle vernachlässigt werden, wenn sichergestellt ist, dass dies unschädlich ist, das heißt der Nachweis der Horizontalkräfte erbracht ist (Nachweis s. Abschnitt 2.4.3).

Für die Ermittlung der Schnittgrößen an Bohlträgern darf der Erddruck unterhalb der Baugrubensohle im allgemeinen vernachlässigt werden, sofern nachgewiesen wird, dass der in der Berechnung vernachlässigte Erddruck unterhalb der Baugrubensohle zusammen mit der Auflagerkraft aus dem Bohlträger von dem gesamten zur Verfügung stehenden Erdwiderstand aufgenommen wird (siehe Abschnitt 2.4.3)

Erhöhter Erddruck Darf sich der Boden mit Rücksicht auf eine benachbarte bauliche Anlage nicht entspannen, dann ist der Verbau entsprechend Empfindlichkeit, Zustand und Entfernung dieser Anlage für einen höheren als den aktiven Erddruck, höchstens aber für den Erdruhedruck zu bemessen und dementsprechend konstruktiv auszubilden (EAB).

⇒ EAB, EB 8; EAU und Gudehus (1998)

⇒ Dörken/ Dehne/ Kliesch Teil 1, Abschnitt 6

Scherfestigkeit Reicht bei bindigen Böden die zu erwartende Verschiebung nicht aus, um in der Gleitfuge den Grenzzustand herbeizuführen, so darf die Scherfestigkeit des Bodens nicht voll in Rechnung gestellt werden (EAB, siehe hierzu die Scherverschiebungslinien in Dörken/ Dehne/ Kliesch, Teil 1, Abschnitt 4).

Erddruck **Nicht gestützte Wände:** Bei nicht gestützten, im Boden eingespannten Wänden ist stets die klassische Erddruckverteilung anzusetzen, wobei die Möglichkeit der Bildung einer Zwangsgleitfläche zu berücksichtigen ist (EAB, EB 16, Absatz 2).

Erddruckumlagerung **Gestützte Wände:** Bei gestützten Wänden ist für die ständigen Einwirkungen ein wirklichkeitsnaher Erddruckansatz anzusetzen (siehe Abschnitt 2.1.4; EAB, EB 70; EAU).

Unbegrenzte Flächenlast In diesem Fall wird die Erddruckordinate aus unbegrenzter Flächenlast $p_k = p$ (kN / m², □ 2.03) entsprechend der Berechnung des Erddrucks auf bleibende Bauwerke nach der Gleichung ermittelt (EAB):

$$e_{ah}^{p} = p \cdot K_{ah}$$

bzw. $$e_{ah,k}^{p} = p_k \cdot K_{ah,k} \quad (2.01)$$

Grundsätzlich wird ein Lastanteil $p_k = p \leq 10$ kN/ m² als ständige Einwirkung angesetzt:

⇒ EAB (EB 7)

⇒ Handbuch EC 7-1 (siehe Abschnitt 1.1)

⇒ Dörken/ Dehne/ Kliesch, Teil 2

□ 2.03 Erddruckordinate aus einer unbegrenzten Flächenlast bei der Berechnung eines Baugrubenverbaus (nach EAB)

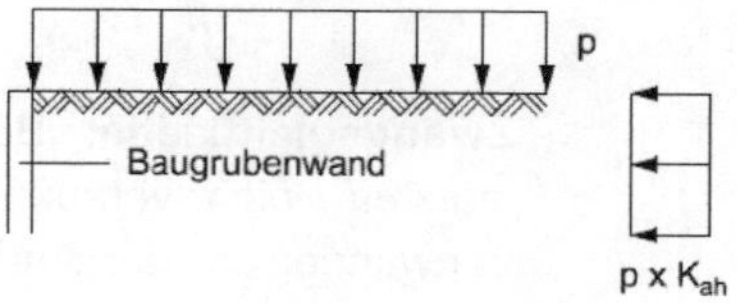

Streifenlast Zur Berechnung des aktiven Erddrucks infolge einer Streifenlast $q_k = p'$ (kN / m²) darf die ebene Gleitfläche bei der Berechnung eines Baugrubenverbaus näherungsweise von der Hinterkante der Lastfläche unter dem Gleitflächenwinkel ϑ_a angesetzt werden (□ 2.04 a). Der Gleitflächenwinkel kann entweder grafisch nach dem Verfahren von Culmann oder für den Fall $\alpha = 0$ und $\beta = 0$ aus nachstehender Gleichung ermittelt werden:

$$\tan \vartheta_a = \frac{\sin \varphi_k + \sqrt{\dfrac{\tan \varphi_k}{\tan \varphi_k + \tan \delta_a}}}{\cos \varphi_k} \quad (2.02)$$

K_a^p bzw. $K_{a,k}^p$ ergibt sich für $\alpha = 0$ und $\beta = 0$ aus:

$$K_a^p = K_{a,k}^p = \frac{\sin(\vartheta_a - \varphi_k)}{\sin(90° - \vartheta_a + \varphi_k + \delta_a)} \quad (2.03)$$

Wird zwecks Berücksichtigung der Erddruckumlagerung bei gestützten / verankerten Baugrubenwänden für die Verteilung des Erddrucks infolge der Bodeneigenlast g näherungsweise eine rechteckige Lastfigur zugrunde gelegt (siehe Stichwort "Flächengleiches Rechteck"), so ist auch der Erddruck infolge Streifenlast $q_k = p'$ in eine Rechtecklast umzuwandeln (□ 2.04 c). Anderenfalls erfolgt der Ansatz in Form eines auf der Spitze stehenden Dreiecks (□ 2.04 b).

Dieser vereinfachte Ansatz ist jedoch nur möglich, solange der Erddruck infolge p' kleiner ist als der Erddruck infolge Bodeneigengewicht. Ist er größer, so sind besondere Untersuchungen notwendig.

Wobei die Maximalwerte der Erddruckspannung in □ 2.04 sind:

Skizze □ 2.04 b):

$$\max e_{a,k}^{p'} = \frac{2 \cdot p' \cdot K_{a,k}^{p} \cdot b}{h'_{p}} \quad (2.04)$$

Skizze □ 2.04 c):

$$\max e_{a,k}^{p'} = \frac{p' \cdot K_{a,k}^{p} \cdot b}{h'_{p}} \quad (2.05)$$

□ 2.04 Gleitflächenwinkel und Erddruckfiguren aus einer Streifenlast bei der Berechnung eines Baugrubenverbaus (nach EAB)

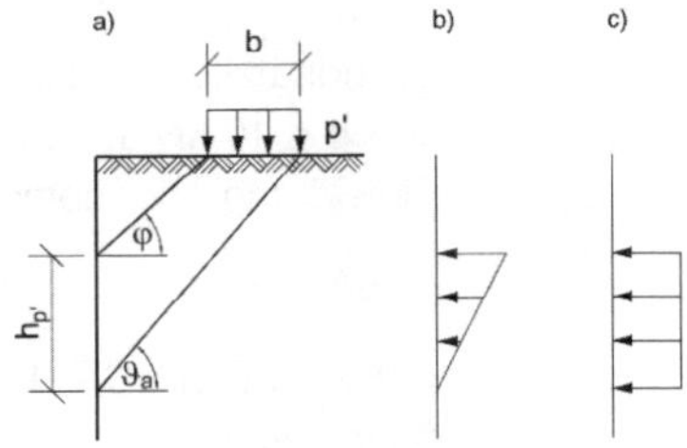

Zwangsgleitfläche: Bei nicht gestützten / nicht verankerten Baugrubenwänden ist der Anteil der Streifenlast p' grundsätzlich wie oben angegeben zu ermitteln. Darüber hinaus muss jedoch überprüft werden, ob bei Ansatz einer Zwangsgleitfläche von der Hinterkante der Lastfläche bis zum Schnittpunkt der Sohle mit der Baugrubenwand eventuell ein größerer Gesamterddruck entsteht. Die Untersuchung kann grafisch (z. B. nach dem Verfahren von Culmann) oder analytisch erfolgen (EAB, EB 6 und Zahlenbeispiel □ 2.06).

Linienlast Zur Ermittlung des aktiven Erddrucks infolge einer Linienlast P = V_k (kN / m) darf näherungsweise die ebene Gleitfläche vom Angriffspunkt der Linienlast unter dem Gleitflächenwinkel ϑ_a angesetzt werden (□ 2.05 a). ϑ_a und K_a^p werden nach den Gleichungen (2.02) und (2.03) berechnet.

Wobei die Maximalwerte der Erddruckspannung in □ 2.05 sind:

Skizze b):

$$max\, e_{a,k}^{p'} = \frac{2 \cdot \overline{P} \cdot K_{a,k}^{p}}{h'_{p}} = \frac{2 \cdot V_k \cdot K_{a,k}^{p}}{h'_{p}} \quad (2.06)$$

Skizze c):

$$max\, e_{a,k}^{p'} = \frac{\overline{P} \cdot K_{a,k}^{p}}{h'_{p}} = \frac{V_k \cdot K_{a,k}^{p}}{h'_{p}} \quad (2.07)$$

□ 2.05 Gleitflächenwinkel und Erddruckfiguren aus einer Linienlast bei der Berechnung eines Baugrubenverbaus (nach EAB)

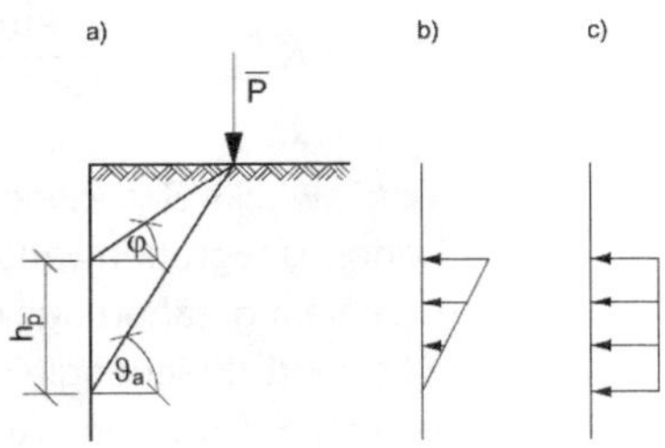

Wird zwecks Berücksichtigung der Erddruckumlagerung bei gestützten / verankerten Stützwänden (baugrubenwänden) für die Verteilung des Erddrucks infolge Bodeneigenlast g näherungsweise eine rechteckige Lastfigur zugrunde gelegt (siehe Stichwort "Flächengleiches Rechteck"), so ist auch der Erddruck infolge Linienlast P in eine Rechtecklast umzuwandeln (□ 2.05 c). Anderenfalls erfolgt der Ansatz in Form eines auf der Spitze stehenden Dreiecks (□ 2.05 b).

Dieser vereinfachte Ansatz ist jedoch nur möglich, solange der Erddruck infolge Linienlast kleiner ist als der Erddruck infolge Bodeneigengewichts und großflächiger Nutzlasten. Ist er größer, so sind besondere Untersuchungen notwendig.

□ 2.06 Beispiel 12: Zwangsgleitfläche (EAB, EB 6)

Geg.: *Die nicht gestützte Baugrubenwand,*

Bemessungssituation BS-T bzw. BS-T

Bodenkennwerte

$\varphi_k = \varphi'$; $c_k = c' = 0$; $\gamma = 18{,}0\ kN/m^3$

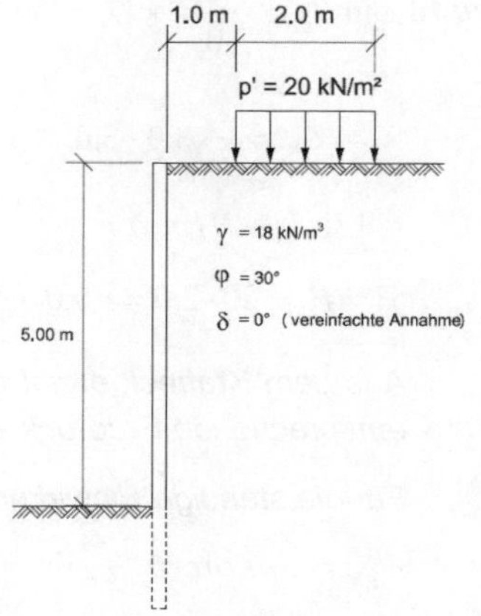

Ges.: *a) Erddruck für das gegebene Lastbild*

b) Erddruck für eine angenommene Zwangsgleitfläche

Lösg: *Teilsicherheitsbeiwerte*

$\gamma_G = 1{,}20$; $\gamma_Q = 1{,}30$; $\gamma_{EP} = 1{,}30$
(Bemessungssituation BS-T; nach Dörken/ Dehne/ Kliesch, Teil 2)

zu a) *Für $\alpha = \beta = \delta_a = 0$ (Rankine'scher Sonderfall) wird*

$$\vartheta_a = 45° + \frac{\varphi'}{2} = 60°$$

$$y_1 = 1{,}0 \cdot \tan 30° = 0{,}58\ m$$

$$y_2 = 3{,}0 \cdot \tan 60° - y_1 = 5{,}20 - 0{,}58 = 4{,}62\ m$$

$$K_a^{p'} = K_{a,k}^{p'} = \frac{sin(60° - 30°)}{sin(90° - 60° + 30° + 0°)} = 0{,}58$$

Die Ordinate des rechteckförmigen Erddrucks infolge Streifenlast ist:

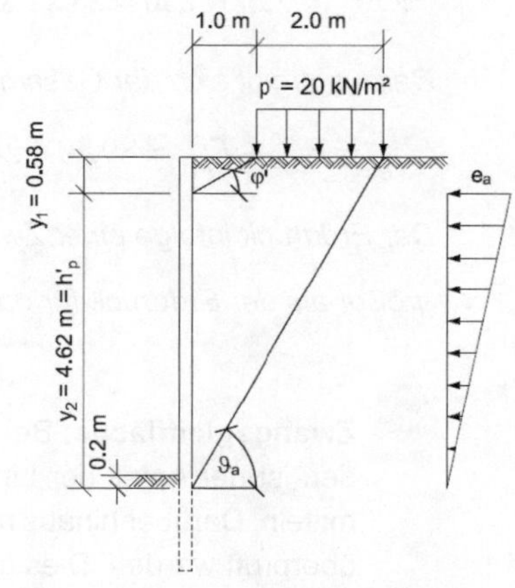

$$e_{a,k} = \frac{2 \cdot p' \cdot b \cdot K_a^{p'} \cdot b}{h_p^{'}} = \frac{2 \cdot 20 \cdot 0{,}58 \cdot 2{,}0}{4{,}62} = 10{,}0\ kN/m^2$$

Erddrucklast bis zur Baugrubensohle:

$\alpha = \beta = \delta_a = 0 \rightarrow K_a = 0{,}33$

$$E_{a,k}^{g} = \gamma \cdot \frac{h^2}{2} \cdot K_a = 18 \cdot \frac{5{,}0^2}{2} \cdot 0{,}33 = 74{,}25\ kN/m$$

$$E_{a,k}^{p'} = \frac{1}{2} \cdot 10{,}0 \cdot (4{,}62 - 0{,}20) = 22{,}1\ kN/m$$

$$E_{a,d} = E_{a,k}^{g} \cdot \gamma_G + E_{a,k}^{p'} \cdot \gamma_Q \quad E_{a,d} = 74{,}25 \cdot 1{,}20 + 22{,}1 \cdot 1{,}30 = 117{,}83\ kN/m$$

□ 2.06 Fortsetzung Beispiel 12: Zwangsgleitfläche (EAB, EB 6)

zu b) $\tan \vartheta_z = \frac{5{,}0}{3{,}0} \rightarrow \vartheta_z = 59{,}0°$

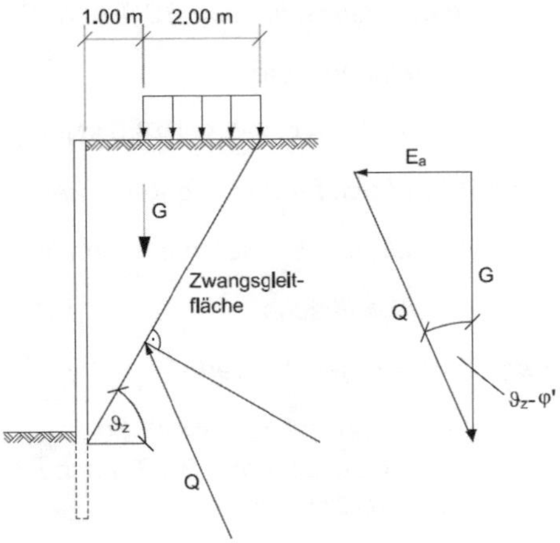

$G = G_k = \frac{1}{2} \cdot 3{,}0 \cdot 5{,}0 \cdot 18$

$= 135{,}0 \;\; kN/m$

$P = P_k = 20 \cdot 2{,}0 = 40{,}0 \;\; kN/m$

Aus dem Krafteck ergibt sich der entsprechende Erddruck zu:

Für die ständige Einwirkung G_k:

$E^g_{a,k} = G_k \cdot tan(\vartheta_z - \varphi')$

$= 135{,}0 \cdot tan(59° - 30{,}0°) = 74{,}83 \;\; kN/m$

$\Rightarrow E^g_{a,d} = 74{,}83 \cdot 1{,}20 = 89{,}80 \;\; kN/m$

Für *die veränderliche Einwirkung P_k:*

$E^p_{a,k} = P_k \cdot \tan(\vartheta_z - \varphi') = 40{,}0 \cdot \tan(59° - 30{,}0°) = 22{,}17 \;\; kN/m$

$\Rightarrow E^p_{a,d} = 22{,}17 \cdot 1{,}30 = 28{,}82 \;\; kN/m$

Daraus ergibt sich der Gesamterddruck zu:

$E_{a,d} = E^g_{a,d} + E^p_{a,d} = 89{,}80 + 28{,}82 = 118{,}62 \;\; kN/m$

Der Erddruck infolge einer Zwangsgleitfläche ist in diesem Fall geringfügig größer als der Erddruck für das gegebene Lastbild.

Zwangsgleitfläche: Bei nicht gestützten / nicht verankerten Baugrubenwänden ist der Anteil der Linienlast p grundsätzlich wie oben angegeben zu ermitteln. Darüber hinaus muss jedoch noch der Ansatz einer Zwangsgleitfläche überprüft werden. Dies geschieht sinngemäß wie unter dem Stichwort "Streifenlast" beschrieben.

Einzellast Wird bei Straßen- und Baufahrzeugen oder bei Baugeräten anstelle der Ersatzlasten von den Aufstandsflächen der Handbuch EC 1, Band 1 und 3, Tabelle 1, bzw. von den tatsächlichen Aufstandsflächen der Fahrzeuge ausgegangen, so dürfen die dann anzusetzenden Einzellasten P (kN) zwecks Ermittlung des Erddrucks in (Ersatz-) Linienlasten P (kN/m) umgewandelt werden. Vereinfachend wird hierbei von einer Lastausbreitung unter 45° ausgegangen (□ 2.07).

Die Ersatz-Linienlast von der Größe

$$\overline{P} = \overline{P_k} = \frac{P}{b + 2 \cdot a} \qquad (2.08)$$

wird dann wie eine Linienlast behandelt.

□ 2.07 Lastausbreitung und Gleitflächenwinkel aus einer Einzellast bei der Berechnung eines Baugrubenverbaus (nach EAB) a) Grundriss b) Schnitt

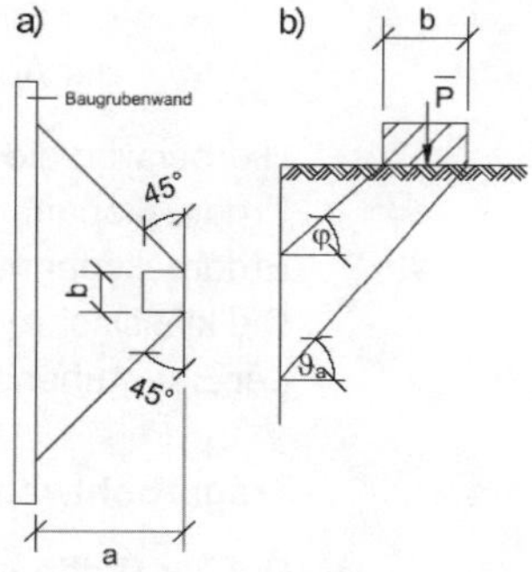

2.1.4 Erddruckumlagerung bei gestützten Wänden

2.1.4.1 Allgemeines

Flächengleiches Rechteck

Waagerechter und senkrechter Grabenverbau: Soweit bei der statischen Untersuchung eines durch mehrere Steifenlagen gestützten waagerechten oder senkrechten Grabenverbaus kein genauerer Nachweis geführt wird, darf der Erddruck unter Berücksichtigung gleichmäßig verteilter Auflasten nach der klassischen Erddrucktheorie ermittelt und näherungsweise in ein flächengleiches Rechteck umgewandelt werden (EAB, EB 8 sowie Abschnitte 2.1.4.4 und 2.1.4.5). Durch Messungen wurde nämlich festgestellt, dass der Erddruck im Bereich hoch liegender Steifen erheblich größer ist als der Erddruck nach der "klassischen" Erddrucktheorie von Coulomb (□ 2.08 sowie Dörken/ Dehne/ Kliesch, Teil 1).

□ 2.08 Beispiel: Erddruckumlagerung bei gestützten Baugrubenwänden

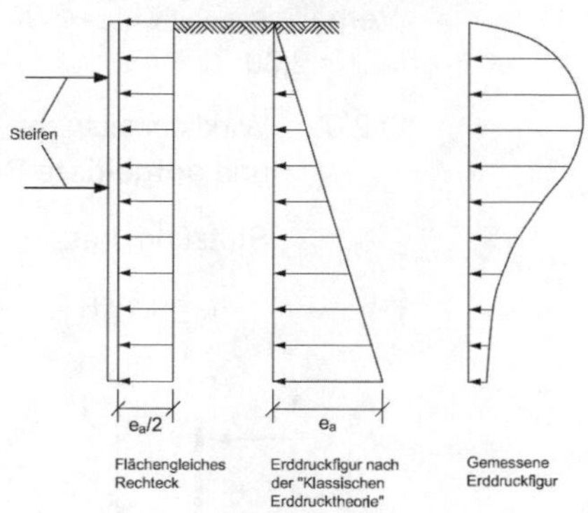

Um die mit dieser Näherung verbundenen Unsicherheiten auszugleichen, sind die mit dem Erddruckrechteck ermittelten Auflagerkräfte zur Bemessung der Steifen, Gurte u. ä. zu erhöhen (EAB). Hierdurch wird die Konzentration des Erddrucks im Bereich der Steifen berücksichtigt (□ 2.08).

Wirklichkeitsnahe Erddruckverteilung

Trägerbohlwände sowie Spund- und Ortbetonwände: Auch bei diesen Wänden können bei Baugruben die nach der klassischen Theorie erhaltenen Erddruckfiguren unter bestimmten Voraussetzungen durch ein flächengleiches Rechteck ersetzt und die Steifen / Ankerkräfte erhöht werden: ⇒ Abschnitte 2.1.4.4 und 2.1.4.5)

Wirklichkeitsnähere Lastbilder werden hierbei jedoch bevorzugt: siehe Abschnitte 2.1.4.2 und 2.1.4.3.

Unter folgenden Voraussetzungen dürfen nachstehende Lastfiguren gemäß Abschnitte 2.1.4.2 und 2.1.4.3 als wirklichkeitsnah angenommen werden:

- annähernd horizontaler Geländeoberfläche,
- mindestens mitteldicht gelagertem nichtbindigem oder mindestens steifplastischem bindigem Baugrund,
- wenig nachgiebiger Stützung,
- vor Einbau der Steifenlage wird der Boden nur bis knapp unterhalb der Achse der Steife ausgehoben.

Hierbei wird die zwischen Geländeoberfläche und Baugrubensohle wirksame Erddruckspannung aus ständigen Einwirkungen in eine wirklichkeitsnahe Erddruckspannung gemäß den Abschnitten 2.1.4.2 und 2.1.4.3 umgelagert. Die klassische, mit der Tiefe zunehmende Erddruckverteilung im Bereich von der Baugrubensohle bis zum Wandfuß bleibt unverändert.

2.1.4.2 Trägerbohlwände, Aufgelöste Pfahlwand: Wirklichkeitsnahe Umlagerung

Bei der Erddruckumlagerung bei Trägerbohl- und aufgelösten Bohrpfahlwänden wird die zwischen Geländeoberfläche und Baugrubensohle wirksame Erddruckspannung aus ständigen Einwirkungen in eine wirklichkeitsnahe Erddruckspannung gemäß □ 2.09 bis □ 2.11 umgelagert.

Gemäß Empfehlung EB 15(1) darf der Erddruck unterhalb der Baugrubensohle vernachlässigt werden,

Bei □ 2.09 b) beträgt das Verhältnis $e_{oh,k}/ e_{hu,k}= 1{,}50$, bei □ 2.09 c) beträgt das Verhältnis $e_{oh,k}/ e_{hu,k}= 2{,}00$. Bei □ 2.09 a) beträgt das Verhältnis ebenfalls $e_{oh,k}/ e_{hu,k}= 2{,}00$.

□ 2.09 Wirklichkeitsnahe Lastfiguren für einmal gestützte **Trägerbohlwände** und **aufgelöste Bohrpfahlwände** nach EB 69

Stützung bei

a) $h_k \leq 0{,}1 \cdot H$ b) $0{,}1 \cdot H \leq h_k \leq 0{,}2 \cdot H$ c) $0{,}2 \cdot H \leq h_k \leq 0{,}3 \cdot H$

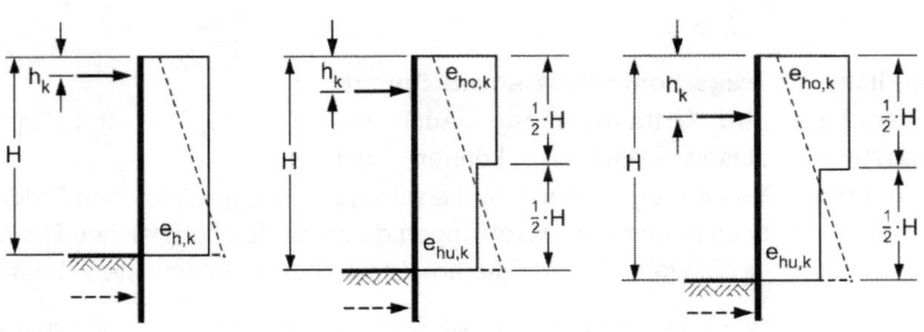

Unter den Voraussetzungen etwa gleicher Stützweiten darf bei mehr als dreimal gestützten Wänden ein Trapez als wirklichkeitsnahe Lastfigur gemäß □ 2.11 angenommen werden. Die Resultierende des Erddrucks soll dann im Bereich z_e = 0,50 H bis 0,55 H liegen.

□ 2.10 Wirklichkeitsnahe Lastfiguren für zweimal gestützte **Trägerbohlwände** und **aufgelöste Bohrpfahlwände** nach EB 69

Anordnung der Stützungen

a) hoch b) mittel c) tief

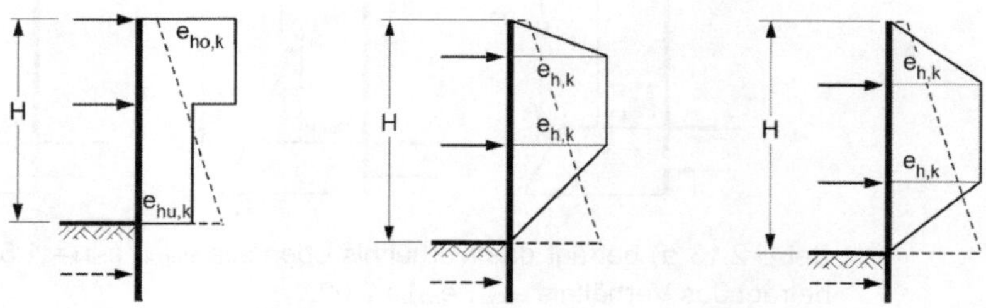

□ 2.11 Wirklichkeitsnahe Lastfiguren für dreimal und öfter gestützte **Trägerbohlwände** und **aufgelöste Bohrpfahlwände** nach EB 69

Anzahl der Stützungen

a) dreimal b) viermal c) fünfmal

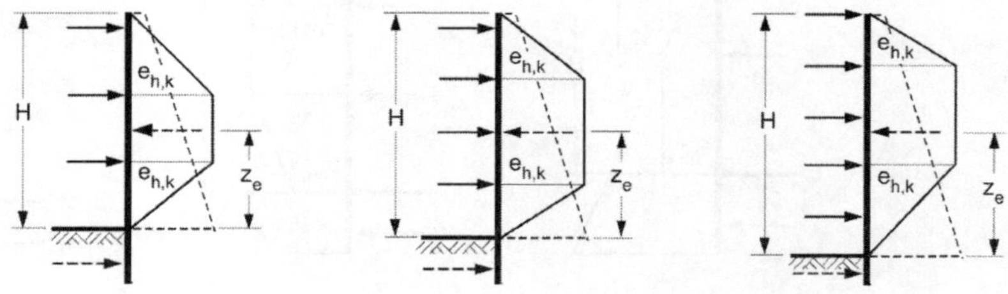

2.1.4.3 Spund- und Ortbetonwände: Wirklichkeitsnahe Umlagerung

Wirklichkeitsnahe Erddruckverteilung: Bei der Erddruckumlagerung bei Spund- und Ortbetonwänden als Baugrubensicherung wird die zwischen Geländeoberfläche und Baugrubensohle wirksame Erddruckspannung aus ständigen Einwirkungen in eine wirklichkeitsnahe Erddruckspannung gemäß □ 2.12 bis □ 2.14 umgelagert.

Baugruben Die klassische, mit der Tiefe zunehmende Erddruckverteilung im Bereich von der Baugrubensohle bis zum Wandfuß bleibt unverändert.

Bei gestützten aufgelösten Bohrpfahlwände wird die Umlagerung wie bei Trägerbohlwänden vorgenommen (siehe Abschnitte 2.1.4.2 und 2.1.4.4).

Bei □ 2.12 b) beträgt das Verhältnis $e_{oh,k}/ e_{hu,k}$= 1,20, bei □ 2.12 c) beträgt das Verhältnis $e_{oh,k}/ e_{hu,k}$= 1,50.

□ 2.12 Wirklichkeitsnahe Lastfiguren für einmal gestützte **Spund- und durchgehende Pfahlwände** als Baugruben nach EB 70

Stützung bei

a) $h_k \leq 0{,}1 \cdot H$ b) $0{,}1 \cdot H \leq h_k \leq 0{,}2 \cdot H$ c) $0{,}2 \cdot H \leq h_k \leq 0{,}3 \cdot H$

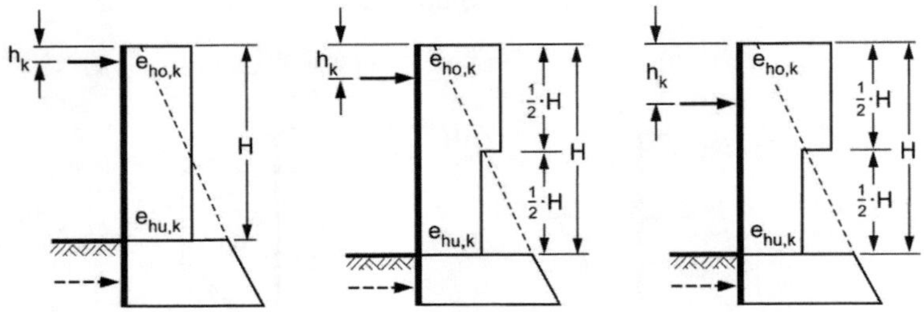

Bei □ 2.13 a) beträgt das Verhältnis ebenfalls $e_{oh,k}/ e_{hu,k}$= 1,50, bei □ 2.13 b) beträgt das Verhältnis $e_{oh,k}/ e_{hu,k}$= 2,00.

□ 2.13 Wirklichkeitsnahe Lastfiguren für zweimal gestützte **Spund- und durchgehende Pfahlwände** als Baugruben nach EB 70

Anordnung der Stützungen

b) hoch b) mittel c) tief

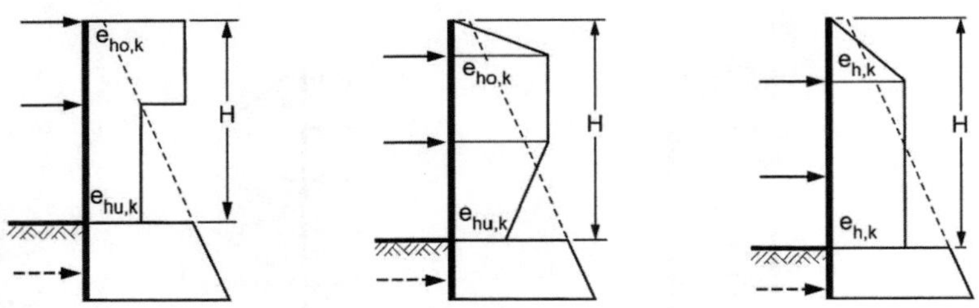

Unter den Voraussetzungen etwa gleicher Stützweiten darf bei mehr als dreimal gestützten Wänden ein Trapez als wirklichkeitsnahe Lastfigur gemäß □ 2.14 angenommen werden. Die Resultierende des Erddrucks soll dann im Bereich z_e = 0,40 H bis 0,50 H und das Verhältnis bei $e_{oh,k}/ e_{hu,k}$= 2,00 liegen.

□ 2.14 Wirklichkeitsnahe Lastfiguren für dreimal und öfter gestützte **Spund- und durchgehende Pfahlwände** als Baugruben nach EB 70

Anzahl der Stützungen

b) dreimal b) viermal c) fünfmal

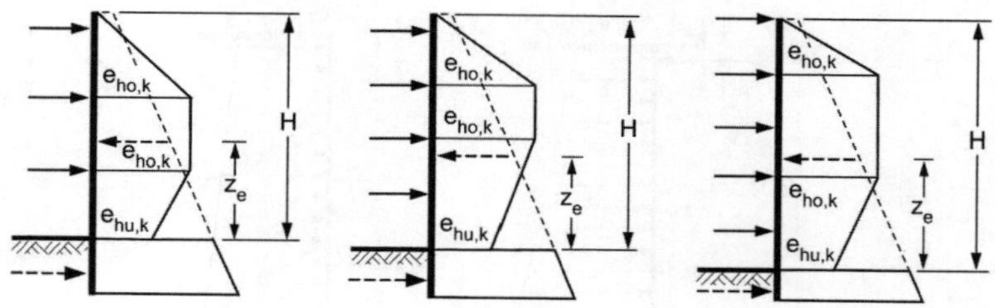

Erddruck-umlagerung: Engültige Bauwerke, EAU

Berechnungsgrundlage für bleibende Stützwandbauwerke sind die "Empfehlungen des Arbeitsausschusses 'Ufereinfassungen' (EAU)".

Versuche haben ergeben, dass ein Nachgeben der Wand um 1 ‰ ihrer Höhe genügt, um die klassische Erddruckverteilung zu erhalten. Diese wird bei der Berechnung von unverankerten und verankerten Spundwänden i. Allg. auch angesetzt.

Um eine bei verankerten Spundwänden dennoch eintretende Erddruckumlagerung infolge Wandverformungen zu berücksichtigen, werden die Biegemomente aus der klassischen Verteilung mit reduziertem Erdwiderstand ermittelt (siehe Stichwort „Momentenermittlung").

Erddruck-umlagerung nach EAU

Einfach verankerte, im Boden eingespannte Wände: hier ist für die ständigen Einwirkungen ein umgelagerter Erddruckansatz anzusetzen (EAU, E 77, □ 2.15 und □ 2.16). Die klassische, mit der Tiefe zunehmende Erddruckverteilung im Bereich von der Baugrubensohle bis zum Wandfuß bleibt unverändert. In den Bildern □ 2.15 und □ 2.16 ist

$$e_m = e_{ah,m,k} = \frac{E_{a,h,k}}{H_E} \qquad (2.09)$$

Weitere Hinweise

EAB. EAU. Hoesch Stahl AG: Stützwand-Handbuch Berechnung.

ThyssenKrupp: Profil ARBED Spundwände / Pfähle. Trade ARBED: Stützwand-Handbuch, Teil 1, Berechnung. Roth (1992).

□ 2.15 Erddruckumlagerung für das Herstellverfahren „Abgegrabene Wand" für einfach verankerte, eingespannte Spundwände nach EAU, E 77

Stützung bei

Fall 1) $a \leq 0{,}1 \cdot H_E$ Fall 2) $0{,}1 \cdot H_E \leq H_k \leq 0{,}2 \cdot H_E$ Fall 3) $0{,}2 \cdot H_E \leq H_k \leq 0{,}3 \cdot H_E$

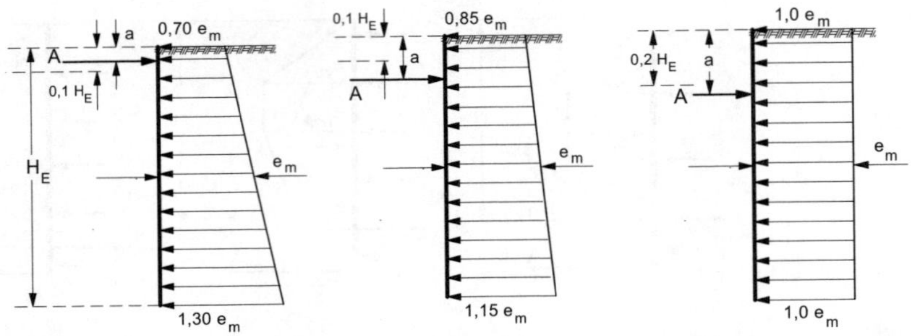

□ 2.16 Erddruckumlagerung für das Herstellverfahren „Hinterfüllte Wand" für einfach verankerte, eingespannte Spundwände nach EAU, E 77

Stützung bei

Fall 1) $a \leq 0{,}1 \cdot H_E$ Fall 2) $0{,}1 \cdot H_E \leq H_k \leq 0{,}2 \cdot H_E$ Fall 3) $0{,}2 \cdot H_E \leq H_k \leq 0{,}3 \cdot H_E$

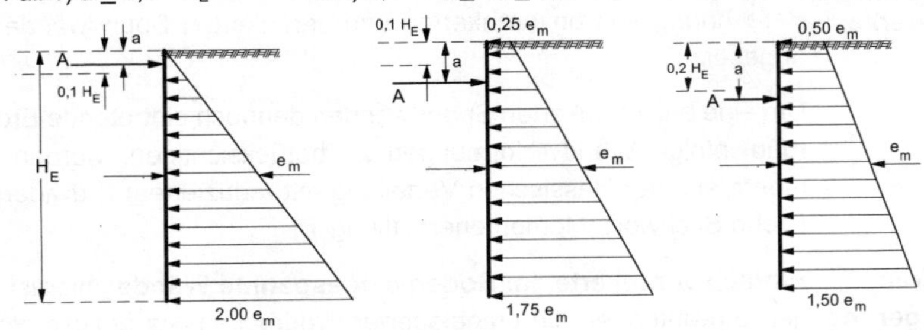

□ 2.17 Reduzierte Teilsicherheitsbeiwerte für den Erdwiderstand bei Ermittlung der Biegemomente (nach EAU, E 215)

Widerstand ULS (GEO-2)	Formelzeichen	Bemessungssituation		
		BS-P	**BS-T**	**BS-A**
Erdwiderstand	$\gamma_{R,e,red}$	1,20	1,15	1,10

2.1.4.4 Trägerbohlwände, Aufgelöste Pfahlwand: Rechteck-Umlagerung

Rechteck-umlagerung Wird bei gestützten (ausgesteiften) Trägerbohlwänden oder aufgelösten Bohrpfahlwänden als Baugrubensicherungen die zwischen Geländeoberfläche und der Baugrubensohle wirksame Belastung unabhängig von der Steifenanordnung näherungsweise als Gleichlast angesetzt (□ 2.18), obwohl ein anderes Lastbild zutreffender wäre (siehe oben), dann sind die damit verbundenen Fehler bei der Ermittlung der Querkräfte und der Auflagerkräfte durch die in EAB, 3. Auflage, EB 13 (siehe unten) genannten Zuschläge auszugleichen. Auf eine entsprechende Umrechnung der Normalkräfte darf im Allgemeinen verzichtet werden (EAB, 3. Auflage, EB 13, Absatz 4, siehe auch Stichwort "Zu-/Abschläge").

Eine Steifenlage (EAB, 3. Auflage, EB 13, Absatz 2; □ 2.18 a)): die errechneten Querkräfte und die Auflagerkraft an der Stützung sind im Verhältnis

$$H / h_A \qquad (2.10)$$

zu vergrößern.

Das Feldmoment darf im Verhältnis

$$h_A / H \qquad (2.11)$$

abgemindert werden. Hierin ist:

□ 2.18 Umlagerung in ein Rechteck für ein- und zweimal gestützte Trägerbohlwände nach EB 13, EAB, 3. Auflage

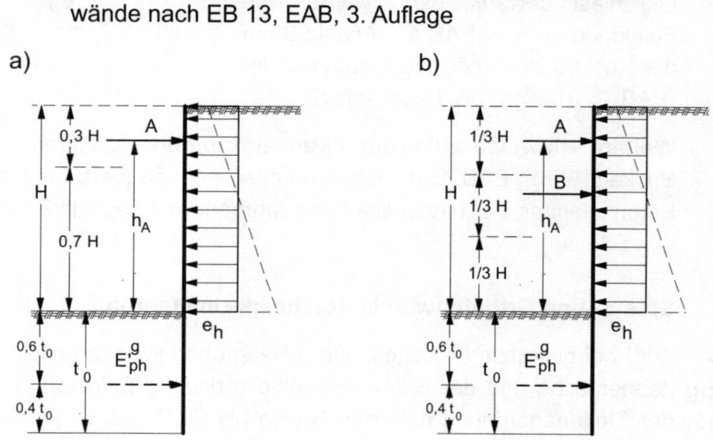

h_A Abstand zwischen Abstützung und Baugrubensohle und

H Abstand zwischen Geländeoberfläche und Baugrubensohle (□ 2.18 links)

Zuschläge/ Abminderung Die Abminderung eines Kragmoments am Kopf der Wand ist nicht zulässig. Die Wahl eines Rechtecks als Lastbild ist nur zweckmäßig, wenn die Abstützung nicht tiefer liegt als $h_A = 0{,}7 \cdot H$. Liegen die Steifen oberhalb der Geländeoberfläche, dann werden die Querkräfte, die Auflagerkraft und das Biegemoment nicht umgerechnet.

Zwei Steifenlagen (EAB, 3. Auflage, EB 13,, Absatz 3, □ 2.18 b)): Wird bei Trägerbohlwänden mit zwei Steifenlagen eine Gleichlast gewählt, dann ist die damit errechnete Stützkraft der oberen Lage mit Gleichung (2.10) zu vergrößern, wenn die untere Lage im unteren Drittel der Höhe H zwischen Geländeoberfläche und Baugrubensohle angeordnet ist (□ 2.18 rechts). Liegt dagegen die untere Lage im mittleren Drittel der Höhe H, dann sind die mit der Gleichlast ermittelten Querkräfte und Auflagerkräfte der unteren Lage um 30% zu erhöhen. Eine Abminderung der Biegemomente ist nicht zulässig.

Drei oder mehr Steifenlagen (EAB, 3. Auflage, EB 13, Absatz 4; □ 2.19): Wird bei Trägerbohlwänden mit drei oder mehr Steifenlagen eine Gleichlast gewählt, so sind die damit ermittelten Querkräfte und Auflagerkräfte an den Abstützungen, die im mittleren Teil der Höhe H liegen, um 30% zu erhöhen. Ein Kragmoment am Kopf der Wand darf um 20% abgemindert werden.

Rückbauzustände: Wird bei Trägerbohlwänden in den Rückbauzuständen anstelle eines besser zutreffenden Lastbildes die für den Vollaushub ermittelte Gleichlast gewählt, dann werden die Festlegungen von EAB 13, Ansatz 2 auf die Rückbauzustände nicht angewendet (EAB, 3. Auflage, EB 13, Absatz 5).

□ 2.19 Umlagerung in ein Rechteck für dreifach oder mehrfach gestützte Trägerbohlwände nach EB 13, EAB, 3. Auflage

a)

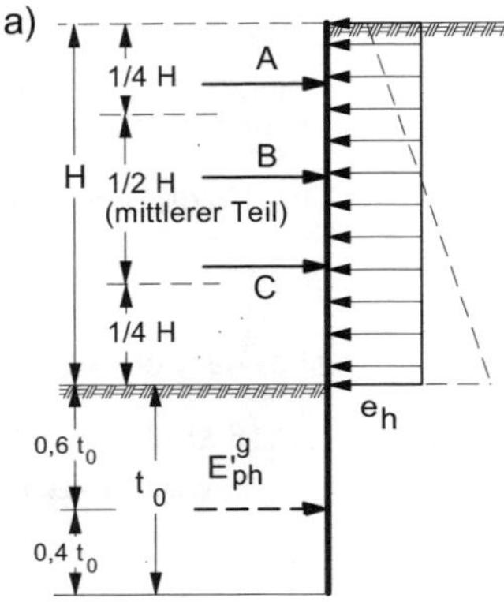

Weitere Hinweise zu Erddruckumlagerungen: Lundgren / Briske (1957). Briske (1958). EAB. EAU. Grundbautaschenbuch (verschiedene Jahrgänge). Betonkalender, Teil II (verschiedene Jahrgänge). Abschnitt 2.1.4 des vorliegenden Buchs.

2.1.4.5 Spund- und Ortbetonwände: Rechteck-Umlagerung

Rechteck-umlagerung nach EB 16, Absatz 4

Wird bei gestützten (ausgesteiften) Baugruben-Wänden die zwischen Geländeoberfläche und der Baugrubensohle wirksame Belastung unabhängig von der Steifenanordnung näherungsweise als Gleichlast angesetzt (□ 2.20), obwohl ein anderes Lastbild zutreffender wäre (siehe oben), dann sind nach EB 16 die damit verbundenen Fehler bei der Ermittlung der Querkräfte und der Auflagerkräfte durch die in EAB, 3. Auflage, EB 17 (siehe unten) genannten Zuschläge auszugleichen. Auf eine entsprechende Umrechnung der Normalkräfte darf im Allgemeinen verzichtet werden (EAB, 3. Auflage, EB 17, Absatz 2, siehe auch Stichwort "Zu-/Abschläge").

Zuschläge/ Abminderung

Eine Steifenlage (EAB, 3. Auflage, EB 17, Absatz 1): Wird bei Spundwänden oder Ortbetonwänden mit nur einer Steifenlage für die von Geländeoberfläche bis Belastungsnullpunkt wirksame Belastung an Stelle eines besser zutreffenden Lastbildes eine Gleichlast gewählt, dann sind die damit errechneten Querkräfte und die Auflagerkraft an der Stützung im Verhältnis

$$\sqrt{h'/h'_A} \quad (2.12)$$

zu vergrößern.

Das Feldmoment darf im Verhältnis

$$\sqrt{h'_A/h'} \quad (2.13)$$

abgemindert werden. Hierin ist:

h'_A Abstand zwischen Abstützung und Baugrubensohle und

h' Abstand zwischen Geländeoberfläche und Baugrubensohle (□ 2.20 a)

Die Abminderung eines Kragmoments am Kopf der Wand ist nicht zulässig.

□ 2.20 Beispiele: Vereinfachte (rechteckförmige) Erddruckansätze für a) einmal, b) zweimal, c) dreimal gestützte/ verankerte Spund- und Ortbetonwände (nach EAB)

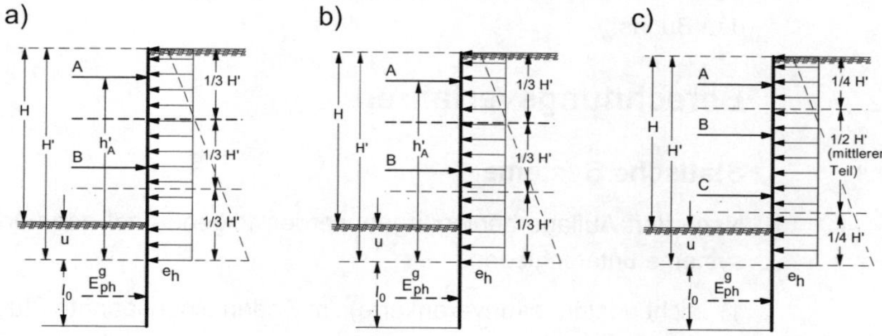

Die Wahl eines Rechtecks als Lastbild ist nur zweckmäßig, wenn die Abstützung nicht tiefer liegt als

$$h'_A = 0{,}7 \cdot h' \quad (2.14)$$

Liegen die Steifen oberhalb der Geländeoberfläche, dann werden die Querkräfte, die Auflagerkraft und das Biegemoment nicht umgerechnet.

Zwei Steifenlagen (EAB 17, Absatz 2):Wird bei Spundwänden und Ortbetonwänden mit zwei Steifenlagen für die von Geländeoberfläche bis Baugrubensohle wirksame Belastung an Stelle eines besser zutreffenden Lastbildes eine Gleichlast gewählt, dann ist die damit errechnete Stützkraft der oberen Lage mit Gleichung (2.12) zu vergrößern, wenn die untere Lage im unteren Drittel der Höhe h zwischen Geländeoberfläche und Baugrubensohle angeordnet ist (□ 2.20 b).

Liegt dagegen die untere Lage im mittleren Drittel der Höhe h', dann sind die mit der Gleichlast ermittelten Querkräfte und Auflagerkräfte der unteren Lage um 15% zu erhöhen.

Eine Abminderung der Biegemomente ist nicht zulässig.

Drei oder mehr Steifenlagen (EAB 17, Absatz 3): Wird bei Spundwänden und Ortbetonwänden mit drei oder mehr Steifenlagen für die von Geländeoberfläche bis Baugrubensohle wirksame Belastung an Stelle eines besser zutreffenden Lastbildes eine Gleichlast gewählt, so sind die damit ermittelten Querkräfte und Auflagerkräfte an den Abstützungen, die im mittleren Teil der Höhe h' zwischen Geländeoberfläche und Baugrubensohle liegen, zu erhöhen (□ 2.20 c). Ein Kragmoment am Kopf der Wand darf um 20% abgemindert werden.

Rückbauzustände: Wird bei Spundwänden und Ortbetonwänden in den Rückbauzuständen an Stelle eines besser zutreffenden Lastbildes die für den Vollaushub ermittelte Gleichlast gewählt, dann werden die Festlegungen von EAB 17, Absatz 1 (siehe oben) auf die Rückbauzustände nicht angewendet (EAB 17, Absatz 4).

Weitere Hinweise zu Erddruckumlagerungen: Lundgren/ Briske (1957). Briske (1958). EAB. EAU. Grundbautaschenbuch (verschiedene Jahrgänge). Betonkalender, Teil II (verschiedene Jahrgänge). Abschnitt 2.1.4 des vorliegenden Buchs.

2.2 Berechnungsverfahren

2.2.1 Statische Systeme

Nach den Auflagerbedingungen werden folgende tief gegründete Stützwandsysteme unterschieden:

1) nicht gestützte (unverankerte), im Boden eingespannte Stützwand (□ 2.20),
2) einfach gestützte (verankerte), im Boden frei aufgelagerte Stützwand (□ 2.21),
3) ein- oder mehrfach gestützte (verankerte), im Boden eingespannte Stützwand (□ 2.21).

□ 2.21 Beispiele: Statisches System, Belastung und Momentenverlauf einer nicht gestützten, im Boden eingespannten Stützwand (aus EAB)

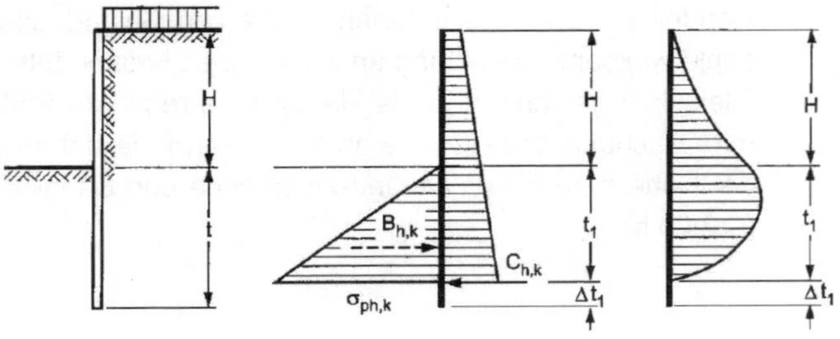

Die nicht gestützte (unverankerte) Stützwand nach □ 2.21 entspricht statisch dem Fall eines Kragträgers. Mit zunehmender Wandhöhe - und damit wachsender Belastung - nehmen die Biegebeanspruchung und die Verformung schnell zu. Im Vergleich mit den drei anderen Systemen nach □ 2.22 ergeben sich daher bei System □ 2.21 die größte Einbindetiefe und das größte Biegemoment. Das System □ 2.21 ist aber nicht nur unwirtschaftlich, sondern auch gefährdet. Denn bei einem Versagen der Einspannung im Boden ist die Standsicherheit nicht mehr gegeben. Es kommt daher für bleibende Bauwerke nicht in Frage und wird auch als Baugrubenverbau nur bei relativ geringen Wandhöhen eingesetzt.

□ 2.22 Beispiele: Statisches System, Belastung, Momenten-, Querkraftverlauf und Verdrehung von gestützten Spundwänden (aus ThyssenKrupp GfT Bautechnik/ HSP Hoesch: Spundwandhandbuch);

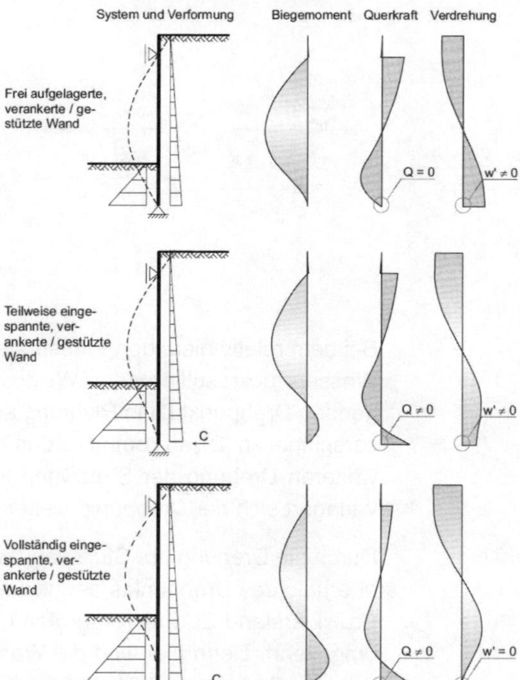

Hinweis: Alle Größen sind charakteristische Werte

Bei den Systemen nach □ 2.22 sind eine freie Auflagerung, eine teilweise Einspannung oder eine Einspannung im Boden und ein hoch liegendes Auflager (eine Aussteifung / Verankerung) vorhanden. Dies ist wirtschaftlicher und auch sicherer. Bei dem System „gestützt, frei aufgelagert" handelt es sich statisch um einen Träger auf zwei Stützen. Die Systeme „gestützt, eingespannt" sind bei einfacher Stützung (Verankerung) einfach statisch unbestimmt.

Bei dem System „gestützt, frei aufgelagert" ist die Einbindetiefe kleiner, das Biegemoment aber größer als bei den Systemen „gestützt, eingespannt". Diese drei Systeme sind also wirtschaftlich etwa gleich zu beurteilen. Für bleibende Bauwerke wird aber meistens das System „gestützt, eingespannt" oder eine Lösung zwischen das System „gestützt, teilweise eingespannt" gewählt. Wenn nämlich beim System „gestützt, eingespannt" die Einspannung im Boden versagt, werden daraus das System „gestützt, frei aufgelagert" und das Biegemoment größer. Das größere Biegemoment kann durch Spannungsreserven aufgenommen werden, wobei sich allerdings größere Verformungen einstellen. Die Standsicherheit des Stützwandsystems „gestützt, eingespannt“ ist aber auch bei einem Versagen der Einspannung in der Regel nicht gefährdet.

Neben den drei üblichen Standardsystemen werden auch mehrfach statisch unbestimmte Systeme ausgeführt, mit oder ohne Kopfeinspannung, mit oder ohne Verankerung(en) sowie mit und ohne Fußeinspannung.

Einspannung

Die Einspannung im Boden wird am besten am Stützwandsystem nach □ 2.23 erklärt, das durch eine Linienlast P beansprucht wird. Dabei kann es sich z. B. um die Resultierende eines Wasserdrucks handeln, der eine nicht gestützte Stützwand im offenen Wasser belastet (□ 2.23). Der Baugrund soll im vorliegenden Beispiel praktisch dicht sein, so dass die Stützwand unterhalb der Geländeoberfläche nicht durch Wasserdruck beansprucht wird.

□ 2.23 Beispiel: Nicht gestützte/nicht verankerte Spundwand: Einspannung im Boden bei Belastung durch eine Linienlast (z.B. Wasserdruckresultierende); Hinweis: Alle Größen sind charakteristische Werte

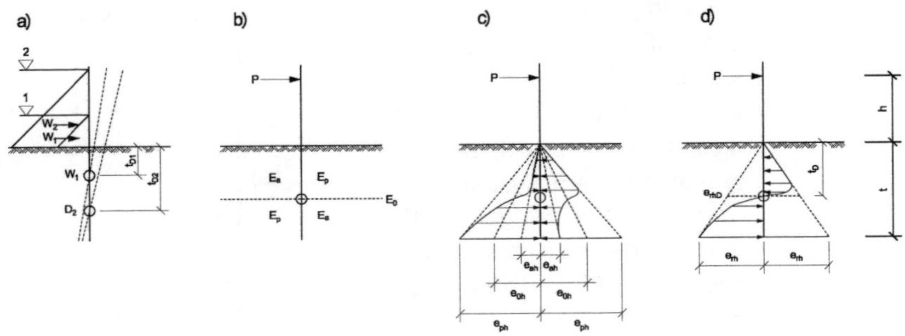

Bei dem relativ niedrigen Wasserstand (1) dreht sich die Stützwand infolge der Wasserdruckresultierenden W_1 des Wasserdrucks um den in der Tiefe t_{D1} liegenden Drehpunkt D_1 in Richtung auf die Baugrube (□ 2.22 a). Steigt der Wasserspiegel an (2), so kommt es durch die Wasserdruckresultierende W_2 zu einer weiteren Drehung der Stützwand in Richtung auf den Aushubbereich. Dabei verlagert sich der Drehpunkt weiter nach unten (D_2 in der Tiefe t_{D2}, □ 2.23 a).

Durch die Drehung der Stützwand wird im Boden auf der Seite der Linienlast P oberhalb des Drehpunkts der aktive Erddruck $E_{a,k}$, auf der Baugrubenseite der Erdwiderstand $E_{p,k}$ hervorgerufen (□ 2.23 b). Unterhalb des Drehpunkts ist es umgekehrt. Denn hier wird die Wand durch die Drehung auf der Lastseite gegen den Boden gedrückt. Auf der Baugrubenseite dagegen "rutscht der Boden nach" (□ 2.23 b). In Höhe des Drehpunkts tritt keine Verschiebung auf. Daher wirkt hier auf beiden Seiten der Erdruhedruck $E_{0,k}$ (□ 2.23 b). Dass die Erddrücke und Erdwiderstände wegen der unterschiedlich großen Verschiebungen in den verschiedenen Tiefen in Wirklichkeit unterschiedlich groß sind, wird im vorliegenden Beispiel vernachlässigt. (Die charakteristischen Erddrücke werden hier den Bemessungswerten gleichgesetzt).

Trägt man auf beiden Seiten der Stützwand die Spannungsfiguren für den charakteristischen aktiven und charakteristischen passiven Erddruck und für den charakteristischen Erdruhedruck auf, so kann man auf beiden Seiten der Stützwand die gekrümmten Spannungslinien für die Größe des Erddrucks in der jeweiligen Tiefe einzeichnen (□ 2.23 c) und daraus die resultierende Spannungsfigur im Boden konstruieren (□ 2.23 d).

Der gekrümmte Verlauf der resultierenden charakteristischen Spannungen kann dann näherungsweise für die Berechnung der Einbindetiefe t der Stützwand geradlinig ausgeglichen werden, welche bei einer gegebenen Linienlast P_k die Standsicherheit des Systems gewährleistet (□ 2.23 d).

⇒ Zahlenbeispiel: □ 2.24.

□ 2.24 Beispiel 13: Berechnung der Einbindetiefe t einer nicht gestützten/ nicht verankerten Spundwand bei Belastung durch eine Linienlast (ohne Nomogramm)

Geg.: *Linienlast* $P = P_k = 35\ kN/m$ *(ständig)*

BS-*P, Bleibendes Bauwerk*

$h = 3{,}2\ m,\ \gamma = 18\ kN/m^3,\ \varphi = 30°,\ c = 0$

Teilsicherheitsbeiwerte: werden hier $\gamma_G = \gamma_Q = \gamma_{R,e} = 1{,}00$ *gesetzt (siehe oben)*

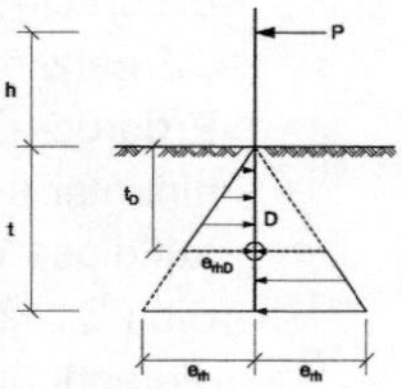

Ges.: *Einbindetiefe t für die in der Skizze angegebene charakteristischen Erddruck- Erdwiderstandsfigur*

Lösg.: $\varphi_k = \varphi',\ e_{ah} = e_{ah,k},\ e_{ph} = e_{ph,k},\ e_{rh} = e_{rh,k},\ K_{ah} = K_{ah,k},\ K_{ph} = K_{ph,k}$

Teilsicherheitsbeiwerte: werden hier $\gamma_G = \gamma_Q = \gamma_{R,e} = 1{,}00$ *gesetzt (siehe oben)*

Ständige Einwirkung

$$e_{ah,k} = \gamma \cdot t \cdot K_{ah} \qquad (1)$$

$$e_{ph,k} = \gamma \cdot t \cdot K_{ph} \qquad (2)$$

$$e_{rh} = e_{ph} - e_{ah} = \gamma \cdot t \cdot \left(K_{ph} - K_{ah}\right) \qquad (3)$$

$$\frac{e_{rh_D}}{e_{rh}} = \frac{t_D}{t} \qquad (4)$$

aus (3) $e_{rh} = t \cdot 18 \cdot 5{,}46 = 98{,}28 \cdot t$

aus (4) $e_{rh_D} = t_D \cdot 18 \cdot 5{,}28 = 98{,}28 \cdot t_D$

in (5) $35 + \frac{98{,}28}{2} \cdot t^2 - 98{,}28 \cdot t_D^2 = 0 \Rightarrow \qquad t^2 = \frac{2\left(98{,}28 \cdot t_D^2 - 35\right)}{98{,}28} \Rightarrow$

$t^2 = 2 \cdot t_D^2 - 0{,}71 \Rightarrow \qquad t_D^2 = \left(t^2 + 0{,}71\right) \cdot \frac{1}{2} = 0{,}5 \cdot t^2 + 0{,}36$ *(5)*

□ 2.24 Fortsetzung Beispiel 13: Berechnung der Einbindetiefe t einer nicht gestützten/ nicht verankerten Spundwand bei Belastung durch eine Linienlast (ohne Nomogramm)

in (6) $$\frac{98{,}28 \cdot t^2}{2}\left(h+\frac{2}{3}\cdot t\right)-98{,}28\cdot t_D^2\cdot\left(h+\frac{2}{3}\cdot t_D\right)=0$$

$$157{,}25\cdot t^2+32{,}76\cdot t^3-314{,}5\cdot t_D^2-65{,}52\cdot t_D^3=0$$

$$157{,}25\cdot t^2+32{,}76\cdot t^3-314{,}5\left(0{,}5\cdot t^2+0{,}36\right)-65{,}52\left(0{,}5\cdot t^2+0{,}36\right)\cdot\sqrt{0{,}5\cdot t^2+0{,}36}=0$$

Durch Probieren: $t \approx 2{,}7m$

Blumsche Ersatzkraft

Zur Vereinfachung der Berechnung ersetzte Blum (1950) bei der geradlinig ausgeglichenen resultierenden Spannungsfigur (□ 2.23 d) die trapezförmige Erddruck-Erdwiderstandsfläche auf der rechten Seite durch die Linienlast C ("Ersatzkraft"), zog zur Vereinfachung der Berechnung die dreieckförmige Erddruck- Erdwiderstandsfläche auf der linken Seite bis zu dieser Ersatzkraft hinunter und bezeichnete deren Höhe mit x. Durch Drehung um C ergibt sich auf diese Weise eine einfache Gleichung für x ("Ersatzkraftverfahren von Blum", □ 2.26) und durch Multiplikation mit einem Erfahrungswert α (□ 2.25) die endgültige Einbindetiefe t der Stützwand.

Durch den Faktor α (□ 2.25) wird berücksichtigt, dass die Erddruck-Erdwiderstandsfläche tatsächlich tiefer reicht als bis zur Ersatzkraft.

In □ 2.26 ist der Ansatz der charakteristischen Blumschen Ersatz $C_{h,k}$ für eine ungestützte, im Boden eingespannte Stützwand dargestellt. Daraus ergibt sich die Einbindetiefe t_1. Der Faktor α ist hier durch die Darstellung der zusätzlich erforderlichen Tiefe Δt_1 berücksichtigt.

⇒ Zahlenbeispiel: □ 2.26.

□ 2.25 Korrekturbeiwert α zur Ermittlung der Einbindetiefe von Spundwänden, aus Spundwandhandbuch

		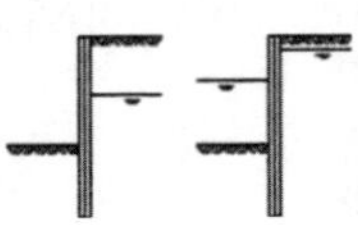	
Wandtyp	**kein oder geringer Wasserüberdruck**	**größerer Wasserüberdruck**	**sehr großer oder reiner Wasserüberdruck**
unverankert	1,20	1,30	1,40 - 1,60
gestützt/ verankert mit Fußeinspannung	1,10	1,15	1,20 - 1,30
gestützt/ verankert mit freier Fußauflagerung	1,05	1,10	1,15 - 1,20

Δt_1 nach EAB Nach EAB, EB 26, Absatz 6 und EAU, E 56 ist – ohne Nachweis - bei voll eingespannten Spundwänden die Einbindetiefe um mindestens um Δt_1=0,20 t_1 zu erhöhen.

□ 2.26 Beispiel 14: Nicht gestützte/ nicht verankerte Spundwand: Ersatzkraftverfahren von Blum (1950)

Geg.: Die nicht gestützte Wand mit der Horizontalen Belastung P [kN/ m]

Geg.: Einbindetiefe t

Lösg.: $\sum M_c = 0:$

$$P(h+x) = \frac{\gamma \cdot x^2 \cdot K_{rh}}{2} \cdot \frac{x}{3}$$

$$P(h+x) = \frac{\gamma \cdot x^3}{6} \cdot K_{rh}$$

$$\Rightarrow \quad t \approx \alpha \cdot x$$

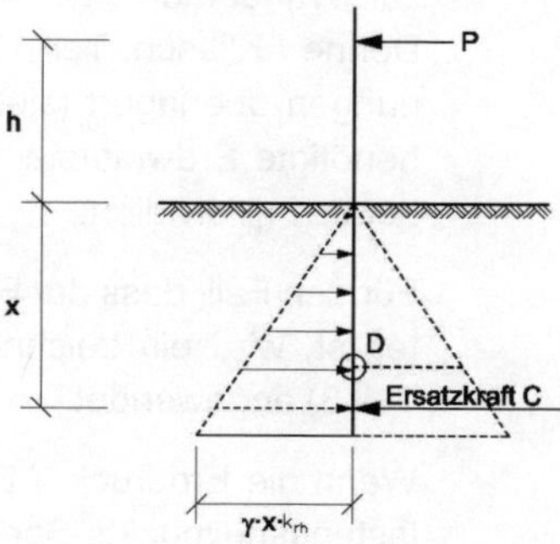

2.2.2 Näherungsverfahren nach Giese/ Ugrinay

Nach Handbuch EC 7-1 sind für die Bemessung die Teilsicherheitsbeiwerte anzusetzen. Streng genommen muss bei den Berechnungen wegen der eindeutigen Trennung von Einwirkungen und Widerständen – auf der das Teilsicherheitskonzept beruht – die vertraute überlagerte Lastfigur mit dem Belastungsnullpunkt N aufgegeben werden (Hettler, Weißenbach 2004).

Nomogramme nach Blum Von Ugrinay (2004) wurde jedoch nach einer Anregung von Giese (2004) ein Verfahren entwickelt, wonach der Lösungsweg auf herkömmliche Weise über die Nomogramme von Blum (□ 2.27 bis □ 2.29) beschritten werden kann.

Hiernach wird die strikte Trennung von Einwirkungen und Widerständen aufgelöst durch die Einführung eines **gewichteten Teilsicherheitsbeiwerts** η_P. Die Erddruckgrößen bis zur Sohle werden dann konservativ, d.h. **ohne Teilsicherheitsbeiwerte**, berechnet. ⇒ Abschnitt 2.1.3 und 2.1.4.

η_P für Baugruben Der **gewichtete Teilsicherheitsbeiwert** η_P beträgt hier

$$\eta_P = \frac{\gamma_{R,e}}{\eta_{EP}} \cdot \left(\frac{E^g_{ah,k}}{E_{ah,k}} \cdot \gamma_G + \frac{E^q_{ah,k}}{E_{ah,k}} \cdot \gamma_Q \right) \qquad (2.15)$$

Hierin ist η_{EP} der Anpassungsfaktor nach EAB (EB 26) (siehe Dörken / Dehne / Kliesch, Teil 1, Abschnitt 6)

$\eta_{EP} = 1{,}0$ bei erlaubten Verschiebungen der Wand; siehe (2.4)

$\eta_{EP} = 0{,}8$ bei reduzierten Verformungen z.B. neben Gebäuden; siehe (2.5)

η_P für bleibende Bauwerke Der **gewichtete Teilsicherheitsbeiwert** η_P beträgt hier

$$\eta_P = \gamma_{R,e} \cdot \left(\frac{E^g_{ah,k}}{E_{ah,k}} \cdot \gamma_G + \frac{E^q_{ah,k}}{E_{ah,k}} \cdot \gamma_Q \right) \tag{2.16}$$

Reduzierter Erdwiderstand Die Summe aus charakteristischen ständigen und veränderlichen Erddruckspannungen aus Bodeneigenlast, Auflast und Kohäsion werden bis zur Wandunterkante nach der klassischen Erddrucktheorie (siehe Dörken / Dehne / Kliesch, Teil 1) ermittelt und mit den reduzierten Erdwiderstandspannungen überlagert (siehe hierzu die Ausführungen weiter unten). Der hierfür benötigte Erdwiderstandsbeiwert wird durch den gewichteten Teilsicherheitsbeiwert η_P dividiert.

Für den Fall, dass der Baugrund unterhalb des Belastungsnullpunkts geschichtet ist, wird ein zeichnerisches Verfahren (siehe Dörken / Dehne / Kliesch, Teil 3) angewendet.

Wenn die Erddruck- / Erdwiderstands- / Wasserdruckfläche oberhalb des Belastungsnullpunkts Sprünge und Knicke aufweist, wird sie beim Nomogrammverfahren von Blum zweckmäßig in waagerechte Lamellen aufgeteilt, deren Begrenzungen an diesen Unstetigkeitsstellen liegen. Aus ihrem Inhalt werden Linienlasten berechnet, deren Angriffspunkt bei schmalen Lamellen näherungsweise in deren Mitte angenommen werden können.

⇒ Zahlenbeispiele: □ 2.32 bis □ 2.36, □ 2.63 bis □ 2.68, □ 3.25 (Abschnitt 3).

Belastungsnullpunkt Vor der Anwendung der Nomogramme muss bei einer Belastung der Spundwand durch Erddruck der Abstand u des Belastungsnullpunkts von der Unterkante des Geländesprungs bestimmt werden. Wird die Spundwand durch eine Linienlast beansprucht, dann ist u = 0 (□ 2.36).

⇒ Zahlenbeispiele: □ 2.34, □ 2.35.

Nicht nur das Stützwandsystem □ 2.27 lässt sich ohne Nomogramm berechnen (□ 2.31), sondern auch die Stützwandsysteme □ 2.28 (Beispiele □ 2.33, □ 2.70) und □ 2.29.

Berechnung ohne Nomogramm Bei dem Stützwandsystem □ 2.29 tritt in Folge der Einspannung im Boden neben der positiven auch eine negative Momentenfläche auf. Die Momentenschlusslinie schneidet daher die Momentenlinie in der Tiefenlage u'. Die näherungsweise Berechnung des Systems □ 2.29 ohne Nomogramm beruht auf der Beobachtung (von Blum), dass der Belastungsnullpunkt etwa in der gleichen Tiefe liegt wie der Momentennullpunkt, dass also u ≈ u' ist. Daher schneidet Blum das Gesamtsystem in Höhe des Belastungsnullpunkts als Näherung durch, nimmt an dieser Stelle ein "stellvertretendes Auflager" an und erhält so zwei Träger auf zwei Stützen ("Ersatzbalken"), die jeweils getrennt berechnet werden ("Ersatzbalkenverfahren", □ 3.10: Abschnitt 3). Näherungsweise kann die Rammtiefe zunächst geschätzt oder der Belastungsnullpunkt in der Tiefe u ≈ 0,1 h angenommen werden.

Tabellen, EDV

Neben den o. a. und anderen Nomogrammen (z. B. von Starke 1979) werden in der Praxis zur Berechnung von Spundwänden auch Tabellen (z. B. Gantke 1967, Handbücher der Spundwandhersteller mit Berechnungsbeispielen) oder relativ einfach zu bedienende EDV-Programme eingesetzt (GGU 2020). Diese Hilfsmittel sollten allerdings nur mit genauer Kenntnis der beschriebenen Berechnungsgrundlagen und -verfahren und mit zusätzlicher Erstellung von Vergleichsberechnungen angewendet werden, da es sonst zu gefährlichen Trugschlüssen über die tatsächlich vorhandene Sicherheit kommen kann.

FEM

Zur Verformungsabschätzung - vor allem bei Baugruben in unmittelbarer Nähe von bestehenden hohen Gebäuden - werden numerische Verfahren (Methode der Finiten Elemente, FEM) angewendet (Schanz 2000).

Traglastverfahren

Außer den oben beschriebenen Berechnungen nach der Elastizitätstheorie ist auch eine Berechnung der Spundwände nach dem Traglastverfahren möglich, das an einem Zahlenbeispiel erläutert wird (□ 2.64). ⇒ Weißenbach (1969).

Die Kohäsion darf gemäß DIN 1055, Teil 2 bei der Ermittlung der Erddruck- und Erdwiderstandsordinaten angesetzt werden, wenn der Boden

- gewachsen ist,
- dauernd gegen Austrocknen und Frost geschützt ist und
- beim Durchkneten nicht breiig wird.

Dies ist bei Bohlwänden - im Gegensatz zu flach gegründeten Stützwänden - häufig der Fall.

Weitere Hinweise

EAB. EAU. Hoesch Stahl AG: Spundwand-Handbuch Berechnung. Gantke (1970). ThyssenKrupp: Profil ARBED Spundwände / Pfähle. Trade ARBED: Spundwand-Handbuch, Teil 1, Berechnung.

Berechnung von Fangedämmen: Jelinek / Ostermayer (1967). Spundwandhandbücher.

□ 2.27 Beispiel: Nomogramm zur Berechnung nicht gestützter/ nicht verankerter Stützwände, nach Blum (1950), aus ThyssenKrupp / HSP Hoesch: Spundwandhandbuch

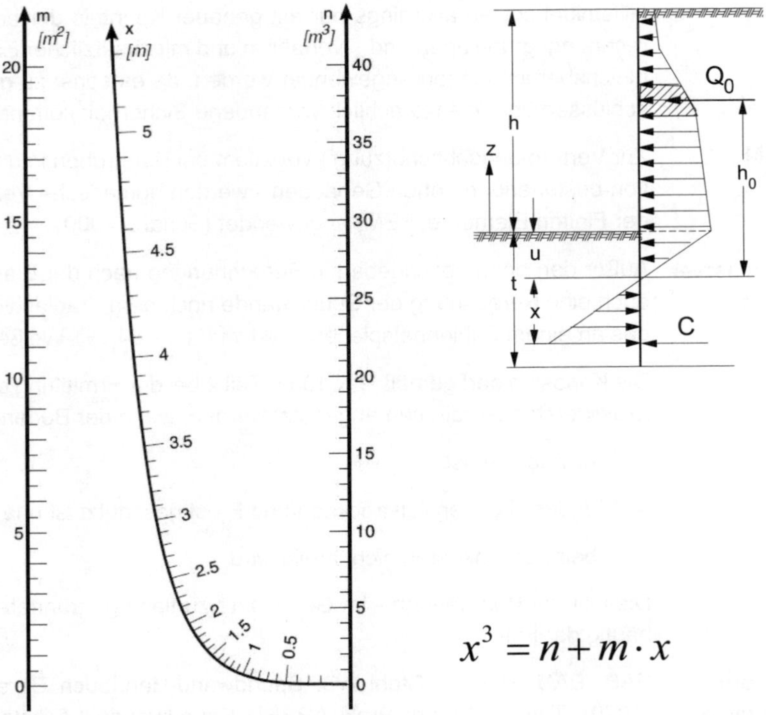

$$x^3 = n + m \cdot x$$

Voraussetzung: *Homogener Boden unterhalb des Belastungsnullpunktes*

Rechengang: *1) Ermittle die Druckkräfte* Q_0

2) Berechne $M_0 = Q_0 \cdot h_0$

3) Berechne $m = \dfrac{6}{\gamma \cdot K_{rh}} \cdot Q_0$ *und* $n = \dfrac{6}{\gamma \cdot K_{rh}} \cdot M_0$

4) Bestimme x aus dem Nomogramm

5) Berechne ${}_{erf}t \approx \alpha \cdot (u + x)$ α (□ 2.20) oder α = 1,20

6) Berechne ${}_{\max}M = M_0 + 0{,}385 Q_0 \sqrt{m}$

□ 2.28 Beispiel: Nomogramm zur Berechnung gestützter/verankerter Spundwände mit freier Fußauflagerung, nach Blum (1950), aus ThyssenKrupp / Hoesch: Spundwandhandbuch

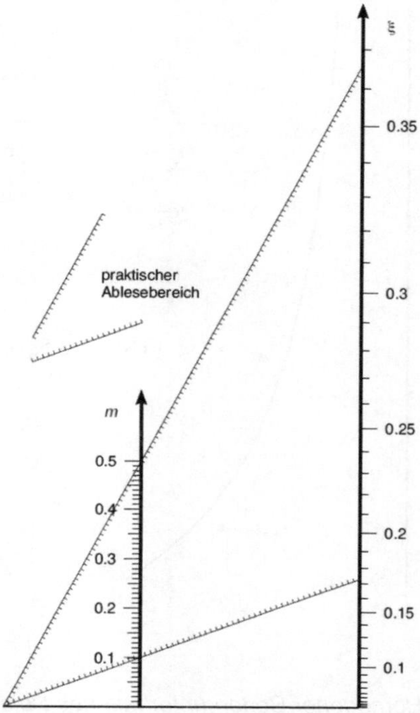

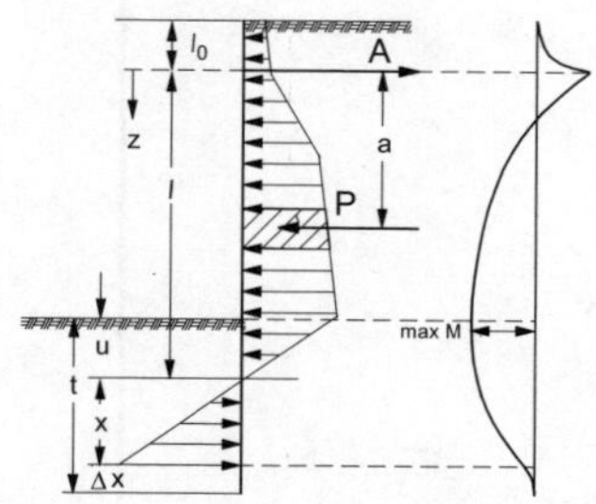

$$\xi^2(2\xi + 3) = m$$

Voraussetzung: *Homogener Boden unterhalb des Belastungsnullpunktes*

Rechengang: *1) Ermittle die Druckkräfte* P

2) Berechne $m = \frac{6}{\gamma \cdot K_{rh} \cdot l^3} \sum_{-l_0}^{+l} p \cdot a$ *

3) Bestimme ξ *aus dem Nomogramm*

4) Berechne $x = \xi \cdot l$

5) Berechne ${}_{erf}t \approx \alpha \cdot (u + x)$ α (□ 2.20) oder α = 1,20)

6) Berechne $A = \sum_{-l_0}^{+l} P - \frac{1}{l + \frac{2}{3}x} \sum_{-l_0}^{+l} P \cdot a$

7) Berechne ${}_{\max}M = \sum_{Q_1}^{Q=0} Q \cdot \Delta a$

Δa = Abstände der Kräfte P_1, P_2 ... P_n *untereinander*

□ 2.29 Beispiel: Nomogramm zur Berechnung gestützter/verankerter Spundwände mit Einspannung, nach Blum (1950), aus ThyssenKrupp / HSP Hoesch: Spundwandhandbuch

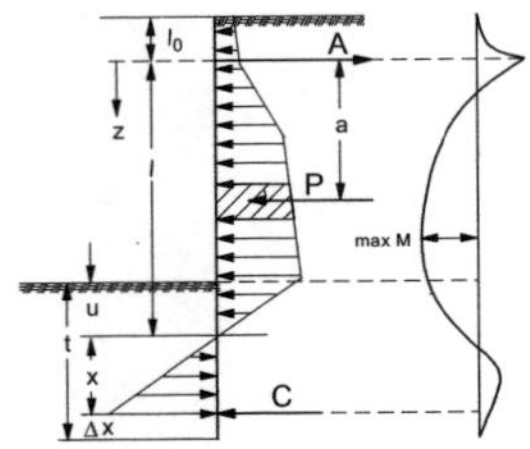

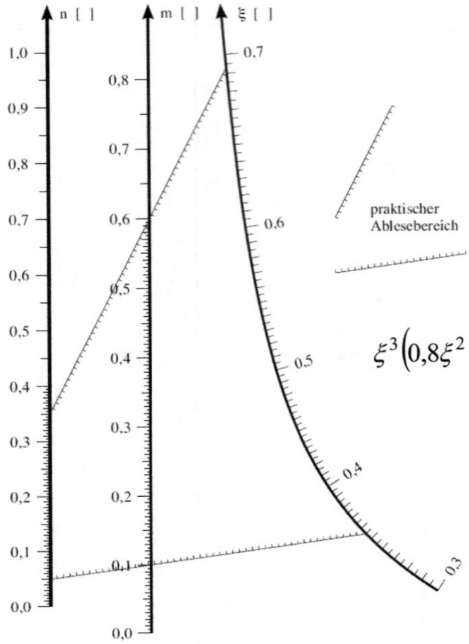

$$\xi^3\left(0{,}8\xi^2+2{,}5\xi+2{,}0\right)=\left(1+\xi\right)^2 m-n$$

Voraussetzung: *Homogener Boden unterhalb des Belastungsnullpunktes*

Rechengang: *1) Ermittle die Druckkräfte* P

2) Berechne $m=\dfrac{6}{\gamma\cdot K_{rh}\cdot l^3}\sum_{-l_0}^{+l} p\cdot a$ ** und*

$$n=\frac{6}{\gamma\cdot K_{rh}\cdot l^5}\sum_{0}^{l} P\cdot a^3$$

3) Bestimme ξ *aus dem Nomogramm*

4) Berechne $x=\xi\cdot l$

5) Berechne ${}_{erf}t\approx\alpha\cdot(u+x)$ α *(□ 2.18)*

6) Berechne $A=\sum_{-l_0}^{+l}P-\dfrac{1}{l+x}\sum P\cdot a-\dfrac{\gamma\cdot k_{rh}\cdot x^3}{6(l+x)}$

7) Berechne ${}_{\max}M=\sum_{Q_1}^{Q=0}Q\cdot\Delta a$

Δa = Abstände der Kräfte P_1, P_2 ... P_n *untereinander*

□ 2.30 Beispiel 15: Berechnung einer Spundwand (einmal gestützt, im Boden aufgelagert)

Geg.: *Die dargestellte einmal ausgesteifte, im Boden aufgelagerte Spundwand*

Angaben zur Baugrube: 5,0 m tief

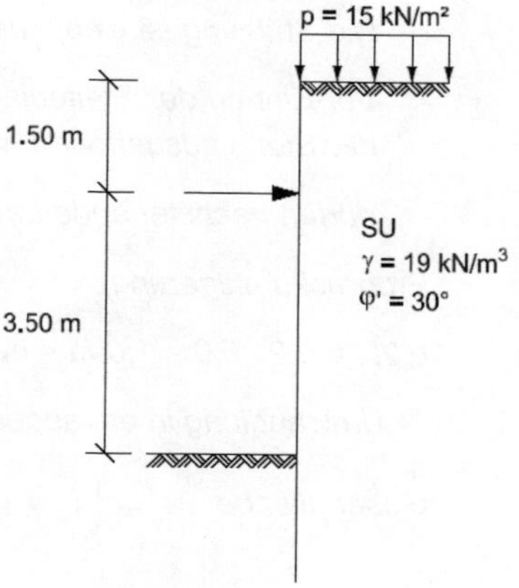

Ges.:

1. *Bestimmung der Einbindetiefe t*
2. *Bestimmung der Auflagerkräfte, der Schnittgrößen*

Lösg.: *Teilsicherheitsbeiwerte γ_G = 1,20; γ_Q =1,30; $\gamma_{R,e}$ =1,30; η_{EP}= 1,0; (BS-T)*

$\varphi_k = \varphi'$, $e^g_{ah} = e^g_{ah,k}$, $e^p_{ah} = e^q_{ah,k}$,

$p = p_k$, $K_{ah} = K_{ah,k}$,

$K_{ph} = K_{ph,k}$

1. Bestimmung der Einbindetiefe t

Für α = 0; β = 0; φ_K = 30°; δ_a = 2/3 φ_K wird der Erddruckbeiwert (hor.) $K^g_{ah} = 0{,}28$, $K^g_{ph} = 5{,}74$

Flächenlasten bis p_k = 10 kN/m² werden gem. Handbuch EC 7-1 als ständige Lasten, darüber liegende Flächenlasten als veränderliche Lasten betrachtet.

Ermittlung des charakteristischen aktiven Erddrucks:

Kote ± 0,0: $e^g_{ah,k} = 10 \cdot 0{,}28 = 2{,}8\ kN/m^2$

$e^q_{ah,k} = 5 \cdot 0{,}28 = 1{,}4\ kN/m^2$

Kote -5,0: $e^g_{ah,k} = 10 \cdot 0{,}28 + 19 \cdot 5{,}0 \cdot 0{,}28 = 2{,}8 + 26{,}6 = 29{,}4\ kN/m^2$

$e^q_{ah,k} = 5 \cdot 0{,}28 = 1{,}4\ kN/m^2$

Kote –(5,0+t): $e^g_{ah,k} = 29{,}4 + 19 \cdot t \cdot 0{,}28$

$e^q_{ah,k} = 1{,}4\ kN/m^2$

Wirklichkeitsnaher Erddruckansatz für ständige Einwirkungen gem. EB 70 (□ 2.12)

Unter den Voraussetzungen

- *Die Geländeoberfläche ist annähernd horizontal*
- *Es steht mindestens mitteldicht gelagerter nichtbindiger oder mindestens steifplastischer bindiger Boden an*

□ 2.30 Fortsetzung Beispiel 15: Berechnung einer Spundwand (einmal gestützt, im Boden aufgelagert)

- *Die Stützung ist wenig nachgiebig*
- *Vor Einbau der Steifenlage darf der Boden nur bis knapp unterhalb der Achse der Steife ausgehoben werden,*
- *dürfen nachstehende Lastfiguren als wirklichkeitsnah angenommen werden.*

Erddruckumlagerung:

0,2H = 0,2 · 5,0 = 1,0 m < h_k = 1,5 = 0,3 · 5,0 = 1,5 m

→ Umwandlung in ein abgestuftes Rechteck gem. Bild c) □ 2.12

Gesamtfläche $E_{ah}^{g} = \frac{1}{2}(2{,}8 + 29{,}4) \cdot 5{,}0 = 80{,}5\ kN/m$

Aufteilungsverhältnis: $\frac{e_{h_o}}{e_{h_u}} = 1{,}5 \rightarrow E_{ah}^{g} = 80{,}5\ kN/m \overset{!}{=} e_{hu,k} \cdot 5{,}0 \cdot (1 + 0{,}5 \cdot 0{,}5)$

Damit wird $e_{hu,k} = 12{,}88\ kN/m^2;\ e_{ho,k} = 19{,}32\ kN/m^2$

Für die veränderlichen Einwirkungen wird keine Umlagerung vorgenommen. In diesem Beispiel handelt es sich um eine konstante Streckenlast mit $e_{ah,k}^{q} = 1{,}4\ kN/m^2$.

Mit dem zuvor berechneten Erddruck ergibt sich für die ständigen Einwirkungen folgendes Lastbild:

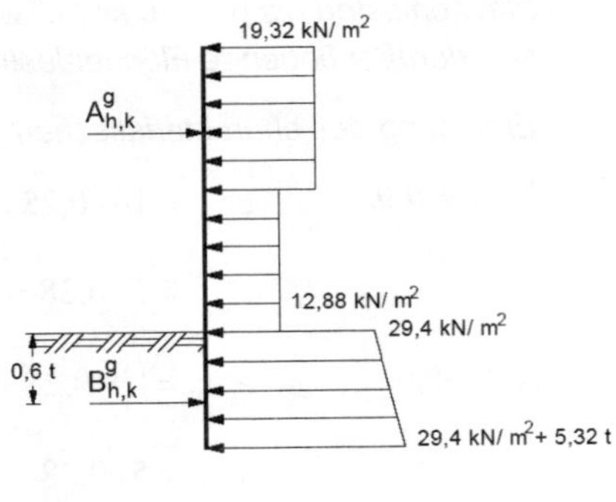

Nach EAB, EB 19 darf bei nichtbindigen Böden der Angriffspunkt des Auflagers $B_{h,k}$ bei 0,6 t angenommen werden.

Ermittlung von $B_{h,k}^{g}$ *(ständige Einwirkung)*

$\sum M_A^g = 0:$

$$B_{h,k}^{g}(3{,}5 + 0{,}6 \cdot t) - 19{,}32 \cdot 2{,}5 \cdot \left(\frac{2{,}5}{2} - 1{,}50\right) -$$

$$-12{,}88 \cdot 2{,}5 \cdot \left(1{,}00 + \frac{2{,}5}{2}\right) - 29{,}4 \cdot t \cdot \left(\frac{t}{2} + 3{,}5\right) - 0{,}5 \cdot 5{,}32 \cdot t \cdot \left(\frac{2 \cdot t}{3} + 3{,}5\right) = 0$$

$$\rightarrow B_{h,k}^{g} = \frac{16{,}47 \cdot t^2 + 112{,}21 \cdot t + 60{,}38}{3{,}5 + 0{,}6 \cdot t}$$ *Bestimmungsgleichung (1)*

☐ 2.30 Fortsetzung Beispiel 15: Berechnung einer Spundwand (einmal gestützt, im Boden aufgelagert)

Ermittlung von $B_{h,k}^q$ *(veränderliche Einwirkung)*

$$\sum M_A^q = 0: \qquad B_{h,k}^q(3{,}5 + 0{,}6t) - 1{,}4 \cdot (5{,}0 + t) \cdot \left(\frac{5{,}0 + t}{2} - 1{,}50\right) = 0$$

$$\rightarrow B_{h,k}^q = \frac{0{,}7 \cdot t^2 + 4{,}9 \cdot t + 7}{3{,}5 + 0{,}6 \cdot t}$$

Bestimmungsgleichung (2)

Ermittlung von $E_{ph,k}$

$$E_{p,h,d} = \frac{1}{2} \cdot \gamma \cdot K_{ph} \cdot t^2 \cdot \frac{\eta_{EP}}{\gamma_{R,e}} = \frac{1}{2} \cdot 19 \cdot 5{,}74 \cdot t^2 \cdot \frac{1{,}0}{1{,}30}$$

Mit der Nachweisgleichung ergibt sich: $E_{p,h,d} = B_{h,d}$

$$41{,}95 \cdot t^2 = \gamma_G \cdot B_{h,k}^g + \gamma_Q \cdot B_{h,k}^q$$

Bestimmungsgleichung (3)

Durch Einsetzen von Bestimmungsgleichung (1) und (2) in (3) wird t berechnet:

$$\frac{(16{,}473 \cdot t^2 + 112{,}21 \cdot t + 60{,}375) \cdot 1{,}20 + (0{,}7 \cdot t^2 + 4{,}9 \cdot t + 7) \cdot 1{,}30}{3{,}5 + 0{,}6 \cdot t} = 41{,}95 \cdot t^2$$

$$\rightarrow 25{,}17 \cdot t^3 + 126{,}13 \cdot t^2 - 141{,}02 \cdot t - 81{,}55 = 0$$

Brauchbare Lösung: $t_0 = 1{,}29\ m$

Um im Boden ein Auflager $B_{h,d}$ zu bilden, ist also eine Einbindetiefe von $t = 1{,}3\ m$ *erforderlich. Hinweis: hier ist keine Verlängerung von t erforderlich, weil wegen der freien Auflagerung nicht mit der Blumschen Ersatzkraft gerechnet wurde.*

2. Bestimmung der Auflagerkräfte, Schnittgrößen

Statisches System:

ständige

Einwirkungen

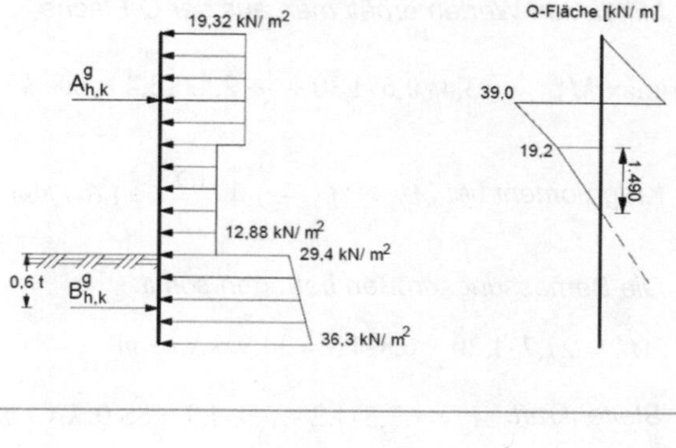

□ 2.30 Fortsetzung Beispiel 15: Berechnung einer Spundwand (einmal gestützt, im Boden aufgelagert)

Momente

Ständige Einwirkungen

Mit Gleichung (1): $B^g_{h,k} = \dfrac{16{,}47 \cdot 1{,}30^2 + 112{,}21 \cdot 1{,}30 + 60{,}38}{3{,}5 + 0{,}6 \cdot 1{,}30} = 54{,}7 \;\; kN/m^2$

wird

$$A^g_{h,k} = 19{,}32 \cdot 2{,}5 + 12{,}88 \cdot 2{,}5 + 29{,}4 \cdot 1{,}3 + 0{,}5 \cdot 5{,}32 \cdot 1{,}3 - 54{,}7$$

$$= 122{,}7 - 54{,}7 = 67{,}5 \;\; kN/m.$$

Das maximale Feldmoment liegt bei $x_0 = \dfrac{19{,}2}{12{,}88} = 1{,}490 \;\; m$

Mit diesen Werten erhält man aus der Q-Fläche

$$\max M^g_{Feld} = \left|\frac{1}{2} \cdot 1{,}50 \cdot 29{,}0 - \frac{1}{2} \cdot (39{,}0 + 19{,}2) \cdot 1{,}00 - \frac{1}{2} \cdot 19{,}2 \cdot 1{,}49\right| = |21{,}7| \;\; kNm/m$$

Kragmoment bei $A^g_{h,k}$: $M^g_A = 19{,}32 \cdot \dfrac{1{,}5^2}{2} = 21{,}7 \;\; kNm/m \approx \max M^g_{Feld}$.

Veränderliche Einwirkungen

Mit Gleichung (2): $B^q_{h,k} = \dfrac{0{,}7 \cdot 1{,}30^2 + 4{,}9 \cdot 1{,}30 + 7}{3{,}5 + 0{,}6 \cdot 1{,}30} = 3{,}4 \;\; kN/m^2$

wird $A^q_{h,k} = 1{,}4 \cdot (5{,}0 + 1{,}30) - 3{,}4 = 5{,}4 \;\; kN/m$.

Das maximale Feldmoment liegt bei $x_0 = \dfrac{B^q_{h,k}}{e^q_{h,k}} = \dfrac{3{,}4}{1{,}4} = 2{,}42 \;\; m$

Mit diesen Werten erhält man aus der Q-Fläche

$$\max M^q_{Feld} = 3{,}4 \cdot 0{,}6 \cdot 1{,}30 + \frac{1}{2} \cdot 2{,}42 \cdot 3{,}4 = 6{,}8 \;\; kNm/m$$

Kragmoment bei $A^q_{h,k}$: $M^q_A = 1{,}4 \cdot \dfrac{1{,}5^2}{2} = 1{,}6 \;\; kNm/m < \max M^q_{Feld}$.

Die Bemessungsgrößen betragen somit:

$$M_d = 21{,}7 \cdot 1{,}20 + 6{,}8 \cdot 1{,}3 = 34{,}9 \;\; kNm/m$$

Steifenkraft: $A_d = 67{,}5 \cdot 1{,}2 + 5{,}4 \cdot 1{,}3 = 88{,}0 \;\; kN/m$.

□ 2.31 Beispiel 16: Berechnung einer Spundwand (einmal gestützt, im Boden aufgelagert); Vergleichsberechnung zu □ 2.30 mit Rechteckumlagerung

Geg.: *die in □ 2.25 dargestellte einmal ausgesteifte, im Boden aufgelagerte Spundwand*

Angaben zur Baugrube: 5,0 m tief

Ges.: *Mit vereinfachtem Erddruckansatz gem. EB 17 (s. Abschnitt 2.0.2.2); Rechteckumlagerung*

1. Bestimmung der Einbindetiefe t

2. Bestimmung der Auflagerkräfte, der Schnittgrößen

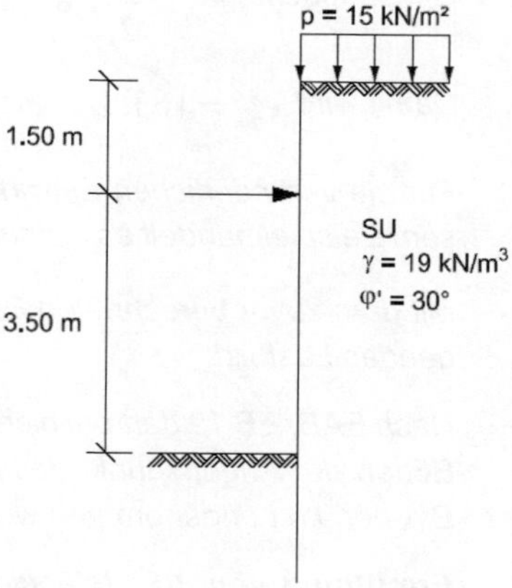

Lösg.: *Teilsicherheitsbeiwerte* $\gamma_G = 1{,}20$; $\gamma_Q = 1{,}30$; $\gamma_{R,e} = 1{,}30$; $\eta_{EP} = 1{,}0$; *(BS-T)*

$$\varphi_k = \varphi', \; e^g_{ah} = e^g_{ah,k}, \; e^p_{ah} = e^q_{ah,k}, \; p = p_k,$$
$$K_{ah} = K_{ah,k}, \; K_{ph} = K_{ph,k}$$

1. Bestimmung der Einbindetiefe t

Für $\alpha = 0$; $\beta = 0$; $\varphi_K = 30°$; $\delta_a = 2/3\ \varphi_K$ *wird der Erddruckbeiwert (hor.)* $K^g_{ah} = 0{,}28$, $K^g_{ph} = 5{,}74$

Flächenlasten bis $p_k = 10\ kN/m^2$ *werden gemäß Handbuch EC 7-1 als ständige Lasten, darüber liegende Flächenlasten als veränderliche Lasten betrachtet.*

Ermittlung des charakteristischen aktiven Erddrucks:

Kote ± 0,0: $e^g_{ah,k} = 10 \cdot 0{,}28 = 2{,}8\ kN/m^2$

$e^q_{ah,k} = 5 \cdot 0{,}28 = 1{,}4\ kN/m^2$

Kote -5,0: $e^g_{ah,k} = 10 \cdot 0{,}28 + 19 \cdot 5{,}0 \cdot 0{,}28 = 2{,}8 + 26{,}6 = 29{,}4\ kN/m^2$

$e^q_{ah,k} = 5 \cdot 0{,}28 = 1{,}4\ kN/m^2$

Kote –(5,0+t): $e^g_{ah,k} = 29{,}4 + 19 \cdot t \cdot 0{,}28$

$e^q_{ah,k} = 1{,}4\ kN/m^2$

Vereinfachter ***Erddruckansatz für ständige Einwirkungen gem. EB 17 (□ 2.20 a)***

0,3H = 0,3 · 5,0 = 1,5 m $\leq$ h_k *= 1,5 = 0,3 · 5,0 = 1,5 m; Voraussetzung erfüllt!*

→ Umwandlung in ein Rechteck gem. Bild a) □ 2.20

□ 2.31 Fortsetzung Beispiel 16: Berechnung einer Spundwand (einmal gestützt, im Boden aufgelagert); Vergleichsberechnung zu □ 2.30 mit Rechteckumlagerung

Gesamtfläche $E^g_{ah} = \frac{1}{2}(2{,}8 + 29{,}4) \cdot 5{,}0 = 80{,}5 \ kN/m$

Damit wird $e^g_{h,k} = 16{,}1 \ kN/m^2$

Für die veränderlichen Einwirkungen wird keine Umlagerung vorgenommen. In diesem Beispiel handelt es sich um eine konstante Streckenlast mit $e^q_{ah,k} = 1{,}4 \ \ kN/m^2$*.*

Mit dem zuvor berechneten Erddruck ergibt sich für die ständigen Einwirkungen folgendes Lastbild:

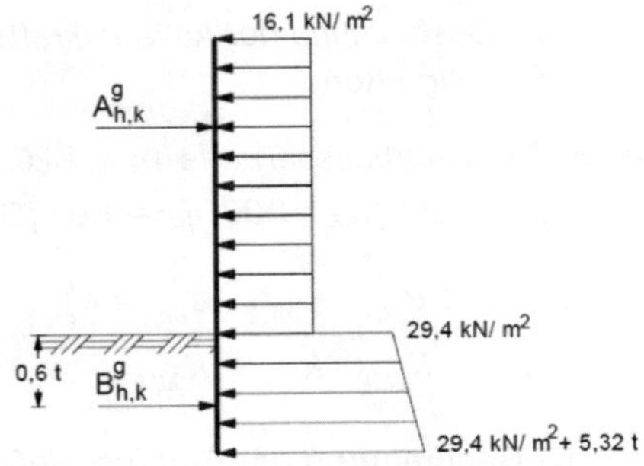

Nach EAB, EB 19 darf bei nichtbindigen Böden der Angriffspunkt des Auflagers $B_{h,k}$ *bei 0,6 t angenommen werden.*

Ermittlung von $B^g_{h,k}$ *(ständige Einwirkung)*

$\sum M^g_A = 0$:

$$B^g_{h,k}(3{,}5 + 0{,}6 \cdot t) - 16{,}1 \cdot 5{,}0 \cdot \left(\frac{5{,}0}{2} - 1{,}50\right) - 29{,}4 \cdot t \cdot \left(\frac{t}{2} + 3{,}5\right) - 0{,}5 \cdot 5{,}32 \cdot t \cdot \left(\frac{2 \cdot t}{3} + 3{,}5\right) = 0$$

$\rightarrow B^g_{h,k} = \frac{16{,}47 \cdot t^2 + 112{,}21 \cdot t + 80{,}5}{3{,}5 + 0{,}6 \cdot t}$ *Bestimmungsgleichung (1)*

Ermittlung von $B^q_{h,k}$ (veränderliche Einwirkung)

$\sum M^q_A = 0$: $\quad B^q_{h,k}(3{,}5 + 0{,}6t) - 1{,}4 \cdot (5{,}0 + t) \cdot \left(\frac{5{,}0+t}{2} - 1{,}50\right) = 0$

$\rightarrow B^q_{h,k} = \frac{0{,}7 \cdot t^2 + 4{,}9 \cdot t + 7}{3{,}5 + 0{,}6 \cdot t}$ *Bestimmungsgleichung (2)*

Ermittlung von $E_{ph,k}$

$$E_{p,h,d} = \frac{1}{2} \cdot \gamma \cdot K_{ph} \cdot t^2 \cdot \frac{\eta_{EP}}{\gamma_{R,e}} = \frac{1}{2} \cdot 19 \cdot 5{,}74 \cdot t^2 \cdot \frac{1{,}0}{1{,}30}$$

Mit der Nachweisgleichung ergibt sich:

$E_{p,h,d} = B_{h,d}$

$41{,}95 \cdot t^2 = \gamma_G \cdot B^g_{h,k} + \gamma_Q \cdot B^q_{h,k}$ *Bestimmungsgleichung (3)*

Durch Einsetzen von Bestimmungsgleichung (1) und (2) in (3) wird t berechnet:

□ 2.31 Fortsetzung Beispiel 16: Berechnung einer Spundwand (einmal gestützt, im Boden aufgelagert); Vergleichsberechnung zu □ 2.30 mit Rechteckumlagerung

$$\frac{\left(16{,}473\cdot t^2+112{,}21\cdot t+80{,}5\right)\cdot 1{,}20+\left(0{,}7\cdot t^2+4{,}9\cdot t+7\right)\cdot 1{,}30}{3{,}5+0{,}6\cdot t}=41{,}95\cdot t^2$$

$$\rightarrow 25{,}17\cdot t^3+126{,}13\cdot t^2-141{,}02\cdot t\ -105{,}7=0$$

Brauchbare Lösung: $t_0=1{,}36\ m$

Um im Boden ein Auflager $B_{h,d}$ zu bilden, ist also eine Einbindetiefe von $t\ =1{,}4\ m$ *erforderlich. Hinweis: hier ist keine Verlängerung von t erforderlich, weil wegen der freien Auflagerung nicht mit der Blumschen Ersatzkraft gerechnet wurde.*

2. Bestimmung der Auflagerkräfte, Schnittgrößen

Statisches System:

ständige Einwirkungen

Momente

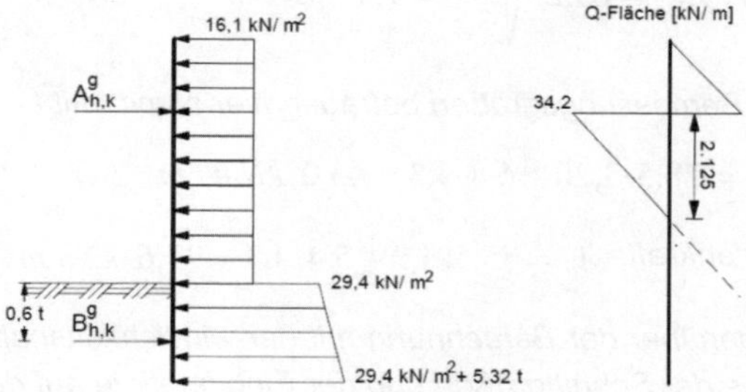

Ständige Einwirkungen

Mit Gleichung (1):

$$B^g_{h,k}=\frac{16{,}47\cdot 1{,}4^2+112{,}21\cdot 1{,}4+80{,}5}{3{,}5+0{,}6\cdot 1{,}4}=62{,}2\ kN/m^2$$

wird $A^g_{h,k}=16{,}1\cdot 5{,}0+29{,}4\cdot 1{,}4+0{,}5\cdot 5{,}32\cdot 1{,}4-62{,}2=125{,}3-62{,}2=63{,}2\ kN/m$.

Das maximale Feldmoment liegt bei $x_0=\dfrac{34{,}2}{16{,}1}=2{,}124\ m$

Mit diesen Werten erhält man aus der Q-Fläche

$$\max M^g_{Feld}\ =\left|\frac{1}{2}\cdot 1{,}50\cdot 29{,}0-\frac{1}{2}\cdot 34{,}2\cdot 2{,}12\right|=\left|34{,}1\right|\ kNm/m$$

Kragmoment bei $A^g_{h,k}$: $M^g_A\ =19{,}32\cdot\dfrac{1{,}5^2}{2}=21{,}7\ kNm/m<\max M^g_{Feld}$.

Veränderliche Einwirkungen

Mit Gleichung (2): $B^q_{h,k}=\dfrac{0{,}7\cdot 1{,}30^2+4{,}9\cdot 1{,}30+7}{3{,}5+0{,}6\cdot 1{,}30}=3{,}4\ kN/m^2$

wird $A^q_{h,k}=1{,}4\cdot(5{,}0+1{,}30)-3{,}4=5{,}4\ kN/m$.

□ 2.31 Fortsetzung Beispiel 16: Berechnung einer Spundwand (einmal gestützt, im Boden aufgelagert); Vergleichsberechnung zu □ 2.30 mit Rechteckumlagerung

Das maximale Feldmoment liegt bei $x_0 = \dfrac{B^q_{h,k}}{e^q_{h,k}} = \dfrac{3{,}4}{1{,}4} = 2{,}42\ m$

Mit diesen Werten erhält man aus der Q-Fläche

$$\max M^q_{Feld} = 3{,}4 \cdot 0{,}6 \cdot 1{,}30 + \frac{1}{2} \cdot 2{,}42 \cdot 3{,}4 = 6{,}8\ kNm/m$$

Kragmoment bei $A^q_{h,k}$: $M^q_A = 1{,}4 \cdot \dfrac{1{,}5^2}{2} = 1{,}6\ kNm/m < \max M^q_{Feld}$.

Durch Korrektur gem. EB 17 erhält man:

$$korr.\ A^g_{h,k} = 63{,}2 \cdot \sqrt{\frac{5{,}0}{3{,}5}} = 75{,}5\ kN/m; \qquad korr.\ M^g_{Feld} = 34{,}1 \cdot \sqrt{\frac{3{,}5}{5{,}0}} = 28{,}5\ kNm/m$$

Die Bemessungsgrößen betragen hier somit: mit t = 1,4 m

$$M_d = 28{,}5 \cdot 1{,}20 + 6{,}8 \cdot 1{,}3 = 43{,}0\ kNm/m$$

Steifenkraft: $A_d = 75{,}5 \cdot 1{,}2 + 5{,}4 \cdot 1{,}3 = 97{,}6\ kN/m$.

Gegenüber der Berechnung mit der wirklichkeitsnahen Erddruckfigur liegen die Ergebnisse der Schnittgrößen und der Einbindetiefe auf der sicheren Seite:

Die Bemessungsgrößen aus □ 2.29 betragen: mit t = 1,3 m

$$M_d = 21{,}7 \cdot 1{,}20 + 6{,}8 \cdot 1{,}3 = 34{,}9\ kNm/m$$

Steifenkraft: $A_d = 67{,}5 \cdot 1{,}2 + 5{,}4 \cdot 1{,}3 = 88{,}0\ kN/m$.

□ 2.32 Fortsetzung Beispiel 17: Berechnung einer Spundwand (einmal gestützt, im Boden aufgelagert); Vergleichsberechnung zu □ 2.30 mit Näherungsverfahren Ugrinay und mit Nomogramm

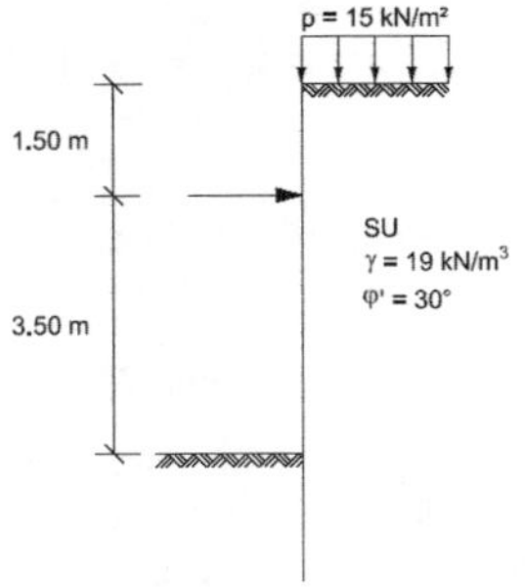

Geg.: *die dargestellte einmal ausgesteifte, im Boden aufgelagerte Spundwand*

Angaben zur Baugrube: 5,0 m tief

Ges.: *nach Näherungsverfahren Ugrinay und mit dem Nomogrammverfahren nach Blum*

1. *Bestimmung der Einbindetiefe t*
2. *Bestimmung der Auflagerkräfte, der Schnittgrößen*

Lösg.: *Teilsicherheitsbeiwerte* $\gamma_G = 1{,}20$; $\gamma_Q = 1{,}30$; $\gamma_{R,e} = 1{,}30$; $\eta_{EP} = 1{,}0$; *(BS-T)*

$$\varphi_k = \varphi',\ e^g_{ah} = e^g_{ah,k},\ e^p_{ah} = e^q_{ah,k},\ p = p_k,\quad K_{ah} = K_{ah,k},\ K_{ph} = K_{ph,k}$$

□ 2.32 Fortsetzung Beispiel 17: Berechnung einer Spundwand (einmal gestützt, im Boden aufgelagert); Vergleichsberechnung zu □ 2.30 mit Näherungsverfahren Ugrinay und mit Nomogramm

1. Bestimmung der Einbindetiefe t

Für $\alpha = 0$; $\beta = 0$; $\varphi_K = 30°$; $\delta_a = 2/3\ \varphi_K$ wird der Erddruckbeiwert (hor.) $K_{ah}^{g} = 0{,}28$, $K_{ph}^{g} = 5{,}74$

Flächenlasten bis p_K = 10 kN/m² werden gemäß Handbuch EC 7-1 als ständige Lasten, darüber liegende Flächenlasten als veränderliche Lasten betrachtet.

Ermittlung des charakteristischen aktiven Erddrucks:

Kote ± 0,0: $e_{ah,k}^{g} = 10 \cdot 0{,}28 = 2{,}8\ kN/m^2$

$e_{ah,k}^{q} = 5 \cdot 0{,}28 = 1{,}4\ kN/m^2$

Kote -5,0: $e_{ah,k}^{g} = 10 \cdot 0{,}28 + 19 \cdot 5{,}0 \cdot 0{,}28 = 2{,}8 + 26{,}6 = 29{,}4\ kN/m^2$

$e_{ah,k}^{q} = 5 \cdot 0{,}28 = 1{,}4\ kN/m^2$

Kote –(5,0+t): $e_{ah,k}^{g} = 29{,}4 + 19 \cdot t \cdot 0{,}28$

$e_{ah,k}^{q} = 1{,}4\ kN/m^2$

Erddruckkräfte bis zur Sohle:

$$E_{ah,k}^{g} = 2{,}8 \cdot 5{,}0 + \frac{1}{2} \cdot 26{,}6 \cdot 5{,}0 = 14{,}0 + 66{,}5 = 80{,}5\ kN/m$$

$$E_{ah,k}^{q} = 1{,}4 \cdot 5{,}0 = 7{,}0\ kN/m$$

$$E_{ah,k} = E_{ah,k}^{g} + E_{ah,k}^{q} = 80{,}5 + 7{,}0 = 87{,}5\ kN/m$$

Mit den Teilsicherheitsbeiwerten der Bemessungssituation BS-T:

$\gamma_G = 1{,}20$; $\gamma_Q = 1{,}30$; $\eta_{EP} = 1{,}0$; $\gamma_{R,e} = 1{,}30$ *wird der gewichtete Teilsicherheitsbeiwert*

$$\eta_P = 1{,}30 \cdot \left(\frac{80{,}5}{87{,}5} \cdot 1{,}20 + \frac{7{,}0}{87{,}5} \cdot 1{,}30 \right) = 1{,}570$$

Mit diesem Wert wird nun der Erdwiderstand abgemindert:

$$K'_{ph,d} = \frac{K_{ph,k}^{g}}{\eta_P} = \frac{5{,}74}{1{,}570} = 3{,}66 \rightarrow K'_{rh,d} = 3{,}66 - 0{,}28 = 3{,}38$$

Belastungsnullpunkt:

$$u = \frac{e_{ah,k}^{Sohle}}{\gamma \cdot K'_{rh,d}} = \frac{e_{ah,k}^{g} + e_{ah,k}^{q}}{\gamma \cdot K'_{rh,d}} = \frac{2{,}8 + 26{,}6 + 1{,}4}{19 \cdot 3{,}38} = 0{,}48\ m$$

□ 2.32 Fortsetzung Beispiel 17: Berechnung einer Spundwand (einmal gestützt, im Boden aufgelagert); Vergleichsberechnung zu □ 2.30 mit Näherungsverfahren Ugrinay und mit Nomogramm

Wirklichkeitsnaher Erddruckansatz für ständige Einwirkungen gem. EB 70 (□ 2.12)

Unter den Voraussetzungen

- *Die Geländeoberfläche ist annähernd horizontal*
- *Es steht mindestens mitteldicht gelagerter nichtbindiger oder mindestens steifplastischer bindiger Boden an*
- *Die Stützung ist wenig nachgiebig*
- *Vor Einbau der Steifenlage darf der Boden nur bis knapp unterhalb der Achse der Steife ausgehoben werden,*
- *dürfen nachstehende Lastfiguren als wirklichkeitsnah angenommen werden.*

Erddruckumlagerung:

$0{,}2H = 0{,}2 \cdot 5{,}0 = 1{,}0\ m < h_k = 1{,}5 = 0{,}3 \cdot 5{,}0 = 1{,}5\ m$

→ Umwandlung in ein abgestuftes Rechteck gem. Bild c) □ 2.12

Gesamtfläche $E_{ah} = \frac{1}{2}(4{,}2 + 30{,}8) \cdot 5{,}0 + \frac{1}{2} \cdot 30{,}8 \cdot 0{,}48 = 87{,}5 + 7{,}4 = 94{,}9\ kN/m$

Aufteilungsverhältnis: $\frac{e_{h_o}}{e_{h_u}} = 1{,}5$

Damit wird $e_{h_o} = 20{,}81\ kN/m^2$; $e_{h_u} = 13{,}87\ kN/m^2$

Mit den Berechnungen aus Ansatz 1 ergibt sich folgendes Lastbild:

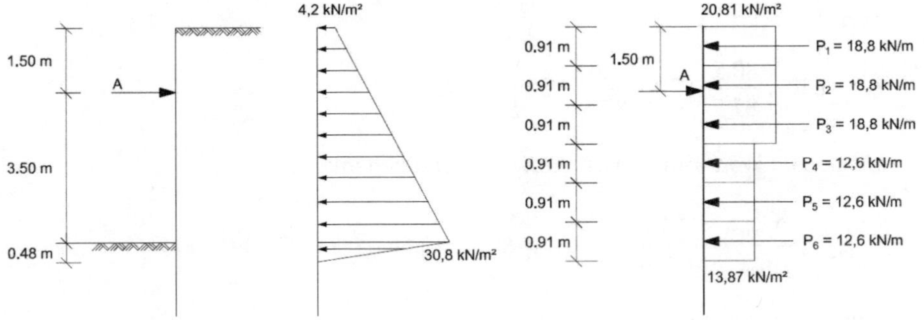

□ 2.32 Fortsetzung Beispiel 17: Berechnung einer Spundwand (einmal gestützt, im Boden aufgelagert); Vergleichsberechnung zu □ 2.30 mit Näherungsverfahren Ugrinay und mit Nomogramm

Die Berechnung erfolgt gemäß □ 2.27 in Tabellenform:

Nr.	P	Δa	a	P·a	Q	Q·Δa	
-	kN/m	m	m	kNm/m	kN/m	kNm/m	
1	18,8		-1,05	-19,7			
		0,91			-18,8	-17,1	
2	18,8		-0,14	-2,6			
		0,14			-37,6	-5,3	
A	74,1		-	-			
		0,78			+36,5	+28,5	
3	12,8		0,78	14,7			
		0,91			17,7	16,1	
4	12,6		1,69	21,3			
		0,91			5,1	4,6	
5	12,6		2,60	32,8			
		0,91				Σ 26,8	= $_{max}M_F$
6	12,6		3,51	44,2			
ΣP = 94,2			ΣP·a = 90,7				

$$m = \frac{6 \cdot 90{,}7}{19 \cdot 3{,}38 \cdot 3{,}98^3} = 0{,}134 \rightarrow \quad \xi = 0{,}20 \text{ (Nomogramm □ 2.27)}$$

$$x = \xi \cdot l = 0{,}20 \cdot 3{,}98 = 0{,}80\ m; \qquad erf\ t = 1{,}05(0{,}48 + 0{,}80) = 1{,}34\ m$$

Ankerkraft: $A = 94{,}2 - \dfrac{1}{3{,}98 + \dfrac{2}{3} \cdot 0{,}80} \cdot 90{,}7 = 74{,}1\ kN/m$

Maximalmoment: $\max M = 26{,}8\ kNm/m$ *(s. Tabelle)*

Die Bemessungsgrößen betragen hier: mit t = 1,34 m und

$$\gamma_{G/Q} = \frac{80{,}5}{87{,}5} \cdot 1{,}20 + \frac{7{,}0}{87{,}5} \cdot 1{,}30 = 1{,}21$$

gewichteter Teilsicherheitsbeiwert der Einwirkungen

$$M_d = \max M \cdot \gamma_{G/Q} = 26{,}8\ kNm/m \cdot 1{,}21 = 32{,}4\ kNm/m$$

Steifenkraft: $A_d = A \cdot \gamma_{G/Q} = 74{,}1\ kN/m \cdot 1{,}21 = 89{,}7\ kN/m$.

Anmerkung: Ein Vergleich mit den Ergebnissen der Lösung von □ 2.29 zeigt, dass das Näherungsverfahren nach Giese/ Ugrinay gut übereinstimmende Ergebnisse liefert.

Die Bemessungsgrößen aus □ 2.29 betragen: mit t = 1,3 m

$$M_d = 21{,}7 \cdot 1{,}20 + 6{,}8 \cdot 1{,}3 = 34{,}9\ kNm/m$$

Steifenkraft: $A_d = 67{,}5 \cdot 1{,}2 + 5{,}4 \cdot 1{,}3 = 88{,}0\ kN/m$.

□ 2.33 Beispiel 18: Berechnung einer Spundwand für verschiedene statische Systeme

Geg.: *Ein Geländesprung von 5,0 m Höhe soll durch eine Spundwand (bleibendes Bauwerk) abgestützt werden. Nach Einbringen der Spundwand von GOK ±0,0 wird der Boden vor der Wand bis -5,0 m abgetragen.*

Bodenkennwerte: Bodengruppe SW

$\varphi' = 30°$; $\gamma = 18\ kN/m^3$; $\gamma' = 11\ kN/m^3$

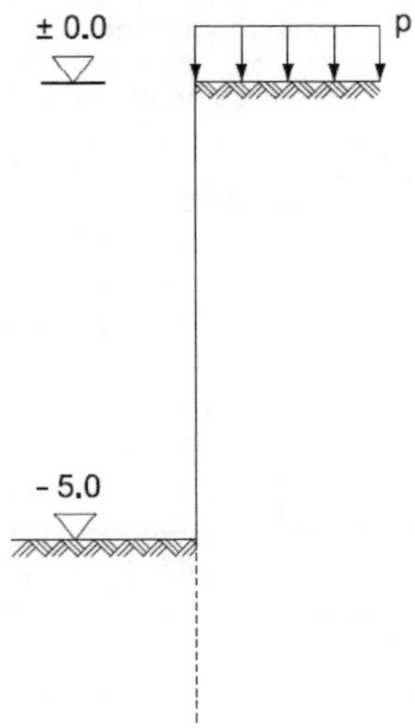

Ges.: *Bestimmung der Einbindetiefe, der Auflagerkräfte und der Schnittgrößen*

1. *Berechnung nach EAU, ungestützt*
2. *Berechnung mit Näherungsverfahren nach Giese/ Ugrinay und mit dem Blumschen Nomogrammverfahren, ungestützt*
3. *Berechnung als verankerte Spundwand mit Einspannung (Lage des Ankers bei -1,5m)*
4. *Berechnung als verankerte Spundwand mit freier Auflagerung (Lage des Ankers bei -1,5m)*
5. *Zusammenstellung der Ergebnisse*

Lösg.: *Teilsicherheitsbeiwerte $\gamma_G = 1,35$; $\gamma_Q = 1,50$; $\gamma_{EP} = 1,40$ (Lastfall 1 bzw. BS-P)*

$\varphi_k = \varphi'$, $e_{ah}^g = e_{ah,k}^g$, $e_{ah}^p = e_{ah,k}^q$, $p = p_k$ $K_{ah} = K_{ah,k}$, $K_{ph} = K_{ph,k}$

Zur Ermittlung des Biegemomentes wird mit dem reduzierten Teilsicherheitsbeiwert nach □ 2.17 gerechnet: $\gamma_{R,e,red} = 1,20$ (BS-P)

1. Berechnung nach EAU, ungestützt

Bestimmung *der Einbindetiefe t*

Teilsicherheitsbeiwerte $\gamma_G = 1,35$; $\gamma_Q = 1,50$; $\gamma_{R,e} = 1,40$ (BS-P)

Für $\alpha = 0$; $\beta = 0$; $\varphi_K = 30°$; $\delta_a = 2/3\ \varphi_K$ wird der Erddruckbeiwert (hor.) $K_{ah}^g = 0{,}28$, $K_{ph}^g = 5{,}74$

Flächenlasten bis $p_K = 10\ kN/m^2$ werden gem. Handbuch EC 7-1 als ständige Lasten, darüber liegende Flächenlasten als veränderliche Lasten betrachtet.

Ermittlung des charakteristischen aktiven Erddrucks:

Kote ± 0,0: $e_{ah,k}^g = 10 \cdot 0{,}28 = 2{,}8\ kN/m^2$

$e_{ah,k}^q = 5 \cdot 0{,}28 = 1{,}4\ kN/m^2$

□ 2.33 Fortsetzung Beispiel 18: Berechnung einer Spundwand für verschiedene statische Systeme

Kote -5,0: $e^g_{ah,k} = 10 \cdot 0{,}28 + 19 \cdot 5{,}0 \cdot 0{,}28 = 2{,}8 + 26{,}6 = 29{,}4 \ kN/m^2$

$e^q_{ah,k} = 5 \cdot 0{,}28 = 1{,}4 \ kN/m^2$

Kote –(5,0+t): $e^g_{ah,k} = 29{,}4 + 19 \cdot t \cdot 0{,}28$

$e^q_{ah,k} = 1{,}4 \ kN/m^2$

Für die veränderlichen Einwirkungen handelt es sich um eine konstante Streckenlast mit $e^q_{ah,k} = 1{,}4 \ kN/m^2$.

Mit dem zuvor berechneten Erddruck ergibt sich für die ständigen Einwirkungen folgendes Lastbild:

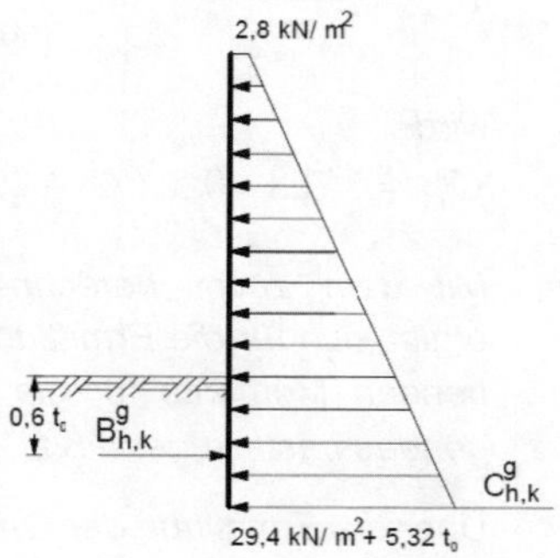

Nach EAB, EB 19 darf bei nichtbindigen Böden der Angriffspunkt des Auflagers $B_{h,k}$ bei 0,6 t angenommen werden.

Ermittlung von $B^g_{h,k}$ *(ständige Einwirkung)*

$\sum M^g_C = 0$: *Blumsche Ersatzkraft*

$$B^g_{h,k}(0{,}4 \cdot t_0) - -2{,}8 \cdot (5 + t_0) \cdot \left(\frac{5 + t_0}{2}\right) - 0{,}5 \cdot (26{,}6 + 5{,}32 \cdot t_0) \cdot \left(\frac{(5 + t_0)^2}{3}\right) = 0$$

$$\rightarrow B^g_{h,k} = \frac{0{,}89 \cdot t_0^3 + 16{,}1 \cdot t_0^2 + 94{,}47 \cdot t_0 + 180{,}83}{0{,}4 \cdot t_0}$$ *Bestimmungsgleichung (1)*

Ermittlung von $B^q_{h,k}$ (veränderliche Einwirkung)

$$\sum M^q_C = 0: \quad B^q_{h,k}(0{,}4 \cdot t_0) - 1{,}4 \cdot (5{,}0 + t_0) \cdot \left(\frac{5{,}0 + t_0}{2}\right) = 0$$

$$\rightarrow B^q_{h,k} = \frac{0{,}7 \cdot t_0^2 + 7 \cdot t_0 + 17{,}5}{0{,}4 \cdot t_0}$$ *Bestimmungsgleichung (2)*

Ermittlung von $E_{ph,k}$ *(für die Einbindetiefe)*

$$E_{p,h,d} = \frac{1}{2} \cdot \gamma \cdot K_{ph} \cdot t_0^2 \cdot \frac{1}{\gamma_{R,e}} = \frac{1}{2} \cdot 19 \cdot 5{,}74 \cdot t_0^2 \cdot \frac{1}{1{,}40} = 38{,}95 \cdot t^2$$

Mit der Nachweisgleichung ergibt sich:

$$E_{p,h,d} = B_{h,d}$$

$$38{,}95 \cdot t^2 = \gamma_G \cdot B^g_{h,k} + \gamma_Q \cdot B^q_{h,k}$$ *Bestimmungsgleichung (3)*

□ 2.33 Fortsetzung Beispiel 18: Berechnung einer Spundwand für verschiedene statische Systeme

Durch Einsetzen von Bestimmungsgleichung (1) und (2) in (3) wird t_0 berechnet:

$$\frac{\left(0{,}89 \cdot t_0^{\,3} + 16{,}1 \cdot t_0^{\,2} + 94{,}47 \cdot t_0 + 180{,}83\right) \cdot 1{,}35 + \left(0{,}7 \cdot t_0^{\,2} + 7 \cdot t_0 + 17{,}5\right) \cdot 1{,}50}{0{,}4 \cdot t_0} = 45{,}44 \cdot t_0^2$$

$$\rightarrow 16{,}9745 \cdot t_0^3 - 22{,}785 \cdot t_0^2 - 138{,}0345 \cdot t_0 - 270{,}3705 = 0 \rightarrow\ t_0^* = 4{,}190\ m$$

(Das ist nur ein Zwischenwert zur Ermittlung der Auflagerkräfte B und C)

Mit Gleichung (1):

$$B_{h,k}^g = \frac{0{,}89 \cdot 4{,}19^3 + 16{,}1 \cdot 4{,}19^2 + 94{,}47 \cdot 4{,}19 + 180{,}83}{0{,}4 \cdot 4{,}19} = 551{,}8\ kN/m$$

wird

$$C_{h,k}^g = 551{,}8 - 0{,}5 \cdot (2{,}8 + 29{,}4 + 5{,}32 \cdot 4{,}19) \cdot 9{,}19 = 551{,}8 - 250{,}4 = 301{,}4\ kN/m$$

Mit dem zuvor berechneten Erddruck ergibt sich für die Ermittlung des maßgebenden Moments für die ständigen folgendes Lastbild gemäß □ 2.21:

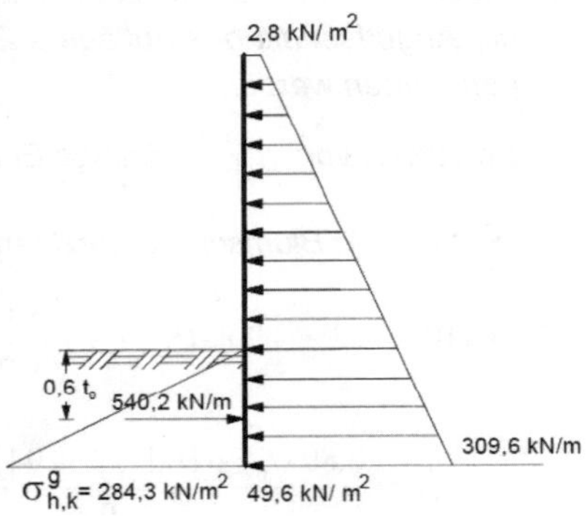

Über die Ermittlung der Q-Fläche ergibt sich dann die Nullstelle der Q-Fläche und damit das maximale Moment zu
$\max M_k^g = 290{,}8\ kNm/m$

Veränderliche Einwirkungen mit Gleichung (2):

$$B_{h,k}^q = \frac{0{,}7 \cdot 4{,}19^2 + 7 \cdot 4{,}19 + 17{,}5}{0{,}4 \cdot 4{,}19} = 35{,}3\ kN/m$$

wird $C_{h,k}^q = 35{,}3 - 1{,}4 \cdot (5{,}0 + 4{,}19) = 22{,}4\ kN/m$.

Über die Ermittlung der Q-Fläche ergibt sich die Nullstelle der Q-Fläche und damit das maximale Moment zu $\max M_k^q = 28{,}1\ kNm/m$

Das Bemessungsmoment beträgt somit:

$$M_d = 290{,}8 \cdot 1{,}35 + 28{,}1 \cdot 1{,}50 = 434{,}7\ kNm/m$$

2. Berechnung mit Näherungsverfahren nach Giese / Ugrinay und mit dem Blumschen Nomogrammverfahren, ungestützt

Erddruckkräfte bis zur Sohle:

$$E_{ah,k}^g = 2{,}8 \cdot 5{,}0 + \frac{1}{2} \cdot 26{,}6 \cdot 5{,}0 = 14{,}0 + 66{,}5 = 80{,}5\ kN/m$$

□ 2.33 Fortsetzung Beispiel 18: Berechnung einer Spundwand für verschiedene statische Systeme

$E^q_{ah,k} = 1{,}4 \cdot 5{,}0 = 7{,}0 \;\; kN/m$

$E_{ah,k} = E^g_{ah,k} + E^q_{ah,k} = 80{,}5 + 7{,}0$

$= 87{,}5 \;\; kN/m$

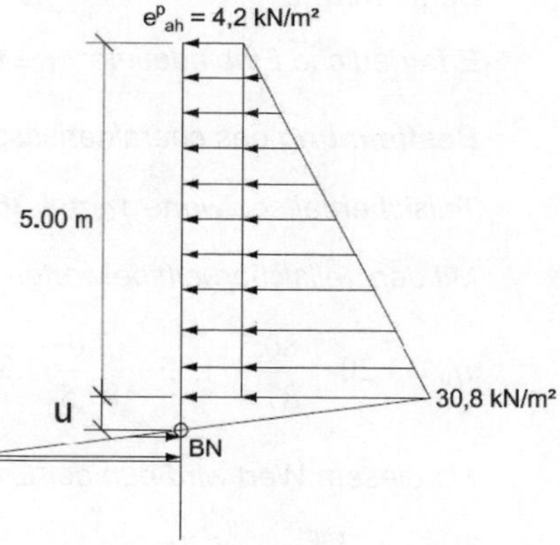

***Bestimmung** der Einbindetiefe t*

Teilsicherheitsbeiwerte $\gamma_G = 1{,}35$; $\gamma_Q = 1{,}50$; $\gamma_{R,e} = 1{,}40$ (BS-P)

Mit den Teilsicherheitsbeiwerten wird der gewichtete Teilsicherheitsbeiwert

$$\eta_P = 1{,}40 \cdot \left(\frac{80{,}5}{87{,}5} \cdot 1{,}35 + \frac{7{,}0}{87{,}5} \cdot 1{,}50 \right) = 1{,}907$$

Mit diesem Wert wird nun der Erdwiderstand abgemindert:

$$K'_{ph,d} = \frac{K^g_{ph,k}}{\eta_P} = \frac{5{,}74}{1{,}907} = 3{,}01 \rightarrow K'_{rh,d} = 3{,}01 - 0{,}28 = 2{,}73$$

Belastungsnullpunkt: $$u = \frac{e^{Sohle}_{ah,k}}{\gamma \cdot K'_{rh,d}} = \frac{2{,}8 + 26{,}6 + 1{,}4}{19 \cdot 2{,}73} = 0{,}59 \;\; m$$

$$Q_o = 1{,}4 \cdot 5{,}0 + 2{,}8 \cdot 5{,}0 + \frac{1}{2} \cdot 26{,}6 \cdot 5{,}0 + \frac{1}{2} \cdot 30{,}8 \cdot 0{,}59 =$$
$$= 7{,}0 + 14{,}0 + 66{,}5 + 9{,}1 = 96{,}6 \;\; kN/m$$

$$M_o = 7{,}0\left(0{,}59 + \frac{5{,}0}{2}\right) + 14{,}0\left(0{,}59 + \frac{5{,}0}{2}\right) +$$
$$+ 66{,}5\left(0{,}59 + \frac{5{,}0}{3}\right) + 9{,}1\frac{2 \cdot 0{,}59}{3} = 218{,}5 \;\; kNm/m$$

$$m = \frac{6}{19 \cdot 2{,}73} \cdot 96{,}6 = 11{,}17$$

$$n = \frac{6}{19 \cdot 2{,}73} \cdot 218{,}5 = 25{,}27$$

Nomogramm-Ablesung (beziehungsweise aus Lösung der Gleichung): x = 4,16 m

□ 2.33 Fortsetzung Beispiel 18: Berechnung einer Spundwand für verschiedene statische Systeme

Damit wird

Erforderliche Einbindetiefe: $t = 1{,}20 \cdot (0{,}59 + 4{,}16) = 5{,}70\ m$

***Bestimmung** des charakteristischen Momentes*

Teilsicherheitsbeiwerte γ_G = 1,35; γ_Q =1,50; $\gamma_{R,e,red}$ =1,20 (Lastfall 1 bzw. BS-P)

Mit den Teilsicherheitsbeiwerten wird der gewichtete Teilsicherheitsbeiwert

$$\eta_P = 1{,}20 \cdot \left(\frac{80{,}5}{87{,}5} \cdot 1{,}35 + \frac{7{,}0}{87{,}5} \cdot 1{,}50 \right) = 1{,}634$$

Mit diesem Wert wird nun der Erdwiderstand abgemindert:

$$K'_{ph,d} = \frac{K^{g}_{ph,k}}{\eta_P} = \frac{5{,}74}{1{,}634} = 3{,}51 \rightarrow K'_{rh,d} = 3{,}51 - 0{,}28 = 3{,}23$$

Belastungsnullpunkt: $$u = \frac{e^{Sohle}_{ah,k}}{\gamma \cdot K'_{rh,d}} = \frac{2{,}8 + 26{,}6 + 1{,}4}{19 \cdot 3{,}23} = 0{,}50\ m$$

$$Q_o = 1{,}4 \cdot 5{,}0 + 2{,}8 \cdot 5{,}0 + \frac{1}{2} \cdot 26{,}6 \cdot 5{,}0 + \frac{1}{2} \cdot 30{,}8 \cdot 0{,}50 =$$

$$= 7{,}0 + 14{,}0 + 66{,}5 + 7{,}7 = 95{,}2\ kN/m$$

$$M_o = 7{,}0\left(0{,}50 + \frac{5{,}0}{2}\right) + 14{,}0\left(0{,}50 + \frac{5{,}0}{2}\right) +$$

$$+ 66{,}5\left(0{,}50 + \frac{5{,}0}{3}\right) + 7{,}7\frac{2 \cdot 0{,}50}{3} = 209{,}7\ kNm/m$$

$$m = \frac{6}{19 \cdot 3{,}23} \cdot 95{,}2 = 9{,}31$$

$$n = \frac{6}{19 \cdot 3{,}23} \cdot 209{,}7 = 20{,}50$$

Maximalmoment: $M_k^{g,q} = 209{,}7 + 0{,}385 \cdot 95{,}2\sqrt{9{,}31} = 321{,}5\ kNm/m$

Die Bemessungsgrößen betragen somit: Einbindetiefe t = 5,7 m

mit $\gamma_{G/Q} = \frac{80{,}5}{87{,}5} \cdot 1{,}35 + \frac{7{,}0}{87{,}5} \cdot 1{,}50 = 1{,}36$ *gewichteter Teilsicherheitsbeiwert der Einwirkungen*

$$M_d = M_k^{g,k} \cdot \gamma_{G/Q} = 321{,}5\ kNm/m \cdot 1{,}36 = 437{,}2\ kNm/m$$

□ 2.33 Fortsetzung Beispiel 18: Berechnung einer Spundwand für verschiedene statische Systeme

Anmerkung:

Ein Vergleich mit den Ergebnissen der Lösung Teilaufgabe 1 zeigt, dass das Näherungsverfahren nach Giese / Ugrinay gut übereinstimmende, auf der sicheren Seite liegende Ergebnisse liefert.

Die Bemessungsgrößen betragen aus 1.: mit t = 5,5 m

$M_d = 434{,}7 \; kNm/m$

3. Berechnung als verankerte Spundwand mit Einspannung (Lage des Ankers bei -1,5 m)

Die Lösung erfolgt mit dem Näherungsverfahren nach Giese / Ugrinay und mit dem Blumschen Nomogrammverfahren nach Bild □ 2.29, da es sich um ein statisch unbestimmtes System handelt und der Aufwand für die Handrechnung sonst zu groß wäre.

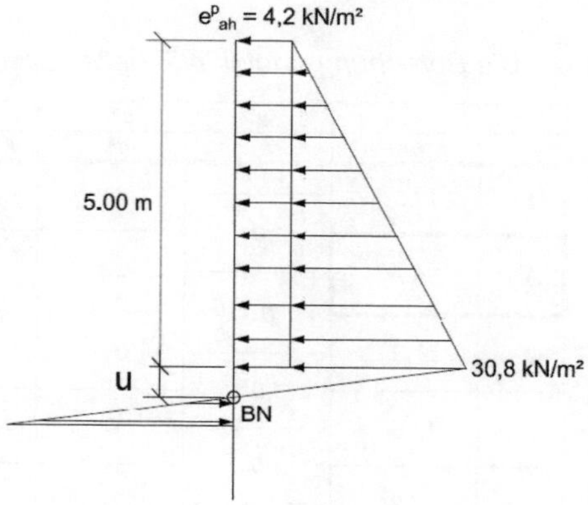

Aus Teilaufgabe 2. wird deshalb übernommen:

***Bestimmung** der Einbindetiefe t*

gewichteter Teilsicherheitsbeiwert

$\eta_P = 1{,}907$

der abgeminderte Erdwiderstand: $K'_{rh,d} = 2{,}73$

Belastungsnullpunkt: $u = 0{,}59 \; m$

Kriterium für die Form des Erddrucklastbildes gem. Abb. E77-3:

Es handelt sich um das Herstellverfahren „Abgegrabene Wand" (siehe □ 2.15, Fall 3).

$0{,}2 \cdot H_E = 0{,}2 \cdot 5{,}50 \; m = 1{,}10 \; m \; < \; vorh \; a = 1{,}5 \; m \; < \; 0{,}3 \cdot H_E = 0{,}3 \cdot 5{,}50 = 1{,}65 \; m$

Somit ist die Erddruckverteilung in eine Rechteckfigur umzulagern.

□ 2.33 Fortsetzung Beispiel 18: Berechnung einer Spundwand für verschiedene statische Systeme

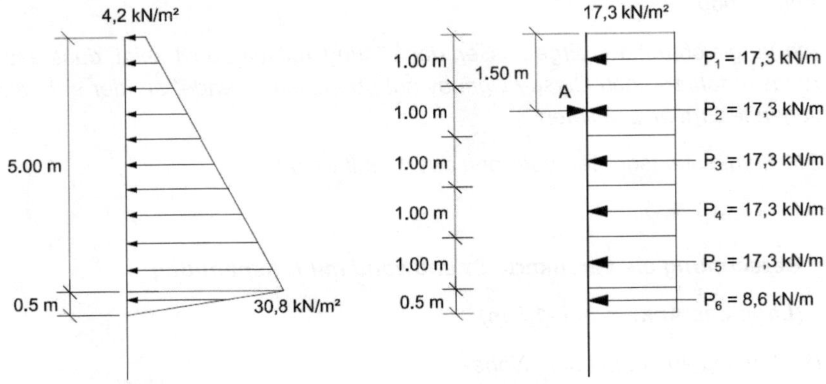

Die Berechung erfolgt in Tabellenform:

Nr.	P	Δa	a³	P·a	P·a³
-	kN/m	m	m³	kNm/m	kNm/m
1	17,3		-	-17,3	-
		1,0			
A	64,7		-	-	-
		0			
2	17,3		0	0	0
		1,0			
3	17,3		1,0	17,3	17,3
		1,0			
4	17,3		8,0	34,6	138,4
		1,0			
5	17,3		27,0	51,9	467,1
		0,75			
6	10,2		52,7	38,3	537,9

ΣP = 96,7 *ΣP·a = 142,1* *1160,7*

$$m = \frac{6 \cdot 142{,}1}{19 \cdot 2{,}73 \cdot 4{,}00^3} = 0{,}259; \quad n = \frac{6 \cdot 1160{,}7}{19 \cdot 2{,}73 \cdot 4{,}00^5} = 0{,}131$$

→ *ξ = 0,509 (Nomogramm □ 2.29)*

$$x = \xi \cdot l = 0{,}509 \cdot 4{,}00 = 2{,}036 \ m$$

$t = 1{,}20 \cdot (0{,}59 + 2{,}04) = 3{,}16 \ m$ *gemäß EAU*

***Bestimmung** des charakteristischen Momentes*

gewichteter Teilsicherheitsbeiwert: $\eta_P = 1{,}634$

der abgeminderte Erdwiderstand: $K'_{rh,d} = 3{,}23$

□ 2.33 Fortsetzung Beispiel 18: Berechnung einer Spundwand für verschiedene statische Systeme

Belastungsnullpunkt: $u = 0{,}50\ m$

Somit ist die Erddruckverteilung in eine Rechteckfigur umzulagern.

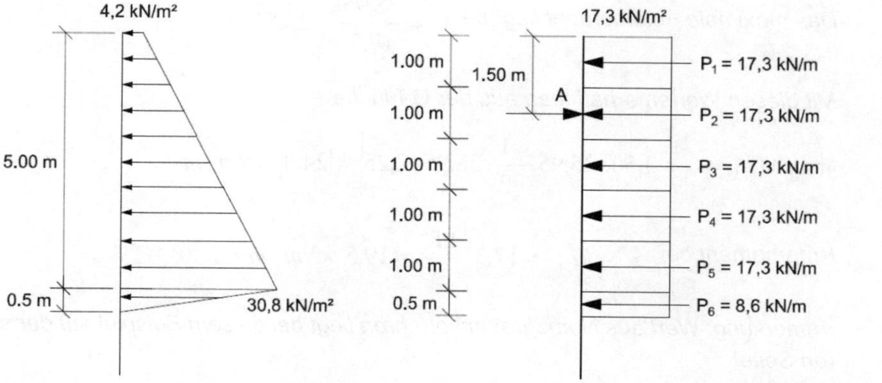

Nr.	***P***	***Δa***	***a³***	***P·a***	***P·a³***	***Q***	***Q·Δa***	
-	***kN/m***	***m***	***m³***	***kNm/m***	***kNm/m***	***kN/m***	***kNm/m***	
1	*17,3*		*-*	*-17,3*	*-*			
		1,0				*-17,3*	*-17,3*	*= M_A*
A	*64,9*		*-*	*-*	*-*			
		0				*+47,6*	*0*	
2	*17,3*		*0*	*0*	*0*			
		1,0				*30,3*	*+30,3*	
3	*17,3*		*1,0*	*17,3*	*17,3*			
		1,0				*13,0*	*13,0*	
4	*17,3*		*8,0*	*34,6*	*138,4*			
		1,0					*26,0*	*= max M_F*
5	*17,3*		*27,0*	*51,9*	*467,1*			
		0,75						
6	*8,6*		*52,7*	*32,3*	*453,5*			
	ΣP = 95,1		*ΣP·a = 118,8*		*1076,3*	*=ΣP· a³*		

$$m = \frac{6 \cdot 116{,}3}{19 \cdot 3{,}23 \cdot 4{,}00^3} = 0{,}181$$

$$n = \frac{6 \cdot 1076{,}3}{19 \cdot 3{,}23 \cdot 4{,}00^5} = 0{,}103 \rightarrow \quad \xi = 0{,}437$$

(Nomogramm)

Ankerkraft:

$$A^* = 95{,}1 - \frac{1}{4{,}00+1{,}75} \cdot 118{,}8 - \frac{19 \cdot 3{,}23 \cdot 1{,}75^3}{6(4{,}00+1{,}75)} = 64{,}9\ \ kN/m$$

(A ist nur ein Zwischenwert zur Ermittlung des Momentes)*

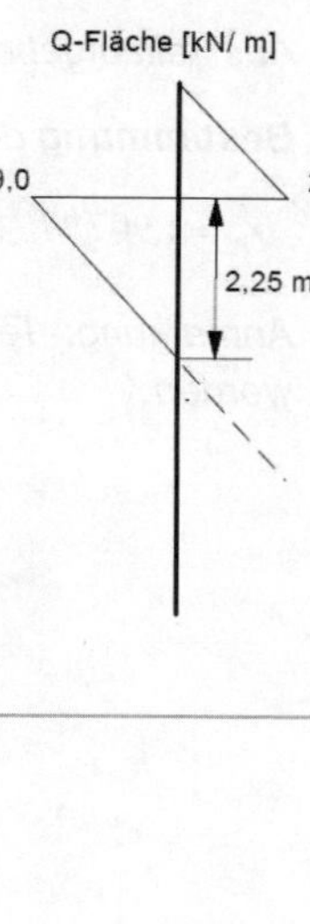

□ 2.33 Fortsetzung Beispiel 18: Berechnung einer Spundwand für verschiedene statische Systeme

Maximalmoment: $\max M = M_k^{g,q} = 26{,}0\ kNm/m$ *(s. Tabelle)*

Kontrolle:

Das maximale Feldmoment liegt bei $x_0 = \frac{38{,}95}{17{,}3} = 2{,}251\ m$

Mit diesen Werten erhält man aus der Q-Fläche

$$\max M_{Feld}^{g,q} = \left|\frac{1}{2}\cdot 1{,}50\cdot 25{,}95 - \frac{1}{2}\cdot 38{,}95\cdot 2{,}25\right| = |24{,}4|\ kNm/m$$

Kragmoment bei A^*: $M_A^g = 17{,}3\cdot\frac{1{,}5^2}{2} = 19{,}5\ kNm/m < \max M_{Feld}^g$.

Anmerkung: Wert aus Nomogrammverfahren liegt bei diesem Beispiel auf der sicheren Seite!

Die ***Bemessungsgrößen*** *betragen somit: Einbindetiefe t = 3,2 m*

mit $\gamma_{G/Q} = \frac{80{,}5}{87{,}5}\cdot 1{,}35 + \frac{7{,}0}{87{,}5}\cdot 1{,}50 = 1{,}36$ *gewichteter Teilsicherheitsbeiwert der Einwirkungen*

$$M_d = M_k^{g,q}\cdot\gamma_{G/Q} = 26{,}0\ kNm/m\cdot 1{,}36 = 34{,}1\ kNm/m$$

$$A_d = A_k^{g,k}\cdot\gamma_{G/Q} = 64{,}7\ kNm/m\cdot 1{,}36 = 88{,}0\ kNm/m \overset{!}{\neq} A^*\cdot\gamma_{G/Q}$$

4. Verankerte Spundwand mit freier Auflagerung (Lage des Ankers bei -1,5m)

Die Lösung erfolgt mit dem Näherungsverfahren nach Giese / Ugrinay und mit dem Blumschen Nomogrammverfahren nach Bild □ 2.28, da es sich um ein statisch unbestimmtes System handelt und der Rechenaufwand sonst zu groß wäre.

Aus Teilaufgabe 2.+3. wird deshalb übernommen:

Bestimmung *der Einbindetiefe t*

$\eta_P = 1{,}907$; $K'_{rh,d} = 2{,}73$; $u = 0{,}59\ m$

Anmerkung: Teilweise können Zahlen aus der Tabelle zu Punkt 2 übernommen werden.

□ 2.33 Fortsetzung Beispiel 18: Berechnung einer Spundwand für verschiedene statische Systeme

Nr.	P	Δa	a	P·a
-	kN/m	m	m	kNm/m
1	17,3		-1,0	-17,3
		1,0		
A	65,0		-	-
		0		
2	17,3		0	0
		1,0		
3	17,3		1,0	17,3
		1,0		
4	17,3		2,0	34,6
		1,0		
5	17,3		3,0	51,9
		0,75		
6	10,2		3,75	38,3
ΣP = 96,7			ΣP·a = 142,1	

$$m = \frac{6 \cdot 142{,}1}{19 \cdot 2{,}73 \cdot 4{,}00^3} = 0{,}259 \quad \rightarrow \quad \xi = 0{,}27 \text{ (Nomogramm □ 2.28)}$$

$$x = \xi \cdot l = 0{,}27 \cdot 4{,}00 = 1{,}08\ m \quad \rightarrow \quad t = 1{,}20 \cdot (0{,}59 + 1{,}08) = 2{,}00\ m$$

Ankerkraft: $$A = A_k^{g,q} = 96{,}7 - \frac{1}{4{,}00 + \frac{2}{3} \cdot 1{,}08} \cdot 142{,}1 = 66{,}6\ kN/m$$

***Bestimmung** des charakteristischen Momentes:*

$\eta_P = 1{,}634$; $K'_{rh,d} = 3{,}23$; $u = 0{,}50\ m$

Die Berechung erfolgt in Tabellenform:

Nr.	P	Δa	a	P·a	Q	Q·Δa	
-	kN/m	m	m	kNm/m	kN/m	kNm/m	
1	17,3		-1,0	-17,3			
		1,0			-17,3	-17,3	$= M_A$
A	69,4		-	-			
		0			+52,1	0	
2	17,3		0	0			
		1,0			34,8	+34,8	
3	17,3		1,0	17,3			
		1,0			17,5	17,5	
4	17,3		2,0	34,6			
		1,0			0,2	0,2	
5	17,3		3,0	51,9			
		0,75				Σ 35,2	= max M_F
6	8,6		3,75	32,3			
ΣP = 95,1			ΣP·a = 118,8				

□ 2.33 Fortsetzung Beispiel 18: Berechnung einer Spundwand für verschiedene statische Systeme

$$m = \frac{6 \cdot 118{,}8}{19 \cdot 3{,}23 \cdot 4{,}00^3} = 0{,}181 \rightarrow$$ *ξ = 0,23 (Nomogramm □ 2.28)*

$$x = \xi \cdot l = 0{,}23 \cdot 4{,}00 = 0{,}92 \ m$$

Ankerkraft: $$A^* = 95{,}1 - \frac{1}{4{,}00 + \frac{2}{3} \cdot 0{,}92} \cdot 118{,}8 = 69{,}4 \ kN/m$$

(A ist nur ein Zwischenwert zur Ermittlung des Momentes)*

Maximalmoment: $\max M = M_k^{g,q} = 35{,}2 \ kNm/m$ *(s. Tabelle)*

*Die **Bemessungsgrößen** betragen somit: Einbindetiefe t = 2,0 m*

mit $$\gamma_{G/Q} = \frac{80{,}5}{87{,}5} \cdot 1{,}35 + \frac{7{,}0}{87{,}5} \cdot 1{,}50 = 1{,}36$$

$$M_d = M_k^{g,q} \cdot \gamma_{G/Q} = 35{,}2 \ kNm/m \cdot 1{,}36 = 47{,}9 \ kNm/m$$

$$A_d = A_k^{g,k} \cdot \gamma_{G/Q} = 66{,}6 \ kNm/m \cdot 1{,}36 = 90{,}6 \ kNm/m \overset{!}{\neq} A^* \cdot \gamma_{G/Q}$$

5. Zusammenstellung der Ergebnisse

stat. System	***M_d***	***A_d***	***t***
-	***kNm/m***	***kN/m***	***m***
ungestützt	*434,7*	*-*	*5,5*
ungestützt (Ugrinay / Blum)	*437,2*	*-*	*5,7*
gestützt, eingespannt	*34,1*	*88,0*	*3,2*
gestützt, frei gelagert	*47,9*	*90,6*	*2,00*

□ 2.34 Beispiel 19: Ermittlung des Belastungsnullpunktes

Geg.: *die dargestellte bleibende Spundwand; Angaben zur Baugrube: 5,0 m tief*

Bodenkennwerte: Bodengruppe SW; γ = 18 kN/m³; γ' = 11 kN/m³

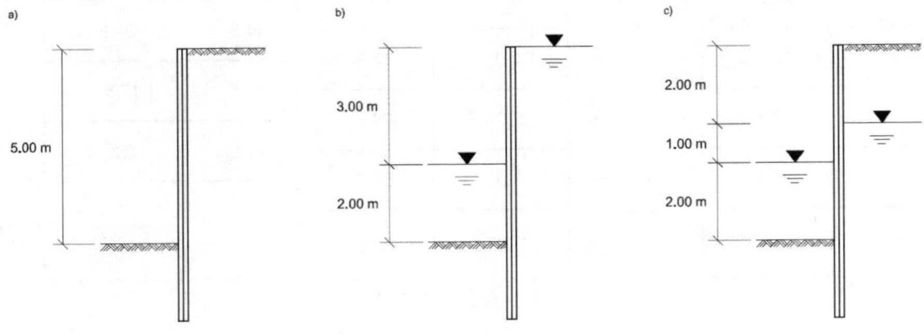

□ 2.34 Fortsetzung Beispiel 19: Ermittlung des Belastungsnullpunktes

Ges.: *nach dem Näherungsverfahren Giese / Ugrinay und mit dem Blumschen Nomogrammverfahren:*

der Belastungsnullpunkt aus den charakteristischen Einwirkungen und Widerständen für die Fälle a), b) und c)

Lösg.: *Teilsicherheitsbeiwerte $\gamma_G = 1{,}20$; $\gamma_Q = 1{,}30$; $\gamma_{R,e} = 1{,}30$ (BS-T)*

$$\varphi_k = \varphi', \; e^g_{ah} = e^g_{ah,k}, \; e^p_{ah} = e^q_{ah,k}, \; p = p_k, \qquad K_{ah} = K_{ah,k}, \; K_{ph} = K_{ph,k}$$

Der Belastungsnullpunkt wird durch eine Gleichgewichtsbetrachtung an der unbekannten Stelle „u" ermittelt.

Erddruckbeiwerte: $K_{ah} = 0{,}28$, $K_{ph} = 5{,}74$

Fall a): $e^{Sohle}_{ah} = 18 \cdot 5{,}0 \cdot 0{,}28 = 25{,}2 \; kN/m^2$

Bedingung für „u": $e_{ph} = e_{ah} \quad \rightarrow \quad \gamma \cdot u \cdot K_{ph} = e^{Sohle}_{ah} + \gamma \cdot u \cdot K_{ah}$

$$\Rightarrow u = \frac{e^{Sohle}_{ah}}{\gamma (K_{ph} - K_{ah})} = \frac{e^{Sohle}_{ah}}{\gamma \cdot K_{rh}}$$

Damit wird: $u = \dfrac{25{,}2}{18 \cdot 5{,}46} = 0{,}26 \; m$

Fall b): $w_{ü} = 30{,}0 \; kN/m^2$

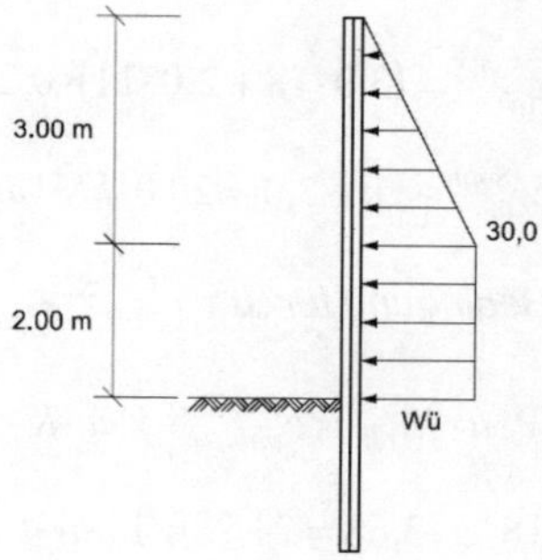

Bedingung für „u": $e_{ph} = e_{ah} + w_{ü}$

$$\rightarrow \gamma' u \cdot K_{ph} = \gamma' u \cdot K_{ah} + w_{ü}$$

$$\Rightarrow u = \frac{w_{ü}}{\gamma' (K_{ph} - K_{ah})} = \frac{w_{ü}}{\gamma' K_{rh}}$$

Damit wird:

$$u = \frac{30}{11 \cdot 5{,}46} = 0{,}50 \; m$$

Fall c):

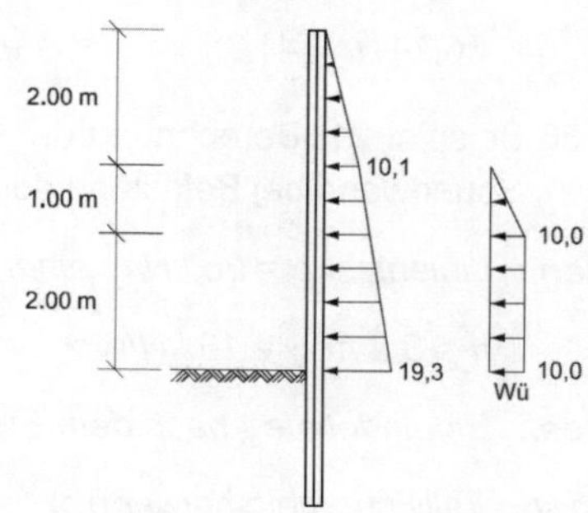

Bedingung für „u": $e_{ph} = e_{ah} + w_{ü} \rightarrow$

$$\gamma' u \cdot K_{ph} = e^{Sohle}_{ah} + \gamma' u \cdot K_{ah} + w_{ü}$$

$$\Rightarrow u = \frac{e^{Sohle}_{ah} + w_{ü}}{\gamma' (K_{ph} - K_{ah})} = \frac{e^{Sohle}_{ah} + w_{ü}}{\gamma' K_{rh}}$$

Damit wird: $u = \dfrac{19{,}3 + 10{,}0}{11 \cdot 5{,}46} = 0{,}49 \; m$

□ 2.35 Beispiel 20: Ermittlung des Belastungsnullpunktes

Geg.: *die nachfolgend dargestellte bleibende Spundwand*

Angaben zur Baugrube: 5,0 m tief

Bodenkennwerte: SW

γ *= 18 kN/m³;* γ' *= 11 kN/m³*

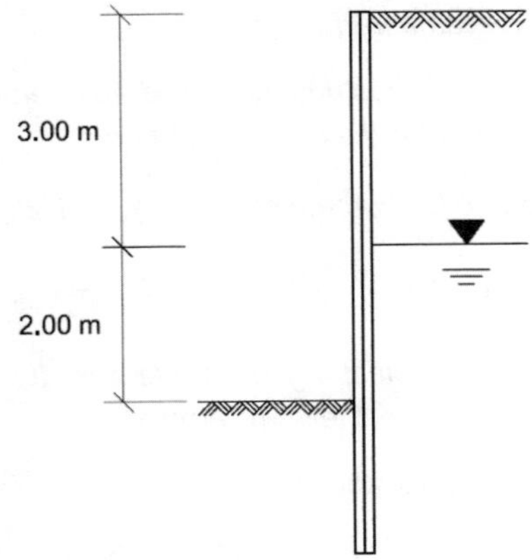

Ges.: *Abstand „u" des Belastungsnullpunktes mit Näherungsverfahren Giese / Ugrinay*

Lösg.: *Teilsicherheitsbeiwerte* $\gamma_G = 1,20$; $\gamma_Q = 1,30$; $\gamma_{R,e} = 1,30$; $\eta_{EP} = 1,0$ *(BS-T)*

$$\varphi_k = \varphi', \; e^g_{ah} = e^g_{ah,k}, \; e^p_{ah} = e^q_{ah,k},$$
$$p = p_k, \qquad K_{ah} = K_{ah,k}, \; K_{ph} = K_{ph,k}$$

Der Belastungsnullpunkt wird durch eine Gleichgewichtsbetrachtung an der unbekannten Stelle „u" ermittelt.

Mit den Teilsicherheitsbeiwerten wird der gewichtete Teilsicherheitsbeiwert

$$\eta_P = \frac{1,30}{1,0} \cdot (1,0 \cdot 1,20 + 0 \cdot 1,30) = 1,56; \qquad K'_{ph} = \frac{K_{ph}}{\eta_p} = \frac{5,74}{1,56} = 3,68$$

$$e^{Sohle}_{ah} = (3,0 \cdot 18 + 2,0 \cdot 11) \cdot 0,28 = 21,28 \; kN/m^2$$

$$w^{Sohle}_{ü} = 10 \cdot 2,0 = 20,0 \; kN/m^2$$

Bedingung für „u": $e'_{ph} = e_{ah} + w_{ü}$

$$\gamma \cdot u \cdot K'_{ph} = e^{Sohle}_{ah} + \gamma' \cdot u \cdot K_{ah} + w^{Sohle}_{ü} + \gamma_w \cdot u$$

$$18 \cdot u \cdot 3,68 = 21,28 + 11 \cdot u \cdot 0,28 + 20,0 + 10 \cdot u$$

$$66,24 \cdot u = 41,28 \Rightarrow \qquad u = 0,62 \; m$$

□ 2.36 Beispiel 21: Berechnung der Einbindetiefe t einer nicht gestützten/nicht verankerten Spundwand bei Belastung durch eine Linienlast (mit Nomogramm nach Blum)

Geg.: *Linienlast p = 35 kN/m einer Spundwandbaugrube*

h = 3,2 m; γ *= 18 kN/m³;* $\varphi = 30°$; $\delta = 2/3\,\varphi$; *c = 0*

Ges.: *Einbindetiefe t nach dem Ersatzkraftverfahren von Blum*

Lösg.: *Teilsicherheitsbeiwerte* $\gamma_G = 1,20$; $\gamma_Q = 1,30$; $\gamma_{R,e} = 1,30$; $\eta_{EP} = 1,0$ *(BS-T)*

$$\varphi_k = \varphi', \; e^g_{ah} = e^g_{ah,k}, \; e^p_{ah} = e^q_{ah,k}, \; p = p_k, \; K_{ah} = K_{ah,k}, \; K_{ph} = K_{ph,k}$$

□ 2.36 Fortsetzung Beispiel 21: Berechnung der Einbindetiefe t einer nicht gestützten/nicht verankerten Spundwand bei Belastung durch eine Linienlast (mit Nomogramm nach Blum)

Bei Linienlast ist u = 0

Mit den Teilsicherheitsbeiwerten wird der gewichtete Teilsicherheitsbeiwert

$$\eta_P = \frac{1{,}30}{1{,}0} \cdot (1{,}0 \cdot 1{,}20 + 0 \cdot 1{,}30) = 1{,}56$$

$$K'_{ph} = \frac{K_{ph}}{\eta_p} = \frac{5{,}74}{1{,}56} = 3{,}68 \rightarrow K'_{rh} = \frac{K_{ph}}{\eta_p} - K_{ah} = 3{,}68 - 0{,}28 = 3{,}4$$

$$Q_0 = 35\ kN/m; \qquad h_0 = 3{,}2\ m \qquad \Rightarrow \qquad M_0 = 112\ kNm/m$$

$$m = \frac{6}{18 \cdot 3{,}4} \cdot 35 = 3{,}43; \qquad n = \frac{6}{18 \cdot 3{,}4} \cdot 112 = 10{,}98$$

Nomogramm □ 2.27: $x = 2{,}73 \Rightarrow \qquad t = 1{,}2 \cdot 2{,}73 = 3{,}28\ m$

□ 2.37 Beispiel 22: Gestützte/ verankerte, im Boden frei aufgelagerte Spundwand; Lösung mit Hilfe des Näherungsverfahrens Giese / Ugrinay und ohne Nomogramm.

Geg.: *Ein Geländesprung von 5,0 m Höhe soll durch eine im Boden frei aufgelagerte Spundwand (bleibendes Bauwerk) abgestützt werden. Nach Einbringen der Spundwand von GOK ±0,0 wird der Boden vor der Wand bis -5,0 m abgetragen.*

Bodenkennwerte: SW, φ = 30°; δ = 2/3 φ; c = 0, γ = 18 kN/m³, γ' = 11 kN/m³

Unendliche Flächenlast $p = p_k$

Ges.: *ohne Umlagerung*

1. Ableitung der Bestimmungsgleichungen für die der Einbindetiefe, die Ankerkraft und das Bemessungsmoment mit Hilfe Näherungsverfahren Giese / Ugrinay

2. Berechnung für l_0 = 1,5 m (vergleiche Teilaufgabe 4 aus □ 2.33)

Lösg.: *Teilsicherheitsbeiwerte γ_G = 1,35; γ_Q =1,50; $\gamma_{R,e}$ =1,40 (BS-P)*

$$\varphi_k = \varphi', \ e^g_{ah} = e^g_{ah,k}, \qquad e^p_{ah} = e^q_{ah,k}, \ p = p_k \ K_{ah} = K_{ah,k}, \ K_{ph} = K_{ph,k}$$

$$p = p_k = 10kN/m^2 + \Delta p_k$$

Zur Ermittlung des Biegemomentes wird mit dem reduzierten Teilsicherheitsbeiwert nach □ 2.17 gerechnet: $\gamma_{R,e,red}$ =1,20 (BS-P)

1. Ableitung der Bestimmungsgleichungen + 2. Berechnung für l_0 = 1,5 m

Für α = 0; β = 0; φ_K = 30°; δ_a = 2/3 φ_K wird der Erddruckbeiwert (hor.) $K^g_{ah} = 0{,}28$, $K^g_{ph} = 5{,}74$

□ 2.37 Fortsetzung Beispiel 22: Gestützte/ verankerte, im Boden frei aufgelagerte Spundwand; Lösung mit Hilfe des Näherungsverfahrens Giese / Ugrinay und ohne Nomogramm.

Flächenlasten bis p_k = 10 kN/m² werden gem. Handbuch EC 7-1 als ständige Lasten, darüber liegende Flächenlasten als veränderliche Lasten betrachtet.

***Ermittlung** der Einbindetiefe t*

Teilsicherheitsbeiwerte γ_G = 1,35; γ_Q =1,50; $\gamma_{R,e}$ =1,40 (BS-P)

Mit den Teilsicherheitsbeiwerten wird der gewichtete Teilsicherheitsbeiwert

$$\eta_P = 1{,}40 \cdot \left(\frac{80{,}5}{87{,}5} \cdot 1{,}35 + \frac{7{,}0}{87{,}5} \cdot 1{,}50 \right) = 1{,}907$$

Mit diesem Wert wird nun der Erdwiderstand abgemindert:

$$K'_{ph,d} = \frac{K^g_{ph,k}}{\eta_P} = \frac{5{,}74}{1{,}907} = 3{,}01 \rightarrow K'_{rh,d} = 3{,}01 - 0{,}28 = 2{,}73$$

Belastungsnullpunkt: $$u = \frac{e^{Sohle}_{ah,k}}{\gamma \cdot K'_{rh,d}} = \frac{2{,}8 + 26{,}6 + 1{,}4}{19 \cdot 2{,}73} = 0{,}59 \ m$$

Ermittlung des charakteristischen aktiven Erddrucks:

Kote ± 0,0: $e^g_{ah,k}(0)$; $e^q_{ah,k}(0)$

$$e^g_{ah,k}(0) = 10 \cdot 0{,}28 = 2{,}8 \ kN/m^2$$

$$e^q_{ah,k}(0) = 5 \cdot 0{,}28 = 1{,}4 \ kN/m^2$$

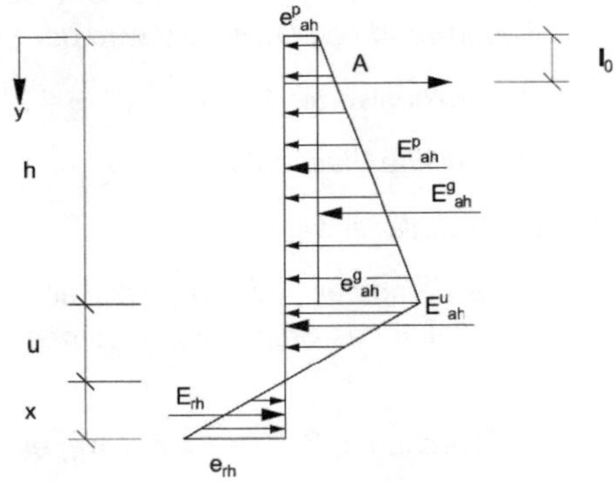

Kote –„h“: $e^g_{ah,k}(h)$; $e^q_{ah,k}(h)$

$$e^g_{ah,k}(h) = 10 \cdot 0{,}28 + 19 \cdot 5{,}0 \cdot 0{,}28 = 2{,}8 + 26{,}6 = 29{,}4 \ kN/m^2$$

$$e^q_{ah,k}(h) = 5 \cdot 0{,}28 = 1{,}4 \ kN/m^2$$

Kote –(h+t): $e^g_{ah,k}(h+t)$; $e^q_{ah,k}(h+t)$

$$e^g_{ah,k}(h+t) = 29{,}4 + 19 \cdot t \cdot 0{,}28$$

$$e^q_{ah,k}(h+t) = 1{,}4 \ kN/m^2$$

□ 2.37 Fortsetzung Beispiel 22: Gestützte/ verankerte, im Boden frei aufgelagerte Spundwand; Lösung mit Hilfe des Näherungsverfahrens Giese / Ugrinay und ohne Nomogramm.

$$E_{ah}^{p} = e_{ah}^{q+g}(0) \cdot h = 4{,}2 \cdot 5 = 21 \ kN/m$$

$$E_{ag}^{g} = \frac{e_{ah}^{g}(h) \cdot h}{2} = \frac{26{,}6 \cdot 5}{2} = 66{,}5 \ kN/m$$

$$E_{ah}^{u} = \frac{\left(e_{ah}^{g}(h) + e_{ah}^{g+q}(0)\right) \cdot u}{2} = \frac{(26{,}6 + 4{,}2) \cdot 0{,}59}{2} = 9{,}09 \ kN/m$$

$$e_{rh} = \gamma \cdot x \cdot K_{rh} = 19 \cdot x \cdot 2{,}73 = 51{,}87 \cdot x \ kN/m^2$$

$$E_{rh} = \frac{e_{rh} \cdot x}{2} = \frac{51{,}87 \cdot x^2}{2} = 25{,}94 \cdot x^2 \ kN/m$$

$$\sum M_A = 0 \rightarrow E_{ah}^{p} \cdot \left(\frac{h}{2} - l_0\right) + E_{ah}^{g} \cdot \left(\frac{2}{3} \cdot h + l_0\right) + E_{ah}^{u} \cdot \left(h - l_0 + \frac{u}{3}\right) - E_{rh} \cdot x^2 \cdot \left(h - l_0 + u + \frac{2}{3} \cdot x\right) = 0$$

$$21 \cdot \left(\frac{5}{2} - 1{,}5\right) + 66{,}5 \cdot \left(\frac{2}{3} \cdot 5 - 1{,}5\right) + 9{,}09 \cdot \left(5 - 1{,}5 + \frac{0{,}59}{3}\right) - 25{,}94 \cdot x^2 \left(5 - 1{,}5 + 0{,}59 + \frac{2}{3} \cdot x\right)$$
$$= 0$$

$$21 + 121{,}92 + 33{,}60 - 106{,}09 \cdot x^2 - 17{,}29 \cdot x^3 = 0$$

$$x^3 + 6{,}14 \cdot x^2 - 10{,}21 = 0 \quad \rightarrow \quad x \approx 1{,}18 \ m$$

$$t = (u + x) \cdot \alpha = (0{,}59 + 1{,}18) \cdot 1{,}2 \approx 2{,}12 \ m$$

Ermittlung *der Ankerkraft A*

$$\sum \vec{H} = 0 \rightarrow \qquad -E_{ah}^{p} - E_{ah}^{g} - E_{ah}^{u} + E_{rh} + A = 0$$

$$A = A_k^{g,k} = 21 + 66{,}5 + 9{,}09 - 25{,}94 \cdot 1{,}18^2 = 60{,}47 \ kN/m$$

mit $\gamma_{G/Q} = \frac{80{,}5}{87{,}5} \cdot 1{,}35 + \frac{7{,}0}{87{,}5} \cdot 1{,}50 = 1{,}36 \rightarrow$

$$A_d = A_k^{g,k} \cdot \gamma_{G/Q} = 60{,}47 \ kNm/m \cdot 1{,}36 = 82{,}2 \ kNm/m$$

Ermittlung *des Momentes*

Teilsicherheitsbeiwerte $\gamma_G = 1{,}35$; $\gamma_Q = 1{,}50$; $\gamma_{R,e,red} = 1{,}20$ *(BS-P)*

Mit den Teilsicherheitsbeiwerten wird der gewichtete Teilsicherheitsbeiwert

$$\eta_P = 1{,}20 \cdot \left(\frac{80{,}5}{87{,}5} \cdot 1{,}35 + \frac{7{,}0}{87{,}5} \cdot 1{,}50\right) = 1{,}634$$

Mit diesem Wert wird nun der Erdwiderstand abgemindert:

□ 2.37 Fortsetzung Beispiel 22: Gestützte/ verankerte, im Boden frei aufgelagerte Spundwand; Lösung mit Hilfe des Näherungsverfahrens Giese / Ugrinay und ohne Nomogramm.

$$K'_{ph,d} = \frac{K^g_{ph,k}}{\eta_P} = \frac{5{,}74}{1{,}634} = 3{,}51 \rightarrow K'_{rh,d} = 3{,}51 - 0{,}28 = 3{,}23$$

Belastungsnullpunkt: $u = \frac{e^{Sohle}_{ah,k}}{\gamma \cdot K'_{rh,d}} = \frac{2{,}8 + 26{,}6 + 1{,}4}{19 \cdot 3{,}23} = 0{,}50 \ m$

$$E^u_{ah} = \frac{\left(e^g_{ah}(h) + e^p_{ah}\right) \cdot u}{2} = \frac{(26{,}6 + 4{,}2) \cdot 0{,}50}{2} = 7{,}7 \ kN/m$$

$$e_{rh} = \gamma \cdot x \cdot K_{rh} = 19 \cdot x \cdot 3{,}23 = 61{,}37 \cdot x \ kN/m^2$$

$$E_{rh} = \frac{e_{rh} \cdot x}{2} = \frac{61{,}37 \cdot x^2}{2} = 30{,}69 \cdot x^2 \ kN/m$$

$$\sum M_A = 0 \rightarrow$$

$$E^p_{ah} \cdot \left(\frac{h}{2} - l_0\right) + E^g_{ah} \cdot \left(\frac{2}{3} \cdot h + l_0\right) + E^u_{ah} \cdot \left(h - l_0 + \frac{u}{3}\right) - E_{rh} \cdot x^2 \cdot \left(h - l_0 + u + \frac{2}{3} \cdot x\right) = 0$$

$$21 \cdot \left(\frac{5}{2} - 1{,}5\right) + 66{,}5 \cdot \left(\frac{2}{3} \cdot 5 - 1{,}5\right) + 7{,}7 \cdot \left(5 - 1{,}5 + \frac{0{,}50}{3}\right) - 30{,}69 \cdot x^2 \cdot \left(5 - 1{,}5 + 0{,}50 + \frac{2}{3} \cdot x\right)$$

$$= 0$$

$$21 + 121{,}92 + 28{,}23 - 122{,}76 \cdot x^2 - 20{,}46 \cdot x^3 = 0$$

$$x^3 + 6 \cdot x^2 - 8{,}37 = 0 \qquad \rightarrow \qquad x^* \approx 1{,}09 \ m$$

(x ist nur ein Zwischenwert zur Ermittlung des Momentes)*

***Ermittlung** der Ankerkraft A*: (A* ist nur ein Zwischenwert zur Ermittlung des Momentes)*

$$\sum \vec{H} = 0 \rightarrow \qquad -E^p_{ah} - E^g_{ah} - E^u_{ah} + E_{rh} + A^* = 0$$

$$A^* = 21 + 66{,}5 + 7{,}7 - 30{,}69 \cdot 1{,}09^2 = 58{,}74 \ kN/m$$

$$\sum \downarrow Q = 0 \rightarrow \qquad e^{g+q}_{ah}(0) \cdot y + \gamma \cdot y \cdot K_{ah} \cdot \frac{y}{2} - A^* = 0$$

$$4{,}2 \cdot y + 19 \cdot y^2 \cdot 0{,}28 \cdot \frac{y}{2} - 58{,}74 = 0$$

$$y \approx 2{,}37 \ m \rightarrow \ \max M = M^{g,q}_{Feld,k} = A^* \cdot (y - l_0) - e^{g+q}_{ah}(0) \cdot y \cdot \frac{y}{2} - \gamma \cdot y \cdot K_{ah} \cdot \frac{y}{2} \cdot \frac{y}{3}$$

□ 2.37 Fortsetzung Beispiel 22: Gestützte/ verankerte, im Boden frei aufgelagerte Spundwand; Lösung mit Hilfe des Näherungsverfahrens Giese / Ugrinay und ohne Nomogramm.

$$= 58{,}74 \cdot (2{,}37 - 1{,}5) - 4{,}2 \cdot \frac{2{,}37^2}{2} - 19 \cdot 0{,}28 \cdot \frac{2{,}37^3}{6}$$

$$= 51{,}10 - 11{,}80 - 11{,}80 = 27{,}50 \ kNm/m$$

$$\textit{mit } \gamma_{G/Q} = \frac{80{,}5}{87{,}5} \cdot 1{,}35 + \frac{7{,}0}{87{,}5} \cdot 1{,}50 = 1{,}36$$

$$M_d = M^{g,k}_{Feld,k} \cdot \gamma_{G/Q} = 27{,}50 \ kNm/m \cdot 1{,}36 = 37{,}4 \ kNm/m$$

2.3 Bemessung

Nachweis Für die Bemessung von tief gegründeten Wänden wird die Methode nach dem Konzept mit Teilsicherheitsbeiwerten auf der Grundlage des Handbuches EC 7-1 und DIN 4085 angewendet. Ergänzend sind die Empfehlungen des Arbeitskreises „Baugruben" (EAB) sowie des Arbeitsausschusses „Ufereinfassungen" (EAU) zu beachten.

Beanspruchung Tief gegründete Wände werden i. Allg. auf Biegung beansprucht. Oft müssen jedoch auch Auflasten P (aus einer Kranbahn, aus Baugrubenabdeckungen usw.) abgetragen werden.

2.3.1 Holzbauteile (Baugruben)

Biegung Holz Bei der Bemessung von **vorwiegend auf Biegung** beanspruchten Holzteilen von Verbaukonstruktionen, Hilfsbrücken und Baugrubenabdeckungen gilt Handbuch EC 5 (Holzbau) mit folgenden Ergänzungen für Verbauten (EAB):

a) Der Modifikationsfaktor für die Dauer der Lasteinwirkung bei Vollholz darf zu k_{mod} = 1,00 angenommen werden.

b) γ_M = 1,10 für den Nachweis der Tragfähigkeit für alle Bemessungssituationen bzw. Bemessungssituationen

c) Die beim Prüfen, Überspannen oder Lösen von Steifen oder Ankern auftretenden Zusatzspannungen brauchen nicht nachgewiesen zu werden.

Gewicht und Querschnitte von Rundhölzern können aus □ 2.39 und die Tragfähigkeit von Rundholzstützen aus □ 2.40 entnommen werden.

⇒ Übersicht □ 2.38, Zahlenbeispiel □ 2.41

□ 2.38 Beispiel 23: Spannungsnachweis (Übersicht) für Holzbauteile im Baugrubenverbau (entsprechend Handbuch EC 5: Holzbau)

1 Biegung (einachsial) $\frac{M_d / W_n}{f_{m,d}} \leq 1$

2 Mittiger Druck (siehe auch Abschnitt 2.3.4)

Spannungsnachweis $\frac{N_d / A_n}{f_{c,o,d}} \leq 1$

Knicknachweis $\frac{N_d / A_n}{f_{c,o,d} \cdot k_c} \leq 1$

3 Ausmittiger Druck (Druck und Biegung)

Spannungsnachweis $\left(\frac{N_d / A_n}{f_{c,o,d}}\right)^2 + \frac{M_{y,d} / W_{y,n}}{f_{m,y,d}} + \frac{M_{z,d} / W_{z,n}}{k_{red} \cdot f_{m,z,d}} \leq 1$

Knicknachweis (Biegedrillknicken) *)

$$\frac{N_d / A_n}{f_{c,o,d} \cdot k_c} + \frac{M_{y,d} / W_{y,n}}{f_{m,y,d}} + \frac{M_{z,d} / W_{z,n}}{k_{red} \cdot f_{m,z,d}} \leq 1$$

3 Ausmittiger Druck (Druck und Biegung)

Spannungsnachweis $\left(\frac{N_d / A_n}{f_{c,o,d}}\right)^2 + \frac{M_{y,d} / W_{y,n}}{f_{m,y,d}} + \frac{M_{z,d} / W_{z,n}}{k_{red} \cdot f_{m,z,d}} \leq 1$

Knicknachweis (Biegedrillknicken) *)

$$\frac{N_d / A_n}{f_{c,o,d} \cdot k_c} + \frac{M_{y,d} / W_{y,n}}{f_{m,y,d}} + \frac{M_{z,d} / W_{z,n}}{k_{red} \cdot f_{m,z,d}} \leq 1$$

M_d *größtes Bemessungsmoment;*

N_d *größte Druckkraft*

W_n *Widerstandsmoment (netto)*

A_n *Querschnittsfläche (netto)*

$f_{m,d}$ *Bemessungswert der Festigkeit bei Biegebeanspruchung (siehe Tabelle unten)*

$f_{m,y,d}$ *Bemessungswert der Festigkeit* $f_{m,d}$ *bei Biegebeanspruchung um die y-Achse*

□ 2.38 Fortsetzung Beispiel 23: Spannungsnachweis (Übersicht) für Holzbauteile im Baugrubenverbau (entsprechend Handbuch EC 5: Holzbau)

$f_{m,z,d}$ *Bemessungswert der Festigkeit* $f_{m,d}$ *bei Biegebeanspruchung um die y-Achse*

$f_{c,o,d}$ *Bemessungswert der Festigkeit bei Druckbeanspruchung parallel zur Faserrichtung (siehe Tabelle unten)*

$f_{c,9o,d}$ *Bemessungswert der Festigkeit bei Druckbeanspruchung senkrecht zur Faserrichtung (siehe Tabelle unten)*

k_c *Knickbeiwert (siehe Schneider)*

k_{red} *= 0,7 bei Rechteckquerschnitten mit h/b ≤ 4;*
= 1,0 bei Rechteckquerschnitten mit h/b > 4

*) *Für k_c stets den größten Wert (ohne Rücksicht auf Richtung der Ausbiegung) einsetzen!*

Beanspruchung			**Festigkeit**			**Bemerkungen**
		[kN/cm²]	**C 30**	**C 24**	**C 16**	**Festigkeitsklasse EC 5, DIN EN 338**
			S 13	**S 10**	**S 7**	**Sortierklasse DIN 4124**
Biegung	vollkantiges Schnittholz	$f_{m,d}$	2,31	1,85	1,23	unter Berücksichtigung von γ_M = 1,30 gemäß Handbuch EC 5, DIN EN 338
	ungeschwächtes Rundholz		2,77	2,22	1,48	
Druck ∥ Fa	vollkantiges Schnittholz	$f_{c,0,d}$	1,77	1,62	1,31	
	ungeschwächtes Rundholz		2,12	1,94	1,57	
Druck ⊥ Fa		$f_{c,90,d}$	0,21	0,19	0,17	

□ 2.39 Beispiel: Gewicht und Querschnittswerte von Rundhölzern (nach Wendehorst „Bautechnische Zahlentafeln")

d ist in Stammitte bei entrindetem Holz gemessen. Die Eigenlast G gilt für halbtrockenes Kiefernholz
(γ = 6,5 kN/m³). Es ist bei Tanne und Fichte mit 0,85, bei Buche mit 1,15, bei Eiche mit 1,3 zu vervielfachen. Knicklänge max l_{ef} für max λ = 150

d [cm]	U [cm]	A [cm²]	G [N/m]	I [cm⁴]	W [cm³]	i [cm]	max l_{ef} [m]
10	31,4	78,5	51,1	491	98,2	2,50	3,75
12	37,7	113	73,5	1020	170	3,00	4,50
14	44,0	154	100	1890	269	3,50	5,25
16	50,3	201	131	3220	402	4,00	6,00
18	56,5	254	165	5150	573	4,50	6,75
20	62,8	314	204	7850	785	5,00	7,50
22	69,1	380	247	11500	1050	5,50	8,25
24	75,4	452	294	16290	1360	6,00	9,00
26	81,7	531	345	22430	1730	6,50	9,75
28	88,0	616	400	30170	2160	7,00	10,50
30	94,2	707	459	39760	2650	7,50	11,25

□ 2.40 Beispiel: Bemessungswert der Tragfähigkeit max R_d von Rundholzstützen (nach Holschemacher)

Für Rundholz mit ungeschwächter Randzone ist $f_{c,0,d}$ = 1,2*) · 1,62 = 1,94 kN/cm²											
d	**in kN bei einer Knicklänge von m**										
cm	**2,00**	**2,50**	**3,00**	**3,50**	**4,00**	**4,50**	**5,00**	**5,50**	**6,00**	**6,50**	**7,00**
10	53,9	36,6	26,1	19,5	15,1	12,0	9,84	8,18	6,90	5,90	5,10
12	103	73,0	53,0	39,9	31,0	24,8	20,2	16,8	14,2	12,2	10,5
14	168	126	94,2	71,8	56,2	45,0	36,9	30,7	26,0	22,3	19,3
16	247	199	154	119	94,3	76,0	62,4	52,1	44,1	37,9	32,8
18	334	287	232	184	146	119	98,3	82,3	69,8	60,0	52,0
20	431	386	327	267	217	177	147	123	105	90,6	78,7
22	536	494	436	369	306	253	211	178	152	131	114
24	651	611	556	486	413	347	292	247	212	183	159
26	775	736	684	616	537	459	390	333	287	248	217

□ 2.41 Beispiel 24: Berechnung eines waagerechten Verbaus (Vergleichsrechnung)

Geg.: *(Zu Übungszwecken soll der in □ 1.22 nach DIN 4124 bemessene Normverbau rechnerisch nachgewiesen werden)*

4,0m tiefer Graben für einen Abwasserkanal in annähernd waagerechtem Gelände.

Abstand von Schwerlastfahrzeugen: > 3,0 m vom Grabenrand.

Gebäudelasten haben keinen Einfluss.

Verlegt werden sollen 2,0 m lange Rohre mit einem Rohrschaftdurchmesser von d = 0,5 m.

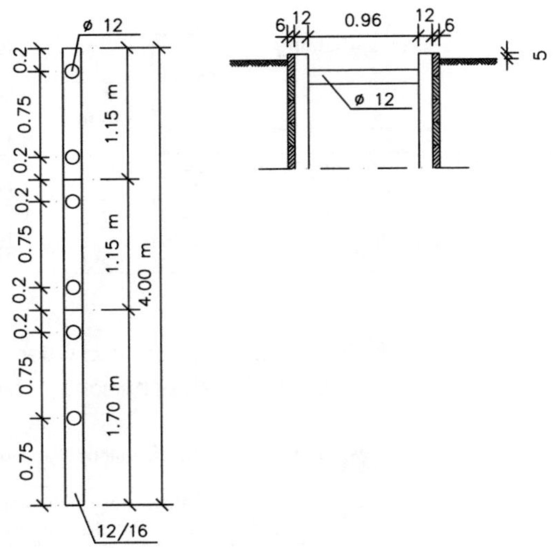

Abstand von Schwerlastfahrzeugen: > 3,0 m vom Grabenrand.
Gebäudelasten haben keinen Einfluss.

Bemessungssituation BS-T bzw. BS-T; steifplastischer Lehm
Einzubauen sind: 4,5 m lange und 20cm breite Bohlen.
Brusthölzer 12/16 cm. Rundholzsteifen 12 cm Durchmesser
(Holz: Sortierklasse S10I).

Bodenkennwerte: $\varphi_k = \varphi' = 27{,}5°$; $c_k = c' = 0$; $\gamma = 20{,}0\ kN/m^3$

Aussteifung oberer Bereich:

Ausgangswerte: Rundholz d = 12 cm, g = 0,0735 kN/m, $l_{ef} \approx 1{,}0$ m, *(Eigenlast vernachlässigbar),* $A = 113\ cm^2$, $i = 3{,}00$ cm

□ 2.41 Fortsetzung Beispiel 24: Berechnung eines waagerechten Verbaus (Vergleichsrechnung)

Ges.: *Rechnerischer Nachweis des Verbaus*

Lösg.: *Teilsicherheitsbeiwerte $\gamma_G = 1,20$; $\gamma_Q = 1,30$; $\gamma_{EP} = 1,30$ (Bemessungssituation BS-T; nach Dörken/ Dehne, Teil 2)*

1.1 Erddruck

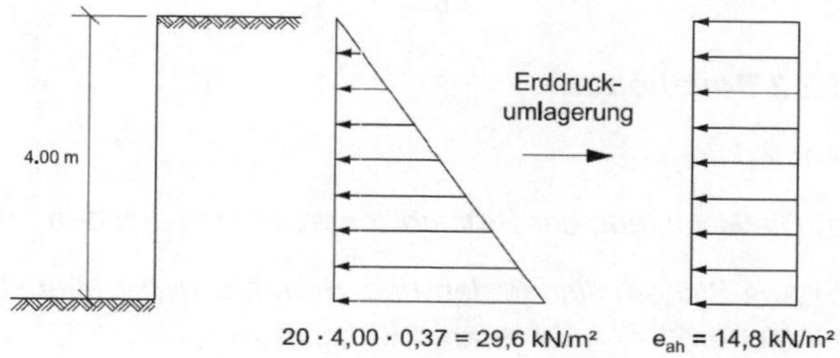

Weißenbach empfiehlt (in „Baugruben, T. 2“), den Wandreibungswinkel mit $\delta_a = 0$ anzunehmen, wenn die Vertikalkomponente des Erddrucks nicht über die Verbauwand in den Untergrund geleitet werden kann. Das ist bei Bohlträgern, die nur bis zur Baugrubensohle reichen und bei einem waagerechten Verbau der Fall. Hierdurch wird der größtmögliche aktive Erddruck angesetzt und eine durchgängige Überbemessung der Verbauteile vorgenommen (versteckte Sicherheit). Damit ergibt sich der Erddruckbeiwert $K_{a,k} = K_a$ ($\hat{=} K_{ah}$) $= 0,37$.

1.2 Statischer Nachweis und Bemessung

1.2.1 Verbaubohlen

1.2.1 Verbaubohlen

Statisches System:

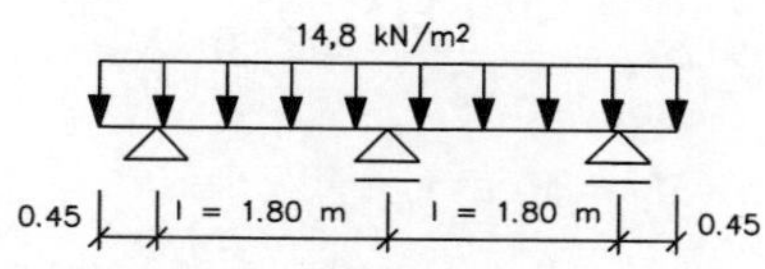

Das Bemessungsmoment M_d ergibt sich zu:

$$M_d = M_{Biegung} = \frac{q \cdot l^2}{8} \cdot \gamma_G = \frac{14,8 \cdot 1,8^2}{8} \cdot 1,20 = 7,2 \ kN/m \ Wandhöhe$$

Anmerkungen:

a) Die entlastende Wirkung der Kragarme wird vernachlässigt.

b) Das manchmal angewandte Verfahren, auf die Durchlaufwirkung zu verzichten und bei B ein Gelenk anzunehmen, führt zu unwesentlich abweichenden Ergebnissen und wird hier nicht weiterverfolgt.

Nadelholz, Sortierklasse 10 (Festigkeitsklasse C24) vollkantiges Schnittholz:
$f_{m,d} = 1,85 \ kN/cm^2$

Damit wird

$$erf \ W_n = \frac{M_d}{f_{m,d}} = \frac{7,2 \cdot 10^2}{1,85} = 389 \ cm^3/m \ Wandhöhe$$

□ 2.41 Fortsetzung Beispiel 24: Berechnung eines waagerechten Verbaus (Vergleichsrechnung)

Für Bohlenbreiten von 20 cm wird

$erf\ W_{n,einzel} = \frac{389}{5} = 77{,}8\ cm^3 \rightarrow$ *gew.: Verbaubohle 6/20;* $erf\ W_{n,einzel} = 120\ cm^3$

Nachweis: $\frac{M_d / W_n}{f_{m,d}} = \frac{720/600}{1{,}85} = 0{,}65 < 1$

1.2.2 Brusthölzer

Anmerkung:

a) Die Belastung der Brusthölzer ergibt sich aus den Auflagerkräften der Pos. 1.

b) Aus Sicherheitsgründen und zur einfachen Bauausführung werden alle Brusthölzer für die (größte) Auflagerkraft B_k bemessen.

c) Die entlastende Wirkung der Kragarme wird vernachlässigt.

$B_k = 1{,}25 \cdot q \cdot l = 1{,}25 \cdot 14{,}8 \cdot 1{,}8 = 33{,}3\ kN/m$

Erhöhung der Auflagerkraft um ≥ 20% (wegen Annahme einer Rechtecklast):

$korr.\ B_k = 1{,}2 \cdot 33{,}3 = 40{,}0\ kN/m \cdot$

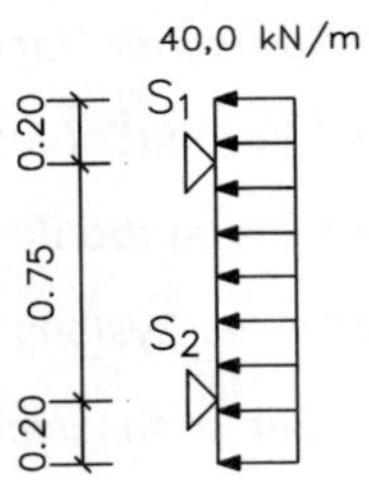

Statisches System im oberen Bereich: $S_1 = S_{1,k}$; $S_1 = S_{1,k}$

$$S_{1,k} = S_{2,k} = \frac{40{,}0 \cdot 1{,}15}{2} = 23{,}0\ kN$$

$$max\ \ M_d = M_{F,k} \cdot \gamma_G = \left(23{,}0 \cdot \frac{0{,}75}{2} - 40{,}0 \cdot \frac{(0{,}375 + 0{,}2)^2}{2}\right) \cdot 1{,}20$$

$$\max\ \ M_d = (8{,}63 - 6{,}61) \cdot 1{,}20 = 2{,}42\ kNm$$

Nachweis für Brustholz 12/16:

$$\frac{M_d / W_n}{f_{m,d}} = \frac{2{,}42 \cdot 10^2 / 384}{1{,}85} = 0{,}34 < 1$$

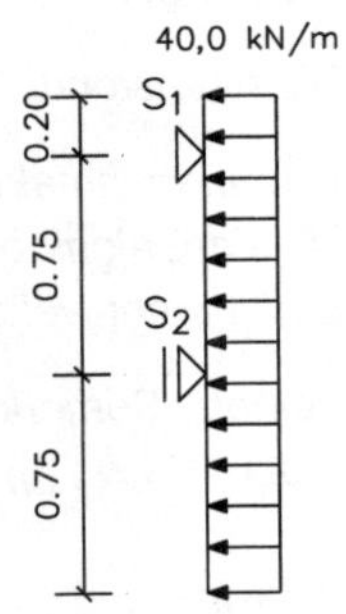

Statisches System im Rohrbereich:

$S_1 = S_{1,k}$ = 9,1 kN

$S_2 = S_{1,k}$ = 58,9 kN

$$\max\ \ M_d = M_{Kragarm} \cdot \gamma_G = \frac{40{,}0 \cdot 0{,}75^2}{2} \cdot 1{,}20 = 13{,}50\ kNm$$

□ 2.41 Fortsetzung Beispiel 24: Berechnung eines waagerechten Verbaus (Vergleichsrechnung)

$$erf\ W_n = \frac{M_d}{f_{m,d}} = \frac{13{,}50 \cdot 10^2}{1{,}85} = 730\ cm^3$$

Für die Rohrverlegung ist ein zusätzliches Brustholz anzuordnen.

Nachweis:

$$\frac{M_d / W_n}{f_{m,d}} = \frac{13{,}50 \cdot 10^2 / 2 \cdot 384}{1{,}85} = 0{,}95 < 1$$

1.2.3 Aussteifungen

Oberer Bereich:

Ausgangswerte (aus Berechnung Brusthölzer) $N_d = S_{1,d} = 23{,}0 \cdot 1{,}20 = 27{,}60$ kN , $M^g \approx 0$ (Eigenlast vernachlässigbar), A = 113 cm², i = 3,00 cm

a) Allgemeiner Spannungsnachweis:

$$\frac{N_d / A}{f_{c,o,d}} = \frac{27{,}60/113}{1{,}94} = 0{,}13 < 1$$

b) Stabilitätsnachweis:

$$\lambda = \frac{l_{ef}}{i} = \frac{100}{3{,}0} = 33 \rightarrow k_c = 0{,}93$$

Damit wird

$$\frac{N_d / A}{f_{c,o,d} \cdot k_c} = \frac{28{,}75/113}{1{,}94 \cdot 0{,}93} = 0{,}14 < 1 \cdot$$

Rohrbereich:

Durch Anordnung einer zusätzlichen Brustholzlage verringert sich die aufzunehmende maximale Steifenkraft auf

$$S^*_{2,d} = \frac{S_{2,k}}{2} \cdot 1{,}20 = \frac{58{,}9}{2} \cdot 1{,}20 = 35{,}3\ kN \cdot$$

$$\frac{N_d / A}{f_{c,o,d} \cdot k_c} = \frac{35{,}3/113}{1{,}94 \cdot 0{,}93} = 0{,}17 < 1$$

2.3.2 Spundwände, Bohlträger

Biegung/ Stahl

Für die Bemessung von **vorwiegend auf Biegung** beanspruchten Stahlteilen von Verbaukonstruktionen, Hilfsbrücken und Baugrubenabdeckungen gilt Handbuch EC 3-1 (Stahlbau) mit folgenden Ergänzungen bei Baugruben (EAB):

a) Charakteristische Materialkenngrößen für Spundbohlen sind in DIN EN 10 248-1 und in DIN EN 10 249-1 angegeben.

b) Für die Bemessung von Spundwänden und von Bohlträgern sind die Regelungen der DIN EN 1993-5 zu beachten.

c) Alle Schwächungen der Stahlprofile durch Bohrungen, quer laufende Schweißnähte oder stärkere Abrostung im Bereich größerer Biegemomente sind zu berücksichtigen.

Überwiegt der Anteil der Biegung an der Gesamtbeanspruchung, so wird z.B. der vereinfachte Nachweis gegen Materialversagen der Spundwand gemäß Handbuch EC 3 wie folgt geführt:

$$\sigma_d = \left| \frac{N_d}{A_s} + \frac{M_d}{W_y} \right| \leq \frac{f_{y,k}}{\gamma_M} \qquad (2.17)$$

Hierin ist:

σ_d Bemessungswert der Spannung

N_d Bemessungswert der Normalkraft in der Wandachse

M_d Bemessungswert des Moments der Wand infolge waagerechter Belastung

A_s Querschnitt der Wand

W_y Widerstandsmoment der Wand

$f_{y,k}$ z.B. Spundwandstahl S 240 GP, Mindeststreckgrenze

γ_M = 1,10; Teilsicherheitsbeiwert z.B. gemäß Handbuch EC 3 (Stahlbau)

Knicken

Bei großem Anteil des Moments aus der Auflast N_d ist ein Stabilitätsnachweis nach den geltenden Stahlbauvorschriften zu führen. Als Knicklänge darf dabei der Abstand der das Feldmoment begrenzenden Momentennullpunkte angesetzt werden.

Zulässige Spannungen

Die zulässigen Spannungen können aus □ 2.42 entnommen werden.

Statische Werte

Die Statischen Werte für gängige Spundwandprofile können aus □ 1.47 (Abschnitt 1.8.1) entnommen werden.

□ 2.42 Zulässige Spannungen nach den Empfehlungen des Arbeitsausschusses „Ufereinfassungen" (EAU 2012)

Spundwandstähle (alte Bezeichnung)	**St 37-2**	**St Sp 45**	**St Sp S**
Stähle nach DIN EN 10027	S235JR	S270GP	S355GP
Streckgrenze $f_{y,k}$ [MN/m²]	240	270	355

Vertikalkräfte Greifen auch Vertikalkräfte an, so ist nachzuweisen, dass sie schadlos vom Boden aufgenommen werden können (Gleichgewicht der Vertikalkräfte; siehe Abschnitt 2.4.3).

Weitere Hinweise EAB. EAU. Hoesch Stahl AG: Spundwand-Handbuch Berechnung. Thyssen-Krupp: Profil ARBED Spundwände / Pfähle.

2.3.3 Stahlbeton

Biegung/ Stahlbeton Für die Bemessung von **vorwiegend auf Biegung** beanspruchten Bauteilen aus Stahlbeton gilt Handbuch EC 2 (Beton und Stahlbeton) mit folgenden Ergänzungen (EAB):

a) Im Hinblick auf Bewehrungsanforderungen und Betondeckung sind bei Schlitzwänden die Angaben nach DIN EN 1538, bei Pfahlwänden die Angaben nach DIN EN 1536 zu beachten.

b) Die Ausrundung von Stützmomenten ist zulässig, sofern eine direkte flächige Lagerung vorliegt, z. B. durch eine steife Gurtung. Eine Momentenumlagerung von der Stützung in die benachbarten Felder ist zulässig, wenn die zulässigen Verformungen eingehalten werden.

c) Eine Beschränkung der Rissbreite ist nur nachzuweisen, wenn die Baugrubenwand im Endzustand Bestandteil eines Bauwerks ist.

2.3.4 Bemessung auf Druck bei Verbauwänden

Druck Für die Bemessung von Steifen aus Stahl, Stahlbeton oder Holz sowie der zugehörigen Anschlüsse und Verbindungsmittel gelten Handbuch EC 3 (Stahlbau), Handbuch EC 2 (Stahlbeton) bzw. Handbuch EC 5 (Holzbau) mit folgenden Ergänzungen bei Verbauwänden (EAB):

a) Bei der Ermittlung der Bemessungsschnittgrößen sind die Teilsicherheitsbeiwerte für den Bemessungssituation BS-P nach Handbuch EC 7-1 (siehe Abschnitt 1.1) zugrunde zu legen oder die für einen anderen Bemessungssituation ermittelten Bemessungsschnittgrößen zu erhöhen.

b) Bei der Bemessung von Steifen ist in der Regel eine ausmittige Krafteinleitung zu berücksichtigen, bei Steifen aus Stahl oder Stahlbeton darüber hinaus auch die Durchbiegung infolge von Eigengewicht und Nutzlast.

c) Bei Steifen aus Walzprofilen ist Beulen und gegebenenfalls Biegedrillknicken nach Handbuch EC 3 (Stahlbau) zu untersuchen.

d) Rundholzsteifen müssen einen Durchmesser von mindestens 10 cm und der Güteklasse C 24 nach DIN EN 338 entsprechen. Bei stählernen Kanalstreben und bei Streben mit Spindelköpfen gelten die bei der Prüfung der Arbeitssicherheit festgestellten Nutzlasten (⇒ DIN 4124, Abschnitt 4.3.6).

⇒ Zahlenbeispiele □ 2.41, □ 2.43

□ 2.43 Beispiel 25: Abgestützte Baugrubenwand

Geg.: *Baugrubenverbau, $\varphi_k = \varphi' = 30°$, $\gamma = 20$ kN/m³. Die Erddruckkraft soll näherungsweise in Wandmitte und die Kohäsion mit Null angenommen werden. Eine Erddruckumlagerung soll vernachlässigt werden.*

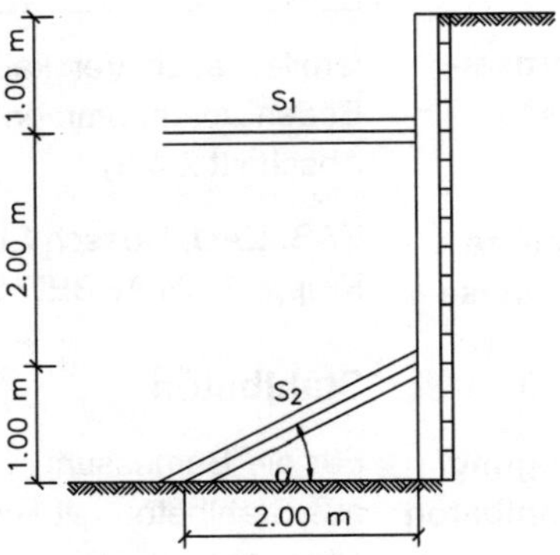

Ges.: *Stützkräfte S_1 und S_2.*

Lösg.: *Teilsicherheitsbeiwerte $\gamma_G = 1{,}20$; $\gamma_Q = 1{,}30$; $\gamma_{EP} = 1{,}30$ (Bemessungssituation BS-T; nach Dörken/ Dehne/ Kliesch, Teil 2)*

$\alpha = 26{,}57°$. Die Erddruckresultierende ist unter dem Wandreibungswinkel δ geneigt. Er wird aus der Bedingung bestimmt, dass sich die Kräfte $E_a = E_{a,k}$, $S_1 = S_{1,k}$ und $S_2 = S_{2,k}$ in einem Punkt schneiden müssen:

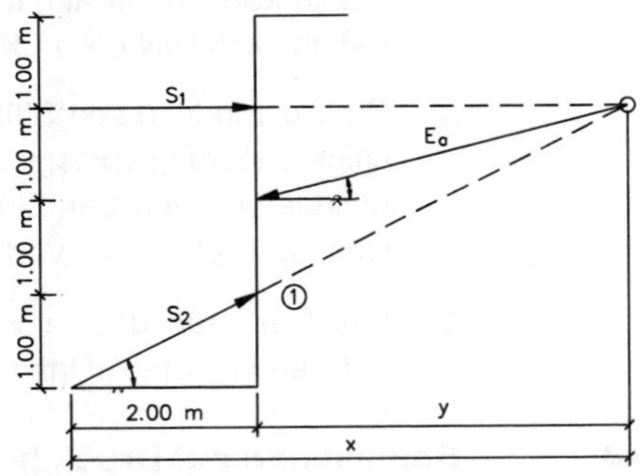

$$\frac{1}{2} = \frac{3}{x} \rightarrow x = 6, \; y = 4$$

$$\tan\delta = \frac{1}{4} \rightarrow \delta = 14{,}03° \approx \frac{\varphi_k}{2}$$

Damit wird $K_{ah} = K_{ah,k} \approx 0{,}29$ *und der Erddruck*

$$E_{ah} = E_{ah,k} = \frac{20 \cdot 4^2}{2} \cdot 0{,}29 = 46{,}4 \; kN/m,$$

$$E_{a,k} = \frac{46{,}4}{\cos 14{,}03°} = 47{,}8 \; kN/m.$$

Die Stützkräfte ergeben sich aus:

□ 2.43 Fortsetzung Beispiel 25: Abgestützte Baugrubenwand

$$\sum M_1 = 0: \; S_1 \cdot 2 - 46{,}4 \cdot 1 = 0 \rightarrow S_{1,k} = 23{,}2 \; kN/m \; \text{und} \rightarrow$$

$$S_{1,d} = 23{,}2 \; \cdot 1{,}20 \; kN/m = 27{,}8 \; kN/m$$

$$\sum H = 0: \; \cos\alpha \cdot S_2 + 23{,}2 = 46{,}4 \rightarrow S_{2,k} = \frac{46{,}4 - 23{,}2}{\cos 26{,}57°} \approx 26 \; kN/m \rightarrow$$

$$S_{1,d} = 26 \; \cdot 1{,}20 \; kN/m = 31{,}2 \; kN/m$$

2.3.5 Räumliche Stabilität bei Verbauwänden

Der Nachweis der Stabilität (Knicken, Biegedrillknicken, Kippen, Beulen) ist sowohl für die einzelnen Tragteile des Verbaus als auch für den räumlichen Zusammenhang der einzelnen Teile zu führen (EAB, EB 47 und EB 50).

Wenn die Knicklänge von Steifen herabgesetzt werden soll, sind die hierzu benötigten Gurte und Verbände an der Oberseite und an der Unterseite der Steifen anzubringen. Anstelle der Verbände an der Unterseite dürfen andere, gleichartig wirkende Konstruktionen eingebaut werden (EAB, EB 47 und EB 50)

Konstruktionen, die der Herabsetzung der Knicklänge von Steifen dienen (z. B. Mittelunterstützungen, Gurte, Verbände) sind für eine quer zu diesen Steifen gerichtete Last zu bemessen (EAB, EB 51).

⇒ Bilz / Brödel / Reinhardt (1983).

2.4 Standsicherheitsnachweise

2.4.1 Übersicht

Folgende geotechnische „“äußere“ Nachweise sind zu führen (EAU, EAB):

- Nachweis des Erdauflagers (Erdwiderstand) (siehe Abschnitt 2.4.2)
- Nachweis der Horizontalkräfte (siehe Abschnitt 2.4.3)
- Nachweis der Vertikalkräfte (siehe Abschnitt 2.4.3)

⇒ Zahlenbeispiele □ 2.53, □ 2.54

Bei verankerten Wänden sind zusätzlich folgende Nachweise zu führen (siehe Abschnitt 3 „Verankerungen“):

- gegen Geländebruch
- gegen Bruch in der tiefen Fuge
- gegen Aufbruch des Verankerungsbodens
- gegen Aufbruch der Baugrubensohle

2.4.2 Erdauflager: Erdwiderstand

2.4.2.1 Nachweis des Erdauflagers

Erdauflager Die Einbindung der tief gegründeten Stützwand sollen bei freier Auflagerung so tief eingebracht werden, dass unterhalb der Baugrubensohle ein Erdauflager ($B_{h,k}$) entsteht. Die Tiefenlage der Resultierenden kann bei $0{,}6 \cdot t_0$ angesetzt werden (t_0 = erforderliche Einbindetiefe).

Für den Grenzzustand ULS (GEO-2) muss nachgewiesen werden, dass die Bemessungseinwirkungen nicht größer sind als der Bemessungswiderstand:

$$B_{h,d} \leq E_{ph,d} \tag{2.18}$$

$$\gamma_G \cdot \left(B_{h,k}^g + \Delta E_{ah,k}^g\right) + \gamma_Q \cdot \left(B_{h,k}^q + \Delta E_{ah,k}^q\right) \leq \frac{E_{ph,k}^g}{\gamma_{R,e}} \cdot \eta_{EP} \tag{2.19}$$

mit $E_{ph,k}^g = \dfrac{K_{ph}^g \cdot \gamma \cdot t_0^2}{2}$

Der Erdwiderstand kann für eine geschlossene Wand mit dem Wandreibungswinkel $\delta_p = -\varphi_K$ ermittelt werden.

Die Einwirkungen bestehen aus der Resultierenden des aktiven Erddruckes ($\Delta E_{ah,k}^g$, $\Delta E_{ah,k}^q$) unterhalb der Baugrubensohle sowie den Auflagerkräften $B_{h,k}^g$, $B_{h,k}^q$. Als Widerstand wirkt der auf einer durchgehend gedachten Wand angreifende Erdwiderstand $E_{ph,k}$.

Hierin ist η_{EP} der Anpassungsfaktor nach EAB (siehe Dörken / Dehne / Kliesch, Teil 1, Abschnitt 6)

Anpassungsfaktor η_{EP} nach EAB, EB 14 für Trägerbohlwände („Holzwände") und aufgelöste Bohrpfahlwände

$\eta_{EP} = 0{,}8$ bei erlaubten Verschiebungen der Wand (2.20)

$\eta_{EP} = 0{,}6$ bei reduzierten Verformungen z.B. neben Gebäuden (2.21)

Anpassungsfaktor η_{EP} nach EAB, EB 19 für Spundwände (Stahlwände) und Ortbetonwände

$\eta_{EP} = 1{,}0$ bei erlaubten Verschiebungen der Wand (2.22)

$\eta_{EP} = 0{,}8$ bei reduzierten Verformungen z.B. neben Gebäuden (2.23)

Einbindetiefe Die Einbindetiefe t der Wand ergibt sich damit zu

$$t \geq \sqrt{\frac{2 \cdot B_{h,d} \cdot \gamma_{R,e}}{\gamma \cdot K_{ph} \cdot \eta_{EP}}} \tag{2.24}$$

2.4.2.2 Räumlicher Erdwiderstand

Mindest-Einbinde-tiefe

Nach EAB, EB 85 ist für Trägerbohlwände eine Mindesteinbindetiefe von mindestens t_0 = 1,50 m ohne weiteren Nachweis der Vertikalkräfte (siehe Abschnitt 2.4.4) ausreichend, wenn nur die Eigengewichtslasten des Trägerbohlverbaus, die Vertikalkomponente des Erddrucks abzutragen sind und die Baugrube nicht tiefer als 10 m ist.

Da bei Trägerbohlwänden unterhalb der Baugrubensohle keine geschlossene Wand vorliegt (wie z.B. bei Stützwänden und Spundwänden), ist der Erdwiderstand vor den einzelnen Bohlträgern räumlich verteilt (spa $E_{p,h,k}$).

Ansatz Weißenbach

Nach einem Vorschlag von Weißenbach (1962) ist bei der Berechnung zu unterscheiden, ob sich die Bruchkörper vor den Bohlträgern überschneiden oder nicht (□ 2.44). Aus beiden Untersuchungen wird jeweils ein fiktiver Erd-

□ 2.44 Räumlicher Erdwiderstand spa $E_{p,h,k}$ vor der Trägerbohlwand nach Weißenbach (1962)

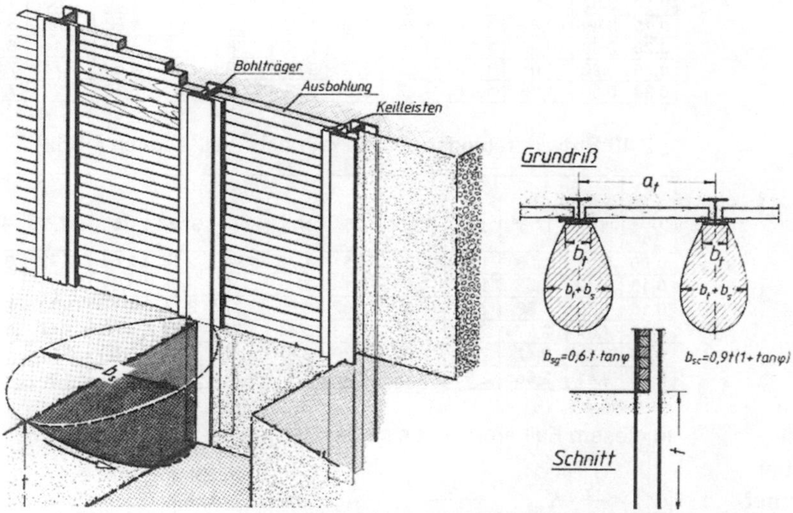

widerstandsbeiwert (zur Unterscheidung vom ebenen Fall mit ω_{ph} bezeichnet) ermittelt. Der kleinere Wert ist für die weitere Berechnung maßgebend.

Die Größe des Erdwiderstands vor dem Bohlträger hängt ab von

- der Scherfestigkeit des Bodens (Reibungswinkel φ_k und Kohäsion c_k)
- der Bohlträgerbreite b_t
- der Einbindetiefe t_0 und
- dem Bohlträgerabstand a_t.

Der Erdwiderstand spa $E_{p,h,k}$ wird errechnet zu:

$$spa\ E_{p,h,k} = \frac{1}{2} \cdot \gamma \cdot \omega_{ph} \cdot a_t \cdot t_0^2 \tag{2.25}$$

Fall „Keine Überschneidung“

In diesem Fall errechnet sich der Beiwert ω_{ph} wie folgt:

$$\omega_{ph} = \frac{t_0 \cdot \omega_R}{a_t} + \frac{4 \cdot c_k \cdot \omega_K}{\gamma \cdot a_t} \tag{2.26}$$

mit ω_R (Reibungsanteil) aus □ 2.45

mit ω_K (Kohäsionsanteil) aus □ 2.46

□ 2.45 Erdwiderstandsbeiwerte ω_R nach Weißenbach (1962)

$\frac{b_t}{t_0}$	φ_K = 15°	17,5°	20°	22,5°	25°	27,5°	30°	32,5°	35°	37,5°	40°	42,5°	45°
0,05	0,40	0,48	0,59	0,72	0,90	1,13	1,44	1,71	2,09	2,57	3,16	3,96	5,00
0,10	0,57	0,67	0,83	1,02	1,28	1,59	2,04	2,42	2,96	3,63	4,47	5,59	7,07
0,15	0,69	0,82	1,02	1,25	1,56	1,95	2,50	2,97	3,63	4,45	5,48	6,85	8,66
0,20	0,80	0,95	1,17	1,45	1,80	2,26	2,88	3,43	4,19	5,14	6,32	7,91	10,00
0,25	0,90	1,06	1,31	1,62	2,02	2,52	3,22	3,83	4,68	5,74	7,07	8,84	11,20
0,30	0,98	1,16	1,44	1,77	2,21	2,76	3,53	4,20	5,13	6,29	7,75	9,60	12,20

□ 2.46 Erdwiderstandsbeiwerte ω_K nach Weißenbach (1962)

$\frac{b_t}{t_0}$	φ = 15°	17,5°	20°	22,5°	25°	27,5°	30°	32,5°	35°	37,5°	40°	42,5°	45°
0,05	0,98	1,08	1,20	1,34	1,51	1,70	1,94	2,14	2,41	2,73	3,10	3,55	4,09
0,10	1,39	1,53	1,69	1,90	2,14	2,41	2,75	3,03	3,41	3,86	4,38	5,02	5,78
0,15	1,70	1,88	2,07	2,32	2,62	2,95	3,37	3,71	4,18	4,73	5,36	6,14	7,08
0,20	1,97	2,17	2,40	2,68	3,03	3,41	3,89	4,29	4,83	5,47	6,19	7,09	8,18
0,25	2,20	2,42	2,68	3,00	3,39	3,81	4,35	4,79	5,40	6,11	6,93	7,93	9,15
0,30	2,41	2,66	2,93	3,29	3,71	4,17	4,75	5,25	5,91	6,69	7,59	8,69	10,00

Fall „Überschneidung“

In diesem Fall errechnet sich der Beiwert ω_{ph} wie folgt:

$$\omega_{ph} = \underbrace{\frac{b_t}{a_t} \cdot K_{ph}^{(\delta_p \neq 0)}}_{\text{Trägerbereich}} + \underbrace{\frac{a_t - b_t}{a_t} \cdot K_{ph}^{(\delta_p = 0)}}_{\text{Zwischenbereich}} + \underbrace{\frac{4 \cdot c_k}{\gamma \cdot t_0} \cdot \sqrt{K_{ph}^{(\delta_p \neq 0)}}}_{\text{Kohäsionsanteil}} \tag{2.27}$$

Nach DIN 4085 und Neuffer/Leibnitz (1964) ist der Winkel δ_p bei Bohlträgern:

δ_p = -27,5° für Böden mit $\varphi_K \geq 30°$

δ_p = -(φ_K - 2,5°) für Böden mit $\varphi_K < 30°$

Die (in diesem Fall kleinsten) Erdwiderstandsbeiwerte erhält man nach dem Gleitschema von Streck aus □ 2.47 zu

□ 2.47 Erdwiderstandsbeiwerte K_{ph} (nach dem Gleitschema von Streck)

δ_p	φ_κ = 15°	17,5°	20°	22,5°	25°	27,5°	30°	32,5°	35°	37,5°	40°	42,5°	45°
0°	1,70	1,86	2,04	2,24	2,46	2,72	3,00	3,32	3,69	4,11	4,60	5,16	5,82
- 2,5°	1,79	1,95	2,17	2,30	2,63	2,90	3,23	3,60	4,00	4,48	5,04	5,69	6,45
- 5°	1,87	2,05	2,28	2,51	2,79	3,08	3,45	3,86	4,31	4,85	5,48	6,22	7,09
- 7,5°	1,94	2,14	2,38	2,64	2,94	3,20	3,60	4,11	4,61	5,22	5,92	6,75	7,74
- 10°	2,01	2,22	2,48	2,75	3,08	3,43	3,87	4,35	4,91	5,59	6,36	7,28	8,40
- 12,5°	2,11	2,30	2,58	2,87	3,22	3,60	4,07	4,59	5,21	5,95	6,80	7,82	9,08
- 15°		2,38	2,67	2,98	3,35	3,76	4,27	4,83	5,50	6,31	7,24	8,38	9,77
- 17,5°			2,77	3,09	3,48	3,92	4,46	5,07	5,80	6,67	7,69	8,95	10,50
- 20°				3,23	3,62	4,08	4,66	5,31	6,10	7,03	8,15	9,53	11,20
- 22,5°					3,81	4,27	4,86	5,56	6,41	7,41	8,62	10,10	12,00
- 25°						4,51	5,11	5,84	6,72	7,82	9,12	10,70	12,80
- 27,5°							5,46	6,15	7,12	8,27	9,64	11,40	13,60

2.4.3 Nachweis der Horizontalkräfte (EAB, EB 15)

Für die Ermittlung der Schnittgrößen an Bohlträgern darf der Erddruck unterhalb der Baugrubensohle im allgemeinen vernachlässigt werden, sofern nachgewiesen wird, dass der in der Berechnung vernachlässigte Erddruck unterhalb der Baugrubensohle zusammen mit der Auflagerkraft aus dem Bohlträger von dem gesamten zur Verfügung stehenden Erdwiderstand aufgenommen wird.

Der unterhalb der Baugrubensohle wirkende - bislang vernachlässigte - aktive Erddruck (ΔE_{ah}) wird deshalb für eine geschlossene Wand aus der nicht umgelagerten Erddruckfigur wie in Abschnitt 2.4.2.1 ermittelt.

2.4.4 Nachweis der Vertikalkräfte (EAB, EB 85)

2.4.4.1 Grundlagen

Es ist der Nachweis zu erbringen, dass die auftretenden Vertikalkräfte innerhalb des Systems aufgenommen oder einwandfrei in den Untergrund abgeleitet werden können. Es ist folgender Nachweise zu führen:

$$\sum V_{d,i} \leq R_d \qquad (2.28)$$

Bzw.

$$\gamma_G \cdot \left(G_k + E^g_{av,k} + A^g_{v,k} + V_{G,k}\right) + \gamma_Q \cdot \left(E^q_{av,k} + A^q_{v,k} + V_{Q,k}\right) \leq \frac{R_k}{\gamma_p} \qquad (2.29)$$

Die einwirkenden Vertikallasten sind die Eigenlast, das heißt aus der Eigenlast der Wand, der Steife, der vertikale Erddruck $E_{av,k}$ und gegebenenfalls die Vertikalkomponente aus sonstigen vertikalen Einwirkungen z.B. Ankerkräfte $A_{v,k}$.

R_k ist der charakteristische Wert des Widerstands der Wand.

Eine ausreichende Sicherheit kann durch Vergrößerung der Einbindetiefe, Vergrößerung der Aufstandsfläche (z.B. durch Einbetonieren des Träger-fußes) oder Ableitung der Vertikalkräfte auf andere Konstruktionsteile erreicht werden.

EA Pfähle Es wird der Nachweis nach Gleichung (2.29) gemäß Handbuch EC 7-1 (siehe Abschnitt 1.1) geführt. Bei Verwendung von Erfahrungswerten werden die Werte gemäß EA-Pfähle genutzt.

2.4.4.2 Nachweis der Vertikalkräfte: gerammte Bohlträger

Die einwirkenden Vertikallasten sind die Eigenlast G_k der Trägerbohlwand, das heißt aus der Eigenlast des Bohlträgers, der Steife und den Verbauboh-len, der vertikale Erddruck $E_{av,k}$ und gegebenenfalls die Vertikalkomponente aus sonstigen vertikalen Einwirkungen z.B. Ankerkräfte $A_{v,k}$.

EAB: gerammte Träger Für gerammte Träger kann R_k gemäß EAB, Anhang A 10 wie folgt ermittelt werden:

$$R_k = f_D \cdot f_a (Q_b + Q_s) \quad (2.30)$$

Mit

Q_b: charakteristische Spitzenwiderstandskraft

Q_s: charakteristische Mantelreibungskraft

f_D: Beiwert zur Erfassung der Lagerungsdichte D gemäß □ 2.48

f_a: Beiwert zur Berücksichtigung des Trägerabstands

Der Beiwert f_D erfasst die vorhandene Lagerungsdichte D des Bodens. Für nicht- bindige Böden gelten die Werte der Tabelle □ 2.48

Für bindige Böden liegen - wegen starker Abhängigkeit vom Wassergehalt - noch keine geeigneten Ansätze vor. Vertretbar erscheint es, steifplastische bindige Böden mit locker gelagerten nichtbindigen Böden gleichzusetzen ($f_D = 0{,}40$).

□ 2.48 Beiwert f_D zur Erfassung der vorhandenen Lagerungsdichte D

U < 3	U ≥ 3	Lagerung	f_D
D < 0,15	D < 0,20	sehr locker	0,20
0,15 ≤ D ≤ 0,30	0,20 ≤ D ≤ 0,45	locker	0,40
0,30 ≤ D ≤ 0,40	0,45 ≤ D ≤ 0,55	mitteldicht	0,70
0,40 ≤ D ≤ 0,50	0,55 ≤ D ≤ 0,65	ausreichend dicht	1,00
D ≥ 0,50	D ≥ 0,65	besonders dicht	1,25

Der Beiwert f_a berücksichtigt, ob der geforderte Mindestabstand der Träger von min a_t = 1,20 m eingehalten ist:

$$f_a = 1{,}0 \quad \text{für } a_t \geq 1{,}20 \text{ m (alle Werte in m)} \quad (2.31)$$

$$f_a = \frac{a_t}{1{,}0 + b_t} \quad \text{für } a_t < 1{,}20 \text{ m (alle Werte in m)} \quad (2.32)$$

Spitzen-widerstandskraft Q_b

Die charakteristische Spitzenwiderstandskraft Q_b errechnet sich aus:

$$Q_b = f_t \cdot f_\gamma \cdot \sigma_{b1,k} \cdot A_b \cdot \tag{2.33}$$

mit

f_t : Beiwert gemäß (2.35) zur Berücksichtigung der Abweichung von der Regeleinbindetiefe $t_n = 2{,}5\ m$

f_γ : Beiwert gemäß (2.36) zur Berücksichtigung von Grundwasser unter der Baugrubensohle

Mit einer aus Sicherheitsgründen einzuführenden Netto-Einbindetiefe

$$t_n = t_0 - 0{,}5\ m \tag{2.34}$$

wird

$$f_t = \frac{t_n}{2{,}5} \tag{2.35}$$

Bei dem Berechnungsverfahren wird davon ausgegangen, dass das Grundwasser in Höhe des Bohlträgerfußes ansteht ($f\gamma = 1$). Eine tiefere Lage wird durch den Beiwert

$$f_\gamma = \frac{\gamma}{\gamma'} \tag{2.36}$$

berücksichtigt.

Weil sich zwischen dem Steg und den Flanschen ein Bodenpfropfen bilde (□ 2.49), kann die schraffierte Fläche als Spitzenwiderstandsfläche angesetzt werden:

$$A_b = h \cdot b_t \tag{2.37}$$

□ 2.49 Anzusetzende Spitzendruckfläche für Verbauträger nach EAB, EB 85

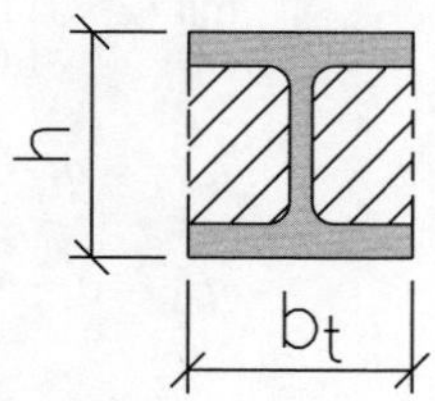

Mit zunehmendem Verhältnis $\frac{h}{b_t}$ geht die Wirkung der Pfropfenbildung verloren und zwar

bis HE-400B: 100% Q_b

ab HE-1000B: 0% Q_b

Für alle Zwischenprofile kann der Anteil Q_s geradlinig interpoliert werden.

Der charakteristische Spitzenwiderstandsbeiwert (Erfahrungswert) wird angesetzt zu:

$$q_{b1,k} = 600 + 120 \cdot t_n \tag{2.37}$$

Mantelreibungskraft Q_s

Die charakteristische Mantelreibungskraft Q_s wird bestimmt mit:

$$Q_s = q_{s1,k} \cdot A_s \qquad (2.38)$$

EB 9(1): Eine Mantelreibung auf der Wandrückseite darf nur angesetzt werden, wenn der aktive Erddruck nicht mit positiver Wandreibung ermittelt wird (□ 2.50).

Mit $\delta_a = \frac{2}{3} \cdot \varphi_k$ ergibt sich die Mantelreibungsfläche zu

$$A_s = (2 \cdot h + 3 \cdot b_t) \cdot t_n \,. \qquad (2.39)$$

Mittlerer Mantelreibungsbeiwert:

$$q_{s1,k} \approx 60\ kN/m^2 \qquad (2.40)$$

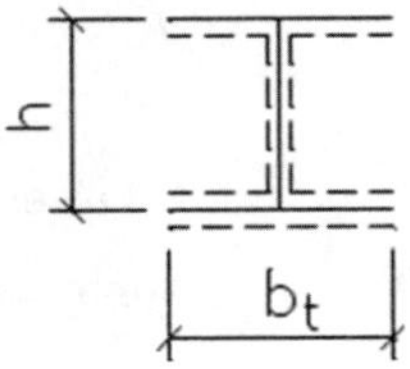

□ 2.50 Anzusetzende Mantelfläche für Verbauträger nach EAB, EB 9

Weitere Hinweise

Grundbautaschenbuch (Hrsg. Witt, verschiedene Jahrgänge). Schmidt / Seitz 1998. Meyer (1990).

2.4.4.3 Nachweis der Vertikalkräfte: Schlitzwände

Spitzendruckwiderstand

Bei kritischer Betrachtung der verschiedenen Berechnungsvorschläge erscheint es zweckmäßig, die Grenztragfähigkeit über eine Bruchlastberechnung nach DIN 4017 (Grundbruch) zu ermitteln. Denn in diesem Fall können die Einbindetiefe (d), die Wandbreite (b), die Bodeneigenschaften (γ, φ_K , c_k) und eventuell vorhandenes Grundwasser (γ') unmittelbar berücksichtigt werden. Die Ortbetonwand wird als Streifenfundament betrachtet.

Damit ist der Spitzendruckwiderstand

$$R_{b,k} = A_b \cdot q_{b1,k} \qquad (2.41)$$

mit $A_b = \frac{b}{1{,}0\ m}$ (Streifenfundament) (2.42)

$$q_{b1,k} = q_{b,c} + q_{b,d} + q_{b,b} \qquad (2.43)$$

$$q_{b,c} = c_k \cdot N_{c0} \qquad (2.44)$$

$$q_{b,d} = \gamma_1 \cdot d \cdot N_{d0} \qquad (2.45)$$

$$q_{b,b} = \gamma_2 \cdot b \cdot N_{b0} \qquad (2.46)$$

Die Tragfähigkeitswerte $N_{d0,\, b0,\, c0}$ können der Tabelle 2 der DIN 4017 entnommen werden (s. Dörken/ Dehne/ Kliesch „Grundbau in Beispielen" Teil 2, Abschnitt 2).

Mantelreibungswiderstand

Wenn eine Mantelreibungskraft angesetzt werden soll, kann dies erfahrungsgemäß mit folgender Gleichung geschehen:

$$R_{s,k} = A_s \cdot q_{s1,k} \quad (2.47)$$

mit $A_s = U_s \cdot t_n$ (2.48)

$$U_r \approx 1{,}0 \ m/lfdm \quad (2.49)$$

$$t_n = t - 0{,}5 \quad (2.50)$$

$$q_{s1,k} \approx 30 \ kN/m^2 \quad (2.51)$$

2.4.4.4 Nachweis der Vertikalkräfte: Bohrpfahlwände

Die Ausführungen des Abschnitts 2.4..4.3 gelten auch hier mit folgenden Änderungen (□ 2.51) für durchgehende Bohrpfahlwände. Für aufgelöste Bohrpfahlwände: siehe EA-Pfähle.

□ 2.51 Wirksame Breite bei (durchgehenden) Bohrpfahlwänden

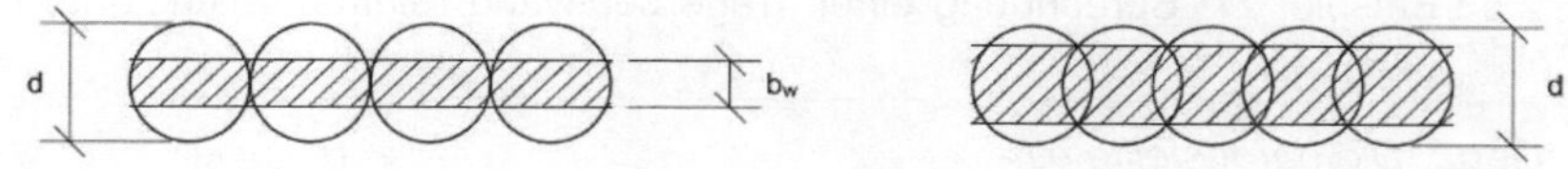

Spitzendruckwiderstand

Wegen der ungleichmäßigen Wanddicken wird bei der Berechnung eine wirksame Breite b_w eingeführt:

$$b_w = \kappa \cdot d \quad (2.52)$$

mit κ = 0,90 (überschnittene Wand)

κ = 0,78 (tangierende Wand)

Mantelreibungswiderstand

$$q_{s1,k} \approx 50 \ kN/m^2 \quad (2.53)$$

□ 2.52 Beispiel 26: Nachweis der Vertikalkräfte einer Schlitzwand und einer Bohrpfahlwand

Geg.: Die auf der nächsten Seite dargestellte Schlitzwand

Ges.: Bestimmung des Pfahlwiderstands R_k und R_d

Lösg.: $\varphi_k = \varphi', \gamma_P = 1{,}40$

Mit φ_k = 32,5° erhält man die Tragfähigkeitsbeiwerte

N_{d0} = 25; N_{b0} = 15.

Damit berechnet sich der Spitzenwiderstand zu

□ 2.52 Fortsetzung Beispiel 26: Nachweis der Vertikalkräfte einer Schlitzwand und einer Bohrpfahlwand

$$q_{b1,k} = (18 \cdot 1{,}8 + 11 \cdot 0{,}8) \cdot 25 + 11 \cdot 0{,}8 \cdot 15 =$$
$$= 1030{,}0 + 132{,}0 = 1162{,}0\ kN/m^2$$

und die Spitzenwiderstandskraft zu

$$R_{b,k} = A_b \cdot q_{b1,k} = 0{,}8 \cdot 1162{,}0 = 930\ kN/m$$

Für den Mantelreibungswiderstand. ergibt sich:

$$R_{s,k} = 1{,}0 \cdot (2{,}6 - 0{,}5) \cdot 30 = 63{,}0\ kN/m$$

Somit ist:

$$R_k = R_{b,k} + R_{s,k} = 930 + 63 = 993\ kN/m$$

und: $R_d = \dfrac{R_k}{\gamma_P} = \dfrac{993\ kN/m}{1{,}40} = 709{,}3\ kN/m$

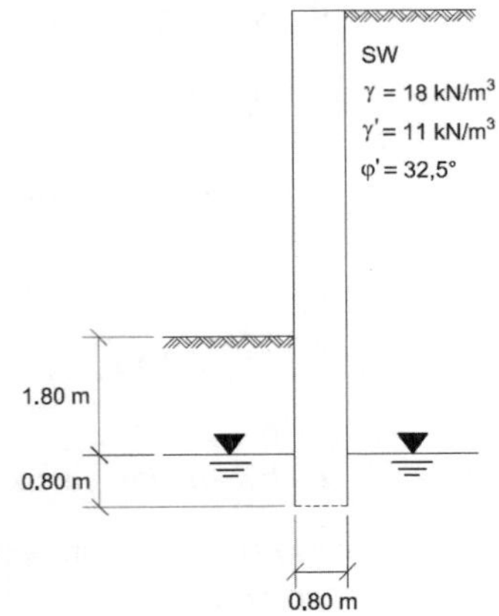

□ 2.53 Beispiel 27: Berechnung einer Trägerbohlwand (einmal gestützt, im Boden aufgelagert)

Geg.: *Die dargestellte einmal ausgesteifte, im Boden aufgelagerte Trägerbohlwand*

Angaben zur Baugrube: 5,0 m tief, 6,0 m breit

Angaben zur Trägerbohlwand:

Abstand der Bohlträger: $a_t = 2{,}4\ m$

Abstand der Steifen: $a_s = a_t = 2{,}4\ m$

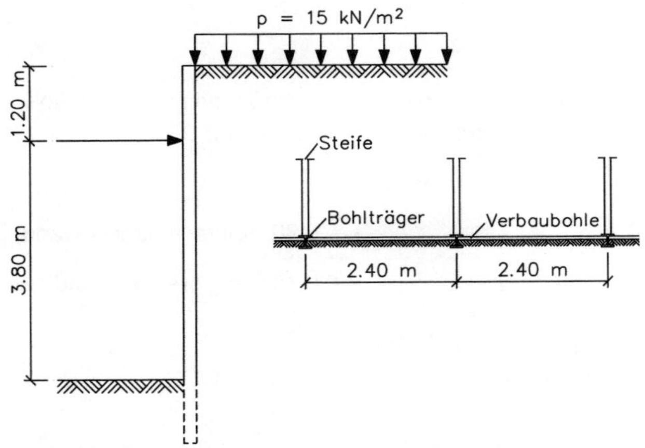

Angaben zum Baugrund:

SW; γ *= 19 kN/m³;* γ' *= 11 kN/m³;* $\varphi_K = \varphi' = 32{,}5°$*; D = 0,68; U = 5,0*

Ges.:

1. *Bestimmung der Einbindetiefe t*
2. *Bestimmung der Auflagerkräfte, der Schnittgrößen*
3. *Bemessungswert der Bohlträger, der Verbaubohlen, der Aussteifung*
4. *Nachweis der Horizontalkräfte*
5. *Nachweis der Vertikalkräfte*

□ 2.53 Fortsetzung Beispiel 27: Berechnung einer Trägerbohlwand (einmal gestützt, im Boden aufgelagert)

Lösg.: *Teilsicherheitsbeiwerte* $\gamma_G = 1{,}20$; $\gamma_Q = 1{,}30$; $\gamma_{R,e} = 1{,}30$; $\eta_{EP} = 0{,}8$; $\gamma_P = 1{,}40$ *(Bemessungssituation BS-T)*

$$\varphi_k = \varphi',\ e^g_{ah} = e^g_{ah,k},\ e^p_{ah} = e^q_{ah,k},\ p = p_k,\ K_{ah} = K_{ah,k},\ K_{ph} = K_{ph,k}$$

1. Bestimmung der Einbindetiefe t_0

Gemäß EAB darf der Erddruck unterhalb der Baugrubensohle vernachlässigt werden, wenn sichergestellt ist, dass dies unschädlich ist (Nachweis $\Sigma H = 0$; s. Abs. 2.4.3, siehe Lösung unten: 4. Nachweis der Horizontalkräfte)

Für $\alpha = 0$; $\beta = 0$; $\varphi_K = 32{,}5°$; $\delta_a = 2/3\ \varphi_K$ wird der Erddruckbeiwert (hor.) $k_{ah} = 0{,}25$

Flächenlasten bis $p_k = 10\ kN/m^2$ werden gem. Handbuch EC 7-1 (siehe Abschnitt 2.1.2) und EAB als ständige Lasten, darüber liegende Flächenlasten als veränderliche Lasten betrachtet.

Ermittlung des charakteristischen aktiven Erddrucks:

Kote ± 0,0: $e^g_{ah,k} = 10 \cdot 0{,}25 = 2{,}5\ kN/m^2$

$e^q_{ah,k} = 5 \cdot 0{,}25 = 1{,}25\ kN/m^2$

Kote -5,0: $e^g_{ah,k} = 10 \cdot 0{,}25 + 19 \cdot 5{,}0 \cdot 0{,}25 = 2{,}5 + 23{,}75 = 26{,}25\ kN/m^2$

$e^q_{ah,k} = 5 \cdot 0{,}25 = 1{,}25\ kN/m^2$

Wirklichkeitsnaher Erddruckansatz gem. EB 69

Unter den Voraussetzungen

- *Geländeoberfläche ist annähernd horizontal*
- *Es steht mindestens mitteldicht gelagerter nichtbindiger oder mindestens steifplastischer bindiger Boden an*
- *Die Stützung ist wenig nachgiebig*
- *Vor Einbau der Steifenlage darf der Boden nur bis knapp unterhalb der Achse der Steife ausgehoben werden,*

kann für die ständigen Einwirkungen die nachstehende Lastfigur als wirklichkeitsnah angenommen werden:

Erddruckumlagerung für die ständigen Einwirkungen

$0{,}2H = 0{,}2 \cdot 5{,}0 = 1{,}0m < h_k = 1{,}2 < 0{,}3H = 0{,}3 \cdot 5{,}0 = 1{,}5m$,

sodass die Umlagerung gem. Bild □ 1.66 c) mit $e_{h_o} : e_{h_u} = 2{,}0$ *vorgenommen wird:*

$$E^g_{ah,k} = \frac{1}{2}(2{,}5 + 26{,}25) \cdot 5{,}0 = 71{,}88\ kN/m = e_{hu,k} \cdot (1 + 0{,}5) \cdot 5{,}0$$

□ 2.53 Fortsetzung Beispiel 27: Berechnung einer Trägerbohlwand (einmal gestützt, im Boden aufgelagert)

Daraus wird $e_{hu,k} = 9{,}6\ kN/m^2$ *und* $e_{ho,k} = 19{,}2\ kN/m^2$.

Für die veränderlichen Einwirkungen wird keine Umlagerung vorgenommen. In diesem Beispiel handelt es sich um eine konstante Streckenlast mit $e^q_{ah,k} = 1{,}25\ kN/m^2$.

Mit dem zuvor berechneten Erddruck ergibt sich für die ständigen Einwirkungen folgendes Lastbild:

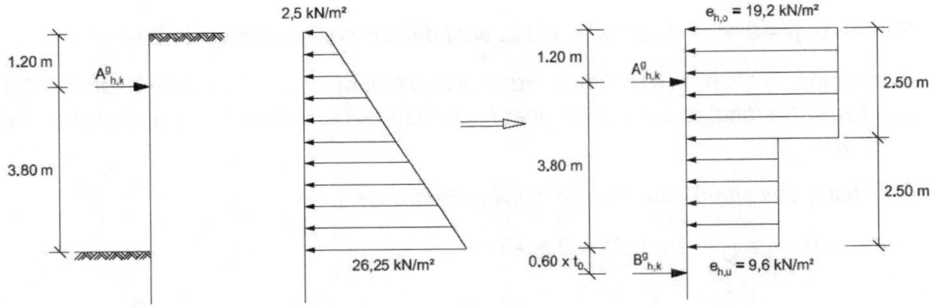

Ermittlung von $B^g_{h,k}$ *= Uh (ständige Einwirkung)*

$$\sum M^g_A = 0: \quad B^g_{h,k}(3{,}8 + 0{,}6t_0) - 19{,}2 \cdot 2{,}5 \cdot \left(\frac{2{,}5}{2} - 1{,}20\right) - 9{,}6 \cdot 2{,}5\left(1{,}30 + \frac{2{,}5}{2}\right) = 0$$

$$\rightarrow B^g_{h,k} = \frac{63{,}6}{3{,}8 + 0{,}6t_0}$$ *Bestimmungsgleichung (1)*

Ermittlung von $B^q_{h,k}$ (veränderliche Einwirkung)

$$\sum M^q_A = 0: \quad B^q_{h,k}(3{,}8 + 0{,}6t_0) - 1{,}25 \cdot 5{,}0 \cdot \left(\frac{5{,}0}{2} - 1{,}20\right) = 0$$

$$\rightarrow B^q_{h,k} = \frac{8{,}1}{3{,}8 + 0{,}6t_0}$$ *Bestimmungsgleichung (2)*

Ermittlung von $spa\ E_{ph,k} = \frac{1}{2} \cdot \gamma \cdot \omega_{ph} \cdot a_t \cdot t_0^2$

Die Größe des Erdwiderstands vor dem Bohlträger hängt ab von

- *der Scherfestigkeit des Bodens (Reibungswinkel* φ' *und Kohäsion c')*
- *der Bohlträgerbreite* b_t
- *der Einbindetiefe* t_0 *und*
- *dem Bohlträgerabstand* a_t.

□ 2.53 Fortsetzung Beispiel 27: Berechnung einer Trägerbohlwand (einmal gestützt, im Boden aufgelagert)

Für die weitere Berechnung sind somit Annahmen zu treffen.

Daher wird die Einbindetiefe geschätzt und ein Trägerprofil gewählt:

Profil: HE-180B

Einbindetiefe: $t_0 = 1{,}80 \rightarrow \frac{b_t}{t_0} = \frac{0{,}18}{1{,}80} = 0{,}10$

Fall „keine Überschneidung"

Mit den Beiwerten ω_R (□ 2.45) erhält man den Erdwiderstand vor dem Träger zu:

$$\omega_{ph,keine\ Überschneidung} = \frac{t_0 \cdot \omega_R}{a_t} + \frac{4 \cdot c_k \cdot \omega_K}{\gamma \cdot a_t} = \frac{1{,}8 \cdot 2{,}42}{2{,}4} + 0 = 1{,}815$$

Fall „Überschneidung"

$$\omega_{ph} = \frac{b_t}{a_t} \cdot K_{ph}^{(\delta_p \neq 0)} + \frac{a_t - b_t}{a_t} \cdot K_{ph}^{(\delta_p = 0)} + \frac{4 \cdot c}{\gamma \cdot t_0} \cdot \sqrt{K_{ph}^{(\delta_p \neq 0)}}$$

Trägerbereich *Zwischenbereich* *Kohäsionsanteil*

Nach DIN 4085 ist der Winkel δ_p bei Bohlträgern:

δ_p = -27,5° für Böden mit φ_K = 32.5° ≥ 30°

Die Erdwiderstandsbeiwerte erhält man nach dem Gleitschema von Streck aus □ 2.47 zu

$$K_{ph}^{(\delta_p \neq 0)} = 6{,}15\,;\ K_{ph}^{(\delta_p = 0)} = 3{,}32$$

Damit wird $\omega_{ph,Überschneidung} = \frac{0{,}18}{2{,}40} \cdot 6{,}15 + \frac{2{,}40 - 0{,}18}{2{,}40} \cdot 3{,}32 = 3{,}53$

und damit maßgebend der kleinere Wert

$\omega_{ph} = \omega_{ph,keine\ Überschneidung} = 1{,}815$ *und*

$$spa\ E_{p,h,d} = \frac{1}{2} \cdot \gamma \cdot \omega_{ph} \cdot a_t \cdot t_0^2 \cdot \frac{\eta_{EP}}{\gamma_{R,e}} = \frac{1}{2} \cdot 19 \cdot 1{,}815 \cdot 2{,}4 \cdot t_0^2 \cdot \frac{0{,}8}{1{,}30}$$

Mit der Nachweisgleichung, bezogen auf eine durchgehende Wand, ergibt sich:

$$E_{p,h,d} = B_{h,d}$$

$$\frac{10{,}611}{2{,}4} \cdot t_0^2 = \gamma_G \cdot B_{h,k}^g + \gamma_Q \cdot B_{h,k}^q$$ *Bestimmungsgleichung (3)*

Durch Einsetzen von Bestimmungsgleichung (1) und (2) in (3) wird t_0 berechnet:

□ 2.53 Fortsetzung Beispiel 27: Berechnung einer Trägerbohlwand (einmal gestützt, im Boden aufgelagert)

$$\frac{63{,}6 \cdot 1{,}20 + 8{,}1 \cdot 1{,}30}{3{,}8 + 0{,}6 \cdot t_0} = 10{,}611 \cdot t_0^2 \rightarrow 6{,}37 \cdot t_0^3 + 40{,}32 \cdot t_0^2 - 86{,}85 = 0$$

Brauchbare Lösung: $t_0 = 1{,}33\ m\ \neq gew.\ t \neq 1{,}80\ m$

Die erforderliche Einbindetiefe wird durch Iteration ermittelt: $t_0 \approx 1{,}4\ m$.

Um im Boden ein Auflager $B_{h,d}$ zu bilden, ist also eine Einbindetiefe von $t_0 = 1{,}4\ m$ *erforderlich.*

2. Bestimmung der Auflagerkräfte, Schnittgrößen

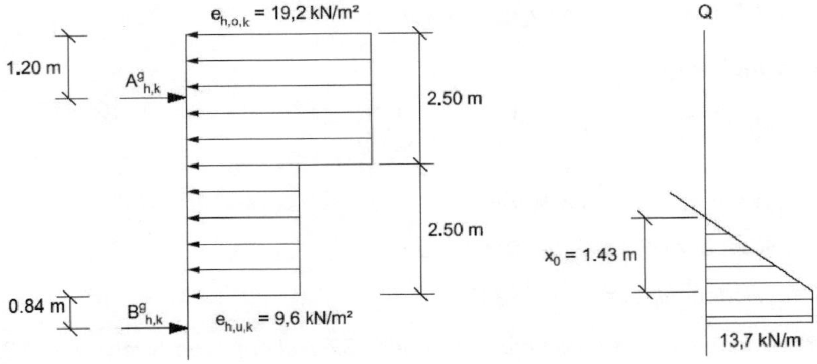

Momente

Ständige Einwirkungen

Mit Gleichung (1): $B_{h,k}^g = \dfrac{63{,}6}{3{,}8 + 0{,}6 \cdot 1{,}4} = 13{,}7\ kN/m$

wird $A_{h,k}^g = 19{,}2 \cdot 2{,}5 + 9{,}6 \cdot 2{,}5 - 13{,}7 = 72{,}0 - 13{,}7 = 58{,}3 kN/m$.

Das maximale Feldmoment liegt bei $x_0 = \dfrac{B_{h,k}^g}{e_{h,k}^g} = \dfrac{13{,}7}{9{,}6} = 1{,}43 m$

Mit diesen Werten erhält man aus der Q-Fläche

$$\max M_{Feld}^g = 13{,}7 \cdot 0{,}81 + \frac{1}{2} \cdot 1{,}43 \cdot 13{,}7 = 20{,}9\ kNm/m$$

Kragmoment bei $A_{h,k}^g$:

$$M_A^g = 19{,}2 \cdot \frac{1{,}2^2}{2} = 13{,}8\ kNm/m < \max M_{Feld}^g.$$

□ 2.53 Fortsetzung Beispiel 27: Berechnung einer Trägerbohlwand (einmal gestützt, im Boden aufgelagert)

Veränderliche Einwirkungen

Mit Gleichung (2): $B_{h,k}^{q} = \dfrac{8{,}1}{3{,}8 + 0{,}6 \cdot 1{,}4} = 1{,}7\ kN/m$

wird $A_{h,k}^{q} = 1{,}25 \cdot 5{,}0 - 1{,}7 = 4{,}6\ kN/m$.

Das maximale Feldmoment liegt bei $x_0 = \dfrac{B_{h,k}^{q}}{e_{h,k}^{q}} = \dfrac{1{,}7}{1{,}25} = 1{,}36m$

Mit diesen Werten erhält man aus der Q-Fläche

$$\max M_{Feld}^{q} = 1{,}7 \cdot 0{,}81 + \frac{1}{2} \cdot 1{,}36 \cdot 1{,}7 = 2{,}5\ kNm/m$$

Kragmoment bei $A_{h,k}^{q}$*:* $M_{A}^{q} = 1{,}25 \cdot \dfrac{1{,}2^2}{2} = 0{,}9\ kNm/m < \max M_{Feld}^{q}$.

3. Bemessungen der Bohlträger, der Verbaubohlen, der Aussteifung

Bei 2,40 m Träger-/Steifenabstand betragen die Bemessungsgrößen somit:

$$M_d = (20{,}9 \cdot 1{,}20 + 2{,}5 \cdot 1{,}3) \cdot 2{,}4 = 68{,}0\ kNm$$

Steifenkraft: $A_d = (58{,}3 \cdot 1{,}2 + 4{,}6 \cdot 1{,}3) \cdot 2{,}4 = 182{,}3\ kN$.

Nachweis der Bohlträger:

Erforderliche Nachweise:

Spannungsnachweis

Biegeknicknachweis für einachsige Biegung mit Normalkraft

Spannungsnachweis:

G_d *aus Eigengewicht der Bauteile*

Bohlträger HE-180-B: $G_k^{Träger} = 3{,}12kN$

Steife HE-180-B: $G_k^{Steife} = 1{,}54kN$

Holzbohle 80x200: $\gamma = 0{,}08\dfrac{kN}{m}$ *n = 25 Stück*

$$G_k^{Bohle} = n * \gamma * a_t = 25 * 0{,}08\frac{kN}{m} * 2{,}4m = 4{,}8kN$$

$$G_d = 1{,}20 * (3{,}12kN + 1{,}536kN + 4{,}8kN) = 1{,}20 * 9{,}46kN = 11{,}35\ kN$$

□ 2.53 Fortsetzung Beispiel 27: Berechnung einer Trägerbohlwand (einmal gestützt, im Boden aufgelagert)

$E_{aV,d}$ *aus Erddruck*

Ständige Einwirkungen

$$E^{g}_{ah,k} = 71{,}88\ kN/m \rightarrow E^{g}_{av,k} = 71{,}88\ kN/m \cdot \tan(2/3 \cdot \varphi_k) = 28{,}56\ kN/m$$

Veränderliche Einwirkungen

$$E^{q}_{ah,k} = 1{,}25 \cdot 5\ kN/m^2 \rightarrow E^{q}_{av,k} = 6{,}25\ kN/m \cdot \tan(2/3 \cdot \varphi_k) = 2{,}48\ kN/m$$

Einflussbereich eines Bohlträgers: $a_t = 2{,}4\ m$

$$\rightarrow E_{aV,d} = (28{,}56 \cdot 1{,}20 + 2{,}48 \cdot 1{,}30) \cdot 2{,}4 = 90{,}0\ kN$$

$$N_d = 11{,}35\ kN + 90{,}0\ kN = 101{,}34\ kN$$

$$M_{y,d} = M_d * a_t = 28{,}3\ \frac{kNm}{m} * 2{,}4m = 67{,}92\ kNm$$

$$\sigma_{E,d} = \frac{101{,}34\ kN}{65{,}3\ cm^2} + \frac{6792\ kNcm}{426\ cm^3} = 1{,}6\frac{kN}{cm^2} + 15{,}9\frac{kN}{cm^2} = 17{,}5\frac{kN}{cm^2}$$

$$S240 : \sigma_{R,d} = \frac{24\frac{kN}{cm^2}}{1{,}1} = 21{,}82\frac{kN}{cm^2}$$ *und damit* $17{,}5 \leq 21{,}82$ *Nachweis erfüllt.*

Biegeknicknachweis für einachsige Biegung mit Normalkraft:

$$\frac{N_d}{\kappa * \sigma_{R,d} * A} + \frac{M_{y,d}}{\sigma_{R,d} * W_y} + 0{,}1 \leq 1$$

$$s_k = 3{,}8\ m + 0{,}6 * 1{,}4\ m = 4{,}64\ m$$

$$\lambda_k = \frac{s_k}{i_y} = \frac{464cm}{7{,}66cm} = 60{,}6$$

$$\overline{\lambda_k} = \frac{\lambda_k}{\lambda_a} = \frac{60{,}6}{92{,}9} = 0{,}65$$

Ausweichen senkrecht zur y-Achse: KSL b

$$\kappa = 0{,}784$$

$$\frac{101{,}34kN}{0{,}784 * 21{,}82\frac{kN}{cm^2} * 65{,}3cm^2} + \frac{6792kNcm}{21{,}82\frac{kN}{cm^2 *} 426cm^3} + 0{,}1 \leq 1$$

□ 2.53 Fortsetzung Beispiel 27: Berechnung einer Trägerbohlwand (einmal gestützt, im Boden aufgelagert)

$0{,}09 + 0{,}73 + 0{,}1 = 0{,}92 \leq 1$ *Nachweis erfüllt.*

Nachweis der Verbaubohlen *(Biegespannung):*

Nach EB 88 darf der Abminderungsfaktor für lange Einwirkungen k_{mod} *=1 gesetzt werden.*

NH C24: $$zul\,\sigma = f_{m,d} = \frac{k_{\text{mod}} * f_{m,k}}{\gamma_M^{Holz}} = \frac{1 * 2{,}4 \frac{kN}{cm^2}}{1{,}3} = 1{,}85 \frac{kN}{cm^2}$$

$$M_d = \frac{19{,}2 \frac{kN}{m^2} * (2{,}4m)^2}{8} = 13{,}82 \frac{kNm}{m}$$

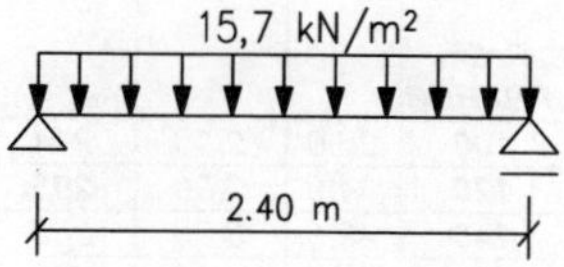

$$erf\,W = \frac{M_d}{zul\sigma} = \frac{1382 \frac{kNcm}{m}}{1{,}85 \frac{kN}{cm^2}} = 747 \frac{cm^3}{m}$$

Gewählte Höhe eines Konstruktionsvollholzes: 20 cm → 5 Hölzer/ m

mit $W = \frac{5}{m} * \frac{h * b^2}{6}$ wird $erf\,b = \sqrt{\frac{6 * W}{5 * h}} = \sqrt{\frac{6 * 747}{5 * 20}} = 6{,}7\ cm$

gewählt: Konstruktionsholz 80/ 200: $g_k = 0{,}08 \frac{kN}{m}$

Nachweis: $$erf\,W = \frac{M_d}{W} = \frac{1382 \frac{kNcm}{m}}{5 \cdot 213 \frac{cm^3}{m}} = 1{,}30 \frac{kN}{cm^2} < zul\sigma = 1{,}85 \frac{kN}{cm^2}$$

Nachweis der Steifen EB 52

Nachweise:

- *Spannungsnachweis*
- *Biegeknicknachweis für einachsige Biegung mit Normalkraft*
- *Biegedrillknicksicherheitsnachweis*

Ist die Steife nur durch ihr Eigengewicht und den Erddruck belastet, so können die Biegemomente vernachlässigt werden, und es reicht ein Biegeknicknachweis der Normalkraft mit dem Ersatzstabverfahren aus.

$s_k = 6m$

□ 2.53 Fortsetzung Beispiel 27: Berechnung einer Trägerbohlwand (einmal gestützt, im Boden aufgelagert)

$$N_d = A_d = 182{,}3\ kN$$

gewählt: HEB-160 (zur Orientierung: ThyssenKrupp, Profil ARBED Spundwände/ Pfähle; siehe Tafel 1)

$$N_{R,d} = 200\ kN\ mit\ g_k = 0{,}426 \frac{kN}{m}$$

Tafel 1: ThyssenKrupp, Profil ARBED Spundwände/ Pfähle

Profil IPB/ HEB	F [cm]	i [cm]	Aufnehmbare Längskraft in kN bei einer Stiellänge von s m 2,00	2,5	3,00	3,50	4,00	4,50	5,00	5,50	6,00	6,50	7,00
100	26,0	2,53	214	192	150	110	84	67	54	44	37	-	-
120	34,0	3,06	295	277	250	210	159	127	103	85	71	61	52
140	43,0	3,58	388	371	349	317	272	220	179	148	124	106	91
160	54,3	4,05	499	482	464	438	398	349	288	238	200	170	147
180	65,3	4,57	613	593	576	552	528	476	423	361	305	261	225
200	78,1	5,07	741	722	703	684	656	628	569	513	446	382	330
220	91,0	5,59	873	851	835	813	791	764	728	663	604	535	463
240	106	6,08	1048	1008	983	965	940	915	884	838	769	707	637
260	118	6,58	1173	1137	1110	1089	1069	1041	1014	955	923	851	790
280	131	7,09	1305	1265	1244	1222	1199	1177	1154	1124	1087	1013	940
300	149	7,58	1484	1481	1426	1401	1377	1352	1327	1301	1267	1227	1146
320	161	7,57	1603	1600	1551	1525	1499	1472	1455	1419	1391	1326	1238
340	171	7,53	1699	1696	1645	1629	1601	1573	1556	1517	1496	1400	1308
360	181	7,49	1795	1791	1787	1721	1704	1675	1657	1627	1574	1473	1377
400	198	7,40	1957	1954	1950	1891	1873	1855	1823	1803	1711	1593	1490

Voraussetzungen: Stahlsorte St 37-2: zulässige Spannung von 140 MN/m² beim Knicknachweis, zulässige Spannung von 160 MN/m² beim Spannungsnachweis, Eigengewicht, Nutzlast p = 1 kN/m, planmäßige vertikale Ausmitte von e =h/6, Schlankheitsgrad ≤ 250, Nachweis der Biegedrillknickung

4. Nachweis der Horizontalkräfte

$$B_{h,d} = 13{,}7 \cdot 1{,}2 + 1{,}7 \cdot 1{,}3 = 18{,}7\ kN/m$$

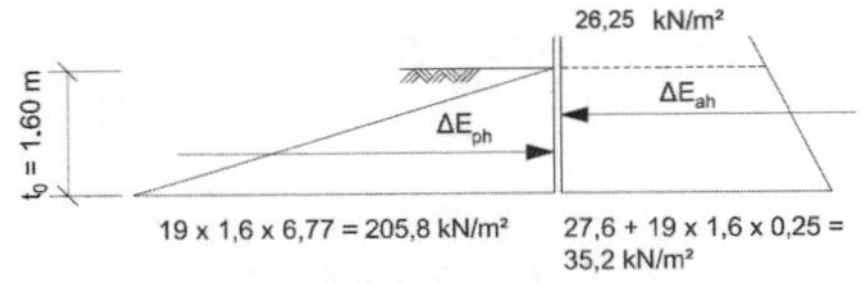

$$\Delta E^{g}_{ah,k} = 0{,}5 \cdot (2 \cdot 26{,}25 + 19 \cdot 1{,}40 \cdot 0{,}25)$$

$$\Delta E^{g}_{ah,k} = 32{,}9\ kN/m$$

$$\Delta E^{q}_{ah,k} = 1{,}25 \cdot 1{,}40 = 1{,}8\ kN/m$$

$$\gamma_G \cdot \left(B^{g}_{h,k} + \Delta E^{g}_{ah,k}\right) + \gamma_Q \cdot \left(B^{q}_{h,k} + \Delta E^{q}_{ah,k}\right) = 1{,}20 \cdot (13{,}7 + 32{,}9) + 1{,}3 \cdot (1{,}7 + 1{,}8)$$

$$= 60{,}5\ \ kN/m^2$$

$$E_{ph,d} = 0{,}5 \cdot 19 \cdot 1{,}4^2 \cdot 6{,}77 \cdot \frac{0{,}8}{1{,}30} = 77{,}6\ kN/m$$

$\rightarrow 60{,}5 \leq 77{,}6$ *Nachweis ist erbracht*

5. Nachweis der Vertikalkräfte

Charakteristischer Pfahlwiderstand R_k *nach 2.4.4.2*

□ 2.53 Fortsetzung Beispiel 27: Berechnung einer Trägerbohlwand (einmal gestützt, im Boden aufgelagert)

Für die gegebenen Baugrundverhältnisse U = 5,0 > 3; D = 0,68 > 0,65 wird

f_D = 1,25.

$f_a = 1{,}0$ *da $a_t \geq 1{,}20$ m*

$A_b = h \cdot b_t = 0{,}18 \cdot 0{,}18 = 0{,}0324 \; m^2$

$t_n = t_0 - 0{,}5 \; m = 1{,}4 - 0{,}5 = 0{,}9 \; m$

$q_{b1,k} = 600 + 120 \cdot t_n = 600 + 120 \cdot 0{,}9 = 708 \; kN/m^2$

$$f_t = \frac{t_n}{2{,}5} = \frac{0{,}9}{2{,}5} = 0{,}36$$

$$f_\gamma = \frac{\gamma}{\gamma'} = \frac{19}{11} = 1{,}73$$

$\rightarrow \; Q_b = f_t \cdot f_\gamma \cdot \sigma_{b1,k} \cdot A_b = 0{,}36 \cdot 1{,}73 \cdot 708 \cdot 0{,}0324 = 14{,}3 \; kN$

$A_s = (2 \cdot h + 3 \cdot b_t) \cdot t_n = (2 \cdot 0{,}18 + 3 \cdot 0{,}18) \cdot 1{,}1 = 1{,}0 \; m^2$

$q_{s1,k} \approx 60 \; kN/m^2$

$\rightarrow \; Q_s = q_{s1,k} \cdot A_s = 60 \cdot 1{,}0 = 60{,}0 \; kN.$

Somit ergibt sich

$R_k = f_D \cdot f_a \cdot (Q_b + Q_s) = 1{,}25 \cdot 1{,}0 \cdot (14{,}3 + 60{,}0) = 92{,}8 \; kN$

$\rightarrow \; R_d = 92{,}8 \; kN / 1{,}40 = 66{,}3 \; kN$

***Charakteristische vertikale Einwirkungen** nach 2.4.4.1*

$G_{k,1} = 0{,}512 \cdot 6{,}4 = 3{,}4 \; kN$ *Gewicht des Trägers*

$G_{k,2} = 0{,}426 \cdot \frac{6{,}0}{2} = 1{,}3 \; kN$ *Gewichtsanteil der Steife*

$G_{k,3} = 25 \cdot 0{,}096 \cdot 2{,}4 = 5{,}8 \; kN$ *Gewicht der Bohlen*

$\rightarrow \; G_k = 3{,}4 + 1{,}3 + 5{,}8 = 10{,}5 \; kN$

$E^g_{av,k} = 28{,}56 \; kN/m \cdot 2{,}4 \; m = 68{,}5 \; kN$ *bezogen auf 2,4 m*

$E^q_{av,k} = 2{,}48 \; kN/m \cdot 2{,}4 \; m = 6{,}0 \; kN$

□ 2.53 Fortsetzung Beispiel 27: Berechnung einer Trägerbohlwand (einmal gestützt, im Boden aufgelagert)

$\rightarrow\ N_d = \gamma_G \cdot \left(G_k + E^g_{av,k}\right) + \gamma_Q \cdot \left(E^q_{av,k}\right) = 1{,}20 \cdot (10{,}5 + 68{,}5) + 1{,}30 \cdot (6{,}0) = 102{,}6\ kN$

$\rightarrow\ 102{,}6 \geq 66{,}3$ *Nachweis ist nicht erbracht!*

Ein ausreichender Nachweis kann durch

- *Vergrößerung der Einbindetiefe,*
- *Vergrößerung der Aufstandsfläche (z.B. durch Einbetonieren des Trägerfußes) oder*
- *Ableitung der Vertikalkräfte auf andere Konstruktionsteile*

erreicht werden.

Hier ist ein Defizit von $\Delta R_d = 102{,}6 - 66{,}3 = 36{,}3\ kN$ abzudecken.

Damit ergibt sich ein Defizit an charakteristischer Mantelreibung, wenn die Spitzendruckkraft unverändert bliebe, und somit

$$\Delta t = \frac{(36{,}3 \cdot 1{,}40)}{1{,}25 \cdot 1 \cdot 0{,}9\ m \cdot 60\ kN/m^2} = 0{,}75\ m$$

In diesem Fall wäre eine Vergrößerung der Einbindetiefe auf $t_0 = 1{,}4 + 0{,}8 = 2{,}2$ *m ausreichend.*

Nachweis:

Charakteristischer Pfahlwiderstand R_k *nach 2.4.4.2*

$f_D = 1{,}25$, $f_a = 1{,}0$, $A_b = 0{,}0324\ m^2$; $t_n = t_0 - 0{,}5\ m\ = 2{,}2 - 0{,}5 = 1{,}7\ m$

$$q_{b1,k} = 600 + 120 \cdot t_n = 600 + 120 \cdot 1{,}7 = 804\ kN/m^2$$

$$f_t = \frac{t_n}{2{,}5} = \frac{1{,}7}{2{,}5} = 0{,}68; \qquad f_\gamma = 1{,}73$$

$$\rightarrow\ Q_b = f_t \cdot f_\gamma \cdot \sigma_{b1,k} \cdot A_b = 0{,}68 \cdot 1{,}73 \cdot 804 \cdot 0{,}0324 = 30{,}6\ kN$$

$$A_s = (2 \cdot h + 3 \cdot b_t) \cdot t_n = (2 \cdot 0{,}18 + 3 \cdot 0{,}18) \cdot 1{,}7 = 1{,}53\ m^2$$

$$q_{s1,k} \approx 60\ kN/m^2 \qquad \rightarrow \qquad Q_s = q_{s1,k} \cdot A_s = 60 \cdot 1{,}53 = 91{,}8\ kN.$$

Somit ergibt sich

$$R_k = f_D \cdot f_a \cdot (Q_b + Q_s) = 1{,}25 \cdot 1{,}0 \cdot (30{,}6 + 91{,}8) = 153{,}0\ kN$$

$\rightarrow R_d = 153{,}0\ kN / 1{,}40 = 109{,}2\ kN > 102{,}6\ kN$ *Nachweis ist erbracht!*

□ 2.54 Beispiel 28: Berechnung einer Trägerbohlwand (einmal gestützt, im Boden eingespannt); in Anlehnung an Hilpert, Seitz (2005)

Geg.: *Die dargestellte einmal gestützte, im Boden eingespannte Trägerbohlwand*

Angaben zur Baugrube: 5,0 m tief

Mindesteinbindetiefe: 3,0 m

Angaben zur Trägerbohlwand:

Abstand der Bohlträger: $a_t = 2{,}2\ m$

Abstand der Steifen: $a_s = a_t = 2{,}2\ m$

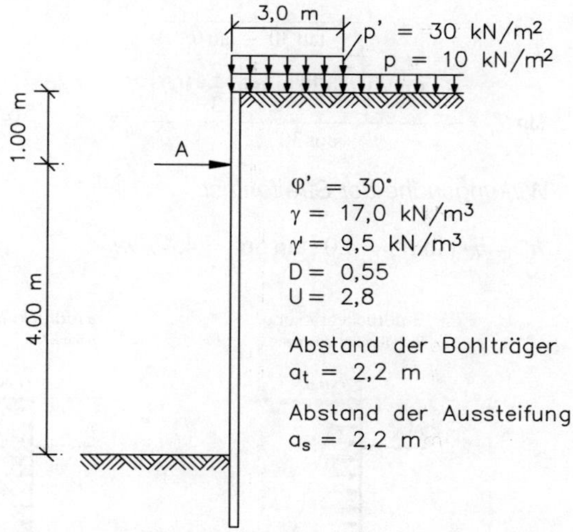

Angaben zum Baugrund:

SW; $\gamma = 17\ kN/m^3$; $\gamma' = 9{,}5\ kN/m^3$; $\varphi_K = \varphi' = 30°$; *D = 0,55; U = 2,8*

Ges.:

1. *Bestimmung der Erddruckverteilung*
2. *Überprüfung der Einbindetiefe* t_0
3. *Bestimmung der Schnittgrößen*
4. *Nachweis des Wandreibungswinkels auf der passiven Seite*
5. *Nachweis der Horizontalkräfte*
6. *Nachweis der Vertikalkräfte*

Lösg.: *Teilsicherheitsbeiwerte* $\gamma_G = 1{,}20$; $\gamma_Q = 1{,}30$; $\gamma_{R,e} = 1{,}30$; $\eta_{EP} = 0{,}8$; $\gamma_P = 1{,}40$ *(Bemessungssituation BS-T)*

$$\varphi_k = \varphi',\ e^g_{ah} = e^g_{ah,k},\ e^p_{ah} = e^q_{ah,k},\ p = p_k,\ K_{ah} = K_{ah,k},\ K_{ph} = K_{ph,k}$$

1. Erddruckermittlung:

$$\alpha = 0;\ \beta = 0;\ \varphi_k = 30°;\ \delta_a = \frac{2}{3}\varphi_k \rightarrow K^g_{ah} = 0{,}28$$

$$\alpha = 0;\ \beta = 0;\ \varphi_k = 30°;\ \delta_a = \frac{2}{3}\varphi_k \rightarrow K^g_{ph} = 5{,}74$$

$$e^g_{ah} = 17{,}0 \cdot 5{,}0 \cdot 0{,}28 = 23{,}8\ kN/m^2$$

$$e^p_{ah} = 10{,}0 \cdot 0{,}28 = 2{,}8\ kN/m^2$$

$$e^q_{ah} = 30{,}0 \cdot 5{,}0 \cdot 0{,}28 = 8{,}4\ kN/m^2$$

Gleitflächenwinkel:

□ 2.54 Fortsetzung Beispiel 28: Berechnung einer Trägerbohlwand (einmal gestützt, im Boden eingespannt); in Anlehnung an Hilpert, Seitz (2005)

$$\tan\vartheta_a = \frac{\sin 30° + \sqrt{\dfrac{\tan 30° - \tan 0°}{\tan 30° + \tan\left(\dfrac{2}{3}\cdot 30°\right)}}}{\cos 30°} \rightarrow \vartheta_a = 56°$$

Wirkungshöhe der Streifenlast:

$$h_q = b\cdot\tan\vartheta_a = 3{,}0\cdot\tan 56° = 4{,}45\ m$$

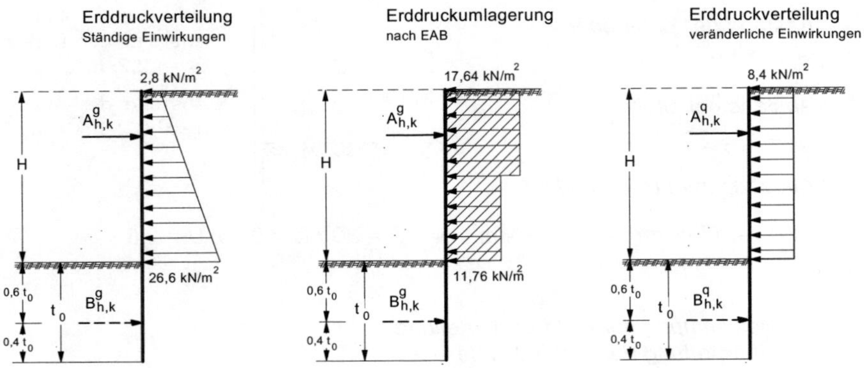

Erddruckumlagerung gem. EB 69:

$$0{,}1\cdot H = 0{,}1\cdot 5{,}0 = 0{,}5\ m < h_k = 1{,}0\ m = 0{,}2\cdot H = 0{,}2\cdot 5{,}0 = 1{,}0\ m$$

$$e_m = \frac{26{,}6 + 2{,}8}{2} = 14{,}7\ kN/m^2$$

$$\frac{e_{h_o}}{e_{h_u}} \geq 1{,}5 \rightarrow e_{h_o} = 1{,}5\cdot e_{h_u}$$

$$e_m\cdot 5{,}0 = e_{h_o}\cdot 2{,}5 + e_{h_u}\cdot 2{,}5 = 2{,}5\cdot 1{,}5\cdot e_{h_u} + 2{,}5\cdot e_{h_u}$$

$$\rightarrow e_{h_u} = 17{,}64\ kN/m^2$$

$$\rightarrow e_{h_o} = 11{,}76\ kN/m^2$$

□ 2.54 Fortsetzung Beispiel 28: Berechnung einer Trägerbohlwand (einmal gestützt, im Boden eingespannt); in Anlehnung an Hilpert, Seitz (2005)

2. Ermittlung der erforderlichen Einbindetiefe

$\sum M_{(A)} = 0:$

infolge g:

$$0 = 17{,}64 \cdot 2{,}5 \cdot 0{,}25 + 11{,}76 \cdot 2{,}5 \cdot 2{,}75 - B_{h,k}^{g} \cdot (4{,}0 + 0{,}6t_0) \rightarrow$$

$$B_{h,k}^{g} = \frac{91{,}88}{4{,}0 + 0{,}6t_0}$$ *Bestimmungsgleichung (1)*

infolge q:

$$0 = 8{,}40 \cdot 4{,}45 \cdot 1{,}23 - B_{h,k}^{q} \cdot (4{,}0 + 0{,}6t_0)$$

$$B_{h,k}^{q} = \frac{45{,}98}{4{,}0 + 0{,}6t_0}$$ *Bestimmungsgleichung (2)*

Maßgebender Erdwiderstand:

gew.: Profil HEB180; t_0 = 3,0 m → $\frac{b_t}{t_0} = \frac{0{,}18}{3{,}00} = 0{,}06$

Fall „keine Überschneidung"

Tafelablesung (□ 2.45): ω_R = 1,56 (interpoliert)

$$\omega_{ph,keine Überschneidung} = \frac{t_0 \cdot \omega_R}{a_t} + \frac{h \cdot c \cdot \omega_k}{\gamma \cdot a_t} = \frac{3{,}00 \cdot 1{,}56}{2{,}20} + 0 = 2{,}127$$

Fall „Überschneidung"

Tafelablesung (□ 2.47):

$K_{ph}^{(\delta_p \neq 0)} = 5{,}46\,;\; K_{ph}^{(\delta_p = 0)} = 3{,}00$

$$\omega_{ph,Überschneidung} = \frac{b_t}{a_t} \cdot k_{ph}^{(\delta_p \neq 0)} + \frac{a_t - b_t}{a_t} \cdot k_{ph}^{(\delta_p = 0)} + \frac{4}{\gamma \cdot t_0} \cdot \sqrt{\cdot\, k_{ph}^{(\delta_p \neq 0)}}$$

$$= \frac{0{,}18}{2{,}20} \cdot 5{,}46 + \frac{2{,}20 - 0{,}18}{2{,}20} \cdot 3{,}00 + 0 = 3{,}201$$

Somit ist maßgebend: $\omega_{ph} = 2{,}127$

Erdwiderstand vor dem einzelnen Träger:

□ 2.54 Fortsetzung Beispiel 28: Berechnung einer Trägerbohlwand (einmal gestützt, im Boden eingespannt); in Anlehnung an Hilpert, Seitz (2005)

Die Einspannung der Trägerbohlwand kann durch den Faktor f_w berücksichtigt werden:

$f_w = 0,8$ im Fall „keine Überschneidung“

$f_w = 1,0$ im Fall „Überschneidung“

$$spa\ E_{ph,k} = \frac{\gamma \cdot t_0^2 \cdot \omega_{ph} \cdot f\omega}{2} = \frac{17 \cdot t_0^2 \cdot 2{,}127 \cdot 0{,}8}{2} = 14{,}46 \cdot t_0^2 \quad (3)$$

Durch Einsetzen der zuvor gewonnen Gleichungen (1), (2) und (3) in den Nachweis der Horizontalkräfte erhält man die erforderliche Einbindetiefe

$$B_{h,d} \leq E_{ph,d}$$

$$\gamma_G \cdot B_{h,k}^g + \gamma_Q \cdot B_{h,k}^q \leq \frac{spa\ E_{ph,k}}{\gamma_{R,e}} \cdot \eta_{EP}$$

$$1{,}20 \frac{91{,}88}{4{,}0 + 0{,}6t_0} + 1{,}30 \frac{45{,}98}{4{,}0 + 0{,}6t_0} \leq \frac{14{,}46 \cdot t_0^2}{1{,}30} \cdot 0{,}8 \rightarrow 5{,}34 \cdot t_0^3 + 35{,}60 \cdot t_0^2 - 170{,}03 \geq 0$$

$\rightarrow erf\ t_0 \geq 1{,}93\ m \neq gew\ t_0 = 3{,}00\ m$ *Es wird mit $t_0 = 3{,}0$ m weitergerechnet*

3. Schnittgrößen

Es ergeben sich folgende Bodenreaktionen

$$B_{h,k}^g = 15{,}84\ kN/m; \quad B_{h,k}^q = 7{,}93\ kN/m$$

und mit (3): $$spa\ E_{ph,k} = \frac{17 \cdot 3{,}00^2 \cdot 2{,}127 \cdot 0{,}8}{2} = 130{,}17\ kN/m$$

Mit $\sum H = 0$ *am zuvor dargestellten System wird die Auflagerkraft:*

$$A_{h,k}^g = -15{,}84 + 2{,}5 \cdot (17{,}64 + 11{,}76) = 57{,}66\ kN/m$$

$$A_{h,k}^q = -7{,}93 + 8{,}40 \cdot 4{,}45 = 29{,}45\ kN/m$$

Statisch äquivalente Bodenreaktionen

$$\sigma_{h,k}^g = -\frac{15{,}84 \cdot 2}{3{,}00} = -10{,}56\ kN/m^2; \qquad \sigma_{h,k}^q = -\frac{7{,}93 \cdot 2}{3{,}00} = -5{,}29\ kN/m^2$$

3. Bestimmung der Schnittgrößen: *Skizze siehe nächste Seite*

Das maximale Feldmoment liegt bei $$x_0 = \frac{B_{h,k}^g}{e_{h,k}^g} = \frac{15{,}84}{11{,}76} = 1{,}35\ m$$

□ 2.54 Fortsetzung Beispiel 28: Berechnung einer Trägerbohlwand (einmal gestützt, im Boden eingespannt); in Anlehnung an Hilpert, Seitz (2005)

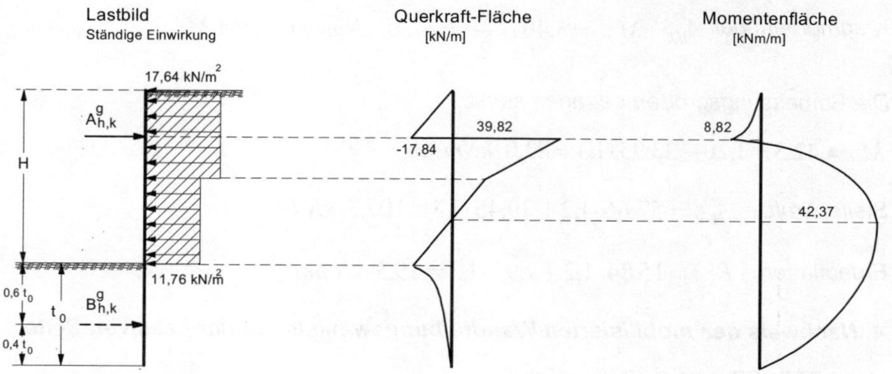

Mit diesen Werten erhält man aus der Q-Fläche

$$\max M^g_{Feld} = 15{,}84 \cdot 2{,}00 + \frac{1}{2} \cdot 1{,}35 \cdot 15{,}84 = 42{,}37 \ kNm/m$$

Kragmoment bei $A^g_{h,k}$: $M^g_A = 17{,}64 \cdot \frac{1{,}0^2}{2} = 8{,}82 \ kNm/m < \max M^g_{Feld}$.

Aus veränderlichen Einwirkungen:

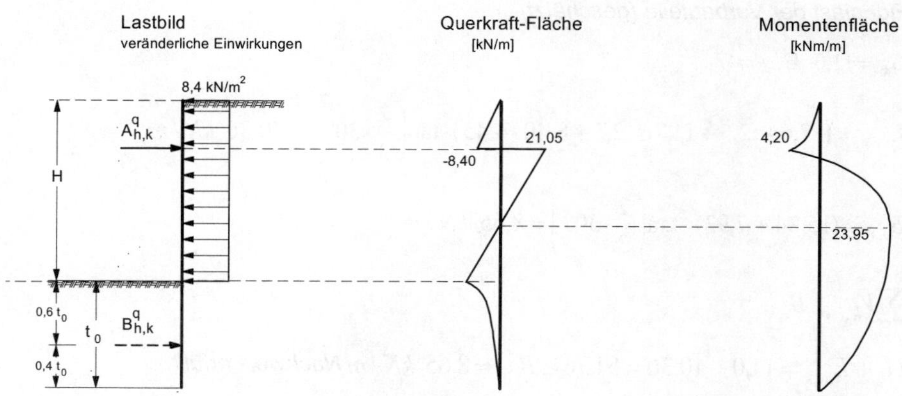

Das maximale Feldmoment liegt bei $x_0 = \frac{B^q_{h,k}}{e^q_{h,k}} = \frac{7{,}93}{8{,}4} = 0{,}94 \ m$

Mit diesen Werten erhält man aus der Q-Fläche

$$\max M^q_{Feld} = 7{,}93 \cdot 2{,}00 + \frac{1}{2} \cdot 0{,}94 \cdot 7{,}93 = 23{,}95 \ kNm/m$$

□ 2.54 Fortsetzung Beispiel 28: Berechnung einer Trägerbohlwand (einmal gestützt, im Boden eingespannt); in Anlehnung an Hilpert, Seitz (2005)

Kragmoment bei $A_{h,k}^{q}$: $M_{A}^{q} = 8{,}40 \cdot \frac{1{,}0^2}{2} = 4{,}20\ kNm/m < \max M_{Feld}^{g}$

Die Bemessungsgrößen betragen somit:

$M_d = 42{,}37 \cdot 1{,}20 + 23{,}95 \cdot 1{,}3 = 82{,}0\ kNm/m$

Steifenkraft: $A_{h,d} = 57{,}66 \cdot 1{,}2 + 29{,}45 \cdot 1{,}3 = 107{,}5\ kN/m$.

Erdauflager: $B_{h,d} = 15{,}84 \cdot 1{,}2 + 7{,}93 \cdot 1{,}3 = 29{,}3\ kN/m$

4. Nachweis des mobilisierten Wandreibungswinkels auf der passiven Seite

Nach EAB, EB 9 ist die Bedingung

$\sum V_{k,i} \geq B_{v,k}$ *bzw.* $G_k + E_{av,k} \geq B_{v,k}$ *einzuhalten.*

G_k = *charakteristischer Wert der Eigenlast*

$E_{av,k} = E_{ah,k} \cdot \tan \delta_a$

$B_{v,k} = B_{h,k} \cdot \tan \delta_p$

Nachweis:

Eigenlast der Verbauteile (geschätzt)

$G_k = 11{,}0\ kN/m$

$$E_{av,k} = (17{,}64 \cdot 2{,}5 + 11{,}76 \cdot 2{,}5 + 8{,}40 \cdot 4{,}45) \cdot \tan\left(\frac{2}{3} \cdot 30°\right) = 40{,}36\ kN/m$$

$$B_{v,k} = (15{,}84 + 7{,}93) \cdot \tan\left(\frac{2}{3} \cdot 30°\right) = 8{,}65\ kN/m$$

$\sum V_{k,i} \geq B_{v,k}$

$G_k + E_{av,k} = 11{,}0 + 40{,}36 = 51{,}36 \geq B_{v,k} = 8{,}65\ kN/m$ *Nachweis erfüllt.*

5. Nachweis der Horizontalkräfte

Bei Zugrundelegung gekrümmter Gleitflächen wird der Wandreibungswinkel $\delta_p = -\varphi'$ *angesetzt.*

$$\Delta E_{ah,k}^{g} = \frac{2 \cdot 26{,}60 + 0{,}28 \cdot 17 \cdot 3{,}00}{2} \cdot 3{,}00 = 101{,}2\ kN/m$$

☐ 2.54 Fortsetzung Beispiel 28: Berechnung einer Trägerbohlwand (einmal gestützt, im Boden eingespannt); in Anlehnung an Hilpert, Seitz (2005)

$$\Delta E^q_{ah,k} = 0$$

Erdwiderstand auf die durchlaufende Wand:

$$E_{ph,k} = \frac{17 \cdot 5{,}74 \cdot 3{,}00^2}{2} = 439{,}1 \; kN/m$$

$$\gamma_G \left(B^g_{h,k} + \Delta E^g_{ah,k}\right) + \gamma_Q \left(B^q_{h,k} + \Delta E^q_{ah,k}\right) \leq \frac{E^g_{ph,k}}{\gamma_{R,e}} \cdot \eta_{EP}$$

$$1{,}20(15{,}84 + 101{,}2) + 1{,}30(7{,}93 + 0) \leq \frac{439{,}1}{1{,}30} \cdot 0{,}8$$

$$150{,}8 < 270{,}2 \; kN/m$$

Ausnutzungsgrad:

$$\mu = \frac{B_{h,d}}{E_{ph,d}} \cdot 100 = \frac{150{,}8}{270{,}2} \cdot 100 = 56 \; \%$$

6. Nachweis der Vertikalkräfte

$G_k = 11{,}0 \; kN/m$ *(geschätzt)*

$$E^g_{av,k} = (17{,}64 \cdot 2{,}5 + 11{,}76 \cdot 2{,}5) \cdot \tan\frac{2}{3} \cdot 30° = 26{,}75 \; kN/m$$

$$E^q_{av,k} = 8{,}40 \cdot 4{,}45 \cdot \tan\frac{2}{3} \cdot 30° = 13{,}61 \; kN/m$$

Spitzenwiderstandskraft Q_b:

$A_b = h \cdot b_t = 0{,}18 \cdot 0{,}18 = 0{,}0324 \; m^2$ *(100% Pfropfenbildung)*

Netto-Einbindetiefe:

$$t_n = t_0 - 0{,}5 = 3{,}00 - 0{,}5 = 2{,}50 \; m$$

Spitzenwiderstandsbeiwert:

$$q_{b1,k} = 600 + 120 \cdot t_n = 600 + 120 \cdot 2{,}50 = 900{,}0 \; kN/m^2$$

Beiwerte:

$f_t = \frac{t_n}{2{,}5} = \frac{2{,}50}{2{,}50} = 1{,}0;$ $\qquad f_\gamma = \frac{\gamma}{\gamma'} = \frac{17}{9{,}5} = 1{,}79$

□ 2.54 Fortsetzung Beispiel 28: Berechnung einer Trägerbohlwand (einmal gestützt, im Boden eingespannt); in Anlehnung an Hilpert, Seitz (2005)

Damit wird

$$Q_b = f_t \cdot f_\gamma \cdot q_{b1,k} \cdot A_b = 1{,}0 \cdot 1{,}79 \cdot 900{,}0 \cdot 0{,}0324 = 52{,}20 \ kN$$

Mantelreibungskraft Q_r:

$$A_s (2h + 3b_t) \cdot t_n = (2 \cdot 0{,}18 + 3 \cdot 0{,}18) \cdot 2{,}5 = 2{,}25 \ m^2$$

Mittlerer Mantelreibungsbeiwert: $q_{s1,k} = 60 \ kN/m^2$

Damit wird

$$Q_s = q_{s1,k} \cdot A_s = 60 \cdot 2{,}25 = 135{,}0 \ kN$$

Die charakteristische Grenztragfähigkeit ergibt sich mit den Beiwerten f_a = 1,0 und f_D = 1,25 zu:

$$R_k = 1{,}25 \cdot 1{,}0(52{,}20 + 135{,}0) = 234 \ kN$$

Nachweisgleichung

$$\sum V_{d,i} \le R_d$$

$$E^g_{av,k} = 26{,}75 \ kN/m \cdot 2{,}2 \ m = 58{,}9 \ kN$$ *bezogen auf 2,2 m*

$$E^q_{av,k} = 13{,}61 \ kN/m \cdot 2{,}2 \ m = 29{,}9 \ kN$$

$$\rightarrow \sum V_{d,i} = \gamma_G (G_k + E^g_{av,k}) + \gamma_Q (E^q_{av,k}) = 1{,}20 \cdot (11{,}0 + 58{,}9) + 1{,}30 \cdot (29{,}9) = 122{,}8 \ kN$$

$$R_d = \frac{234}{1{,}40} = 167{,}1 \ kN$$

$122{,}8 < 167{,}1 \ kN$ *Damit ist ausreichende Sicherheit gegeben.*

2.5 Kontrollfragen

2.5.1 Berechnungsgrundlagen

- Regelwerke für Lastannahmen?
- Bemessungssituationen?
- Behandlung von Nutzlasten nach EAB? Er-satzlasten?
- Nutzlasten aus Straßen- und Schienenverkehr / aus Baustellenverkehr und Baubetrieb / aus Baggern und Hebezeugen?
- Woher erhält man Bodenkenngrößen für die Berechnung des Erddrucks auf den Verbau?
- Wann kann mit aktivem Erddruck gerechnet werden? Erddruck bei benachbarten baulichen Anlagen?
- Zusammenhang zwischen Erddruck und den zu erwartenden Verschiebungen von Baugrubenwänden?
- Warum kann der Erddruck bei einem waage-rechten oder senkrechten Grabenverbau rechteckförmig angesetzt werden?
- Umwandlung des Erddrucks in ein flächen-gleiches Rechteck und Erhöhung der Auflagerkräfte bei a) waagerechtem
- und senkrechtem Grabenverbau, b) Spund- und Ortbetonwänden?
- Wann muss mit erhöhtem Erddruck / Erdruhedruck bei der Berechnung von Baugrubenwänden gerechnet werden? Wo findet man diesbezügliche Erddruckfiguren?
- Unterschied zwischen Erddruckansätzen für ständige Bauwerke und für vorübergehende Bauwerke (Baugruben)?
- Erläutern Sie, wie man die Erddruckfigur a) für ständige Bauwerke b) für eine Baugrubenwand nach EAB für folgende Lasten ermittelt: 1) unbegrenzte Flächenlast 2) Streifenlast, 3) Linienlast, 4) Einzellast!
- Was versteht man unter einer Zwangsgleitfläche? Wo spielt sie bei der Berechnung des Erddrucks auf Baugrubenwände eine Rolle?
- Standsicherheit eines Verbaus?
- Bemessung des Verbaus bei: Biegung / Holz? Biegung / Stahl? Biegung / Stahlbeton? Druck? Zug?
- Räumliche Stabilität?
- Wo findet man Berechnungsgrundlagen für Spundwände als Baugrubenverbau / als bleibendes Bauwerk?
- Unterschiedliche Berechnungsansätze je nach Einsatzbereich der Spundwände?
- Belastung von Stützwänden?
- Berechnungsgrundlagen für Baugrubenspundwände?
- Wann kann bei Baugruben-Stützwänden nach der klassischen Erddrucktheorie gerechnet werden?
- Zwangsgleitfläche?
- Was geschieht mit dem Erdwiderstandsbeiwert bei dieser Berechnung?
- Rechteckförmiger Erddruckansatz für gestützte (ausgesteifte) Spundwände und Ortbetonwände für Baugruben nach EAB?
- Welche Voraussetzungen bezüglich des Bodens müssen für diesen Ansatz einer Gleichlast vorliegen?
- Zuschläge bei den Quer- und Auflagerkräften und Abminderungen des Feldmoments beim Ansatz einer Gleichlast a) bei einer Steifenlage, b) bei zwei Steifenlagen, c) bei drei oder mehr Steifenlagen?
- Behandlung der Rückbauzustände beim Ansatz einer Gleichlast?
- Wo kann der Angriffspunkt des Erdwiderstands angenommen werden?
- Berechnungsgrundlage für bleibende Stützwandbauwerke?
- Erddruckansatz bei bleibenden Stützwandbauwerken?
- Wird der Erdwiderstand bei bleibenden Stützwänden abgemindert?
- Unterschiede im Erddruckansatz bei der Berechnung von Stützwänden und von massiven Stützwänden?
- Grundsätzlicher Unterschied zwischen dem Ansatz des Erdwiderstands bei Stützwänden und bei Trägerbohlwänden?
- Gemäß EAB müssen für den Erdwiderstand Teilsicherheiten eingehalten werden, und zwar unterschiedlich für Spundwände und für Trägerbohlwände.

Warum ist die Sicherheit bei Stützwänden kleiner?
- Wodurch erfolgt eine Erddruckumlagerung bei Stützwänden?
- Rückbau einer Stützwand? Was muss dabei beachtet werden?
- Momentenabminderung und Ankerkrafterhöhungen bei bleibenden Stützwänden? Erläuterungen!
- In welchen Fällen ist eine Momentenabminderung bei bleibenden Stützwänden nicht zulässig?

2.5.2 Berechnungsverfahren
2.5.3 Bemessung
2.5.4 Standsicherheitsweise

- Statisches System, Einbindetiefe, Momente und Tragverhalten (Standsicherheit) der drei statischen Stützwandsysteme sind zu vergleichen.
- Skizzieren und erläutern Sie die Einspannung im Boden (Erddruck- und Erdwiderstandsflächen) bei einer unverankerten Stützwand, die durch eine Linienlast beansprucht wird!
- Was versteht man unter dem Belastungsnullpunkt einer verankerten Stützwand? Skizze und Berechnung!
- Um welchen Punkt wird das Momentengleichgewicht bei der nicht gestützten (unverankerten) Wand / bei der einfach gestützten (verankerten), im Boden frei aufgelagerten Stützwandwand formuliert?
- Ersatzbalkenverfahren? Traglastverfahren?
- EDV-Berechnungen von Stützwänden? FEM?
- Zeichnerisches Verfahren zur Bestimmung der Schnittgrößen einer Stützwand?
- Erläutern Sie die Lage der Schlusslinien beim zeichnerischen Verfahren für die drei häufigsten Stützwandsysteme!
- Wie erhält man beim zeichnerischen Verfahren die Biegelinie? Wozu wird sie benötigt?
- Wie groß ist die Durchbiegung am Ankerangriffspunkt?
- Wo erscheint die Ankerkraft im Polplan?
- Wann darf die Kohäsion bei der Ermittlung der Erddruck- / Erdwiderstands-Ordinaten angesetzt werden?
- Unterlagen zur Berechnung von Fangedämmen?
- Welche Möglichkeiten der Bemessung von Stützwänden stehen zurzeit zur Verfügung?
- Beanspruchung von Stützwänden?
- Stabilitätsnachweis?
- Zulässige Spannungen?
- Gleichgewicht der Vertikalkräfte?
- Welche Gesichtspunkte müssen bei der Auswahl der Stützwandprofile beachtet werden?
- Wasserdichtigkeit der Stützwandschlösser?
- In welchen Fällen ist eine Vergrößerung der Einbindetiefe über die statisch nachgewiesene hinaus erforderlich?
- Wozu dient die Gurtung bei einer Stützwand? Wie wird sie bemessen und ausgebildet?
- Das Ersatzkraftverfahren von Blum ist mit Hilfe einer Skizze zu erläutern.
- Bei welchen Stützwandsystemen wird mit der Blumschen Ersatzkraft gerechnet?
- Beschreiben Sie die Nomogramme von Blum zur Berechnung der drei Stützwandsysteme! Voraussetzungen?
- Nennen Sie zwei Gründe, warum hauptsächlich die verankerte, eingespannte Stützwand für bleibende Bauwerke verwendet wird!
- Möglichkeiten der Verankerung von Spund-wänden? Skizzen!
- Welche Vertikalkräfte können auf die Träger wirken?
- Erddruck auf eine Trägerbohlwand nach EB: a) unterhalb der Baugrubensohle? b) Wandreibungswinkel? c) Berücksichtigung der Erddruck-umlagerung bei einer Steifenlage? d) Voraussetzung für c)? e) Was macht man, wenn d) nicht eingehalten wird?

- Was ist ein Erdauflager? Wo wird es nach EB bei Trägerbohlwänden angesetzt?
- Wie wird die Größe der Erdwiderstandskraft vor einem Bohlträger nach EB berechnet?
- Wie erhält man die Größe der unteren, vom Boden aufzunehmenden Auflagerkraft bei einer einfach ab-gestützten Trägerbohlwand? (Einzelne Schritte aufführen!)
- Wie erhält man die erforderliche Einbindetiefe einer Trägerbohlwand?
- Wovon hängt der fiktive Erdwiderstandsbeiwert für räumlichen Erd-widerstand nach Weißenbach ab?
- Wie erhält man die Schnittgrößen einer Trägerbohlwand?
- Wie werden Bohlträger, Verbaubohlen und Steifen einer Trägerbohlwand bemessen?
- Erläutern Sie den Nachweis "Gleichgewicht der Horizontalkräfte" nach EAB! Wie erhält man die Horizontalkräfte?
- Erläutern Sie den Nachweis "Gleichgewicht der Vertikalkräfte" nach EAB!
- Wie setzt man den Erddruck unterhalb der Baugrubensohle bei einer Trägerbohlwand an a) für die Be-messung des Bohlträgers,

b) beim Nachweis $\Sigma H = 0$?
- Ausführung von Trägerbohlwänden in unmittelbarer Nachbarschaft von hohen und schweren Gebäuden?

2.6 Aufgaben

2.6.1 Geg.: Nicht gestützte Spundwand, freie Standhöhe h = 3 m, γ = 17 kN/m³, φ = 30°, δ = 2/3 φ. Ges.: t, max M.

2.6.2 Warum wird der Erdwiderstand bei einer bleibenden Spundwand - im Gegensatz zu einer Baugrubenspundwand - nicht mit einer Sicherheit belegt? Gibt es keine Sicherheit?

2.6.3 Warum muss der Rechenwert x bei der Ermittlung der Einbindetiefe von Spundwänden nach dem Ersatzkraftverfahren von Blum mit Hilfe des Faktors α vergrößert werden?

2.6.4 Geg.: Nicht gestützte Spundwand, freie Standhöhe h = 4 m, Außenwasserspiegel = Grundwasserspiegel 4 m tief unter Wandoberkante, γ = 18 kN/m³, γ' = 11 kN/m³, φ = 30°, δ = 2/3 φ. Ges.: Abstand u des Belastungsnullpunkts von der Sohle.

2.6.5 Geg.: Nicht gestützte Spundwand, freie Standhöhe h = 3 m, Schichtwechsel in 1 m Tiefe unter Oberkante, obere Schicht γ = 18 kN/m³, φ = 30°, untere Schicht γ = 17 kN/m³, φ = 20°, δ = 2/3 φ. Ges.: t, max M.

2.6.6 Geg.: Spundwand, freie Standhöhe h = 6 m, γ = 18 kN/m³, φ = 30°, δ = 0. Ges.: Durch zeichnerische und rechnerische Lösung: t, max M für den nicht gestützten Fall a) t, max M und A für einfache Verankerung in 1 m Tiefe unter Geländeoberfläche und die Fälle b) "freie Auflagerung" und c) "Einspannung im Boden".

2.6.7 2.6.10 Ein 4 m hoher Geländesprung ist durch eine Spundwand gesichert. Der Grundwasserspiegel liegt links und rechts der Spundwand 4,3 m unter ihrer Oberkante. Bodenkennzahlen: γ = 18 kN/m³, γ' = 11 kN/m³, φ = 30°. Die Lage des Belastungsnullpunkts ist zu ermitteln für die Spundwand a) als bleibendes Bauwerk, b) als Baugrubenverbau.

2.7 Weitere Beispiele

□ 2.55 Beispiel 29: Überprüfung der Einbindetiefe einer Trägerbohlwand

Geg.: *6,0 m tiefe Baugrube, gesichert durch eine einfach ausgesteifte Trägerbohlwand (HE-200B im Abstand von 2,5 m). Skizze siehe nächste Seite*

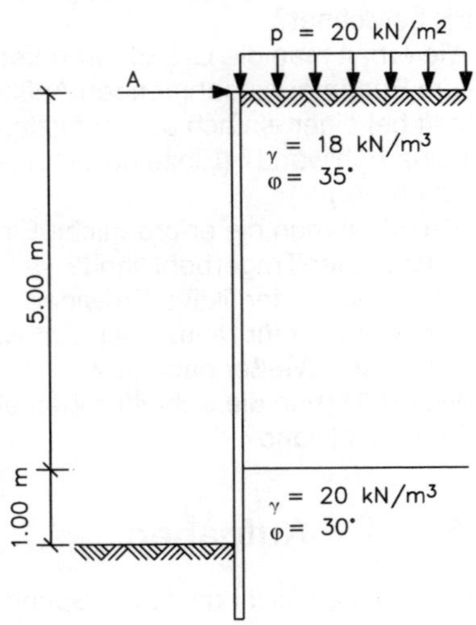

Ges.: *Haben die vorrätigen Träger von 8,5 m Länge eine ausreichende Einbindetiefe zur Aufnahme der Erddrucklasten?*

Lösg.: $\varphi_k = \varphi'$, $e^g_{ah} = e^g_{ah,k}$, $e^p_{ah} = e^q_{ah,k}$, $p = p_k$, $K_{ah} = K_{ah,k}$, $K_{ph} = K_{ph,k}$

Teilsicherheitsbeiwerte

$\gamma_G = 1{,}20$; $\gamma_Q = 1{,}30$; $\gamma_{R,e} = 1{,}30$; $\eta_{EP} = 0{,}8$

(Bemessungssituation BS-T; nach Dörken/Dehne, Teil 2)

1 Erddruck

Für $\alpha = 0$; $\beta = 0$; $\varphi_K = 35°$; $\delta_a = \frac{2}{3} \cdot \varphi \rightarrow K_{ah_1} = 0{,}22$

Für $\alpha = 0$; $\beta = 0$; $\varphi_K = 30°$; $\delta_a = \frac{2}{3} \cdot \varphi \rightarrow K_{ah_2} = 0{,}28$

Flächenlasten bis $p_k = 10$ *kN/m² werden gem. Handbuch EC 7-1 (siehe Abschnitt 2.1.3) als ständige Lasten, darüber liegende Flächenlasten als veränderliche Lasten betrachtet.*

2 Statisches System

Im Baugrund ist ein Erdauflager $B_{h,k}$ *(=*U_h*) erforderlich. Damit ergibt sich folgendes statische System:*

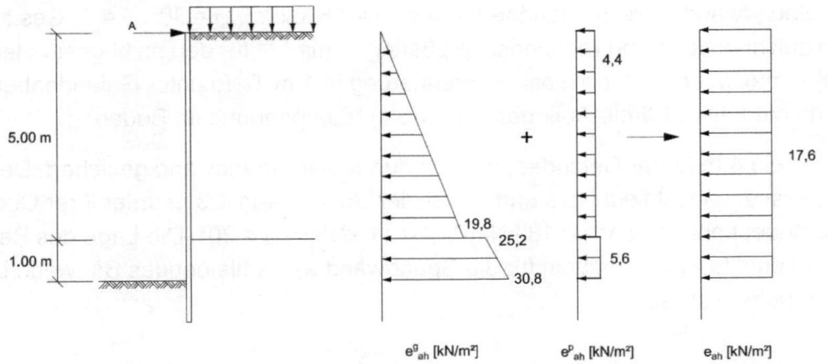

□ 2.55 Fortsetzung Beispiel 29: Überprüfung der Einbindetiefe einer Trägerbohlwand

Aufnehmbare Erdauflagerkraft:

Ständige Einwirkungen

$$\sum M_{(A)}^{g} = 0 = B_{h,k}^{g} \cdot 7{,}5 - 91{,}2 \cdot \frac{6{,}0}{2} \rightarrow B_{h,k}^{g} = 36{,}5\ kN/m$$

Veränderliche Einwirkungen

$$\sum M_{(A)}^{q} = 0 = B_{h,k}^{q} \cdot 7{,}5 - 2{,}2 \cdot \frac{5^2}{2} - 2{,}8 \cdot 1{,}0 \cdot (\frac{1{,}0}{2} + 5) \rightarrow B_{h,k}^{q} = 5{,}7\ kN/m$$

Bemessungswert: $B_{h,d} = 36{,}5 \cdot 1{,}20 + 7{,}7 \cdot 1{,}30 = 53{,}8\ kN/m$

3 Auflagerung im Boden

3.1 Fall „Keine Überschneidung"

HE-200B; $vorh\,t_0 = 2{,}5\ m \rightarrow a_0 = \frac{b_t}{t_0} = \frac{0{,}20}{2{,}5} = 0{,}08$

Damit erhält man für φ_K = 30° den Tabellenwert ω_R = 1,80 und den fiktiven Erdwiderstandsbeiwert

$$\omega_{ph} = \frac{t_0 \cdot \omega_R}{a_t} = \frac{2{,}50 \cdot 1{,}80}{2{,}50} = 1{,}80$$

3.2 Fall „Überschneidung"

Für φ_K = 30° ergibt sich nach dem Gleitschema von Streck

$K_{ph}^{(\delta_a \neq 0)} = 5{,}46$; $K_{ph}^{(\delta_a = 0)} = 3{,}00$

und

$$\omega_{ph} = \frac{b_t}{a_t} \cdot K_{ph}^{(\delta_a \neq 0)} + \frac{a_t - b_t}{a_t} \cdot K_{ph}^{(\delta_a = 0)} = \frac{0{,}20}{2{,}50} \cdot 5{,}46 + \frac{2{,}50 - 0{,}20}{2{,}50} \cdot 3{,}00 = 3{,}20 > 1{,}80$$

3.3 Mögliche Erdauflagerkraft

Maßgebend ist $\omega_{ph} = 1{,}80$ *(s. 3.1.)*

Damit wird (bezogen auf eine durchlaufende Wand)

$$E'_{ph,d} = \frac{1}{2} \cdot 20 \cdot 2{,}5^2 \cdot 1{,}80 \cdot \frac{0{,}8}{1{,}30} = 69{,}2\ kN/m > B_{h,d} = 53{,}8\ kN/m.$$

Die vorhandene Einbindetiefe reicht aus.

□ 2.56 Beispiel 30: Überprüfung der Einbindetiefe einer Trägerbohlwand

Geg.: *Die Träger der dargestellten, gestützten Bohlwand sollen in Bohrlöcher (∅ 60 cm) gestellt und bis zur Baugrubensohle einbetoniert werden.*

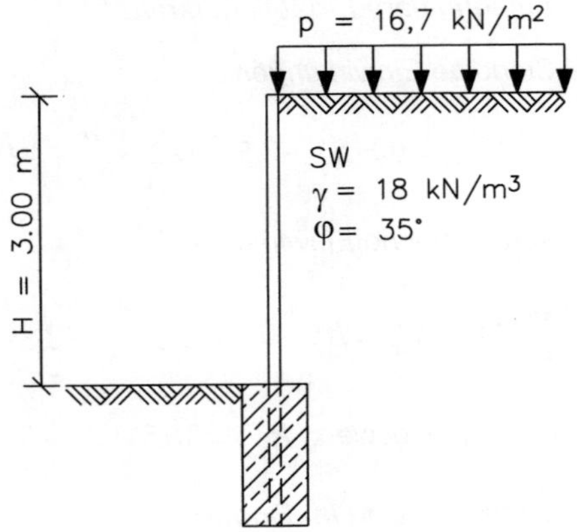

Ges.: *Bemessungsgrößen der Träger*

Lösg.: $\varphi_k = \varphi'$, $e^g_{ah} = e^g_{ah,k}$, $e^p_{ah} = e^q_{ah,k}$,
$p = p_k$, $K_{ah} = K_{ah,k}$, $K_{ph} = K_{ph,k}$

Teilsicherheitsbeiwerte

γ_G = *1,20;* γ_Q *=1,30;* $\gamma_{R,e}$ *=1,30;* η_{EP}= *0,8*

(Bemessungssituation BS-T; nach Dörken/Dehne, Teil 2)

Für $\alpha = 0$; $\beta = 0$; $\varphi_K = 35°$; $\delta_a = \frac{2}{3} \cdot \varphi \rightarrow K_{ah} = 0{,}22$

Flächenlasten bis p_K *= 10 kN/m² werden gem. Handbuch EC 7-1 (siehe Abschnitt 2.1.3) als ständige Lasten, darüber liegende Flächenlasten als veränderliche Lasten betrachtet.*

Ständige Einwirkungen

$$e^g_{ah} = 18 \cdot 3{,}0 \cdot 0{,}22 = 11{,}9 \ kN/m^2$$

$$e^p_{ah} = 10{,}0 \cdot 0{,}22 = 2{,}2 \ kN/m^2$$

$$\rightarrow E^g_{ah,k} = \frac{1}{2} \cdot 11{,}9 \cdot 3{,}0 + 2{,}2 \cdot 3{,}0 = 24{,}5 \ kN/m$$

veränderliche Einwirkungen

$$e^p_{ah} = 6{,}7 \cdot 0{,}22 = 1{,}5 \ kN/m^2$$

$$\rightarrow E^q_{ah,k} = 1{,}5 \cdot 3{,}0 = 4{,}5 \ kN/m$$

Wegen fehlender Aussteifung wird die Erddruckfigur nicht umgelagert.

2 Einspannung im Boden

Da die Träger im Baugrund eingespannt sein müssen, gilt

$$K'_{eh} = f_\omega \cdot \frac{\omega_{ph}}{\eta_p}$$

mit f_ω *= 0,8 im Fall „keine Überschneidung“;* f_ω *= 1,0 im Fall „Überschneidung“*

□ 2.56 Fortsetzung Beispiel 30: Überprüfung der Einbindetiefe einer Trägerbohlwand

2.1 Fall „keine Überschneidung“

gewählt *Trägerprofil HE-300B*

Trägerabstand a_t = 3,50 m

Einbindetiefe t_0 = 3,0 m

$$\frac{b_t}{t_0} = \frac{0{,}60}{3{,}00} = 0{,}20$$

Damit erhält man den Tabellenwert ω_R = 4,19 und den fiktiven Erdwiderstandsbeiwert

$$\omega_{ph} = \frac{t_0 \cdot \omega_R}{a_t} = \frac{3{,}0 \cdot 4{,}19}{3{,}50} = 3{,}59\,.$$

2.2 Fall „Überschneidung“

Mit φ_K = 35° und δ_p = -27,5° ergibt sich nach dem Gleitschema von Streck

$$K_{ph}^{(\delta_a \neq 0)} = 7{,}12\,;\; K_{ph}^{(\delta_a = 0)} = 3{,}09$$

und der fiktive Erwiderstandsbeiwert

$$\omega_{ph} = \frac{b_t}{a_t} \cdot K_{ph}^{(\delta_a \neq 0)} + \frac{a_t - b_t}{a_t} \cdot K_{ph}^{(\delta_a = 0)} = \frac{0{,}60}{3{,}50} \cdot 7{,}12 + \frac{3{,}50 - 0{,}60}{3{,}50} \cdot 3{,}09 = 3{,}78 \;>\; 3{,}59$$

2.3 Anzusetzender Erwiderstandsbeiwert

Maßgebend ist der Beiwert aus dem Fall 2.1.: $\omega_{ph} = 3{,}59$.

Da der Fall „keine Überschneidung“ vorliegt, wird (bezogen auf eine durchlaufende Wand)

$$K'_{rh} = f_\omega \cdot \frac{\omega_{ph}}{\gamma_{R,e}} \cdot \eta_{EP} = 0{,}8 \cdot \frac{3{,}59}{1{,}30} \cdot 0{,}8 = 1{,}77$$

3 Bemessungsgrößen

Die folgenden Berechnungen entsprechen der Spundwandbemessung (⇒ Abschnitt 2).

Nach einem Vorschlag von Weißenbach (Grundbautaschenbuch, Ergänzungsband: Nomogramme von Blum) werden die Bemessungsgrößen aus der gemeinsamen Betrachtung von ständigen und veränderlichen Einwirkungen wie folgt berechnet:

Summe der Momente um den Trägerkopf:

$$M_e = \sum_0^H E_i \cdot h_i = 3{,}7 \cdot 3{,}0 \cdot \frac{3{,}0}{2} + \frac{11{,}9}{2} \cdot 3{,}0 \cdot \frac{2{,}0 \cdot 3{,}0}{3} = 52{,}5\ kNm/m \qquad (1)$$

□ 2.56 Fortsetzung Beispiel 30: Überprüfung der Einbindetiefe einer Trägerbohlwand

Vorwerte:

$$m_e = \frac{6 \cdot E_{ah}}{\gamma \cdot K'_{rh}} = \frac{6 \cdot (11{,}1 + 17{,}9)}{18 \cdot 1{,}77} = 5{,}46 \qquad (2)$$

$$n_e = \frac{6 \cdot M_e}{\gamma \cdot K'_{rh}} = \frac{6 \cdot 52{,}5}{18 \cdot 1{,}77} = 9{,}89 \qquad (3)$$

Mit den Werten für m_e und n_e wird aus dem Nomogramm für eine nicht gestützte Spundwand der Wert

$t_0 \approx 3{,}0\ m$ *abgelesen (anderenfalls muss t_0 iterativ ermittelt werden).*

Damit erhält man die Bemessungsgrößen

Erforderliche Einbindetiefe

mit α = 1,2; $_{erf}t = \alpha \cdot t_0 = 1{,}2 \cdot 3{,}2 = 3{,}8\ m$

Aufzunehmendes Einspannmoment

$$\max\ M = E_{ah} \cdot H - M_e + 0{,}943 \cdot E_{ah} \cdot \sqrt{\frac{E_{ah}}{\gamma \cdot K'_{rh}}} \qquad (4)$$

$$= 29{,}0 \cdot 3{,}0 - 52{,}5 + 0{,}943 \cdot 29{,}0 \cdot \sqrt{\frac{29{,}0}{18 \cdot 1{,}77}} = 60{,}6\ kNm/m$$

Hierbei handelt es sich um die endgültigen Bemessungswerte.

$$\max\ M = M_0 + 0{,}385 \cdot Q_0 \cdot \sqrt{m} \qquad (4)$$

$$= 34{,}5 + 0{,}385 \cdot 29{,}0 \cdot \sqrt{6{,}08} = 62{,}0\ kNm/m$$

Hierbei handelt es sich um den endgültigen Bemessungswert $M_d = \max M$.

□ 2.57 Beispiel 31: Aufnahme der Vertikalkräfte einer Trägerbohlwand

Geg.: *2-fach ausgesteifte, im Boden frei aufgelagerte Trägerbohlwand.*

Bohlträgerabstand: a_t = 2,0 m

Steifenabstand: a_s = a_t = 2,0 m

Verbaubohlen: Holz □ 10/20

Ges.: *Nachweis über die Aufnahme der Vertikalkräfte (aus Erfahrungswerten)*

Lösg.: $\varphi_k = \varphi', E_a = E_a^g$

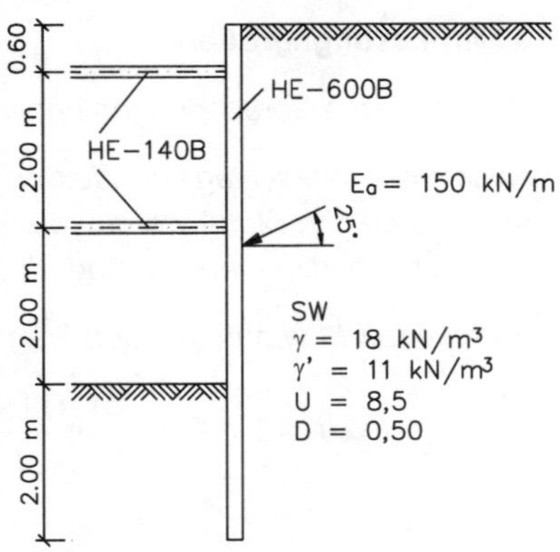

□ 2.57 Fortsetzung Beispiel 31: Aufnahme der Vertikalkräfte einer Trägerbohlwand

Teilsicherheitsbeiwerte

γ_G *= 1,20;* γ_Q *=1,30;* γ_P *=1,40 (Bemessungssituation BS-T; nach Dörken/Dehne, Teil 2)*

1 Angreifende Vertikallasten

Vertikalkomponente des Erddrucks

$$E_{a_v} = E_a \cdot \sin 25° \cdot a_t = 150 \cdot \sin 25° \cdot 2{,}0 = 126{,}8 \ kN$$

Eigenlast der Verbauteile

Bohlträger: $2{,}12 \cdot 6{,}6 = 14{,}0 \ kN$

Aussteifung: $2 \cdot 0{,}337 \cdot \frac{8{,}0}{2} = 2{,}7 \ kN$

Bohlen: $23 \cdot 0{,}120 \cdot 2{,}0 = 5{,}5 \ kN$

$$\sum G_k = 22{,}2 \ kN$$

2 Ermittlung der Grenztragfähigkeit R_k

Spitzenwiderstandskraft Q_s

Der ansetzbare Anteil des Spitzenwiderstands wird durch geradlinige Interpolation ermittelt:

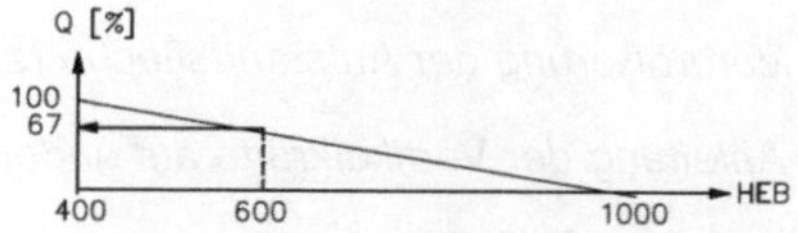

(Reduzierte) Spitzenwiderstandsfläche:

$$A_b = 0{,}67 \cdot 0{,}30 \cdot 0{,}60 = 0{,}1206 \ m^2$$

Netto - Einbindetiefe:

$$t_n = 2{,}0 - 0{,}5 = 1{,}5 \ m$$

Spitzenwiderstandsbeiwert:

$$q_{b1,k} = 600 + 120 \cdot 1{,}5 = 780 \ kN/m^2$$

Korrekturwerte:

$$f_t = \frac{1{,}5}{2{,}5} = 0{,}60; \qquad f_\gamma = \frac{18}{11} = 1{,}64$$

Damit wird die Spitzenwiderstandskraft

$$Q_b = 0{,}60 \cdot 1{,}64 \cdot 780 \cdot 0{,}1206 = 92{,}6 \ kN$$

Die Mantelreibungskraft ergibt sich aus der Mantelfläche

$$A_s = (2 \cdot 0{,}60 + 3 \cdot 0{,}30) \cdot 1{,}5 = 3{,}15 \ m^2$$

□ 2.57 Fortsetzung Beispiel 31: Aufnahme der Vertikalkräfte einer Trägerbohlwand

und dem Mantelreibungsbeiwert

$$q_{s1,k} = 60\ kN/m^2$$

zu

$$Q_s = 60 \cdot 3{,}15 = 189{,}0\ kN$$

Die Grenztragfähigkeit erhält man mit den Korrekturwerten

$$f_D = 0{,}70\ ;\ f_a = 1{,}0$$

Zu $R_k = 0{,}70 \cdot 1{,}0 \cdot (92{,}6 + 189{,}0) = 197{,}1\ kN$

3 Nachweis über die Aufnahme der Vertikallasten

Nachweisgleichung

$$\sum V_{d,i} \le R_d\ ; \qquad R_d = \frac{197{,}1}{1{,}40} = 140{,}8\ kN$$

$$\sum V_{d,i} = (126{,}8 + 22{,}2) \cdot 1{,}20 = 178{,}8\ kN$$

$178{,}8 > 140{,}8\ kN$ *Damit ist der Nachweis nicht erbracht.→ Einbindetiefe vergrößern*

Ein ausreichender Nachweis kann erreicht werden durch

- *Vergrößerung der Einbindetiefe,*
- *Vergrößerung der Aufstandsfläche (z.B. durch Einbetonieren des Trägerfußes) oder*
- *Ableitung der Vertikalkräfte auf andere Konstruktionsteile*

Hier ist ein Defizit von $\Delta R_d = 178{,}8 - 140{,}8 = 38{,}0\ kN$ *abzudecken.*

Damit ergibt sich ein Defizit an charakteristischer Mantelreibung, wenn die Spitzendruckkraft unverändert bliebe, und somit

$$\Delta t = \frac{(38{,}0 \cdot 1{,}40)}{1{,}25 \cdot 1 \cdot 1{,}5\ m \cdot 60\ kN/m^2} = 0{,}47\ m$$

In diesem Fall wäre eine Vergrößerung der Einbindetiefe auf $t_0 = 2{,}0 + 0{,}5 = 2{,}5\ m$ *ausreichend.*

Nachweis:

Charakteristischer Pfahlwiderstand R_k *nach 2.4.4.2*

$f_D = 1{,}25$, $f_a = 1{,}0$, $A_b = 0{,}1206\ m^2$

$$t_n = t_0 - 0{,}5\ m = 2{,}5 - 0{,}5 = 2{,}0\ m$$

□ 2.57 Fortsetzung Beispiel 31: Aufnahme der Vertikalkräfte einer Trägerbohlwand

$$q_{b1,k} = 600 + 120 \cdot t_n = 600 + 120 \cdot 2{,}0 = 840\ kN/m^2$$

$$f_t = \frac{t_n}{2{,}5} = \frac{2{,}0}{2{,}5} = 0{,}8; \qquad f_\gamma = \frac{18}{11} = 1{,}64$$

$$\rightarrow Q_b = f_t \cdot f_\gamma \cdot \sigma_{b1,k} \cdot A_b = 0{,}80 \cdot 1{,}64 \cdot 840 \cdot 0{,}1206 = 132{,}9\ kN$$

$$A_s = (2 \cdot 0{,}60 + 3 \cdot 0{,}30) \cdot 2{,}0 = 4{,}2\ m^2$$

$$q_{s1,k} \approx 60\ kN/m^2 \qquad \rightarrow Q_s = q_{s1,k} \cdot A_s = 60 \cdot 4{,}2 = 252\ kN.$$

Somit ergibt sich mit $f_D = 0{,}70$; $f_a = 1{,}0$

$$R_k = f_D \cdot f_a \cdot (Q_b + Q_s) = 0{,}7 \cdot 1{,}0 \cdot (132{,}9 + 252) = 269{,}4\ kN$$

$\rightarrow R_d = 269{,}4\ kN / 1{,}40 = 192{,}5\ kN > 178{,}8\ kN$ *Nachweis ist erbracht!*

□ 2.58 Beispiel 32: Vergleichsberechnung einer Trägerbohlwand (einmal gestützt, im Boden aufgelagert) nach (altem) Globalsicherheitskonzept; siehe □ 2.53

Geg.: *Die dargestellte einmal ausgesteifte, im Boden aufgelagerte Trägerbohlwand*

Angaben zur Baugrube:

5,0 m tief; 6,0 m breit

Angaben zur Trägerbohlwand:

Abstand der Bohlträger:
$a_t = 2{,}4\ m$

Abstand der Steifen:
$a_s = a_t = 2{,}4\ m$

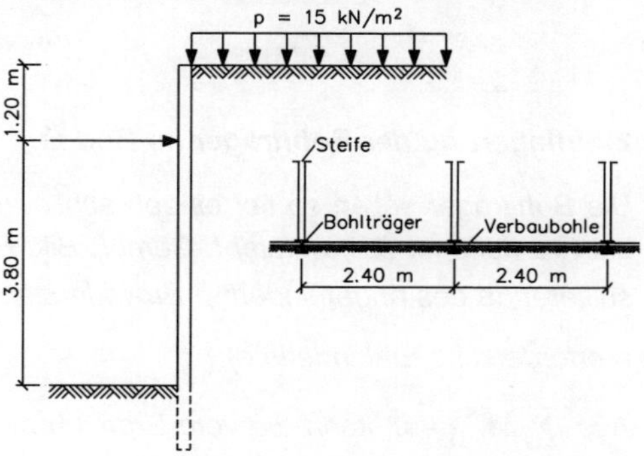

Angaben zum Baugrund:

SW; $\gamma = 19\ kN/m^3$; $\gamma' = 11\ kN/m^3$; $\varphi_K = \varphi' = 32{,}5°$; $D = 0{,}68$; $U = 5{,}0$

Berechnungsgrundlage: Empfehlungen des Arbeitskreises „Baugruben".

Ges.:

1. *Bestimmung der Einbindetiefe t*
2. *Bestimmung der Auflagerkräfte, der Schnittgrößen*
3. *Bemessungswert der Bohlträger, der Verbaubohlen, der Aussteifung*
4. *Nachweis der Horizontalkräfte*
5. *Nachweis der Vertikalkräfte*

□ 2.58 Fortsetzung Beispiel 32: Vergleichsberechnung einer Trägerbohlwand (einmal gestützt, im Boden aufgelagert) nach (altem) Globalsicherheitskonzept; siehe □ 2.53

Lösg.: *Globalsicherheitsbeiwerte $\eta_P = 2{,}0$, $\eta_H = 1{,}5$, $\eta_V = 1{,}3$ (Normalbeanspruchung), $\eta_V = 1{,}5$ (Zusatzbeanspruchung), (Bemessungssituation BS-T)*

1 Erddruck

Für $\alpha = \beta = 0$; $\varphi' = 32{,}5°$; $\delta_a = \frac{2}{3} \cdot \varphi$ *wird der Erddruckbeiwert (hor.)* $K_{ah} = 0{,}25$.

Nach EAB, 3. Auflage EB 13 darf bei ausgesteiften Trägerbohlwänden ein vereinfachter Erddruck (Rechteck) angesetzt werden.

Da $h_A = 3{,}8\ m > 0{,}7 \cdot h = 0{,}7 \cdot 5{,}0 = 3{,}5\ m$, *darf der Erddruck in eine Gleichlast umgewandelt werden:*

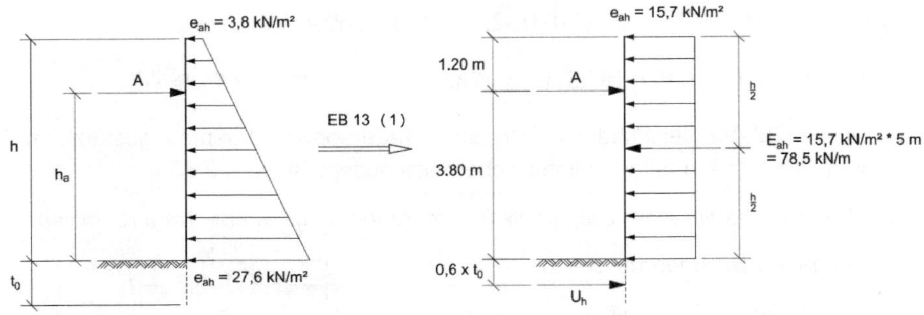

2 Auflagerung der Bohlträger im Boden.

Die Bohlträger sollen so tief eingebracht werden, dass unterhalb der Baugrubensohle ein Erd-auflager (U_h) entsteht. Gemäß Bild EAB, 3. AUFLAGE, EB 13(1) kann die Resultierende des abgeminderten Erdwiderstands (E'_{ph}) *bei* $0{,}6 \cdot t_0$ *angesetzt werden (t_0 = erforderliche Einbindetiefe).*

Aus $\sum M_{(A)} = 0$ *kann die vom Erdreich aufzunehmende untere Auflagerkraft U_h aus der Gleichung berechnet werden:*

$$U_h \cdot (3{,}8 + 0{,}6 \cdot t_0) - E_{ah} \cdot (0{,}5 \cdot h - 1{,}2) = 0$$

$$U_h \cdot (3{,}8 + 0{,}6 \cdot t_0) = 78{,}5 \cdot (0{,}5 \cdot 5{,}0 - 1{,}2) \rightarrow U_h = \frac{102{,}0}{3{,}8 + 0{,}6 \cdot t_0} \qquad (1)$$

Diese Auflagerkraft muss vom Erdwiderstand aufgenommen werden. Da bei Trägerbohlwänden unterhalb der Baugrubensohle keine geschlossene Wand vorliegt (wie z.B. bei Stützwänden und Spundwänden), ist der Erdwiderstand vor den einzelnen Bohlträgern räumlich verteilt (spa E_p).

Die Größe des Erdwiderstands vor dem Bohlträger hängt ab von

□ 2.58 Fortsetzung Beispiel 32: Vergleichsberechnung einer Trägerbohlwand (einmal gestützt, im Boden aufgelagert) nach (altem) Globalsicherheitskonzept; siehe □ 2.53

- der Scherfestigkeit des Bodens (Reibungswinkel φ' und Kohäsion c')

- der Bohlträgerbreite b_t

- der Einbindetiefe t_0 und

- dem Bohlträgerabstand a_t.

Für die weitere Berechnung sind somit Annahmen zu treffen.

2.1 Fall „keine Überschneidung"

In diesem Fall ist der Beiwert ω_{ph} vom (gegebenen) Trägerabstand, von der Einbindetiefe t_0 und der Bohlträgerbreite b_t abhängig, die unbekannt sind. Daher wird die Einbindetiefe geschätzt und ein Trägerprofil gewählt:

Profil: HE-180B

Einbindetiefe: $t_0 = 1{,}80 \rightarrow \frac{b_t}{t_0} = \frac{0{,}18}{1{,}80} = 0{,}10$

Mit den Beiwerten ω_R (Tafel □ 2.45) und ω_K (Tafel □ 2.46) erhält man den Erdwiderstand vor dem Träger zu:

$$spa\ E_{ph} = \frac{1}{2} \cdot \gamma \cdot \omega_R \cdot t_0^3 + 2 \cdot c \cdot \omega_K \cdot t_0^2 = \frac{1}{2} \cdot \gamma \cdot \omega_{ph} \cdot a_t \cdot t_0^2 \qquad (2)$$

Durch Umformung ergibt sich:

$$\omega_{ph} = \frac{t_0 \cdot \omega_R}{a_t} + \frac{4 \cdot c \cdot \omega_K}{\gamma \cdot a_t} = \frac{1{,}8 \cdot 2{,}42}{2{,}4} + 0 = 1{,}815 \qquad (2a)$$

2.2 Fall „Überschneidung"

$$\omega_{ph} = \frac{b_t}{a_t} \cdot K_{ph}^{(\delta_p \neq 0)} + \frac{a_t - b_t}{a_t} \cdot K_{ph}^{(\delta_p = 0)} + \frac{4 \cdot c}{\gamma \cdot t_0} \cdot \sqrt{K_{ph}^{(\delta_p \neq 0)}} \qquad (3)$$

Trägerbereich *Zwischenbereich* *Kohäsionsanteil*

Die (in diesem Fall kleinsten) Erdwiderstandsbeiwerte erhält man nach dem Gleitschema von Streck aus Tafel □ 2.47 zu

$K_{ph}^{(\delta_p \neq 0)} = 6{,}15\,;\ K_{ph}^{(\delta_p = 0)} = 3{,}32$

Mit (3) wird

$$\omega_{ph} = \frac{0{,}18}{2{,}40} \cdot 6{,}15 + \frac{2{,}40 - 0{,}18}{2{,}40} \cdot 3{,}32 = 3{,}53 \qquad \textit{und damit} \quad \omega_{ph} = 1{,}815$$

□ 2.58 Fortsetzung Beispiel 32: Vergleichsberechnung einer Trägerbohlwand (einmal gestützt, im Boden aufgelagert) nach (altem) Globalsicherheitskonzept; siehe □ 2.53

2.3 Einbindetiefe:

Das Erdauflager U_h muss vom Erdwiderstand E_{ph} gebildet werden.

Für eine fiktive geschlossene Wand (ebener Fall) wird

$$E'_{ph} = \frac{E_{ph}}{\eta_p} = \frac{1}{2} \cdot \gamma \cdot t_0^2 \cdot \omega_{ph} \cdot \frac{1}{\eta_p} = \frac{1}{2} \cdot 19 \cdot t_0^2 \cdot 1{,}815 \cdot \frac{1}{2{,}0} = 8{,}62 \cdot t_0^2 \qquad (4)$$

Durch Gleichsetzen von (1) und (4) wird t_0 berechnet:

$$\frac{102{,}0}{3{,}8 + 0{,}6 \cdot t_0} = 8{,}62 \cdot t_0^2 \rightarrow 5{,}17 \cdot t_0^3 + 32{,}76 \cdot t_0^2 - 102{,}0 = 0$$

Brauchbare Lösung:

$$t_0 = 1{,}57 \;\; m \;\; \neq_{gew.} t \neq 1{,}80 \;\; m$$

Die erforderliche Einbindetiefe wird durch Iteration ermittelt: $t_0 \approx 1{,}6 \; m$.

Um im Boden ein Auflager U_h zu bilden, ist also eine Einbindetiefe von $t_0 = 1{,}6 \; m$ erforderlich.

3 Schnittgrößen, Auflagerkräfte

3.1 Statisches System:

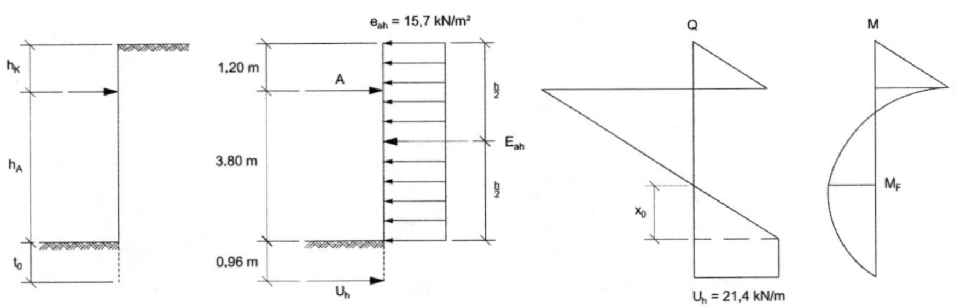

3.2 Momente:

Mit (1): $U_h = \frac{102{,}0}{3{,}8 + 0{,}6 \cdot 1{,}6} = 21{,}4 \;\; kN/m$ *wird* $A = E_{ah} - U_h = 78{,}5 - 21{,}4 = 57{,}1 \;\; kN/m$

Das maximale Feldmoment liegt bei

$$x_0 = \frac{U_h}{e_{ah}} = \frac{21{,}4}{15{,}7} = 1{,}36 \;\; m.$$

Mit diesen Werten erhält man aus der Q-Fläche

$$\max \;\; M_{Feld} = 21{,}4 \cdot 0{,}6 \cdot 1{,}6 + 0{,}5 \cdot 1{,}36 \cdot 21{,}4 = 35{,}1 \;\; kNm/m$$

□ 2.58 Fortsetzung Beispiel 32: Vergleichsberechnung einer Trägerbohlwand (einmal gestützt, im Boden aufgelagert) nach (altem) Globalsicherheitskonzept; siehe □ 2.53

Kragmoment bei A:

$$M_A = 15{,}7 \cdot \frac{1{,}2^2}{2} = 11{,}3 \ kNm/m$$

3.3 Korrekturen gemäß EAB, 3. AUFLAGE, EB 13(1):

Die endgültigen Bemessungswerte werden auf den Träger-, Steifenabstand von 2,4 m umgerechnet.

$$A' = 57{,}1 \cdot \frac{5{,}0}{3{,}8} \cdot 2{,}4 = 180{,}3 \ kN \quad < \quad E_{ah} = 78{,}5 \cdot 2{,}4 = 188{,}4 \ kN$$

(Die Auflagerkraft darf durch die Korrektur über geometrische Größen nicht größer als der Gesamterddruck werden).

$$M'_{Feld} = 35{,}1 \cdot \frac{3{,}8}{5{,}0} \cdot 2{,}4 = 64{,}0 \ kNm$$

Das Kragmoment

$M_A = 11{,}3 \cdot 2{,}4 = 27{,}1 \ kNm$ *darf nicht abgemindert werden.*

Somit ist das Bemessungsmoment $\max M = 64{,}0 \ kNm$

4 Bemessung

4.1 Bohlträger

Zunächst ist zu überprüfen, ob der unter Abschnitt 2.1 gewählte Bohlträger HEB 180 ausreichend bzw. wirtschaftlich ist. Berechnungsfall: Einachsige Biegung mit Normalkraft.

EAB, 3. AUFLAGE, EB 48(1): Bei der Bemessung von Bohlträgern darf die Eigenlast der Baugrubenkonstruktion vernachlässigt werden. Neben den Normalspannungen sind jedoch in allen Fällen auch die Schubspannungen und die Vergleichsspannungen im Steg nachzuweisen.

Als Knicklänge kann näherungsweise der Abstand zwischen der Steifenlage (A) und dem Erdauflager (U_h) angesetzt werden. Ein entsprechender Bemessungsnachweis zeigt, dass das gewählte Profil HE-180B ausreichend und auch wirtschaftlich ist.

Wenn sich herausstellt, dass das zur Ermittlung der notwendigen Vorwerte gewählte Profil über- oder unterbemessen ist, kann eine Neuberechnung in vielen Fällen durch Wahl der Profilreihen HEA (IPBl) bzw. HEM (IPBv) vermieden werden. Die Trägerbreiten b_0 dieser Profilreihen unterscheiden sich nicht oder nur unerheblich von denen der HEB-Reihe.

Ein Vergleichsspannungsnachweis ist nur bei großem Kragarm ($h_k > 0{,}3h$) erforderlich.

□ 2.58 Fortsetzung Beispiel 32: Vergleichsberechnung einer Trägerbohlwand (einmal gestützt, im Boden aufgelagert) nach (altem) Globalsicherheitskonzept; siehe □ 2.53

4.2 Verbaubohlen

Statisches System:

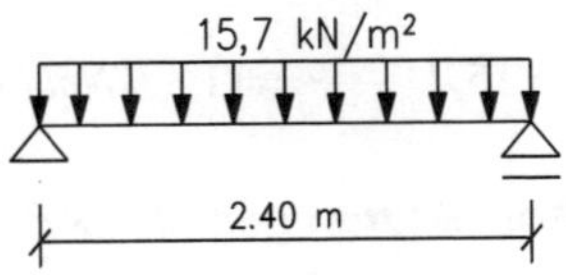

$$_{\max} M = \frac{15{,}7 \cdot 2{,}4^2}{8} = 11{,}3 \ kNm/m$$

Bemessung nach DIN 1052, T. 1: Biegung (einachsial)

$$\frac{M/W_n}{_{zul}\sigma_B} \leq 1 \rightarrow {}_{erf}W_n \geq \frac{M}{_{zul}\sigma_B} = \frac{11{,}3 \cdot 10^2}{1{,}2} = 942 \ cm^3/m \ Wandhöhe.$$

gew.: ☒ *8/20 (S10),* $_{vorh}W = 5 \cdot 213 = 1065 \ cm^3/m$

4.3 Aussteifung

EAB, 3. Auflage, EB 52(1): Steifen sind im Hinblick auf Beanspruchung und Gefährdung die empfindlichsten Teile einer Baugrubenkonstruktion. Bei ihrer Bemessung sollten daher stets auf der sicheren Seite liegende Annahmen zugrunde gelegt werden. Bestehen Zweifel, ob eine gewählte Lastfigur für einzelne Steifenlagen ausreichend sichere Auflagerkräfte ergibt, so sind hierfür angemessene Zuschläge zu machen.

Aufzunehmende Lasten:

A' (Normalkraft) = 180,3 kN

Eigenlast g

Mindest-Nutzlast (gem. DIN 4124): p = 1 kN/m

Knicklänge $s_k \approx 6{,}0$ *m.*

Ein Bemessungsnachweis oder die Anwendung von Bemessungstafeln ergibt, dass ein Profil HE-160B ausreicht.

5 Zusätzliche Standsicherheitsnachweise

5.1 Gleichgewicht der Horizontalkräfte (EAB, 3. Auflage, EB 15)

EAB, 3. Auflage, EB 15(1): Für die Ermittlung der Schnittgrößen an Bohlträgern darf der Erddruck unterhalb der Baugrubensohle im allgemeinen vernachlässigt werden, sofern nachgewiesen wird, dass der in der Berechnung vernachlässigte Erddruck unterhalb der Baugrubensohle zusammen mit der Auflagerkraft aus dem Bohlträger von dem gesamten zur Verfügung stehenden Erdwiderstand mit einer mindestens 1,5fachen Sicherheit aufgenommen wird. Der Erdwiderstand kann wie für eine geschlossene Wand mit dem Wandreibungswinkel $\delta_p = -\varphi'$ *ermittelt werden.*

□ 2.58 Fortsetzung Beispiel 32: Vergleichsberechnung einer Trägerbohlwand (einmal gestützt, im Boden aufgelagert) nach (altem) Globalsicherheitskonzept; siehe □ 2.53

Anmerkung: Der unterhalb der Baugrubensohle wirkende - bislang vernachlässigte - aktive Erddruck (ΔE_{ah}) wird für eine geschlossene Wand aus der nicht umgelagerten Erddruckfigur ermittelt:

$\alpha = \beta = 0$; $\varphi' = 32{,}5°$; $\delta_p = -\varphi' \rightarrow k_{ph} = 6{,}77$

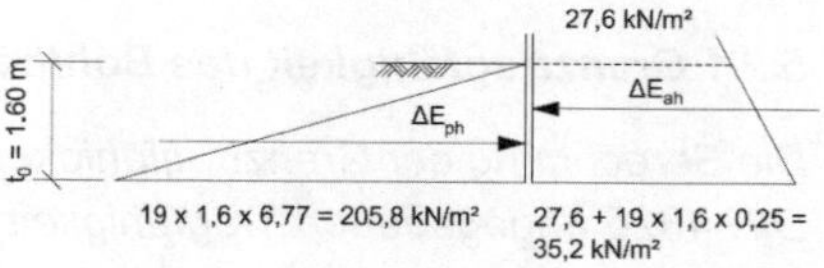

$$\Delta E_{ah} = \frac{1}{2} \cdot (27{,}6 + 35{,}2) \cdot 1{,}6 = 50{,}2\ kN/m$$

$$E_{ph} = \frac{1}{2} \cdot 205{,}8 \cdot 1{,}6 = 164{,}6\ kN/m$$

Mit dem vom Erdwiderstand zu bildenden Erdauflager U_h berechnet sich die Sicherheit für die Aufnahme der Horizontalkräfte zu

$$\eta_H = \frac{E_{ph}}{\Delta E_{ah} + U_h} = \frac{164{,}6}{50{,}2 + 21{,}4} = 2{,}3 > {}_{erf}\eta_H = 1{,}5$$

5.2 Gleichgewicht der Vertikalkräfte (EAB, 3. Auflage, EB 9):

In der Regel ist der Nachweis zu erbringen, dass die auftretenden Vertikalkräfte innerhalb des Systems aufgenommen oder einwandfrei in den Untergrund abgeleitet werden können. Beim Nachweis der Lastübertragung in den Untergrund sind sinngemäß anzuwenden:

a) DIN 4026 bei gerammten Bohlträgern und Spundwänden,

b) DIN 4014 bei Bohrpfählen und bei in Bohrlöcher gesetzten, im Fußbereich vermörtelten Bohlträgern,

c) DIN 4017 Teil 1 bei durchgehenden Ortbetonwänden.

Mit den Bezeichnungen

G = Eigenlast der Wand

E_{av} = Vertikalkomponente des Erddrucks

V_N = zusätzliche Vertikallasten aus Abdeckungen, Nutzlasten usw.

A_V = Vertikalkomponente eines schräg liegenden Ankers

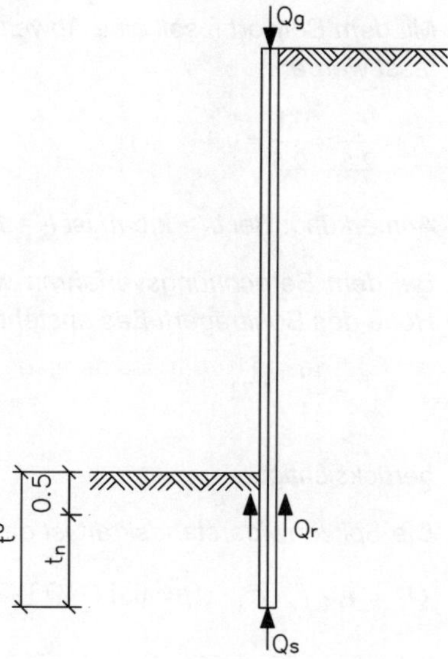

sind folgende Sicherheitsnachweise zu führen

- Normalbeanspruchung

$$\eta_V = \frac{Q_g}{G + E_{av}} \geq 1{,}3$$

□ 2.58 Fortsetzung Beispiel 32: Vergleichsberechnung einer Trägerbohlwand (einmal gestützt, im Boden aufgelagert) nach (altem) Globalsicherheitskonzept; siehe □ 2.53

- *Zusatzbeanspruchung*

$$\eta_V = \frac{Q_g}{G + E_v + A_v + V_N} \geq 1{,}5$$

5.2.1 Grenztragfähigkeit des Bohlträgers für den Fall „Im Boden aufgelagert"

Die Berechnung der Grenztragfähigkeit Q_g der Träger wurde im Wesentlichen aus der in DIN 4026 angegebenen Tragfähigkeit von Rammpfählen (Verdrängungspfählen) abgeleitet. Daher werden die Korrekturbeiwerte f_t, f_γ, f_D und f_a eingeführt.

$$Q_g = f_D \cdot f_a \cdot (Q_s + Q_r) \qquad (5)$$

a) Spitzenwiderstandskraft Q_s

Weil sich zwischen dem Steg und den Flanschen ein Bodenpfropfen bildet, kann die schraffierte Fläche als Spitzenwiderstandsfläche angesetzt werden:

$$A_s = h \cdot b_t = 0{,}18 \cdot 0{,}18 = 0{,}0324\ m^2 \qquad (6)$$

Spitzenwiderstandsbeiwert:

Mit einer aus Sicherheitsgründen einzuführenden Netto-Einbindetiefe

$$t_n = t_0 - 0{,}5\ m \ = 1{,}6 - 0{,}5 = 1{,}1\ m \qquad (7)$$

wird der Spitzenwiderstandsbeiwert

$$\sigma_s = 600 + 120 \cdot t_n = 600 + 120 \cdot 1{,}1 = 732\ kN/m^2$$

Mit dem Beiwert f_t soll eine Abweichung von der Regel-Einbindetiefe der Bohlträger erfasst werden:

$$f_t = \frac{t_n}{2{,}5} = \frac{1{,}1}{2{,}5} = 0{,}44 \qquad (8)$$

Anmerkung: Bei $t_n > 2{,}5$ m ist $f_t = 1$ anzusetzen.

Bei dem Berechnungsverfahren wird davon ausgegangen, dass das Grundwasser in Höhe des Bohlträgerfußes ansteht ($f_\gamma = 1$). Eine tiefere Lage wird durch den Beiwert

$$f_\gamma = \frac{\gamma}{\gamma'} = \frac{19}{11} = 1{,}73 \qquad (9)$$

berücksichtigt.

Die Spitzenwiderstandskraft ist damit

$$Q_s = f_t \cdot f_\gamma \cdot \sigma_s \cdot A_s = 0{,}44 \cdot 1{,}73 \cdot 732 \cdot 0{,}0324 = 18{,}1\ kN\,. \qquad (10)$$

□ 2.58 Fortsetzung Beispiel 32: Vergleichsberechnung einer Trägerbohlwand (einmal gestützt, im Boden aufgelagert) nach (altem) Globalsicherheitskonzept; siehe □ 2.53

b) Mantelreibungskraft Q_r

EAB, 3. Auflage, EB 9(1): Eine Mantelreibung auf der Wandrückseite darf nur angesetzt werden, wenn der aktive Erddruck nicht mit positiver Wandreibung ermittelt wird.

Mit $\delta_a = \frac{2}{3} \cdot \varphi'$ *ergibt sich die Mantelreibungsfläche zu*

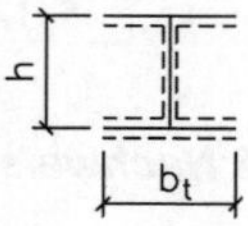

$$A_r = (2 \cdot h + 3 \cdot b_t) \cdot t_n = (2 \cdot 0{,}18 + 3 \cdot 0{,}18) \cdot 1{,}1 = 1{,}0 \ m^2 \qquad (11)$$

Mittlerer Mantelreibungsbeiwert:

$$\tau_m \approx 60 \ kN/m^2 \qquad (12)$$

Dieser Wert kann für dicht gelagerte nichtbindige Böden sehr ungünstig sein und sollte daher gutachterlich überprüft werden. Die Mantelreibungskraft wird somit

$$Q_r = \tau_m \cdot A_r = 60 \cdot 1{,}0 = 60{,}0 \ kN. \qquad (13)$$

Wird der Mindestabstand der HEB-Träger von a_t = 1,20 m nicht eingehalten, so muss dies durch den Beiwert

$$f_a = \frac{a_t}{1{,}0 + b_t} \text{ (alle Werte in m)}$$

Wird der Mindestabstand der HEB-Träger von a_t = 1,20 m nicht eingehalten, so muss dies durch den Beiwert

$$f_a = \frac{a_t}{1{,}0 + b_t} \text{ (alle Werte in m)}$$

berücksichtigt werden (anderenfalls ist f_a = 1,0).

Für die gegebenen Baugrundverhältnisse U = 5,0 > 3; D = 0,68 > 0,65 wird f_D = 1,25.

Mit Gleichung (5) wird somit die Grenztragfähigkeit

$$Q_g = 1{,}25 \cdot 1{,}0 \cdot (18{,}1 + 60{,}0) = 97{,}6 \ kN.$$

5.2.2 Wirksame Vertikallasten:

a) Eigenlast G der Trägerbohlwand

- Bohlträger: $0{,}512 \cdot 6{,}6 = 3{,}4 \ kN$

- Steife: $0{,}426 \cdot \frac{6{,}0}{2} = 1{,}3 \ kN$

- Verbaubohlen: $25 \cdot 0{,}096 \cdot 2{,}4 = 5{,}8 \ kN$

□ 2.58 Fortsetzung Beispiel 32: Vergleichsberechnung einer Trägerbohlwand (einmal gestützt, im Boden aufgelagert) nach (altem) Globalsicherheitskonzept; siehe □ 2.53

$$\sum G = 10{,}5\ kN$$

b) Vertikaler Erddruck E_{av}

$$E_{av} = 15{,}7 \cdot 5{,}0 \cdot \tan\left(\frac{2 \cdot 32{,}5°}{3}\right) \cdot 2{,}4 = 74{,}8\ kN$$

5.2.3 Nachweis der Sicherheit:

$$\eta_V = \frac{Q_g}{E_{av} + G} = \frac{97{,}6}{74{,}8 + 10{,}5} = 1{,}14 \ < \ 1{,}3 \ (!)$$

Eine ausreichende Sicherheit kann erreicht werden durch

- *Vergrößerung der Einbindetiefe,*
- *Vergrößerung der Aufstandsfläche (z.B. durch Einbetonieren des Trägerfußes) oder*
- *Ableitung der Vertikalkräfte auf andere Konstruktionsteile*

□ 2.59 Beispiel 33: Berechnung einer Trägerbohlwand (einmal gestützt, im Boden eingespannt) nach (altem) Globalsicherheitskonzept

Geg.: *Die dargestellte einmal ausgesteifte, im Boden eingespannte Trägerbohlwand*

Angaben zur Baugrube (Angaben wie □ 2.58):

5,0 m tief; 6,0 m breit

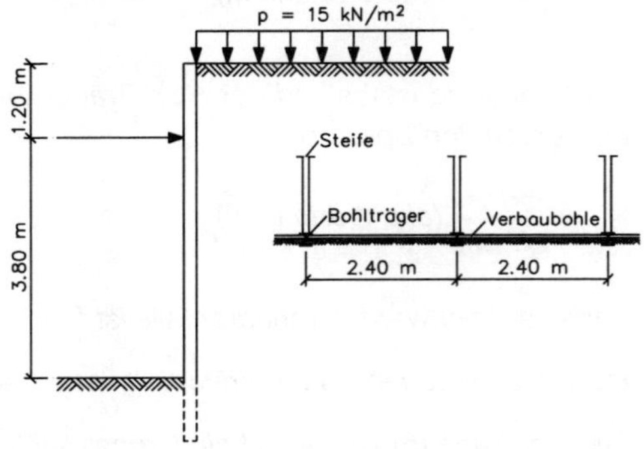

Angaben zur Trägerbohlwand:

Abstand der Bohlträger:
$a_t = 2{,}4\ m$

Abstand der Steifen:
$a_s = a_t = 2{,}4\ m$

Angaben zum Baugrund:

SW; γ = 19 kN/m³; γ' = 11 kN/m³; $\varphi_K = \varphi'$ = 32,5°; D = 0,68; U = 5,0

Berechnungsgrundlage: Empfehlungen des Arbeitskreises „Baugruben".

Geg.: *Vergleichsberechnung zu □ 2.58 für den Fall „Einspannung im Boden"*

Lösg.: *Im Folgenden werden nur die wesentlichen Änderungen gegenüber Beispiel □ 2.58 aufgeführt.*

1 Erdwiderstandsbeiwerte: *Dieser Beiwert ergibt sich aus* $K'_{rh} = f_\omega \cdot \frac{\omega_{ph}}{\eta_p}$

☐ 2.59 Fortsetzung Beispiel 33: Berechnung einer Trägerbohlwand (einmal gestützt, im Boden eingespannt) nach (altem) Globalsicherheitskonzept

mit f_ω = 0,8 im Fall „keine Überschneidung“; mit f_ω = 1,0 im Fall „Überschneidung“

1.1 Fall „keine Überschneidung“

gewählt: HE-180B, t_0 = 2,8 m → $\frac{b_t}{t_0} = \frac{0{,}18}{2{,}80} = 0{,}065$

Damit erhält man den Tabellenwert ω_R = 1,92 und den fiktiven Erdwiderstandsbeiwert

$$\omega_{ph} = \frac{t_0 \cdot \omega_R}{a_t} = \frac{2{,}80 \cdot 1{,}92}{2{,}40} = 2{,}24$$

1.2 Fall „Überschneidung“

$$\omega_{ph} = \frac{0{,}18}{2{,}40} \cdot 6{,}15 + \frac{2{,}40 - 0{,}18}{2{,}40} \cdot 3{,}32 = 3{,}53 \;>\; 2{,}24$$

1.3 Anzusetzender Erdwiderstandsbeiwert

Maßgebend ist der Beiwert aus dem Fall 1.1.: ω_{ph} = 2,24.

Da der Fall „keine Überschneidung“ vorliegt, wird

$$K'_{rh} = 0{,}8 \cdot \frac{2{,}24}{2{,}0} = 0{,}90\,.$$

2 Bemessungsgrößen

Für die folgenden Berechnungen werden Kenntnisse der Spundwandbemessung vorausgesetzt (⇒ Abschnitt 2)

Nach einem Vorschlag von Weißenbach (Grundbautaschenbuch, Ergänzungsband) können die Bemessungsgrößen für eine angreifende Gleichlast wie folgt berechnet werden:

Vorwerte:

$$M_e = E_{ah} \cdot (h_A - 0{,}5 \cdot h) = 78{,}5 \cdot (3{,}8 - 0{,}5 \cdot 5{,}0) = 102{,}1 \; kNm/m \qquad (1)$$

$$N_e = 0{,}25 \cdot e_{ah} \cdot h_A^4 = 0{,}25 \cdot 15{,}7 \cdot 3{,}8^4 = 818{,}4 \; kN/m \qquad (2)$$

$$m_e = \frac{6 \cdot M_e}{\gamma \cdot K'_{rh} \cdot h_A^3} = \frac{6 \cdot 102{,}1}{19 \cdot 0{,}90 \cdot 3{,}8^3} = 0{,}65 \qquad (3)$$

$$n_e = \frac{6 \cdot N_e}{\gamma \cdot K'_{rh} \cdot h_A^5} = \frac{6 \cdot 818{,}4}{19 \cdot 0{,}90 \cdot 3{,}8^5} = 0{,}36 \qquad (4)$$

Mit den Werten für m_e und n_e ergibt sich aus dem Nomogramm für eine einmal gestützte, im Boden eingespannte Stützwand (siehe Abschnitt 2)

□ 2.59 Fortsetzung Beispiel 33: Berechnung einer Trägerbohlwand (einmal gestützt, im Boden eingespannt) nach (altem) Globalsicherheitskonzept

$$\xi = \frac{t_0}{h_A} \approx 0{,}71$$

Rechnerische Einbindetiefe:

$$t_0 = \xi \cdot h_A = 0{,}71 \cdot 3{,}80 = 2{,}70\ m \ \approx_{gew.} t_0 = 2{,}80\ m \qquad (5)$$

(Anderenfalls hätte t_0 iterativ ermittelt werden müssen).

Damit erhält man folgende Bemessungsgrößen

Erforderliche Einbindetiefe

mit α = 1,2; $erf\ t = \alpha \cdot t_0 = 1{,}2 \cdot 2{,}80 = 3{,}40\ m \qquad (6)$

Stützenkraft

$$A = E_{ah} - \frac{M_e}{h_A + t_0} - \frac{\gamma \cdot K'_{rh} \cdot t_0^3}{6 \cdot (h_A + t_0)} = 78{,}5 - \frac{102{,}1}{3{,}8 + 2{,}8} - \frac{19 \cdot 0{,}90 \cdot 2{,}8^3}{6 \cdot (3{,}8 + 2{,}8)} = 53{,}6\ kN/m \qquad (7)$$

Feldmoment

$$M_F = A \cdot \left(\frac{A}{2 \cdot e_{ah}} - h_k \right) = 53{,}6 \cdot \left(\frac{53{,}6}{2 \cdot 15{,}7} - 1{,}2 \right) = 27{,}2\ kNm/m \qquad (8)$$

Die weiteren Berechnungen (Kragmoment, Korrekturen gem. EB...) entsprechen denen des vorigen Beispiels.

□ 2.60 Beispiel 34: Vergleichsberechnung einer Trägerbohlwand (einmal gestützt, im Boden aufgelagert; Rechteckumlagerung); siehe □ 2.53

Geg.: *Die dargestellte einmal ausgesteifte, im Boden eingespannte Trägerbohlwand*

Angaben zur Baugrube (Angaben wie □ 2.53; □ 2.58):

5,0 m tief; 6,0 m breit

Angaben zur Trägerbohlwand:

Abstand der Bohlträger:
$a_t = 2{,}4\ m$

Abstand der Steifen:
$a_s = a_t = 2{,}4\ m$

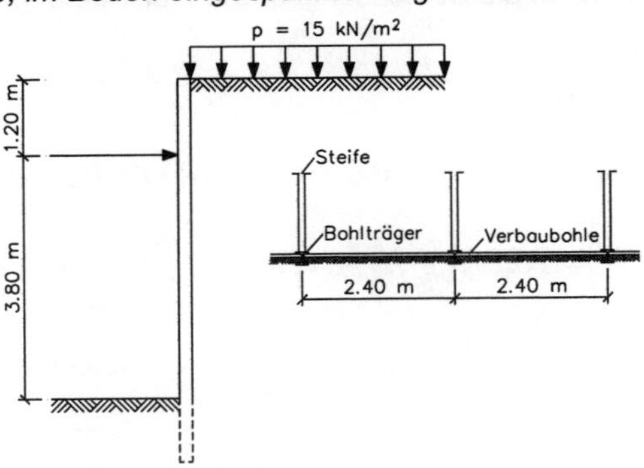

Angaben zum Baugrund:

SW; γ = 19 kN/m³; γ' = 11 kN/m³; $\varphi_K = \varphi'$ = 32,5°; D = 0,68; U = 5,0

Berechnungsgrundlage: Empfehlungen des Arbeitskreises „Baugruben".

□ 2.60 Fortsetzung Beispiel 34: Vergleichsberechnung einer Trägerbohlwand (einmal gestützt, im Boden aufgelagert; Rechteckumlagerung); siehe □ 2.53

Ges.:

1. *Bestimmung der Einbindetiefe t*
2. *Bestimmung der Auflagerkräfte, der Schnittgrößen*
3. *Bemessungswert der Bohlträger, der Verbaubohlen, der Aussteifung*

Lösg.: *Teilsicherheitsbeiwerte $\gamma_G = 1{,}20$; $\gamma_Q = 1{,}30$; $\gamma_{R,e} = 1{,}30$; $\eta_{EP} = 0{,}8$; $\gamma_P = 1{,}40$ (Bemessungssituation BS-T)*

$$\varphi_k = \varphi', \; e^g_{ah} = e^g_{ah,k}, \; e^p_{ah} = e^q_{ah,k}, \; p = p_k, \; K_{ah} = K_{ah,k}, \; K_{ph} = K_{ph,k}$$

1. Bestimmung der Einbindetiefe t_0

Gemäß EAB darf der Erddruck unterhalb der Baugrubensohle vernachlässigt werden, wenn sichergestellt ist, dass dies unschädlich ist (Nachweis $\Sigma H = 0$; s. Abs. 2.4.3, siehe Lösung unten: 4. Nachweis der Horizontalkräfte)

Gemäß EAB darf der Wandreibungswinkel $\delta_a = 2/3\ \varphi_K$ angesetzt werden, wenn die Vertikalreibungskräfte ordnungsgemäß in den Untergrund abgeleitet werden können (Nachweis $\Sigma V = 0$; s. Abschnitt 2.4.4, siehe Lösung unten: 4. Nachweis der Vertikalkräfte).

Für $\alpha = 0$; $\beta = 0$; $\varphi_K = 32{,}5°$; $\delta_a = 2/3\ \varphi_K$ wird der Erddruckbeiwert (hor.) $k_{ah} = 0{,}25$

Flächenlasten bis $p_k = 10\ kN/m^2$ werden gem. Handbuch EC 7-1 (siehe Abschnitt 2.1.3) als ständige Lasten, darüber liegende Flächenlasten als veränderliche Lasten betrachtet.

Ermittlung des charakteristischen aktiven Erddrucks:

Kote ± 0,0: $e^g_{ah,k} = 10 \cdot 0{,}25 = 2{,}5\ kN/m^2$

$e^q_{ah,k} = 5 \cdot 0{,}25 = 1{,}25\ kN/m^2$

Kote -5,0: $e^g_{ah,k} = 10 \cdot 0{,}25 + 19 \cdot 5{,}0 \cdot 0{,}25 = 2{,}5 + 23{,}75 = 26{,}25\ kN/m^2$

$e^q_{ah,k} = 5 \cdot 0{,}25 = 1{,}25\ kN/m^2$

Vereinfachter Erddruckansatz gemäß EAB, 3. Auflage, EB13 (s. Abschnitt 2.1.4.4)

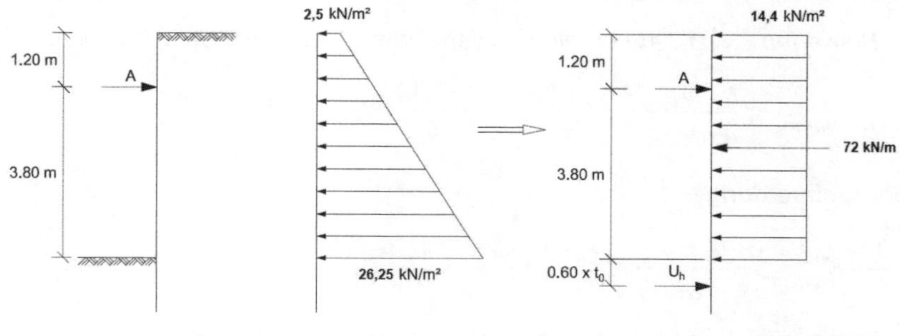

□ 2.60 Fortsetzung Beispiel 34: Vergleichsberechnung einer Trägerbohlwand (einmal gestützt, im Boden aufgelagert; Rechteckumlagerung); siehe □ 2.53

Erddruckumlagerung:

Da h_A = 3,8m > 0,7 · h = 0,7 · 5,0 = 3,5 m, darf der Erddruck in eine Gleichlast umgewandelt werden.

Für die veränderlichen Einwirkungen wird keine Umlagerung vorgenommen. In diesem Beispiel handelt es sich um eine konstante Streckenlast mit $e^q_{ah,k} = 1{,}25\ kN/m^2$.

***Ermittlung von** $B^g_{h,k}$ = U_h (ständige Einwirkung)*

$$\sum M^g_A = 0: \quad B^g_{h,k}(3{,}8 + 0{,}6t_0) - 14{,}4 \cdot 5{,}0 \cdot \left(\frac{5{,}0}{2} - 1{,}20\right) = 0$$

$$\rightarrow B^g_{h,k} = \frac{93{,}6}{3{,}8 + 0{,}6t_0}$$ *Bestimmungsgleichung (1)*

***Ermittlung von** $B^q_{h,k}$ (veränderliche Einwirkung)*

$$\sum M^q_A = 0: \quad B^q_{h,k}(3{,}8 + 0{,}6t_0) - 1{,}25 \cdot 5{,}0 \cdot \left(\frac{5{,}0}{2} - 1{,}20\right) = 0$$

$$\rightarrow B^q_{h,k} = \frac{8{,}1}{3{,}8 + 0{,}6t_0}$$ *Bestimmungsgleichung (2)*

***Ermittlung von** $spa\ E_{ph,k} = \frac{1}{2} \cdot \gamma \cdot \omega_{ph} \cdot a_t \cdot t_0^2$ vergleiche □ 2.53*

Für die weitere Berechnung sind Annahmen zu treffen.

Daher wird die Einbindetiefe geschätzt und ein Trägerprofil gewählt:

Profil: HE-180B

Einbindetiefe: $t_0 = 1{,}80 \rightarrow \frac{b_t}{t_0} = \frac{0{,}18}{1{,}80} = 0{,}10$

Fall „keine Überschneidung“

Mit dem Beiwerten ω_R (□ 2.45) erhält man den Erdwiderstand vor dem Träger zu:

$$\omega_{ph,keine\ Überschneidung} = \frac{t_0 \cdot \omega_R}{a_t} + \frac{4 \cdot c_k \cdot \omega_K}{\gamma \cdot a_t} = \frac{1{,}8 \cdot 2{,}42}{2{,}4} + 0 = 1{,}815$$

Fall „Überschneidung“

$$\omega_{ph} = \frac{b_t}{a_t} \cdot K_{ph}^{(\delta_p \neq 0)} + \frac{a_t - b_t}{a_t} \cdot K_{ph}^{(\delta_p = 0)} + \frac{4 \cdot c}{\gamma \cdot t_0} \cdot \sqrt{K_{ph}^{(\delta_p \neq 0)}}$$

Trägerbereich *Zwischenbereich* *Kohäsionsanteil*

□ 2.60 Fortsetzung Beispiel 34: Vergleichsberechnung einer Trägerbohlwand (einmal gestützt, im Boden aufgelagert; Rechteckumlagerung); siehe □ 2.53

Nach DIN 4085 ist der Winkel δ_p bei Bohlträgern:

δ_p = -27,5° für Böden mit φ_k = 32.5° ≥ 30°

Die Erdwiderstandsbeiwerte erhält man nach dem Gleitschema von Streck aus □ 1.74 u

$$K_{ph}^{(\delta_p \neq 0)} = 6{,}15\,;\; K_{ph}^{(\delta_p = 0)} = 3{,}32$$

Damit wird: $$\omega_{ph,Überschneidung} = \frac{0{,}18}{2{,}40} \cdot 6{,}15 + \frac{2{,}40 - 0{,}18}{2{,}40} \cdot 3{,}32 = 3{,}53$$

und damit maßgebend der kleinere Wert

$$\omega_{ph} = \omega_{ph,keine\ Überschneidung} = 1{,}815 \text{ und}$$

$$spa\ E_{p,h,d} = \frac{1}{2} \cdot \gamma \cdot \omega_{ph} \cdot a_t \cdot t_0^2 \cdot \frac{\eta_{EP}}{\gamma_{EP}} = \frac{1}{2} \cdot 19 \cdot 1{,}815 \cdot 2{,}4 \cdot t_0^2 \cdot \frac{0{,}8}{1{,}30}$$

Mit der Nachweisgleichung, bezogen auf eine durchgehende Wand, ergibt sich:

$$E_{p,h,d} = B_{h,d}$$

$$\frac{10{,}611}{2{,}4} \cdot t_0^2 = \gamma_G \cdot B_{h,k}^g + \gamma_Q \cdot B_{h,k}^q \qquad \textit{Bestimmungsgleichung (3)}$$

Durch Einsetzen von Bestimmungsgleichung (1) und (2) in (3) wird t_0 berechnet:

$$\frac{93{,}6 \cdot 1{,}20 + 8{,}1 \cdot 1{,}30}{3{,}8 + 0{,}6 \cdot t_0} = 10{,}611 \cdot t_0^2 \rightarrow 6{,}37 \cdot t_0^3 + 40{,}32 \cdot t_0^2 - 122{,}85 = 0$$

Brauchbare Lösung: $t_0 = 1{,}565\ m \neq gew.\ t \neq 1{,}80\ m$

Die erforderliche Einbindetiefe wird durch Iteration ermittelt: $t_0 \approx 1{,}6\ m$.

Um im Boden ein Auflager $B_{h,d}$ zu bilden, ist also eine Einbindetiefe von $t_0 = 1{,}6\ m$ *erforderlich.*

2. Bestimmung der Auflagerkräfte, Schnittgrößen

Statisches System: ständige Einwirkungen (Skizze siehe nächste Seite)

Momente

Ständige Einwirkungen

Mit Gleichung (1): $$B_{h,k}^g = \frac{109{,}9}{3{,}8 + 0{,}6 \cdot 1{,}6} = 23{,}1\ kN/m$$

□ 2.60 Fortsetzung Beispiel 34: Vergleichsberechnung einer Trägerbohlwand (einmal gestützt, im Boden aufgelagert; Rechteckumlagerung); siehe □ 2.53

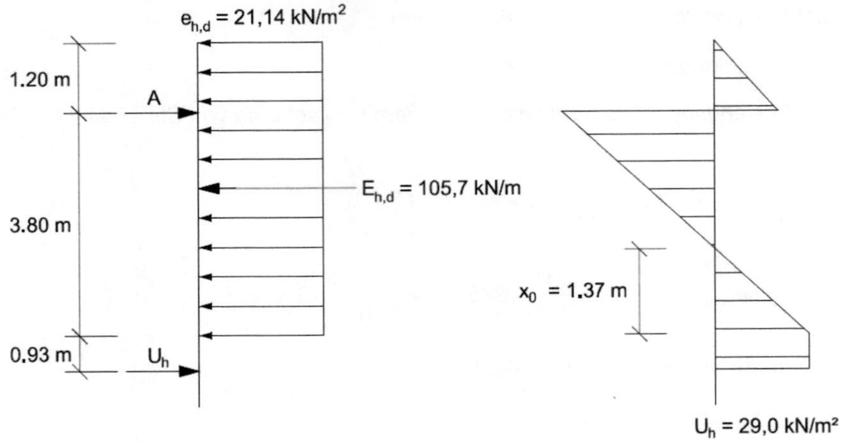

wird $A_{h,k}^{g} = 16{,}9 \cdot 5{,}0 - 23{,}1 = 61{,}4\ kN/m$.

Das maximale Feldmoment liegt bei $x_0 = \frac{B_{h,k}^{g}}{e_{h,k}^{g}} = \frac{23{,}1}{16{,}9} = 1{,}37\ m$

Mit diesen Werten erhält man aus der Q-Fläche

$$\max M_{Feld}^{g} = 16{,}7 \cdot 1{,}07 + \frac{1}{2} \cdot 1{,}37 \cdot 23{,}1 = 33{,}7\ kNm/m$$

Kragmoment bei $A_{h,k}^{g}$*:*

$$M_A^{g} = 16{,}7 \cdot \frac{1{,}2^2}{2} = 12{,}0\ kNm/m < \max M_{Feld}^{g}.$$

Veränderliche Einwirkungen

Mit Gleichung (2): $B_{h,k}^{q} = \frac{8{,}1}{3{,}8 + 0{,}6 \cdot 1{,}4} = 1{,}7\ kN/m$

wird $A_{h,k}^{q} = 1{,}25 \cdot 5{,}0 - 1{,}7 = 4{,}6\ kN/m$.

Das maximale Feldmoment liegt bei $x_0 = \frac{B_{h,k}^{q}}{e_{h,k}^{q}} = \frac{1{,}7}{1{,}25} = 1{,}36 m$

Mit diesen Werten erhält man aus der Q-Fläche

$$\max M_{Feld}^{q} = 1{,}7 \cdot 0{,}81 + \frac{1}{2} \cdot 1{,}36 \cdot 1{,}7 = 2{,}5\ kNm/m$$

□ 2.60 Fortsetzung Beispiel 34: Vergleichsberechnung einer Trägerbohlwand (einmal gestützt, im Boden aufgelagert; Rechteckumlagerung); siehe □ 2.53

Kragmoment bei $A_{h,k}^{q}$: $M_A^q = 1{,}25 \cdot \frac{1{,}2^2}{2} = 0{,}9\ kNm/m < \max M_{Feld}^q$.

3. Bemessungen der Bohlträger, der Verbaubohlen, der Aussteifung

Bei 2,40 m Träger-/ Steifenabstand betragen die Bemessungsgrößen somit:

$M_d = (33{,}7 \cdot 1{,}20 + 2{,}5 \cdot 1{,}3) \cdot 2{,}4 = 104{,}9\ kNm$

Steifenkraft: $A_d = (61{,}4 \cdot 1{,}2 + 4{,}6 \cdot 1{,}3) \cdot 2{,}4 = 191{,}2\ kN$.

Korrekturen gem. EB 13(1)

Die endgültigen Bemessungswerte werden auf den Träger/ Steifenabstand von 2,4 m umgerechnet.

$korr\ A_d = 191{,}2 \cdot \frac{5{,}0}{3{,}8} = 251{,}6\ KN < E_{h,d} = (84{,}4 \cdot 1{,}2 + 6{,}25 \cdot 1{,}3) \cdot 2{,}4 = 262{,}6\ kN$

$korr\ M_d = 104{,}9 \cdot \frac{3{,}8}{5{,}0} = 79{,}7\ kNm$

Das Kragmoment darf nicht abgemindert werden.

Anmerkung: Da im Beispiel □ 2.53 mit einem wirklichkeitsnahen Erddruckansatz gem. EB 69 gerechnet wurde, entfallen dort abschließende Korrekturen der Bemessungsgrößen.

Ein Vergleich mit den Ergebnissen des Ansatzes gem. EAB, 3. Auflage, EB 13 hier im Beispiel zeigt, dass das Näherungsverfahren mit einer Rechtecklast und anschließender Korrektur deutlich auf der sicheren Seite liegende Ergebnisse liefert.

Die Bemessungsgrößen aus Beispiel □ 2.53 sind:

$M_d = (20{,}9 \cdot 1{,}20 + 2{,}5 \cdot 1{,}3) \cdot 2{,}4 = 68{,}0\ kNm \leftrightarrow 79{,}7\ kNm$

Steifenkraft: $A_d = (58{,}3 \cdot 1{,}2 + 4{,}6 \cdot 1{,}3) \cdot 2{,}4 = 182{,}3\ kN \leftrightarrow 251{,}6\ kN$.

□ 2.61 Beispiel 35: Ermittlung des Belastungsnullpunkts; altes Globalsicherheitskonzept DIN 1054

Geg.: *Die auf der nächsten Seite dargestellte im Boden eingespannte Spundwand (bleibendes Bauwerk)*

SW: $\gamma = 18\ kN/m^3$; $K_{ah} = 0{,}28$

UM: $\gamma = 18\ kN/m^3$; $\varphi_K = \varphi' = 22{,}5°$; $c' = 10\ kN/m^2$

Ges.: *Belastungsnullpunkt*

□ 2.61 Fortsetzung Beispiel 35: Berechnung einer Spundwand: Ermittlung des Belastungsnullpunkts; altes Globalsicherheitskonzept DIN 1054

Lösg: *Der Belastungsnullpunkt wird durch eine Gleichgewichtsbetrachtung an der unbekannten Stelle „u" ermittelt.*

$K_{ah} = 0{,}38$; $K_{ph} = 3{,}30$

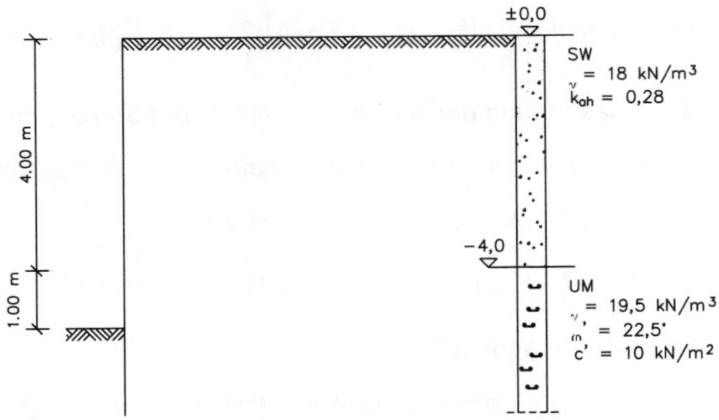

$$K_{ah}^{c} = \frac{\cos 22{,}5° \cdot \cos 0° \cdot (1 - \tan 0° \cdot \tan 0°)}{1 + \sin\left(22{,}5° + \frac{2}{3} \cdot 22{,}5°\right)} \cdot \cos \frac{2}{3} \cdot 22{,}5° = 0{,}55;$$

$K^{c}_{ph} = 2{,}28$ *(s. Dörken/Dehne, T. 1)*

Fall 1:

Boden	Kote	h	γ	$\gamma \cdot h$	p	K_{ah}^{g}	$p \cdot K_{ah}^{g}$	K_{ah}^{c}	$2c \cdot K_{ah}^{c}$	e_{ah}
[-]	[m]	[m]	[kN/m³]	[kN/m²]	[kN/m²]	[-]	[kN/m²]	[-]	[kN/m²]	[kN/m²]
SW	±0,0	4,0	18	72,0	0	0,28	0			0
	-4,0				72,0		20,16			20,16
UM	-4,0	1,0	19,5	19,5	72,0	0,38	27,36	0,55	11,0	16,36
	-5,0				91,5		34,77		11,0	23,77

Ordinate des Erdwiderstands an der Sohle:

$$e_{ph}^{Sohle} = 2c \cdot K^{c}_{ph} = 2 \cdot 10 \cdot 2{,}28 = 45{,}60 \quad kN/m^2$$

In der Höhe der Sohle besteht ein Erdwiderstandsüberschuss von

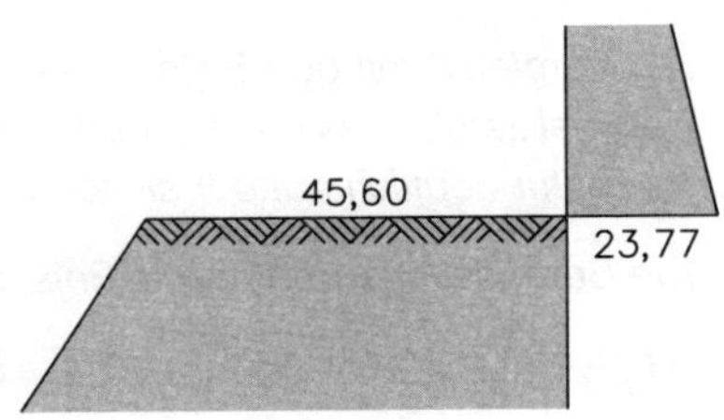

$$\Delta e_{ph} = 45{,}60 - 23{,}77 = 21{,}83 \quad kN/m^2$$

$\rightarrow u = 0$

□ 2.62 Beispiel 36: Baugruben-Spundwand, einmal gestützt, im Boden frei aufgelagert; altes Globalsicherheitskonzept DIN 1054

Geg.: *der auf der nächsten Seite dargestellte Fall ist einer Spundwand als Baugrubensicherung*

GW, mitteldicht: $\gamma = 18$ kN/m³; $\varphi' = 35°$;

UM, steifplastisch: $\gamma = 19{,}5$ kN/m³; $\varphi' = 22{,}5°$; $c' = 10$ kN/m²

Ges.: *- Erforderliche Einbindetiefe*

- Bemessungsmoment

□ 2.62 Fortsetzung Beispiel 36: Baugruben-Spundwand, einmal gestützt, im Boden frei aufgelagert; altes Globalsicherheitskonzept DIN 1054

Lösg:

Anmerkungen zur Berechnung gestützter, im Boden frei aufgelagerter Baugruben-Spundwände:

Die Erddrucklast wird durch die Stützenkraft und das Erdauflager aufgenommen („teilmobilisierter Erdwiderstand"). Die Lösung erfolgt über die Formeln/Nomogramme von Blum:

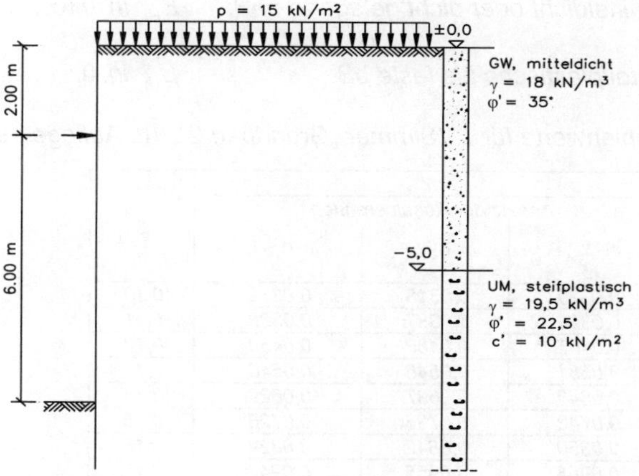

$$m = \xi^2 \cdot (2 \cdot \xi + 3) \quad \text{mit } m = \frac{6}{\gamma \cdot K_{rh} \cdot l^3} \cdot \sum_{-l_0}^{+l} P \cdot a$$

Berechnung der Baugrubenspundwand (genaues Berechnungsverfahren), Erddruckverteilung vereinfachend rechteckig.

Der Erdwiderstand wird mit

$$e'_{ph} = \frac{e_{ph}}{\eta_p} = \frac{e_{ph}}{1{,}5} \quad \text{angesetzt.}$$

Einbindetiefe und Stützenkraft können aus den gleichen Bedingungen ermittelt werden. Da die Resultierende E'_{rh} - abhängig von den Baugrundbedingungen – in unterschiedlicher Tiefe angesetzt wird, ändern sich die Berechnungsformeln wie folgt:

$$\text{Mit } h'_A = l\,;\ \xi = \frac{x}{h'_A} = \frac{x}{l}\,;\ m = \frac{6 \cdot \sum P \cdot a}{\gamma \cdot h'^3_A \cdot K'_{rh}}$$

erhält man:

- *für* E_{rh} *in* $\frac{2}{3}x:\ m' = m = \xi^2 \cdot (2\xi + 3)$

- *nach EAB, EB 19:*

- *locker gelagerte nbB und weiche bis steifplastische bB, ferner stets bei Ortbetonwänden*

$$E'_{rh} \text{ in } \frac{2}{3}x:\ m' = m = \xi^2 \cdot (2\xi + 3)$$

- *mitteldicht oder dicht gelagerte nbB:* E'_{rh} *in* $0{,}6x\,;\ m' = \xi^2 \cdot (3 + 1{,}8\xi)$

□ 2.62 Fortsetzung Beispiel 36: Baugruben-Spundwand, einmal gestützt, im Boden frei aufgelagert; altes Globalsicherheitskonzept DIN 1054

- *mitteldicht oder dicht gelagerte nbB:* E'_{rh} *in* $0{,}6x\,;\; m' = \xi^2 \cdot (3 + 1{,}8\xi)$
- *steifplastische bis feste bB:* E'_{rh} *in* $0{,}5x\,;\; m' = \xi^2 \cdot (3 + 1{,}5\xi)$

Zahlenwerte für ξ: (Simmer „Grundbau 2", 18. Auflage 1999)

m'			ξ
Ansatz der Resultierenden			
in $\frac{2}{3}x$	*in* $0{,}6x$	*in* $0{,}5x$	
0,0320	0,0318	0,0315	0,10
0,0390	0,0387	0,0383	0,11
0,0467	0,0463	0,0458	0,12
0,0551	0,0546	0,0540	0,13
0,0643	0,0637	0,0629	0,14
0,0743	0,0736	0,0726	0,15
0,0850	0,0842	0,0829	0,16
0,0965	0,0955	0,0941	0,17
0,1089	0,1077	0,1059	0,18
0,1220	0,1206	0,1186	0,19
0,1360	0,1344	0,1320	0,20
0,1508	0,1490	0,1462	0,21
0,1665	0,1644	0,1612	0,22
0,1830	0,1806	0,1770	0,23
0,2004	0,1977	0,1935	0,24
0,2188	0,2156	0,2109	0,25
0,2380	0,2344	0,2292	0,26
0,2581	0,2541	0,2482	0,27
0,2791	0,2747	0,2681	0,28
0,3011	0,2962	0,2889	0,29
0,3240	0,3186	0,3105	0,30
0,3479	0,3419	0,3330	0,31
0,3727	0,3662	0,3564	0,32
0,3986	0,3914	0,3806	0,33
0,4254	0,4175	0,4058	0,34
0,4532	0,4447	0,4318	0,35
0,4821	0,4728	0,4588	0,36
0,5120	0,5019	0,4867	0,37
0,5429	0,5320	0,5155	0,38
0,5749	0,5631	0,5453	0,39
0,6080	0,5952	0,5760	0,40

1 Erddruckermittlung

GW: $K_{ah} = 0{,}22$

UM: $K_{ah} = 0{,}38\,;\; K_{ph} = 3{,}30\,;\; K'_{ph} = \dfrac{3{,}30}{1{,}5} = 2{,}20 \;\rightarrow\; K'_{rh} = 2{,}20 - 0{,}38 = 1{,}82$

$$K^c_{ah} = \frac{\cos 22{,}5° \cdot \cos 0° \cdot (1 - \tan 0° \cdot \tan 0°)}{1 + \sin\left(22{,}5° + \frac{2}{3} \cdot 22{,}5°\right)} \cdot \cos\frac{2}{3} \cdot 22{,}5° = 0{,}55\,;\; K^c_{ph} = 2{,}28$$

(s. Dörken/Dehne, T.1)

□ 2.62 Fortsetzung Beispiel 36: Baugruben-Spundwand, einmal gestützt, im Boden frei aufgelagert; altes Globalsicherheitskonzept DIN 1054

Boden	Kote	h	γ	$\gamma \cdot h$	p	K_{ah}^{g}	$p \cdot K_{ah}^{g}$	K_{ah}^{c}	$2c \cdot K_{ah}^{c}$	e_{ah}
[-]	[m]	[m]	[kN/m³]	[kN/m²]	[kN/m²]	[-]	[kN/m²]	[-]	[kN/m²]	[kN/m²]
GW	±0,0	5,0	18	90,0	15,0	0,22	3,30			3,30
	-5,0				105,0		23,10			23,10
UM	-5,0	5,0	19,5	58,5	105,0	0,38	39,90	0,55	11,00	28,90
	-8,0				163,5		62,13		11,00	51,13

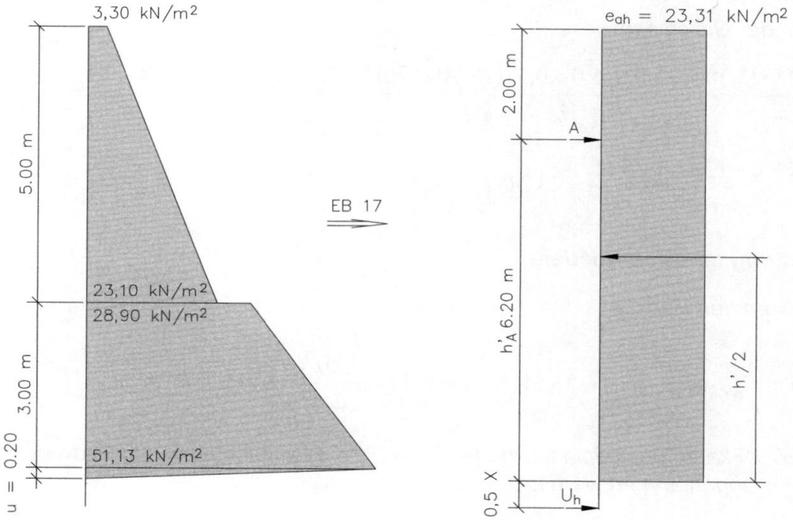

Im Bereich der Schicht UM ist zu untersuchen, ob ein Ersatzdruckbeiwert $K_{ah}^{g} = 0{,}20$ *einen höheren Wert ergibt:*

- aus Erddruckfigur:

$$E_{ah}^{UM} = \frac{1}{2} \cdot (28{,}90 + 51{,}13) \cdot 3{,}0 = 120{,}45 \ \ kN/m$$

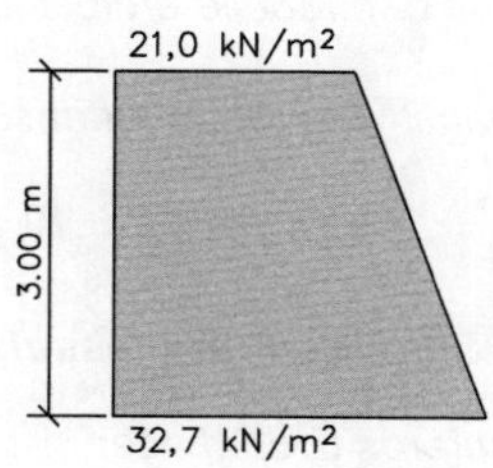

- mit Ersatzbeiwert:

$$E_{ah}^{UM} = \frac{1}{2} \cdot (21{,}0 + 32{,}7) \cdot 3{,}0 = 80{,}55 \ \ kN/m$$

Maßgebend ist der aus der Erddruckfigur berechnete Erddruck.

Ordinate des Erdwiderstands an der Baugrubensohle:

$$e_{ph}^{' \, Sohle} = 2c \cdot K_{ph}^{'} = 2 \cdot 10 \cdot 2{,}28 = 45{,}6 \ \ kN/m^2$$

Belastungsnullpunkt:

$$\overrightarrow{e_{ph}^{'}} = \overleftarrow{e_{ah}}$$

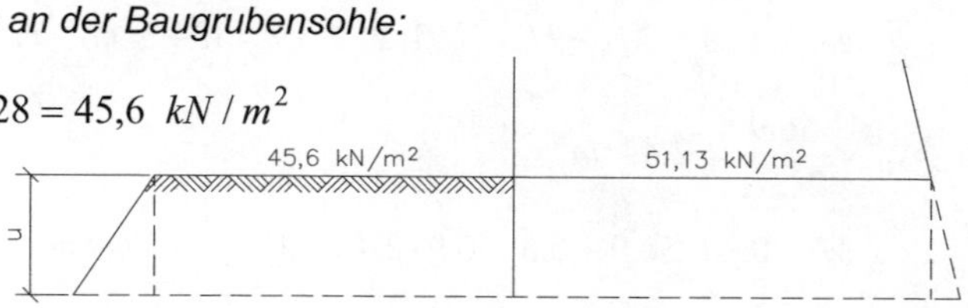

□ 2.62 Fortsetzung Beispiel 36: Baugruben-Spundwand, einmal gestützt, im Boden frei aufgelagert; altes Globalsicherheitskonzept DIN 1054

$$45{,}6+19{,}5\cdot u\cdot 2{,}20=51{,}13+19{,}5\cdot u\cdot 0{,}38 \rightarrow 35{,}49\cdot u=5{,}53 \rightarrow u\approx 0{,}20\ m$$

Damit wird: $h'=8{,}0+0{,}2=8{,}2\ m$; $h_A^{'}=6{,}0+0{,}2=6{,}2\ m$

Überprüfung, ob gem. EB 17 (1) der Erddruck in eine Gleichlast umgewandelt werden kann: $h_A^{'}=6{,}2\ m\ >\ 0{,}7\cdot h'=0{,}7\cdot 8{,}2=5{,}74\ m$

Ordinate der Gleichlast:

$$e_{ah}=\frac{0{,}5\cdot(3{,}30+23{,}10)\cdot 5{,}0+0{,}5\cdot(28{,}90+51{,}13)\cdot 3{,}0+0{,}5\cdot 51{,}13\cdot 0{,}2}{8{,}20}$$

$$=\frac{66{,}0+120{,}05+5{,}11}{8{,}20}=23{,}31\ kN/m^2$$

2 Ermittlung der Einbindetiefe

$\sum P\cdot a$ *um den Punkt A:*

$$\sum P\cdot a=E_{ah}\cdot\left(h_A^{'}-\frac{h'}{2}\right)=23{,}31\cdot 8{,}20\cdot\left(6{,}20-\frac{8{,}20}{2}\right)=401{,}52\ kNm/m$$

Gem. EB 19 kann für steifplastische bis feste bB die Resultierende des Erdwiderstands bei $0{,}5\cdot x$ angenommen werden:

$$m'=\frac{6\cdot\sum P\cdot a}{\gamma\cdot K_{rh}^{'}\cdot h_A^{'3}}=\frac{6\cdot 401{,}52}{19{,}5\cdot 1{,}82\cdot 6{,}20^3}=0{,}285$$

Aus der Tabelle ergibt sich für $m'=0{,}285$: $\xi=0{,}289$

Damit wird die rechnerische Einbindetiefe

$x=\xi\cdot h_A^{'}=0{,}289\cdot 6{,}20=1{,}79\ m$ *und* ${}_{erf}t=u+x=0{,}20+1{,}79\approx 2{,}0\ m$.

3 Stützkraft, Bemessungsmoment

Unteres Erdauflager

$$U_h=0{,}5\cdot\gamma\cdot K_{rh}^{'}\cdot x^2=0{,}5\cdot 19{,}5\cdot 1{,}82\cdot 1{,}79^2$$

$$=56{,}9\ kN/m$$

$$\sum H=0:\ A=E_{ah}-U_h=191{,}2-56{,}9=134{,}3\ kN/m$$

$$x_0=\frac{56{,}9}{23{,}31}=2{,}44\ m \rightarrow$$

$${}_{\max}M=0{,}90\cdot 56{,}9+0{,}5\cdot 56{,}9\cdot 2{,}44=120{,}6\ kNm/m$$

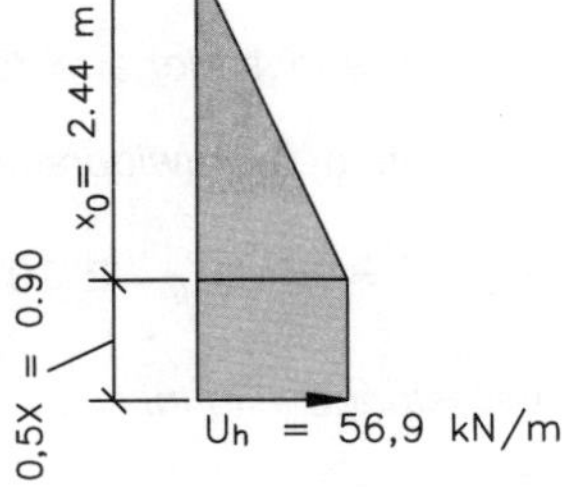

□ 2.62 Fortsetzung Beispiel 36: Baugruben-Spundwand, einmal gestützt, im Boden frei aufgelagert; altes Globalsicherheitskonzept DIN 1054

Korrekturen gem. EB 17 (1):

$$_{korr.}A = 134{,}3 \cdot \sqrt{\frac{8{,}20}{6{,}20}} = 154{,}5\ kN/m$$

$$_{korr.}M = 120{,}6 \cdot \sqrt{\frac{6{,}20}{8{,}20}} = 110{,}0\ kNm/m$$

(Bemessungsmoment)

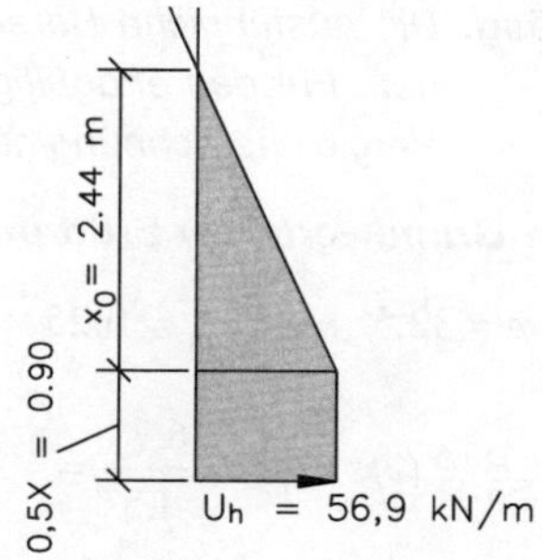

□ 2.63 Beispiel 37: Berechnung einer 3-fach ausgesteiften Baugruben-Spundwand (Elastizitätstheorie und Traglastverfahren); Globalsicherheitskonzept

Geg.: *der dargestellte Fall ist einer 3-fach ausgesteiften Spundwand als Baugrubensicherung*

Ges.: *Es sind die Steifenkräfte, die erforderliche Einbindetiefe und das Bemessungsmoment zu ermitteln. Hierbei ist insbesondere EB 11 der Empfehlungen des Arbeitskreises „Baugruben" (EAB) zu beachten:*

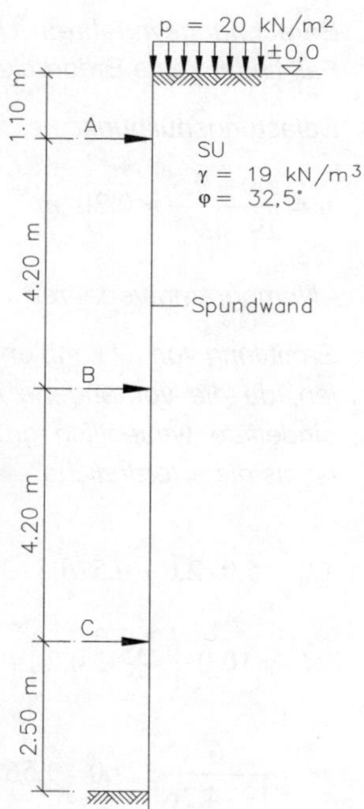

EB 11: Ermittlung der Schnittgrößen

1. *Es sind alle beim Ausheben und beim Verfüllen der Baugrube auftretenden Vorbau- und Rückbauzustände zu untersuchen. Unter Vorbauzuständen werden alle Bauzustände bis zum Erreichen der endgültigen Baugrubensohle verstanden, unter Rückbauzuständen alle Bauzustände beim Verfüllen der Baugrube und beim Ausbau von Steifen bzw. beim Umsteifen.*
2. *Bei der Berechnung mehrmals gestützter Baugrubenwände darf als statisches System ein Träger auf unnachgiebigen Stützen zugrunde gelegt werden. Die Verformungen in den verschiedenen Bauzuständen und ihre Auswirkungen auf den jeweils folgenden Bauzustand brauchen in der Regel nicht untersucht zu werden.*
3. *Die Wahl des Berechnungsverfahrens ist freigestellt. Für die Ermittlung der Schnittgrößen kommen bei Trägerbohlwänden und Spundwänden neben den Verfahren auf der Grundlage der Elastizitätstheorie auch Verfahren auf der Grundlage der Plastizitätstheorie in Frage (Traglastverfahren). Hierzu siehe EB 27.*

□ 2.63 Fortsetzung Beispiel 37: Berechnung einer 3-fach ausgesteiften Baugruben-Spundwand (Elastizitätstheorie und Traglastverfahren); Globalsicherheitskonzept

Lösg: *Die ausführliche Berechnung soll auf der Grundlage der Elastizitätstheorie erfolgen. Für den endgültigen Vorbauzustand (Aushub bis Baugrubensohle) wird eine Vergleichsrechnung nach dem Traglastverfahren (Plastizitätstheorie) durchgeführt.*

1 Grundwerte der Erddruckermittlung

$$\varphi = 32{,}5° \rightarrow K_{ah} = 0{,}25\,;\; K_{ph} = 6{,}77$$

EB19 (2): $K'_{ph} = \dfrac{6{,}77}{1{,}5} = 4{,}51 \rightarrow K'_{rh} = 4{,}51 - 0{,}25 = 4{,}26$

2 Vorbauzustand I (VBZI)

- Spundwand auf Solltiefe

- Aushub bis -2,0 m (Platz für Einbau der Steifenlage A)

Berechnungsverfahren: Ungestützte, im Boden eingespannte Spundwand. In diesem Fall findet keine Erddruckumlagerung statt; siehe auch EB 16 (2).

Belastungsnullpunkt:

$$u = \frac{5{,}0 + 9{,}5}{19 \cdot 4{,}26} \approx 0{,}20\ m$$

- Nomogrammverfahren

Ermittlung von $_{erf}t$ kann entfallen, da die vorhandene Einbindetiefe wesentlich größer ist als die erforderliche.

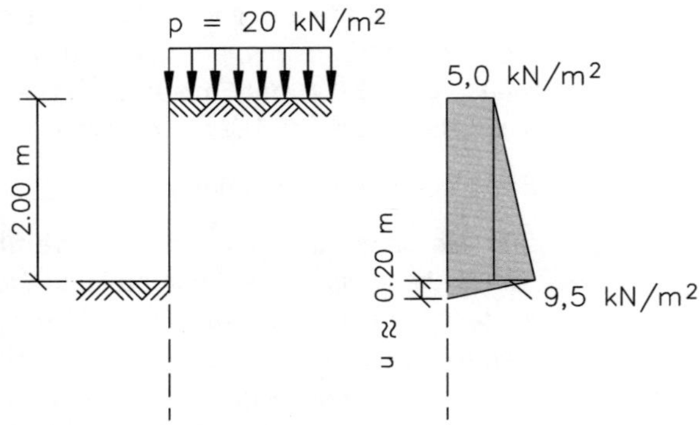

$$Q_0 = 5{,}0 \cdot 2{,}0 + 0{,}5 \cdot 9{,}5 \cdot 2{,}0 + 0{,}5 \cdot (5{,}0 + 9{,}5) \cdot 0{,}20 = 10{,}0 + 9{,}5 + 1{,}5 = 21{,}0\ kN/m$$

$$M_0 = 10{,}0 \cdot \left(\frac{2{,}0}{2} + 0{,}2\right) + 9{,}5 \cdot \left(\frac{2{,}0}{3} + 0{,}20\right) + 1{,}5 \cdot \frac{2 \cdot 0{,}20}{3} = 20{,}4\ kNm/m$$

$$m = \frac{6}{19 \cdot 4{,}26} \cdot 21{,}0 = 1{,}56$$

Bemessungsmoment:

$$_{\max}M = 20{,}4 + 0{,}385 \cdot 21{,}0 \cdot \sqrt{1{,}56} = |30{,}5|\ kNm/m\ = M_K$$

Anmerkung: Alle Bemessungsgrößen der Vorbauzustände werden tabellarisch zusammengestellt (siehe weiter unten).

☐ 2.63 Fortsetzung Beispiel 37: Berechnung einer 3-fach ausgesteiften Baugruben-Spundwand (Elastizitätstheorie und Traglastverfahren); Globalsicherheitskonzept

3 Vorbauzustand II

- Steifenlage A eingebaut

- Aushub bis -5,8 m (Platz für Einbau der Steifenlage B)

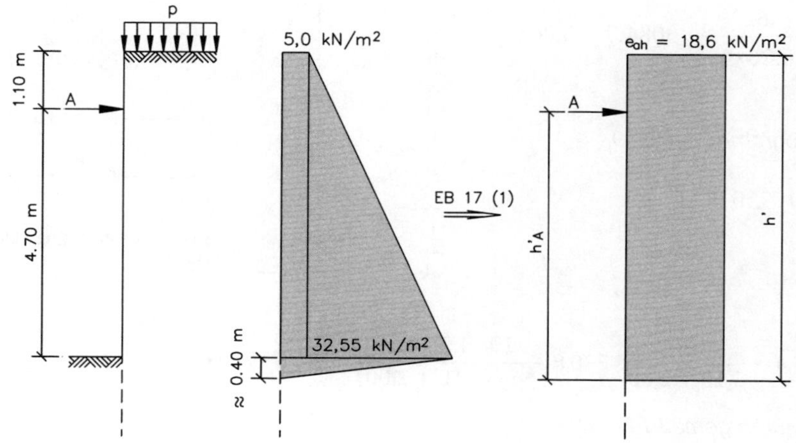

Belastungsnullpunkt: $u = \dfrac{32{,}55}{19 \cdot 4{,}26} \approx 0{,}40\ m$

Berechnungsverfahren: Einmal gestützte, im Boden eingespannte Spundwand.

EB 17 (1): $h'_A = 5{,}10\ m\ >\ 0{,}7 \cdot h' = 0{,}7 \cdot 6{,}20 = 4{,}34\ m$

→ Umwandlung des Erddrucks in eine Gleichlast.

Nomogrammverfahren: Ersatzbalken (Skizze siehe nächste Seite)

Nr.	P	Δa	a	a³	P·a	P·a³	Q	Q·Δa	
-	kN/m	m	m	m³	kNm/m	kNm³/m	kN/m	kNm/m	
1	20,5		-0,55	-	-11,3	-			
		0,55					-20,5	-11,3	= M_A
A	67,5		-	-	-	-			
		0,50					47,0	+23,5	
2	18,6		0,50	0,13	9,3	2,4			
		1,00					28,4	28,4	
3	18,6		1,50	3,38	27,9	62,9			
		1,00					9,8		
4	18,6		2,50	15,63	46,5	290,7			
		1,00						50,4	= M_F
5	18,6		3,50	42,88	65,1	797,6			
		1,05							
6	20,5		4,55	94,20	93,3	1931,1			
ΣP =	115,4			ΣP·a =	230,8	3084,7	= ΣP·a³		

□ 2.63 Fortsetzung Beispiel 37: Berechnung einer 3-fach ausgesteiften Baugruben-Spundwand (Elastizitätstheorie und Traglastverfahren); Globalsicherheitskonzept

$$l = 4{,}70 + 0{,}40 = 5{,}10\ m$$

$$m = \frac{6}{19 \cdot 4{,}26 \cdot 5{,}1^3} \cdot 230{,}8 = 0{,}13$$

$$n = \frac{6}{19 \cdot 4{,}26 \cdot 5{,}1^5} \cdot 3084{,}7 = 0{,}065$$

→ *Nomogramm* $\xi \approx 0{,}39$

$$x = 0{,}39 \cdot 5{,}10 = 2{,}0\ m$$

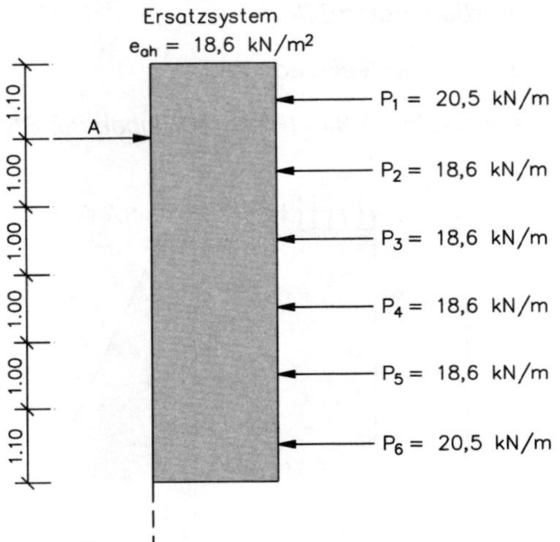

$$A = 115{,}4 - \frac{1}{5{,}10 + 2{,}00} \cdot 230{,}8 - \frac{19 \cdot 4{,}26 \cdot 2{,}0^3}{6 \cdot (5{,}10 + 2{,}00)} = 67{,}5\ kN/m$$

- *Korrekturen gemäß EB 17:*

$$_{korr.} A = 67{,}5 \cdot \sqrt{\frac{6{,}20}{5{,}10}} = 74{,}5\ kN/m\ ; \qquad _{korr.} M_F = 50{,}4 \cdot \sqrt{\frac{5{,}10}{6{,}20}} = 45{,}7\ kNm/m$$

$$_{korr.} M_A = M_A = |11{,}3|\ kNm/m$$

4 Zwischenbetrachtung:

Die Berechnung der eingespannten Spundwand war

- *zeitaufwendig*
- *nur möglich mit dem Nomogrammverfahren von Blum, welches nur anwendbar ist, wenn sich der Boden unterhalb des Belastungsnullpunkt im Einflussbereich nicht ändert.*

Hinzu kommt das Problem, ein Berechnungsverfahren für den VBZ III „zweifach gestützte, im Boden eingespannte Spundwand" zu finden.

Bei genauerer Betrachtung des eben berechneten Falls ergibt sich folgende Situation (Skizze sie nächste Seite):

Die Stelle M = 0 fällt etwa mit dem Belastungsnullpunkt N zusammen. In großzügiger Auslegung bedeutet dies:

- *M = 0 → „Gelenk"*
- *M = 0 → Durchbiegung w = 0 → „Auflager".*

□ 2.63 Fortsetzung Beispiel 37: Berechnung einer 3-fach ausgesteiften Baugruben-Spundwand (Elastizitätstheorie und Traglastverfahren); Globalsicherheitskonzept

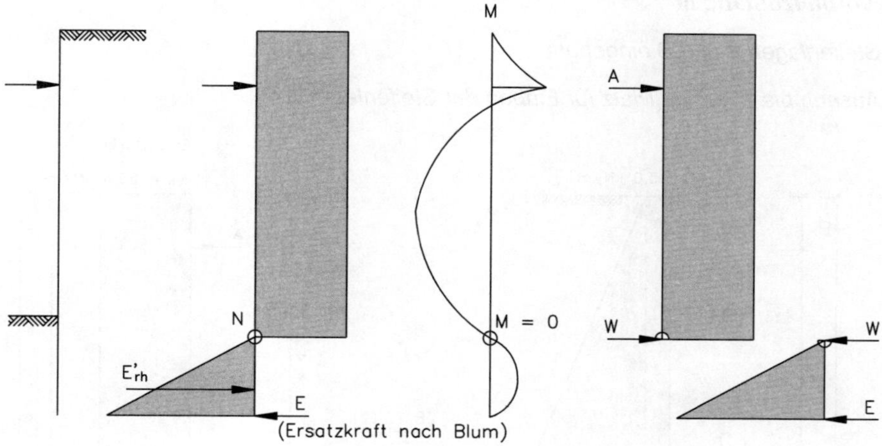

Somit kann das System in 2 Teilsysteme zerlegt werden, ohne dass dadurch das Last- und Momentenbild wesentlich verändert wird.

Die Baugrubenwand kann bis zum Belastungsnullpunkt als Durchlaufträger berechnet werden. Das untere Teilsystem wird im letzten Vorbauzustand zur Ermittlung der erforderlichen Einbindetiefe benötigt.

- Vergleichsrechnung für VBZ II

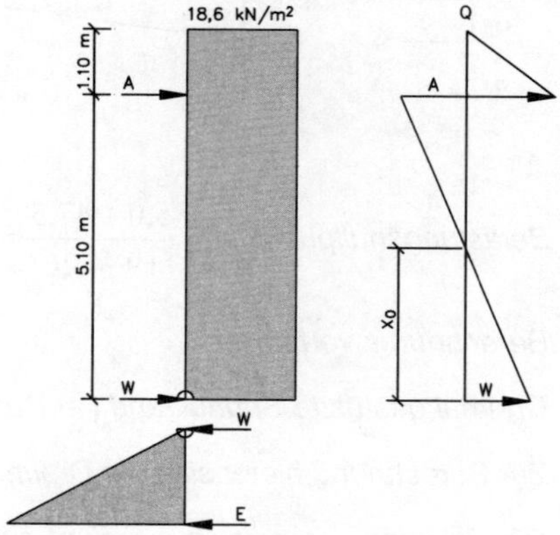

$$\sum M_{(w)} = 0: \; A \cdot 5{,}1 - 18{,}6 \cdot \frac{6{,}2^2}{2} = 0$$

$\rightarrow A = 70{,}1 \; kN/m$ *(Vgl.)*

$$\sum H = 0:$$

$W = 18{,}6 \cdot 6{,}2 - 70{,}1 = 45{,}3 \; kN/m$

Lage von $_{max}M_F$: $x_0 = \dfrac{W}{e_{eh}} = \dfrac{45{,}3}{18{,}6} = 2{,}43 \; m$

$\rightarrow {}_{max}M = \dfrac{1}{2} \cdot 45{,}3 \cdot 2{,}43 = 55{,}0 \; kNm/m$ *(Vgl.)*

□ 2.63 Fortsetzung Beispiel 37: Berechnung einer 3-fach ausgesteiften Baugruben-Spundwand (Elastizitätstheorie und Traglastverfahren); Globalsicherheitskonzept

5 Vorbauzustand III

- Steifenlagen A und B eingebaut

- Aushub bis –10,0 m (Platz für Einbau der Steifenlage C)

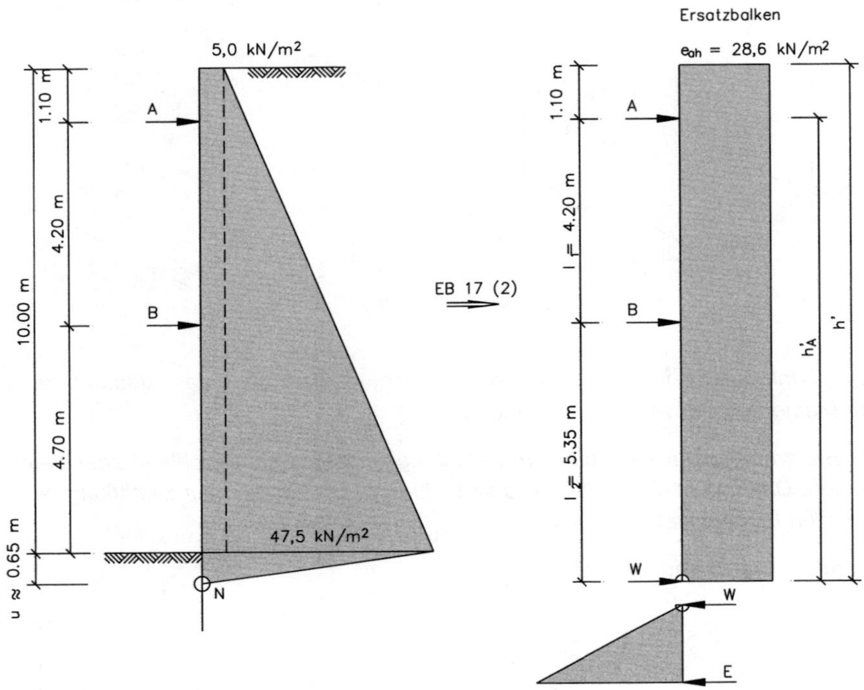

Belastungsnullpunkt: $u = \dfrac{5{,}0 + 47{,}5}{19 \cdot 4{,}26} \approx 0{,}65\ m$

Berechnungsverfahren:

Dreimal gestützte Spundwand (→ Durchlaufträger).

Zur Berechnung bietet sich die Dreimomentengleichung nach Clapeyron an:

Die Dreimomentengleichung dient zur Berechnung von Durchlaufträgern. Sie folgt aus den Elastizitätsgleichungen des Kraftgrößen-Verfahrens.

$$M_l \cdot l_l' + 2 \cdot M_m \cdot \left(l_l' + l_r'\right) + M_r \cdot l_r' = -R_l \cdot l_l' - L_r \cdot l_r'$$

R und L = Belastungsglieder

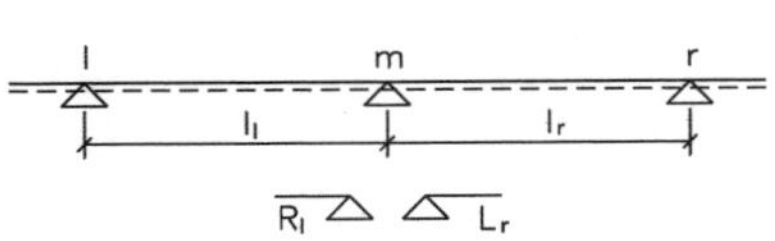

$$l_l' = l_l \cdot \frac{I_c}{I_l};\ l_r' = l_r \cdot \frac{I_c}{I_r}$$

Man beachte:

□ 2.63 Fortsetzung Beispiel 37: Berechnung einer 3-fach ausgesteiften Baugruben-Spundwand (Elastizitätstheorie und Traglastverfahren); Globalsicherheitskonzept

a) I_c ist ein beliebig gewähltes Vergleichsflächenmoment (z.B. das größte vorhandene I).

b) Die Belastungsglieder R und L sind mit den tatsächlichen Stützweiten l zu ermitteln.

Nr.	*Belastungsfall*	*L*	*R*
1	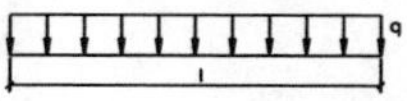	$\frac{q \cdot l^2}{4}$	$\frac{q \cdot l^2}{4}$

$$M_A = -28{,}6 \cdot \frac{1{,}1^2}{2} = -17{,}3 \ kNm/m \qquad (1)$$

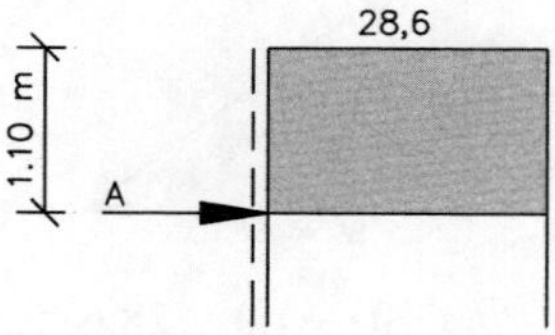

Dreimomentengleichung für den vorliegenden Fall:

I = const. → I' = I

$$M_A \cdot l_1 + 2 \cdot M_B \cdot (l_1 + l_2) + M_w \cdot l_2 = -\frac{e_{ah} \cdot l_1^2}{4} \cdot l_1 - \frac{e_{ah} \cdot l_2^2}{4} \cdot l_2 \qquad (2)$$

(1) in (2): $-17{,}30 \cdot 4{,}2 + 2 \cdot M_B \cdot (4{,}2 + 5{,}35) + 0 = -\frac{28{,}6 \cdot 4{,}2^3}{4} - \frac{28{,}6 \cdot 5{,}35^3}{4}$

$$-72{,}66 + 19{,}08 \cdot M_B = -529{,}73 - 1088{,}75$$

$$\rightarrow M_B = -81{,}0 \ kNm/m$$

$$M_B = -81{,}0 = A \cdot 4{,}2 - 28{,}6 \cdot \frac{(4{,}2 + 1{,}1)^2}{2}$$

$$\rightarrow A = 76{,}35 \ kN/m$$

$$M_w = 0 = A \cdot 9{,}55 + B \cdot 5{,}35 - e_{ah} \cdot \frac{10{,}65^2}{2} = 76{,}35 \cdot 9{,}55 + B \cdot 5{,}35 - 28{,}6 \cdot \frac{10{,}65^2}{2}$$

$$\rightarrow B = 166{,}8 \ kN/m$$

$$\sum H = 0: \ A + B + W = 28{,}6 \cdot 10{,}65 \rightarrow W = 61{,}15 \ kN/m$$

Maximales Feldmoment: $x_0 = \frac{W}{e_{ah}} = \frac{61{,}15}{28{,}6} = 2{,}14 \ m \rightarrow$

$_{\max} M_F = \frac{1}{2} \cdot 2{,}14 \cdot 61{,}15 = 65{,}4 \ kNm/m$ *oder vereinfacht: „Parabel einhängen“:*

siehe nächste Seite

□ 2.63 Fortsetzung Beispiel 37: Berechnung einer 3-fach ausgesteiften Baugruben-Spundwand (Elastizitätstheorie und Traglastverfahren); Globalsicherheitskonzept

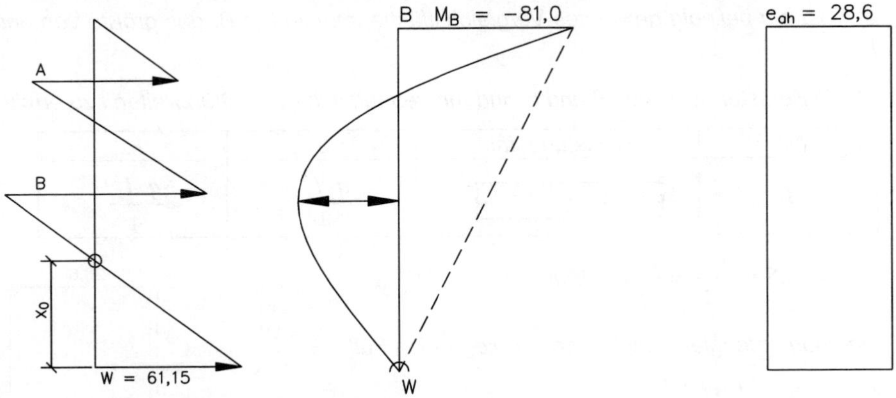

$$_{\max} M_F \approx \frac{0-81{,}0}{2} + \frac{28{,}6 \cdot 5{,}35^2}{8} = 61{,}8 \; kNm/m$$

- Korrekturen gemäß EB 17 (2):

Die untere Steifenlage B liegt im mittleren Drittel der Höhe h' = 10,65 m:

korr. $A = A = 76{,}35 \; kN/m$; *korr.* $B = 1{,}15 \cdot 166{,}8 = 191{,}8 \; kN/m$

korr. $M_A = M_A = |17{,}3| \; kNm/m$; *korr.* $M_B = M_B = |81{,}0| \; kNm/m$

korr. $M_F = M_F = 65{,}4 \; kNm/m$

6 Vorbauzustand IV (≙ Endzustand)

- *Steifenlagen A, B und C eingebaut*
- *Aushub auf –12,0 m = BGS*

Belastungsnull-punkt:

$u = \frac{57{,}0+5{,}0}{19 \cdot 4{,}25}$

$\approx 0{,}75 \; m$

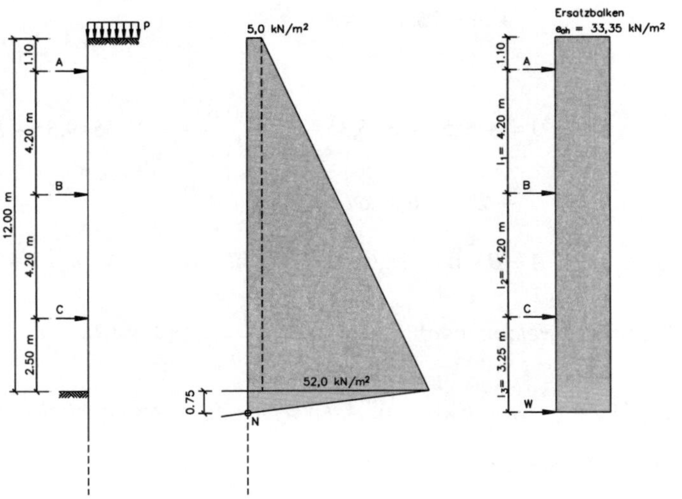

□ 2.63 Fortsetzung Beispiel 37: Berechnung einer 3-fach ausgesteiften Baugruben-Spundwand (Elastizitätstheorie und Traglastverfahren); Globalsicherheitskonzept

Berechnungsverfahren:

viermal gestützte Spundwand (→ Durchlaufträger)

Dreimomentengleichung:

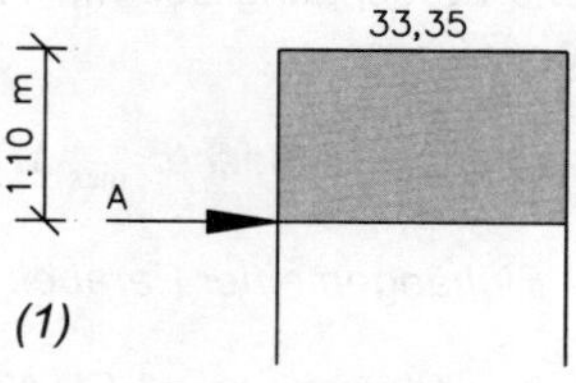

$$M_A = -33{,}35 \cdot \frac{1{,}1^2}{2} = -20{,}2 \ kNm/m \qquad (1)$$

$$M_A \cdot l_1 + 2 \cdot M_B \cdot (l_1 + l_2) + M_C \cdot l_2 = -\frac{e_{ah} \cdot l_1^3}{4} - \frac{e_{ah} \cdot l_2^3}{4} \qquad (2)$$

(1) in (2): $-20{,}2 \cdot 4{,}2 + 2 \cdot M_B \cdot (4{,}2 + 4{,}2) + M_C \cdot 4{,}2 = -\frac{33{,}35 \cdot 4{,}2^3}{4} - \frac{33{,}35 \cdot 4{,}2^3}{4}$

$$-84{,}8 + 16{,}8 \cdot M_B + 4{,}2 \cdot M_C = -1235{,}4$$

$$16{,}8 \cdot M_B + 4{,}2 \cdot M_C = -1150{,}6 \qquad (2')$$

$$M_B \cdot l_2 + 2 \cdot M_C \cdot (l_2 + l_3) + M_W \cdot l_3 = -\frac{e_{ah} \cdot l_2^3}{4} - \frac{e_{ah} \cdot l_3^3}{4} \qquad (3)$$

$$M_B \cdot 4{,}2 + 2 \cdot M_C \cdot (4{,}2 + 3{,}25) + 0 = -\frac{33{,}35 \cdot 4{,}2^3}{4} - \frac{33{,}35 \cdot 3{,}25^3}{4}$$

$4{,}2 \cdot M_B + 14{,}9 \cdot M_C = -906{,}6$ */ ·(-4)* *(3')*

(2') $16{,}8 \cdot M_B + 4{,}2 \cdot M_C = -1150{,}6$

+

(3') $-16{,}8 \cdot M_B - 59{,}6 \cdot M_C = 3626{,}4$

$0 - 55{,}4 \cdot M_C = 2475{,}8$

$\rightarrow M_C = -44{,}6 \ kNm/m$ *eingesetzt in (2'):* $M_B = -57{,}3 \ kNm/m$

Die Berechnung der Auflagerkräfte entspricht der des VBZ III mit den Ergebnissen:

$\sum M_{(B)} \rightarrow A = 97{,}9 \ kN/m$

$\sum M_{(C)} \rightarrow B = 151{,}9 \ kN/m$

$\sum M_{(W)} \rightarrow C = 135{,}1 \ kN/m$

$\sum H = 0 \rightarrow W = 40{,}6 \ kN/m$

□ 2.63 Fortsetzung Beispiel 37: Berechnung einer 3-fach ausgesteiften Baugruben-Spundwand (Elastizitätstheorie und Traglastverfahren); Globalsicherheitskonzept

Die Berechnung des maximalen Feldmomentes entspricht der des VBZ III mit den Ergebnissen:

- *über die Q-Fläche:* $_{\max}M_F = 35{,}5\ kNm/m$ *(zwischen A und B)*

- *Einhängen einer Parabel:* $_{\max}M_F = 34{,}8\ kNm/m$

- *Korrekturen gemäß EB 17 (3):*

Die im mittleren Teil der Höhe h' liegenden Auflagerkräfte müssen um 15% erhöht werden.

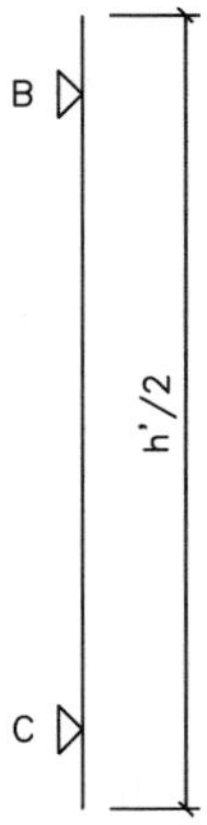

$_{korr.}A = A = 97{,}9\ kN/m$

$_{korr.}B = 1{,}15 \cdot 151{,}9 = 174{,}7\ kN/m$

$_{korr.}C = 1{,}15 \cdot 135{,}1 = 155{,}4\ kN/m$

$_{korr.}M_A = 0{,}8 \cdot 20{,}2 = 16{,}2\ kNm/m$

$_{korr.}M_B = M_B = |57{,}3|\ kNm/m$

$_{korr.}M_C = M_C = |44{,}6|\ kNm/m$

$_{korr.}M_F = M_F = 35{,}5\ kNm/m$ *(zwischen A und B)*

- *erforderliche Einbindetiefe:*

Tragsystem: im Boden eingespannt.

Das theoretische Maß x soll aus dem unteren Teilsystem (siehe VBZ II) durch Momentengleichgewicht um den theoretischen Spundwand-Fußpunkt E gefunden werden:

$$\sum M_{(E)} = 0 = -W \cdot x + \gamma \cdot x \cdot K'_{rh} \cdot \frac{x}{2} \cdot \frac{x}{3} \quad \rightarrow \quad x = \sqrt{\frac{6 \cdot W}{\gamma \cdot K'_{rh}}}$$

$$x = \sqrt{\frac{6 \cdot 40{,}6}{19 \cdot 4{,}26}} = 1{,}73\ m$$

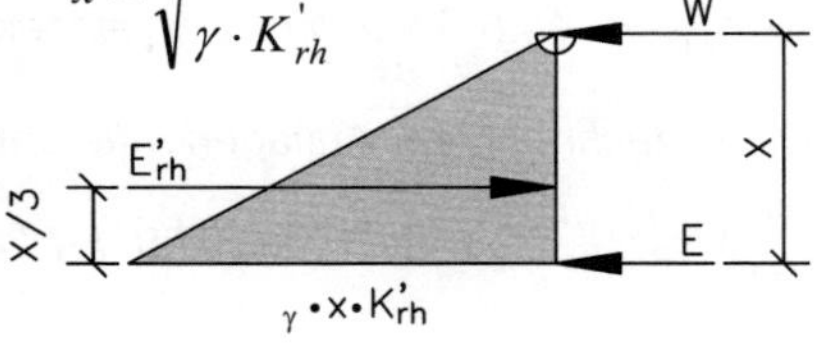

Mit dem Korrekturbeiwert α des Blum'schen Verfahrens wird:

$$_{erf}t = \alpha \cdot (u + x) = 1{,}10 \cdot (0{,}75 + 1{,}73) \approx 2{,}75\ m.$$

□ 2.63 Fortsetzung Beispiel 37: Berechnung einer 3-fach ausgesteiften Baugruben-Spundwand (Elastizitätstheorie und Traglastverfahren); Globalsicherheitskonzept

7 Zusammenstellung „Vorbau"

Anmerkung: Die maßgebenden Bemessungsgrößen sind hervorgehoben.

Bauzustand	*A*	*B*	*C*	*M_K*	*M_F*	*M_A*	*M_B*	*M_C*	*$_{erf}t$*
[-]	*[kN/m]*	*[kN/m]*	*[kN/m]*	*[kNm/m]*	*[kNm/m]*	*[kNm/m]*	*[kNm/m]*	*[kNm/m]*	*[m]*
VBZ I				*30,5*					-
VBZ II	*74,5*				*45,7*	*11,3*			-
VBZ III	*76,35*	***191,8***			*65,4*	*17,3*	***81,0***		-
VBZ IV	***97,9***	*174,7*	***155,4***		*35,5*	*16,2*	*57,3*	*44,6*	*2,75*

8 Vergleichsberechnung des Vorbauzustands IV nach dem Traglastverfahren

Mehrfach gestützte Baugrubenwände in Spundwand- und Trägerbohlwandbauweise erfüllen in idealer Weise die Voraussetzungen der Traglasttheorie. Insbesondere seien hier genannt:

- Die Biegebeanspruchung hat maßgeblichen Einfluss auf die Bemessung.

- Es liegt vorwiegend ruhende Belastung vor.

- Das Material (Profilstahl) verfügt über einen großen Fließbereich (Duktilität).

Für mehrfach gestützte Bohlwände hat Weißenbach (1969) ein Verfahren entwickelt, welches gegenüber der Elastizitätstheorie wesentliche Vereinfachungen bei der Ermittlung der Schnittgrößen bietet.

In dieser Berechnungstheorie existieren keine statisch unbestimmten Systeme. Jedes Feld zwischen zwei Steifenlagen wird für sich untersucht:

1) oberes Endfeld (mit oder ohne Kragarm)

2) Innenfelder

3) unteres Endfeld mit freier Auflagerung

4) unteres Endfeld mit Einspannung im Boden

Als Belastung kommen

- dreieckige

- trapezförmige

- rechteckige

Lastfiguren in Frage.

Unabhängig von der Belastung ergibt sich das Bemessungsmoment jeweils aus der Bedingung, dass im vollplastifizierten (P-P) Zustand Feldmomente und Einspannmomente gleich groß sind.

□ 2.63 Fortsetzung Beispiel 37: Berechnung einer 3-fach ausgesteiften Baugruben-Spundwand (Elastizitätstheorie und Traglastverfahren); Globalsicherheitskonzept

Lastbild des VBZ IV:

1) oberes Endfeld (mit Kragarm)

2) Mittelfeld (Innenfeld)

3) unteres Endfeld mit Einspannung

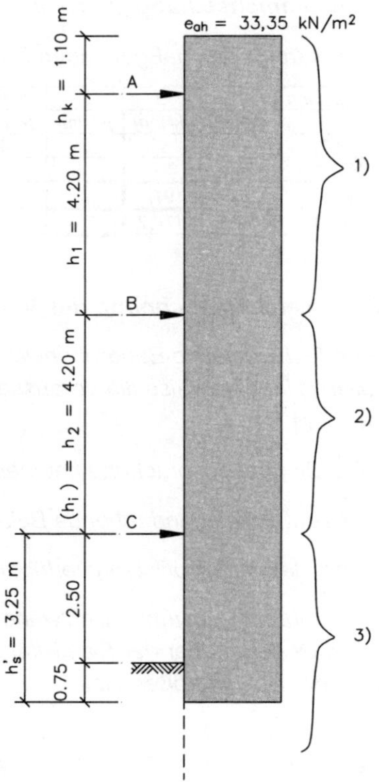

1) oberes Endfeld:

Bild 1: Belastung eines oberen Endfeldes mit Kragarm.
a) Dreieckfigur, b) Abgeknickte Lastfigur, c) Rechteckfigur

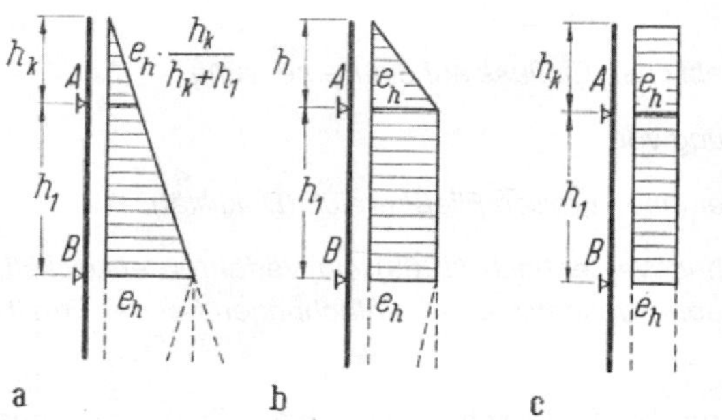

Tafel 1: Beiwerte zur Ermittlung der Schnittgrößen an Endfeldern mit Kragarm nach dem Traglastverfahren (nach Weißenbach)

$f_k = \frac{h_k}{h_1}$	a) Dreieckförmige Lastfigur				b) Abgeknickte Lastfigur				c) Recheckförmige Lastfigur			
	μ	χ_{Ak}	χ_{Au}	χ_{Bo}	μ	χ_{Ak}	χ_{Au}	χ_{Bo}	μ	χ_{Ak}	χ_{Au}	χ_{Bo}
0,00	0,0417	0,000	0,125	0,375	0,0858	0,000	0,414	0,586	0,0858	0,000	0,414	0,586
0,10	0,0454	0,005	0,152	0,394	0,0851	0,050	0,417	0,583	0,0837	0,100	0,421	0,579
0,20	0,0483	0,017	0,175	0,408	0,0829	0,100	0,424	0,576	0,0778	0,200	0,442	0,558
0,30	0,0502	0,035	0,197	0,419	0,0795	0,150	0,435	0,565	0,0685	0,300	0,476	0,524
0,40	0,0511	0,057	0,218	0,424	0,0750	0,200	0,452	0,548	0,0568	0,400	0,523	0,477
0,50	0,0510	0,083	0,241	0,426	0,0694	0,250	0,472	0,528	0,0439	0,500	0,581	0,419
0,60	0,0498	0,113	0,264	0,423	0,0631	0,300	0,497	0,503	0,0308	0,600	0,649	0,351
0,70	0,0477	0,144	0,290	0,416	0,0562	0,350	0,526	0,474	0,0187	0,700	0,726	0,274
0,80	0,0447	0,178	0,318	0,405	0,0488	0,400	0,558	0,442	0,0089	0,800	0,811	0,189
0,90	0,0410	0,213	0,348	0,389	0,0412	0,450	0,594	0,406				
1,00	0,0367	0,250	0,380	0,370								

Mit den Beiwerten aus Tafel 1 erhält man das maßgebende Biegemoment und die Querkräfte in Abhängigkeit vom Verhältnis

$$f_k = \frac{h_k}{h_1} \qquad (1)$$

bei Spundwänden und Trägerbohlwänden zu

□ 2.63 Fortsetzung Beispiel 37: Berechnung einer 3-fach ausgesteiften Baugruben-Spundwand (Elastizitätstheorie und Traglastverfahren); Globalsicherheitskonzept

$$M = \mu \cdot e_h \cdot h_1^2 \qquad (2)$$

$$Q_{Ak} = \chi_{Ak} \cdot e_h \cdot h_1 \qquad (3)$$

$$Q_{Au} = \chi_{Au} \cdot e_h \cdot h_1 \qquad (4)$$

$$Q_{Bo} = \chi_{Bo} \cdot e_h \cdot h_1 \qquad (5)$$

Bei großer Kragarmlänge kann das Kragmoment größer als das Bemessungsmoment nach Gl. (2) werden. Dies trifft zu bei

- *dreieckförmiger Lastfigur bei* $h_k \geq 0{,}785 \cdot h_1$
- *abgeknickter Lastfigur bei* $h_k \geq 0{,}611 \cdot h_1$
- *rechteckförmiger Lastfigur bei* $h_k \geq 0{,}354 \cdot h_1$

Fehlt der Kragarm, so erhält man für $f_k = 0$ *mit den Werten der Tafel 1 die Schnittgrößen an einem Endfeld.*

Berechnung (mit Kragarm):

$$f_k = \frac{1{,}1}{4{,}2} = 0{,}262 \quad (1) \rightarrow \qquad \mu = 0{,}0720 \quad \text{(Tafel 1)}$$

$$\chi_{Ak} = 0{,}262 \quad \text{(Tafel 1)}$$

$$\chi_{Au} = 0{,}463 \quad \text{(Tafel 1)}$$

$$\chi_{Bo} = 0{,}537 \quad \text{(Tafel 1)}$$

$$h_k = 1{,}1\ m \ < \ 0{,}354 \cdot h_1 = 0{,}354 \cdot 4{,}2 = 1{,}49\ m$$

d.h. das Feldmoment ist größer als das Kragmoment:

$$M_1 = 0{,}0720 \cdot 33{,}35 \cdot 4{,}2^2 = 42{,}4\ kNm/m \qquad (2)$$

Querkräfte (werden auch zur Berechnung der Auflagerkräfte benötigt):

$$Q_{Ak} = 0{,}262 \cdot 33{,}35 \cdot 4{,}2 = 36{,}7\ kN/m \qquad (3)$$

$$Q_{Au} = 0{,}463 \cdot 33{,}35 \cdot 4{,}2 = 64{,}9\ kN/m \qquad (4)$$

$$Q_{Bo} = 0{,}537 \cdot 33{,}35 \cdot 4{,}2 = 75{,}2\ kN/m \qquad (5)$$

2) <u>Innenfeld(er):</u>

Man erhält mit den Bezeichnungen von Bild 2 (siehe nächste Seite) die Schnittgrößen:

□ 2.63 Fortsetzung Beispiel 37: Berechnung einer 3-fach ausgesteiften Baugruben-Spundwand (Elastizitätstheorie und Traglastverfahren); Globalsicherheitskonzept

Bild 2: Belastung eines Innenfeldes. a) Dreieckfigur, b) Trapezfigur, c) Rechteckfigur

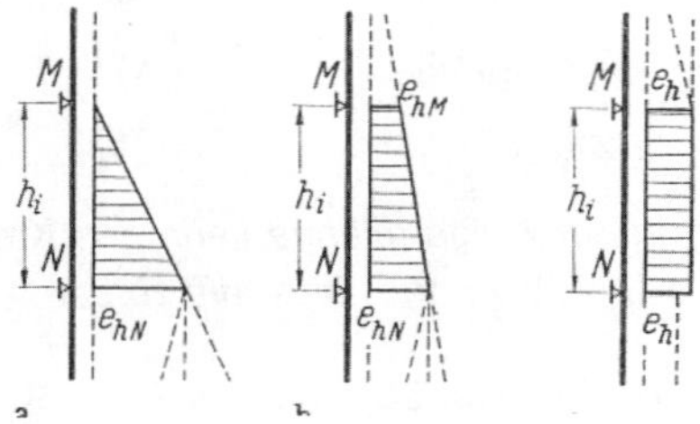

- Rechtecklast:

$$M = \frac{1}{16} \cdot e_h \cdot h_i^2 \qquad (6) \qquad\qquad Q_M = Q_N = \frac{1}{2} \cdot e_h \cdot h_i \qquad (7)$$

- Dreieckslast:

$$M = 0{,}0321 \cdot e_{h_N} \cdot h_i^2 \qquad (8) \qquad\qquad Q_M = \frac{1}{6} \cdot e_{h_N} \cdot h_i \qquad (9)$$

$$Q_N = \frac{1}{3} \cdot e_{h \cdot N} \cdot h_i \qquad (10)$$

- Trapezlast:

$$M = \frac{1}{32} \cdot \left(e_{h_M} + e_{h_N}\right) \cdot h_i^2 \qquad (11) \qquad\qquad Q_M = \left(\frac{1}{3} \cdot e_{h_M} + \frac{1}{6} \cdot e_{h_N}\right) \cdot h_i \qquad (12)$$

$$Q_N = \left(\frac{1}{6} \cdot e_{h_M} + \frac{1}{3} \cdot e_{h_N}\right) \cdot h_i \qquad (13)$$

Berechnung:

$$M = \frac{1}{16} \cdot 33{,}35 \cdot 4{,}2^2 = 36{,}8 \ kNm/m \qquad (6)$$

$$Q_B = Q_C = \frac{1}{2} \cdot 33{,}35 \cdot 4{,}2 = 70{,}0 \ kN/m \ (7)$$

3) <u>unteres Endfeld</u>

Man erhält mit den Bezeichnungen der Bilder 3 und 4

$$M = \mu \cdot e_h \cdot h_s^{'2} \qquad (14) \qquad\qquad Q_s = \chi_s \cdot e_h \cdot h_s^{'} \qquad (15)$$

□ 2.63 Fortsetzung Beispiel 37: Berechnung einer 3-fach ausgesteiften Baugruben-Spundwand (Elastizitätstheorie und Traglastverfahren); Globalsicherheitskonzept

Bild 3: Schnittgrößen in einem unteren Endfeld mit abnehmender Erddruckbelastung bei freier Auflagerung im Boden. a) Lastbild, b) Querkräfte, c) Biegemomente

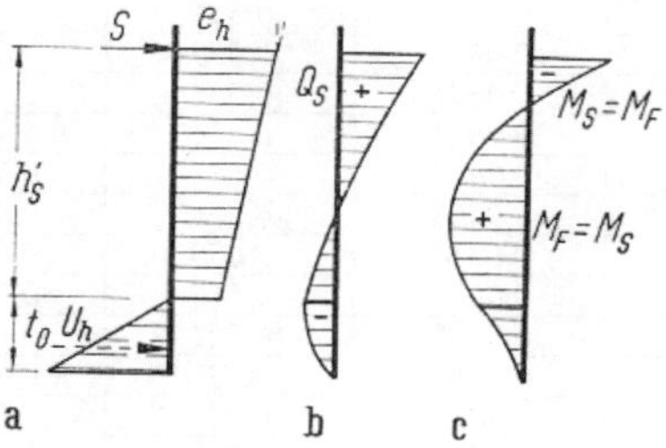

Bild 4: Schnittgrößen in einem unteren Endfeld mit abnehmender Erddruckbelastung bei Einspannung im Boden. a) Lastbild, b) Querkräfte, c) Biegemomente

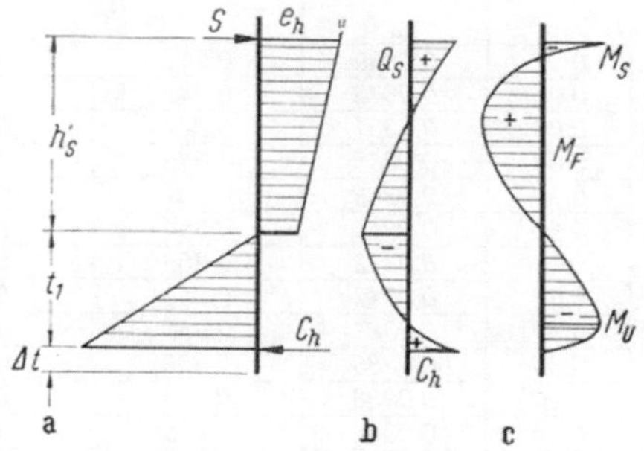

Zur Ermittlung der Beiwerte wird der Kennwert

$$m_e = \frac{e_h}{\gamma \cdot K'_{rh} \cdot h'_s} \qquad (16)$$

benötigt. Der reduzierte Erdwiderstandsbeiwert K'_{ph} ist nach EB zu ermitteln. Die Beiwerte der Tafeln 2 und 3 gelten für dreieckförmige und rechteckförmige Lastbilder. Im Falle einer trapezförmigen Lastfigur können die Beiwerte mit ausreichender Näherung geradlinig zwischen den beiden Grenzfällen Dreieck und Rechteck interpoliert werden.

Tafel 2: Beiwerte zur Ermittlung der Schnittgrößen und der Einbindetiefe an unteren Endfeldern mit einer Belastung entsprechend Bild 3 bei freier Auflagerung im Boden, ermittelt auf der Grundlage des Traglastverfahrens (nach Weißenbach)

m_e	Dreieckförmige Lastfigur			Rechteckförmige Lastfigur		
	μ	x_s	ξ_0	μ	x_s	ξ_0
0,02	0,0435	0,382	0,069	0,0989	0,629	0,112
0,04	0,0442	0,385	0,096	0,1036	0,644	0,169
0,06	0,0447	0,387	0,117	0,1069	0,654	0,204
0,08	0,0451	0,388	0,134	0,1095	0,662	0,233
0,10	0,0455	0,390	0,149	0,1118	0,669	0,257
0,20	0,0467	0,395	0,205	0,1196	0,692	0,351
0,30	0,0476	0,398	0,248	0,1249	0,707	0,419
0,40	0,0484	0,400	0,282	0,1289	0,719	0,475
0,50	0,0490	0,403	0,312	0,1322	0,727	0,522
0,60	0,0495	0,404	0,339	0,1350	0,735	0,564
0,70	0,0499	0,406	0,363	0,1373	0,741	0,602
0,80	0,0503	0,407	0,385	0,1394	0,747	0,636
0,90	0,0507	0,409	0,406	0,1413	0,752	0,66,8
1,00	0,0510	0,410	0,425	0,1430	0,756	0,698

□ 2.63 Fortsetzung Beispiel 37: Berechnung einer 3-fach ausgesteiften Baugruben-Spundwand (Elastizitätstheorie und Traglastverfahren); Globalsicherheitskonzept

Tafel 3: Beiwerte zur Ermittlung der Schnittgrößen und der Einbindetiefe an unteren Endfeldern mit einer Belastung entsprechend Bild 4 bei voller Einspannung im Boden, ermittelt auf der Grundlage des Traglastverfahrens (nach Weißenbach)

m_e	Dreieckförmige Lastfigur			Rechteckförmige Lastfigur		
	μ	x_s	ξ_1	μ	x_s	ξ_1
0,02	0,0339	0,342	0,188	0,0733	0,541	0,264
0,04	0,0346	0,345	0,245	0,0772	0,556	0,348
0,06	0,0351	0,347	0,286	0,0801	0,566	0,411
0,08	0,0355	0,349	0,320	0,0824	0,574	0,462
0,10	0,0358	0,351	0,349	0,0844	0,581	0,506
0,15	0,0366	0,354	0,409	0,0888	0,594	0,597
0,20	0,0372	0,356	0,458	0,0914	0,605	0,671
0,25	0,0377	0,358	0,500	0,0940	0,613	0,735
0,30	0,0381	0,360	0,537	0,0963	0,621	0,792
0,35	0,0385	0,362	0,571	0,0983	0,627	0,844
0,40	0,0388	0,363	0,602	0,1001	0,633	0,891
0,45	0,0392	0,365	0,631	0,1017	0,638	0,935
0,50	0,0395	0,366	0,658	0,1032	0,643	0,976
0,60	0,0400	0,368	0,707	0,1059	0,651	1,051

Diese Gleichungen gelten mit $h_s^{'} = h_s$ auch für Trägerbohlwände, wenn

$$K_{rh}^{'} = f_w \cdot w_{ph}^{'} \qquad (17)$$

eingeführt wird.

$f_w = 0,8$ wenn sich bei nbB der Erdwiderstand vor den Bohlträgern nicht überschneidet,

$f_w = 1,0$ bei bB und wenn sich bei nbB der Erdwiderstand überschneidet.

Erforderliche Einbindetiefe:

- Im Boden frei aufgelagert

$$t_0 = \xi_0 \cdot h_s^{'} \qquad (18)$$

$$_{erf}t = \alpha \cdot (u + t_0) \qquad (19)$$

- Im Boden eingespannt

$$t_1 = \xi_1 \cdot h_s^{'} \qquad (20)$$

$$_{erf}t = \alpha \cdot (u + t_1) \qquad (21)$$

Berechnung (mit Einspannung):

$$m_e = \frac{33,35}{19 \cdot 4,26 \cdot 3,25} \approx 0,125 \qquad (16)$$

□ 2.63 Fortsetzung Beispiel 37: Berechnung einer 3-fach ausgesteiften Baugruben-Spundwand (Elastizitätstheorie und Traglastverfahren); Globalsicherheitskonzept

Tafel 3: $\mu = 0{,}0864$

$\chi_s = 0{,}5875$

$\xi_1 = 0{,}5515$

$$M = 0{,}0864 \cdot 33{,}35 \cdot 3{,}25^2 = 30{,}6\ kNm/m \qquad (14)$$

$$Q_C = 0{,}58753{,}35 \cdot 3{,}25 = 63{,}9\ kN/m \qquad (15)$$

$$t_1 = 0{,}5515 \cdot 3{,}25 = 1{,}80\ m \qquad (20)$$

$$_{erf}t = 1{,}1 \cdot (0{,}75 + 1{,}80) = 2{,}80\ m \qquad (21)$$

4) Auflagerkräfte:

$$A = Q_{Ak} + Q_{Au} = 36{,}7 + 64{,}9 = 101{,}6\ kN/m$$

$$B = Q_{Bo} + Q_B = 75{,}2 + 70{,}0 = 145{,}2\ kN/m$$

$$C = Q_C^{2)} + Q_C^{3)} = 70{,}0 + 63{,}9 = 133{,}9\ kN/m$$

Anmerkung: Die Korrekturen gemäß EB 17 sind ebenfalls vorzunehmen.

5) Rückbauzustände:

Je nach geplantem Bauablauf sind die kritischen Rückbauzustände gleichermaßen zu untersuchen.

□ 2.64 Beispiel 38: Bemessung einer Uferspundwand nach Globalsicherheitskonzept

Geg.:

SW: $\gamma = 18\ kN/m^3$

$\gamma' = 11\ kN/m^3$

$\varphi' = 35°$

GE: $\gamma = 17\ kN/m^3$

$\gamma' = 9\ kN/m^3$

$\varphi' = 37{,}5°$

Zur Errichtung der dargestellten Uferspundwand einer Hafenanlage sollen vorrätige Spundbohlen (Länge 10,5 m; aufnehmbares Biegemoment: 320 kNm/m) verwendet werden.

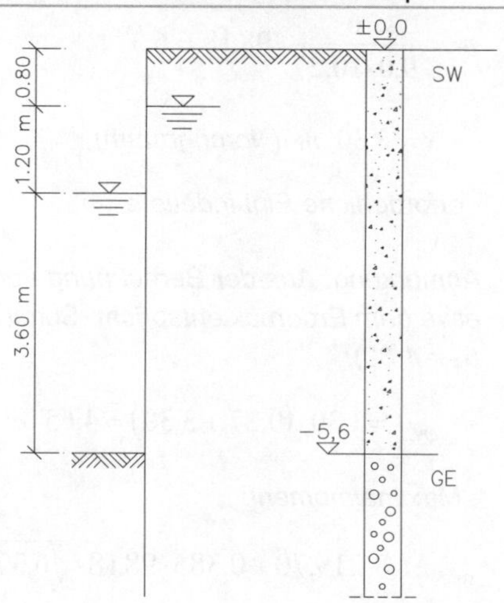

□ 2.64 Fortsetzung Beispiel 38: Bemessung einer Uferspundwand nach Globalsicherheitskonzept

Ges.: *Ist dies bei den gegebenen Verhältnissen möglich?*

Lösg: *Erddruckermittlung:* *SW:* $\varphi' = 35° \rightarrow K_{ah} = 0{,}22$

GE: $\varphi' = 37{,}5° \rightarrow K_{ah} = 0{,}20;\ K_{ph} = 10{,}47$

Boden	Kote	γ	h	$\gamma \cdot h$	p	k_{ah}	e_{ah}
[-]	[m]	[kN/m³]	[m]	[kN/m²]	[kN/m²]	[-]	[kN/m²]
SW	±0,0	18	0,8	14,4	0	0,22	0
	-0,8				14,4		3,17
	-0,8	11	4,8	52,8	14,4	0,22	3,17
	-5,6				67,2		14,78
GE	-5,6	9			67,2	0,20	13,44

Belastungsnullpunkt: $u = \dfrac{13{,}44 + 12{,}0}{9{,}0 \cdot (10{,}47 - 0{,}20)} = 0{,}27\ m$

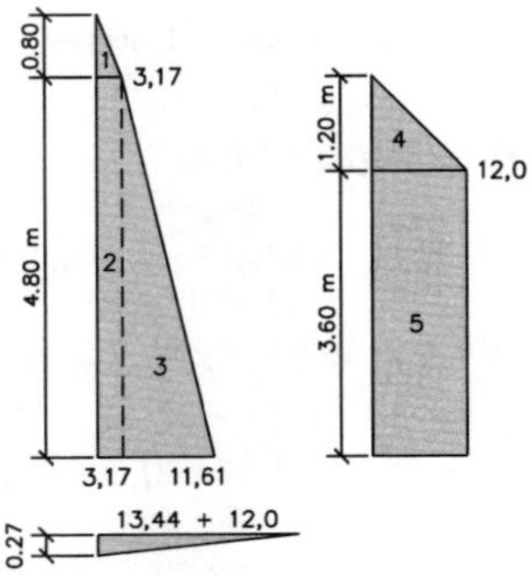

Spundwandberechnung:

$$Q_0 = \frac{1}{2} \cdot 0{,}8 \cdot 3{,}17 + 4{,}8 \cdot 3{,}17 + \frac{1}{2} \cdot 11{,}61 \cdot 4{,}8 + \frac{1}{2} \cdot 12{,}0 \cdot 1{,}2$$

$$+ 3{,}6 \cdot 12{,}0 + \frac{1}{2} \cdot 0{,}27 \cdot 25{,}44 = 1{,}27 + 15{,}22 + 27{,}86 + 7{,}20$$

$$+ 43{,}20 + 3{,}43 = 98{,}18\ kN/m$$

$$M_0 = 1{,}27 \cdot \left(0{,}27 + 4{,}8 + \frac{0{,}8}{3}\right) + 15{,}22 \cdot \left(0{,}27 + \frac{4{,}8}{2}\right) + 27{,}86 \cdot \left(0{,}27 + \frac{4{,}8}{3}\right)$$

$$+ 7{,}20 \cdot \left(0{,}27 + 3{,}6 + \frac{1{,}2}{3}\right) + 43{,}20 \cdot \left(0{,}27 + \frac{3{,}6}{2}\right) + 3{,}43 \cdot 0{,}27 \cdot \frac{2}{3} = 219{,}96\ kNm/m$$

$m = \dfrac{6}{9{,}0 \cdot 10{,}27} \cdot 98{,}18 = 6{,}37$; $\quad n = \dfrac{6}{9{,}0 \cdot 10{,}27} \cdot 219{,}96 = 14{,}28$

$\rightarrow x = 3{,}30\ m$ *(Nomogramm)*

- erforderliche Einbindetiefe: $_{erf}t = \alpha \cdot (u + x)$

Anmerkung: Aus der Berechnung von Q_0 ist zu erkennen, dass der Wasserdruckanteil etwa dem Erddruck entspricht. Somit ist von einem größeren Wasserdruck auszugehen (α = 1,30):

$\rightarrow\ _{erf}t = 1{,}30 \cdot (0{,}27 + 3{,}30) = 4{,}65\ m\ <\ _{vorh}t = 4{,}90\ m$.

- Maximalmoment:

$$_{\max}M = 219{,}70 + 0{,}385 \cdot 98{,}18 \cdot \sqrt{6{,}37} = 315\ kNm/m\ <\ _{zul}M = 320\ kNm/m$$

Die vorhandenen Spundbohlen können verwendet werden.

□ 2.65 Beispiel 39: Durch Wasserdruck belastete, nicht gestützte Spundwand nach Globalsicherheitskonzept

Geg.: *Die dargestellte unverankerte Spundwand einer Schiffsanlegestelle. Infolge Stauwirkung der Spundwand liegt der Grundwasserspiegel 1,0 m über dem Außenwasserspiegel.*

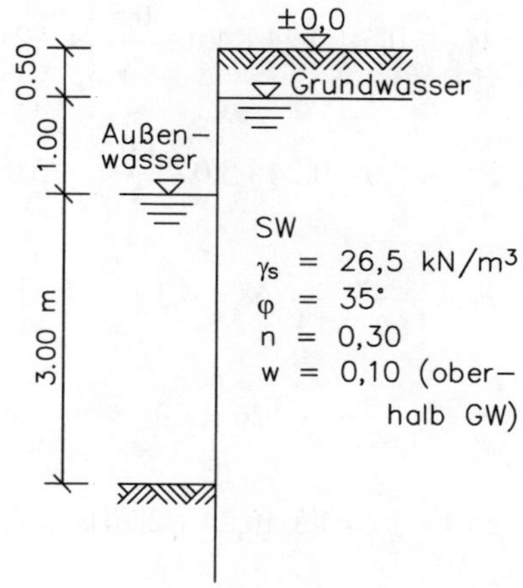

Ges.: *1. Erforderliche Einbindetiefe der Spundwand*

2. Aufzunehmendes Biegemoment.

Lösg:

- Erddruckermittlung:

Wichten des Bodens:

$$\gamma = (1-0{,}3)\cdot 26{,}5\cdot(1+0{,}1) = 20{,}5\ kN/m^3$$

$$\gamma' = (1-0{,}3)\cdot(26{,}5-10{,}0) = 11{,}6\ kN/m^3$$

Erddruck: K_{ah} = 0,22; K_{ph} = 8,36; K_{rh} = 8,14

Boden	*Kote*	*γ*	*h*	*γ·h*	*p*	*k_{ah}*	*e_{ah}*
[-]	*[m]*	*[kN/m³]*	*[m]*	*[kN/m²]*	*[kN/m²]*	*[-]*	*[kN/m²]*
SW	*±0,0*	*20,5*	*0,5*	*10,3*	*0*	*0,22*	*0*
	-0,5				*10,3*		*2,3*
	-0,5	*11,6*	*4,0*	*46,4*	*10,3*	*0,22*	*2,3*
	-4,5				*56,7*		*12,5*

Belastungsnullpunkt:

$$u = \frac{12{,}5+10{,}0}{11{,}6\cdot 8{,}14} = 0{,}24\ m$$

Lastbild Erd- und Wasserdruck

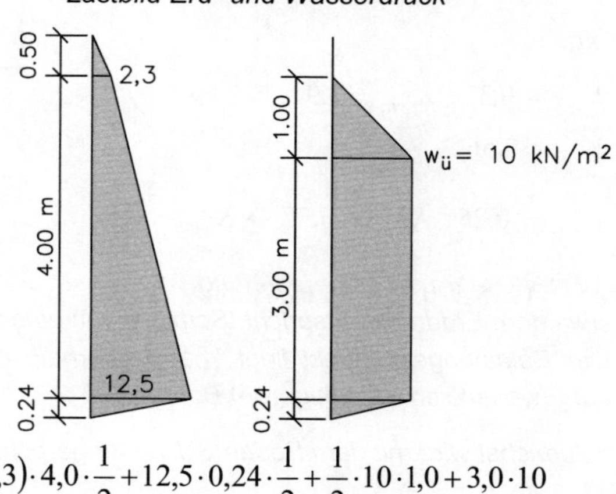

Nomogrammwerte:

$$Q_0 = \frac{1}{2}\cdot 2{,}3\cdot 0{,}5 + 2{,}3\cdot 4{,}0\cdot(12{,}5-2{,}3)\cdot 4{,}0\cdot\frac{1}{2} + 12{,}5\cdot 0{,}24\cdot\frac{1}{2} + \frac{1}{2}\cdot 10\cdot 1{,}0 + 3{,}0\cdot 10$$

$$+\frac{1}{2}\cdot 10\cdot 0{,}24 = 0{,}6+9{,}2+20{,}4+1{,}5+5{,}0+30{,}0+1{,}2 \approx 68\ kN/m$$

□ 2.65 Fortsetzung Beispiel 39: Durch Wasserdruck belastete, nicht gestützte Spundwand nach Globalsicherheitskonzept

$$M_0 = 0{,}6 \cdot \left(0{,}24 + 4{,}0 + \frac{0{,}5}{3}\right) + 9{,}2 \cdot \left(0{,}24 + \frac{4{,}0}{2}\right) + 20{,}4 \cdot \left(0{,}24 + \frac{4{,}0}{3}\right) + 1{,}5 \cdot \frac{2}{3} \cdot 0{,}24$$

$$+ 5{,}0 \cdot \left(0{,}24 + 3{,}0 + \frac{1{,}0}{3}\right) + 30{,}0 \cdot \left(0{,}24 + \frac{3{,}0}{2}\right) + 1{,}2 \cdot \frac{2}{3} \cdot 0{,}24 \approx 126 \ kNm/m$$

$$m = \frac{6}{11{,}6 \cdot 8{,}14} \cdot 68 = 4{,}3$$

$$n = \frac{6}{11{,}6 \cdot 8{,}14} \cdot 126 = 8{,}0 \quad \rightarrow \quad x \approx 2{,}7 \ m$$ *(Nomogramm)*

zu 1 $_{erf}t = 1{,}3 \cdot (0{,}24 + 2{,}70) \approx 3{,}8 \ m$

zu 2 $_{\max}M = 126 + 0{,}385 \cdot 68 \cdot \sqrt{4{,}3} \approx 180 \ kNm/m$

□ 2.66 Beispiel 40: Nicht gestützte Spundwand nach Globalsicherheitskonzept

Geg.: *Die dargestellte unverankerte Spundwand (bleibendes Bauwerk)*

Ges.: *Die Stützwand soll unter Verwendung vorrätiger Spundbohlen von 10,5 m Länge errichtet werden. Die Bohlen können ein Biegemoment von 360 kNm/m aufnehmen. Es ist zu überprüfen, ob das Bauvorhaben möglich ist.*

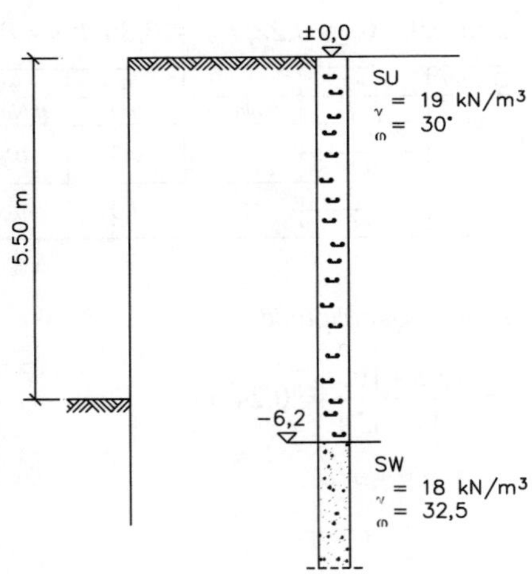

Lösg:

$K_{ah_1} = 0{,}35\,;\ K_{ph_1} = 3{,}91 \quad \rightarrow$

$K_{rh_1} = 3{,}56$

$K_{ah_2} = 0{,}25\,;\ K_{ph_2} = 6{,}77 \rightarrow K_{rh_2} = 6{,}52$

$e^g_{ah} = 19 \cdot 5{,}5 \cdot 0{,}35 = 36{,}6 \ kN/m^2$

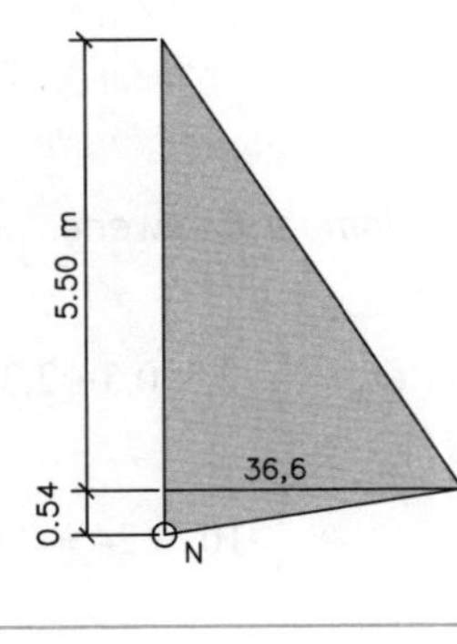

Der Belastungsnullpunkt liegt knapp oberhalb des Wechsels zum (wesentlich tragfähigeren) Boden SW.

- Zunächst wird mit dem Boden SU weiter gerechnet:

$$Q_0 = \frac{1}{2} \cdot 36{,}6 \cdot 5{,}5 + \frac{1}{2} \cdot 36{,}6 \cdot 0{,}54 = 110{,}6 \ kN/m$$

□ 2.66 Fortsetzung Beispiel 40: Nicht gestützte Spundwand nach Globalsicherheitskonzept

$$M_0 = 100{,}7 \cdot \left(0{,}54 + \frac{5{,}5}{3}\right) + 9{,}9 \cdot \frac{2}{3} \cdot 0{,}54 = 242{,}6 \ kN/m$$

$$m = \frac{6}{19 \cdot 3{,}56} \cdot 110{,}6 = 9{,}8$$

$$n = \frac{6}{19 \cdot 3{,}56} \cdot 242{,}6 = 21{,}5 \quad \rightarrow \quad x = 3{,}93 \ m$$ *(Nomogramm)*

$$_{erf}t = 1{,}2 \cdot (0{,}54 + 3{,}93) = 5{,}4 \ m$$

$$_{erf}L = 5{,}5 + 5{,}4 = 10{,}9 \ m \ > \ _{vorh}L = 10{,}5 \ m$$

$$_{\max}M = 242{,}6 + 0{,}385 \cdot 110{,}6 \cdot \sqrt{9{,}8} = 376 \ kNm/m \ > \ _{zul}M = 360 \ kNm/m$$

- Ansatz des Bodens SW unterhalb des Belastungsnullpunktes:

$$m = \frac{6}{18 \cdot 6{,}52} \cdot 110{,}6 = 5{,}65$$

$$n = \frac{6}{18 \cdot 6{,}52} \cdot 242{,}6 = 12{,}4 \quad \rightarrow \quad x = 3{,}11 \ m$$ *(Nomogramm)*

$$_{erf}t = 1{,}2 \cdot (0{,}54 + 3{,}11) = 4{,}4 \ m$$

$$_{erf}L = 5{,}5 + 4{,}4 = 9{,}9 \ m \ < \ _{vorh}L = 10{,}5 \ m$$

$$_{\max}M = 242{,}6 + 0{,}385 \cdot 110{,}6 \cdot \sqrt{5{,}65} = 343{,}8 \ kNm/m \ < \ _{zul}M = 360 \ kNm/m$$

Fazit: In Hinblick auf den direkt unterhalb des Belastungsnullpunktes anstehenden Boden SW ist das Bauvorhaben bedenkenlos durchführbar.

□ 2.67 Beispiel 41: Durch Linienlast und Wasserdruck beanspruchte Baugruben-Spundwand nach Globalsicherheitskonzept

Geg.: *Die auf der nächsten Seite dargestellte Baugrubenspundwand (StSp 37, W = 2300 cm³/m) soll zur Errichtung eines Brückenpfeilers bis auf die undurchlässige Tonschicht gerammt werden. Innerhalb der Baugrube soll der Wasserstand um 2,7 m abgesenkt werden (s. Bild). Am Spundwandkopf ist zusätzlich eine Linienlast von H = 20 kN/m aufzunehmen.*

Ges.: *Ist das angegebene Spundwandprofil verwendbar?*

Lösg: *Erddruckermittlung*

$$K_{ah} = 0{,}25\,; \ K_{ph} = 6{,}77 \ \rightarrow \ K'_{ph} = \frac{6{,}77}{1{,}5} = 4{,}51 \ \rightarrow \ K'_{rh} = 4{,}26$$

□ 2.67 Fortsetzung Beispiel 41: Durch Linienlast und Wasserdruck beanspruchte Baugruben-Spundwand nach Globalsicherheitskonzept

Belastungsnullpunkt:

$$u = \frac{27{,}0}{12 \cdot 4{,}26} = 0{,}53 \ m$$

- Nomogrammverfahren

$$Q_0 = 20{,}0 + \frac{1}{2} \cdot 27{,}0 \cdot 2{,}7$$

$$+ 27{,}0 \cdot 1{,}8 + \frac{1}{2} \cdot 27{,}0 \cdot 0{,}53$$

$$= 20{,}0 + 36{,}45 + 48{,}6 + 7{,}16$$

$$\approx 112 \ kN/m$$

$$M_0 = 20{,}0 \cdot (0{,}53 + 5{,}3) + 36{,}45 \cdot \left(0{,}53 + 1{,}8 + \frac{2{,}7}{3}\right)$$

$$+ 48{,}6 \cdot \left(0{,}53 + \frac{1{,}8}{2}\right) + 7{,}16 \cdot \left(\frac{2}{3} \cdot 0{,}53\right) = 116{,}60 + 117{,}73$$

$$+ 69{,}50 + 2{,}53 \approx 306 \ kNm/m$$

$$m = \frac{6}{12 \cdot 4{,}26} \cdot 112 = 13{,}1; \ n = \frac{6}{12 \cdot 4{,}26} \cdot 305 = 35{,}9$$

$\rightarrow \quad x \approx 4{,}55 \ m$ *(Nomogramm)*

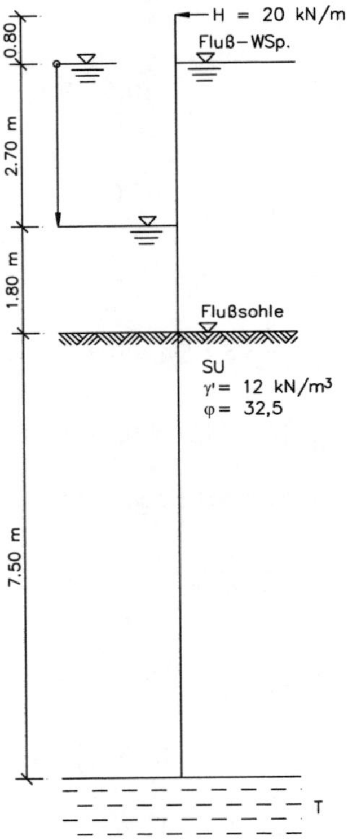

- erforderliche Einbindetiefe

$_{erf}t = 1{,}5 \cdot (0{,}53 + 4{,}55) = 7{,}6 \ m \ \approx \ _{vorh}t = 7{,}5 \ m$ *(reiner Wasserüberdruck: $\alpha \approx 1{,}5$)*

- Spannungsnachweis

$$_{\max}M = 306 + 0{,}385 \cdot 112 \cdot \sqrt{13{,}1} \approx 460 \ kNm/m$$

Lastfall 2 (Bemessungssituation: BS-T):

$$_{erf}W = \frac{460 \cdot 10^2}{1{,}15 \cdot 16{,}0} \approx 2500 \ cm^3/m \ > \ _{vorh}W = 2300 \ cm^3/m$$

Ein stärkeres Spundwandprofil ist erforderlich!

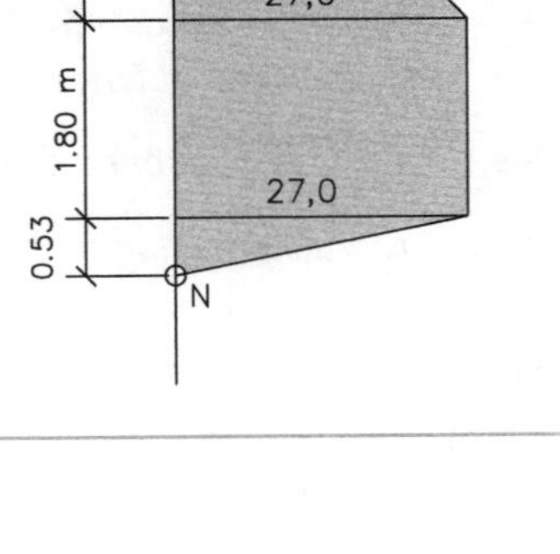

□ 2.68 Beispiel 42: Durch Linienlast und Wasserdruck beanspruchte Baugruben-Spundwand nach Globalsicherheitskonzept

Geg.: *eine einfach gestützte Spundwand mit freier Fußauflagerung.*

Die Stützwand schließt eine Baugrube im offenen Wasser ab.

φ = 32,5°; δ = 0 (vereinfachende Annahme) und γ' = 12 kN/m³

Folgende resultierende Wasserdruckfiguren sind möglich:

Fall 1 *Fall 2*

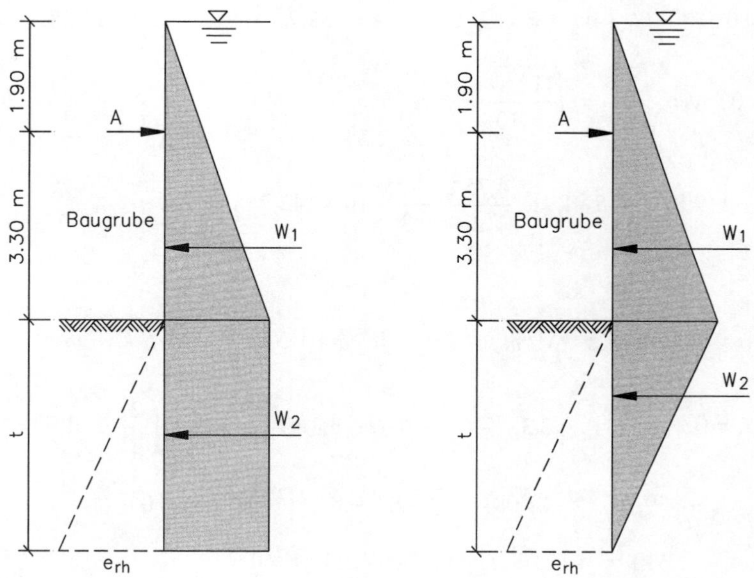

Ges.: *Einbindetiefe, Stützkraft A und das Maximalmoment sind ohne Nomogramm-Verfahren zu bestimmen.*

Lösg.: $K_{ah} = 0{,}3\,;\, K_{ph} = 3{,}32 \;\rightarrow\; K_{rh} = 3{,}02$

$$E_{rh} = \gamma' \cdot t \cdot K_{rh} \cdot \frac{t}{2} = 18{,}12 \cdot t^2$$

1) Fall 1

$W_1 = 10 \cdot \frac{5{,}2^2}{2} = 135{,}2 \;\; kN/m\,;$ $\qquad W_2 = 10 \cdot 5{,}2 \cdot t = 52 \cdot t \;\; kN/m$

$$\sum M_{(A)} = 0:\; 18{,}12 \cdot t^2 \cdot \left(3{,}3 + \frac{2}{3} \cdot t\right) - 52 \cdot t \cdot \left(3{,}3 + \frac{t}{2}\right) - 135{,}2 \cdot \left(\frac{2}{3} \cdot h - 1{,}9\right) = 0$$

$$59{,}79 \cdot t^2 + 12{,}08 \cdot t^3 - 171{,}6 \cdot t - 26 \cdot t^2 - 211{,}81 = 0$$

□ 2.68 Fortsetzung Beispiel 42: Durch Linienlast und Wasserdruck beanspruchte Baugruben-Spundwand nach Globalsicherheitskonzept

$$12{,}08 \cdot t^3 + 33{,}79 \cdot t^2 - 171{,}6 \cdot t - 211{,}81 = 0$$

$$t^3 + 2{,}80 \cdot t^2 - 14{,}21 \cdot t - 17{,}53 = 0$$

$$\rightarrow t \approx 3{,}25 \ m$$

$$E_{rh} = 18{,}12 \cdot 3{,}25^2 = 191{,}39 \ kN/m; \qquad W_2 = 52 \cdot 3{,}25 = 169 \ kN/m$$

$$\sum H = 0: \ A = W_1 + W_2 - E_{rh}: \qquad A = 135{,}2 + 169 - 191{,}39 = 112{,}81 \ kN/m$$

$$\sum Q = 0: \ y = \sqrt{\frac{2A}{\gamma_W}} = \sqrt{\frac{112{,}81 \cdot 2}{10}} = 4{,}75 \ m$$

$$_{\max} M = 112{,}81 \cdot (4{,}75 - 1{,}9) - \frac{4{,}75^2}{2} \cdot \frac{4{,}75}{3} \cdot 10 = 142{,}9 \ kNm/m$$

2) Fall 2

$$W_1 = 10 \cdot \frac{5{,}2^2}{2} = 135{,}2 \ kN/m; \qquad W_2 = 10 \cdot 5{,}2 \cdot \frac{t}{2} = 26 \cdot t \ kN/m$$

$$\sum M_{(A)} = 0: \ 18{,}12 \cdot t^2 \cdot \left(3{,}3 + \frac{2}{3} \cdot t\right) - 26 \cdot t \cdot \left(3{,}3 + \frac{t}{2}\right) - 135{,}2 \cdot \left(\frac{2}{3} \cdot h - 1{,}9\right) = 0$$

$$59{,}79 \cdot t^2 + 12{,}08 \cdot t^3 - 85{,}8 \cdot t - 8{,}7 \cdot t^2 - 211{,}81 = 0$$

$$51{,}1 \cdot t^2 + 12{,}08 \cdot t^3 - 85{,}8 \cdot t - 211{,}81 = 0$$

$$t^3 + 4{,}23 \cdot t^2 - 7{,}1 \cdot t - 17{,}53 = 0$$

$$\rightarrow t \approx 2{,}3 \ m$$

$$E_{rh} = 18{,}12 \cdot 2{,}3^2 = 92{,}85 \ kN/m; \qquad W_2 = 52 \cdot 2{,}3 = 59{,}8 \ kN/m$$

$$\sum H = 0: \ A = W_1 + W_2 - E_{rh}: \qquad A = 135{,}2 + 59{,}8 - 95{,}85 = 99{,}15 \ kN/m$$

$$\sum Q = 0: \ y = \sqrt{\frac{2A}{\gamma_W}} = \sqrt{\frac{99{,}15 \cdot 2}{10}} = 4{,}45 \ m$$

$$_{\max} M = 99{,}15 \cdot (4{,}45 - 1{,}9) - \frac{4{,}45^2}{2} \cdot \frac{4{,}45}{3} \cdot 10 = 106{,}0 \ kNm/m$$

□ 2.69 Beispiel 43: Schiffsanlegestelle nach Globalsicherheitskonzept

Geg.: *die dargestellte Schiffsanlegestelle an einem Kanal ist geplant.*

Folgende Spundbohlen sind in ausreichenden Mengen vorrätig:

Profil	*Stahlgüte*	*Bohlenlänge*
Larssen 604	*StSp 45*	*9,20 m*
Larssen 605	*StSp 37*	*9,70 m*
Larssen 604	*StSp 37*	*10,80 m*
Larssen 606	*StSp 45*	*7,70 m*
Hoesch 1700	*StSp 45*	*10,00 m*

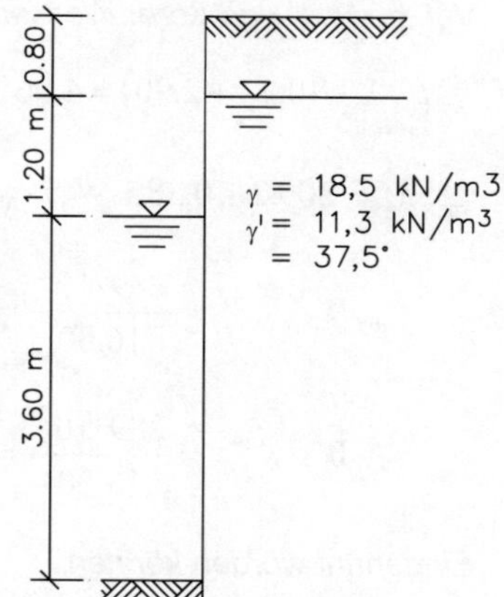

Ges.: *Welche Profile könnten verwendet werden?*

Lösg: *- Erd-, Wasserdruckermittlung:*

Kote [m]	*γ* [kN/m³]	*h* [m]	*γ·h* [kN/m²]	*p* [kN/m²]	k_{ah} [-]	e_{ah} [kN/m²]
±0,0	*18,5*	*0,8*	*14,8*	*0*	*0,20*	*0*
-0,8				*14,8*		*3,0*
-0,8	*11,3*	*4,8*	*54,2*	*14,8*	*0,20*	*3,0*
-5,6				*69,0*		*13,8*

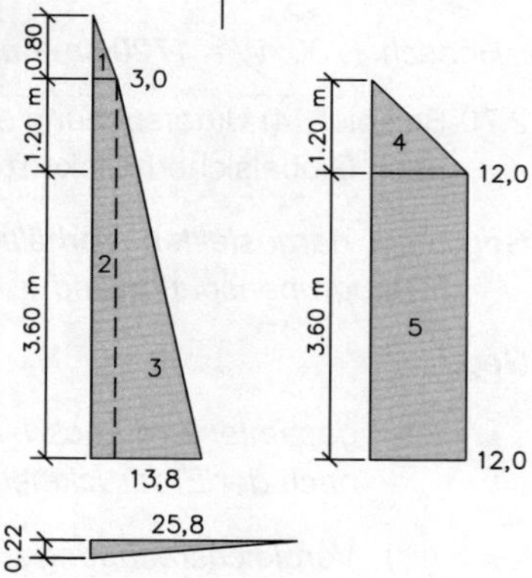

Belastungsnullpunkt:

$$u = \frac{13{,}8 + 12{,}0}{11{,}3 \cdot 10{,}27} = 0{,}22 \ m$$

- Spundwand, ungestützt, im Boden eingespannt:

$$Q_0 = \frac{1}{2} \cdot 0{,}8 \cdot 3{,}0 + 3{,}0 \cdot 4{,}8 + \frac{1}{2} \cdot 10{,}8 \cdot 4{,}8 + \frac{1}{2} \cdot 12{,}0 \cdot 1{,}2 + 12{,}0 \cdot 3{,}6 + \frac{1}{2} \cdot 0{,}22 \cdot 25{,}8$$

$$= 1{,}2 + 14{,}4 + 25{,}9 + 7{,}2 + 43{,}2 + 2{,}8 = 94{,}7 \ kN/m$$

$$M_0 = 1{,}2 \cdot \left(0{,}22 + 4{,}8 + \frac{0{,}8}{3}\right) + 14{,}4 \cdot \left(0{,}22 + \frac{4{,}8}{2}\right) +$$

$$+25{,}9 \cdot \left(0{,}22 + \tfrac{4{,}8}{3}\right) + 7{,}2 \cdot \left(0{,}22 + 3{,}6 + \tfrac{1{,}2}{3}\right) +$$

$$+43{,}2 \cdot \left(0{,}22 + \tfrac{3{,}6}{2}\right) + 2{,}8 \cdot \tfrac{2 \cdot 0{,}22}{3} = 6{,}3 + 37{,}7 + 47{,}1 + 30{,}4 + 87{,}3 + 0{,}4$$

$$= 209{,}2 \ \ kNm/m$$

$$m = \frac{6}{11{,}3 \cdot 10{,}27} \cdot 4{,}90 = 0{,}25 \, ; \qquad n = \frac{6}{11{,}3 \cdot 10{,}27} \cdot 209{,}2 = 10{,}82$$

$$\rightarrow x = 2{,}90 \ m$$

□ 2.69 Fortsetzung Beispiel 43: Schiffsanlegestelle nach Globalsicherheitskonzept

Vgl. $e_{ah}/w_{ü}$ → größerer Wasserüberdruck

$${}_{erf}t = 1{,}3 \cdot (0{,}22 + 2{,}90) = 4{,}06 \ m \qquad \rightarrow \qquad L = 9{,}66 \ m$$

$${}_{\max}M = 209{,}2 + 0{,}385 \cdot 94{,}7 \cdot \sqrt{4{,}90} = 289 \ kNm/m$$

$$\rightarrow \quad {}_{erf}W^{StSp\ 37} = \frac{289 \cdot 10^2}{16{,}00} = 1806 \ cm^3/m$$ *(Stahlspannung nach alter DIN 18800)*

$${}_{erf}W^{StSp\ 45} = \frac{289 \cdot 10^2}{18{,}00} = 1606 \ cm^3/m$$

Eingebaut werden können:

Larssen 605; W = 2020 cm³/m; L = 9,70 m

Hoesch 1700; W = 1720 cm³/m; L = 10,00 m

□ 2.70 Beispiel 44: Untersuchung einer Zwangsgleitfläche hinter einer Baugrubenspundwand nach Globalsicherheitskonzept

Geg.: *die dargestellten Verhältnisse an einer Baugrubenspundwand*

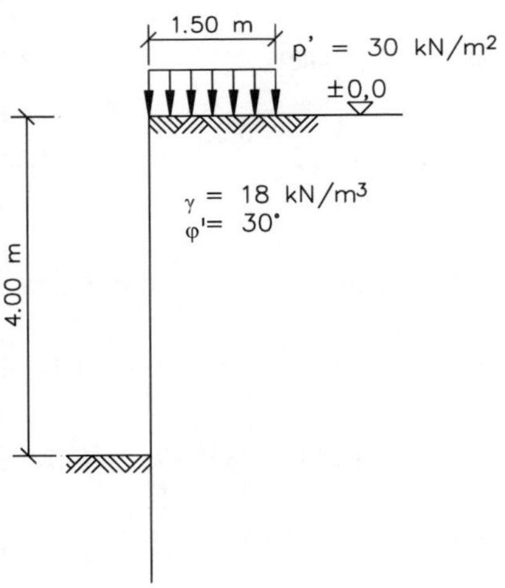

Geg.:

a) gesamter Erddruck hinter der Wand nach der Erddrucktheorie

b) Vergleichsrechnung für eine Zwangsgleitfläche gem. EB 6 (6) der Empfehlungen des Arbeitskreises Baugruben.

Lösg.:

a) $\alpha = 0\,;\ \beta = 0\,;\ \varphi' = 30°\,;\ \delta_a = \frac{2}{3} \cdot \varphi'$

$$\rightarrow K_{ah} = 0{,}28$$

Gleitflächenwinkel:

$$\tan \vartheta_a = \frac{\sin \varphi' + \sqrt{\frac{\tan \varphi'}{\tan \varphi' + \tan \delta_a}}}{\cos \varphi'} = \frac{\sin 30° + \sqrt{\frac{\tan 30°}{\tan 30° + \tan 20°}}}{\cos 30°} = \frac{1{,}2831}{0{,}8660}$$

$$\rightarrow \vartheta_a = 56{,}0°$$

□ 2.70 Fortsetzung Beispiel 44: Untersuchung einer Zwangsgleitfläche hinter einer Baugrubenspundwand nach Globalsicherheitskonzept

$$h_{p'} = 1{,}5 \cdot \tan 56° = 2{,}2\ m$$

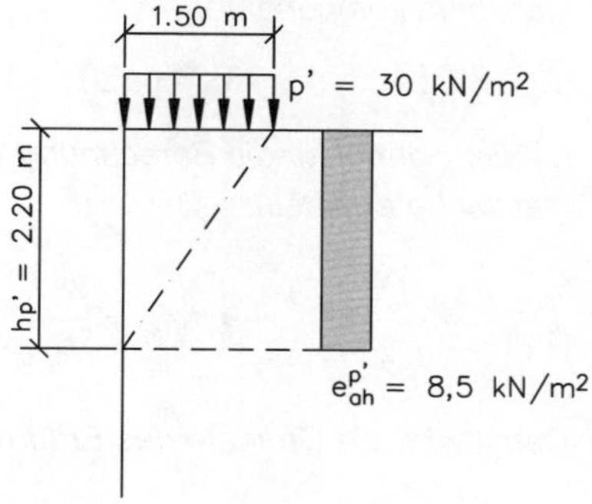

Erddruckbeiwert für die Streifenlast:

$$K_a^p = \frac{\sin(\vartheta_a - \varphi')}{\sin(90° - \vartheta_a + \varphi' + \delta_a)} = \frac{\sin(56{,}0° - 30°)}{\sin(90° - 56{,}0° + 30° + 20°)}$$

$$= \frac{\sin 26{,}0°}{\sin 84°} = 0{,}44$$

Erddruckordinate:

$$e_a^{p'} = \frac{p' \cdot b \cdot K_a^{p'}}{h_{p'}} = \frac{30 \cdot 1{,}5 \cdot 0{,}44}{2{,}2} = 9{,}0\ kN/m^2$$

und $e_{ah}^{p'} = e_a^{p'} \cdot \cos\delta_a = 9{,}0 \cdot \cos 20° = 8{,}5\ kN/m^2$

Damit ergibt sich der Gesamterddruck:

$$E_{ah}^{g+p'} = 18 \cdot 4{,}0 \cdot 0{,}28 \cdot \frac{4{,}0}{2} + 8{,}5 \cdot 2{,}2 = 40{,}3 + 18{,}7 = 59{,}0\ kN/m$$

b) *Anmerkung: Gemäß EB 6 (6) ist bei nicht gestützten, im Boden eingespannten Baugrubenwänden mit Linien- oder Streifenlasten auch eine Zwangsgleitfläche vom Ende der Auflast bis zur Sohle zu untersuchen:*

$$\tan\vartheta_z = \frac{4{,}0}{1{,}5} = 2{,}67 \rightarrow \vartheta_z = 69{,}4°$$

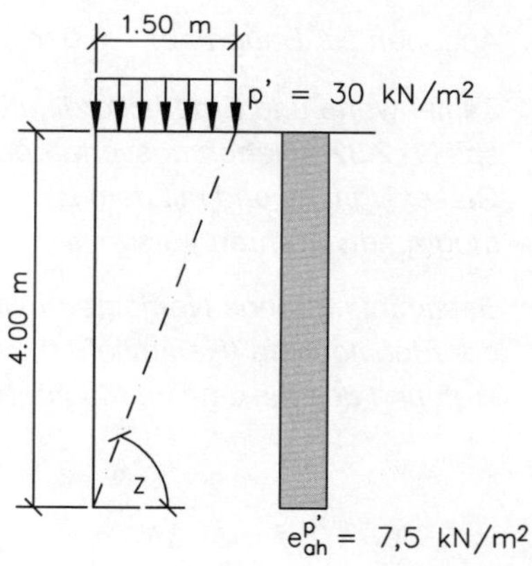

Eigenlast des Zwangsgleitkörpers:

$$G_z = \frac{1}{2} \cdot 4{,}0 \cdot 1{,}5 \cdot 18 = 54\ kN/m$$

Geometrie, Krafteck:

Aus dem Krafteck lässt sich der Erddruck aus Bodeneigenlast mit $E_a^g \approx 38\ kN/m$ *ablesen.*

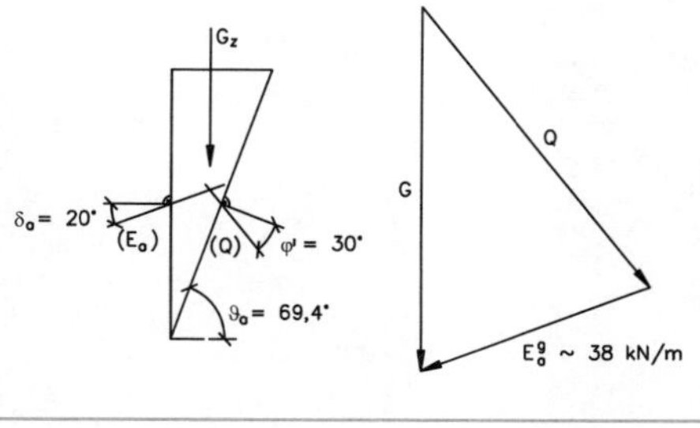

□ 2.70 Fortsetzung Beispiel 44: Untersuchung einer Zwangsgleitfläche hinter einer Baugrubenspundwand nach Globalsicherheitskonzept

Horizontalkomponente:

$$E_{ah}^{g} = E_{a}^{g} \cdot \cos\delta_{a} = 38 \cdot \cos 20° = 35{,}7 \ kN/m$$

Mit der Formel für die Berechnung von E_{ah}^{g} *lässt sich der Erddruckbeiwert der Zwangsgleitfläche ermitteln:*

$$E_{ah}^{g} = \gamma \cdot \frac{h^2}{2} \cdot K_{ah} \rightarrow K_{ah} = \frac{2 \cdot E_{ah}^{g}}{\gamma \cdot h^2} = \frac{2 \cdot 35{,}7}{18 \cdot 4{,}0^2} = 0{,}25$$

Damit wird die Ordinate des Erddrucks infolge Auflast:

$$e_{ah}^{p'} = p \cdot K_{ah} = 30 \cdot 0{,}25 = 7{,}5 \ kN/m^2$$

und der Gesamterddruck

$$E_{ah}^{g+p'} = 35{,}7 + 7{,}5 \cdot 4{,}0 = 65{,}7 \ kN/m\,.$$

Im untersuchten Fall wäre der Erddruck aus der Zwangsgleitfläche maßgebend.

□ 2.71 Beispiel 45: Gestützte/ verankerte, im Boden frei aufgelagerte Spundwand; Lösung ohne Nomogramm nach Globalsicherheitskonzept.

Geg.: *die dargestellte einmal ausgesteifte, im Boden aufgelagerte Spundwand*

Angaben zur Baugrube: 5,0 m tief

Zahlenwerte und Erddruckordinaten aus Beispiel □ 2.32 („Näherungsverfahren nach Giese/ Ugrinay und mit dem Blumschen Nomogrammverfahren")

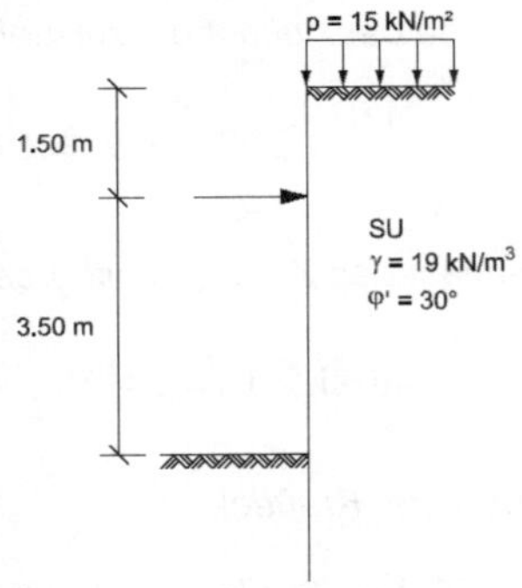

Ges.: *Bestimmung (ohne Nomogrammverfahren) der Einbindetiefe (Rammtiefe t), der Ankerkraft und des maximalen Momentes* $_{max}M$

Lösg.:

$$E_{ah}^{p} = e_{ah}^{p} \cdot h = 4{,}2 \cdot 5 = 21 \ kN/m$$

$$E_{ag}^{g} = \frac{e_{ah}^{g} \cdot h}{2} = \frac{26{,}6 \cdot 5}{2} = 66{,}5 \ kN/m$$

$$E_{ah}^{u} = \frac{\left(e_{ah}^{g} + e_{ah}^{p}\right) \cdot u}{2} = \frac{(26{,}6 + 4{,}2) \cdot 0{,}3}{2} = 4{,}62 \ kN/m$$

Systemskizze: siehe nächste Seite

□ 2.71 Fortsetzung Beispiel 45: Gestützte/ verankerte, im Boden frei aufgelagerte Spundwand; Lösung ohne Nomogramm nach Globalsicherheitskonzept.

$$e_{rh} = \gamma \cdot x \cdot K_{rh} = 19 \cdot x \cdot 5{,}96 = 103{,}74 \cdot x \ \ kN/m^2$$

$$E_{rh} = \frac{e_{rh} \cdot x}{2} = \frac{103{,}74 \cdot x^2}{2} = 51{,}87 \cdot x^2 \ \ kN/m$$

a) Einbindetiefe: $\sum M_A = 0$

$$E^p_{ah} \cdot \left(\frac{h}{2} - l_0\right) + E^g_{ah} \cdot \left(\frac{2}{3} \cdot h + l_0\right) + E^u_{ah} \cdot \left(h - l_0 + \frac{u}{3}\right) - E_{rh} \cdot x^2 \cdot \left(h - l_0 + u + \frac{2}{3} \cdot x\right) = 0$$

$$21 \cdot \left(\frac{5}{2} - 1{,}5\right) + 66{,}5 \cdot \left(\frac{2}{3} \cdot 5 - 1{,}5\right) + 4{,}62 \cdot \left(5 - 1{,}5 + \frac{0{,}3}{3}\right) - 51{,}87 \cdot x^2 \cdot \left(5 - 1{,}5 + 0{,}3 + \frac{2}{3} \cdot x\right) = 0$$

$$21 + 121{,}92 + 16{,}63 - 197{,}11 \cdot x^2 - 34{,}58 \cdot x^3 = 0$$

$$x^3 + 5{,}7 \cdot x^2 = 4{,}61 \quad \rightarrow \quad x \approx 0{,}84 \ \ m$$

$$t = (u + x) \cdot \alpha = (0{,}3 + 0{,}84) \cdot 1{,}05 \approx 1{,}2 \ \ m$$

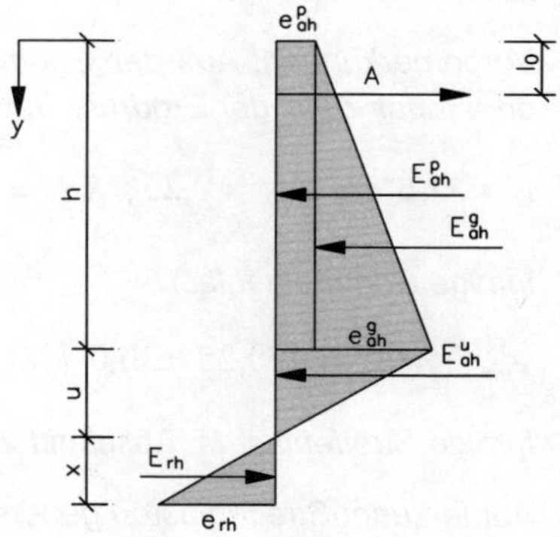

b) Ankerkraft $\sum \vec{H} = 0$

$$-E^p_{ah} - E^g_{ah} - E^u_{ah} + E_{rh} + A = 0$$

$$A = 21 + 66{,}5 + 4{,}62 - 51{,}87 \cdot 0{,}84^2 = 55{,}52 \ \ kN/m$$

c) Maximalmoment $\sum \downarrow Q = 0$

$$e^p_{ah} \cdot y + \gamma \cdot y \cdot K_{ah} \cdot \frac{y}{2} - A = 0$$

$$4{,}2 \cdot y + 19 \cdot y^2 \cdot 0{,}28 \cdot \frac{y}{2} - 55{,}52 = 0$$

$$y \approx 3{,}85 \ \ m$$

$$\max \ M = A \cdot (y - l_0) - e^p_{ah} \cdot y \cdot \frac{y}{2} - \gamma \cdot y \cdot K_{ah} \cdot \frac{y}{2} \cdot \frac{y}{3}$$

$$= 55{,}52 \cdot (3{,}85 - 1{,}5) - 4{,}2 \cdot \frac{3{,}85^2}{2} - 19 \cdot 0{,}28 \cdot \frac{3{,}85^3}{6}$$

$$= 130{,}47 - 31{,}13 - 50{,}60 = 48{,}74 \ \ kNm/m$$

□ 2.72 Beispiel 46: Einmal gestützte, im Boden eingespannte Spundwand. 1. Baugrubenverbau; 2. Bleibendes Bauwerk

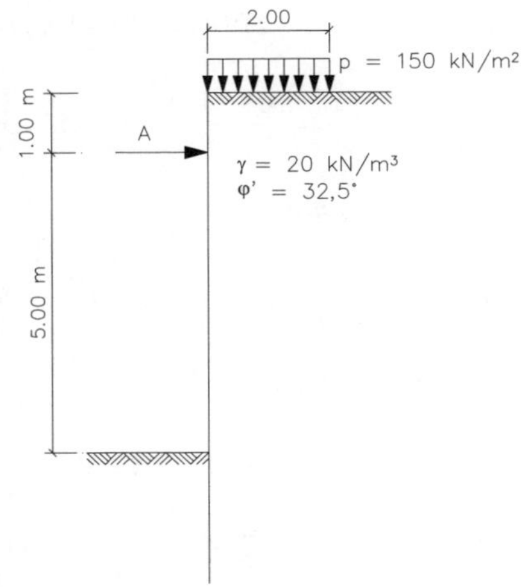

Geg.: *die dargestellte einmal ausgesteifte Spundwand mit Fußeinspannung*

Fall 1: Baugrubenverbau

Fall 2: Bleibendes Bauwerk

Die angegebenen Werte können als charakteristische Werte betrachtet werden.

Ges.: *Bestimmung der Bemessungsgrößen*

Lösg.:

Fall 1 Baugrubenverbau

Erddruckermittlung:

Vorbemerkungen: Aus der Geometrie ist vorab erkennbar, dass der Erddruck in eine Gleichlast umgewandelt werden kann.

$\varphi' = 32{,}5° \rightarrow K^{g}_{ah} = 0{,}25\,;\ K^{g}_{ph} = 6{,}77\,.$

Infolge Bodeneigenlast:

$$e^{Sohle}_{ah} = 20 \cdot 6{,}0 \cdot 0{,}25 = 30{,}0\ kN/m^2$$

Infolge Streifenlast (s. Abschnitt 2.1.3)

Anmerkung: Streifenlasten gehören grundsätzlich zu den veränderlichen Lasten.

$$\tan\vartheta_a = \frac{\sin 32{,}5° + \sqrt{\dfrac{\tan 32{,}5°}{\tan 32{,}5° + \tan\dfrac{2\cdot 32{,}5°}{3}}}}{\cos 32{,}5°} = 1{,}57 \qquad (\vartheta_a = 57{,}5°)$$

Einflussbereich:

$$\tan\vartheta_a = \frac{h_p'}{2{,}0} \rightarrow h_p' = 1{,}57 \cdot 2{,}0 = 3{,}14\ m$$

$$K^{p'}_{ah} = \frac{\sin(57{,}5° - 32{,}5°)}{\sin\left(90° - 57{,}5° + 32{,}5° + \dfrac{2\cdot 32{,}5°}{3}\right)} \cdot \cos\frac{2\cdot 32{,}5°}{3} = 0{,}39$$

Erddruckkräfte bis zur Sohle:

$$E^{g}_{ah,k} = \frac{1}{2} \cdot 30{,}0 \cdot 6{,}0 = 90{,}0\ kN/m$$

□ 2.72 Fortsetzung Beispiel 46: Einmal gestützte, im Boden eingespannte Spundwand. 1. Baugrubenverbau; 2. Bleibendes Bauwerk

Umgelagertes Lastbild infolge Streifenlast:

$$E_{ah,k}^{p'} = \frac{p' \cdot b \cdot K_{ah}^{p'}}{h_{p'}} = \frac{150 \cdot 2{,}0 \cdot 0{,}39}{3{,}14} = 37{,}3 \ kN/m^2$$

$$E_{ah,k}^{q'} = 37{,}3 \cdot 3{,}14 = 117{,}1 \ kN/m$$

$$E_{ah,k}^{g'} + E_{ah,k}^{q'} = 90{,}0 + 117{,}1 = 207{,}1 \ kN/m$$

Mit den Teilsicherheitsbeiwerten der Bemessungssituation BS-T:

$$\gamma_G = 1{,}20 \,;\ \gamma_Q = 1{,}30 \ \gamma_{R,e} = 1{,}30$$

wird der gewichtete Teilsicherheitsbeiwert

$$\eta_p = 1{,}30 \cdot \left(\frac{90{,}0}{207{,}1} \cdot 1{,}20 + \frac{117{,}1}{207{,}1} \cdot 1{,}30 \right) = 1{,}633$$

Mit diesem wird der Erdwiderstand abgemindert:

$$K'_{ph,d} = \frac{K_{ph,k}^{g}}{\eta_p} = \frac{6{,}77}{1{,}633} = 4{,}15 \rightarrow K'_{rh,d} = 4{,}15 - 0{,}25 = 3{,}90$$

Belastungsnullpunkt:

$$u = \frac{e_{ah,k}^{Sohle}}{\gamma \cdot K'_{rh,d}} = \frac{30{,}0}{20 \cdot 3{,}90} = 0{,}39 \ m$$

Nachträglicher Nachweis:

$$h'_A = 5{,}39 \ m \ > \ 0{,}7 \cdot h' = 0{,}7 \cdot 6{,}39 = 4{,}48 \rightarrow \textit{Gleichlast}$$

Umgelagertes Lastbild infolge Bodeneigenlast: Skizze siehe nächste Seite

$$e_{ah,d}^{g} = \frac{\frac{1}{2} \cdot 30{,}0 \cdot 6{,}0 + \frac{1}{2} \cdot 30{,}0 \cdot 0{,}39}{6{,}39} = 15{,}0 \ kN/m^2$$

□ 2.72 Fortsetzung Beispiel 46: Einmal gestützte, im Boden eingespannte Spundwand. 1. Baugrubenverbau; 2. Bleibendes Bauwerk

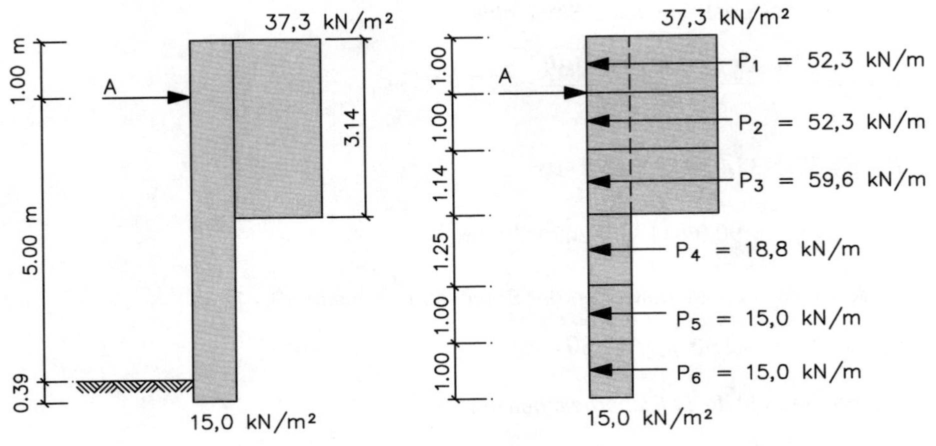

Die Berechnung erfolgt in Tabellenform:

Nr.	P	Δa	a	a³	P·a	P·a³	Q	Q·Δa	
-	kN/m	m	m	m³	kNm/m	kNm/m	kN/m	kNm/m	
1	52,3		-0,50	-	-26,2	-			
		0,50					-52,3	-26,2	
A	158,2		-	-	-	-			
		0,50					105,9	53,0	
2	52,3		0,50	0,125	26,2	6,5			
		1,07					53,6	57,4	
3	59,6		1,57	3,90	93,6	230,6			
		1,20						Σ 84,2	= max M
4	18,8		2,77	21,25	52,1	399,6			
		1,13							
5	15,0		3,90	59,3	58,5	889,8			
		1,00							
6	15,0		4,90	117,6	73,5	1764,7			
ΣP = 213,0			ΣP·a = 277,7			3291,2	=ΣP · a³		

$$m = \frac{6 \cdot 277{,}7}{20 \cdot 3{,}90 \cdot 5{,}39^3} = 0{,}136$$

$$n = \frac{6 \cdot 3291{,}2}{20 \cdot 3{,}90 \cdot 5{,}39^5} = 0{,}056 \quad \rightarrow \xi = 0{,}408 \text{ (Nomogramm)}$$

$$x = \xi \cdot l = 0{,}408 \cdot 5{,}39 = 2{,}20 \ m$$

$$erf\ t = 1{,}10(0{,}39 + 2{,}20) = 2{,}85 \ m$$

□ 2.72 Fortsetzung Beispiel 46: Einmal gestützte, im Boden eingespannte Spundwand. 1. Baugrubenverbau; 2. Bleibendes Bauwerk

Ankerkraft: $A = 213{,}0 - \frac{1}{5{,}39 + 2{,}20} \cdot 277{,}7 - \frac{20 \cdot 3{,}90 \cdot 2{,}20^3}{6(5{,}39 + 2{,}20)} = 158{,}2\ kN/m$

Maximalmoment: $_{\max}M = 84{,}2\ kNm/m$ *(s. Tabelle)*

Durch Korrektur gem. EB 17 erhält man die Bemessungsgrößen:

$$korr.A = 158{,}2 \cdot \sqrt{\frac{6{,}39}{5{,}39}} = 172{,}2\ kN/m$$

$$korr.M = 84{,}2 \cdot \sqrt{\frac{5{,}39}{6{,}39}} = 77{,}3\ kNm/m$$

Fall 2: Bleibendes Bauwerk

Die Ermittlung des Erddrucks bis zur Sohle kann aus der Berechnung des Falls 1 übernommen werden. Kriterium für die Form des Erddrucklastbilds gem. EAU 2004:

Es handelt sich um das Herstellungsverfahren „Abgegrabene Wand".

Mit den Teilsicherheitsbeiwerten des Lastfalls 1: $\gamma_G = 1{,}35$; $\gamma_Q = 1{,}50$; $\gamma_{R,e,red} = 1{,}20$

wird der gewichtete Teilsicherheitsbeiwert

$$\eta_p = 1{,}20 \cdot \left(\frac{90{,}0}{207{,}1} \cdot 1{,}35 + \frac{117{,}1}{207{,}1} \cdot 1{,}50 \right) = 1{,}722$$

Mit diesem Wert ist der Erdwiderstandsbeiwert abzumindern:

$$K'_{ph,d} = \frac{K_{ph,d}}{\eta_p} = \frac{6{,}77}{1{,}722} = 3{,}93 \rightarrow K'_{rh,d} = 3{,}93 - 0{,}25 = 3{,}68$$

Belastungsnullpunkt

$$u = \frac{e_{ah,k}^{Sohle}}{\gamma \cdot K'_{rh,d}} = \frac{30{,}0}{20 \cdot 3{,}68} = 0{,}41\ m$$

Somit ist

$$0{,}1H_E = 0{,}1 \cdot 6{,}41 = 0{,}64 \ < \ a = 1{,}0\ m \ < \ 0{,}2H_E = 0{,}2 \cdot 6{,}41 = 1{,}28\ m\,,$$

*was dem **Fall 2** des umgelagerten Erddrucklastbildes entspricht:*

□ 2.72 Fortsetzung Beispiel 46: Einmal gestützte, im Boden eingespannte Spundwand. 1. Baugrubenverbau; 2. Bleibendes Bauwerk

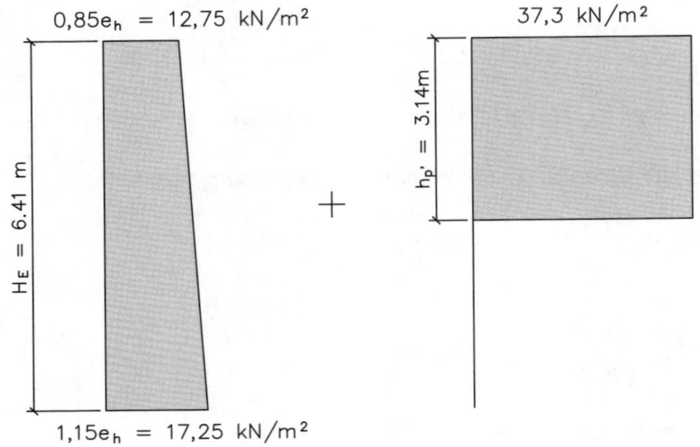

$$E_{ah}^{g} = \frac{1}{2} \cdot 30{,}0 \cdot 6{,}0 + \frac{1}{2} \cdot 30{,}0 \cdot 0{,}41 = 96{,}15 \ kN/m^2$$

$$\rightarrow \quad e_h = \frac{96{,}15}{6{,}41} = 15{,}0 \ kN/m^2; \ 0{,}85 \cdot e_h = 12{,}75 \ kN/m^2;$$

Für die weitere Berechnung wird der Schwerpunkt der trapezförmig verteilten Teilflächen ausreichend genau in der Mitte angenommen.

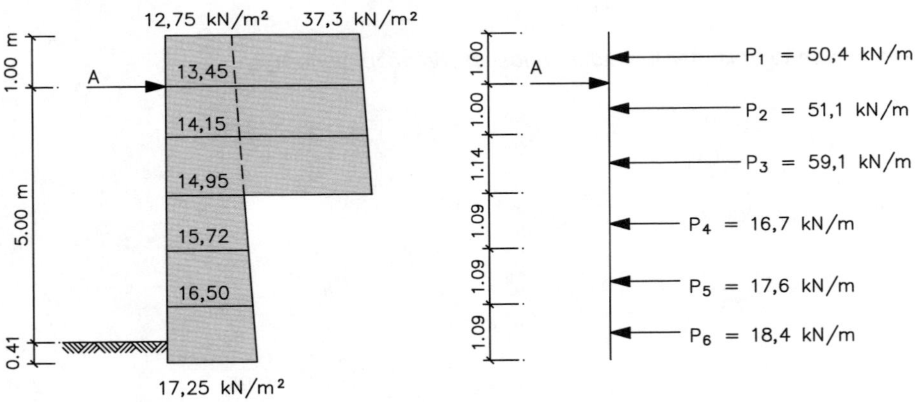

Die Berechnung erfolgt in Tabellenform:

□ 2.72 Fortsetzung Beispiel 46: Einmal gestützte, im Boden eingespannte Spundwand. 1. Baugrubenverbau; 2. Bleibendes Bauwerk

Nr.	P	Δa	a	a³	P·a	P·a³	Q	Q·Δa	
-	kN/m	m	m	m³	kNm/m	kNm/m	kN/m	kNm/m	
1	50,4		-0,50	-	-25,4	-			
		0,50					-50,4	-25,2	
A	156,3		-	-	-	-			
		0,50					105,9	53,0	
2	51,1		0,50	0,125	25,6	6,4			
		1,07					4,8	58,6	
3	59,1		1,57	3,87	92,8	228,7			
		1,12						Σ 86,4	= max M
4	16,7		2,69	19,46	44,9	325,1			
		1,09							
5	17,6		3,78	54,01	66,	950,6			
		1,09							
6	18,4		4,87	115,5	89,6	2125,2			
ΣP = 213,3			ΣP·a = 294,0			3635,8	= ΣP · a³		

$$m = \frac{6 \cdot 294{,}0}{20 \cdot 3{,}68 \cdot 5{,}41^3} = 0{,}151$$

$$n = \frac{6 \cdot 3635{,}8}{20 \cdot 3{,}68 \cdot 5{,}41^5} = 0{,}064 \rightarrow \xi = 0{,}420 \text{ (Nomogramm)}$$

$$x = \xi \cdot l = 0{,}420 \cdot 5{,}41 = 2{,}27 \;\; m$$

$$erf \;\; t = 1{,}10(0{,}41 + 2{,}27) = 2{,}95 \;\; m$$

Ankerkraft: $A = 213{,}3 - \frac{1}{5{,}41 + 2{,}27} \cdot 294{,}0 - \frac{20 \cdot 3{,}68 \cdot 2{,}27^3}{6(5{,}41 + 2{,}27)} = 156{,}3 \;\; kN/m$

Maximalmoment: ${}_{\max} M = 86{,}4 \;\; kNm/m$ *(s. Tabelle)*

Zusammenstellung:

Fall	max M	A	erf t
-	kNm/m	kN/m	m
1	84,2	158,2	2,85
2	86,4	156,3	2,95

□ 2.73 Beispiel 47: Ermittlung der Sicherheit gegen Aufbruch der Baugrubensohle (Globalsicherheitskonzept und Teilsicherheitskonzept)

Geg.: *die dargestellte Baugruben-Situation*

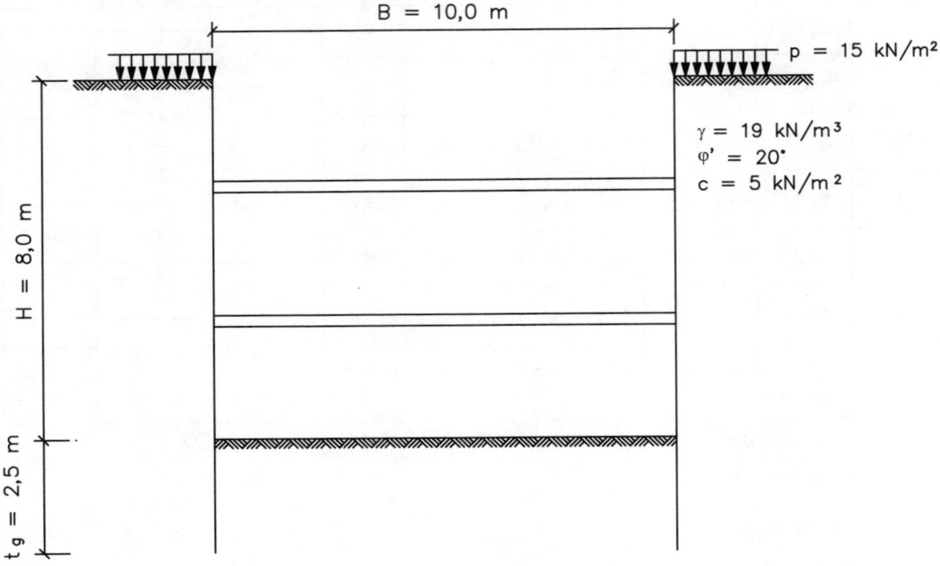

Ges.: *Bestimmung der Sicherheit gegen Aufbruch der Sohle*

Lösg.: Anmerkungen zum Berechnungsprinzip

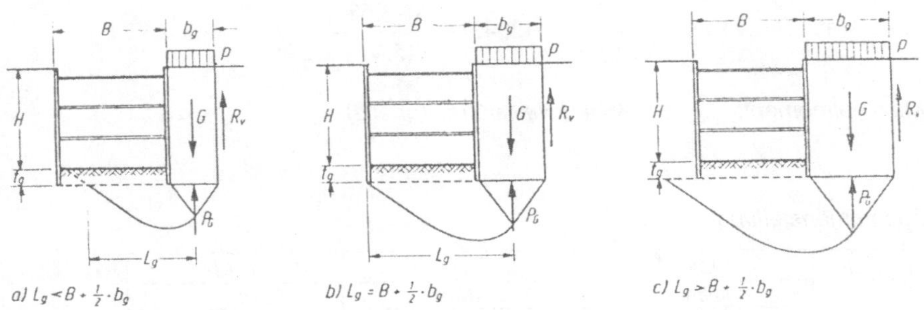

Man ermittelt bei Baugruben, deren Länge wesentlich größer ist als ihre Breite, die Eigenlast

$G = b_g \left(H + t_g\right) \cdot \gamma$ *(1) eines Bodenkörpers von der Breite b_g hinter der Baugrubenwand einschließlich einer eventuell auf ihm befindlichen Auflast*

$P = p \cdot b_g$ *(2)*

□ 2.73 Fortsetzung Beispiel 47: Ermittlung der Sicherheit gegen Aufbruch der Baugrubensohle (Globalsicherheitskonzept und Teilsicherheitskonzept)

Dem Abscheren des Bodenkörpers entgegen wirkt die Vertikalkraft,

$$R_v = E_{av} + K_v, \qquad (3)$$

die in der senkrecht angenommenen Gleitfuge zwischen Bodenkörper und dem dahinter anstehenden Boden wirkt. Sie setzt sich zusammen aus der Vertikalkomponente der Erddruckkraft

$$E_{av} = E_{ah} \cdot \tan\left|\frac{2}{3}\varphi'\right| \qquad (4)$$

und der Kohäsionskraft

$$K_v = c\left(H + t_g\right). \qquad (5)$$

Die aufwärts gerichtete Erddruckkomponente E_{ah} sollte aus Sicherheitsgründen nur mit einem Wandreibungswinkel $\delta_a = -\frac{2}{3}\varphi$ ermittelt werden (→ EAB 1994).

Außer der Vertikalkraft R_V steht zur Aufnahme der Eigenlast G noch die Gegenkraft P_G in Höhe der Unterkante des Baugrubenverbaus zur Verfügung. Man erhält sie aus der Grundbruchgleichung gem. DIN 4017 (→ Dörken/Dehne, T. 2, Abschnitt 2) mit $\upsilon_{c,d,b} = 1{,}0$

Zu $P_G = b_g\left(c \cdot N_c + \gamma \cdot t_g \cdot N_d + \gamma \cdot b_g \cdot N_b\right).$ *(6)*

Mit den Werten G, P, R_V und P_G lässt sich die Sicherheitsgleichung

$$\eta = \frac{P_G + R_v}{G + P} \qquad (7)$$

definieren.

1. Berechnung nach EAB („Weißenbach-Verfahren")

Lösung:

$$G + P = b_g(8{,}0 + 2{,}5) \cdot 19 + 15 \cdot b_g = (199{,}5 + 15{,}0)b_g = 214{,}5b_g \ [kN/m]$$

Mit $\varphi' = 20°$ *und* $\delta_a = -\frac{2}{3}\varphi'$

berechnen sich $K_a^g = 0{,}629$ *(→ Dörken/Dehne, T. 1) und*

$$K_{ah}^g = 0{,}629 \cdot \cos\left|\frac{2}{3} \cdot 20°\right| = 0{,}612 .$$

Mit dem (ausreichend genauen) Ansatz

□ 2.73 Fortsetzung Beispiel 47: Ermittlung der Sicherheit gegen Aufbruch der Baugrubensohle (Globalsicherheitskonzept und Teilsicherheitskonzept)

$$K_{ah}^{c} \approx \sqrt{K_{ah}^{g}} = \sqrt{0,612} = 0,782$$

wird

$$E_{ah} = \frac{1}{2} \cdot \gamma \cdot K_{ah}^{g} \cdot H^2 - 2c \cdot H \cdot \sqrt{K_{ah}}$$

$$= \frac{1}{2} \cdot 19 \cdot 0,612 \cdot 8,0^2 - 2 \cdot 5,0 \cdot 8,0 \cdot \sqrt{0.612} = 309,5 \quad kN/m$$

und

$$E_{av} = 309,5 \cdot \tan\left|\frac{2}{3} \cdot 20°\right| = 73,3 \ kN/m$$

Zusammen mit der Kohäsionskraft

$$K_v = 5(8,0 + 2,5) = 52,5 \ kN/m$$

erhält man die Vertikalkraft

$$R_v = E_{av} + K_v = 73,3 + 52,5 = 125,8 \ kN/m$$

Mit N_c = 15,0; N_d = 6,5; N_b = 2,0

wird die Gegenkraft

$$P_G = b_g(5 \cdot 15,0 + 19 \cdot 2,5 \cdot 6,5 + 19 \cdot b_g \cdot 2,0) = 383,75 b_g + 38,0 b_g^2 \ [kN/m]$$

Sicherheit gegen Aufbruch der Baugrubensohle:

$$\eta = \frac{383,75 b_g + 38,0 b_g^2 + 125,8}{214,5 b_g} \quad (\geq 1,5)$$

Da die zur Berechnung von G, P und P_G benötigte Breite b_g des Bodenkörpers unbekannt ist, muss eine Untersuchung für verschiedene Werte b_g mit dem Ziel der kleinsten Sicherheit durchgeführt werden. Hierbei ist zu beachten, dass die Grundbruchscholle innerhalb der Baugrube im Sinne der Abbildungen a) oder b) auslaufen muss. Gleitflächen entsprechend Abbildung c) sind nicht möglich bzw. nicht maßgebend.

Es gilt somit die Bedingung

$$L_g \leq B + \frac{1}{2} b_g \qquad (8)$$

In Anlehnung an die Erläuterungen zu DIN 4017 kann L_g mit dem Ansatz

$$L_g = f_{L_g} \cdot b_g \qquad (9)$$

□ 2.73 Fortsetzung Beispiel 47: Ermittlung der Sicherheit gegen Aufbruch der Baugrubensohle (Globalsicherheitskonzept und Teilsicherheitskonzept)

ermittelt werden. Den Beiwert f_{L_g} *erhält man aus nachstehender Tabelle:*

φ	0°	2,5°	5°	7,5°	10°	12,5°	15°	17,5°	20°	22,5°	25°
f_{L_g}	1,5	1,6	1,7	1,9	2,1	2,3	2,5	2,8	3,1	3,4	3,8

Durch Gleichsetzen und Umformung der Gleichungen (8) und (9) ergibt sich

$$b_g \leq \frac{B}{f_{L_g} - 0{,}5} \qquad (10)$$

Bei sehr schmalen Baugruben erhält man über diese Bedingung eine sehr geringe Breite b_g*, was nach den Gleichungen (1) und (2) sehr kleine Lasten G und P zur Folge hat. Da andererseits* R_v *unabhängig von* b_g *ist und somit großen Einfluss erfährt, kann hier eine unrealistisch große Sicherheit vorgetäuscht werden. Um dem zu begegnen, wird im Falle* $_{vorh}B \leq 0{,}2H$ *die anzusetzende Breite mit*

$$b_g \leq \frac{0{,}2H}{f_{L_g} - 0{,}5}$$

festgelegt.

Im vorliegenden Fall (B = 10,0 > 0,2 · 8,0 = 1,6 m) erhält man mit $\varphi' = 20°$ *den Tabellenwert*

f_{L_g} *= 3,1 und mit (9)*

$$L_g = 3{,}1 b_g \, .$$

Damit lautet die Bedingung (10):

$$b_g \leq \frac{10{,}0}{3{,}1 b_g - 0{,}5}$$

mit der Lösung b_g *= 1,88 m.*

Somit lässt sich die aufgestellte Sicherheitsgleichung endgültig lösen:

$$\eta = \frac{383{,}75 \cdot 1{,}88 + 38{,}0 \cdot 1{,}88^2 + 125{,}8}{214{,}5 \cdot 1{,}88} = 2{,}43 \; > \; _{erf}\eta = 1{,}5$$

Es besteht keine Gefahr eines Sohlaufbruchs.

□ 2.73 Fortsetzung Beispiel 47: Ermittlung der Sicherheit gegen Aufbruch der Baugrubensohle (Globalsicherheitskonzept und Teilsicherheitskonzept)

2. Berechnung nach EAB (Teilsicherheitskonzept)

Vorbemerkungen:

Nach Einführung des Teilsicherheitskonzeptes entsprechend Handbuch EC 7-1 ist eine Anpassung des zuvor dargestellten Verfahrens notwendig (Hettler, Stoll 2004).

Lösg:

Der hier zu führende Nachweis zählt zum Grenzzustand ULS: GEO-2.

Die angegebenen Werte können als charakteristische Werte betrachtet werden.

Bemessungsgrößen der Einwirkungen

Bemessungssituation BS-T: $\gamma_G = 1{,}20$; $\gamma_Q = 1{,}30$

Bei der Ermittlung der charakteristischen Einwirkungen des Bodenkörpers ist zu beachten, dass großflächige Auflasten $p_k \leq 10\ kN/m^2$ *zu den ständigen Einwirkungen gerechnet werden. Darüberhinausgehende Auflasten zählen zu den veränderlichen Einwirkungen – ebenso wie grundsätzlich Streifenlasten, Linien- und Einzellasten.*

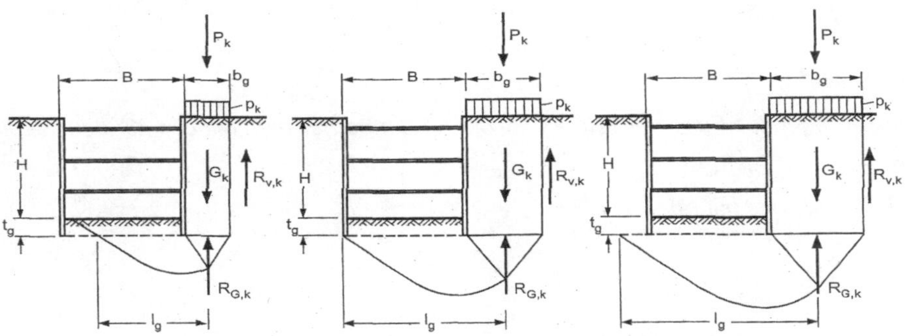

a) $l_g < B + {}^1/_2 \cdot b_g$ b) $l_g = B + {}^1/_2 \cdot b_g$ c) $l_g > B + {}^1/_2 \cdot b_g$

Der Bemessungswert der Beanspruchungen S_d *in der gedachten Sohlfuge aus Eigenlast einschließlich Auflast wird:*

$$S_d = \gamma_G \cdot G_k + \gamma_Q \cdot P_k = 1{,}20 \cdot b_g (8{,}0 + 2{,}5) \cdot 19 + 1{,}2 \cdot 10 + 1{,}30 \cdot 5 \cdot b_g =$$
$$= (239{,}4 + 12{,}0 + 6{,}5) \cdot b_g = 257{,}9 b_g\ [kN/m]$$

Bemessungsgrößen der Widerstände

Bemessungssituation BS-T: $\gamma_{Gr} = 1{,}30$

Mit $\varphi_k' = 20°$ *und* $\delta_{a,k} = -\frac{2}{3}\varphi_k'$ *wird* $K_a^g = 0{,}629$ *(→ Dörken/Dehne, T. 1) und*

□ 2.73 Fortsetzung Beispiel 47: Ermittlung der Sicherheit gegen Aufbruch der Baugrubensohle (Globalsicherheitskonzept und Teilsicherheitskonzept)

$$K_{ah}^{g} = 0{,}629 \cdot \cos\left|\frac{2}{3} \cdot 20°\right| = 0{,}612$$

Mit dem (ausreichend genauen) Ansatz

$$K_{ah}^{c} \approx \sqrt{K_{ah,k}^{g}} = \sqrt{0{,}612} = 0{,}782$$

berechnen sich

$$E_{ah,k} = \frac{1}{2} \cdot \gamma \cdot K_{ah}^{g} \cdot H^2 - 2c \cdot H\sqrt{K_{ah}} = \frac{1}{2} \cdot 19 \cdot 0{,}612 \cdot 8{,}0^2 - 2 \cdot 5{,}0 \cdot 8{,}0\sqrt{0{,}612}$$

$= 309{,}5 \ kN/m$ *und* $E_{av,k} = 309{,}5 \cdot \tan\left|\frac{2}{3} \cdot 20°\right| = 73{,}3 \ kN/m$

Zusammen mit der charakteristischen Kohäsionskraft

$$K_{v,k} = 5(8{,}0 + 2{,}5) = 52{,}5 \ kN/m$$

erhält man die charakteristische Vertikalkraft

$$R_{v,k} = E_{av,k} + K_{v,k} = 73{,}3 + 52{,}5 = 125{,}8 \ kN/m.$$

Mit $N_c = 15{,}0$; $N_d = 6{,}5$; $N_b = 2{,}0$

Wird der charakteristische Grundbruchwiderstand

$$R_{G,k} = b_g\left(5 \cdot 15{,}0 + 19 \cdot 2{,}5 \cdot 6{,}5 + 19 \cdot b_g \cdot 2{,}0\right) = 383{,}75 b_g + 38{,}0 b_g^2 \ [kN/m]$$

Die Bemessungswiderstände berechnen sich zu:

$$R_{G,d} = \frac{R_{G,k}}{\gamma_{Gr}} = 295{,}2 b_g + 29{,}2 b_g^2 \ [kN/m]$$

$$K_{v,d} = \frac{K_{v,k}}{\gamma_{Gr}} = \frac{52{,}5}{1{,}3} = 40{,}4 \ kN/m$$

$$E_{av,d} = \frac{E_{av,k}}{\gamma_{Gr}} = \frac{73{,}3}{1{,}3} = 56{,}4 \ kN/m$$

Ausnutzungsgrad:

Mit den Bemessungswerten der Einwirkungen und der Widerstände erhält man den Ausnutzungsgrad

□ 2.73 Fortsetzung Beispiel 47: Ermittlung der Sicherheit gegen Aufbruch der Baugrubensohle (Globalsicherheitskonzept und Teilsicherheitskonzept)

$$\mu = \frac{S_d}{R_{G,d} + K_{v,d} + E_{av,d}} = \frac{257{,}9b_g}{295{,}2b_g + 29{,}2b_g^2 + 40{,}4 + 56{,}4}$$

Der weitere Berechnungsgang entspricht dem unter Punkt 1 angezeigten:

Man erhält mit $\varphi_k' = 20°$ *den Tabellenwert* f_{L_g} *= 3,1 und* $L_g = 3{,}1b_g$

Damit lautet die Bedingung $b_g \le \dfrac{10{,}0}{3{,}1b_g - 0{,}5}$

mit der Lösung b_g *= 1,88 m.*

Das ergibt einen maximalen Ausnutzungsgrad von

$$\mu = \frac{257{,}9 \cdot 1{,}88}{295{,}2 \cdot 1{,}88 + 29{,}2 \cdot 1{,}88^2 + 40{,}4 + 56{,}4} = \frac{483{,}2}{755{,}0} = 0{,}64$$

Für b_g *= 1,88m ergeben sich die Bemessungsgrößen*

$$S_d = 257{,}9 \cdot 1{,}88 = 484{,}9 \; kN/m$$

$$R_{G,d} = 295{,}2 \cdot 1{,}88 + 29{,}2 \cdot 1{,}88^2 = 658{,}2 \; kN/m$$

$$E_{av,d} = 56{,}4 \; kN/m$$

$$K_{v,d} = 40{,}4 \; kN/m$$

Nachweis der Sicherheit gegen Aufbruch der Baugrubensohle:

$$S_d \le R_{G,d} + E_{av,d} + K_{v,d}$$

$$484{,}9 < 658{,}2 + 56{,}4 + 40{,}4 = 755{,}0 \; kN/m$$

Es besteht keine Gefahr des Sohlaufbruchs.

□ 2.74 Beispiel 48: Berechnung einer einfach gestützten, im Boden frei aufgelagerten Spundwand; nach Hilpert, Seitz (2005)

Geg.: *die dargestellte einmal gestützte, im Boden frei aufgelagerte Spundwand (bleibendes Bauwerk)*

Die angegebenen Werte können als charakteristische Werte betrachtet werden.

Teilsicherheitsbeiwerte im ULS (GEO-2):

ständige Einwirkungen:
$\gamma_G = 1{,}35$

veränderliche Einwirkungen:
$\gamma_G = 1{,}50$

Erdwiderstand: $\gamma_{R,e} = 1{,}40$

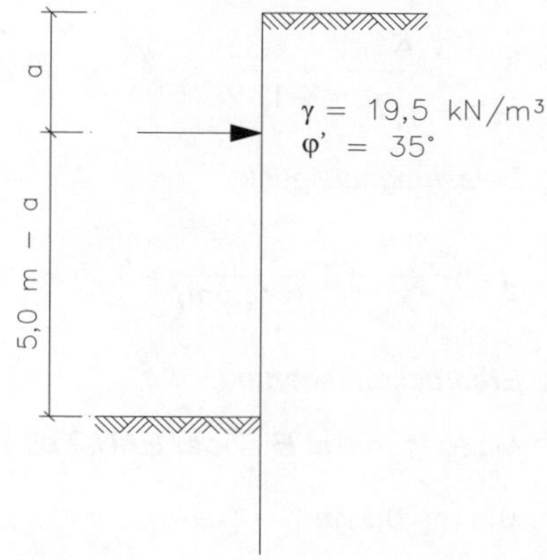

Ges.: *Bestimmung der Bemessungsgrößen für verschiedene Lastbildansätze nach EAU 2004*

Lösg.: *s. Dörken, Dehne, Kliesch, Teil 2:*

Geotechnische Kategorie: GK2

Sicherheitsklasse: SK1

Einwirkungskombination: EK1 → Bemessungssituation BS-P (alt: Lastfall 1)

Fall 1: *Auflagerabstand a = 0,50 m*

Herstellungsverfahren „Abgegrabene Wand"

Erddruckermittlung

$$\alpha = 0\,;\ \beta = 0\,;\ \varphi_k' = 35°\,;\ \delta_a = \frac{2}{3}\varphi_k' \rightarrow K_{ah}^g = 0{,}22$$

$$\alpha = 0\,;\ \beta = 0\,;\ \varphi_k' = 35°\,;\ \delta_p = -\varphi_k' \rightarrow K_{ph}^g = 8{,}36$$

Erddruck an der Sohle:

$$e_{ah,k}^g = 19{,}5 \cdot 5{,}0 \cdot 0{,}22 = 21{,}45\ kN/m^2$$

Abminderungsfaktor:

$$\frac{1}{\eta_p} = \frac{1}{\gamma_{R,e} \cdot \gamma_G} = \frac{1}{1{,}40 \cdot 1{,}35} = \frac{1}{1{,}89} \rightarrow \eta_p = 1{,}89$$

□ 2.74 Fortsetzung Beispiel 48: Berechnung einer einfach gestützten, im Boden frei aufgelagerten Spundwand; nach Hilpert, Seitz (2005)

$$K_{ph} = \frac{K^g_{ph,k}}{\eta_p} = \frac{8{,}36}{1{,}89} = 4{,}42 \rightarrow K_{rh} = K^g_{ph} - K^g_{ah} = 4{,}42 - 0{,}22 = 4{,}20$$

Belastungsnullpunkt:

$$u = \frac{e^{Sohle}_{ah}}{\gamma \cdot K_{rh}} = \frac{21{,}45}{19{,}5 \cdot 4{,}20} = 0{,}26\ m$$

Erddruckumlagerung:

Maßgebend ist E 77 der EAU, Fall 1:

$$0 < a = 0{,}5\ m$$

$$0{,}1H_E = 0{,}1 \cdot 5{,}0 = 0{,}5\ m$$

$$e_m = \frac{21{,}45 \cdot 5{,}0 \cdot 0{,}5}{5{,}0} = 10{,}73\ kN/m^2$$

$$0{,}7e_m = 7{,}51\ kN/m^2;\ 1{,}30e_m = 13{,}95\ kN/m^2$$

Erddruckumlagerung nach EAU *Ersatzsystem nach Blum*

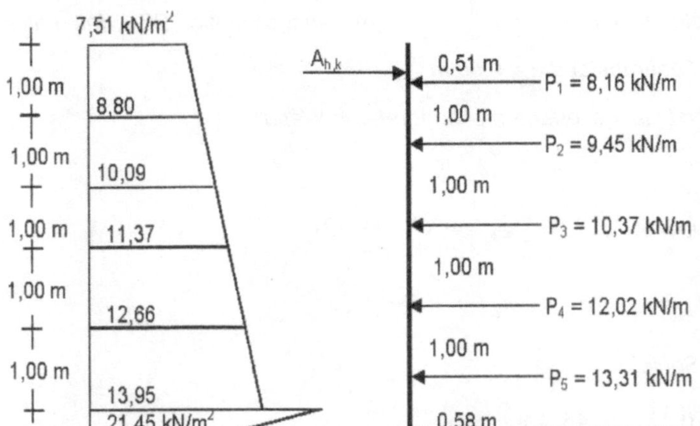

☐ 2.74 Fortsetzung Beispiel 48: Berechnung einer einfach gestützten, im Boden frei aufgelagerten Spundwand; nach Hilpert, Seitz (2005)

Nr.	P	Δa	a	$P \cdot a$	Q	$Q \cdot \Delta a$	
-	kN/m	m	m	kNm/m	kN/m	kNm/m	
1	8,16		0,01	0,08			
		0,01			-8,16	-0,08	
A	30,88		-	-			
		1,01			22,72	22,95	
2	9,45		1,02	9,64			
		1,00			13,27	13,27	
3	10,37		2,02	20,95			
		1,00			2,90	2,90	
4	12,02		3,02	36,30			
		1,00			-9,12		
5	13,31		4,02	53,51			
		0,58				Σ 39,04	= max M_F
6	2,79		4,60	12,83			
ΣP = 56,10			$\Sigma P \cdot a$ = 133,31				

$$m = \frac{6}{\gamma \cdot k_{rh} \cdot l^3} \cdot \sum_{-l_0}^{+l} P \cdot a = \frac{6 \cdot 133{,}31}{19{,}5 \cdot 4{,}20 \cdot 4{,}76^3} = 0{,}091 \qquad \rightarrow \qquad \xi = 0{,}165$$

(Nomogramm)

$$x = \xi \cdot l = 0{,}165 \cdot 4{,}76 = 0{,}79 \ m$$

$$_{erf}t = \alpha(u + x) = 1{,}05(0{,}26 + 0{,}79) = 1{,}10 \ m$$

Ankerkraft:

$$A_{h,k} = \sum_{-l_0}^{+l} P - \frac{1}{1 + \frac{2}{3} \cdot x} \cdot \sum_{-l_0}^{+l} P \cdot a = 56{,}10 - \frac{1}{4{,}76 + \frac{2}{3} \cdot 0{,}79} \cdot 133{,}31 = 30{,}88 \ kN/m$$

Maximalmoment: $_{\max}M = 39{,}04 \ kNm/m$ *(s. Tabelle)*

$$E^g_{ah,k} = 21{,}45 \cdot 5{,}0 \cdot 0{,}5 = 53{,}63 \ kN/m$$

$$\Delta E^g_{ah,k} = \frac{2 \cdot 21{,}45 + 19{,}5 \cdot 0{,}22 \cdot 1{,}10}{2} \cdot 1{,}10 = 26{,}19 \ kN/m$$

$$B^g_{h,k} = 53{,}63 + 26{,}19 - 30{,}88 = 48{,}94 \ kN/m$$

Nachweis der Sicherheit gegen Versagen des Erdwiderlagers

Bedingung: $B_{h,d} \leq E_{ph,d}$

□ 2.74 Fortsetzung Beispiel 48: Berechnung einer einfach gestützten, im Boden frei aufgelagerten Spundwand; nach Hilpert, Seitz (2005)

$$B_{h,k}^{g} \cdot \gamma_G \leq \frac{E_{ph,k}^{g}}{\gamma_{R,e}}$$

$$48{,}94 \cdot 1{,}35 \leq \frac{19{,}5 \cdot 8{,}36 \cdot 1{,}10^2}{2 \cdot 1{,}40}$$

$$66{,}07 \ kN/m \ < \ 70{,}45 \ kN/m$$

Ausnutzungsgrad:

$$\mu = \frac{B_{h,d}}{E_{ph,d}} \cdot 100 = \frac{66{,}07}{70{,}45} \cdot 100 = 93{,}8\%$$

Vergleichsrechnung :

(ohne Verwendung von Nomogrammen)

Erddruckermittlung:

Erddruck an der Baugrubensohle:

$$e_{ah,k}^{g} = 19{,}5 \cdot 5 \cdot 0{,}22 = 21{,}45 \ kN/m^2$$

Erddruck am Wandfuß:

$$e_{ah,k}^{g} = 21{,}45 + 19{,}5 \cdot t \cdot 0{,}22 = 21{,}45 + 4{,}29t$$

Erdwiderstand:

$$e_{ph,k}^{g} = 19{,}5 \cdot 8{,}36t = 163{,}02t$$

Erddruckumlagerung:

s. vorangegangene Berechnung

Statische Berechnung: siehe Skizze auf der nächsten Seite

$$\sum M_{(A)} = 0:$$

$$0 = -7{,}51 \cdot 0{,}5 \cdot 0{,}25 - 0{,}64 \cdot 0{,}5^3 \cdot \frac{1}{3} + 8{,}15 \cdot 4{,}5^2 \cdot 0{,}5 + 5{,}8 \cdot 4{,}5 \cdot 0{,}5 \cdot 3$$

$$+ 21{,}45 \cdot t(4{,}5 + 0{,}5t) + 4{,}29 \cdot t^2 \cdot 0{,}5\left(4{,}5 + \frac{2}{3}t\right) - B_{h,k}^{g}\left(4{,}5 + \frac{2}{3}t\right)$$

□ 2.74 Fortsetzung Beispiel 48: Berechnung einer einfach gestützten, im Boden frei aufgelagerten Spundwand; nach Hilpert, Seitz (2005)

$$\rightarrow B^g_{h,k} = \frac{1{,}43t^3 + 20{,}38t^2 + 96{,}53t + 120{,}7}{4{,}5 + \frac{2}{3}t}$$

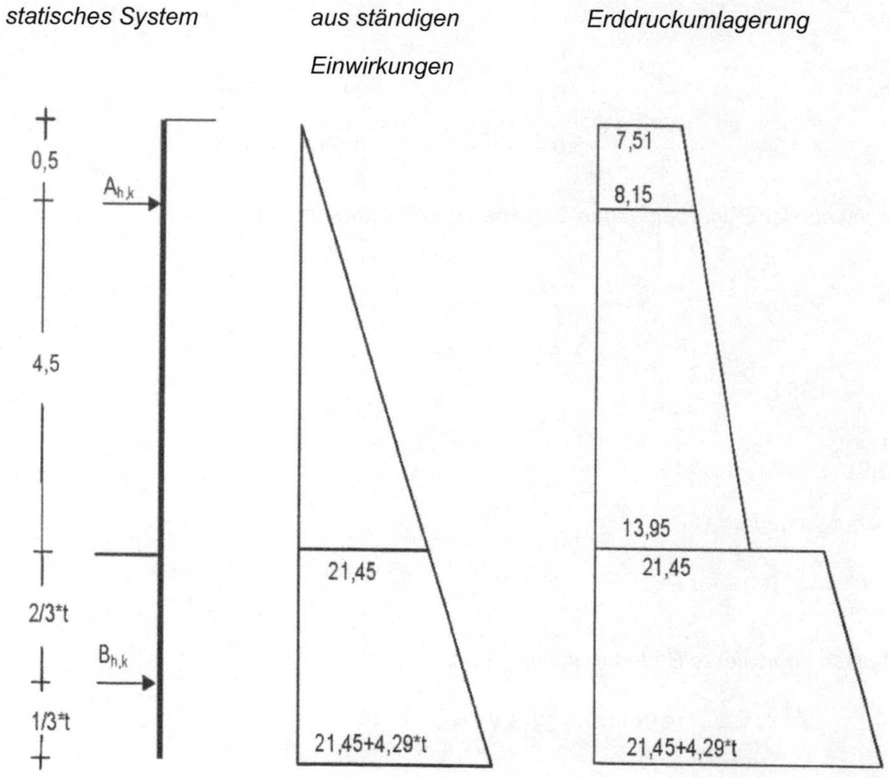

Bedingung:

$B_{h,d} \leq E^g_{ph,d}$;

$$B^g_{h,k} \cdot \gamma_G \leq \frac{E^g_{ph,k}}{\gamma_{R,e}}$$

$$\frac{1{,}43t^3 + 20{,}38t^2 + 96{,}53t + 120{,}7}{4{,}5 + \frac{2}{3}t} \cdot 1{,}35 = \frac{163{,}02t^2}{2 \cdot 1{,}40}$$

□ 2.74 Fortsetzung Beispiel 48: Berechnung einer einfach gestützten, im Boden frei aufgelagerten Spundwand; nach Hilpert, Seitz (2005)

$\rightarrow {}_{erf}t = 1{,}05\ m$

Damit wird

$$B^g_{h,k} = 47{,}34\ kN/m$$

$$\sum H = 0:$$

$$A^g_{h,k} = -47{,}34 + \frac{7{,}51 + 13{,}95}{2} \cdot 5{,}0 + \frac{21{,}45 + 25{,}95}{2} \cdot 1{,}05 = 31{,}20\ kN/m$$

Nachweis der Sicherheit gegen Versagen des Erdwiderlagers

$$B^g_{h,k} \cdot \gamma_G \leq \frac{E_{ph,k}}{\gamma_{R,e}}$$

$$47{,}34 \cdot 1{,}35 \leq \frac{163{,}02 \cdot 1{,}05^2}{2 \cdot 1{,}40}$$

$$63{,}91\ kN/m\ <\ 64{,}19\ kN/m$$

Ausnutzungsgrad:

$$\mu = \frac{63{,}91}{64{,}19} \cdot 100 = 99{,}6\%$$

Statisch äquivalente Bodenreaktion:

$$\sigma_{h,k} = -\frac{47{,}34 \cdot 2}{1{,}05} + 25{,}95 = -64{,}22\ kN/m^2$$

Somit ist

$${}_{\max}M = 38{,}74\ kNm/m$$

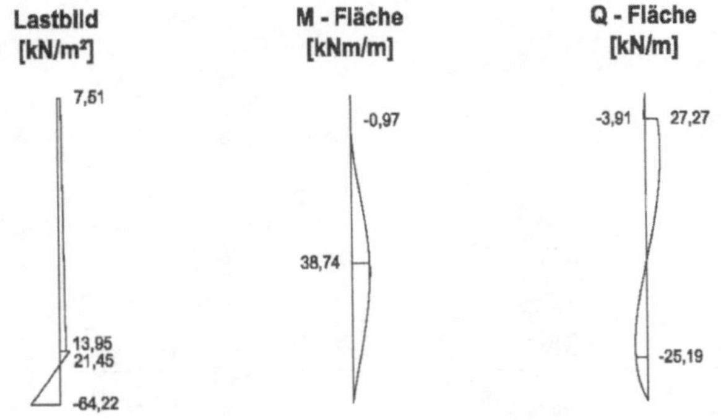

□ 2.74 Fortsetzung Beispiel 48: Berechnung einer einfach gestützten, im Boden frei aufgelagerten Spundwand; nach Hilpert, Seitz (2005)

Fall 2: *Auflagerabstand a = 1,0 m*

Erddruckermittlung

s. Berechnung zu Fall 1

Erddruckumlagerung:

Maßgebend ist E 77 der EAU, Fall 2:

$$0{,}1H_E = 0{,}1 \cdot 5{,}0 = 0{,}5\ m\ <\ a = 1{,}0\ m$$

$$0{,}2H_E = 0{,}2 \cdot 5{,}0 = 1{,}0\ m$$

$$e_m = \frac{21{,}45 \cdot 5{,}0 \cdot 0{,}5}{5{,}0} = 10{,}73\ kN/m^2$$

$$0{,}85e_m = 9{,}12\ kN/m^2;\ 1{,}15e_m = 12{,}33\ kN/m^2$$

Erddruckumlagerung nach EAU *Ersatzsystem nach Blum*

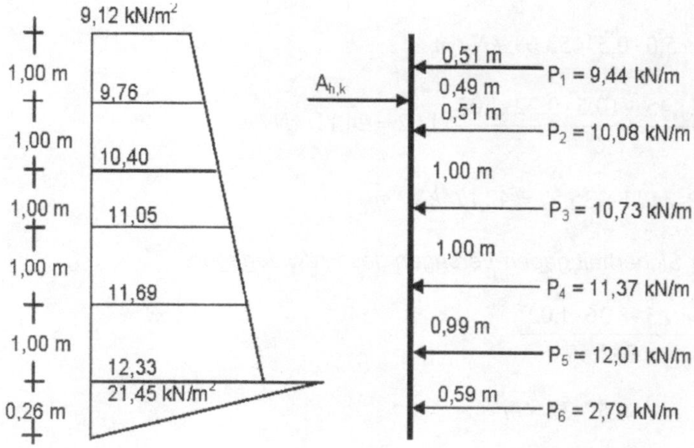

Aus Tabelle: siehe nächste Seite

$$m = \frac{6 \cdot 98{,}7}{19{,}5 \cdot 4{,}20 \cdot 4{,}26^3} = 0{,}0935 \quad \rightarrow \quad \xi = 0{,}167 \text{ (Nomogramm)}$$

$$x = \xi \cdot l = 0{,}167 \cdot 4{,}26 = 0{,}71\ m$$

$$_{erf}t = 1{,}05(0{,}26 + 0{,}71) = 1{,}02\ m$$

□ 2.74 Fortsetzung Beispiel 48: Berechnung einer einfach gestützten, im Boden frei aufgelagerten Spundwand; nach Hilpert, Seitz (2005)

Nr.	P	Δa	a	P·a	Q	Q·Δa	
-	kN/m	m	m	kNm/m	kN/m	kNm/m	
1	9,44		-0,49	-4,63			
		0,49			-9,44	-4,63	
A	35,57		-	-			
		0,51			26,13	13,33	
2	10,08		0,51	5,14			
		1,00			16,05	16,05	
3	10,73		1,51	16,20			
		1,00			5,32	5,32	
4	11,37		2,51	28,54			
		0,99			-9,12		
5	12,01		3,50	42,04			
		0,59				Σ 30,07	= max M_F
6	2,79		4,09	11,41			
ΣP = 56,42			ΣP·a = 98,70				

Ankerkraft: $A_{h,k} = 56{,}42 - \dfrac{1}{4{,}76 + \dfrac{2}{3} \cdot 0{,}71} \cdot 98{,}7 = 35{,}57 \ kN/m$

Maximalmoment: $_{\max} M = 30{,}07 \ kNm/m$ *(s. Tabelle)*

$$E^{g}_{ah,k} = 21{,}45 \cdot 5{,}0 \cdot 0{,}5 = 53{,}63 \ kN/m$$

$$\Delta E^{g}_{ah,k} = \frac{2 \cdot 21{,}45 + 19{,}5 \cdot 0{,}22 \cdot 1{,}02}{2} \cdot 1{,}02 = 24{,}11 \ kN/m$$

$$B^{g}_{h,k} = 53{,}63 + 24{,}11 - 35{,}57 = 42{,}17 \ kN/m$$

Nachweis der Sicherheit gegen Versagen des Erdwiderlagers

$$42{,}17 \cdot 1{,}35 \le \frac{19{,}5 \cdot 8{,}36 \cdot 1{,}02^2}{2 \cdot 1{,}40}$$

$$56{,}93 \ kN/m \ < \ 60{,}57 \ kN/m$$

Ausnutzungsgrad:

$$\mu = \frac{56{,}93}{60{,}57} \cdot 100 = 94{,}0\%$$

Fall 3: *Auflagerabstand a = 1,5 m*

Erddruckermittlung: *s. Berechnung zu Fall 1*

□ 2.74 Fortsetzung Beispiel 48: Berechnung einer einfach gestützten, im Boden frei aufgelagerten Spundwand; nach Hilpert, Seitz (2005)

Erddruckumlagerung:

Maßgebend ist E 77 der EAU, Fall 3:

$$0{,}2H_E = 0{,}2 \cdot 5{,}0 = 1{,}0 \ m \ < \ a = 1{,}5 \ m$$

$$0{,}3H_E = 0{,}3 \cdot 5{,}0 = 1{,}5 \ m$$

$$e_m = \frac{21{,}45 \cdot 5{,}0 \cdot 0{,}5}{5{,}0} = 10{,}73 \ kN/m^2$$

Erddruckumlagerung nach EAU *Ersatzsystem nach Blum*

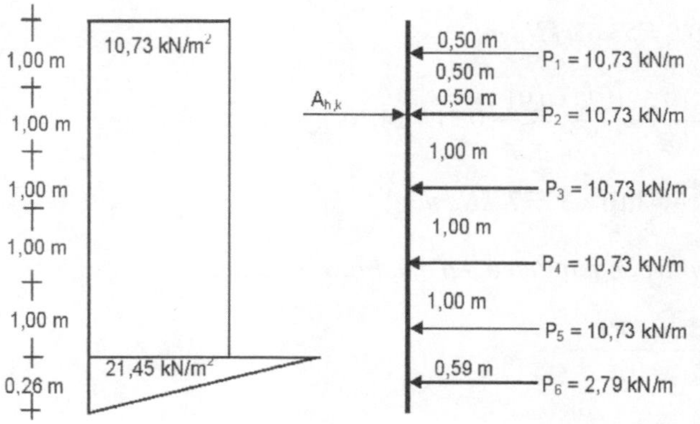

Nr.	*P*	*Δa*	*a*	*P·a*	*Q*	*Q·Δa*	
-	*kN/m*	*m*	*m*	*kNm/m*	*kN/m*	*kNm/m*	
1	*10,73*		*-1,00*	*-10,73*			
		1,00			*-10,73*	*-10,73*	
A	*41,16*		*-*	*-*			
		0,00			*30,43*	*0,00*	
2	*10,73*		*0,00*	*0,00*			
		1,00			*19,70*	*19,70*	
3	*10,73*		*1,00*	*10,73*			
		1,00			*8,97*	*8,97*	
4	*10,73*		*2,00*	*21,46*			
		1,00			*-1,76*		
5	*10,73*		*3,00*	*32,19*			
		0,59				*Σ 17,94*	*= max M_F*
6	*2,79*		*3,59*	*10,02*			
ΣP = 56,44			*ΣP·a = 98,70*				

□ 2.74 Fortsetzung Beispiel 48: Berechnung einer einfach gestützten, im Boden frei aufgelagerten Spundwand; nach Hilpert, Seitz (2005)

$$m = \frac{6 \cdot 63{,}67}{19{,}5 \cdot 4{,}20 \cdot 3{,}70^3} = 0{,}088 \quad \rightarrow \qquad \xi = 0{,}163 \text{ (Nomogramm)}$$

$$x = \xi \cdot l = 0{,}163 \cdot 3{,}76 = 0{,}61\ m$$

$$_{erf}t = 1{,}05(0{,}26 + 0{,}61) = 0{,}91\ m$$

Ankerkraft: $A_{h,k} = 56{,}44 - \dfrac{1}{3{,}76 + \frac{2}{3} \cdot 0{,}61} \cdot 63{,}67 = 41{,}16\ kN/m$

Maximalmoment: $_{\max}M = 17{,}94\ kNm/m$ *(s. Tabelle)*

$$E^g_{ah,k} = 21{,}45 \cdot 5{,}0 \cdot 0{,}5 = 53{,}63\ kN/m$$

$$\Delta E^g_{ah,k} = \frac{2 \cdot 21{,}45 + 19{,}5 \cdot 0{,}22 \cdot 0{,}91}{2} \cdot 0{,}91 = 21{,}30\ kN/m$$

$$B^g_{h,k} = 53{,}63 + 21{,}30 - 41{,}16 = 33{,}77\ kN/m$$

Nachweis der Sicherheit gegen Versagen des Erdwiderlagers

$$33{,}77 \cdot 1{,}35 \le \frac{19{,}5 \cdot 8{,}36 \cdot 0{,}91^2}{2 \cdot 1{,}40}$$

$$45{,}59\ kN/m \ < \ 48{,}21\ kN/m$$

Ausnutzungsgrad:

$$\mu = \frac{45{,}59}{48{,}21} \cdot 100 = 94{,}6\%$$

Zusammenstellung:

Fall	*Bemerkung*	*max M*	*$A_{h,k}$*	*$B_{h,d}$*	*erf t*
-		*kNm/m*	*kN/m*	*kN/m*	*m*
1	*Nomogramm-verfahren a = 0,50 m*	*39,04*	*30,88*	*66,07*	*1,10*
	ohne Nomo-gramm a = 0,50 m	*38,74*	*31,20*	*63,91*	*1,05*
2	*a = 1,0 m*	*30,07*	*35,57*	*56,93*	*1,02*
3	*a = 1,50 m*	*17,94*	*41,16*	*45,59*	*0,91*

3 Verankerungen

3.1 Bauverfahren

3.1.1 Allgemeines

Anwendung

Verankerungen werden im Grundbau sehr häufig angewendet, z. B. bei der Sicherung von Spundwänden als bleibendes Bauwerk und als Baugrubenverbau, von Schlitz-, Pfahl- und Elementwänden, von Wänden, die durch Injektion, das Düsenstrahlverfahren oder durch Vereisung des Bodens erstellt wurden usw., zur Aufnahme äußerer Kräfte, zur Sicherung gegen Kippen, Gleiten und gegen Auftrieb, zur Stabilisierung von Böschungen und Hängen, beim Ausbau von Hohlräumen im Fels (Tunnelbau) usw.

Der vorliegende Abschnitt beschränkt sich auf Verankerungen im Bereich von Baugruben, tief gegründeten Stützwänden und Böschungen, die in diesem 3. Teil der Buchreihe Dörken/ Dehne/ Kliesch behandelt werden, sowie auf flach gegründete Stützwände, die im Teil 2 der Buchreihe Dörken/ Dehne/ Kliesch behandelt werden.

Vorteile

Durch ein- oder mehrfache Verankerungen können die erd- und wasserdruckhaltenden Bauteile durch Anpassung der Stützweiten optimal bemessen werden, so dass schlanke und wirtschaftliche Abmessungen ermöglicht werden. Baugruben bleiben frei von störenden Steifenlagen, so dass die Baumaßnahme erheblich wirtschaftlicher abgewickelt werden kann.

Arten

Die älteste und auch heute noch angewendete Verankerung von Spundwänden als bleibendes Bauwerk ist die "klassische Verankerung" mit Rundstahlankern an Ankerwänden oder Ankertafeln (siehe Abschnitt 3.1.2). Spundwände werden aber - wie alle anderen Stütz- und Dichtwände auch - in der Mehrzahl der Fälle heute durch Verpressanker (siehe Abschnitt 3.1.3) und durch Zugpfähle (siehe Abschnitt 3.1.4) temporär oder permanent gesichert. Außerdem können Schraubpfähle bei niedrigen Ankerlasten verwendet werden, wenn die Herstellung anderer Verankerungen zu aufwändig ist (Vogt 1999).

⇒ Ostermayer / Werner (1992), Ostermayer (1995), Kotte (1996), Kotte (1998).

3.1.2 Rundstahlanker mit Ankerwand/ Ankertafeln

Zur Sicherung von bleibenden Spundwänden werden schon seit Beginn des vorigen Jahrhunderts nicht vorgespannte ("schlaffe") Rundstahlanker aus St 37 und St 52-3 mit Nenndurchmessern 38 mm (1 1/2 ") bis 150 mm (6") verwendet, welche die vordere Stützwand mit einer Ankerwand oder Ankertafeln verbinden und horizontal liegen oder eine geringe Neigung aufweisen ("klassische Verankerung"). Der hierzu erforderliche Gurt wird bei freistehenden Wänden nicht sichtbar hinter der Wand angeordnet. Die Rundstahlanker werden von der Erdoberfläche aus (□ 3.01) über Schlitze, seltener mit Hilfe von gebohrten oder gespülten Ankerlöchern, eingebracht.

□ 3.01 Beispiel: Rundstahlverankerung zwischen Spundwand und Ankerwand a) Ansicht vor dem Verfüllen b) Schnitt (aus Informationsschrift der HSP Hoesch Spundwand und Profil GmbH).

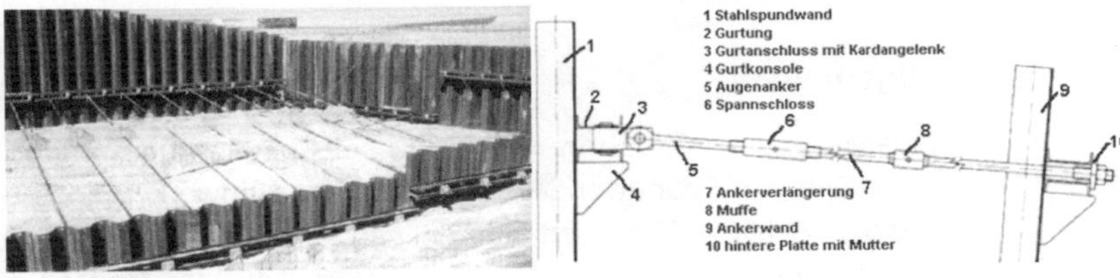

Anker-abstand Der Ankerabstand beträgt bei der klassischen Verankerung i. Allg. ein Vielfaches der Doppelbohlenbreite und liegt etwa zwischen zwei und fünf Doppelbohlenbreiten. Je größer der Ankerabstand, desto schwerer wird die Gurtung.

Ankerlänge Ankerlänge (Faustregel: Stützwandlänge = Ankerlänge) und Ankerneigung (horizontal oder leicht geneigt) müssen durch statische Nachweise überprüft werden (siehe Abschnitt 3.2).

Ankerhöhe/ -neigung Von der Höhe des Angriffspunkts der Anker an der Stützwand hängen das Biegemoment, die Rammtiefe und die Größe der Ankerkraft ab. Sie ergibt sich aus Vergleichsberechnungen und sollte im Hinblick auf den Einbau der Anker über dem Grundwasserspiegel liegen.

Die Kraglänge der Stützwand oberhalb der Verankerung ("Überankerteil") wird bei leichten und mittleren Profilen etwa zwischen 1,0 bis 2,5 m, bei schweren Profilen bis zu etwa 3,5 m angenommen. Bei schweren Auflasten und Kranbahnen werden die Überankerteile möglichst klein gewählt oder eine zusätzliche Hilfsverankerung etwa in Höhe der Stützwandoberkante vorgesehen.

Weitere Hinweise Konstruktion, Berechnung und Bemessung der Verankerungselemente (Ankerwand, Gurte, Holme, Unterlagsplatten, Rundstahlanker und Gurtbolzen): E 20 der EAU. Außerdem: Smoltczyk (1992: Grundbautaschenbuch, Teil 3. 4. Auflage), ThyssenKrupp/ HSP Hoesch: Stützwandhandbuch Berechnung, ThyssenKrupp: Profil ARBED Spundwände / Pfähle sowie Informationsschriften der Lieferfirmen (siehe Anhang E).

3.1.3 Verpressanker

Verpressanker ("Injektionsanker") sind zurzeit die häufigste Form der Verankerung in Böden und im Fels, vor allem bei Baugruben.

Regelwerke

Handbuch EC 7-1	Geotechnische Bemessung: Allgemeine Regeln,
DIN EN 1537	Ausführung von besonderen geotechnischen Arbeiten (Spezialtiefbau) - Verpressanker. Deutsche Fassung EN 1537
DIN SPEC 18537	Ergänzende Festlegungen zu DIN EN 1537, Ausführung von Arbeiten im Spezialtiefbau – Verpressanker. Deutsche Fassung

DIN EN ISO 22477-5	Geotechnische Erkundung und Untersuchung – Prüfung von geotechnischen Bauwerken und Bauwerksteilen – Teil 5: Ankerprüfungen (ISO/DIS 22477-5); Deutsche Fassung EN ISO 22477-5
DIN 21521	Gebirgsanker für den Bergbau und den Tunnelbau, Teil 1: Begriffe; Teil 2: Allgemeine Anforderungen für Gebirgsanker aus Stahl; Prüfungen, Prüfverfahren

Normen-handbuch Das Normenhandbuch, Handbuch EC 7-1 beinhaltet die DIN EN 1997-1, den dazugehörigen Nationalen Anhang DIN EN 1997-1/NA sowie die Ergänzenden Regelungen der DIN 1054.

Herstellung Ein Zugglied aus Stahl wird in einen durch Bohrung (□ 3.02) oder Rammung hergestellten Hohlraum eingeführt. Durch Einpressen von Zementmörtel um den hinteren Teil dieses Stahlzugglieds wird ein Verpresskörper (□ 3.03) hergestellt, der über Stahlzugglied und Ankerkopf (□ 3.04) mit dem zu verankernden Bauteil verbunden wird. Im vorderen Bereich des Bodenhohlraums ist das Zugglied von einem Hüllrohr (z. B. aus Kunststoff) umgeben und kann sich hier frei dehnen ("freie Ankerlänge"). Zur Erhöhung seiner Tragkraft kann ein Anker auch über Verpressleitungen nachverpresst werden (□ 3.05, Ehl 1986).

Die Zugkraft wird nur im Bereich des Verpresskörpers, und zwar durch Reibung und Haftung von dessen - mit dem umgebenden Boden verzahnten - Mantelfläche in den Baugrund übertragen, nicht wie bei Verpresspfählen und Gebirgsankern über die gesamte Ankerlänge.

Die Krafteintragungslänge l_{fixed} (□ 3.06) wird aufgrund von Erfahrungen in Abhängigkeit von der

□ 3.02 Beispiel: Bohren eines Verpressankers (aus Informationsschrift der Bilfinger + Berger Bauaktiengesellschaft).

□ 3.03 Beispiel: Ausgegrabene Ankerverpresskörper mit Nachinjektion (aus Informationsschrift der Brückner Grundbau GmbH).

Bodenart, von der aufzunehmenden Zugkraft und dem Durchmesser des Bohrrohres geschätzt.

Selbstbohrende Verpressanker: Kotte (1994).

Stahlzugglieder

Als Zugglieder für Verpressanker werden Einstab- (Kurzzeichen E), Mehrstab- (Kurzzeichen M) und Litzenanker aus zugelassenen Spann- bzw. Betonstählen mit einem Gesamtstahlquerschnitt von mindestens 180 mm eingesetzt, die im Bereich der Verankerungslänge Verbundeigenschaften wie gerippte Spann- oder Betonstähle aufweisen. ⇒ DIN EN 1537.

□ 3.04 Beispiel: Versenkter Litzenankerkopf in einer Ortbetonschlitzwand (aus Informationsschrift der Franki Grundbau GmbH).

Ankerarten

Verbundanker: Verpressanker, bei denen das Stahlzuglied seine Ankerkraft unmittelbar über Verbundspannungen auf den Zementstein des Verpresskörpers überträgt (□ 3.06 a).

Druckrohranker: Verpressanker, bei denen die Ankerkraft vom Stahlzugglied über ein Stahldruckrohr, das am Ankerfuß mit dem Stahlzuglied verbunden ist, vom Ankerfuß aus auf den Verpresskörper übertragen wird (□ 3.06 b).

Kurzzeitanker (Temporäranker, Kurzzeichen T): Anker für den vorübergehenden Gebrauch (Anwendung nicht länger als zwei Jahre, also vor allem zur Sicherung von Baugrubenwänden). Sie werden fast ausschließlich als Verbundanker ausgeführt. Der Korrosionsschutz ist relativ einfach: Kunstoffhüllrohr und Anstrich im Bereich der freien Ankerlänge und Abdeckkappe im Ankerkopfbereich. Im Bereich des Verpresskörpers schützt der Zementstein vor Korrosion.

□ 3.05 Beispiel: Herstellen eines Verpressankers a) Herstellen des Bohrlochs, b) Einführen des Stahlzugglieds und Auffüllen des Bohrlochs mit Zementleim, , c) Ziehen der Verrohrung und Primärverpressung, (aus Informationsschrift der Bauer Spezialtiefbau GmbH).

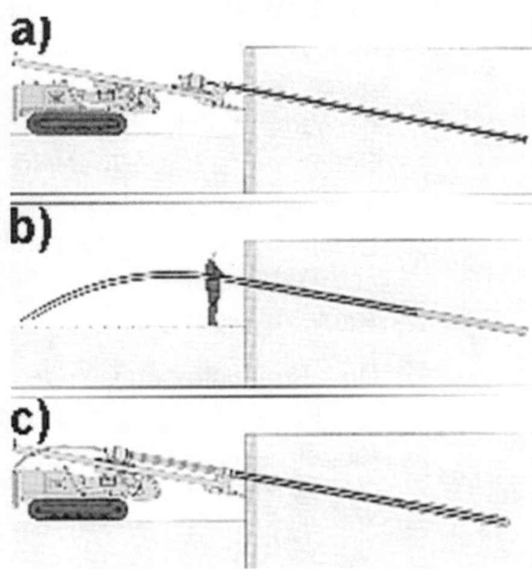

⇒ DIN EN 1537.

□ 3.05 Fortsetzung Beispiel: Herstellen eines Verpressankers d) Nachverpressen des Ankers, e) Nach Aushärten des Verpressmittels: Prüfen und Festlegen des Ankers auf die gewünschte Vorspannkraft (aus Informationsschrift der Bauer Spezialtiefbau GmbH).

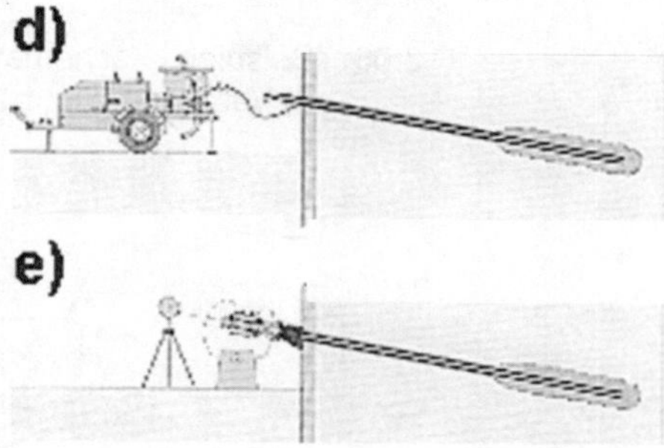

Daueranker (Permanentanker, Kurzzeichen P): Für den dauernden Gebrauch, also für bleibende Wände. Daher ist auch ein dauerhafter Korrosionsschutz vorgeschrieben, der fast immer vor dem Einbau des Ankers im Werk aufgebracht wird: entweder durch Kunststoffbeschichtung des Stahlzugglieds und Überschieben eines Hüllrohrs oder durch Verpressen des übergeschobenen Hüllrohrs mit Zement oder einer dauerplastischen Masse. Der Ankerkopfbereich wird durch eine mit dauerplastischer Masse gefüllten Abdeckkappe aus Stahl geschützt. Bei Verbundankern ist eine Riss-Sicherung durch PVC- oder PE-Wellrohre erforderlich. Bei Druckrohrankern kann der Spannstahl auf seiner ganzen Länge den auf der freien Ankerlänge üblichen Korrosionsschutz erhalten. ⇒ DIN EN 1537.

Gebirgs-anker

Der Aufbau der Felsanker entspricht dem der in Böden verwendeten Kurzzeit- und Daueranker. Allerdings ist für das jeweilige Bauvorhaben eine felsmechanische Voruntersuchung über die Ankertragfähigkeit vorgeschrieben, aus der sich der Umfang und der zeitliche Verlauf der Überwachung der Gebirgsbewegungen und der Ankerkräfte während der Nutzungsdauer des Bauwerks ergeben. Die Krafteintragungslänge muss in Gebirgsbereichen liegen, in denen Kluftverschiebungen nicht zu erwarten sind. Kluftverschiebungen senkrecht zur Ankerachse müssen im Bereich der freien Ankerlänge kleiner sein als die Differenz aus Bohrlochdurchmesser und Hüllrohr. Bei möglichen Verformungen des Gebirges ist der Ankerkopf mit einer Verstellvorrichtung zu versehen. ⇒ DIN 21521, Teil 1 und Teil 2.

Begriffe

Die folgenden Begriffe der DIN EN 1537 werden wie folgt erläutert (□ 3.06):

Ankerlänge L_A: Abstand zwischen Ankerkopf und Ankerfuß.

Freie Ankerlänge L_{free}: Abstand zwischen Ankerkopf und Verpresskörper.

Krafteintragungslänge L_{fixed}: Anteil der Ankerlänge, über den die Ankerkraft in den Baugrund übertragen wird.

Freie Stahllänge L_{tf}: Anteil der Stahllänge, der sich unter der Ankerkraft unbehindert dehnen kann.

Verankerungslänge des Stahlzugglieds L_{tb}: Beim Verbundanker der Anteil der Stahllänge, über den die Ankerkraft vom Stahlzugglied auf den Verpresskörper übertragen wird.

Druckrohrlänge L_{ce}: Beim Druckrohranker die Länge des Stahldruckrohrs, über das die Ankerkraft vom Stahlzugglied auf den Verpresskörper übertragen wird.

Verpresskörperlänge beim Druckrohranker L_{fixed}: Die Länge des Verpresskörpers, über welche die planmäßige Krafteintragung in den Baugrund erfolgt.

□ 3.06 Beispiel: schematischer Darstellung eines Kurzzeitankers: a) Verbundanker, b) Druckrohranker (aus DIN EN 1537)

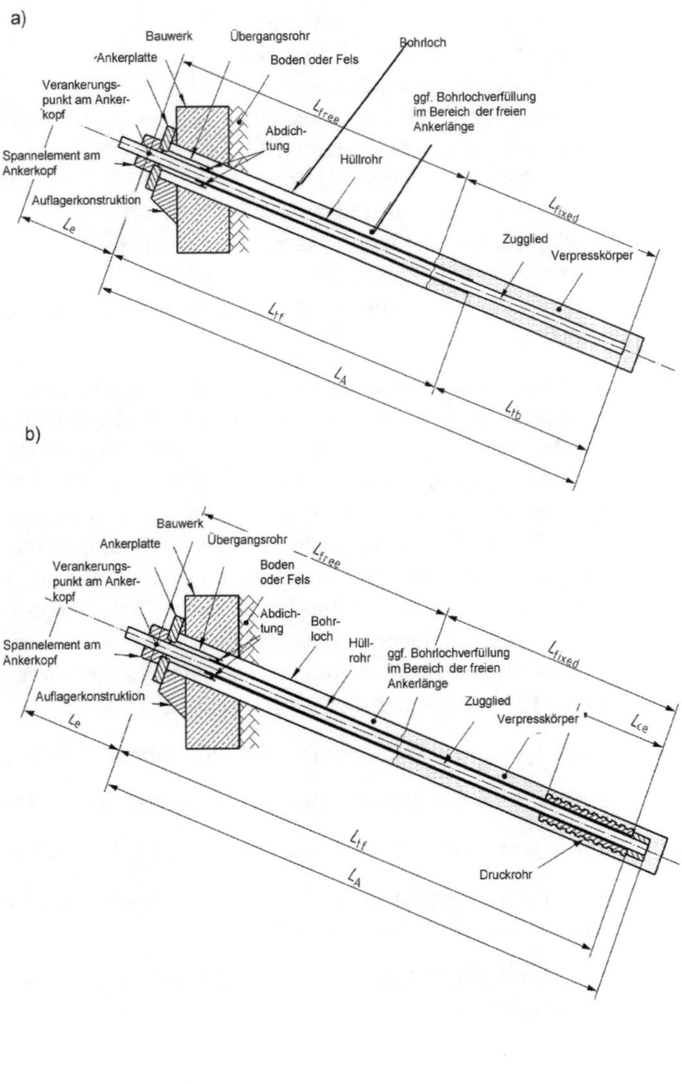

Nach Handbuch EC 7-1 und DIN EN 1537 sind folgende Ankerprüfungen vorzunehmen:

Es ist nach Handbuch EC 7-1 das Prüfverfahren 1 nach DIN EN 1537 bzw. DIN SPEC 18537 bzw. DIN EN ISO 22477-5 durchzuführen.

Untersuchungsprüfung. Sie gilt für Daueranker, die als System bauaufsichtlich zugelassen werden sollen. ⇒ Handbuch EC 7-1, Abschnitt 8 und DIN EN 1537, Abschnitt 9.

Eignungsprüfung. Hierbei wird die Eignung der Anker für den jeweiligen Baugrund festgestellt. ⇒ Handbuch EC 7-1, Abschnitt 8 und DIN EN 1537, Abschnitt 9.

Bei Kurzzeitankern kann auf diese Prüfung verzichtet werden, wenn eine derartige Prüfung bereits in vergleichbarem Baugrund mit dem gleichen Herstellungsverfahren ausgeführt worden ist. Bei Dauerankern dagegen ist die Eignungsprüfung an mindestens drei Ankern unter Aufsicht eines Sachverständigeninstituts durchzuführen.

Abnahmeprüfung. Hierbei werden Kurzzeitanker auf die Prüfkraft P_p gemäß (Formel: 3.06) angespannt (□ 3.07) und die Verschiebung des Ankerkopfs bei diesen Belastungen gemessen (Wartezeiten bei Maximallast: 5 Minuten (bei nichtbindigem Boden) und 15 Minuten (bei bindigem Boden). Die Prüfkraft P_p darf auch nicht größer sein als der Bemessungswert $R_{i,d}$ des Stahlzugglieds und des Herausziehwiderstandes $R_{a,d}$ (□ 3.08). ⇒ Handbuch EC 7-1, DIN EN 1537 und DIN SPEC 18537.

□ 3.07 Beispiel: Abnahmeprüfung eines Verpressankers (aus Informationsschrift der Bauer Spezialtiefbau GmbH).

Kurzzeitanker: Für Kurzzeitanker ist eine bauaufsichtliche Zulassung nicht mehr erforderlich. Allerdings sind die Bestimmungen der DIN EN 1537 sowie Handbuch EC 7-1 zu beachten und für Bauarten bzw. Bauteile, die nicht nach dieser Norm beurteilt werden können, der Nachweis der Brauchbarkeit für den jeweiligen Verwendungszweck zu führen, z. B. durch eine allgemeine bauaufsichtliche Zulassung (durch das Institut für Bautechnik, Berlin).

Daueranker: Übersicht über die zugelassenen Ankersysteme von Dauerankern: Deutsches Institut für Zulassungen, www. zulassungen.dibt.de

Gurtung

Bei Spundwänden und Trägerbohlwänden mit Breitflanschträgern werden die Kräfte aus dem Erddruck meist über eine horizontale Gurtung in die Anker geleitet. Bei Trägern aus zwei U-Profilen ist eine Gurtung in der Regel nicht erforderlich. Bei Schlitzwänden wird durch entsprechende Bewehrung ein "versteckter" Gurt in der Wand ausgebildet. Bei Bohrpfahlwänden erfolgt die Ver-ankerung über einen Gurt (z. B. aus Stahlbeton, □ 3.09) oder eine Zwickelverankerung (□ 1.104).

□ 3.08 Beispiel: Kraft-Verschiebungs-Linie einer Abnahmeprüfung eines Kurzzeitankers (aus DIN SPEC 18537)

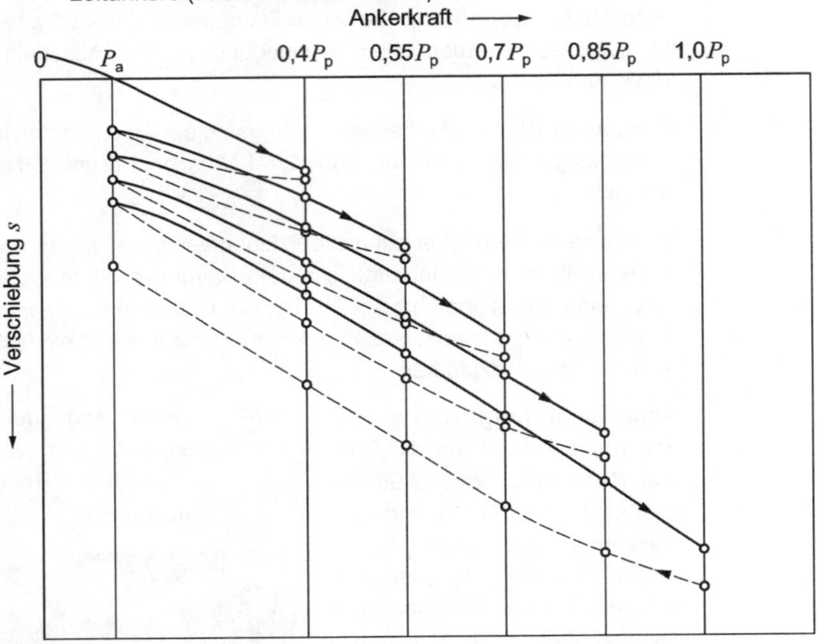

Ankerkraft **Horizontal:** Nachdem der Ankerabstand gewählt wurde, kann die horizontale Ankerkraft A_h je Anker errechnet werden. Daraus ergibt sich die Kraft im Anker bei einer Neigung α des Ankers gegen die Horizontale aus

$$A_k = \frac{A_{h,k}}{\cos\alpha} \tag{3.01}$$

Ankerneigung: Durch zweckmäßige Wahl der Ankerneigung kann die Zahl der Anker dadurch verringert werden, dass die Verpresskörper in Bodenschichten höherer Tragfähigkeit gelegt werden. Wenn die Ankerabstände bei hohen Ankerkräften und wenig tragfähigen Böden sehr gering werden müssen, kann durch unterschiedliche Neigung nebeneinander liegender Anker erreicht werden, dass eine Beschädigung von bereits ausgeführten Ankern durch das Einbringen von Zwischenankern und eine Überlagerung von Spannungen aus nahe beieinander liegenden Verpresskörpern vermieden wird.

Der charakteristische Widerstand des Stahlzugglieds $R_{i,k}$ ergibt sich aus

$$R_{i,k} = A_s \cdot f_{t,0,1,k} \tag{3.02}$$

□ 3.09 Vierfach verankerte (flexible Hochlast-Litzanker 0,5", St. 1570/1770) tangierende Bohrpfahlwand mit Stahlbetongurten beim Kernkraftwerk Neckarwestheim (aus Informationsschrift der Bauer Spezialtiefbau GmbH).

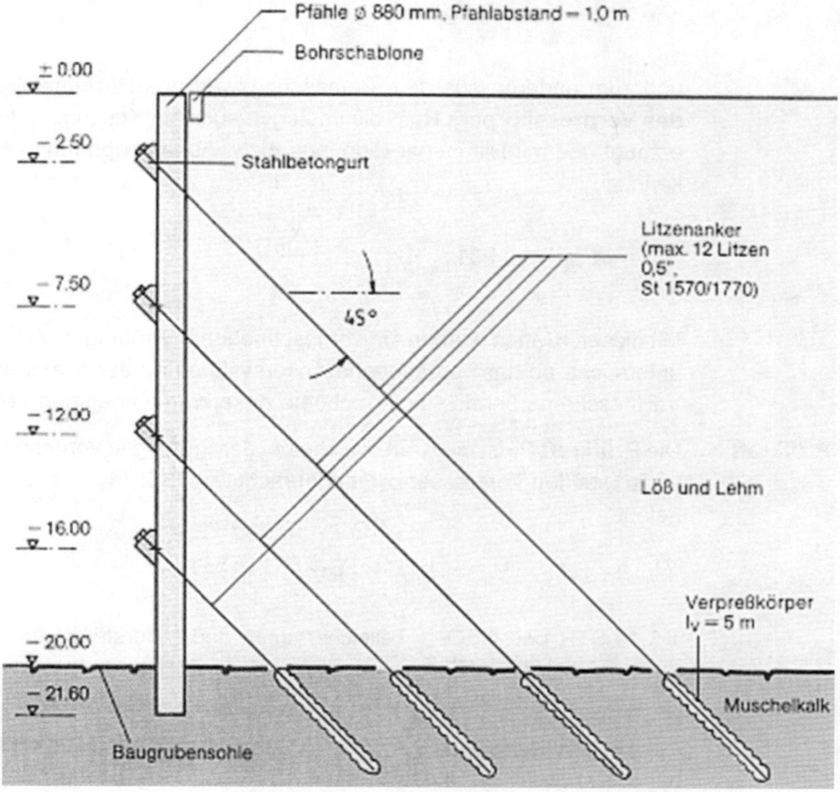

$$R_{i,k} = A_s \cdot f_{t,0,2,k} \tag{3.03}$$

Hierin ist:

As : Querschnitt des Stahlzugglieds

$f_{t,0,1,k}$: charakteristischer Wert der Spannung des Stahlzugliedes bei 0,1% bleibender Dehnung des verwendeten Stahls

$f_{t,0,2,k}$: Streckgrenze bzw. charakteristischer Wert der Spannung des Stahlzugliedes bei 0,1% bleibender Dehnung des verwendeten Stahls

Der kleinere Wert ist maßgebend.

Ankerkraft Der Nachweis für den Bemessungswert der einwirkenden Ankerkraft A_d ergibt sich zum einen mit den erforderlichen Teilsicherheiten (□ 3.10) aus dem **Bemessungswert des Stahlzuglieds $R_{i,d}$** zu

$$A_d = A_{G,k} \cdot \gamma_G + A_{Q,k} \cdot \gamma_Q \leq \frac{R_{i,k}}{\gamma_M} \quad (3.04)$$

und zum anderen aus dem Bemessungswert des **Herausziehwiderstandes des Verpresskörpers $R_{a,d}$**, die im Zugversuch ein Kriechmaß von k_s = 2,0 mm erzeugt und mit Hilfe einer Eignungs- bzw. Abnahmeprüfung ermittelt werden kann, zu

$$A_d = A_{G,k} \cdot \gamma_G + A_{Q,k} \cdot \gamma_Q \leq \frac{R_{a,k}}{\gamma_a} \quad (3.05)$$

Mit diesen Kräften werden die vorgeschriebenen Prüfungen vorgenommen und untersucht, ob das vorgesehene Ankersystem und der anstehende Boden im Verpresskörperbereich die errechnete Ankerkraft aufnehmen kann.

Prüfkraft Die **Prüfkraft P_P** ist die Kraft, welche bei der Prüfung in vorgeschriebenen Laststufen auf den Verpressanker aufgebracht wird (□ 2.74), und wird wie folgt festgelegt

$$P_d \geq (A_{G,k} \cdot \gamma_G + A_{Q,k} \cdot \gamma_Q) \cdot \gamma_a \quad (3.06)$$

□ 3.10 STR und GEO-2: Teilsicherheiten der Widerstände für Verpressanker (aus Handbuch EC 7-1).

Widerstand	für Scherfestigkeiten	
Widerstand des Stahlzugliedes	γ_M	1,15
Herausziehwiderstand des Verpresskörpers	γ_a	1,10

Orientierungswerte: Herausziehwiderstand $R_{a,k}$ Der vom Boden aufnehmbare charakteristische Herausziehwiderstand $R_{a,k}$ wird häufig vorab mit Hilfe von Erfahrungswerten und Diagrammen / Tabellen geschätzt, welche von Jelinek und Ostermayer auf Grund vieler Versuche in nichtbindigen und bindigen Böden erstellt wurden (□ 3.11 und □ 3.12; Witt: Grundbautaschenbuch, Band III, verschiedene Jahrgänge und Schmidt / Seitz 1998).

Der **Bemessungswert der Ankerkraft A_d** ist die Kraft, welche beim Ansatz der Bemessungssituation (siehe auch EAB) unter Berücksichtigung der Vorspannung ermittelt wird. Zu beachten hierbei ist, dass Anker im Vollaushub – auch bei Baugruben -mit der Bemessungssituation BS-P bemessen werden (siehe Abschnitt 3.2 und DIN 1054, Abschnitt A 9.7.1.3 A (5).

Festlegkraft Die **Festlegekraft P_0** ist die Kraft, auf die der Anker nach dem Prüfen angespannt wird ⇒ Handbuch EC 7-1, DIN EN 1537 bzw. DIN SPEC 18537.

Dabei ist

$$P_0 \leq A_k \tag{3.07}$$

□ 3.11 Charakteristischer Herausziehwiderstand $R_{a,k}$ von Verpressankern für nichtbindige Böden nach Ostermayer (Orientierungswerte aus Grundbautaschenbuch, 1997)

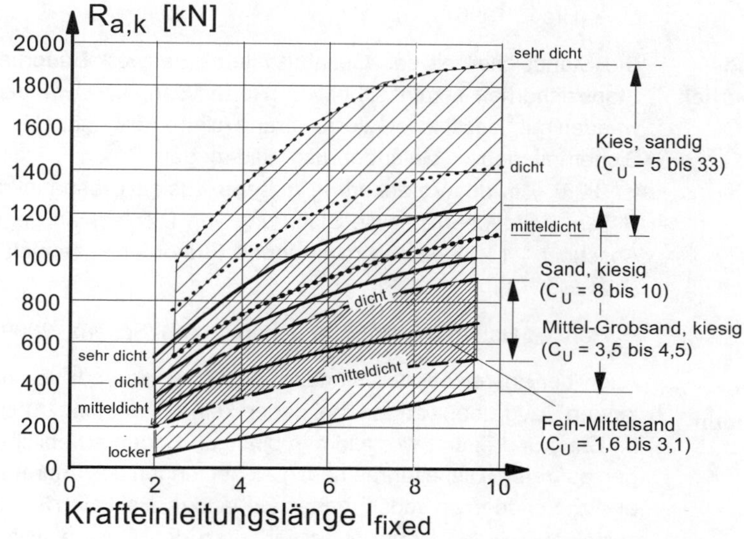

□ 3.12 Charakteristischer Herausziehwiderstand $R_{a,k}$ von Verpressankern für bindige Böden (ohne Nachverpressung) nach Ostermayer (Orientierungswerte aus Grundbautaschenbuch, 1997).

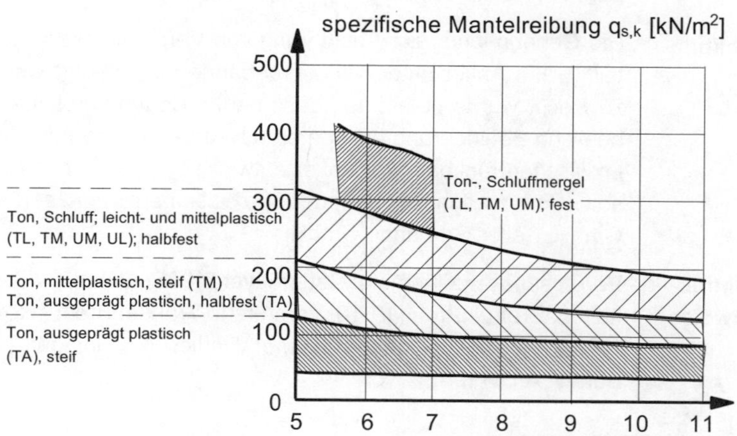

Sicherheitsabstand Bezüglich der Einzelanker ist noch zu untersuchen, ob genügend Sicherheitsabstand von Versorgungsleitungen, Fundamenten, Kellerfußböden usw. besteht.

Anordnung Da die Anker eines Bauwerks in einer Reihe liegen, ist wegen der gegenseitigen Beeinflussung die Standsicherheit der Ankerreihe zu beachten. Diese spielt bei den üblichen Ankerabständen jedoch selten eine Rolle (⇒ Schmidt / Seitz 1998). Regeln für die Anordnung der Anker und ⇒ Ostermayer in Smoltczyk (Hrsg., 1996).

Standsicherheit Die Standsicherheit des Gesamtsystems Bauwerk-Baugrund-Anker ("äußere Standsicherheit") umfasst bei verankerten Baugrubenwänden - wie bei Spundwänden mit "klassischer" Verankerung (siehe Abschnitt 1.8) - die Ermittlung der Sicherheit gegen Geländebruch und gegen Bruch in der Tiefen Gleitfuge (□ 3.28). Bei der Verankerung äußerer Lasten (Abspannkräfte von Brücken, Hallen, Zeltdächern) sowie Sicherung von Dichtsohlen gegen Auftrieb (siehe Abschnitt 1.14.3) werden mittragende Erdkörper in vereinfachter Form angesetzt (□ 3.13).

⇒ Ranke / Ostermayer (1968). Schad (2000). Schanz (2000).

Verformungen Auch bei ausreichender Standsicherheit können bei verankerten, tiefen und langen Baugrubenwänden, bei denen keine Entlastung durch Gewölbewirkung im Baugrund eintritt, vor allem in bindigen Böden erhebliche Wandverformungen auftreten. Diese führen häufig zu Setzungen des angrenzenden Baugrunds und zu Schäden an benachbarten Gebäuden. Bei tiefen Baugruben ist es daher zweckmäßig, das Verformungsverhalten des Gesamtsystems durch FE-Berechnungen zu erfassen (siehe z. B. Schad 2000) und durch Staffelung und Fächerung der Anker den erhöhten Verformungen aus konzentrierter Krafteinleitung entgegenzuwirken (⇒ Breth / Stroh 1970, Breth / Romberg 1972, Schmidt / Seitz 1998).

Rückbau Die Genehmigung zur Ausführung von Verpressankern wurde häufig nicht erteilt, wenn Anker unter Nachbargebäuden ausgeführt werden mussten. Denn zu Recht wurde befürchtet, dass die im Boden verbleibenden Anker eine erhebliche Behinderung bei späteren Baumaßnahmen darstellen. Daher wurden inzwischen rückbaubare Anker entwickelt. ⇒ Gipperich / Triantafyllidis (1997) sowie Informationsschriften der Spezialtiefbaufirmen, z. B. Brückner Grundbau GmbH, Keller Grundbau GmbH.

Weitere Hinweise Verpressanker allgemein: Ostermayer (1996), Schmidt / Seitz (1998). Tragverhalten: Breth / Stroh (1970). Verankerte Wände: Breth / Romberg (1972), Breth / Stroh (1976). Sonderprobleme: Hettler / Meininger (1990). Daueranker: Barley, A.D. (1992).

3.1.4 Zugpfähle

Anwendung Zugpfähle werden eingesetzt zur Aufnahme von äußeren Lasten, z. B. bei hohen, schlanken Bauwerken und in Pfahlrosten, vor allem aber zur Verankerung von Wänden gegen Erd- und Wasserdruck und von wasserdichten Baugrubensohlen gegen Auftrieb.

Betonpfähle Betonpfähle mit durchgehender Bewehrung werden wirtschaftlich auch für Wechselbelastungen, also auch für Verankerungen eingesetzt. Ausführungsbeispiel: Schmidt / Seitz (1998).

Stahlpfähle Bei ausreichendem Korrosionsschutz eignen sich Stahlpfähle (Stahlprofile, Spundbohlen) ganz besonders für die Aufnahme von Zug- und Ankerkräften (□ 3.13). Ausführungsbeispiel: Schmidt/ Seitz (1998).

□ 3.13 Beispiel: Stahlrammpfähle zur Lastabtragung des Unterhaupts der Weserschleuse Bremen (aus Schmidt/ Seitz 1998)

RV-Pfähle Der bekannteste Zugpfahl ist der verpresste Stahlrammpfahl (RV-Pfahl, □ 3.14), der als MV-Pfahl (Müller-Verpresspfahl) bekannt ist und seit vielen Jahrzehnten vor allem als Zugpfahl, aber auch als Druckpfahl und wechselbelasteter Pfahl angewendet wird. Vor allem in nichtbindigen Böden ist der RV-Pfahl besonders geeignet und lässt sich auch unterhalb des Grundwasserspiegels herstellen.

□ 3.14 Beispiel: RV-Pfähle
a) Pfahlschaft aus I-Profil mit wiederverwendbarer Verpresslanze,
b) Pfahlschaft aus Stahlrohr
(aus Schmidt/Seitz 1998)

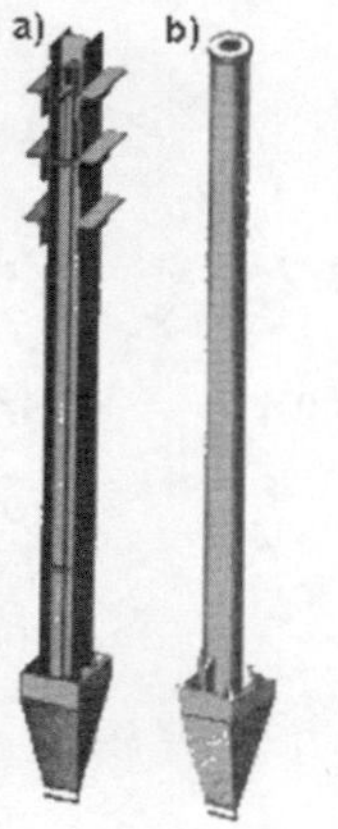

Am unteren Ende des Pfahlschafts (Zugglied) aus Stahlrohr, I- oder U-Profilen o. ä. ist ein breiterer keilförmiger Stahlschuh befestigt. Der von diesem Schuh beim Einrammen frei gelegte Hohlraum wird mit Zementmörtel verpresst. Dieser kann auch in den umgebenden Boden eindringen, wobei eine innige Verzahnung entsteht. Mantelreibungswerte für RV-Pfähle und ⇒ EAU.

RI-Pfähle Bei den Rüttel-Injektions-Pfählen wird der Pfahlfuß anstelle eines Schuhs durch angeschweißte Flacheisen verbreitert, die einen Freischnitt von 1 bis 2 cm Dicke erzeugen. Während des Einrüttelns wird der Baugrund durch eine oder mehrere wieder gewonnene Lanzen verpresst.

⇒ Triantafyllidis (1997 / 1). Ausführungsbeispiel und Zugwiderstände: Schmidt / Seitz (1998).

Zugwiderstand

Ein vertikaler Zugpfahl kann dadurch versagen, dass der Verbund zwischen Pfahlmantel ("Mantelreibung") und Boden überwunden wird oder dass sich im Boden ein Aufbruchkörper ("angehängter Bodenkörper") bildet. Im Allgemeinen versagt ein Zugpfahl durch Überwinden der Mantelreibung und nicht durch mangelndes Gewicht des Aufbruchkörpers (Schmidt / Seitz 1998).

Die Mantelreibung von Zugpfählen entspricht - bei gleichen Bedingungen - der Mantelreibung von Druckpfählen. Angaben über die Mantelreibung findet man in Empfehlungen des Arbeitskreises „Pfähle" (EA Pfähle). Da rechnerische Nachweise über den Verbund zwischen Pfahl und Boden aber allenfalls für Vorbemessungen geführt werden können, sollte auf Zugversuche auf der Baustelle nicht verzichtet werden.

Der Aufbruchkörper muss statisch nachgewiesen werden Zur Berechnung seines Gewichts geht man meistens von einem rechnerischen Volumen einer kegelförmigen Mantelfläche unter der Neigung 45° - φ / 2 gegen die Vertikale aus und vernachlässigt den Scherwiderstand an dieser Mantelfläche (Smoltczyk 1993).

Für Vorbemessungen kann für Zugpfähle eine Widerstands-Hebungslinie nach den Tabellen EA-Pfähle aufgestellt werden und dabei s_g um 30% erhöht werden.

⇒ Schmidt (1987).

⇒ Zahlenbeispiele: □ 3.28

3.2 Zusätzliche Standsicherheitsnachweise

3.2.1 Bruchzustände

Folgende mögliche Bruchzustände müssen – zusätzlich zu den erforderlichen Nachweisen gemäß Abschnitt 2 - bei der Überprüfung der Standsicherheit verankerter Stützwände untersucht werden:

- Geländebruch: Er entsteht durch Drehbewegung des gesamten Stützwand- / Verankerungskörpers (einschließlich des monolithischen Erdblocks) auf einer gekrümmten Gleitfläche (siehe Abschnitte 3.2.2 und 4.3).
- Bruch in der tiefen Fuge: Er tritt auf, wenn die Verankerung nachgibt, weil die Scherfestigkeit in der Gleitfuge überschritten wird (siehe Abschnitt 3.2.3).
- Aufbruch des Verankerungsbodens: Er kann bei der "klassischen Verankerung" auftreten, wenn die Ankerzugkraft den Erdwiderstand vor der Ankerwand überwindet (siehe Abschnitt 3.2.4).
- Aufbruch der Baugrubensohle (Grundbruch): Er ist bei tiefen Baugruben und besonderen Bodenverhältnissen (weicher oder stark toniger Boden) möglich (siehe Abschnitt 3.2.5 und Dörken/ Dehne/ Kliesch, Teil 2, Abschnitt 2).

⇒ Weißenbach (1969). Weißenbach (1977).

Anker im Vollaushub Zu beachten hierbei ist, dass Anker im Vollaushub – auch bei Bagrubenwänden - mit der Bemessungssituation BS-P bemessen werden (siehe Abschnitt 3.2 und DIN 1054, Abschnitt A 9.7.1.3 A (5).

3.2.2 Geländebruch

Normalerweise ist eine tief gegründete Stützwand durch ihre tiefe Einbindung in den Untergrund gegen Geländebruch geschützt. Bei hohen Stützwänden mit größeren Auflasten auf dem angrenzenden Gelände und / oder bei Böden geringer Festigkeit ist aber die Sicherheit des Stützwandbauwerks gegen Geländebruch (siehe Abschnitt 4.3) nachzuweisen.

3.2.3 Bruch in der Tiefen Fuge

Ankerlänge Die Ankerlänge kann näherungsweise zunächst auf Grund der Bedingung festgelegt werden, dass sich der Erddruckkeil hinter der Stützwand und der Erdwiderstandskeil vor der Ankerwand nicht überschneiden sollen.

⇒ Zahlenbeispiel: □ 3.15.

Tiefe Fuge Danach wird die erforderliche Ankerlänge / Ankerneigung durch Berechnung der Sicherheit gegen Bruch in der Tiefen Fuge überprüft und endgültig festgelegt. Bei zu kurzen Ankern / zu hoch liegender Verankerung rutscht nämlich das Stützwandbauwerk mit seiner Verankerung auf der Tiefen Fuge ab, die vom Punkt F der Stützwand bis zur Unterkante der Ankerwand verläuft (□ 3.16).

Die Tiefe Fuge kann nach Kranz (1953) als geradlinig verlaufend angenommen werden.

Lage von F Lage des "rechnerischen Fußpunkts" F der Wand:

Bei freier Fußauflagerung der Stützwand: am Wandfuß.

Bei Einspannung der Stützwand: Im Querkraftnullpunkt innerhalb des Einspannbereichs.

□ 3.15 Beispiel 49: Näherungsweise Bestimmung der Ankerlänge l

Geg.: *die dargestellte Spundwand*

Ges.: *Ankerlänge l*

Lösg.: *für den Rankine-Fall gilt:*

$$\vartheta_a = 45° + \frac{\varphi}{2} = 60°;\ \vartheta_p = 45 - \frac{\varphi}{2} = 30°$$

$$l_1 = \frac{h_1}{\tan\vartheta_a} = 3{,}6\ m;\ l_2 = \frac{h_2}{\tan\vartheta_p} = 3{,}64\ m$$

$$\rightarrow\ l = l_1 + l_2 = 7{,}24\ m$$

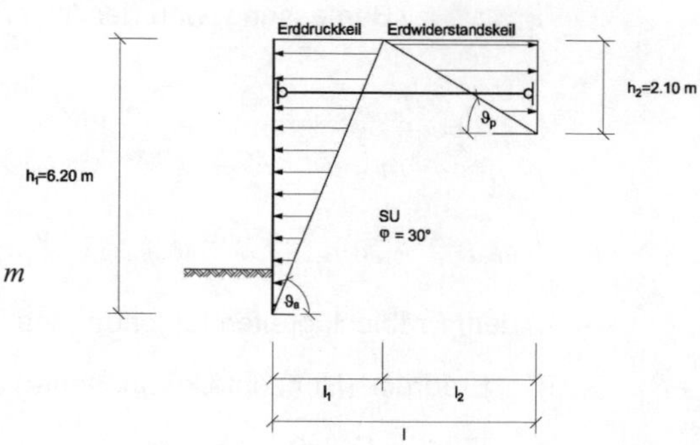

□ 3.16 Beispiel: Gleichgewicht der Kräfte am Erdblock bei der Ermittlung der Sicherheit in der Tiefen Fuge

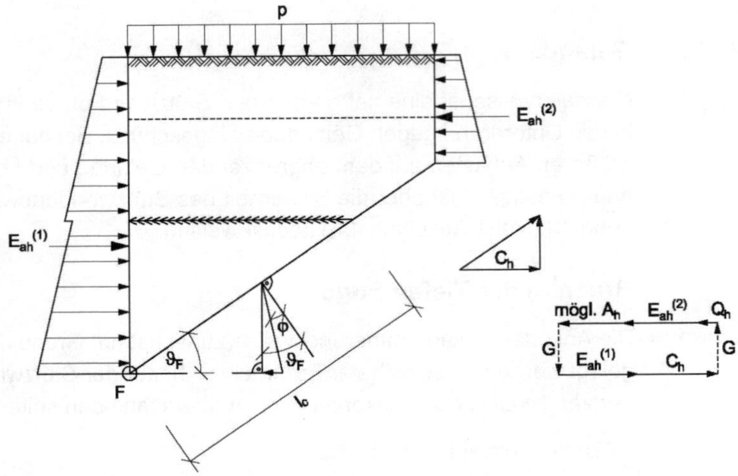

Nachweis Tiefe Fuge Zur Berechnung der Sicherheit gegen Bruch in der Tiefen Fuge wird ein (herausgeschnittener) Erdblock ("Bruchkörper") untersucht, der durch die tiefe Fuge, die Ankerwand / Ersatzankerwand, die Geländeoberfläche und die Stützwand begrenzt wird (□ 3.16).

Durch eine Gleichgewichtsbetrachtung der angreifenden Kräfte (zweckmäßig mit Hilfe ihrer Horizontalkomponenten) wird die mögliche Ankerkraft ($A_{mögl,k}$) berechnet und der Grad der Sicherheit durch Vergleich mit der vorhandenen Ankerkraft ($A_{vorh,k}$) ermittelt:

$$A_{vorh,d} \leq A_{mögl,d} \qquad (3.08)$$

mit

$A_{mögl,d}$ Bemessungswert des Widerstands aus ULS (GEO-2)

$A_{vorh,d}$ Bemessungswert der Ankerbeanspruchung aus (ULS (GEO-2)

$$A_{mögl,d} = \frac{A_{mögl,d}}{\gamma_{R,e}} \qquad (3.09)$$

$$A_{vorh,d} = A_{vorh,G,k} \cdot \gamma_G + A_{vorh,Q,k} \cdot \gamma_Q \qquad (3.10)$$

An dem Erdblock greifen folgende (charakteristische) Kräfte an (□ 3.14):

a) Erddruck (Horizontalkomponente) an der Spundwand

($E_{ah}{}^{(1)}= E_{ah1,k}$)

Es handelt sich um den aktiven Erddruck von der Spundwandoberkante bis zum Fußpunkt F. Auflast $p = p_k$ und Kohäsion $c = c_k$ werden berücksichtigt, der Wasserüberdruck entfällt.

b) Erddruck (Horizontalkomponente) an der Ankerwand ($E_{ah}^{(2)} = E_{ah2,k}$)

Es handelt sich um den aktiven Erddruck von der Geländeoberkante bis zur Unterkante der Ankerwand. Auflast und Kohäsion werden berücksichtigt, der Wasserüberdruck entfällt.

c) Kohäsionskraft (Horizontalkomponente) in der tiefen Fuge ($C_h = C_{h,k}$)

Sie ergibt sich aus

$$C_{h,k} = c_k \cdot l_c \cdot \cos \vartheta_F \tag{3.11}$$

d) Reaktionskraft (Horizontalkomponente) des Bodens an der tiefen Fuge ($Q_h = Q_{h,k}$)

Durch die Eigenlast des Bodens wird die vom Reibungswinkel $\varphi = = \varphi_k$ abhängige Reaktionskraft $Q_{h,k}$ des Bodens in der tiefen Fuge aktiviert.

Um den unterschiedlichen Reibungswinkel bei mehreren Bodenschichten zu berücksichtigen, wird der Erdblock in einzelne vertikale Lamellen so unterteilt, dass deren Trennfugen im Schnittpunkt der jeweiligen Bodenschicht mit der Gleitfuge liegen (□ 3.17). Die Eigenlast der einzelnen Lamellen wird getrennt ermittelt und wie folgt aufsummiert:

$$Q_{h,k} = \sum G_{i,k} \cdot \tan\left(\vartheta_F - \varphi_{i,k}\right) \tag{3.12}$$

Dabei muss die Auflast auf dem Erdblock als ungünstig wirkend nur dann berücksichtigt werden, wenn der Neigungswinkel der tiefen Fuge $\vartheta_F \geq \varphi_k$ ist.

Der Nachweis gegen Bruch in der tiefen Fuge ist dann (EAB, EB 44; EAU, E 10):

□ 3.17 Beispiel: Ermittlung der Größe des Erdblockes bei Verpressankern

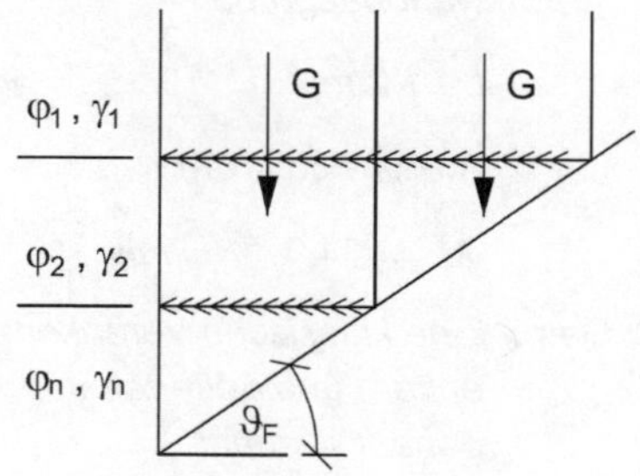

$$A_{vorh,h,d} \leq A_{mögl,h,d} = \frac{E_{ah}^{(1)} + C_h - \left(Q_h + E_{ah}^{(2)}\right)}{\gamma_{ÉP}} \tag{3.13}$$

Verpress-anker Zur Ermittlung der Größe des Erdblocks ("Bruchkörpers") bei Verpressankern wird näherungsweise eine "Ersatzankerwand" mit Hilfe der statisch wirksamen Verpresslänge l_w, der statisch nicht wirksamen Ankerlänge l_0 und der erforderlichen Mindestverankerungslänge l_r konstruiert (□ 3.18).

□ 3.18 Beispiel: Ermittlung der Größe des Erdblockes bei Verpressankern

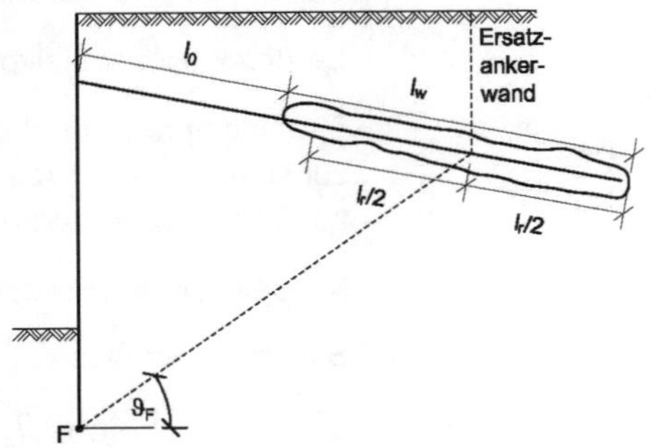

Ist der Abstand von Verpressankern a größer als die halbe Krafteinleitungsstrecke l_f, dann muss die mögliche Ankerkraft $A_{mögl,k}$ wie folgt abgemindert werden:

$$A_{mögl,red,k} = \tfrac{1}{2} \cdot A_{mögl,k} \cdot \tfrac{l_r}{a} \qquad (3.14)$$

Weitere Hinweise EAB. EAU. Hoesch Stahl AG: Spundwand-Handbuch Berechnung. Franke / Heilbaum (1988).

⇒ Zahlenbeispiele: □ 3.19, □ 3.20, □ 3.24, □ 2.63 (Abschnitt 2).

□ 3.19 Beispiel 50: Nachweis des Versagens in der Tiefen Fuge (Ankerplatte)

Geg.: *die dargestellte einmal mit einer Ankerplatte gestützte, im Boden aufgelagerte Spundwandbaugrube*

$t = 1{,}2$ m

$A_{vorh,d} = 88$ kN/m

$M_d = 34{,}9 \ kNm/m$

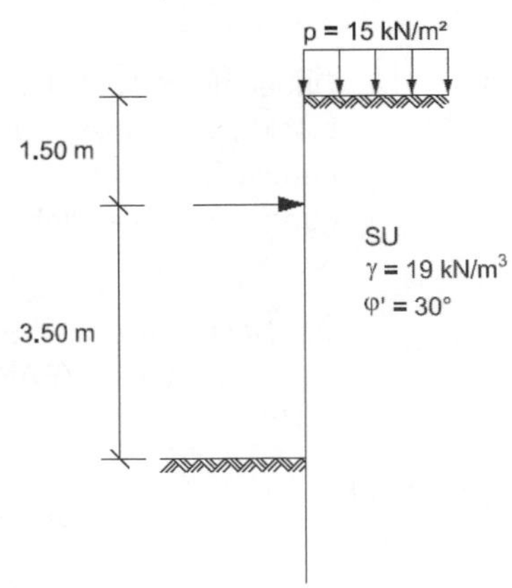

Ges.: *Eine klassische Verankerung mit Rundstahlankern und Ankertafeln (s. unten) soll eingebaut werden.*

1. *Bemessung der Spundwand*
2. *Nachweis Tiefe Fuge*

Lösg.: *$\eta_{EP} = 1{,}0$; Teilsicherheitsbeiwerte*

(BS-T) $\gamma_{R,e} = 1{,}30$; $\gamma_G = 1{,}20$; $\gamma_Q = 1{,}30$;

(BS-P: Anker im Vollaushub!) $\gamma_G = 1{,}35$; $\gamma_Q = 1{,}50$; $\gamma_{R,e} = 1{,}40$

$\varphi_k = \varphi'$, $e^g_{ah} = e^g_{ah,k}$, $e^p_{ah} = e^q_{ah,k}$, $p = p_k$, $K_{ah} = K_{ah,k}$, $K_{ph} = K_{ph,k}$

□ 3.19 Fortsetzung Beispiel 50: Nachweis des Versagens in der Tiefen Fuge (Ankerplatte)

1. Bemessung der Spundwand

Ständige Einwirkungen

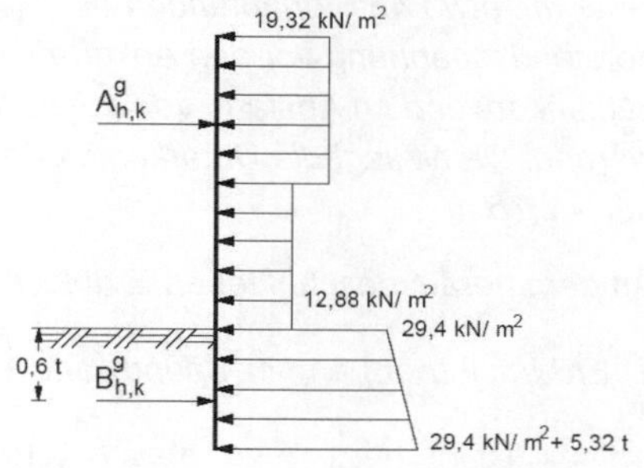

$$\sigma_d = \left| \frac{N_d}{A_s} + \frac{M_d}{W_y} \right| \leq \frac{f_{y,k}}{\gamma_M}$$

mit $f_{y,k} = 240\ MN/m^2$,

Spundwandstahl S 240 GP

$$\gamma_M = 1{,}10$$

$$\sigma_d = \left| \frac{M_d}{W_y} \right| \leq \frac{f_{y,k}}{\gamma_M} \quad \rightarrow$$

$$erf\ W_y \geq \left| \frac{M_d \cdot \gamma_M}{f_{y,k}} \right| = \left| \frac{34{,}9 \cdot 1{,}10 \cdot 100^3}{240 \cdot 1000} \right| = 160\ cm^3/m$$

gewählt: Leichtprofil DWU 44, S235JR, vorh W = 161 cm³/m (siehe □ 1.17)

Bezüglich der noch zu bemessenden

- Anker

- Ankerwand/ -tafeln und

- Gurt und Gurtbolzen

siehe die einschlägige Fachliteratur, z.B. der Spundwandhersteller.

2. Nachweis Tiefe Fuge

Mit einer gewählten Ankerlänge von L = 8,0 m und Ankertafeln von b/h = 1,0 m/ 1,2 m ergibt sich die in der Zeichnung dargestellte Geometrie:

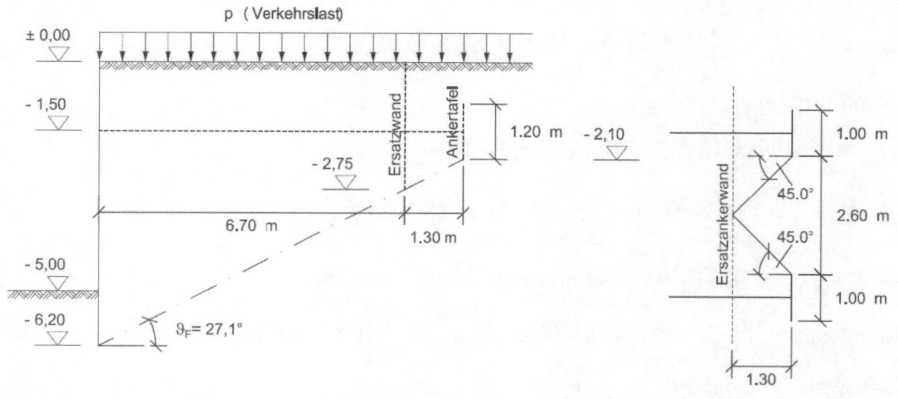

Die Ankertafeln müssen in eine (Ersatz-) Ankerwand umgerechnet werden:

□ 3.19 Fortsetzung Beispiel 50: Nachweis des Versagens in der Tiefen Fuge (Ankerplatte)

Bei den gegebenen Abmessungen und unter Annahme einer mit etwa 45° verlaufenden Ausbreitung der Erdwiderstandsspannung vor den Ankertafeln kann die Ersatzankerwand im Abstand von 1,3 m angenommen werden. Damit liegt die Unterkante der Ersatzankerwand bei - 2,75 m.

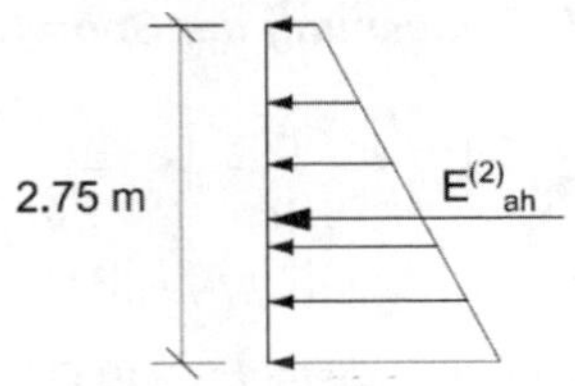

An dem herausgeschnittenen Erdblock wirken folgende Kräfte:

1) Erddruck (hor.) an der Spundwand $\left(E_{ah}^{(1)}\right)$

$$E_{ah1,k}^{g} = 19{,}32 \cdot 2{,}5 + 12{,}88 \cdot 2{,}5 + 0{,}5 \cdot (29{,}4 + 29{,}4 + 5{,}32 \cdot 1{,}2) \cdot 1{,}2 = 119{,}6 \ kN/m$$

$$E_{ah1,k}^{q} = 1{,}4 \cdot 6{,}2 = 8{,}7 \ kN/m \rightarrow E_{ah}^{(1)} = E_{ah1,k}^{g+q} = 119{,}6 + 8{,}7 = 128{,}3 \ kN/m$$

2) Erddruck (hor.) an der (Ersatz-) Ankerwand $\left(E_{ah}^{(2)}\right)$

$$E_{ah}^{(2)} = E_{ah2,k}^{g+q} = 0{,}5 \cdot (4{,}2 + 4{,}2 + 5{,}32 \cdot 2{,}75) \cdot 2{,}75 = 31{,}7 \ kN/m$$

3) Kohäsion (hor.) in der Tiefen Fuge $\left(C_h = C_{h,k}\right)$

$$C_h = 0$$

4) Reaktionskräfte (hor.) des Bodens in der Tiefen Fuge $\left(Q_h = Q_{h,k}\right)$

$\vartheta_F = 27{,}1° \ < \ \varphi = 30°$ *; G wird ohne Auflast berechnet.*

Gewichtskraft des Bodens bis zur (Ersatz-) Ankerwand:

$$G = G_k = 0{,}5 \cdot (2{,}75 + 6{,}2) \cdot 6{,}7 \cdot 19 = 569{,}7 \ kN/m$$

Damit wird:

$$Q_{h,k}^{g} = 569{,}7 \cdot \tan(27{,}1° - 30°) = -28{,}9 \ kN/m$$

$$\rightarrow A_{mögl,h,k} = 128{,}3 + 0 - (-28{,}9 + 31{,}7) = 125{,}5 \ kN/m$$

$\rightarrow A_{mögl,h,d} = \frac{125{,}5 \ kN/m}{1{,}40} = 89{,}6 \ kN/m$ *; Anker im Vollaushub!*

Nachweis: $A_{mögl,h,d} = 89{,}6 \ kN/m > A_{vorh,h,d} = 88{,}0 \ kN/m$

Nachweis ist erbracht!

□ 3.20 Beispiel 51: Standsicherheit in der Tiefen Fuge bei geschichtetem Baugrund

Geg.: *die dargestellte einmal gestützte, im Boden aufgelagerte Spundwand*

$A_{vorh,h,d}$ = 190 kN

Ges.: *Nachweis Tiefe Fuge*

Lösg.: *Teilsicherheitsbeiwerte (BS-T) $\gamma_{R,e}$ =1,30; (BS-P) $\gamma_{R,e}$ =1,40; Anker im Vollaushub*

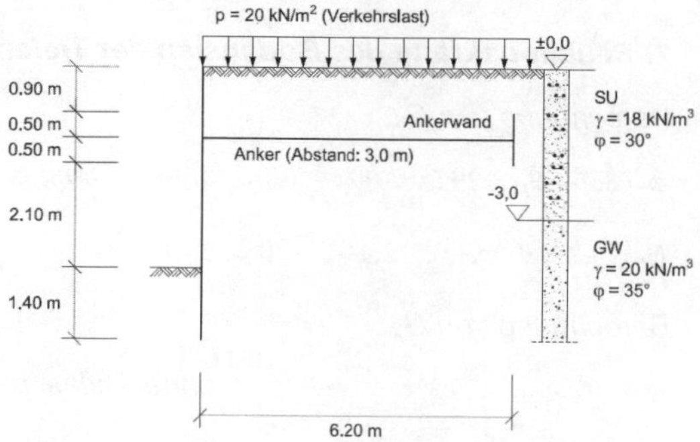

$$\varphi_k = \varphi', \; e_{ah}^g = e_{ah,k}^g, \quad e_{ah}^p = e_{ah,k}^q, \; p = p_k, \quad K_{ah} = K_{ah,k}, \; K_{ph} = K_{ph,k}$$

Erddruckermittlung: ständige + veränderliche Einwirkung

Boden	Kote	γ	h	$\gamma \cdot h$	σ	Kah	e_{ah}
[-]	[m]	[kN/m³]	[m]	[kN/m²]	[kN/m²]	[-]	[kN/m²]
SU	±0,0	18	1,9	34,2	20	0,28	5,6
	-1,9				54,2		15,2
(UK Ankerwand)	-1,9	18	1,1	19,8	54,2	0,28	15,2
	-3,0				74,0		20,7
GW	-3,0	20	2,4	48,0	74,0	0,22	16,3
	-5,4				122,0		26,8

Bei einer im Boden frei aufgelagerten Spundwand ist der Fußpunkt der untere Punkt F der Tiefen Fuge.

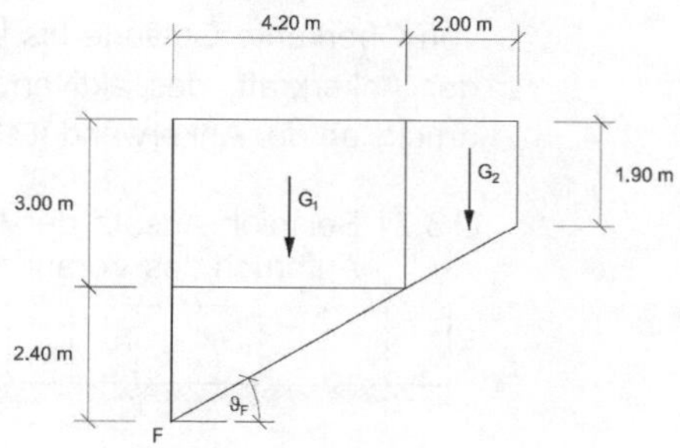

- Geometrie des Gleitkörpers

$$\tan \vartheta_F = \frac{5,4-1,9}{6,2} \quad \rightarrow \quad \vartheta_F \approx 29,5°$$

Alle Kräfte sind charakteristische Größen

- Erddruck an der Spundwand

$$E_{ah}^{(1)} = 0,5 \cdot (5,6+20,7) \cdot 3,0 + 0,5 \cdot (16,3+26,8) \cdot 2,4$$
$$= 39,5 + 51,7 = 91,2 \;\; kN/m$$

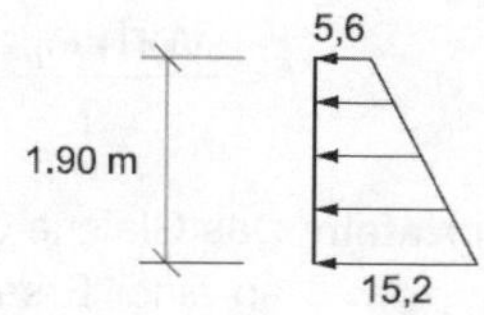

- Erddruck an der Ankerwand

$$E_{ah}^{(2)} = 0,5 \cdot (5,6+15,2) \cdot 19 = 19,8 \;\; kN/m$$

- Kohäsion in der Tiefen Fuge

$$C_h = 0$$

☐ 3.20 Fortsetzung Beispiel 51: Standsicherheit in der Tiefen Fuge bei geschichtetem Baugrund

2) Reaktionskräfte des Bodens an der Tiefen Fuge

Berechnung von G₁:

$\varphi = 35° > \vartheta_F = 29{,}5°$ → *ohne Auflast p*

$G_1 = 4{,}2 \cdot 3{,}0 \cdot 18 + 0{,}5 \cdot 2{,}4 \cdot 4{,}2 \cdot 20 = 328 \ kN/m$

Berechnung von G₂:

$\varphi = 30° > \vartheta_F = 29{,}5°$ → *ohne Auflast p*

$G_2 = 0{,}5 \cdot (1{,}9 + 3{,}0) \cdot 2{,}0 \cdot 18 = 88 \ kN/m$

$\rightarrow Q_h = 328 \cdot \tan(29{,}5° - 35°) + 88 \cdot \tan(29{,}5° - 30°) = -31{,}5 - 0{,}8 = -32{,}3 \ kN/m$

$\rightarrow A_{mög,h,d} = \frac{91{,}2+0-(-32{,}3+19{,}8)}{1{,}40} = 74{,}0 \ \ kN/m.$

Bei einem Ankerabstand von 3,0 m wird

$A_{mögl,h,d} = 74{,}0 \cdot 3{,}0 = 222{,}0 \ \ kN > \ \ A_{vorh,h,d} = 190 \ \ kN.$

Die Sicherheit gegen Bruch in der Tiefen Fuge reicht aus.

3.2.4 Aufbruch des Verankerungsbodens

Ankerwand Um den Aufbruch des Verankerungsbodens und damit das Nachgeben der Ankerwand zu vermeiden, muss nachgewiesen werden, dass der Erdwiderstand von Oberkante Gelände bis Unterkante Ankerwand größer ist als die Summe der Ankerkraft, des aktiven Erddrucks und eines eventuellen Wasserüberdrucks an der Ankerwand (☐ 3.21).

☐ 3.21 Beispiel: Ansatz der Kräfte bei der Berechnung der Sicherheit gegen Aufbruch des Verankerungsbodens

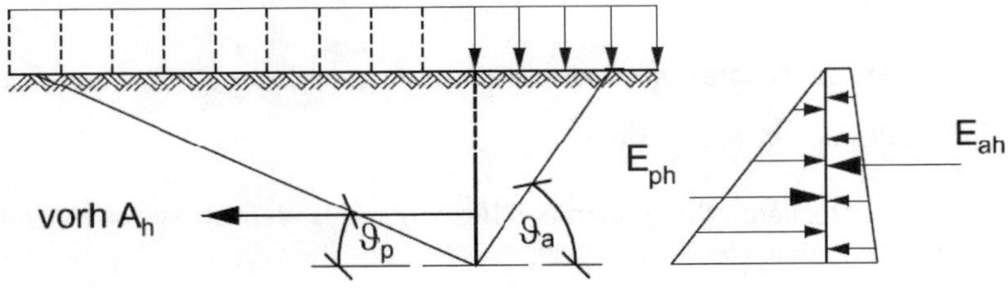

Ankertafeln Das Gleiche gilt auch für Ankertafeln. Bei diesen wird aber der Nachweis nicht an einer Ersatzankerwand, sondern im Bereich der Ankertafeln durchgeführt, weil sich sonst eine zu große rechnerische Sicherheit ergibt.

Auflast Der aktive Erddruck hinter der Ankerwand wird mit Auflast, der Erdwiderstand vor der Ankerwand ohne Auflast und sicherheitshalber mit δ = 0 berechnet.

Sicherheit Damit wird Nachweis gegen Aufbruch des Verankerungsbodens (EAB, EB 43)

$$\frac{E_{ph},k}{\gamma_{R,e}} \geq A_{vorh,h,d} + E_{ah,d} \tag{3.15}$$

⇒ Zahlenbeispiel: □ 3.22.

□ 3.22 Beispiel 52: Nachweis gegen Aufbruch des Verankerungsbodens (siehe auch □ 3.19)

Geg.: *die dargestellte einmal ausgesteifte, im Boden aufgelagerte Spundwandbaugrube*

$A_{vorh,d} = 88$ *kN/m*

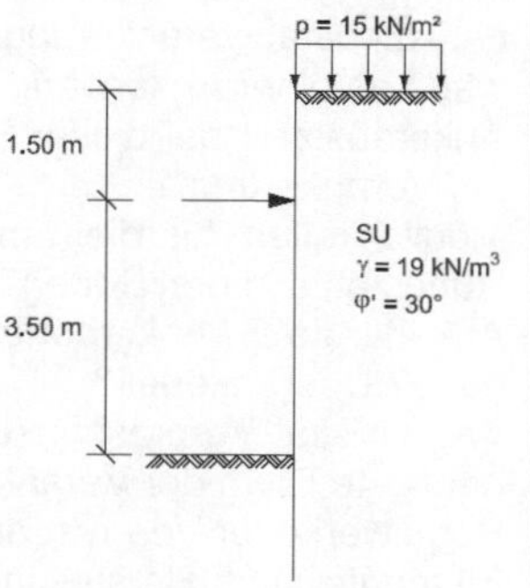

Ges.: *Nachweis gegen Aufbruch des Verankerungsbodens*

Lösg.: *Teilsicherheitsbeiwerte:*
(BS-T) $\gamma_G = 1{,}20$; $\gamma_Q = 1{,}30$; $\gamma_{R,e} = 1{,}30$;
(BS-T: Anker im Vollaushub!) $\gamma_G = 1{,}35$; $\gamma_Q = 1{,}50$;
$\gamma_{R,e} = 1{,}40$

$$\varphi_k = \varphi', \; e^g_{ah} = e^g_{ah,k}, \; e^p_{ah} = e^q_{ah,k}, \; p = p_k,$$
$$K_{ah} = K_{ah,k} = 0{,}28, K_{ph} = K_{ph,k}$$

$\varphi_K = 30°$; $\delta_P = 0$

→ $K_{ph} = 3{,}00$

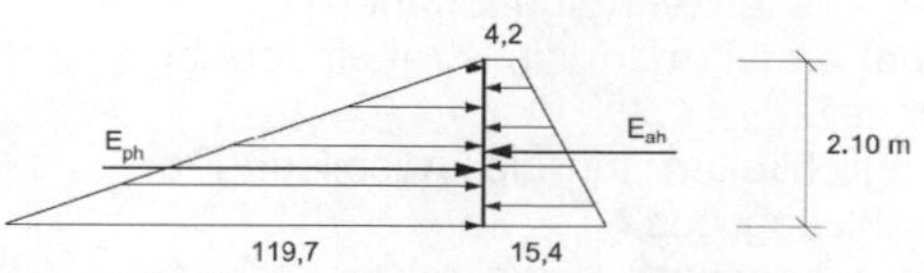

$$E_{ph,k} = 0{,}5 \cdot 119{,}7 \cdot 2{,}1 = 125{,}7 \; kN/m$$

$$E^g_{ah,k} = 0{,}5 \cdot (2{,}8 + 2{,}8 + 19 \cdot 2{,}1 \cdot 0{,}28) \cdot 2{,}1 = 17{,}6 \; kN/m \quad E^g_{ah,k} = 1{,}4 \cdot 2{,}1 = 2{,}9 \; kN/m$$

$$\frac{E_{ph},k}{\gamma_{R,e}} \geq A_{vorh,h,d} + E_{ah,d} \quad \rightarrow \quad \frac{E_{ph,k}}{\gamma_{R,e}} = \frac{125{,}7}{1{,}40} = 89{,}7 \; kN/m$$

$$E_{ah,d} = 17{,}6 \cdot 1{,}35 + 2{,}9 \cdot 1{,}50 = 28{,}1 \; kN/m$$

Nachweis: $28{,}1 + 88{,}0 = 116{,}1 \; kN/m > 89{,}7 \; kN/m$

Nicht erbracht! → Ankerplatte vergrößern

3.2.5 Aufbruch der Baugrubensohle (Grundbruch)

Bei tiefen Baugruben und besonderen Bodenverhältnissen (weicher oder stark toniger Boden) ist ein Nachweis der Sicherheit gegen Aufbruch der Baugrubensohle (Grundbruch, siehe Dörken/ Dehne/ Kliesch, Teil 2, Abschnitt 2) erforderlich.

⇒ Weißenbach Baugruben Teil 3, 1977.

⇒ Zahlenbeispiel: □ 3.28.

3.3 Kontrollfragen

3.3.1 Bauverfahren

- Wo werden Verankerungen im Grundbau angewendet? Vorteile? Arten?
- Beschreiben Sie mit Hilfe von Skizzen die Rundstahlverankerung einer Spundwand an einer Ankerwand / Ankertafel!
- Ankerabstand bei dieser "konventionellen Verankerung"?
- Möglichkeiten für die Einbringung der Rundstähle in den Boden?
- Ankerlänge? Ankerhöhe? Ankerneigung? Überankerteil?
- Warum sind Verpressanker zur Zeit die häufigste Form der Verankerung?
- Regelwerke für Verpressanker?
- Elemente und Herstellung eines Verpressankers?
- Selbstbohrender Anker?
- Wo / wie wird die Zugkraft bei einem Verpressanker aufgenommen?
- Wie erhält man die Krafteintragungslänge?
- Möglichkeiten für die Ausbildung des Stahlzugglieds?
- Verbundanker? Druckrohranker? Gebirgsanker?
- Unterschied zwischen einem Kurzzeitanker (Temporäranker) und einem Daueranker (Permanentanker)?
- Ankerlänge l_A? Freie Ankerlänge l_{fA}? Krafteintragungslänge l_0? Freie Stahllänge l_{fS}? Verankerungslänge des Stahlzugglieds l_V? Druckrohrlänge l_D? Verpresskörperlänge beim Druckrohranker l_{DV}?
- Welche Ankerprüfungen sind nach Handbuch EC 7-1 vorzunehmen?
- Die Abnahmeprüfung ist zu erläutern.
- Bauaufsichtliche Zulassung von Verpressankern?
- Einleitung der Kräfte in Verpressanker über eine Gurtung?
- Gesichtspunkte bezüglich der Ankerneigung?
- Wie erhält man bei einem geneigten Verpressanker die horizontale Ankerkraft / die Kraft im Anker?
- Wie erhält man die Grenzkraft des Stahlzugglieds?
- Bedingungen für die zulässige Ankerkraft bei einem Verpressanker?
- Was versteht man unter der Prüfkraft eines Verpressankers?
- Woher erhält man die vom Boden aufnehmbare Ankerkraft eines Verpressankers?
- Gebrauchskraft / Festlegekraft eines Verpressankers?
- Anordnung von Verpressankern? Sicherheitsabstand?
- "Äußere" Standsicherheit des Gesamtsystems Bauwerk-Baugrund-Anker?
- Verformungen bei tiefen und langen verankerten Baugrubenwänden?
- Rückbau von Verpressankern?
- Erhöhung der Tragfähigkeit eines bereits ausgeführten Verpressankers?
- Warum werden Verpressanker vorgespannt?
- Anwendungen / Arten von Zugpfählen?
- Beschreiben Sie die Ausbildung und Ausführung eines RV-Pfahls!
- RI-Pfähle?
- Versagensmöglichkeiten eines vertikalen Zugpfahls?
- Mantelreibung von Zugpfählen?
- Statischer Nachweis des Aufbruchkörpers?
- Vorbemessung von Zugpfählen?

3.3.2 Zusätzliche Standsicherheitsnachweise

- Nennen Sie zwei Gründe, warum hauptsächlich die verankerte, eingespannte Spundwand für bleibende Bauwerke verwendet wird!
- Möglichkeiten der Verankerung von Spund-wänden? Skizzen!
- Eine Spundwand als bleibendes Bauwerk mit klassischer Verankerung ist zu skizzieren (Grundriss und Schnitt mit Bezeichnung aller Einzelbauteile).
- Holm?

- Warum / wie staffelt man eine Spundwand / Ankerwand?
- Welche Bruchzustände müssen beim Nachweis der Standsicherheit von Spundwänden berücksichtigt werden?
- Die Möglichkeit eines Geländebruchs / eines Bruchs in der Tiefen Fuge, eines Aufbruchs des Verankerungsbodens / eines Aufbruchs der Baugrubensohle bei einem Spundwandbauwerk ist mit den angreifenden und widerstehenden Kräften zu skizzieren.
- Näherungsweise Ermittlung der Ankerlänge? Gleitlinienzug?
- Erläutern Sie den Nachweis der Standsicherheit in der Tiefen Fuge mit Hilfe von Skizzen!
- Welche Kräfte greifen bei diesem Nachweis am Erdblock / Gleitkörper an?
- Wo liegt der "rechnerische Fußpunkt" F einer Spundwand?
- Aus welcher Gleichgewichtsbedingung erhält man die zulässige Ankerkraft?
- Wann wird bei dem Nachweis der Standsicherheit in der Tiefen Fuge die Auflast berücksichtigt?
- Wie werden Schichtwechsel im Bereich der Tiefen Fuge bei der Ermittlung der Standsicherheit berücksichtigt?
- Ersatzankerwand?
- Wie wird der Bruchkörper bei Verpressankern ermittelt? Skizze!
- Erläutern Sie den Nachweis der Sicherheit gegen Aufbruch des Verankerungsbodens an Hand von Skizzen bei einer Ankerwand / bei Ankertafeln!
- In welchen Fällen muss ein Nachweis der Sicherheit gegen Aufbruch der Baugrubensohle (Grundbruch) geführt werden?

3.4 Aufgaben

3.4.1 Geg.: Nicht gestützte Spundwand, freie Standhöhe h = 3 m, γ = 17 kN/m³, φ = 30°, δ = 2/3 φ. Ges.: t, max M.

3.4.2 Warum wird der Erdwiderstand bei einer bleibenden Spundwand - im Gegensatz zu einer Baugrubenspundwand - nicht mit einer Sicherheit belegt? Gibt es keine Sicherheit?

3.4.3 Warum muss der Rechenwert x bei der Ermittlung der Einbindetiefe von Spundwänden nach dem Ersatzkraftverfahren von Blum mit Hilfe des Faktors α vergrößert werden?

3.4.4 Geg.: Nicht gestützte Spundwand, freie Standhöhe h = 4 m, Außenwasserspiegel = Grundwasserspiegel 4 m tief unter Wandoberkante, γ = 18 kN/m³, γ' = 11 kN/m³, φ = 30°. Ges.: Abstand u des Belastungsnullpunkts von der Sohle.

3.4.5 Geg.: Nicht gestützte Spundwand, freie Standhöhe h = 3 m, Schichtwechsel in 1 m Tiefe unter Oberkante, obere Schicht γ = 18 kN/m³, φ = 30°, untere Schicht φ = 30°, untere Schicht γ = 17 kN/m³, φ = 20°, δ = 2/3 φ. Ges.: t, max M.

3.4.6 Geg.: Spundwand, freie Standhöhe h = 6 m, γ = 18 kN/m³, φ = 30°, δ = 0. Ges.: Durch zeichnerische und rechnerische Lösung: t, max M für den nicht gestützten Fall a) t, max M und A für einfache Verankerung in 1 m Tiefe unter Geländeoberfläche und die Fälle b) "freie Auflagerung" und c) "Einspannung im Boden".

3.4.7 Jeder Anker leitet über einen mit der Wand kraftschlüssig verbundenen ...(1) ... und über ein korrosionsgeschütztes ....(2)... die Zugkraft in den zylindrischen ....(3)... über die ....(4)... l0 .... in den Boden ein.

3.4.8 Warum wird bei der Berechnung des Erdwiderstands einer bleibenden verankerten Spundwand kein Sicherheitsfaktor eingeführt? Gibt es keine Sicherheit?

3.4.9 Was bedeutet: Anker DIN 4125 - T E 600 - B?

3.4.10 Ein 4 m hoher Geländesprung ist durch eine Spundwand gesichert. Der Grundwasserspiegel liegt links und rechts der Spundwand 4,3 m unter ihrer Oberkante. Bodenkennzahlen: γ = 18 kN/m³, γ' = 11 kN/m³, φ = 30°. Die Lage des Belastungsnullpunkts ist zu ermitteln für die Spundwand a) als bleibendes Bauwerk, b) als Baugrubenverbau.

3.4.11 Bei einer rückverankerten Spundwand ergab der Nachweis der Sicherheit in der Tiefen Fuge keinen ausreichenden Wert. Verbesserungsvorschläge?

3.5 Weitere Beispiele

□ 3.23 Beispiel 53: Baugruben-Spundwand, einmal verankert, im Boden frei aufgelagert; altes Globalsicherheitskonzept DIN 1054 (Ergänzung □ 2.62)

Geg.: *der dargestellte Fall ist eine Spundwand als Baugrubensicherung*

GW, mitteldicht:

γ = 18 kN/m³; φ' = 35°;

UM, steifplastisch:
γ = 19,5 kN/m³;
φ' = 22,5°;
c' = 10 kN/m²

Vergleiche □ 2.62:

Einbindetiefe: t = 2,0 m

(Bemessungsmoment M = 110 kNm/ m)

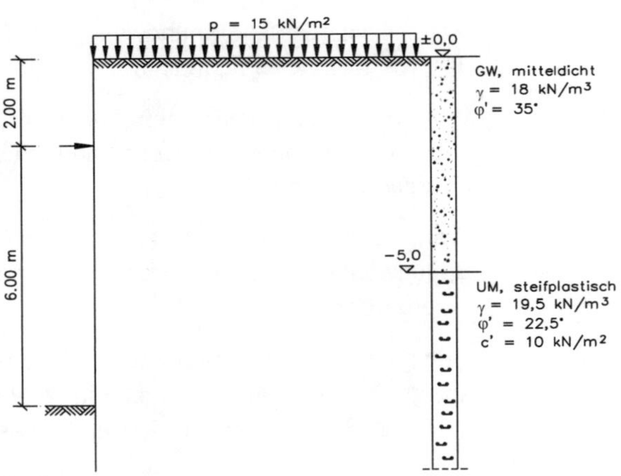

Ges.: *Standsicherheit in der Tiefen Fuge für die gewählten Verpressanker*

Lösg.: *Um die bessere Tragfähigkeit auszunutzen, sollen die Verpressanker in die Schicht GW gelegt werden.*

Gewählt: Ankerneigung: 10°

Ankerlänge: 15 m

erforderliche Mindest-Verpresslänge:

□ 3.23 Fortsetzung Beispiel 53: Baugruben-Spundwand, einmal verankert, im Boden frei aufgelagert; altes Globalsicherheitskonzept DIN 1054 (Ergänzung □ 2.62)

Bei diesem Nachweis wird lotrecht durch die halbe Mindest-Verpresslänge eine Ersatzwand angenommen.

Geometrie des Gleitkörpers:

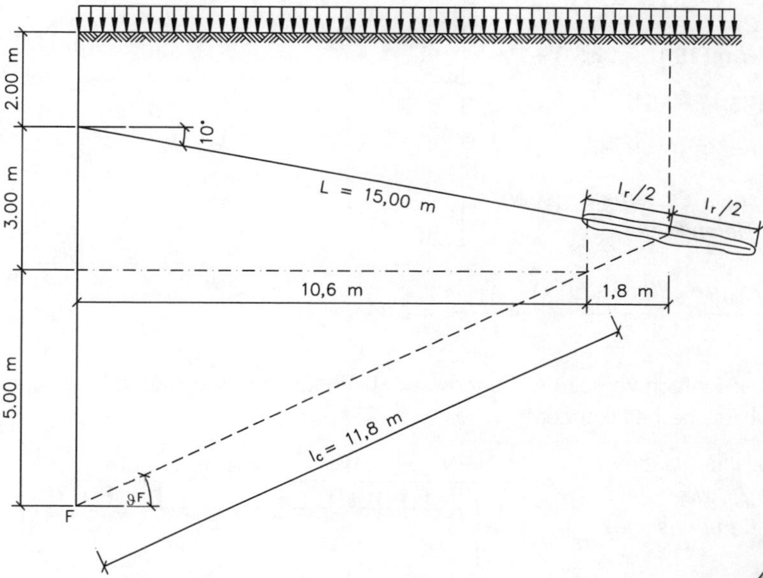

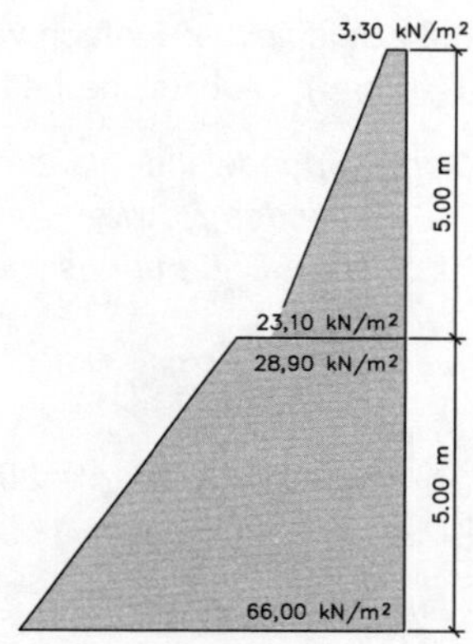

$$\tan \vartheta_F = \frac{5{,}0 + 0{,}8}{12{,}4} \rightarrow \vartheta_F = 25{,}1°$$

- Erddruck an der Spundwand (Vergleiche □ 2.62):

$$E_{ah}^{(1)} = 0{,}5 \cdot (3{,}30 + 23{,}10) \cdot 5{,}0 + 0{,}5 \cdot (28{,}90 + 66{,}8) \cdot 5{,}00 = 305{,}3 \;\; kN/m$$

- Erddruck an der (Ersatz-)Ankerwand

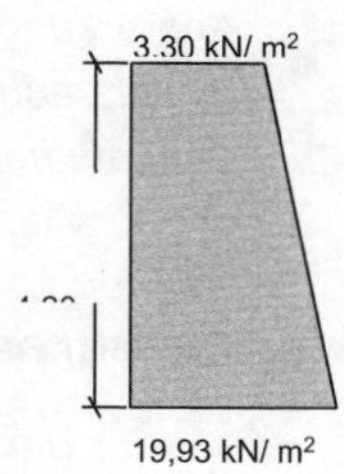

$$E_{ah}^{(2)} = 0{,}5 \cdot (3{,}30 + 19{,}93) \cdot 4{,}2 = 48{,}8 \;\; kN/m$$

- Kohäsion in der Tiefen Fuge

$$C_h = 10 \cdot 11{,}8 \cdot \cos 25{,}1° = 106{,}9 \;\; kN/m$$

- Reaktionskräfte des Bodens in der Tiefen Fuge

Berechnung G_1:

$\varphi = 22{,}5° \; < \; \vartheta_F = 25{,}1° \rightarrow$ *mit Auflast p*

$$G_1 = 10{,}6 \cdot 5{,}0 \cdot 18{,}0 + 0{,}5 \cdot 5{,}00 \cdot 10{,}6 \cdot 19{,}5 + 15 \cdot 10{,}6 = 1629{,}8 \;\; kN/m$$

Berechnung von G_2:

□ 3.23 Fortsetzung Beispiel 53: Baugruben-Spundwand, einmal verankert, im Boden frei aufgelagert; altes Globalsicherheitskonzept DIN 1054 (Ergänzung □ 2.62)

$\varphi = 35° > \vartheta_F = 25{,}1° \rightarrow$ *ohne Auflast p*

$$G_2 = 0{,}5 \cdot (5{,}0 + 4{,}2) \cdot 1{,}8 \cdot 18$$
$$= 149{,}0 \;\; kN/m$$

$$Q_h = 1629{,}8 \cdot tan(25{,}1° - 22{,}5°) +$$
$$+149{,}0 \cdot tan(25{,}1° - 35°)$$
$$= 74{,}0 - 26{,}0 = 48{,}0 \;\; kN/m$$

Damit wird die Sicherheit gegen Bruch in der Tiefen Fuge:

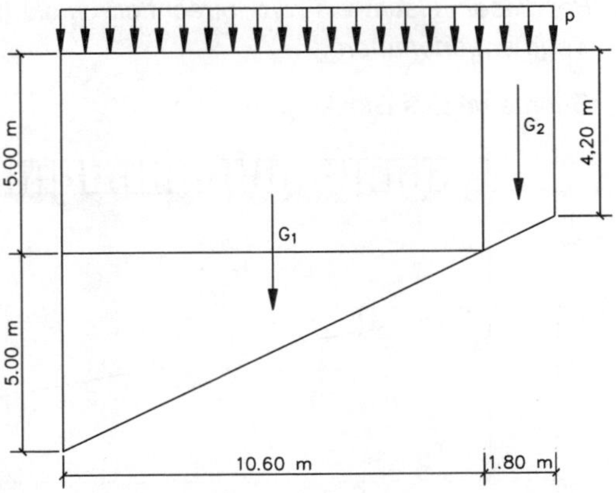

$$\eta_F = \frac{305{,}3 + 106{,}9 - (48{,}0 + 48{,}8)}{154{,}5} = \frac{313{,}4}{154{,}5} = 2{,}04 > 1{,}5$$

□ 3.24 Beispiel 54: Einfach verankerte Spundwand (bleibendes Bauwerk und Baugrubenverbau); Globalsicherheitskonzept

Geg.: *Spundwand als bleibendes Bauwerk und als Baugrubensicherung*

Schicht 1: SU

γ = 20 kN/m³; φ' = 30°;

Schicht 2: GW
γ = 18 kN/m³;
φ' = 35°;

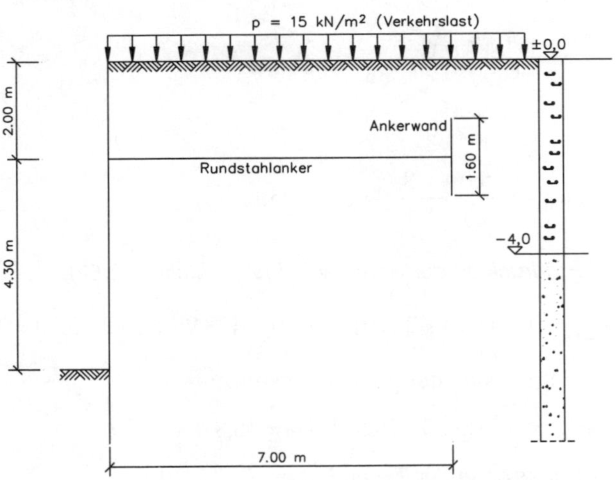

Ges.: *Anmerkung: Vergleichsrechnungen demonstrieren die rechenpraktische Anwendung des alten Globalsicherheitskonzepts DIN 1054 (1976)*

1) *Für die dargestellte Spundwand (bleibendes Bauwerk) mit freier Fußauflagerung sind zu ermitteln:*

   1.1 Erforderliche Einbindetiefe ($_{erf}t$)

   1.2 Bemessungsmoment ($_{max}M$)

   1.3 Aufzunehmende Ankerkraft ($_{korr.}A$)

□ 3.24 Fortsetzung Beispiel 54: Einfach verankerte Spundwand (bleibendes Bauwerk und Baugrubenverbau); Globalsicherheitskonzept

2) Untersuchung der Sicherheit in der Tiefen Fuge für 7,0 m lange Anker mit Ankerwänden von 1,6 m Höhe.

3) Vergleichsberechnung zu Punkt 1 für eine Baugruben-Spundwand.

Lösg.: 1 Erddruckermittlung

SU: $K_{ah} = 0{,}28$

GW: $K_{ah} = 0{,}22$; $K_{ph} = 8{,}36 \rightarrow K_{rh} = 8{,}14$

Boden	Kote	γ	h	$\gamma \cdot h$	p	k_{ah}	e_{ah}
[-]	[m]	[kN/m³]	[m]	[kN/m²]	[kN/m²]	[-]	[kN/m²]
SU	±0,0	20	4,0	80,0	15	0,28	4,2
	-4,0				95,0		26,6
GW	-4,0	18	2,3	41,4	95,0	0,22	20,9
	-6,3				136,4		30,0

Belastungsnullpunkt:

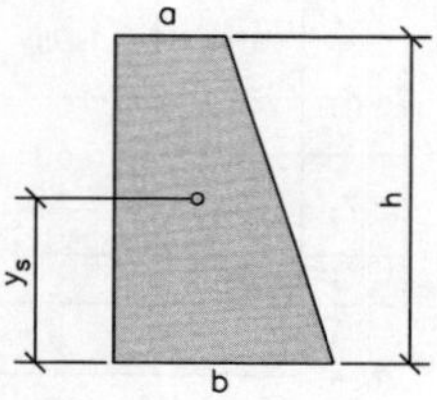

$$u = \frac{30{,}0}{18 \cdot 8{,}14} = 0{,}20 \ m$$

- Ersatzsystem:

Hinweis: Schwerpunktordinate y_s *eines Trapezes* $y_s = \frac{h}{3} \cdot \frac{2a+b}{a+b}$

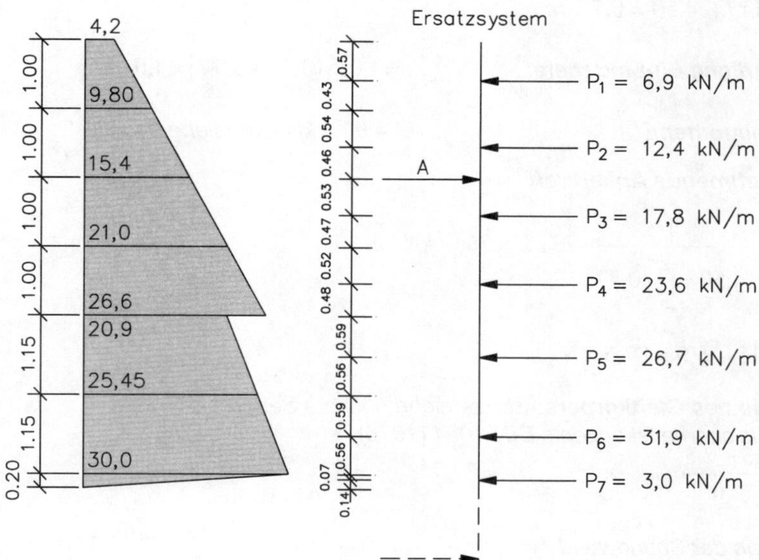

□ 3.24 Fortsetzung Beispiel 54: Einfach verankerte Spundwand (bleibendes Bauwerk und Baugrubenverbau); Globalsicherheitskonzept

- *Spundwandberechnung*

Nr.	*P*	*Δa*	*a*	*P·a*	*Q*	*Q·Δa*	
-	*kN/m*	*m*	*m*	*kNm/m*	*kN/m*	*kNm/m*	
1	*6,9*		*-1,43*	*-9,9*			
		0,97			*-6,9*	*-6,7*	
2	*12,4*		*-0,46*	*-5,7*			
		0,46			*-19,3*	*-8,9*	
A	*76,0*		-	-			
		0,53			*56,7*	*30,1*	$= M_A$
3	*17,8*		*0,53*	*9,4*			
		0,99			*38,9*	*38,5*	
4	*23,6*		*1,52*	*35,9*			
		1,07			*15,3*	*16,4*	
5	*26,7*		*2,59*	*69,2*			
		1,05					
6	*31,9*		*3,74*	*119,3*		*Σ 69,4*	$= {}_{max}M_F$
		0,63					
7	*3,0*		*4,37*	*13,1*			
ΣP = 122,3			*ΣP·a = 231,2*				

$$m = \frac{6}{18 \cdot 8{,}14 \cdot 4{,}50^3} \cdot 231{,}2 = 0{,}10 \rightarrow \qquad \xi = 0{,}172 \text{ (Nomogramm)}$$

$$x = \xi \cdot l = 0{,}172 \cdot 4{,}50 = 0{,}77 \; m$$

1.1 Erforderliche Einbindetiefe: $\quad {}_{erf}t = 1{,}05 \cdot (0{,}20 + 0{,}77) \approx 1{,}0 \; m$

1.2 Maximalmoment: $\quad {}_{max}M$ *= 69,4 kNm/m (siehe Tabelle)*

1.3 Aufzunehmende Ankerkraft

$$A = 122{,}3 - \frac{1}{4{,}50 + \frac{2}{3} \cdot 0{,}77} \cdot 231{,}2 \approx 76{,}0 \; kN/m$$

korr. $A = 1{,}15 \cdot 76{,}0 \approx 87{,}5 \; kN/m$

2 Geometrie des Gleitkörpers: *Skizze siehe nächste Seite*

$$\tan \vartheta_F = \frac{7{,}3 - 2{,}8}{7{,}0} \quad \rightarrow \quad \vartheta_F = 32{,}7°$$

- *Erddruck an der Spundwand*

$$E_{ah}^{(1)} = 0{,}5 \cdot (4{,}2 + 26{,}6) \cdot 4{,}0 + 0{,}5 \cdot (20{,}9 + 34{,}0) \cdot 3{,}30 = 152{,}2 \; kN/m$$

□ 3.24 Fortsetzung Beispiel 54: Einfach verankerte Spundwand (bleibendes Bauwerk und Baugrubenverbau); Globalsicherheitskonzept

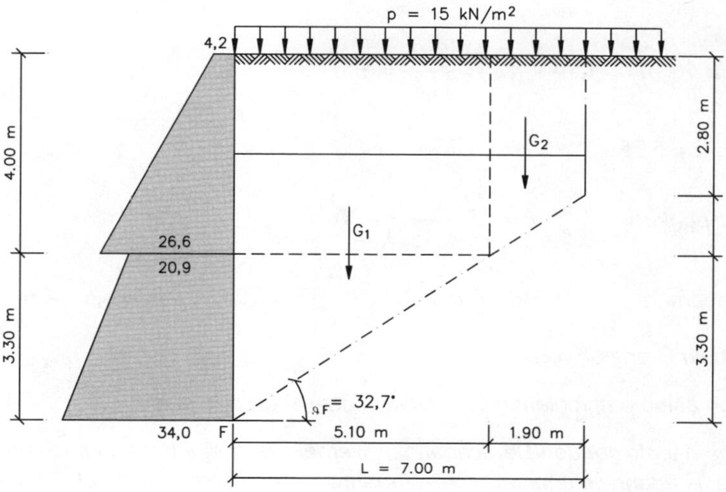

- *Erddruck an der Ankerwand:* $E_{ah}^{(2)} = 0{,}5 \cdot (4{,}2 + 19{,}9) \cdot 2{,}8 = 33{,}7\ kN/m$

- *Kohäsion in der Tiefen Fuge:* $C_h = 0$

- *Reaktionskräfte des Bodens an der Tiefen Fuge*

Berechnung von G_1:

$\varphi = 35° \ > \ \vartheta_F = 32{,}7° \quad \rightarrow$ *ohne Auflast p*

$$G_1 = 20 \cdot 4{,}0 \cdot 5{,}1 + 0{,}5 \cdot 18 \cdot 5{,}1 \cdot 3{,}3 = 559{,}5\ kN/m$$

Berechnung von G_2:

$\varphi = 30° \ < \ \vartheta_F = 32{,}7° \quad \rightarrow$ *mit Auflast p*

$$G_2 = 0{,}5 \cdot (2{,}8 + 4{,}0) \cdot 1{,}9 \cdot 20 + 15 \cdot 1{,}9 = 157{,}7\ kN/m$$

$$\rightarrow Q_h = 559{,}5 \cdot (32{,}7° - 35°) + 157{,}7 \cdot \tan(32{,}7° - 30°) = -22{,}5 + 7{,}4 = -15{,}1\ kN/m$$

- *Sicherheit in der Tiefen Fuge:*

$$\eta_F = \frac{152{,}2 + 0 - (-15{,}1 + 33{,}7)}{87{,}5} = 1{,}53 \ > \ {}_{erf}\eta_F = 1{,}5$$

3 Berechnungsgrundlagen: Empfehlungen des Arbeitskreises „Baugruben" (EAB)

- *Aktiver Erddruck bis zur Sohle: s. Abschnitt 1*

□ 3.24 Fortsetzung Beispiel 54: Einfach verankerte Spundwand (bleibendes Bauwerk und Baugrubenverbau); Globalsicherheitskonzept

$K_{ah} = 0{,}22$

$K_{ph} = 8{,}36$; *EB 19:* $\eta_P = 1{,}5 \rightarrow K'_{ph} = \dfrac{8{,}36}{1{,}5} = 5{,}57$

$K'_{rh} = 5{,}57 - 0{,}22 = 5{,}35$

- Belastungsnullpunkt: $u = \dfrac{30{,}0}{18 \cdot 5{,}35} \approx 0{,}30\ m$

- Erddruckumlagerung: *EB 17.1:* $h'_A = 4{,}3 + 0{,}3 = 0{,}7 \cdot h'_A = 0{,}7 \cdot 6{,}6 = 4{,}6\ m$

Hier liegt somit ein Grenzfall vor!

Deshalb werden beide empfohlenen Erddruckansätze zugrunde gelegt.

Anmerkung: Die nachfolgenden Berechnungen werden nach einem vereinfachten - jedoch in der Praxis ebenfalls anerkannten - Verfahren geführt. Hierdurch soll die Vielfalt der Berechnungsmöglichkeiten aufgezeigt werden.

3.1 Umwandlung in eine Gleichlast gem. EB 17.1

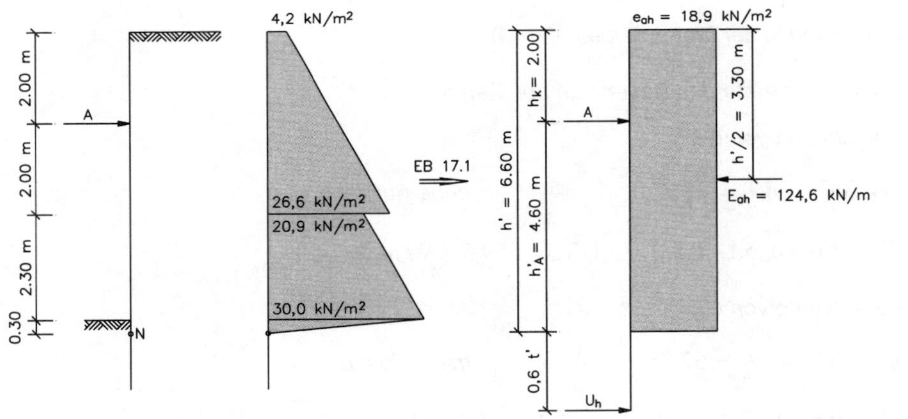

$$E_{ah} = \frac{4{,}2 + 26{,}6}{2} \cdot 4{,}0 + \frac{20{,}9 + 30{,}0}{2} \cdot 2{,}3 + \frac{30{,}0}{2} \cdot 0{,}3 = 61{,}6 + 58{,}5 + 4{,}5 = 124{,}6\ kN/m$$

$$e_{ah} = \frac{124{,}6}{6{,}6} = 18{,}9\ kN/m^2$$

EB 19.3: Lage des unteren (Erd-) Auflagers U_h im Abstand 0,6 · t' unterhalb des Belastungsnullpunktes.

$$\sum M_{(A)} = 0:\ U_h \cdot \left(h'_A + 0{,}6 \cdot t'\right) = E_{ah} \cdot \left(\frac{h'}{2} - h_k\right)$$

□ 3.24 Fortsetzung Beispiel 54: Einfach verankerte Spundwand (bleibendes Bauwerk und Baugrubenverbau); Globalsicherheitskonzept

$$U_h = E_{ah} \cdot \frac{\frac{h'}{2} - h_k}{h_A^{'} + 0{,}6 \cdot t'} = 124{,}6 \cdot \frac{3{,}3 - 2{,}0}{4{,}6 + 0{,}6 \cdot t'} \quad \rightarrow U_h = \frac{162{,}0}{4{,}6 + 0{,}6 \cdot t'} \qquad (1)$$

- Diese Auflagerkraft muss vom Erdwiderstand aufgenommen werden: $U_h = E_{ph}$

$$E_{ph}^{'} = \frac{1}{2} \cdot \gamma \cdot t'^2 \cdot K_{ph}^{'} = \frac{1}{2} \cdot 18 \cdot t'^2 \cdot 5{,}57 = 50{,}1 \cdot t'^2 \qquad (2)$$

(1) = (2): $$\frac{162{,}0}{4{,}6 + 0{,}6 \cdot t^{'}} = 50{,}1 \cdot t'^2 \quad \rightarrow \quad t' = 0{,}80 \ m$$

$$_{erf}t = 1{,}05 \cdot (0{,}30 + 0{,}80) \approx 1{,}15 \ m$$

Mit (1): $$U_h = \frac{162{,}0}{4{,}6 + 0{,}6 \cdot 0{,}8} = 31{,}9 \ kN/m$$

$$\sum H = 0: \ A = E_{ah} - U_h = 124{,}6 - 31{,}9 = 92{,}7 \ kN/m$$

Q-Fläche

$$x_0 = \frac{U_h}{e_{ah}} = \frac{31{,}9}{18{,}9} = 1{,}69 \ m$$

$$_{\max}M_F = 31{,}9 \cdot 0{,}48 + \frac{1}{2} \cdot 31{,}9 \cdot 1{,}69 = 42{,}3 \ kNm/m$$

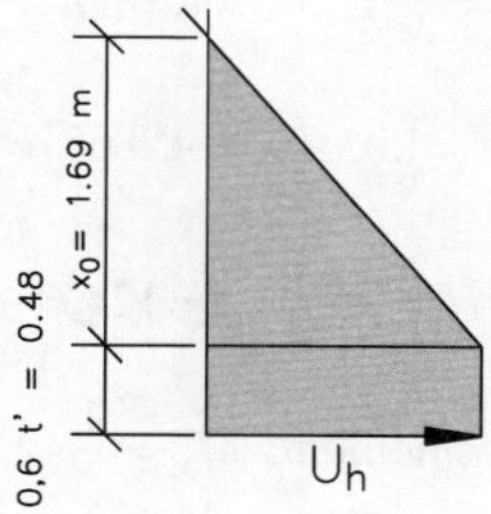

Kragmoment: $$M_A = 18{,}9 \cdot \frac{2{,}0^2}{2} = |37{,}8| \ kNm/m$$

- Korrekturen gem. EB 17: $$_{korr.}A = 92{,}7 \cdot \sqrt{\frac{6{,}6}{4{,}6}} = 111{,}0 \ kN/m$$

$$_{korr.}M_F = 42{,}3 \cdot \sqrt{\frac{4{,}6}{6{,}6}} = 35{,}3 \ kNm/m \ < \ M_A$$

Damit wird $_{\max}M = M_A = 37{,}8 \ kNm/m$

3.2 Umwandlung in eine Dreieckslast

EAB: Im Falle $h_A^{'} < 0{,}7 \cdot h^{'}$ *ist es zweckmäßiger, den Erddruck in eine Dreieckslast mit der maximalen Ordinate* e_{ah} *in Höhe des Auflagers und* $e_{ah} = 0$ *in GOK und im Belastungsnullpunkt N umzulagern.*

□ 3.24 Fortsetzung Beispiel 54: Einfach verankerte Spundwand (bleibendes Bauwerk und Baugrubenverbau); Globalsicherheitskonzept

Berechnung von e_{ah}:

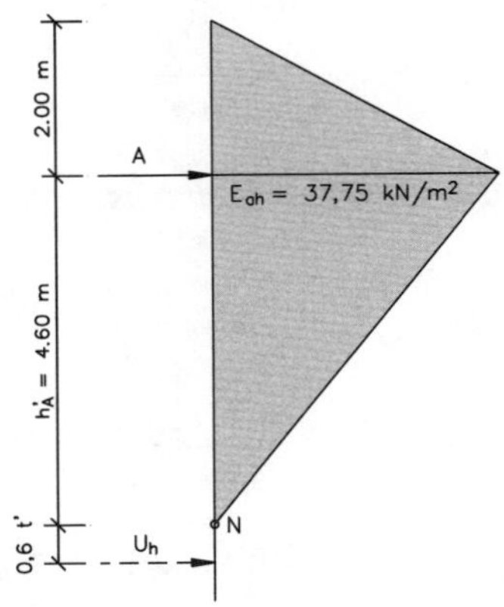

$$124{,}6 = \frac{1}{2} \cdot (2{,}0 + 4{,}6) \cdot e_{ah} \rightarrow e_{ah} = 37{,}75\ kN/m^2$$

$$\sum M_{(A)} = 0:\ U_h \cdot (4{,}6 + 0{,}6 \cdot t')$$

$$= \frac{1}{2} \cdot 37{,}75 \cdot 4{,}6 \cdot \frac{4{,}6}{3} - \frac{1}{2} \cdot 37{,}75 \cdot 2{,}0 \cdot \frac{2{,}0}{3} = 0$$

$$\rightarrow U_h = \frac{108{,}0}{4{,}6 + 0{,}6 \cdot t'} \quad (1)$$

Dieses Erdauflager muss vom Erdwiderstand gebildet werden: $U_h = E'_{ph}$

$$E'_{ph} = \frac{1}{2} \cdot \gamma \cdot t'^2 = \frac{1}{2} 18 \cdot t'^2 \cdot 5{,}57 = 50{,}1 \cdot t'^2 \quad (2)$$

(1) = (2): $\frac{108{,}0}{4{,}6 + 0{,}6 \cdot t'} = 50{,}1 \cdot t'^2 \quad \rightarrow \quad t' = 0{,}65\ m$

$_{erf}t = 1{,}05 \cdot (0{,}30 + 0{,}65) \approx 1{,}0\ m$ *mit (1):* $U_h = \frac{108{,}0}{4{,}6 + 0{,}6 \cdot 0{,}65} = 21{,}6\ kN/m$

$\sum H = 0: \quad A = 124{,}6 - 21{,}6 = 103{,}0\ kN/m$

Kragmoment: $M_A = \frac{1}{2} \cdot 2{,}0 \cdot 37{,}75 \cdot \frac{2{,}0}{3} = |25{,}2|\ kNm/m$

max. Feldmoment: Ermitteln Sie $_{max}M_F$ nach einer Ihnen bekannten Methode (z.B. durch Differentialrechnung).

$_{max}M_F = 41{,}6\ kNm/m$.

Anmerkung: Bei dieser Erddruckumlagerung ist keine Korrektur vorzunehmen!

3.3 Bemessungsgrößen

Wegen des vorliegenden Grenzfalls der Erddruckumlagerung gem. EAB werden hier die ungünstigsten Werte aus beiden Berechnungen zugrunde gelegt:

$_{erf}t = 1{,}15\ m$ *(Abschnitt 3.1)*

$_{max}M = 41{,}6\ kNm/m$ *(Abschnitt 3.2)*

$A = 111{,}0\ kN/m$ *(Abschnitt 3.1)*

□ 3.25 Beispiel 55: maximale Flächenlast bei bestehender Spundwand nach Globalsicherheitskonzept

Geg.: *Auf die Hinterfüllung einer bestehenden, einfach verankerten Uferspundwand, Rammtiefe t = 1,5 m bei freier Auflagerung, soll eine Schüttung aus Mittelsand (Porenanteil 0,35, Wassergehalt 0,1, Reibungswinkel 32,5° im Endzustand) aufgebracht werden.*

Die Spundwandanker (Abstand 1,8 m) wurden für 137 kN bemessen.

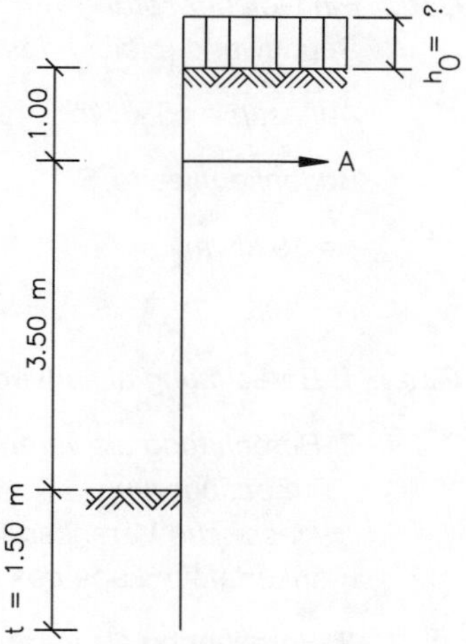

Ges.: *Wie hoch (h_0) darf die Schüttung sein, um die Ankerlasten nicht zu überschreiten?*

Lösg.: *Bei der Bemessung wurde die statische Ankerkraft um 15% erhöht. Die statische Kraft ist daher pro Anker*

$$A' = \frac{137}{1{,}15} \approx 119 \ kN$$

und pro lfd m Spundwand: $A = \frac{119}{1{,}8} = 66{,}1 \ kN/m$

Wichte der Schüttung im Endzustand

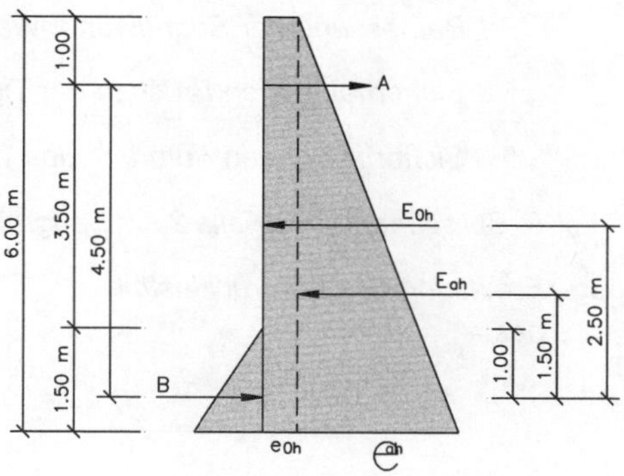

$$\gamma = (1-0{,}35) \cdot 26{,}5 \cdot (1+0{,}1) \approx 19 \ kN/m^3$$

$$K_{ah} = 0{,}25 \, ; \ K_{ph} = 6{,}77$$

$$e_{ah} = 19 \cdot 60{,}25 = 28{,}5 \ kN/m^2$$

$$e_{0h} = p_0 \cdot 0{,}25$$

$$E_{ah} = \frac{28{,}5 \cdot 6}{2} = 85{,}5 \ kN/m$$

$$E_{0h} = p_0 \cdot 0{,}25 \cdot 6 = p_0 \cdot 1{,}5$$

$$\sum M_B = 0: \ 66{,}1 \cdot 4{,}5 - E_{0h} \cdot 2{,}5 - E_{ah} \cdot 1{,}5 = 0$$

$$297{,}5 - p_0 \cdot 1{,}5 \cdot 2{,}5 - 85{,}5 \cdot 1{,}5 = 0$$

$$297{,}5 - p_0 \cdot 3{,}75 - 128{,}25 = 0$$

$$\frac{169{,}2}{3{,}75} = p_0 \rightarrow p_0 = 45{,}12 = \gamma \cdot h_0$$

Schütthöhe: $h_0 = \frac{45{,}12}{19} = 2{,}37 \ m$

□ 3.26 Beispiel 56: Spundwandberechnung für verschiedene statische Systeme; Standsicherheitsnachweis in der Tiefen Fuge nach Globalsicherheitskonzept

Geg.: *Ein Geländesprung von 5,0 m Höhe soll durch eine Spundwand (bleibendes Bauwerk) abgestützt werden.*

Auflast p = 15 kN/m²

Bodenkennwerte: SU

$\gamma = 19\ kN/m^3$

$\varphi = 30°$

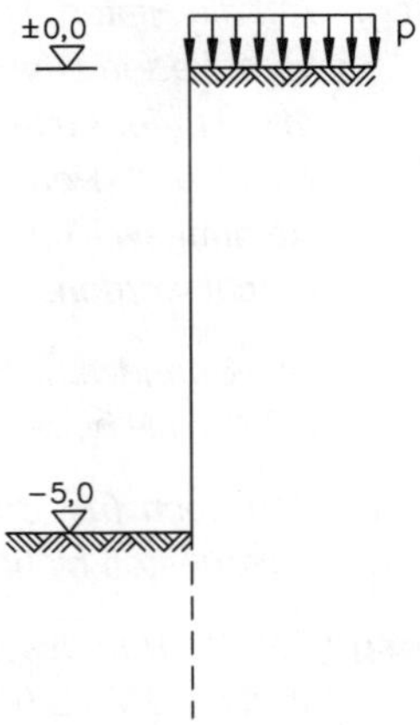

Ges.: *1. Berechnung als unverankerte Spundwand*

2. Berechnung als verankerte Spundwand mit freier Fußauflagerung (klassische Verankerung mit Rundstahlankern und Ankertafeln; Lage des Ankers bei -1,5m)

3. Berechnung als verankerte Spundwand mit Einspannung (Lage des Ankers bei -1,5m)

4. Zusammenstellung der Ergebnisse

5. Für den Fall 2 sind folgende Nachweise zu führen:

5.1 Bemessung der Spundwand, Wahl des Ankerabstands

5.2 Sicherheit gegen Bruch in der Tiefen Fuge

5.3 Sicherheit gegen Aufbruch des Verankerungsbodens

6. Berechnung des Falls 2 als Baugrubenverbau (gestützt bei -1,5m)

Lösg.: *Ermittlung des Erddrucklastbildes*

$\varphi = 30° \Rightarrow K_{ah} = 0{,}28\,;$

$K_{ph} = 5{,}74 \quad \Rightarrow$

$K_{rh} = 5{,}74 - 0{,}28 = 5{,}46$

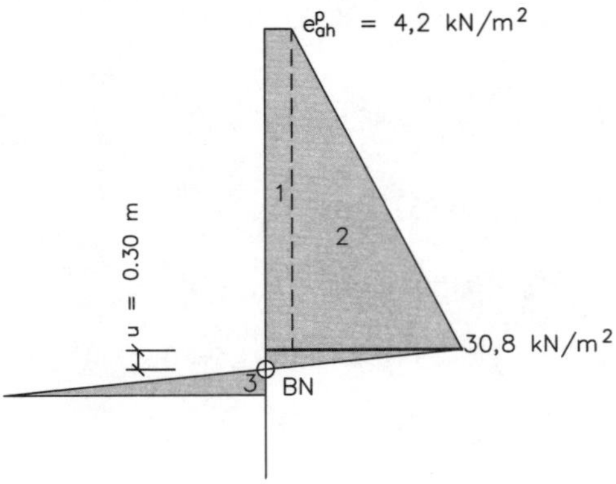

Erddruck an der Sohle:

$e_{ah}^{g} = 19 \cdot 5{,}0 \cdot 0{,}28 = 26{,}6\ kN/m^2$

$e_{ah}^{p} = 15 \cdot 0{,}28 = 4{,}2\ kN/m^2$

Belastungsnullpunkt:

$$u = \frac{26{,}6 + 4{,}2}{19 \cdot 5{,}46} = 0{,}30\ m$$

1 Unverankerte Spundwand

$Q_0 = 4{,}2 \cdot 5{,}0 + 0{,}5 \cdot 26{,}6 \cdot 5{,}0 + 0{,}5 \cdot 30{,}8 \cdot 0{,}30 = 92{,}1\ kN/m$

□ 3.26 Fortsetzung Beispiel 56: Spundwandberechnung für verschiedene statische Systeme; Standsicherheitsnachweis in der Tiefen Fuge nach Globalsicherheitskonzept

$$M_0 = 21{,}0(0{,}30 + 2{,}5) + 66{,}5\left(0{,}30 + \frac{5{,}0}{3}\right) + 4{,}6 \cdot \frac{2 \cdot 0{,}30}{3} = 190{,}5 \ kNm/m$$

$$m = \frac{6}{19 \cdot 5{,}46} \cdot 92{,}1 = 5{,}3\,; \qquad n = \frac{6}{19 \cdot 5{,}46} \cdot 190{,}5 = 11{,}0$$

⇒ Nomogramm: $x = 3{,}0 \ m$

Damit wird: *Erforderliche Einbindetiefe:* $_{erf}t = 1{,}2(0{,}30 + 3{,}0) \approx 4{,}0 \ m$

Maximalmoment: $_{\max}M = 190{,}5 + 0{,}385 \cdot 92{,}1 \cdot \sqrt{5{,}3} = 272{,}1 \ kNm/m$

2 Einmal verankerte Spundwand mit freier Fußauflagerung

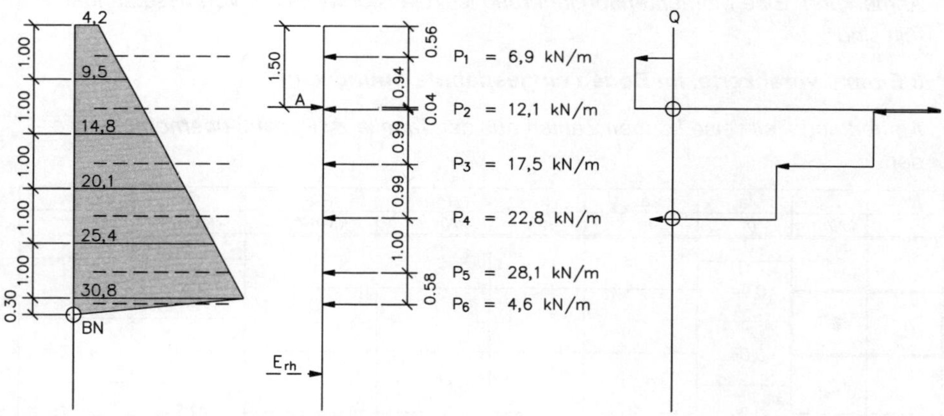

Die Berechnung erfolgt in Tabellenform:

Nr.	P	Δa	a	P·a	Q	Q·Δa	
-	kN/m	m	m	kNm/m	kN/m	kNm/m	
1	6,9		-0,94	-6,5			
		0,94			-6,9	-6,5	$= M_A$
A	55,3		-	-			
		0,04			+48,4	+1,9	
2	12,1		+0,04	+0,5			
		0,99			36,3	35,9	
3	17,5		1,03	18,0			
		0,99			18,8	18,6	
4	22,8		2,02	46,1			
		1,00					
5	28,1		3,02	84,9		Σ 49,9	$= {}_{max}M_F$
		0,58					
6	4,6		3,60	16,6			
ΣP = 92,0			ΣP·a = 159,6				

□ 3.26 Fortsetzung Beispiel 56: Spundwandberechnung für verschiedene statische Systeme; Standsicherheitsnachweis in der Tiefen Fuge nach Globalsicherheitskonzept

$$m = \frac{6 \cdot 159{,}6}{19 \cdot 5{,}46 \cdot 3{,}80^3} = 0{,}168 \quad \Rightarrow \quad \xi = 0{,}22 \text{ (Nomogramm)}$$

$$x = \xi \cdot l = 0{,}22 \cdot 3{,}80 = 0{,}84 \ m \rightarrow \quad {}_{erf}t = 1{,}05(0{,}30 + 0{,}84) = 1{,}20 \ m$$

Ankerkraft $A = 92{,}0 - \dfrac{1}{3{,}80 + \frac{2}{3} \cdot 0{,}84} \cdot 159{,}6 = 55{,}3 \ kN/m$

$_{korr.}A = 1{,}15 \cdot 55{,}3 = 63{,}6 \ kN/m$

Maximalmoment: $_{\max}M = 49{,}9 \ kNm/m$ *(s. Tabelle)*

Anmerkung: Eine Momentenabminderung ist zulässig, wenn die Voraussetzungen erfüllt sind.

3 Einmal verankerte, im Boden eingespannte Spundwand

Anmerkung: Teilweise können Zahlen aus der Tabelle zu Punkt 2 übernommen werden.

Nr.	P	Δa	a	a³	P·a	P·a³	Q	Q·Δa
-	kN/m	m	m	m³	kNm/m	kNm³/m	kN/m	kNm/m
1	6,9		-0,94	-	-6,5	-		
		0,94					-6,9	-6,5
A	48,7		-	-	-	-		
		0,04					+41,8	+1,7
2	12,1		+0,04	0	+0,5	0		
		0,99					29,7	29,4
3	17,5		1,03	1,09	18,0	19,1		
		0,99					12,2	12,1
4	22,8		2,02	8,24	46,1	187,9		
		1,00						36,7
5	28,1		3,02	27,54	84,9	773,9		
		0,58						
6	4,6		3,60	46,66	16,6	214,6		
ΣP =	92,0			ΣP·a =	159,6	1195,5	= ΣP·a³	

$$m = \frac{6}{19 \cdot 5{,}46 \cdot 3{,}80^3} \cdot 159{,}6 = 0{,}168$$

$$n = \frac{6}{19 \cdot 5{,}46 \cdot 3{,}80^5} \cdot 1195{,}5 = 0{,}087 \quad \rightarrow \quad \xi = 0{,}43 \text{ (Nomogramm)}$$

$$x = 0{,}43 \cdot 3{,}80 = 1{,}63 \ m \quad \rightarrow \quad {}_{erf}t = 1{,}10 \cdot (0{,}30 + 1{,}63) \approx 2{,}15 \ m$$

□ 3.26 Fortsetzung Beispiel 56: Spundwandberechnung für verschiedene statische Systeme; Standsicherheitsnachweis in der Tiefen Fuge nach Globalsicherheitskonzept

$$A = 92{,}0 - \frac{1}{3{,}80 + 1{,}63} \cdot 159{,}6 - \frac{19 \cdot 5{,}46 \cdot 1{,}63^3}{6 \cdot (3{,}80 + 1{,}63)} = 48{,}7 \ kN/m$$

$_{korr.} A = 1{,}15 \cdot 48{,}7 = 56{,}0 \ kN/m$

$_{\max} M = 36{,}7$ *(s. Tabelle)*

Anmerkung: Eine Momentenabminderung ist zulässig, wenn die Voraussetzungen erfüllt sind.

4 Zusammenstellung der Ergebnisse

statisches System	$_{erf}t$	$_{korr.}A$	$_{max}M$
ungestützt	*4,00 m*	*-*	*272,1 kNm/m*
gestützt, frei aufgelagert	*1,20 m*	*63,6 kN/m*	*49,9 kNm/m*
gestützt, eingespannt	*2,15 m*	*56,0 kN/m*	*36,7 kNm/m*

***5 Weitere Nachweise für den Fall 2** (verankert)*

5.1 Bemessung der Spundwand, Wahl des Ankerabstands

a) Spundwandprofil

Anmerkung: Wegen der derzeitigen Übergangssituation in der Berechnungstechnik wird das Profil nach der konventionellen Methode gewählt:

$$_{erf}W^{StSp37} = \frac{_{\max}M}{_{zul}\sigma} = \frac{49{,}9 \cdot 10^2}{16{,}0} = 312 \ cm^3/m$$

gewählt: Larssen 600, StSp37, $_{vorh}W = 510\ cm^3/m$

b) Verankerung

Eine klassische Verankerung mit Rundstahlankern und Ankertafeln (s. unten) soll eingebaut werden. Aus konstruktiven Gründen muss der Ankerabstand ein gerades Vielfaches der Bohlenbreite betragen.

gewählt: $a = 6 \cdot 0{,}60 = 3{,}60 \ m$.

c) zusätzliche Bemessungsnachweise

Bezüglich der noch zu bemessenden

- Anker

- Ankerwand/ -tafeln und

- Gurt und Gurtbolzen

siehe die einschlägige Fachliteratur, z.B. der Spundwandhersteller.

□ 3.26 Fortsetzung Beispiel 56: Spundwandberechnung für verschiedene statische Systeme; Standsicherheitsnachweis in der Tiefen Fuge nach Globalsicherheitskonzept

5.2 Sicherheit gegen Bruch in der Tiefen Fuge

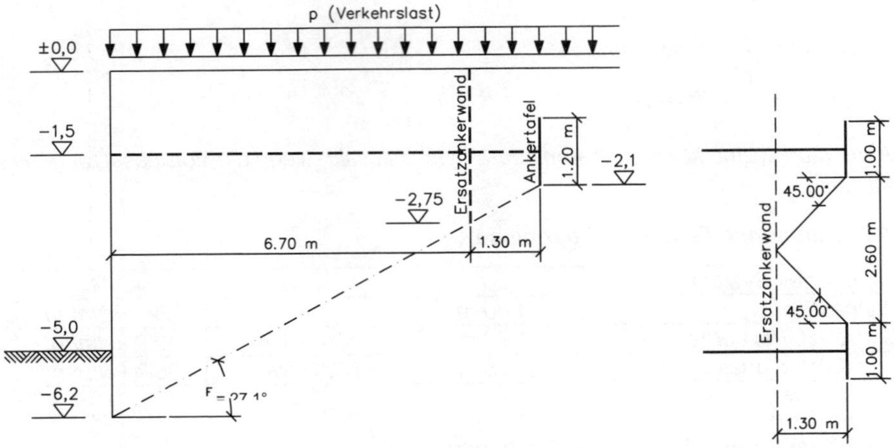

Mit einer gewählten Ankerlänge von L = 8,0 m und Ankertafeln von b/h = 1,0 m/ 1,2 m ergibt sich die in der Zeichnung dargestellte Geometrie:

Die Ankertafeln müssen in eine (Ersatz-) Ankerwand umgerechnet werden:

Bei den gegebenen Abmessungen und unter Annahme einer mit etwa 45° verlaufenden Ausbreitung der Erdwiderstandsspannung vor den Ankertafeln kann die Ersatzankerwand im Abstand von 1,3 m angenommen werden. Damit liegt die Unterkante der Ersatzankerwand bei - 2,75 m.

An dem herausgeschnittenen Erdblock wirken folgende Kräfte:

1) Erddruck (hor.) an der Spundwand $\left(E_{ah}^{(1)}\right)$

$$E_{ah}^{(1)} = 0{,}5 \cdot (4{,}2 + 37{,}2) \cdot 6{,}2 = 128{,}3 \ kN/m$$

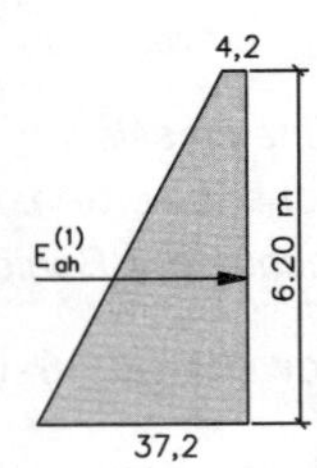

2) Erddruck (hor.) an der (Ersatz-) Ankerwand $\left(E_{ah}^{(2)}\right)$

$$E_{ah}^{(2)} = 0{,}5 \cdot (4{,}2 + 18{,}8) \cdot 2{,}75 = 31{,}6 \ kN/m$$

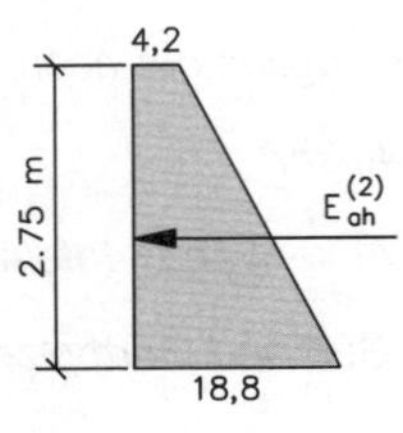

☐ 3.26 Fortsetzung Beispiel 56: Spundwandberechnung für verschiedene statische Systeme; Standsicherheitsnachweis in der Tiefen Fuge nach Globalsicherheitskonzept

3) Kohäsion (hor.) in der Tiefen Fuge (C_h)

$C_h = 0$

4) Reaktionskräfte (hor.) des Bodens in der Tiefen Fuge (Q_h)

$\vartheta_F = 27{,}1° \; < \; \varphi = 30°$; *G wird ohne Auflast berechnet.*

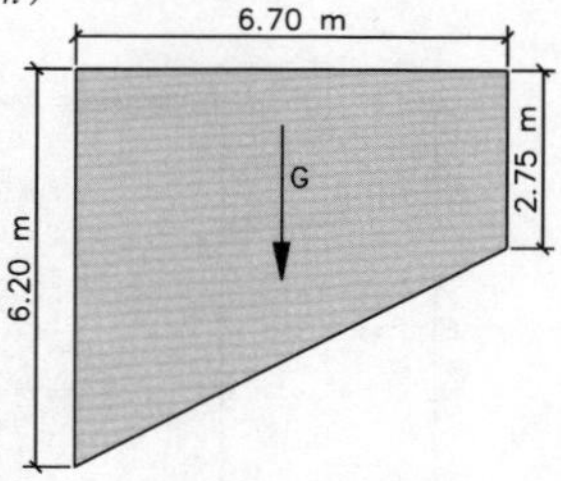

Gewichtskraft des Bodens bis zur (Ersatz-) Ankerwand:

$$G = 0{,}5 \cdot (2{,}75 + 6{,}2) \cdot 6{,}7 \cdot 19 = 569{,}7 \;\; kN/m$$

Damit wird: $Q_h = 569{,}7 \cdot \tan(27{,}1° - 30°) = -28{,}9 \;\; kN/m$

Sicherheit gegen Bruch in der Tiefen Fuge:

$$\eta_F = \frac{128{,}3 + 0 - (-28{,}9 + 31{,}6)}{63{,}6} = 1{,}97 \;\; > \;\; 1{,}5$$

5.3 Sicherheit gegen Aufbruch des Verankerungsbodens

$\varphi = 30°;\ \delta_P = 0 \;\; \rightarrow \;\; K_{ph} = 3{,}00$

$$E_{ph} = 0{,}5 \cdot 119{,}7 \cdot 2{,}1 = 125{,}7 \;\; kN/m$$

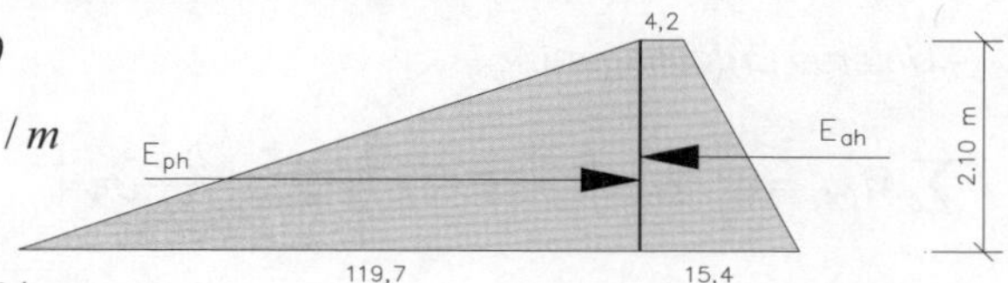

$$E_{ah} = 0{,}5 \cdot (4{,}2 + 15{,}4) = 20{,}6 \;\; kN/m$$

Sicherheit:

$$\eta_A = \frac{125{,}7}{63{,}7 + 20{,}6} = 1{,}49 \approx 1{,}5$$

6 Vergleichsberechnung des Falls 2 als Baugrubenverbau

Berechnungsgrundlage: Empfehlungen des Arbeitskreises „Baugruben" (EAB).

Anmerkung: Im Folgenden wird eine - in der Praxis anerkannte - vereinfachte Berechnung gewählt. Die genaue Berechnungsmethode wird in einem der nachfolgenden Beispiele dargestellt.

- Erddruckermittlung

$K_{ah} = 0{,}28$; $K_{ph} = 5{,}74$; *EB 19:* $\eta_P = 1{,}5 \;\rightarrow\; K'_{ph} = \frac{5{,}74}{1{,}5} = 3{,}83$

$$K'_{rh} = 3{,}83 - 0{,}28 = 3{,}55$$

Belastungsnullpunkt: $u = \frac{30{,}8}{19 \cdot 3{,}55} = 0{,}46 \;\; m$

□ 3.26 Fortsetzung Beispiel 56: Spundwandberechnung für verschiedene statische Systeme; Standsicherheitsnachweis in der Tiefen Fuge nach Globalsicherheitskonzept

- Erddruckumlagerung:

EB 17.1: $h_A^{'} = 3{,}96 \;>\; 0{,}7 \cdot h^{'} = 0{,}7 \cdot 5{,}46 = 3{,}82 \; m$ $\rightarrow$ *Umwandlung in eine Gleichlast:*

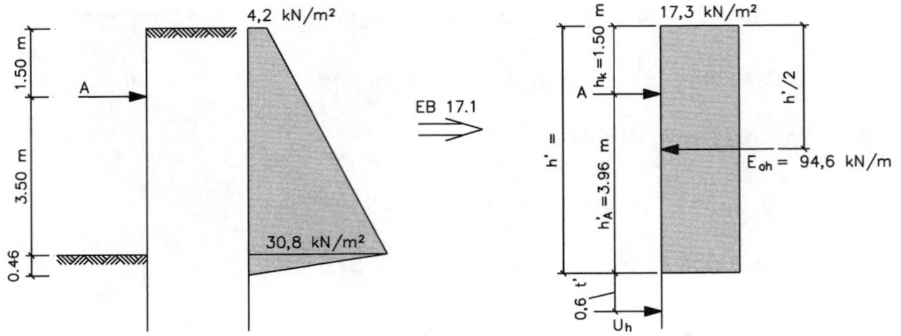

EB 19.3: Lage des unteren Erdauflagers 0,6 · t' unterhalb des Belastungsnullpunkts.

- Unteres Erdauflager U_h*:*

$$\sum M_{(A)} = 0: \; U_h \cdot \left(h_A^{'} + 0{,}6 \cdot t^{'}\right) = E_{ah} \cdot \left(\frac{h^{'}}{2} - h_k\right)$$

$$\rightarrow \quad U_h = \frac{E_{ah} \cdot \left(\frac{h^{'}}{2} - h_k\right)}{h_A^{'} + 0{,}6 \cdot t^{'}} = \frac{94{,}6 \cdot (2{,}73 - 1{,}50)}{3{,}96 + 0{,}6 \cdot t^{'}} = \frac{116{,}4}{3{,}96 + 0{,}6 \cdot t^{'}} \qquad (1)$$

- Diese Auflagerkraft muss vom Erdwiderstand aufgenommen werden:

$$E_{ph}^{'} = \frac{1}{2} \cdot \gamma \cdot t^{'2} \cdot K_{ph}^{'} = \frac{1}{2} \cdot 19 \cdot t^{'2} \cdot 3{,}83 = 36{,}4 \cdot t^{'2} \quad (2)$$

$U_h = E_{ph}^{'} \quad \rightarrow \quad$ *(1) = (2)*

$$\frac{116{,}4}{3{,}96 + 0{,}6 \cdot t^{'}} = 36{,}4 \cdot t^{'2} \rightarrow t^{'} \approx 0{,}85 \; m$$

Mit (1): $U_h = \dfrac{116{,}4}{3{,}96 + 0{,}6 \cdot 0{,}85} = 26{,}0 \; kN/m$

- Steifenkraft $A = E_{ah} - U_h = 94{,}6 - 26{,}0 = 68{,}6 \; kN/m$

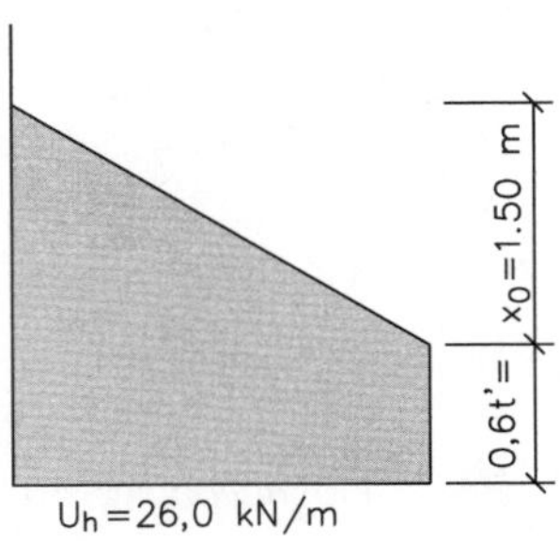

□ 3.26 Fortsetzung Beispiel 56: Spundwandberechnung für verschiedene statische Systeme; Standsicherheitsnachweis in der Tiefen Fuge nach Globalsicherheitskonzept

- *Maximalmoment*

$$x_0 = \frac{U_h}{e_{ah}} = \frac{26,0}{17,3} = 1,50 \;\; m$$

$$\max \;\; M_F = 26,0 \cdot 0,51 + \frac{1}{2} \cdot 26,0 \cdot 1,50 = 32,8 \;\; kNm/m \;\; > M_A$$

$$U_h = 26,0 \;\; kN/m; \qquad M_A = 17,3 \cdot \frac{1,5^2}{2} = 19,5 \;\; kNm/m$$

- *Korrektur gem. EB 17:*

$$\text{korr. } A = 68,6 \cdot \sqrt{\frac{5,46}{3,96}} = 80,6 \;\; kN/m; \qquad \text{korr. } M_F = 32,8 \cdot \sqrt{\frac{3,96}{5,46}} = 27,9 \;\; kNm/m$$

- *Einbindetiefe:* $erf \;\; t = 1,05 \cdot (0,46 + 0,85) = 1,38 \;\; m$

Anmerkung: da für einen Baugrubenverbau andere zulässige Spannungen bzw. Sicherheitsbeiwerte gelten, ist ein direkter Vergleich mit den Ergebnissen des Falls 2 nicht möglich.

□ 3.27 Beispiel 57: Sicherheit in der Tiefen Fuge bei einer zweifach verankerten Spundwand

Geg.: *die dargestellte die zweifach verankerte, im Boden frei aufgelagerte Spundwand*

Bodenkennwerte

$A_{vorh,h,1} \approx 77 \;\; kN/m$

$A_{vorh,h,2} \approx 101 \;\; kN/m$

φ = 30° γ' = 20 kN/m³

c' = 1,0 kN/m²

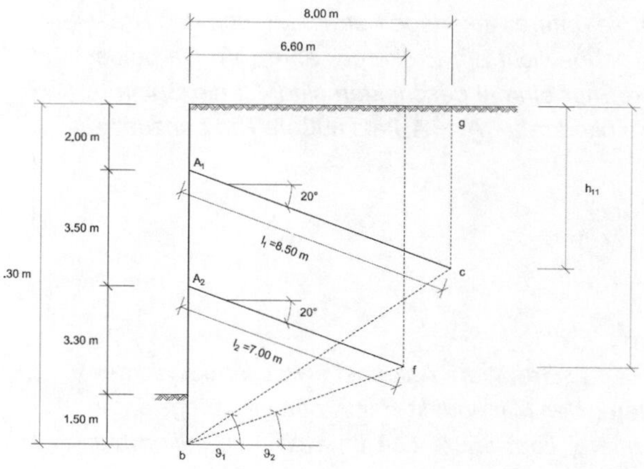

Ges.: *Nachweis der Tiefen Fuge*

□ 3.27 Fortsetzung Beispiel 57: Sicherheit in der Tiefen Fuge bei einer zweifach verankerten Spundwand

Lösg.: *Teilsicherheitsbeiwerte (BS-T)* $\gamma_G = 1{,}20$; $\gamma_Q = 1{,}30$; $\gamma_{R,e} = 1{,}30$

(BS-P: Anker im Vollaushub!) $\gamma_G = 1{,}35$; $\gamma_Q = 1{,}50$; $\gamma_{R,e} = 1{,}40$

$$\varphi_k = \varphi', \; e^g_{ah} = e^g_{ah,k}, \; e^p_{ah} = e^q_{ah,k}, \; p = p_k, \; A = A_k, \; K_{ah} = K_{ah,k}, \; K_{ph} = K_{ph,k}$$

Vorbemerkungen: Das für mehrfache Verankerungen entwickelte Berechnungsverfahren von Ranke/Ostermayer (1968) baut im Wesentlichen auf dem Verfahren von Kranz (1953) Ermittlung der Sicherheit gegen Bruch in der Tiefen Fuge für einfache Verankerungen, (siehe Abschnitt 3.2.3) auf. Auch hier wird eine ebene tiefe Gleitfuge angenommen, die vom Wanddrehpunkt zum Ankerendpunkt (bei Verpressankern Mittelpunkt der Verpresslänge) verläuft. Im Hinblick auf das Zusammenwirken der einzelnen Ankerlagen sind jedoch ergänzende Überlegungen anzustellen, die am vorliegenden Beispiel erläutert werden. Folgende Fälle sind zu unterscheiden:

a) Fall 1: *Der obere Anker ist kürzer als der untere.*

Diese Ankeranordnung kann sich bei Coulombscher Erddruckverteilung (mit der Tiefe zunehmend) oder bei eventuell aufzunehmendem Wasserdruck ergeben.

Der Nachweis für die obere Ankerlage wird am Erdkörper abce berechnet (bc).

Fall 1:

$$A_{mögl,h,d(bc)} = A_{vorh,d,1}$$

$$A_{mögl,h,d(bf)} = A_{vorh,d,1} + A_{vorh,d,2}$$

Für die untere Ankerlage betrachtet man das Kräftegleichgewicht am Erdkörper abfh (bf). Da beide Anker nur einmal geschnitten sind, ist die Summe der Ankerkräfte ($A_1 + A_2$) als äußere Kraft anzusetzen.

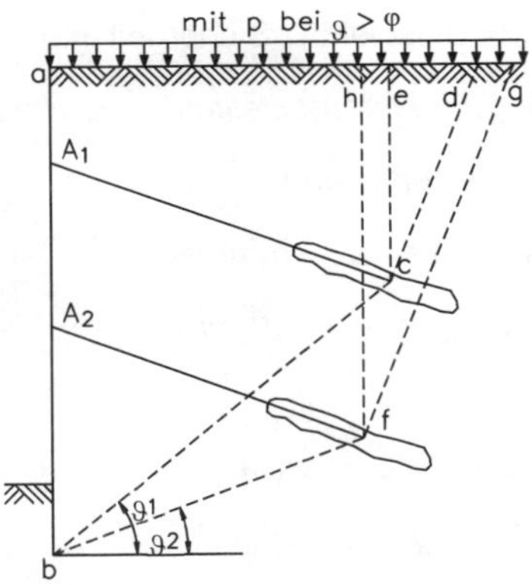

b) Fall 2: *Der obere Anker ist etwas länger als der untere; der Mittelpunkt der Krafteintragungslänge (Punkt c) liegt aber noch im aktiven Gleitkeil bfg des unteren Ankers.*

Fall 2:

$$A_{mögl,h,d(bc)} = A_{vorh,d,1}$$

$$A_{mögl,h,d(bf)} = A_{vorh,d,1} + A_{vorh,d,2}$$

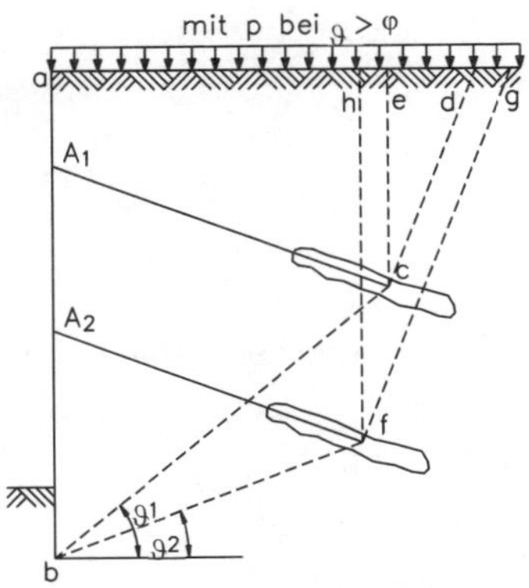

□ 3.27 Fortsetzung Beispiel 57: Sicherheit in der Tiefen Fuge bei einer zweifach verankerten Spundwand

Diese Ankeranordnung ergibt sich im Normalfall bei einem Baugrubenverbau unter Berücksichtigung einer Erddruckumlagerung.

Beide Anker werden wiederum nur einmal geschnitten. Daher wird der Nachweis wie im Fall 1 geführt.

***c) Fall 3:** Der obere Anker ist viel länger als der untere Anker; der Punkt c liegt außerhalb des aktiven Gleitkeils des unteren Ankers und der Gleitflächenwinkel ϑ_1 ist größer als ϑ_2.*

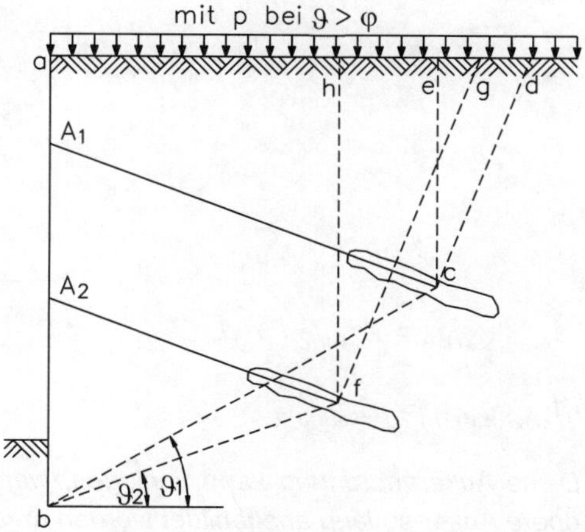

Fall 3:

$$A_{mögl,h,d(bc)} = A_{vorh,d,1}$$

$$A_{mögl,h,d(bf)} = A_{vorh,d,2}$$

Die Sicherheit für den oberen Anker berechnet sich wie im Fall 1. An der unteren Ankerlage müssen zwei verschiedene Gleitfugen untersucht werden. Bei der ersten Möglichkeit verläuft die Gleitfuge über die Punkte bfg (bf). Für den zweiten Gleitfugenverlauf bfcd ist die Summe der Ankerkräfte ($A_1 + A_2$) zu berücksichtigen (bfc).

Anmerkung: In der Praxis wird oft anstatt bc und bf nur eine Untersuchung geführt, bei der angenommen wird, dass die Gleitfläche bf allein die Summe der Ankerkräfte ($A_1 + A_2$) aufnehmen kann:

$$A'_{mögl,h,d(bf)} = A_{vorh,d,1} + A_{vorh,d,2}$$

$$A_{mögl,h,d(bfc)} = A_{vorh,d,1} + A_{vorh,d,2}$$

$$A'_{mögl,h,d(bc)} = A_{vorh,d,1} + A_{vorh,d,2}$$

Dieser Nachweis liefert immer zu kleine Sicherheiten und liegt somit auf der sicheren Seite.

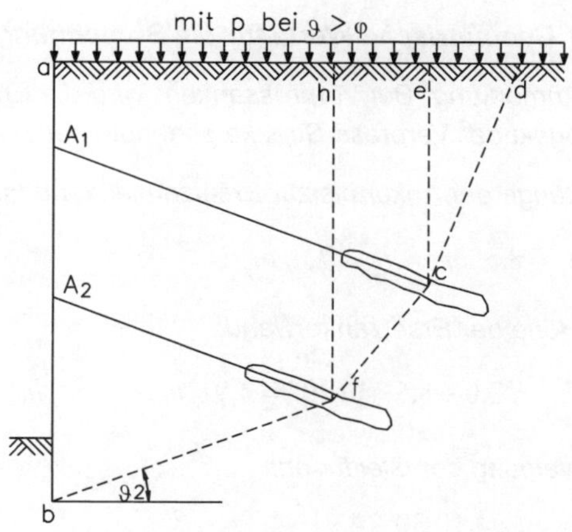

□ 3.27 Fortsetzung Beispiel 57: Sicherheit in der Tiefen Fuge bei einer zweifach verankerten Spundwand

d) Fall 4: *Der obere Anker ist wesentlich länger als der untere, so dass der Gleitflächenwinkel ϑ_1 kleiner wird als ϑ_2.*

Fall 4:

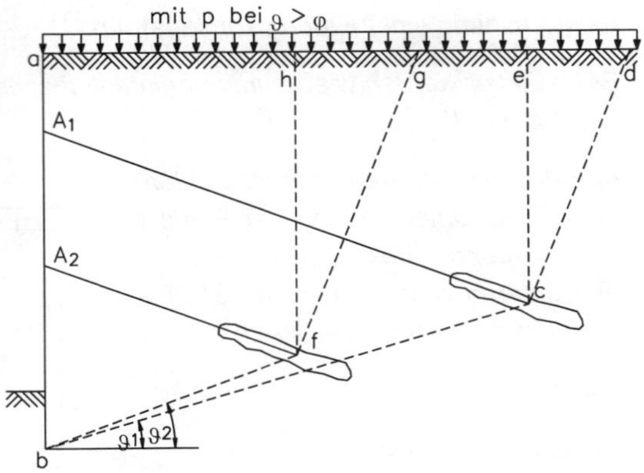

$$A_{mögl,h,d(bc)} = A_{vorh,d,1} + A_{vorh,d,2}$$

$$A_{mögl,h,d(bf)} = A_{vorh,d,2}$$

Diese Ankeranordnung kann vorliegen, wenn durch Schichtwechsel des Bodens der obere Anker so lang ausgebildet werden muss, dass er in den tiefer liegenden tragfähigen Boden einbindet. Der Nachweis bc für die obere Ankerlage ergibt sich mit der Summe der Ankerkräfte ($A_1 + A_2$). Für die untere Ankerlage muss der Nachweis bf geführt werden.

Für das gegebene Berechnungsbeispiel wird:

Erddruckbeiwert

$$K_{ah}^{g} = 0{,}28\,; \quad K_{ah}^{c'} = 0{,}49\,.$$

1 Geometrische Werte für die Berechnung der Standsicherheit

Anmerkung: Bei Verpressankern wird die Ersatzankerwand näherungsweise im Mittelpunkt der Verpress-Strecke angenommen.

Länge der Anker bis zur Ersatzankerwand (s. Aufgabenstellung):

$$l_1 = 8{,}5\ m\,; \quad l_2 = 7{,}0\ m$$

Höhe der Ersatzankerwand:

$$h_{1_1} = 2{,}0 + 8{,}5 \cdot \sin 20° = 4{,}91\ m\,; \qquad h_{1_2} = 2{,}0 + 3{,}5 + 7{,}0 \cdot \sin 20° = 7{,}89\ m\,.$$

Neigung der Gleitfugen:

$$\tan \vartheta_1 = \frac{10{,}30 - 4{,}91}{8{,}00} = 0{,}674 \ \rightarrow \ \vartheta_1 = 34{,}0°\,;$$

□ 3.27 Fortsetzung Beispiel 57: Sicherheit in der Tiefen Fuge bei einer zweifach verankerten Spundwand

$$\tan \vartheta_2 = \frac{10{,}30 - 7{,}84}{6{,}60} = 0{,}365 \rightarrow \vartheta_2 = 20{,}1°$$

2 Kräfte am Gleitkörper

Horizontaler aktiver Erddruck an der Spundwand:

$$E_{ah,k} = \frac{1}{2} \cdot 20 \cdot 10{,}3^2 \cdot 0{,}28 - 2 \cdot 1{,}0 \cdot 0{,}49 \cdot 10{,}3 = 297{,}0 - 10{,}1 \approx 287\ kN/m$$

Horizontaler aktiver Erddruck an den Ersatzankerwänden:

$$E_{h,k,1} = \frac{1}{2} \cdot 20 \cdot 4{,}91^2 \cdot 0{,}28 - 2 \cdot 1{,}0 \cdot 0{,}49 \cdot 4{,}91 = 67{,}5 - 4{,}8 \approx 63\ kN/m$$

$$E_{h,k,2} = \frac{1}{2} \cdot 20 \cdot 7{,}89^2 \cdot 0{,}28 - 2 \cdot 1{,}0 \cdot 0{,}49 \cdot 7{,}89 = 174{,}3 - 7{,}7 \approx 167\ kN/m$$

Horizontaler Anteil der Kohäsionskraft an der Tiefen Fuge:

$$C_{h,k,1} = 1{,}0 \cdot 8{,}0 = 8\ kN/m; \qquad C_{h,k,2} = 1{,}0 \cdot 6{,}6 \approx 7\ kN/m$$

Horizontale Reibungskraft des Erdkörpers über der Tiefen Fuge:

$$G_{k,1} = \frac{10{,}30 + 4{,}91}{2} \cdot 8{,}0 \cdot 20 = 1216{,}8\ kN/m$$

$$G_{k,2} = \frac{10{,}30 + 7{,}89}{2} \cdot 6{,}6 \cdot 20 \approx 1200{,}5\ kN/m$$

Damit wird

$$Q_{h,k,1} = 1216{,}8 \cdot \tan(34{,}0° - 30{,}0°) \approx 85\ kN/m$$

$$Q_{h,k,2} = 1200{,}5 \cdot \tan(20{,}1° - 30{,}0°) \approx -210\ kN/m$$

3 Nachweis gegen Bruch in der Tiefen Fuge

Anmerkung: Der Fall 2 ist maßgebend und es gilt BS-P

$$A_{mögl,h,d(bc)} = \frac{287 + 8 - (85 + 63)}{1{,}40} > A_{vorh,d,1} = 77 \cdot 1{,}35$$

$$A_{mögl,h,d(bc)} = 105{,}0\ \ kN/m > A_{vorh,d,1} = 104{,}0\ \ kN/m$$

$$A_{mögl,h,d(bf)} = \frac{287 + 8 - (-210 + 167)}{1{,}40} = 241{,}4\ \ kN/m$$

$$A_{vorh,d,1} + A_{vorh,d,2} = (77 + 101) \cdot 1{,}35 = 240{,}3\ \ kN/m < 241{,}4\ \ kN/m$$

Nachweis ist erbracht.

□ 3.28 Beispiel 58: Auftriebssicherung einer Baugrubensohle durch Verpressanker

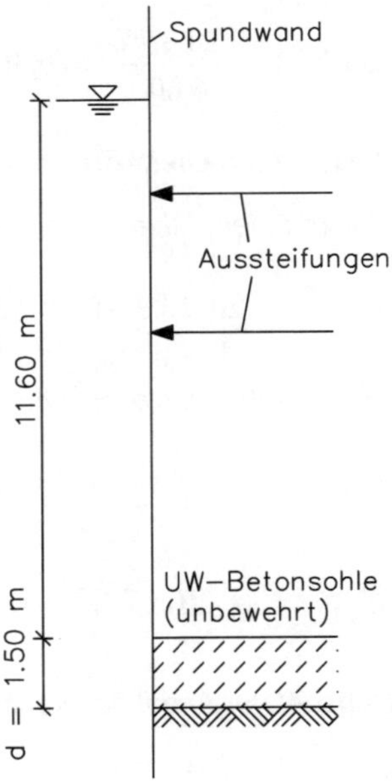

Geg.: *die dargestellte Spundwand mit UW-Betonsohle*

Baugrubenfläche: 500 m^2

Baugrund: SW

$\varphi = 35°$

$\gamma' = 11\ kN/m^3$

Ges.: *Auftriebssicherung durch Verpressanker: die erforderliche*

Lösg.: *Teilsicherheitsbeiwerte ULS (UPL)*
(BS-T) + (BS-P: Anker im Vollaushub)

$$\gamma_{G,dstb} = 1{,}05\,;\ \gamma_{G,stb} = 0{,}95$$

$$\varphi_k = \varphi',\ e^g_{ah} = e^g_{ah,k},\ e^p_{ah} = e^q_{ah,k},\ p = p_k,$$
$$K_{ah} = K_{ah,k},\ K_{ph} = K_{ph,k}$$

Nach Handbuch EC 7-1 muss folgender Nachweis gegen Auftrieb (ULS: UPL) geführt werden:

(siehe Dörken/ Dehne/ Kliesch, Teil 1)

$$\gamma_w \cdot h_w \cdot b \cdot \gamma_{G,dstb} \ \leq\ (\gamma_{Beton} \cdot d + \gamma'_{Boden} \cdot h') \cdot b \cdot \gamma_{G,stb}$$

Die Sicherheit gegen Auftrieb wird gewährleistet durch die Eigenlast der Betonsohle und die an den Verpressankern anhängende Erdlast. Somit muss die Bedingung erfüllt sein (s. Skizze).

$$\gamma_{G,dstb} = 1{,}05\,;\ \gamma_{G,stb} = 0{,}95$$

Für den einzelnen Anker steht eine Bodenfläche von

$$A = a^2 = \frac{Grundrissfläche}{Pfahlanzahl} = \frac{500}{60} = 8{,}33\ m^2$$

zur Verfügung, woraus sich Pfahlabstand zu

$a = \sqrt{8{,}33} = 2{,}9\ m$ *berechnet.*

Weiterhin ist $\tan\alpha = \dfrac{a}{2 \cdot h_k} \rightarrow$

$$h_k = \frac{a}{2 \cdot \tan\alpha} = \frac{2{,}9}{2 \cdot \tan\frac{2}{3} \cdot 35°} = 3{,}3\ m$$

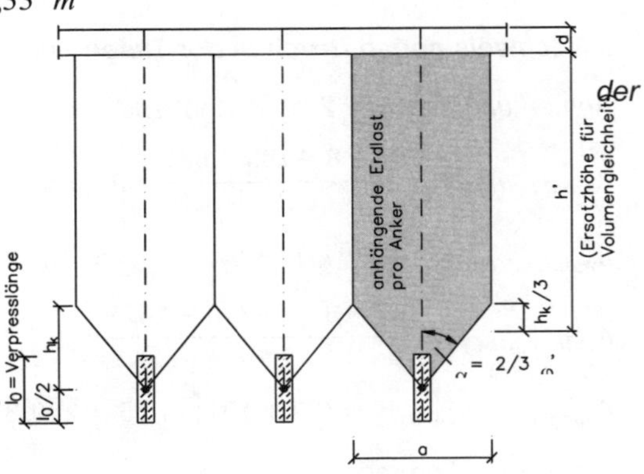

□ 3.28 Fortsetzung Beispiel 58: Auftriebssicherung einer Baugrubensohle durch Verpressanker

Aus der Nachweisgleichung lässt sich die Ersatzhöhe h' ermitteln:

$$\gamma_w \cdot h_w \cdot b \cdot \gamma_{G,dstb} = (\gamma_{Beton} \cdot d + \gamma'_{Boden} \cdot h') \cdot b \cdot \gamma_{G,stb}$$

$$10 \cdot 13{,}1 \cdot b \cdot 1{,}05 = (23 \cdot 1{,}5 + 11 \cdot h') \cdot 0{,}95 \rightarrow h' = 10{,}0\ m\,.$$

Die erforderliche Länge des Verpressankers bis Unterkante Betonsohle beträgt somit

$$h' + \frac{2}{3} h_k + \frac{l_0}{2} = 10{,}0 + \frac{2}{3} \cdot 3{,}3 + \frac{l_0}{2} = 12{,}2\ m + \frac{l_0}{2}\,.$$

Die Verpresslänge l_0 muss nach den Gegebenheiten festgelegt werden.

Anmerkung: Um die rechnerische Tragfähigkeit der Verpressanker zu erhöhen, kann noch deren Eigenlast angesetzt werden. In diesem Fall muss der anhängende Erdkörper um das vom Verpressanker eingenommene Volumen reduziert werden.

4 Böschungs- und Geländebruch

4.1 Grundlagen

Böschung Eine Böschung ist eine geneigte, künstlich hergestellte Geländeoberfläche. Im Bereich von Einschnittsböschungen steht "gewachsener" Boden an, während der Boden im Bereich von Dammschüttungen aufgeschüttet wurde. Eine natürlich entstandene geneigte Geländeoberfläche wird Hang genannt.

Böschungswinkel Der Winkel, den die Fall-Linie einer Böschung mit der Horizontalen bildet, bezeichnet man als den Böschungswinkel β, die Böschungsneigung mit 1 : n (□ 4.01).

□ 4.01 Beispiel: Böschungswinkel und Böschungsneigung

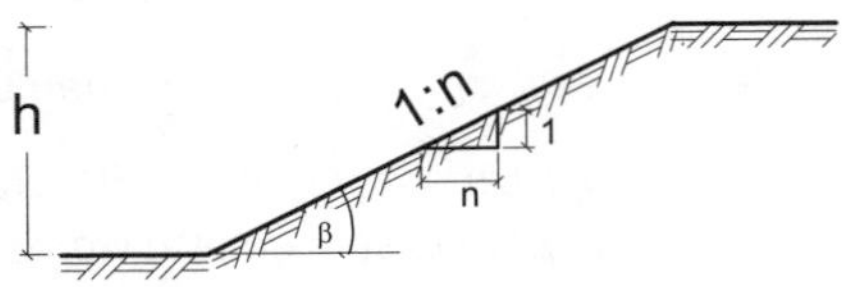

Böschungsbruch Wird der Böschungswinkel bei der Planung einer Böschung, z. B. aus wirtschaftlichen Erwägungen, zu groß angenommen, so kann es bei der Ausführung oder auch später zu einer Rutschung, einem "Böschungsbruch" kommen. Dabei bildet sich ein Gleitkörper, der auf einer Gleitfläche abrutscht (□ 4.02 und □ 4.03).

□ 4.02 Beispiel: Böschungswinkel und Böschungsneigung

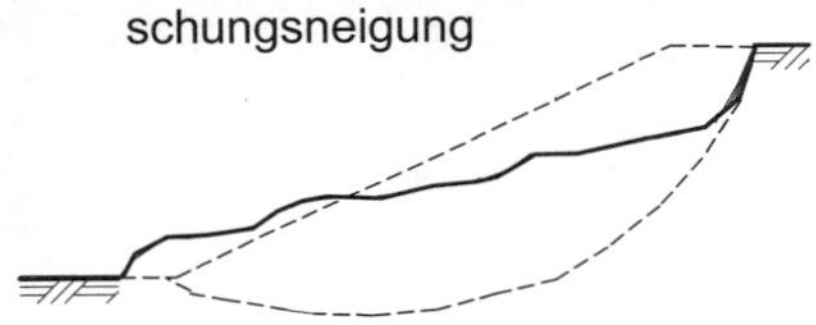

Auch eine zu große Böschungshöhe, eine zu geringe Scherfestigkeit des Bodens, eine Belastung des Geländes oberhalb der Böschung oder in der Böschung, Erschütterungen und vor allem eine Veränderung der Wasserverhältnisse im Boden (Auftreten von Strömungs- und Porenwasserdruck, □ 4.04) können zu Rutschungen führen.

□ 4.03 Beispiel: Rutschung einer fertiggestellten Einschnittsböschung beim Bau der A4

Geländebruch Wenn ein Geländesprung durch ein Stützbauwerk gehalten wird, so kann auch dieses Bauwerk - bei nicht ausreichender Sicherheit zwischen den angreifenden und widerstehenden Kräften - mit einem Teil des umgebenden Bodens auf einer Gleitfläche abrutschen. In diesem Fall spricht man von einem Geländebruch (□ 4.05).

Böschungsbruch, Geländebruch und Grundbruch (siehe Dörken/ Dehne/ Kliesch, Teil 2) sind ähnlich und unterscheiden sich nur durch die speziellen

Randbedingungen: das Gelände ist eben (Grundbruch), geböscht (Böschungsbruch) oder durch ein Stützbauwerk abgestuft (Geländebruch).

□ 4.04 Beispiel: Rutschung eines Hangs in Bad Vilbel

□ 4.05 Beispiel: Geländebruch

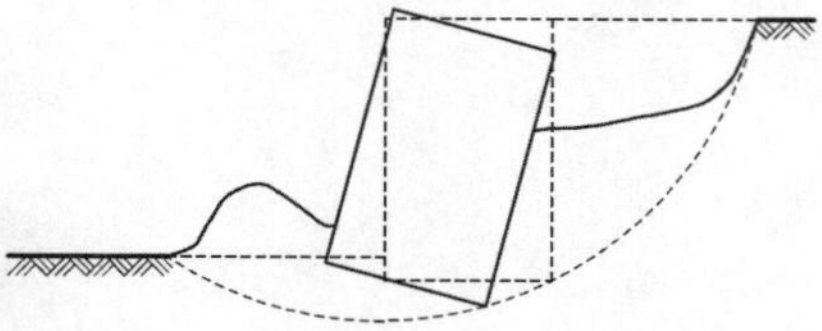

Zur Verhinderung der genannten Brucherscheinungen werden Böschungs- und Geländebruchberechnungen mit entsprechenden Sicherheiten durchgeführt. Sie ersetzen nicht eine Grundbruchberechnung nach DIN 4017 (siehe Dörken/ Dehne/ Kliesch, Teil 2).

Regelwerke

Handbuch EC 7-1	Geotechnische Bemessung: Allgemeine Regeln
DIN 4084	Baugrund – Geländebruchberechnungen
RiL 836	Richtlinie 836 - Erdbauwerke planen, bauen und instand halten. Deutsche Bahn Netz AG
MSD	Merkblatt Standsicherheit von Dämmen an Bundeswasserstraßen. Bundesanstalt für Wasserbau
EAU	Empfehlungen des Arbeitsausschuss „Ufereinfassungen" der Hafenbautechnischen Gesellschaft e. V. und der Deutschen Gesellschaft für Geotechnik
EAB	Empfehlungen des Arbeitskreises "Baugruben" der Deutschen Gesellschaft für Geotechnik

Normenhandbuch Das Handbuch Eurocode 7 („Normenhandbuch EC 7-1" oder „Handbuch EC 7-1") umfasst die DIN EN 1997-1, den dazugehörigen Nationalen Anhang DIN EN 1997-1/NA sowie die ergänzenden Regelungen der DIN 1054 (2010).

Bruchkörpergeometrie Ein Böschungs- oder ein Geländebruch ist ein örtlich begrenztes und damit räumliches Phänomen. Der Berechnung wird aber näherungsweise meist der ebene Fall, das heißt eine beiderseits begrenzte Bruchfigur/ -geometrie zu Grunde gelegt und eine Scheibe des Gleitkörpers von 1 m Breite betrachtet (□ 4.06). Bei Annahme des ebenen Falls liegt nämlich das Ergebnis der Berechnung - wie auch bei der einspringenden Böschungsecke (□ 4.07 a) - "auf der sicheren Seite", weil die zu überwindenden seitlichen Reibungskräfte vernachlässigt werden. Die ausspringende Ecke einer Böschung (□ 4.07 b) ist dagegen besonders gefährdet.

□ 4.06 Beispiel: Böschungsbruch als räumlicher Fall mit Ausschnitt für die Berechnung

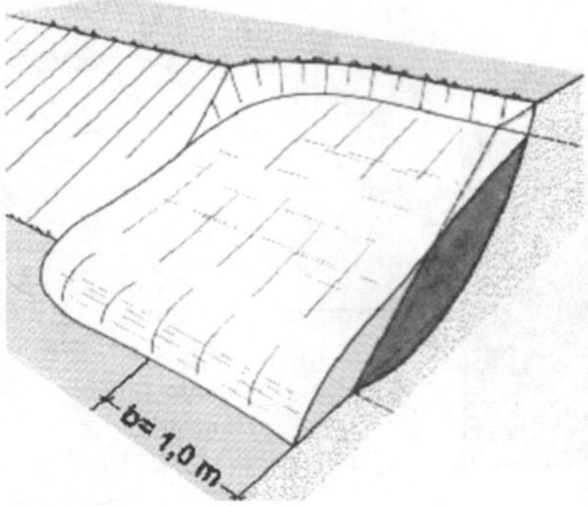

□ 4.07 Beispiel: Einspringende (a) und ausspringende (b) Böschungsecke

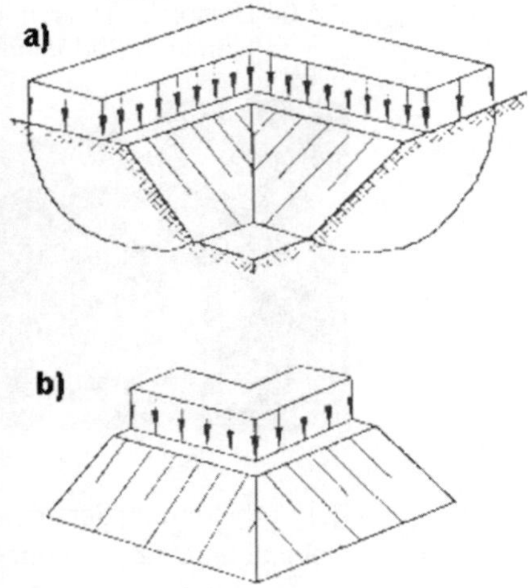

Bruchmechanismus

Der Bruchmechanismus beschreibt den fortschreitenden Verlauf eines Böschungs- oder Geländebruches unter Beachtung der entstehenden Gleitkörper und Gleit- oder Scherzonen.

Gleitlinien

Ähnliche gebräuchliche Begriffe für Gleitlinie sind Scherfuge, Scherzone und Gleitfläche. Die Scherzone beschreibt den Bereich, in dem sich die Scherverformungen im so genannten Grenzzustand befinden. Die Gleitfläche ist eine vereinfacht als Fläche angenommene Scherzone. Die dünne flächenhafte Scherfuge oder die vereinfacht als Linie angenommene Gleitlinie stellt die Schnittlinie in der betrachteten Schnittführung dar.

Maßgebende Gleitlinien

Die Festlegung der maßgebenden Gleitlinie für die Nachweisführung erfordert viel Erfahrung. Maßgebend bedeutet, dass der Ausnutzungsgrad in der maßgebenden Gleitlinie am größten ist und hier das Versagen am wahrscheinlichsten ist.

Als Gleitlinie wird beim Standsicherheitsnachweis für den Böschungs- und Geländebruch als Näherung meistens ein Kreis angenommen, sofern durch die Gelände- und Baugrundverhältnisse nicht "vorgegebene" Gleitlinien (siehe Abschnitt 3.03.2) im Baugrund vorgegeben sind. Grundsätzlich sind aber ebenso geradlinige, kreisförmige und beliebig einsinnig gekrümmte Gleitlinien denkbar. Im Zweifel müssen unterschiedliche Arten untersucht werden.

Einwirkungen

Bei der Nachweisführung werden folgende Einwirkungen (früher: Lasten) berücksichtigt:

- Einwirkungen in oder auf dem Gleitkörper. Einwirkungen infolge Verkehrslasten dürfen nur dann angesetzt werden, wenn sie ungünstig wirken.
- Eigengewichte des Gleitkörpers (bei Geländebruch einschließlich des Stützbauwerks) unter Berücksichtigung des Grund- und Außenwassers,

- Einwirkungen aus Wasserdruck (siehe Abschnitt 4.2.4),
- Porenwasserüberdruck infolge Konsolidation (siehe Abschnitt 4.2.4),
- Ungünstig wirkende Scherkräfte infolge von Konstruktionsteilen (z. B. Verankerungen), die durch die Gleitfläche geschnitten werden (siehe Abschnitt 4.4).

Nachweisführung

Handbuch

Der Nachweis ist für den Grenzzustand ULS: GEO-3 „Verlust der Gesamtstandsicherheit" gemäß Handbuch EC 7-1 zu führen. Im Weiteren wird der Grenzzustand vereinfacht GEO-3 genannt. Danach werden die Bemessungswerte der Einwirkungen E_d in der Gleitlinie den Bemessungswerten der Widerstände R_d in der Gleitlinie gegenübergestellt. Der Nachweis ist erbracht, wenn $E_d \leq R_d$. Die Bemessungswerte der Einwirkungen E_d ergeben sich durch Multiplikation der so genannten charakteristischen Einwirkungen mit den Teilsicherheitsbeiwerten für Einwirkungen (□ 4.08). Charakteristische Einwirkungen sind Kräfte und/ oder Momente in der Gleitlinie, die ungünstig in Richtung der Versagensbewegung wirken können:

$$E_d = E_{G,k} \cdot \gamma_G + E_{Q,k} \cdot \gamma_Q \qquad (4.01)$$

Die Bemessungswerte der Widerstände R_d ergeben sich in der Regel aus den der Versagensrichtung widerstehenden Kräften und Momenten in der Gleitlinie, wobei diese unter Ansatz der Bemessungswerte der Scherfestigkeiten ermittelt werden. Die Bemessungswerte der Scherfestigkeiten werden gemäß (4.01) und (4.02) ermittelt:

$$\tan\varphi'_d = \frac{\tan\varphi'_k}{\gamma_{\varphi'}} \quad \text{oder} \quad \tan\varphi_{u,d} = \frac{\tan\varphi_{u,k}}{\gamma_{\varphi u}} \qquad (4.02)$$

φ'_d, $\varphi_{u,d}$ Bemessungswert (d für „design") des Reibungswinkels in der Gleitlinie

φ'_k charakteristische Reibungswinkel in der Gleitlinie: φ' oder φ_u

$\gamma_{\varphi'}$, $\gamma_{\varphi u,k}$ der Teilsicherheitsbeiwert für Widerstände im Grenzzustand ULS: GEO-3 nach Tabelle □ 4.08

$$c'_d = \frac{c'_k}{\gamma_{c'}} \quad \text{oder} \quad c_{u,d} = \frac{c_{u,k}}{\gamma_{cu}} \qquad (4.03)$$

c'_d, $c_{u,d}$ Bemessungswert der Kohäsion in der Gleitlinie

c'_k, $c_{u,k}$ charakteristische Kohäsion in der Gleitlinie: c' oder c_u

$\gamma_{c'}$, γ_{cu} der Teilsicherheitsbeiwert für Widerstände im Grenzzustand ULS: GEO-3 nach Tabelle □ 4.08

□ 4.08: ULS: GEO-3: Teilsicherheitsbeiwerte (Handbuch EC 7-1)

Teilsicherheitsbeiwerte

Einwirkung bzw. Beanspruchung	Formelzeichen	Bemessungssituation			
		BS-P	**BS-T**	**BS-A**	**BS-E**
ständig	γ_G	1,00	1,00	1,00	1,00
ungünstig veränderlich	γ_Q	1,30	1,20	1,00	1,00

Widerstand	Formelzeichen	Für Geotechnische Kenngrößen			
Reibungsbeiwert tan φ' des dränierten Bodens und Reibungsbeiwert tan φ_u des dränierten Bodens	$\gamma_{\varphi'}$, $\gamma_{\varphi u}$	1,25	1,15	1,10	1,00
Kohäsion c' des dränierten Bodens und Scherfestigkeit c_u des undränierten Bodens	$\gamma_{c'}$, γ_{cu}	1,25	1,15	1,10	1,00

BS-P: Bemessungssituation für ständige („permanente"; persistent) Einwirkungen

BS-T: Bemessungssituation für vorübergehende („temporäre"; transient) Einwirkungen

BS-A: Bemessungssituation für außergewöhnliche Einwirkungen (accidental)

BS-E: Bemessungssituation für Erdbeben

Herausziehwiderstände

Die Bemessungswerte der zusätzlichen Widerstände $R_{i,d}$ ergeben sich in Sonderfällen aus den widerstehenden Kräften und Momenten (Herausziehwiderstände) gezielt eingebrachter Bauteile wie zum Beispiel Bodennägel, Ankerzugpfähle, Verpressanker und Flexible Bewehrungselemente (Geotextilien). Die Bemessungswerte dieser Kräfte und Momente ergeben sich durch Division der so genannten charakteristischen Widerstände durch die Teilsicherheitsbeiwerte (□ 4.09) oder sind die Bemessungswerte der Beanspruchbarkeit nach den entsprechenden Bauartnormen (□ 4.11). Nachfolgend wird die Formel des Bemessungswerts für den Verpresskörper von Verpressankern angegeben:

$$R_{a,d} = \frac{R_{a,k}}{\gamma_A} \qquad (4.04)$$

$R_{a,d}$ Bemessungswert des zusätzlichen Herausziehwiderstands eines Ankers außerhalb der Gleitlinie

$R_{a,k}$ charakteristischer Herausziehwiderstand eines Ankers (vergleiche Abschnitt 2.09)

γ_A Teilsicherheitsbeiwert für Verpresskörper von Verpressankern im Grenzzustand GEO-3 nach Tabelle □ 4.09

Teilsicherheitsbeiwerte GEO-3, Sonderfälle

□ 4.09: Nachweisverfahren GEO-3: Teilsicherheitsbeiwerte für Herausziehwiderstände (Handbuch EC 7-1)

Widerstand	**Formelzeichen**	**Bemessungssituation**			
		BS-P	**BS-T**	**BS-A**	**BS-E**
Boden- bzw. Felsnägel	γ_a	1,40	1,30	1,20	1,00
Verpresskörper von Verpressankern		1,10	1,10	1,10	1,00
Flexible Bewehrungselemente		1,40	1,30	1,20	1,00

Diagramme/ Nomogramme

In der Fachliteratur werden zum Teil abgekürzte Nachweise in Form von Diagrammverfahren vorgeschlagen (siehe Abschnitt 4.5). Die Ergebnisse aus diesen abgekürzten Nachweisen ersetzen keinen Nachweis nach Handbuch EC 7-1, können jedoch für Vorplanungen als Orientierung dienen. Für abgekürzte Nachweise (Diagrammverfahren, siehe Abschnitt 4.5) gelten teilweise andere Teilsicherheiten.

Ausnutzungsgrad

Die im Handbuch EC 7-1 angegebenen Teilsicherheitswerte (□ 4.08 und □ 4.09) hängen von der Bemessungssituation BS nach Handbuch EC 7-1 (siehe Dörken/ Dehne/ Kliesch, Teil 2) sowie vom jeweils gewählten Berechnungsverfahren ab und dürfen nicht auf andere Verfahren übertragen werden.

Der Ausnutzungsgrad μ ist wie folgt definiert:

$$\mu = \frac{E_d}{R_d} \tag{4.05}$$

E_d Bemessungswert der Einwirkungen

R_d Bemessungswert der Widerstände

Der Nachweis ist erbracht, wenn $\mu \leq 1$.

EDV,

Nachweise für Böschungs- und Geländebruchberechnungen nach Handbuch EC 7-1 sowie Din 4084 werden in der Praxis vorwiegend mit Hilfe von relativ einfach zu bedienenden Computerprogrammen ausgeführt. Diese sollten allerdings nur mit genauer Kenntnis der hier beschriebenen Berechnungsgrundlagen und -verfahren und mit zusätzlicher Erstellung von Vergleichsberechnungen angewendet werden, da der Anwender sonst zu gefährlichen Trugschlüssen über die tatsächlich vorhandenen Sicherheiten kommen kann.

Weitere Hinweise

Herzog (1981). Schultze (1982). Karstedt (1983). Grundbautaschenbuch (Hrsg. Witt, verschiedene Jahrgänge). Betonkalender, Teil II (verschiedene Jahrgänge).

Software-Anbieter: z.B. GGU, DC-Software, IDAT, FIDES, RIB Bausoftware, PLAXIS

4.2 Vorbereitende Arbeiten vor der Nachweisführung

4.2.1 Festlegen der wahrscheinlichen Gleitkörpergeometrie

Maßgebende Gleitlinien

Die Festlegung der wahrscheinlichen Gleitkörpergeometrie und damit der maßgebenden Gleitlinie im ebenen Fall ist maßgebend für die Risikobewertung eines möglichen Versagens und für die Nachweisführung. Grundsätzlich muss unterschieden werden, ob es sich um eine neu erstellte Böschung oder um einen Hang handelt. Des Weiteren muss davon ausgegangen werden, dass für eine Böschungsgeometrie zwischen einer oberflächennahen Gleitgeometrie und einer tiefgreifenden Gleitkörpergeometrie zu unterscheiden ist. Für beide ist der Nachweis zu führen. Die mögliche Gleitkörpergeometrie hängt vom Baugrundaufbau, der Homogenität des Baugrundaufbaus, den bodenmechanischen Eigenschaften des Baugrunds, den Grundwasserverhältnissen, der Geländegeometrie, den sonstigen Einwirkungen sowie dem so genannten Lastfall ab. Die realitätsnahe Festlegung der Gleitkörpergeometrie erfordert viel Erfahrung. Allerdings kann man für bestimmte Böschungssituationen vernünftige Ansätze für die Gleitkörpergeometrie finden.

Für den ebenen Fall sind vereinfachend geradlinige, kreisförmige und beliebig ein- sinnig gekrümmte Gleitlinien denkbar. Im Zweifel müssen unterschiedliche Arten untersucht werden.

4.2.1.1 Böschungsparalleles Versagen bei homogenem Baugrund ohne Kohäsion

Böschungsparalleles Versagen tritt im homogenen Baugrund und ohne Einfluss von Grundwasser dann auf, wenn keine Kohäsion wirksam ist

oder diese verloren gegangen ist oder verloren gehen kann. Böden ohne Kohäsion sind in guter Näherung nichtbindige Böden nach DIN 18196 sowie bindige Böden nach DIN 18196 von weicher bis breiiger Konsistenz.

Grenzgefälle

Im Grenzzustand, das heißt ohne Berücksichtigung der Teilsicherheiten nach DIN 1054, ergibt sich also, dass im Falle des trockenen Bodens die Neigung β der Böschung gleich der Größe des charakteristischen Reibungswinkels φ_k ist (□ 4.10). Diese Neigung wird Grenzgefälle genannt.

4.2.1.2 Böschungsparalleles Versagen in der oberflächennahen Verwitterungszone

An natürlichen Hängen kann sich das Grenzgefälle gemäß Abschnitt 4.2.1.1 im Laufe der geologischen Entwicklung eingestellt haben (□ 4.11).

Die Kohäsion kann im oberflächennahen Bereichen von Böschungen und Hängen zum Beispiel durch Witterungseinflüsse, Erosion, Erdbeben und/ oder Durchströmung verloren gehen.

Für eine der normalen Witterung ausgesetzten Böschungsoberfläche sollte langfristig der Bereich bis in Frosteindringtiefe als kohäsionslose Auflockerungszone angenommen werden.

□ 4.10 Beispiel: Böschungsneigung (32°) einer geschütteten Sandhalde

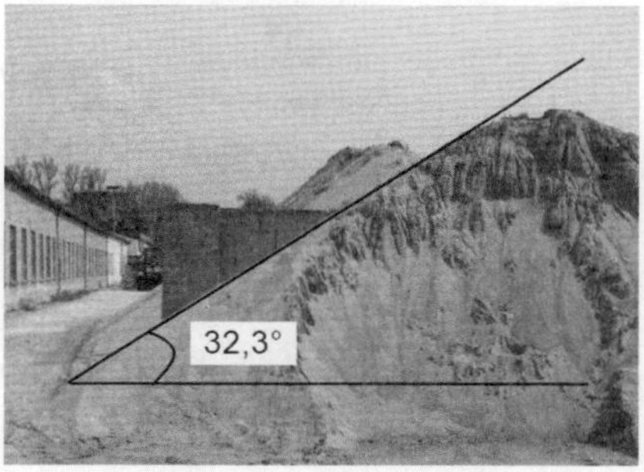

□ 4.11 Beispiel: Hangneigung (24°) eines Hangs im Chiemgau

4.2.1.3 Gleitkreisähnliches Versagen bei homogenem Baugrund mit Kohäsion

Gleitkreisähnliches Versagen tritt im homogenen Baugrund und ohne Einfluss von Grundwasser dann auf, wenn zusätzlich zur inneren Reibung Kohäsion wirksam ist. Böden mit Kohäsion sind in guter Näherung bindige Böden nach DIN 18196 von mindestens steifer Konsistenz (□ 4.03 bis □ 4.06).

Scheinbare Kohäsion Nichtbindige Böden nach DIN 18196 können unter gewissen Umständen, insbesondere bei schwacher Durchfeuchtung, eine so genannte scheinbare Kohäsion aufweisen; diese sollte jedoch nicht berücksichtigt werden, da sie über die Standzeit des Bauwerks (Böschung) nicht garantiert werden kann.

4.2.1.4 Gleitkörper bei inhomogenem Baugrund und bei natürlichen Hängen

In inhomogenem Baugrund ist von einer Bruchkörpergeometrie auszugehen, deren Gleitlinie aus Strecken, Gleitkreisstücken und/ oder beliebig gekrümmten Teilstücken idealisiert werden kann. Grundsätzlich gilt hier das Prinzip „Schwächstes Glied in der Kette“ (□ 4.12).

Wenn der Boden geschichtet ist, müssen sich nicht unbedingt die bisher zu Grunde gelegten gekrümmten Gleitflächen (siehe Abschnitt 3.1) einstellen. Der Boden kann auch entlang der Schichtgrenzen ("natürliche Gleitflächen") abrutschen, wenn diese zur Böschung hin geneigt sind (□ 4.13). Diese Gefahr besteht vor allem dann, wenn die untere Schicht bindig ist und bei starken Regenfällen oberflächig aufweicht, so dass sich eine "Schmierschicht" bildet.

□ 4.12 Beispiel: maßgebender Gleitkörper einer Böschung mit inhomogenem Baugrund und mit Grundwasser

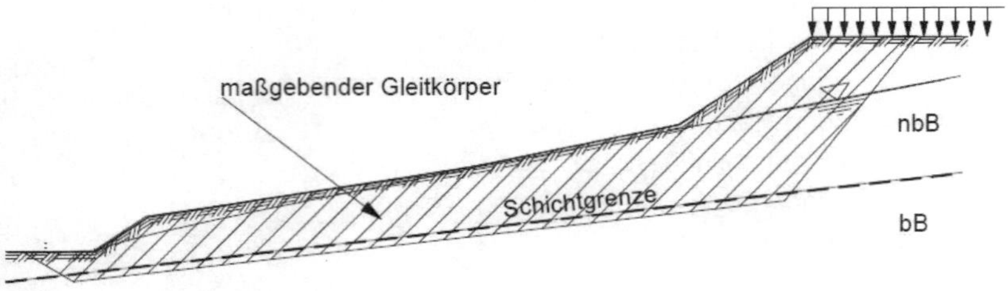

□ 4.13 Beispiel: Abrutschen auf einer „natürlichen" Gleitfläche

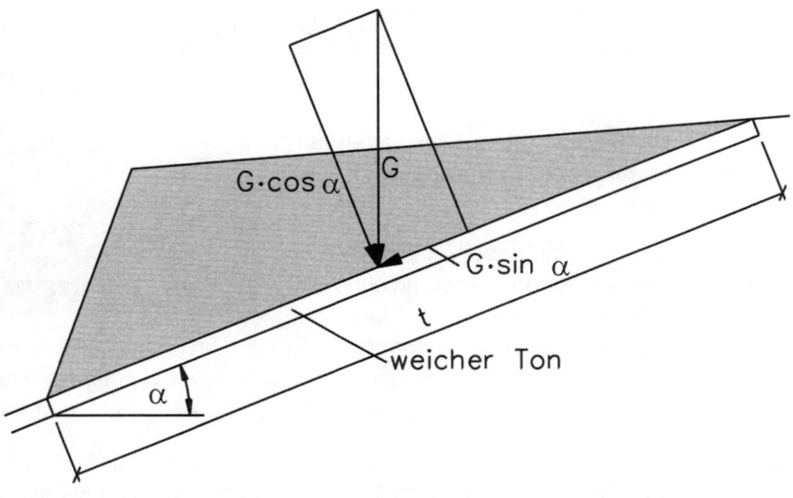

4.2.1.5 Gleitkörper bei eingetretenen Böschungsbrüchen

Risse an bestehenden Böschungen Ein Böschungsbruch kündigt sich häufig durch Risse im Gelände unmittelbar oberhalb der Böschung an. Auch Zug- und Schrumpfrisse im oberen Bereich der Böschung können der Böschung gefährlich werden (□ 4.14), weil das sich in ihnen sammelnde Wasser auf den potentiellen Gleitkörper drückt. Daher ist eine regelmäßige Beobachtung der Böschungen durch die Bauaufsicht notwendig. Notfalls können rasch Gegenmaßnahmen getroffen werden: z. B. Entfernen von Lasten auf der

Böschungsoberfläche, Aufschüttungen von grobem Bodenmaterial am Böschungsfuß (□ 4.15). Zur dauerhaften Sicherung gefährdeter Böschungen kommen z. B. Bodenverbesserungen, Entwässerungen, Spundwände, Anker in Frage.

□ 4.14 Beispiel: Risse im Bereich der Böschungsoberkante

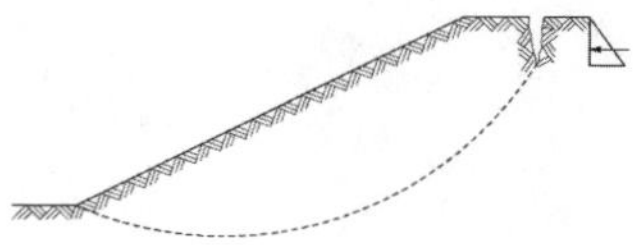

□ 4.15 Beispiel: Notfallmaßnahmen bei beginnendem Böschungsbruch

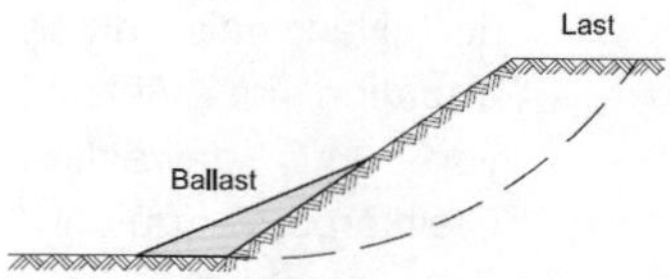

Sicherung Konstruktive Ausbildung und Sicherung natürlicher und künstlich angelegter Böschungen: u. a. Brandl (1992), Dörken/ Dehne/ Kliesch Teil 1, Abschnitt 5, Jahnel / Kriechbaum / Kliesch (1999).

4.2.2 Festlegen der charakteristischen Kennwerte

Die Festlegung der charakteristischen Kennwerte sollte immer unter dem Aspekt der Standzeit der Böschung erfolgen. Bei bindigen Böden sollte zwischen Anfangsscherfestigkeit und Endscherfestigkeit unterschieden werden.

Scheinbare Kohäsion Bei Böschungen in nichtbindigen Böden und mit kurzer Standdauer für Baugruben könnte in Ausnahmefällen die scheinbare Kohäsion bei der Berechnung berücksichtigt und die Böschung hierdurch steiler werden, wenn sie für diese Standdauer gegen Austrocknen, Frost und eindringendes Wasser geschützt wird. Ständige Böschungen müssen dagegen erheblich flacher ausgebildet werden, weil die scheinbare Kohäsion aus Sicherheitsgründen nicht angesetzt werden darf und Einwirkungen berücksichtigt werden müssen, deren Auftreten bei kurzer Standdauer unwahrscheinlich ist.

Probe-böschung Bei Böschungen in ausgetrockneten nichtbindigen Böden in lockerer Lagerung kann der Reibungswinkel φ'_k aus einer Probe-Böschung abgeleitet werden, wobei φ'_k dann gleich der Neigung β gesetzt wird (□ 4.12; siehe Abschnitte 4.2.1.1 und 4.2.1.2).

Rück-rechnung Bei eingetretenen Böschungsbrüchen in bindigen Böden empfiehlt es sich, die Gleitkörpergeometrie so zu erkunden, um damit den Grenzzustand des Versagens ($\mu < 1$) rückzurechnen. Daraus können die Scherfestigkeitsparameter φ'_k und c'_k für $\gamma_{\varphi'}=\gamma_{c'}= 1{,}0$ mit guter Näherung abgeschätzt werden. Hierbei kann zum Beispiel φ_k angenommen werden und durch die Rückrechnung c'_k bestimmt werden.

4.2.3 Festlegen des ungünstigsten Gleitkreises beziehungsweise Gleitkörpers

Der ungünstigste Gleitkreis beziehungsweise Gleitkörper ergibt den größten Ausnutzungsrad bei Böschungsbruch. Er kann nach verschiedenen Verfahren bestimmt werden:

Mittels Software In der Regel wird die Lage des ungünstigsten Gleitkreises mittels gängiger Software-Programme ermittelt, indem der Nachweis für eine Vielzahl von gewählten Mittelpunkten mit unterschiedlichen Radien geführt wird.

Dementsprechend wird bei anderen Gleitkörpergeometrien der Nachweis durch Variation einer Vielzahl von gewählten Gleitkörpern geführt. Der Nachweis, bei dem der größte Ausnutzungsgrad ermittelt wurde, ist maßgebend. Für eine größere Anzahl von Gleitkreismittelpunkten wird der Ausnutzungsgrad gegen Böschungsbruch berechnet. Durch Auftragen der angenommenen Gleitkreismittelpunkte mit den zugehörigen Ausnutzungsgraden können Linien gleichen Ausnutzungsgrades (Isoasphalien = „Linien gleicher Sicherheit“) gezeichnet (□ 4.16) und damit der Mittelpunkt des ungünstigsten Gleitkreises gefunden werden.

□ 4.16 Beispiel: Linien gleicher Sicherheit (Isoasphalien) bei Böschungsbruch

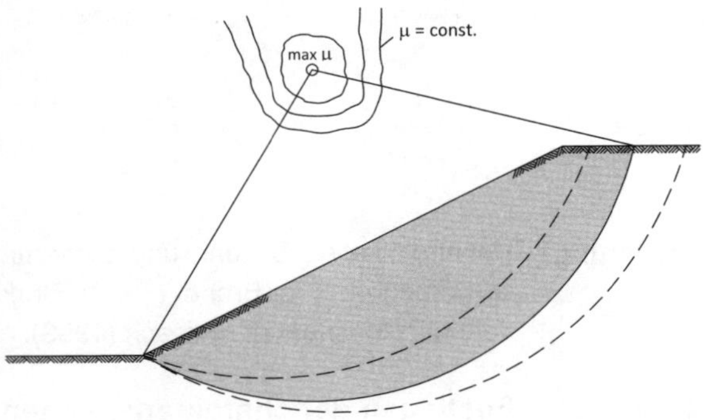

Ungünstigster Gleitkreis

Bei Böschungen in homogenen Böden mit φ‘ > 5° geht der ungünstigste Gleitkreis in der Regel durch deren Fußpunkt F ("Fußkreis", □ 4.17 a). Ist φ‘ < 5° oder liegt unter der gleitenden Schicht in erreichbarer Tiefe eine festere Schicht, so geht der Gleitkreis nicht durch den Fußpunkt der Böschung, sondern er berührt die Oberfläche einer hoch liegenden festen Schicht ("Grundkreis", 4.17 b). Der ungünstigste Gleitkreis kann bei Böschungen mit verschiedenen Verfahren bestimmt werden (siehe Abschnitt 4.2.3).

Bei Geländebruchberechnungen kann der ungünstigste Gleitkreis in der Regel durch die hintere Ecke der Sohlfuge auf der Bergseite der Stützwand (□ 4.18 a) oder durch den Fußpunkt der im Boden frei aufgelagerten Spundwand (□ 4.18 b) verlaufend angenommen werden. Liegt unter der gleitenden Schicht in erreichbarer Tiefe eine feste Schicht, so wird diese von der Gleitlinie tangiert.

□ 4.17 Beispiele: Ungünstigste Gleitlinie beim Böschungsbruch in homogenem Boden a) bei φ‘$_d$ > 5° (Fußkreis) und b) bei einer hoch liegenden festeren Schicht (Grundkreis)

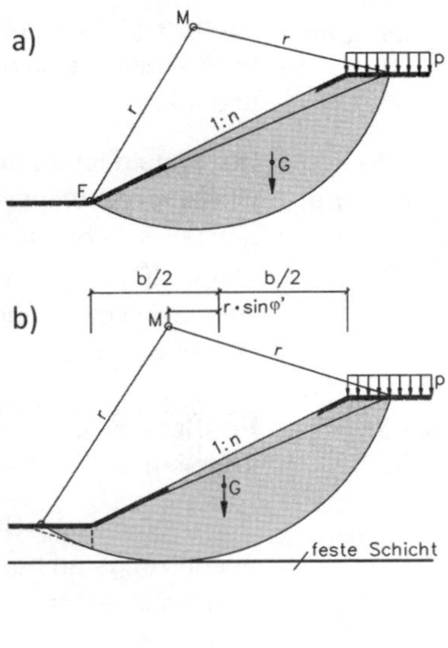

Der Mittelpunkt M des ungünstigsten Gleitkreises liegt im Allgemeinen im linken oberen Quadranten, der sich ergibt, wenn die luftseitige obere Ecke des Stütz-

□ 4.18 Beispiel: Ungünstigste Gleitlinie und Lage des Kreismittelpunkts beim Geländebruch bei einer a) Stützwand und b) einer Spundwand

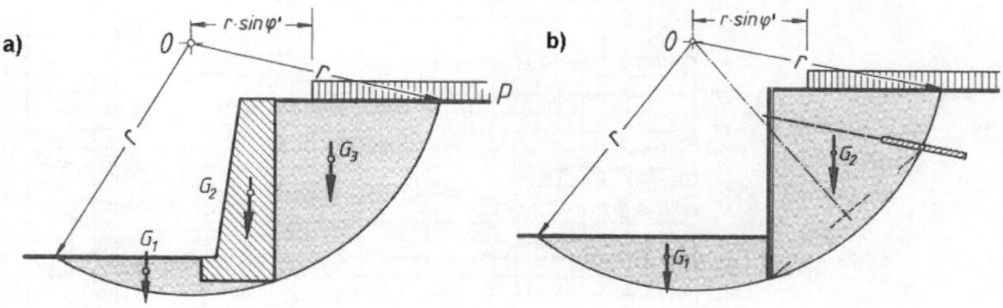

bauwerks als Ursprung eines rechtwinkligen Koordinatensystems betrachtet wird (□ 4.18).

Janbu

Für Sonderfall „Homogener Boden mit Kohäsion (ohne Grundwasser)“ können aus dem Diagramm von Janbu (1954) (□ 3.19) mit Hilfe des Böschungswinkels β und dem Beiwert

$$\lambda_{c\varphi} = \frac{\gamma \cdot h \cdot \tan\varphi'}{c'} \qquad (4.06)$$

die Koordinatenbeiwerte x_0 und y_0 des Gleitkreismittelpunkts berechnet werden. Der Koordinatenursprung liegt hier am Böschungsfuß.

4.2.4 Einfluss von Wasser

Wird eine Böschung von Wasser durchströmt oder ist Wasser durch praktisch undurchlässige Schichten hinter der Böschung gestaut, so wirkt in oder hinter dem Gleitkörper ein Wasserdruck, der zu den angreifenden Kräften gehört und die Standsicherheit verringert. Bei dem Einfluss des Wassers kann es sich um Grundwasser, um Außenwasser oder um die Sonderfälle "plötzliches Absinken des Außenwasserspiegels" oder "plötzlicher Regenguss" handeln.

In folgenden Fällen sind zusätzliche Nachweise zur Berücksichtigung von Strömungskräften zu führen:

Fälle

Plötzliches Absinken des Außenwasserspiegels: Dieser Nachweis ist an der wasserseitigen Böschung eines Staudamms oder Deichs erforderlich, wenn das Außenwasser - z. B. infolge eines defekten Grundablasses - schneller absinken kann als das Wasser im Dammkörper.

Plötzlicher Regenguss: Dieser Fall ist bei einer Einschnittsböschung oder auf der luftseitigen Böschung eines Damms oder eines Deichs zu untersuchen, wenn ein Teil des Regenwassers in den Boden eindringen kann und auf diese Weise der Wasserstand im Böschungsbereich erhöht wird.

□ 4.19 Diagramm von Janbu zur Berechnung der Koordinaten des ungünstigsten Gleitkreises

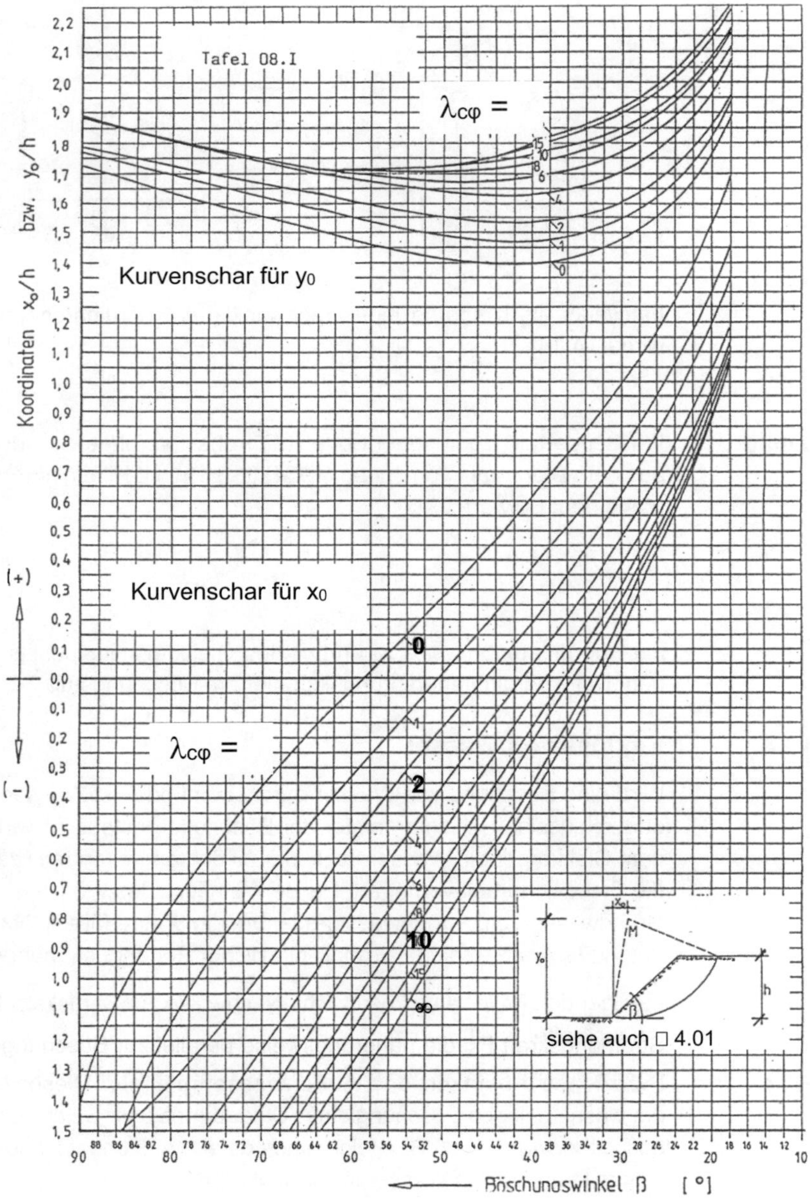

⇒ Zahlenbeispiel: □ 3.23.

Bemessungswasserstand

Nach dem Merkblatt Standsicherheit von Dämmen an Bundeswasserstraßen (MSD) und nach Handbuch EC 7-1 sind die Wasserstände für folgende Bemessungssituationen (früher Lastfälle) zu berücksichtigen:

BS-P: Ansatz der aus dem maßgebenden Bemessungshochwasserstand resultierenden Druck- und Strömungskräfte

(Der Bemessungshochwasserstand für hessische Deiche ist zum Beispiel ein HQ_{200})

BS-T: Bei der Bemessung von Hochwasserschutzdeichen ist dieser Lastfall/ diese Bemessungssituation von untergeordneter Bedeutung

BS-A: Ansatz des Hochwasserstand bis OK Dammkrone bzw. bis maximal möglicher Wasserstand anzusetzen oder Ansatz des Versagens eines Dichtungselements (Dichtung, Drän) bei Bemessungshochwasser

BS-E: Ansatz der Belastungen durch Erdbeben

Ansätze Strömungsdruck

Der Strömungsdruck in der Böschung kann wahlweise durch einen der folgenden Ansätze berücksichtigt werden (□ 4.20):

a) Ansatz von horizontalem Wasserdruck,
b) Ansatz einer Strömungskraft,
c) Ansatz von Porenwasserdruck.

□ 4.20 Ansätze für die Strömungswirkung auf Böschungen: a) Wasserüberdruck, b) Strömungskraft, c) Porenwasserdruck

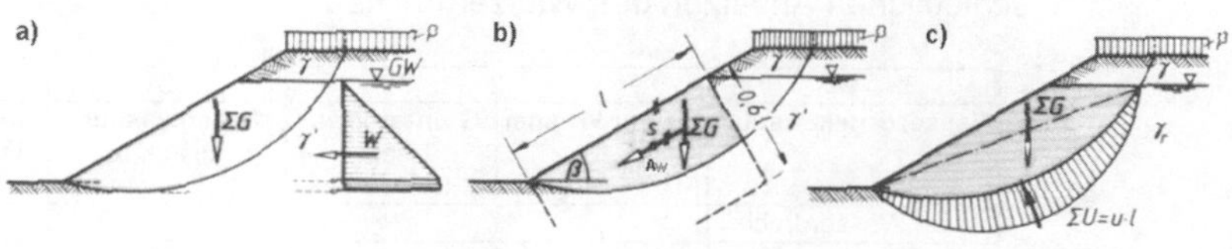

Der Ansatz eines Wasserdrucks aus dem Spiegelunterschied auf den Gleitkörper (a) liegt beträchtlich "auf der sicheren Seite" (d.h. die tatsächliche Sicherheit ist größer) und ist nur für erste, überschlägliche Berechnungen geeignet. Denn der Strömungsdruck wird hier durch die hydrostatische Wasserdruckdifferenz bis zum tiefsten Punkt der Gleitlinie ersetzt, so dass die Sicherheit gegen Böschungsbruch umso größer wird, je flacher die Gleitlinie ist. Der Ansatz b) einer Strömungskraft F_S, die näherungsweise parallel zur Böschungsneigung angenommen wird, stammt von Ohde (1943). Die Ermittlung der Porenwasserdruckfläche (c) ist das genaueste Verfahren.

In dem Krafteck zur Berücksichtigung des Porenwasserdrucks bzw. der Strömungskraft (□ 4.21) bedeuten:

G Eigenlast des Bodens oberhalb des Grundwassers,

G' Eigenlast des Bodens unter Auftrieb,

G_r Eigenlast des wassergesättigten Bodens,

F_U resultierende Porenwasserdruckkraft,

R Resultierende aus Eigenlast des Bodens und Wasserdruck,

F_S (oder S) Strömungskraft.

□ 4.21 Beispiel: Krafteck zur Berücksichtigung von Porenwasserdruck bzw. Strömungskraft

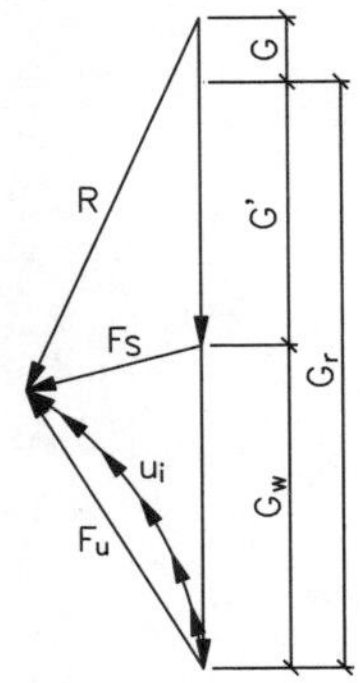

Wichte

Bei den verschiedenen Ansätzen für den Wasserdruck müssen die Wichten in unterschiedlicher Weise angesetzt werden (□ 4.22).

Strömungsdruck nach Ohde

Wenn die Strömungsrichtung des Wassers vereinfachend nach Ohde parallel zur Böschung angenommen wird, erhält man die Größe der charakteristischen Strömungskraft näherungsweise zu (□ 4.20 b).

$$F_{S,k}\ (oder\ S_k) = A_W \cdot \gamma_W \cdot \sin\beta \qquad (4.07)$$

Hierin ist:

β Böschungswinkel,

γ_W Wichte des Wassers,

A_W Teil der Fläche A = L · 0,6 L, der im Bereich des Gleitkörpers liegt.

Der Angriffspunkt von F_S (oder S) ist der Schwerpunkt der Fläche A_W.

□ 4.22 Beispiel: Wichten, Porenwasserdrücke und Momente bei den unterschiedlichen Ansätzen des Wasserdrucks

1	2		3	4
Wasserdruckansatz	**G über Wasser**	**G unter Wasser**	**Porenwasserdruck u**	**Moment infolge Wasserdruck M**
a) hor. Wasserdruck	γ	γ'	0	$M_d = W_d \cdot w$
b) Strömungskraft	γ	γ'	0	$M_d = S_d \cdot s$
c) Porenwasserdruck	γ	γ_r	u	0

gefährdete Böden

In Bezug auf Strömungsdruck besonders gefährdet - und daher zu überprüfen - sind Böschungen aus Feinsand und schwach bindigem Boden (z. B. Schluff), also Böden im Grenzbereich zwischen nichtbindigen und bindigen Böden. Grobkörnige (nichtbindige) und feinkörnige (bindige) Böden sind dagegen nicht gefährdet. Denn bei grobkörnigen Böden ist der Durchlässigkeitsbeiwert k in m/s größer als die Absenkgeschwindigkeit des Außenwassers bzw. größer als die auf die Flächeneinheit bezogene Niederschlagshöhe eines Regens pro Zeiteinheit in m/s, und in feinkörnige Böden kann das Wasser wegen ihres geringen Durchlässigkeitsbeiwerts k gar nicht erst eindringen.

Dämme Bei Dämmen sind die Austrittsstelle der Sickerlinie an der luftseitigen Böschung sowie die Sicherheit gegen Schub am Dammfuß und gegen Gleiten des Damms zu bestimmen.

⇒ Zahlenbeispiel: □ 4.53.

4.3 Direkte Nachweise (nach DIN 4084)

Die im Folgenden aufgeführten beiden Verfahren (direkte Nachweise) zur Ermittlung der Sicherheit gegen Böschungsbruch sind - in Verbindung mit den dort aufgeführten Sicherheiten - laut DIN 4084 als Empfehlung zu betrachten. Andere Verfahren können ebenfalls angewendet werden.

4.3.1 Böschungsparallele geradlinige Gleitlinie

Nichtbindige Böden Die Standsicherheit einer Böschung aus nichtbindigem Boden ohne Auflast ist gewährleistet, wenn der Böschungswinkel um das Maß der nach Handbuch EC 7-1 geforderten Teilsicherheit (□ 4.08) kleiner ist als der vorhandene Reibungswinkel φ'_k:

$$\tan\beta = \frac{\tan\varphi'_k}{\gamma_{\varphi'}} \quad \text{bzw.} \quad \mu = \frac{\tan\beta\cdot\gamma_{\varphi'}}{\tan\varphi'_k} = \frac{E_d}{R_d} = \frac{\gamma\cdot\tan\beta}{\gamma\cdot\tan\varphi'_k/\gamma_{\varphi'}} \quad (4.08)$$

□ 4.23 Beispiel 59: : Neigung einer ständigen Böschung in nichtbindigem Boden

Geg.: *Die dargestellte Böschung in nichtbindigem Boden*

γ *= 18 kN/m³;* $\varphi'_k = \varphi' = 32{,}5°$*;* $c'_k = c' = 0$

BS-P, h = 6,0 m

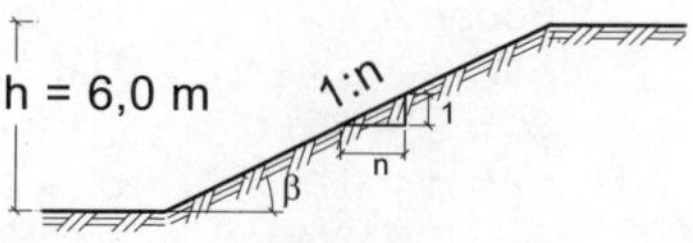

Ges.: *Der zulässige Böschungswinkel β*

Lösg: *Teilsicherheitsbeiwert nach □ 4.08:* $\gamma_{\varphi'} = 1{,}25$ *(BS-P)*

$$\tan\beta = \frac{\tan\varphi'_k}{\gamma_{\varphi'}} = \frac{\tan 32{,}5°}{1{,}25} = 0{,}510 \rightarrow \beta = 27{,}0° \ (\hat{=}1:2)$$

Anmerkung: Böschungshöhe h und Bodenwichte γ *haben keinen Einfluss.*

Strömung- mit Grundwasser austritt Der Nachweis bei einer Böschung ohne Auflast und ohne Einfluss von Strömungsdruck, aber mit Grundwasseraustritt ist wie folgt zu führen:

$$\mu = \frac{E_d}{R_d} = \frac{(\gamma' + \gamma_w)\cdot\sin\beta}{[(\gamma'\cdot\cos\beta - \gamma_w\cdot\sin\beta\cdot\tan(\beta-\beta_w)]\cdot\tan\varphi'_k/\gamma_{\varphi'}} \quad (4.09)$$

β_w: Neigungswinkel der Strömung zur Waagrechten

Strömung- parallel zur Oberfläche Der Nachweis ist im Sonderfall einer parallel zur Oberfläche voll durchströmten Böschung ($\beta_w = \beta$) wie folgt zu führen:

$$\mu = \frac{E_d}{R_d} = \frac{(\gamma' + \gamma_w) \cdot \tan\beta}{\gamma' \cdot \tan\varphi'_k / \gamma_{\varphi'}} \tag{4.10}$$

Strömung normal zur Oberfläche

Der Nachweis ist im Sonderfall einer normal zur Oberfläche durchströmten Böschung ($\beta_w = \beta - 90°$) wie folgt zu führen:

$$\mu = \frac{E_d}{R_d} = \frac{\gamma' \cdot \sin\beta}{(\gamma' \cdot \cos\beta - i \cdot \gamma_w) \cdot \tan\varphi'_k / \gamma_{\varphi'}} \tag{4.11}$$

4.3.2 Vorgegebene geradlinige Gleitlinie

Nicht-bindige Böden

Die Standsicherheit einer Böschung bei einer vorgegebenen geradlinigen ohne Auflast ist gewährleistet, wenn der Neigungswinkel α um das Maß der nach Handbuch EC 7-1 geforderten Teilsicherheit (□ 4.08) kleiner ist als der vorhandene Reibungswinkel φ'_k:

$$\tan a = \frac{\tan\varphi'_k}{\gamma_{\varphi'}} \quad \text{bzw.} \quad \mu = \frac{\tan\alpha \cdot \gamma_{\varphi'}}{\tan\varphi'_k} = \frac{E_d}{R_d} = \frac{\gamma \cdot \tan\alpha}{\gamma \cdot \tan\varphi'_k / \gamma_{\varphi'}} \tag{4.12}$$

⇒ Zahlenbeispiele: □ 4.24, □ 4.51.

□ 4.24 Beispiel 60: Böschung mit natürlich vorgegebener Gleitfläche

Geg.: *Die dargestellte Böschung*

BS-P

Boden A:	*Boden B:*
SW	*UM*
$\varphi'_k = \varphi' = 35°$	$\varphi'_k = \varphi' = 25°$
$c'_k = c' = 0$	$c'_k = c' = 5\ kN/m^2$
$\gamma = 18{,}5\ kN/m^3$	$\gamma = 19{,}5\ kN/m^3$
$\gamma' = 11{,}2\ kN/m^3$	

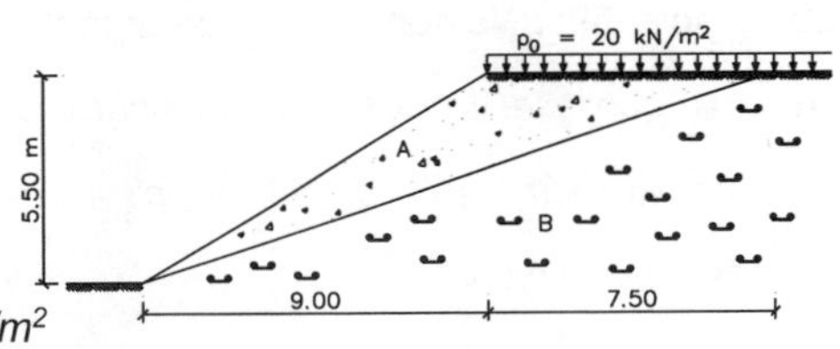

Ges.: *1. ohne Kohäsion, ohne Auflast*

2. ohne Kohäsion, mit Auflast

3. mit Kohäsion, ohne Auflast

4. wie 3., jedoch zusätzlicher Nachweis für „plötzlichen Regenguss“: Boden A wird voll durchströmt (Annahme: Strömungskraft parallel zur Gleitlinie). BS-A

Lösg: *Teilsicherheitsbeiwert nach □ 3.08:*

$\gamma_G = 1{,}00;\ \gamma_Q = 1{,}30,\ \gamma_{\varphi'} = \gamma_{c'} = 1{,}25$ *(BS-P)*

$\gamma_G = 1{,}00;\ \gamma_Q = 1{,}00,\ \gamma_{\varphi'} = \gamma_{c'} = 1{,}10$ *(BS-A)*

1. Ohne Kohäsion *ist der Boden mit dem kleineren Reibungswinkel maßgebend.*

□ 4.24 Fortsetzung Beispiel 60: Böschung mit natürlich vorgegebener Gleitfläche

Ermittlung der noch benötigten geometrischen Werte:

$$\tan\alpha = \frac{5{,}5}{16{,}5} \rightarrow \alpha = 18{,}4°\,; \qquad \tan\beta = \frac{5{,}5}{9{,}0} \rightarrow \beta = 31{,}4°$$

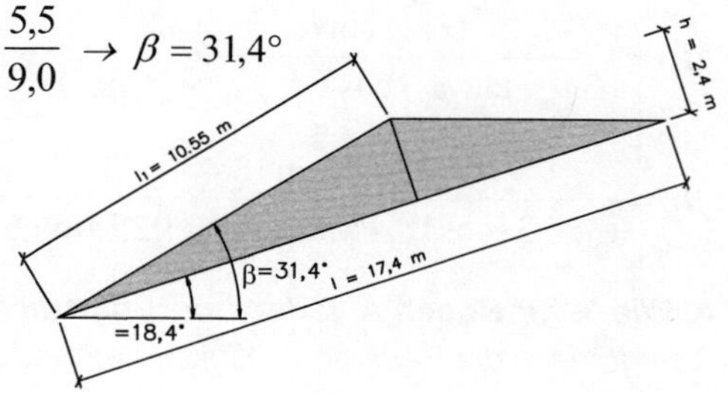

$$l_1 = \sqrt{5{,}5^2 + 9{,}0^2} = 10{,}55\ m$$

$$l = \sqrt{5{,}5^2 + 16{,}5^2} = 17{,}4\ m$$

$$\sin(31{,}4° - 18{,}4°) = \frac{h}{l_1}$$

$$\rightarrow h = 10{,}55 \cdot \sin 13{,}0° \approx 2{,}4\ m$$

Eigenlast des Gleitkörpers:

$$G_{A,k} = G_{A,d} = \frac{1}{2} \cdot 17{,}4 \cdot 2{,}4 \cdot 18{,}5 = 386{,}3\ kN/m$$

Ausnutzungsgrad μ_1 bei Böschungsbruch:

$$\mu_1 = \frac{G_{A,d} \cdot \sin\alpha \cdot \gamma_{\varphi'}}{G_{A,d} \cdot \tan\varphi'_k \cdot \cos\alpha} = \frac{\tan\alpha}{\tan\varphi'_d} = \frac{\tan 18{,}4°}{\tan 25°/1{,}25} = \frac{0{,}3327}{0{,}3730} = 0{,}89 < 1{,}0$$

2. Ohne Kohäsion, mit Auflast:

Gewichtskraft der Auflast:

$$G_P = 20 \cdot 7{,}5 = 150{,}0\ kN/m$$

Ausnutzungsgrad μ_2 bei Böschungsbruch:

Da sich der Anteil G bei kohäsionslosen Böden aus der Sicherheitsgleichung herauskürzt, entspricht Ausnutzungsgrad μ_2 dem von Fall 1.

*3. **Mit Kohäsion, ohne Auflast:** Da nicht abzusehen ist, ob Boden A oder Boden B die kleinere Scherfestigkeit liefert, müssen beide Fälle untersucht werden.*

Boden A: Hier kann das Ergebnis von Fall 1 übernommen werden:

$$\mu_A = 0{,}89 < 1{,}0$$

Boden B:

Kohäsionskraft in der Gleitfuge:

$$c'_k = c' \cdot l = 5 \cdot 17{,}4 = 87{,}0\ kN/m \rightarrow \quad c'_d = \frac{c'_k}{\gamma_{c'}} = \frac{87{,}0}{1{,}25} = 69{,}6\ kN/m$$

□ 4.24 Fortsetzung Beispiel 60: Böschung mit natürlich vorgegebener Gleitfläche

Ausnutzungsgrad μ_B bei Böschungsbruch (hier: $\mu_B = \mu_3$ maßgebend!):

$$\mu_B = \frac{G_{A,d} \cdot \sin\alpha}{(G_{A,d} \cdot \tan\varphi_k \cdot \cos\alpha)/\gamma_\varphi + C_d}$$

$$\mu_B = \frac{386{,}3 \cdot \sin 18{,}4°}{(386{,}3 \cdot \cos 18{,}4° \cdot \tan 25°)/1{,}25 + 69{,}6} = \frac{121{,}94}{206{,}14} = 0{,}59 < 1{,}0$$

4. Wie 3. für Boden A, jedoch mit „plötzlichem Regenguss“: *Das Ergebnis von Fall 3 zeigt, dass die Reibungsfestigkeit des Bodens A maßgebend ist.*

Eigenlast des Gleitkörpers unter Auftrieb:

$$G_{A,k} = G_{A,d} = \frac{1}{2} \cdot 17{,}4 \cdot 2{,}4 \cdot 11{,}2 = 233{,}9 \; kN/m$$

Strömungskraft:

$$S_k = S_d = \frac{1}{2} \cdot 17{,}4 \cdot 2{,}4 \cdot 10{,}0 = 208{,}8 \; kN/m$$

Ausnutzungsgrad μ_4 bei Böschungsbruch:

$$\mu_4 = \frac{G_{A,d} \cdot \sin\alpha + S_d}{(G_{A,d} \cdot \tan\varphi'_k \cdot \cos\alpha)/\gamma_{\varphi'}}$$

$$\mu_4 = \frac{233{,}9 \cdot \sin 18{,}4° + 208{,}8}{(233{,}9 \cdot \cos 18{,}4° \cdot \tan 25°)/1{,}10} = \frac{282{,}63}{94{,}08} = 3{,}00 >> 1{,}0$$

Die Standsicherheit ist nicht gegeben.

4.3.3 Lamellenverfahren

Das Verfahren wird am häufigsten angewendet und hat sich in der Praxis insbesondere bei der Anwendung von EDV-Programmen bewährt.

Das lamellenfreie Verfahren wird in der Praxis nur selten eingesetzt.

⇒ Zahlenbeispiel: □ 4.27.

Das Lamellenverfahren lässt sich sowohl bei Böschungs- als auch bei Geländebruchberechnungen (siehe Abschnitt 4.1)

□ 4.25 Beispiel: Lamellenverfahren am Beispiel des Gleitkreises nach DIN 4084 zur Berechnung des Ausnutzungsgrades gegen Böschungsbruch

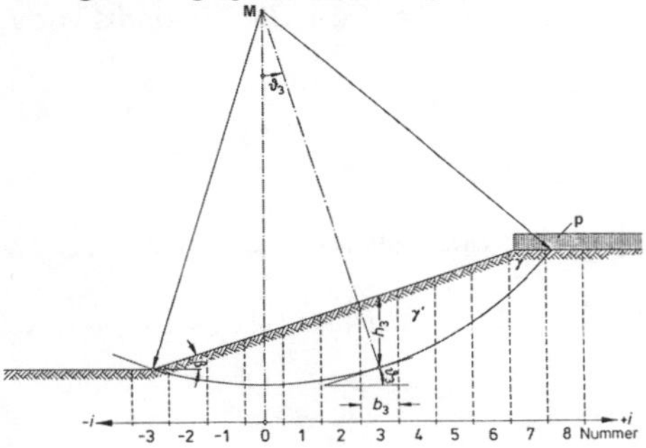

sowie für alle Arten von Gleitkörpergeometrien anwenden (Abschnitt 4.1 und 4.2).

Die Gleitkörpergeometrie wird in möglichst gleich breite Lamellen unterteilt (□ 4.25). Viele Varianten von Gleitkörpergeometrien (Gleitkreise) zu untersuchen ist besser als an einer Gleitkörpergeometrie (Gleitkreis) viele Lamellen. Die an einer Lamelle angreifenden Kräfte sind in □ 4.25 dargestellt.

Bishop: Gleitkreis

Der Ausnutzungsgrad gegen Böschungs- oder Geländebruch wird bei Gleitkreisen zweckmäßig durch tabellarische Auswertung (siehe Zahlenbeispiel □ 4.26) in Anlehnung an die Gleichung von Bishop (1954)

$$\mu = \frac{r \sum G_{d,i} \cdot \sin \vartheta_i + \sum M_d}{r \sum \dfrac{G_{d,i} \cdot \tan \varphi_{d,i} + c_{d,i} \cdot b_i}{\cos \vartheta_i + \mu \cdot \left(\tan \varphi_{d,i} \cdot \sin \vartheta_i\right)} + \sum M_{R,d}} \quad (4.13)$$

ermittelt.

□ 4.26 Beispiel: Kräfte an einer Lamelle i

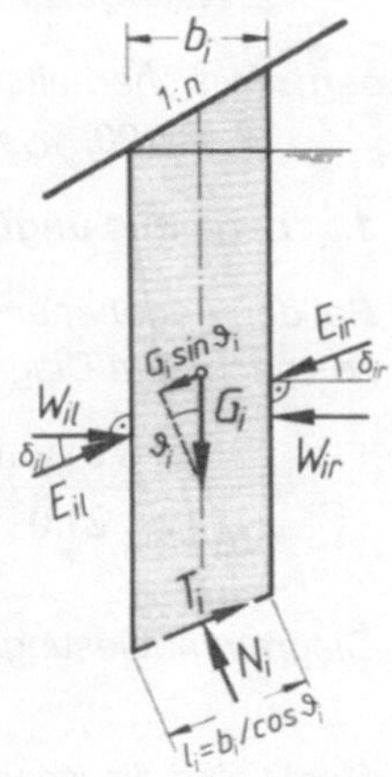

In dieser Gleichung bedeuten (bezogen auf die Längeneinheit senkrecht zur Bildebene):

μ Ausnutzungsgrad gegen Böschungs- oder Geländebruch,

$G_{d,i}$ Bemessungswert der Eigenlast der einzelnen-Lamelle in kN/m,

M_d Bemessungswert der Momente der in $G_{d,i}$ nicht enthaltenen Lasten und Kräfte um den Mittelpunkt des Gleitkreises in kNm/m, positiv, wenn sie antreibend wirken,

$M_{R,d}$ Bemessungswert der widerstehenden Momente um den Mittelpunkt des Gleitkreises in kNm/m, z. B. aus Abschnitt 4.4 (Geländebruch),

ϑ_i Tangentenwinkel der betreffenden Lamelle zur Waagerechten in Grad

r Halbmesser des Gleitkreises in m,

b_i Breite der Lamelle in Meter, die entsprechend der Schichtung des Bodens und der Geländeform gewählt werden kann und bei einem Kreis als Gleitlinie zwischen r/5 und r/10 liegen sollte,

$\varphi_{d,i}$ Bemessungswert des für die einzelne Lamelle maßgebenden Reibungswinkels in Grad,

$c_{d,i}$ Bemessungswert der die für die einzelne Lamelle maßgebenden Kohäsion in kN/m².

⇒ Zahlenbeispiel: □ 4.27.

⇒ Franke (1967). Gußmann (1978).

□ 4.27 Beispiel 61: Ermittlung des Ausnutzungsgrades bei Böschungsbruch im Gleitkreisverfahren nach DIN 4084

Geg.: *Die dargestellte Böschung in bindigem Boden*

γ = 20,5 kN/m³;
$\varphi'_k = \varphi'$ = 17,5°;
$c'_k = c'$ = 21 kN/m³

BS-P

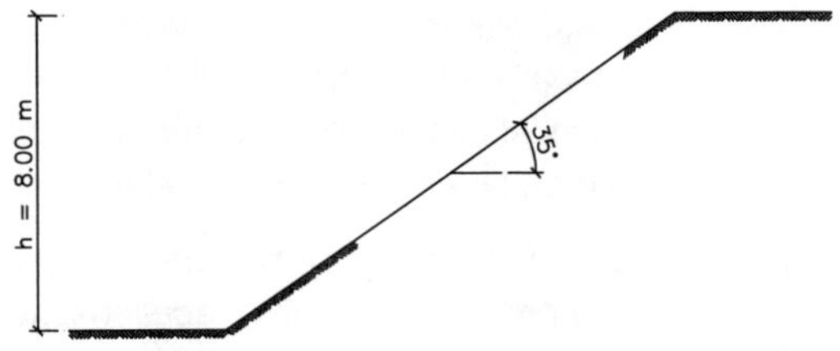

Ges.: *1. Lage des ungünstigsten Gleitkreises*

2. Nachweis nach dem Lamellenverfahren

Lösg: *Teilsicherheitsbeiwert nach □ 4.08:*
γ_G = 1,00; γ_Q =1,30, $\gamma_{\varphi'} = \gamma_{c'}$ =1,25 (BS-P)

1. Lage des ungünstigsten Gleitkreises

Bei den gegebenen Verhältnissen können die Koordinaten des ungünstigsten Gleitkreises nach dem Diagrammverfahren von Janbu ermittelt werden.

$$\lambda_{c\varphi} = \frac{20{,}5 \cdot 8{,}0 \cdot \tan 17{,}5°}{21{,}0} = 2{,}5$$

Diagrammablesung: $\frac{x_0}{h} = 0{,}38\,;\quad \frac{y_0}{h} = 1{,}58$

Damit sind die Koordinatenwerte: $x_0 = 0{,}38 \cdot 8{,}0 = 3{,}0\ m\,;\ y_0 = 1{,}58 \cdot 8{,}0 = 12{,}6\ m$

und der ungünstigste Gleitkreis kann dargestellt werden.

2. Lamellenverfahren

Der Gleitkörper wird in (möglichst gleich große) Lamellen aufgeteilt.

Da die Gleichung von Bishop implizit ist, muss zunächst ein Ausnutzungsgrad gewählt werden. Zweckmäßigerweise nimmt man die Größe des maximal erlaubten Ausnutzungsgrades: μ = 1,0.

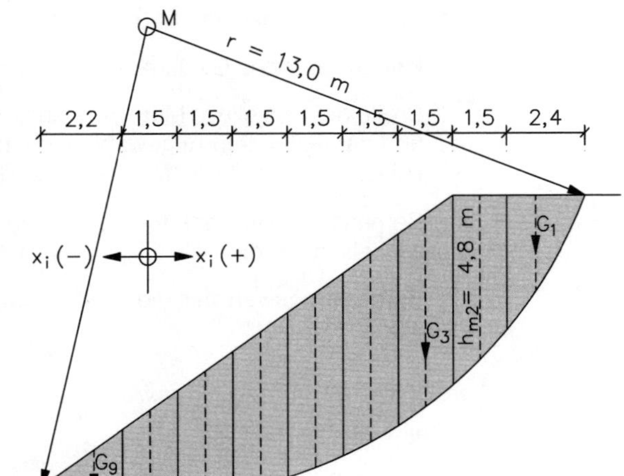

□ 4.27 Fortsetzung Beispiel 61: Ermittlung des Ausnutzungsgrades bei Böschungsbruch im Gleitkreisverfahren nach DIN 4084

Vorwerte für die Tabellenberechnung:

$\tan \varphi' = \tan 17{,}5° = 0{,}3153$; $\qquad \mu \cdot \tan \varphi_d = \frac{1}{1{,}25} \cdot 0{,}3153 = 0{,}2522$

Für jede Lamelle wird der Neigungswinkel ϑ_i der - geradlinigen angenommenen – unteren Begrenzung benötigt. Dieser wird wie folgt ermittelt:

$$\sin \vartheta_i = \frac{x_i}{r} = \frac{x_i}{13{,}0}$$

Die Lamellengewichte $G_{d,i}$ werden ausreichend genau durch Multiplikation der Lamellenbreite b_i mit der mittleren Höhe h_{mi} berechnet. Ihr Angriffspunkt ist bei Dreiecken der Drittelspunkt, bei Trapezen die Mitte.

Weitere Einflüsse $\sum M_{R,d}$ (z.B. Widerstände durch Verankerungen) und $\sum M_d$ (z.B. Einwirkungen durch Wasserdruck) kommen im vorliegenden Fall nicht hinzu.

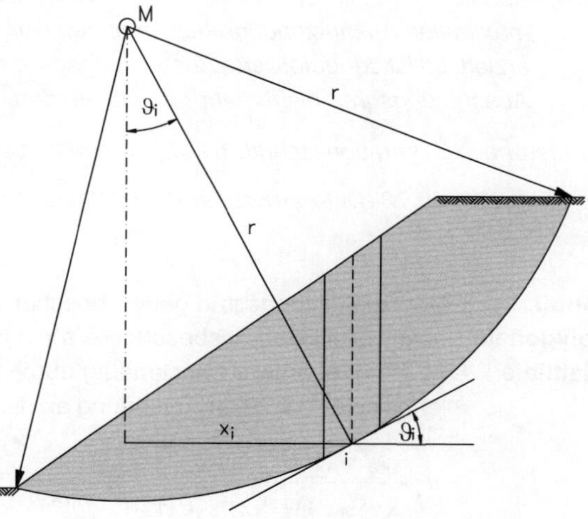

Lam.-nr.	$G_{d,i}$	$\sin \vartheta_i$	$\cos \vartheta_i$	$G_{d,i} \cdot \tan \varphi_{d,i}$	$c_{d,i} \cdot b_i$	$G_{d,i} \cdot \tan \varphi_{d,i} + c_{d,i} \cdot b_i$	$\mu \cdot \tan \varphi_{d,i} \cdot \sin \vartheta_i$	$\cos \vartheta_i + \mu \cdot \tan \varphi_{d,i} \cdot \sin \vartheta_i$	Spalte 7 / Spalte 9	$G_{d,i} \cdot \sin \vartheta_i$
-	[kN/m]	-	-	[kN/m]	[kN/m]	[kN/m]	-	-	[kN/m]	[kN/m]
1	2	3	4	5	6	7	8	9	10	11
1	98,4	0,809	0,588	24,8	40,3	65,1	0,204	0,792	82,3	79,6
2	144,5	0,695	0,719	36,5	25,2	61,7	0,175	0,895	68,9	100,4
3	166,1	0,559	0,829	41,9	25,2	67,1	0,141	0,970	69,2	92,9
4	163	0,454	0,891	41,1	25,2	66,3	0,115	1,006	65,9	74,0
5	150,7	0,342	0,940	38,0	25,2	63,2	0,086	1,026	61,6	51,5
6	129,2	0,225	0,974	32,6	25,2	57,8	0,057	1,031	56,0	29,1
7	104,6	0,139	0,990	26,4	25,2	51,6	0,035	1,025	50,3	14,6
8	73,8	0,000	1,000	18,6	25,2	43,8	0,000	1,000	43,8	0,0
9	42,85	-0,139	0,990	10,8	37,0	47,8	-0,035	0,955	50,0	-6,0
								Σ	548,0	436,0

Somit ergibt sich der Ausnutzungsgrad μ von

$$\mu = \frac{436 \cdot 13{,}0 + 0}{548 \cdot 13{,}0 + 0} = 0{,}80 \neq {}_{gewählt}\mu = 1{,}0$$

□ 4.27 Fortsetzung Beispiel 61: Ermittlung des Ausnutzungsgrades bei Böschungsbruch im Gleitkreisverfahren nach DIN 4084

Folgerungen:

a) Soll die genaue Größe des Ausnutzungsgrades ermittelt werden, so muss so lange iteriert werden, bis Konvergenz zwischen dem gewählten und dem errechneten Ausnutzungsgrad vorliegt. Konvergenz liegt vor, wenn die Differenz der Ausnutzungsgrade (Annahme-Berechnung) weniger als 3% beträgt. Zweckmäßig wählt man für die Iteration den Wert des vorangegangenen Rechenschritts, d.h. im vorliegenden Fall:

1. Iterationsschritt mit μ = 0,80.

b) Aus der Struktur der Gleichung von Bishop ist zu erkennen: Wird mit der Wahl des maximalen Ausnutzungsgrades im ersten Durchlauf ein kleinerer rechnerischer Wert erzielt, so ist der geforderte Ausnutzungsgrad erreicht. Im umgekehrten Fall kann der Ausnutzungsgrad nicht mehr erreicht werden.

hier: nach 3. Iterationsschritt: μ = 0,776 erhält man

μ = 0,776 $\cong$ 0,78 (Differenz sogar < 0,01%)

Janbu: Polygonale Gleitlinie

Der Ausnutzungsgrad gegen Böschungs- oder Geländebruch wird bei polygonalen Gleitlinien, insbesondere für annähernd böschungsparallele Gleitlinien (□ 4.14), ebenfalls zweckmäßig durch tabellarische Auswertung (gemäß Zahlenbeispiel □ 4.29) in Anlehnung an die Gleichung von Janbu (1954)

$$\mu = \frac{\sum G_{d,i} \cdot \sin \vartheta_i + \sum F_{h,d,i}}{\sum \frac{G_{d,i} \cdot \tan \varphi_{d,i} + c_{d,i} \cdot b_i + R_{d,i} \cdot \cos \vartheta_i}{\cos^2 \vartheta_i \left(1 + \mu \cdot \tan \varphi_{d,i} \cdot \tan \vartheta_i\right)}} \qquad (4.14)$$

ermittelt.

In dieser Gleichung bedeuten (bezogen auf die Längeneinheit senkrecht zur Bildebene):

μ Ausnutzungsgrad gegen Böschungs- oder Geländebruch,

$G_{d,i}$ Bemessungswert der Eigenlast der einzelnen Lamelle in kN/m,

$F_{h,d,i}$ Bemessungswert der Horizontalkomponenten der Kräfte und Lasten, die nicht in $G_{d,i}$ enthalten sind; in kN/m; positiv, wenn sie antreibend wirken,

ϑ_i Tangentenwinkel der betreffenden Lamelle zur Waagerechten in Grad

b_i Breite der Lamelle in Meter, die entsprechend der Schichtung des Bodens und der Geländeform gewählt werden,

$\varphi_{d,i}$ Bemessungswert des für die einzelne Lamelle maßgebenden Reibungswinkels in Grad,

$c_{d,i}$ Bemessungswert der die für die einzelne Lamelle maßgebenden Kohäsion in kN/m².

$R_{d,i}$ Bemessungswert der widerstehenden Kräfte, die nicht in $G_{d,i}$ enthaltensind; in kN/m, z. B. aus Abschnitt 4.4 (Geländebruch).

Wasserdruck Die Wirkung des Wasserdrucks wird nach einer der in Abschnitt 4.2.4 genannten Ansätze berücksichtigt und der Ausnutzungsgrad bei Gleitkreisen nach der erweiterten Gleichung von Bishop berechnet:

$$\mu = \frac{r \sum G_{d,i} \cdot \sin \vartheta_i + \sum M_d}{r \sum \dfrac{\left[G_{d,i} - \left(u_{d,i} + \Delta u_{d,i}\right) \cdot b_i\right] \cdot \tan \varphi_{d,i} + c_{d,i} \cdot b_i}{\cos \vartheta_i + \mu \cdot \left(\tan \varphi_{d,i} \cdot \sin \vartheta_i\right)} + \sum M_{R,d}} \tag{4.15}$$

Hierin ist:

$u_{d,i}$ Bemessungswert des für die einzelne Lamelle maßgebenden Porenwasserdrucks in kN/m²,

$\Delta u_{d,i}$ Bemessungswert des für die einzelne Lamelle maßgebenden Porenwasserüberdrucks in kN/m² infolge Konsolidierens des Bodens.

Entsprechend wird der Wasserdruck bei polygonalen Gleitlinien der Gleichung von Janbu berücksichtigt.

⇒ Zahlenbeispiel: □ 4.28.

□ 4.28 Beispiel 62: Ermittlung des Ausnutzungsgrades bei Böschungsbruch im Gleitkreisverfahren nach DIN 4084

Geg.: *Die dargestellte durchströmte Böschung in bindigem Boden*

$\gamma = \gamma_r = 21$ kN/m³
$\gamma' = 11$ kN/m³
$\varphi'_k = \varphi' = 27{,}5°$
$c'_k = c' = 10$ kN/m³

BS-P

Angaben zum Sickerlinien-Verlauf:

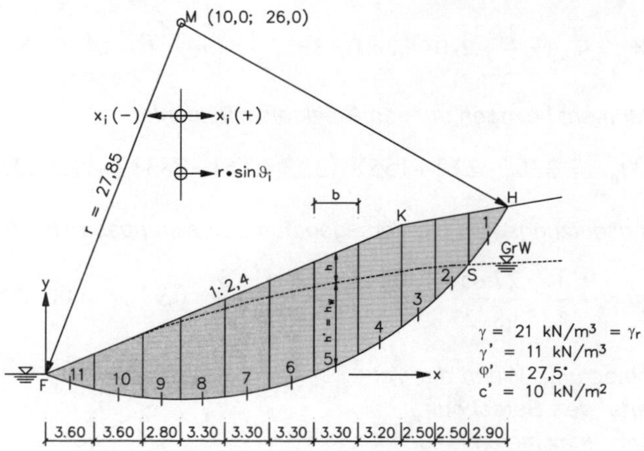

Lamelle	*1*	*2*	*3*	*4*	*5*	*6*	*7*	*8*	*9*	*10*	*11*
h	*2,0*	*3,6*	*3,4*	*3,1*	*2,2*	*1,5*	*1,0*	*0,5*	*0,1*	*0*	*0*
h_w	*0*	*1,3*	*3,3*	*4,9*	*6,1*	*6,7*	*6,7*	*6,2*	*5,4*	*3,8*	*1,3*

Ges.: *Nachweis nach dem Lamellenverfahren, wobei der Wasserdruck in einer Vergleichsrechnung nach allen 3 Möglichkeiten gemäß DIN 4084 angesetzt werden soll*

Lösg: *Teilsicherheitsbeiwert nach □ 4.08: $\gamma_G = 1{,}00$; $\gamma_Q = 1{,}30$, $\gamma_{\varphi'} = \gamma_{c'} = 1{,}25$ (BS-P)*

□ 4.28 Fortsetzung Beispiel 62: Ermittlung des Ausnutzungsgrades bei Böschungsbruch im Gleitkreisverfahren nach DIN 4084

1 Berechnung mit horizontalem Wasserdruck

Vorwerte für die Berechnung: $\tan\varphi' = \tan 27{,}5° = 0{,}5206$

$\rightarrow \mu \cdot \tan\varphi' = 1{,}0 \cdot \tan 27{,}5° = 0{,}5206$

Die Eigenlast der Lamellen wird mit der Feuchtwichte γ (über Wasser) und der Auftriebswichte γ' (unter Wasser) berechnet.

Lam.-nr.	$G_{d,i}$	$\sin\vartheta_i$	$\cos\vartheta_i$	$G_{d,i}\cdot\tan\varphi'_{d,i}$	$c_{d,i}\cdot b_i$	$G_{d,i}\cdot\tan\varphi'_{d,i} + c_{d,i}\cdot b_i$	$\mu\cdot\tan\varphi'_{d,i}\cdot\sin\vartheta_i$	$\cos\vartheta_i + \mu\cdot\tan\varphi'_{d,i}\cdot\sin\vartheta_i$	Spalte 7 / Spalte 9	$G_{d,i}\cdot\sin\vartheta_i$
-	[kN/m]	-	-	[kN/m]	[kN/m]	[kN/m]	-	-	[kN/m]	[kN/m]
1	2	3	4	5	6	7	8	9	10	11
1	121,8	0,8043	0,5943	50,7	23,2	73,9	0,335	0,929	79,6	98,0
2	224,8	0,7235	0,6904	93,6	20,0	113,6	0,301	0,992	114,6	162,6
3	269,3	0,6338	0,7735	112,2	20,0	132,2	0,264	1,037	127,4	170,7
4	380,0	0,5242	0,8516	158,3	25,6	183,9	0,218	1,070	171,8	199,2
5	373,9	0,4147	0,9100	155,7	26,4	182,1	0,173	1,083	168,2	155,1
6	347,2	0,2962	0,9551	144,6	26,4	171,0	0,123	1,078	158,6	102,8
7	312,5	0,1778	0,9841	130,1	26,4	156,5	0,074	1,058	147,9	55,6
8	259,7	0,0592	0,9983	108,2	26,4	134,6	0,025	1,023	131,5	15,4
9	172,2	-0,0503	0,9987	71,7	22,4	94,1	-0,021	0,978	96,3	-8,7
10	150,5	-0,1652	0,9863	62,7	28,8	91,5	-0,069	0,917	99,7	-24,9
11	51,5	-0,2729	0,9620	21,4	28,8	50,2	-0,114	0,848	59,2	-14,1
								Σ	1354,8	911,7

Horizontaler Wasserdruck (siehe Skizze):

$$W_D = W_{D,d} = \frac{1}{2}\cdot 8{,}2\cdot 10\cdot 8{,}2\cdot 1{,}0 = 336{,}2\ kN/m, \quad W_R = W_{R,d} = 8{,}2\cdot 10{,}0\cdot 1{,}9\cdot 1{,}0 = 155{,}8\ kN/m$$

Moment bezogen auf den Gleitkreismittelpunkt:

$$M_{W,d} = 336{,}2\cdot 23{,}3 + 155{,}8\cdot(23{,}3+3{,}6) = 7833{,}5 + 4191{,}0 = 12024{,}5\ kNm/m$$

Ausnutzungsgrad bei Versagen durch Böschungsbruch:

$$\mu = \frac{911{,}7\cdot 27{,}85 + 12024{,}5}{1354{,}8\cdot 27{,}85 + 0} = \frac{37.415{,}3}{37.731{,}2} = 0{,}99 < 1{,}00$$ *also ausreichend standsicher*

Anmerkung: Wenn die Vorwerte der Berechnung mit dem maximalen Ausnutzungsgrad μ = 1,0 ermittelt wurden und der damit berechnete Ausnutzungsgrad kleiner bleibt, wird (μ = 0,99), so ist ausreichende Sicherheit gegeben.

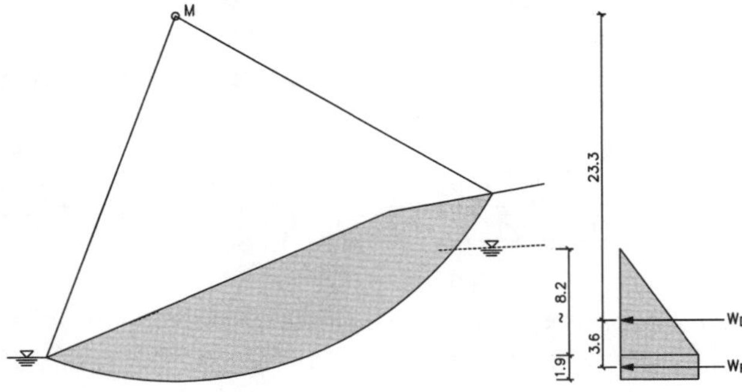

□ 4.28 Fortsetzung Beispiel 62: Ermittlung des Ausnutzungsgrades bei Böschungsbruch im Gleitkreisverfahren nach DIN 4084

2 Berechnung mit Porenwasserdruck

Vorwerte für die Berechnung: s. Fall 1.

Die Eigenlast der Lamellen wird mit der Wichte des gesättigten Bodens γ_r berechnet.

Lam.-nr.	$G_{d,i}$	$u_{d,i}\cdot b_i$	$G_{d,i}-u_{d,i}\cdot b_i$	$\sin\vartheta_i$	$\cos\vartheta_i$	$(G_{d,i}-u_{d,i}\cdot b_i)\cdot\tan\varphi'_{d,i}$	$c'_{d,i}\cdot b_i$	$(G_{d,i}-u_{d,i}\cdot b_i)\cdot\tan\varphi'_{d,i}+c'_{d,i}\cdot b_i$	$\mu\cdot\tan\varphi'_{d,i}\cdot\sin\vartheta_i$
-	[kN/m]	[kN/m]	[kN/m]	-	-	[kN/m]	[kN/m]	[kN/m]	-
1	2	3	4	5	6	7	8	9	10
1	121,8	0	121,8	0,8043	0,5943	50,7	23,2	73,9	0,335
2	237,3	32,5	224,8	0,7235	0,6904	93,6	20,0	113,6	0,301
3	351,8	82,5	269,3	0,6338	0,7735	112,2	20,0	132,2	0,264
4	537,6	156,8	380,0	0,5242	0,8516	158,3	25,6	183,9	0,218
5	575,2	201,3	373,9	0,4147	0,9100	155,7	26,4	182,1	0,173
6	568,3	221,1	347,2	0,2962	0,9551	144,6	26,4	171,0	0,123
7	533,6	221,1	312,5	0,1778	0,9841	130,1	26,4	156,5	0,074
8	464,3	204,6	259,7	0,0592	0,9983	108,2	26,4	134,6	0,025
9	323,4	151,2	172,2	-0,0503	0,9987	71,7	22,4	94,1	-0,021
10	287,3	136,8	150,5	-0,1652	0,9863	62,7	28,8	91,5	-0,069
11	98,3	46,8	51,5	-0,2729	0,9620	21,4	28,8	50,2	-0,114
	Σ	1454,7							

Sicherheit gegen Böschungsbruch:

$$\mu = \frac{1213{,}1\cdot 27{,}85}{1354{,}8\cdot 27{,}85} = 0{,}90$$

Anmerkung: Wenn die Vorwerte der Berechnung mit dem maximalen Ausnutzungsgrad μ = 1,0 ermittelt wurden und der damit berechnete Ausnutzungsgrad nicht größer wird (μ = 0,90), so ist ausreichende Sicherheit gegeben.

Lam.-nr.	$\cos\vartheta_i + \mu\cdot\tan\varphi_{d,i}\cdot\sin\vartheta_i$	$\frac{\text{Spalte 9}}{\text{Spalte 11}}$	$G_{d,i}\cdot\sin\vartheta_i$
-	-	[kN/m]	[kN/m]
1	11	12	13
1	0,929	79,6	98,0
2	0,992	114,6	171,7
3	1,037	127,4	223,0
4	1,070	171,8	281,8
5	1,083	168,2	238,5
6	1,078	158,5	168,3
7	1,058	147,9	94,9
8	1,023	131,5	27,5
9	0,978	96,3	-16,3
10	0,917	99,7	-47,5
11	0,848	59,2	-26,8
	Σ	1354,8	1213,1

3 Berechnung mit der Strömungskraft

Vorwerte für Berechnung: s. Fall 1

Die Eigenlast der Lamellen wird mit der Feuchtwichte γ (über Wasser) und der Auftriebswichte γ' (unter Wasser) berechnet.

Die Tabellenberechnung für Fall 1 kann übernommen werden.

Strömungskraft:

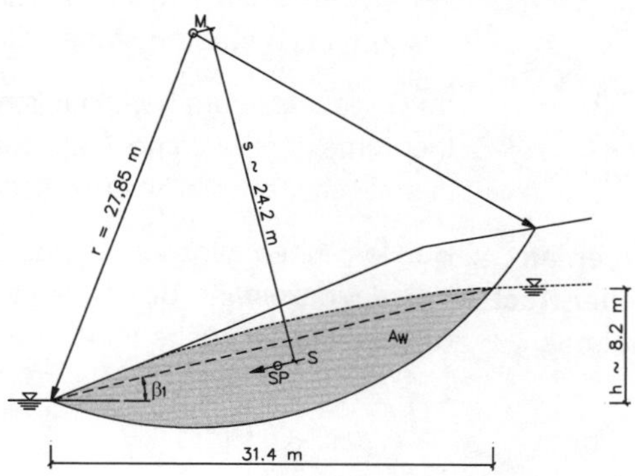

□ 4.28 Fortsetzung Beispiel 62: Ermittlung des Ausnutzungsgrades bei Böschungsbruch im Gleitkreisverfahren nach DIN 4084

Mit der vom Wasser durchströmten Fläche Aw und einem Gefälle von $\beta_1 = \frac{h}{l}$ *kann die Strömungskraft nach der Gleichung* $S_d = A_W \cdot \gamma_W \cdot \sin\beta_1 \cdot 1{,}0$

berechnet werden. Die Lage des Schwerpunkts SP kann auf einfache Weise dadurch bestimmt werden, dass die Fläche Aw maßstäblich auf Karton aufgetragen und ausgeschnitten wird. Mit der darunter gehaltenen Zirkelspitze ergibt sich der Schwerpunkt bei Horizontallage des Kartons. Auf diese Weise wurde der Mittelpunktabstand zu s ≈ 24,2 m erhalten.

Das für die Berechnung der Strömungsdruckkraft benötigte Produkt $A_W \cdot \gamma_W$ *entspricht der Summe* $\sum u_{d,i} \cdot b_i$ *aus Spalte 3 der Tabelle unter Punkt 2:*

$$A_W \cdot \gamma_W = 1454{,}7 \ kN/m$$

Mit $\tan\beta_1 = \frac{8{,}2}{31{,}4} \rightarrow \beta_1 = 14{,}6°$ *wird die Strömungskraft*

$$S_d = 1454{,}7 \cdot \sin 14{,}6° \cdot 1{,}0 = 366{,}7 \ kN/m$$

Damit wird der Ausnutzungsgrad bei Versagen durch Böschungsbruch:

$$\mu = \frac{911{,}7 \cdot 27{,}85 + 366{,}7 \cdot 24{,}2}{1354{,}8 \cdot 27{,}85 + 0} = \frac{34.265{,}0}{37.731{,}2} = 0{,}91$$

Anmerkung: Wenn die Vorwerte der Berechnung mit dem maximalen Ausnutzungsgrad μ *= 1,0 ermittelt wurden und der damit berechnete Ausnutzungsgrad nicht größer wird (*μ *= 0,91), so ist ausreichende Sicherheit gegeben.*

4.3.4 Blockleit-Verfahren: Verfahren mit inneren Gleitlinien

In Hinblick auf die europäische Normung werden bei der Ermittlung der Sicherheit gegen Böschungsbruch zunehmend kinematisch mögliche Bruchmechanismen aus mehreren starren Gleitblöcken untersucht.

Im Gegensatz zum herkömmlichen Lamellenverfahren sind dabei die Kollapstheoreme der Plastomechanik maßgebend. Danach muss ein System entweder in statischer oder in kinematischer Hinsicht korrekt sein.

Kinematischer Nachweis

Bei dem kinematischen Standsicherheitsnachweis wird angenommen, dass im Versagenszustand des Bodens zusätzliche Verzerrungen ausbleiben. Erfahrungen und Versuche haben gezeigt, dass diese Annahme gerechtfertigt ist.

Bruchmechanismen

Bei den Bruchmechanismen mit geraden Gleitlinien sind

- das Blockgleitverfahren und
- das Verfahren zusammengesetzter Bruchmechanismen mit geraden Gleitlinien

zu unterscheiden.

Blockgleitverfahren

Das Blockgleitverfahren arbeitet mit senkrechten inneren Gleitlinien. Nach DIN 4084 wird die Betrachtung von drei bis fünf Teilgleitkörpern - je nach Schichtung - als ausreichend angesehen (□ 4.29). Jeder dieser Teilgleitkörper verschiebt sich in seiner äußeren Gleitlinie relativ zu dem ruhenden Untergrund und in einer bzw. zwei inneren Gleitlinien relativ zu den benachbarten Gleitkörpern. Die Richtungen $\varphi_{d,\, i+1}$ und $\varphi_{d,\, i-1}$ der an den Lamellenschnitten anzusetzenden Erddruckkräfte dürfen horizontal angenommen werden. Damit dürfen $\varphi_{d,\, i+1}=0$ und $\varphi_{d,\, i-1}=0$ gesetzt werden (□ 4.29 und □ 4.30).

Zusammengesetzte Bruchmechanismen

Beim Verfahren zusammengesetzter Bruchmechanismen mit geraden Gleitlinien werden bis zu vier in sich starre Gleitkörper untersucht. Die inneren Gleitlinien verlaufen hier nicht senkrecht, sondern geneigt und zwar durch den Schnittpunkt zweier äußerer Gleitlinien, deren Schnittwinkel kleiner als 180° ist.

Beide Verfahren sind sowohl bei homogenen als auch bei geschichteten Böden anwendbar. Für den Nachweis sind jedoch aufwändige Kraftecke zu zeichnen. Dies lässt die Verfahren als nahezu unpraktikabel erscheinen.

DBGM

Als Kompromiss wurde von Nawari und anderen (1997) die Direkte Gleitblockmethode (DGBM) entwickelt. Damit kann der Standsicherheitsnachweis auf der Basis des Blockgleitverfahrens mit Hilfe einfacher Formeln geführt werden. Dieses von den Verfassern favorisierte und in verschiedenen Diplomarbeiten (Trott 1997, Siegmund 2000) aufbereitete Verfahren wird im Folgenden in Kurzfassung und an Zahlenbeispielen erläutert.

Der zu untersuchende Erdkörper wird in drei bis fünf Gleitblöcke mit senkrechten inneren Gleitlinien unterteilt (□ 4.29).

Sie werden als starre Körper aufgefasst, die auf dem unbewegten Untergrund gleiten. Zur Wahrung des Kräftegleichgewichts wird eine unbekannte Scherkraft ΔT_i - in Bewegungsrichtung positiv - angesetzt (□ 4.30). In einem Koordinatensystem lassen sich die am Gleitblock i angreifenden Kräfte in Richtung eines selbst gewählten Koordinatensystems z.B. in Richtung der Achsen x und z zerlegen.

Die Neigungswinkel $\varphi_{d,\, i+1}$ und $\varphi_{d,\, i-1}$ werden zu $\varphi_{d,\, i+1}=0$ und $\varphi_{d,\, i-1}=0$ gesetzt, was auf der sicheren Seite liegt. Die Erddrücke $Q_{k,\, i-1}$ und $Q_{k,\, i+1}$ in den Lamellenabschnitten sind so zu wählen, dass die Zusatzkraft ΔT_i möglichst groß ist.

□ 4.29 Beispiel: Blockgleitgeometrie

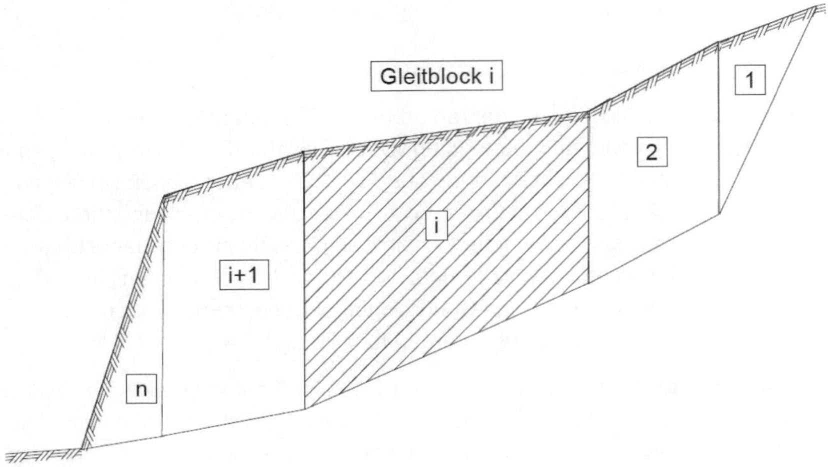

□ 4.30 Beispiel: Kräftekomponenten am Gleitblock i (nur Bodeneigengewicht)

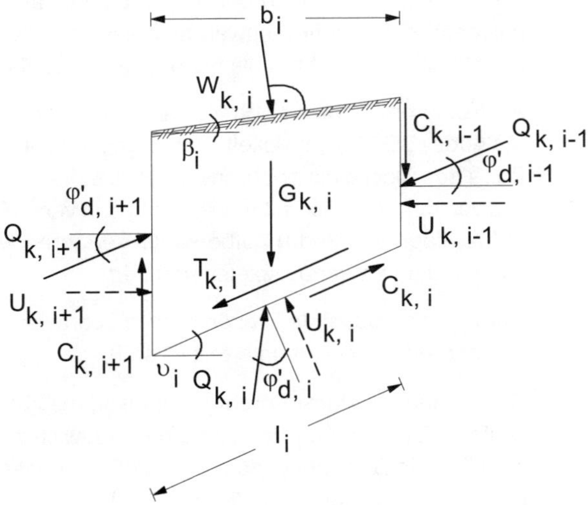

Aus dem Kräftegleichgewicht ergibt sich über einige Rechenschritte:

$$\Delta Q_{d,i,j} = \frac{(-1)}{\cos(\vartheta_i - \varphi'_{d,i})} \cdot \left[\begin{array}{l} G_{d,i} \cdot \sin(\vartheta_i - \varphi'_{d,i}) - C_{d,i} \cdot \cos\varphi'_{d,i} + U_{d,i} \cdot \sin\varphi'_{d,i} \\ + (U_{d,i-1,i} - U_{d,i,i+1}) \cdot \cos(\vartheta_i - \varphi'_{d,i}) - W_{d,Hi} \cdot \cos(\vartheta_i - \varphi'_{d,i}) \\ + (C_{d,i-1,i} - C_{d,i,i+1}) \cdot \sin(\vartheta_i - \varphi'_{d,i}) \\ + T_{d,i} \cdot \cos\varphi'_{d,i} \end{array} \right] \quad (4.16)$$

$\Delta Q_{i,j}$: Differenz der Gleitflächenkräfte in der inneren Gleitfläche ($\Delta Q_{i,j} = Q_{i-1,i} - Q_{i,i+1}$)

Aus (4.16) wird die endgültige Gleichung für $\Delta T = \Sigma \Delta T_i$ zu:

$$\Delta T = \left\{ \sum_{i=1}^{n} \frac{(-1)}{\cos(\vartheta_i - \varphi'_{d,i})} \cdot \left[\begin{array}{l} G_{d,i} \cdot \sin(\vartheta_i - \varphi'_{d,i}) - C_{d,i} \cdot \cos\varphi'_{d,i} + U_{d,i} \cdot \sin\varphi'_{d,i} \\ + \Delta U_{d,i,j} \cdot \cos(\vartheta_i - \varphi'_{d,i}) - W_{d,Hi} \cdot \cos(\vartheta_i - \varphi'_{d,i}) \\ + \Delta C_{d,i,j} \cdot \sin(\vartheta_i - \varphi'_{d,i}) + T_{d,i} \cdot \cos\varphi'_{d,i} \end{array} \right] \right\}$$

$$\cdot \left[\frac{1}{\sum_{i=1}^{n} \frac{l_i \cdot \cos\varphi'_{d,i}}{\cos(\vartheta_i - \varphi'_{d,i})}} \right] \qquad (4.17)$$

Um den ungünstigsten Bruchmechanismus zu finden, sind die Gleitlinien zu variieren.

Nachweis DGBM

Der Nachweis ist erbracht, wenn mit den Bemessungswerten der Einwirkungen und Widerstände durch Hinzufügen einer in antreibender Richtung wirkenden gedachten Zusatzkraft $\Delta T_i \geq 0$ Gleichgewicht hergestellt werden kann. Es gilt dann genau: $\mu = 1{,}0$. Bei $\Delta T_i < 0$ ist der Nachweis nicht erbracht.

Der Ausnutzungsgrad μ wird bei $\varphi'_{d,\,i+1} = \varphi'_{d,\,i-1} = 0$ nach Gleichung (4.14) berechnet.

Anmerkung zur DGBM: Die Untersuchung mehrerer Bruchmechanismen durch Variation der Gleitlinien ist wichtiger als die Unterteilung der Mechanismen in eine größere Anzahl von Gleitblöcken.

□ 4.31 Zusammenstellung der Formelzeichen

Formelzeichen	Erklärung
$G_{d,i}$	Bemessungswert der Eigenlast des Gleitblockes i, einschließlich möglicher Verkehrslasten und der Vertikalkomponente W_{Vi} infolge Außenlasten
$C_{d,i}$	Bemessungswert der Kohäsionskraft in der äußeren Gleitfläche eines Gleitblockes
$C_{d,i-1,i}$	Bemessungswert der Kohäsionskraft in der inneren Gleitfläche zwischen den Blöcken i-1 und i, d.h. rechts des Blockes i
$C_{d,i,i+1}$	Bemessungswert der Kohäsionskraft in der inneren Gleitfläche zwischen den Blöcken i und i+1, d.h. links des Blockes i
$\Delta C_{i,j}$	Differenz der Kohäsionskräfte in den inneren Gleitlinien (j = i-1, i+1) $\Delta C_{i,j} = C_{d,i-1,i} - C_{d,i,i+1}$
$U_{d,i}$	Bemessungswert der resultierenden Porenwasserdruckkraft auf die äußere Gleitfläche eines Gleitblocks

Anmerkung: Bemessungswerte sind mit dem Index „d" gekennzeichnet.

□ 4.31 Fortsetzung: Zusammenstellung der Formelzeichen

Formelzeichen	Erklärung
$U_{d,i,i+1}$	Bemessungswert der resultierenden Porenwasserdruckkraft auf die innere Gleitfläche von links
$\Delta U_{d,i,j}$	Differenz der Porenwasserdruckkräfte auf die innere Gleitfläche (j = i-1,i+1) $\Delta U_{i,j} = U_{i-1,i} - U_{i,i+1}$
$W_{d,i}$	Bemessungswert der Wasserdruckkraft infolge Außenwasser, senkrecht auf der Geländeoberfläche stehend
$W_{d,Vi}$	Vertikalkomponente der Kraft $W_{d,Vi} = W_i \cdot \sin \varepsilon_i$
$W_{d,Hi}$	Horizontalkomponente der Kraft $W_{d,Hi} = W_{d,i} \cdot \cos \varepsilon_i$
Q_i	Gleitflächenkraft (= Resultierende aus Normalkraft N_i und zugehöriger Reibungskraft) in der äußeren Gleitfläche eines Gleitblockes
$Q_{i-1,i}$	Gleitflächenkraft in der inneren Gleitfläche von rechts
$Q_{i,i+1}$	Gleitflächenkraft in der inneren Gleitfläche von links
$\Delta Q_{i,j}$	Differenz der Gleitflächenkräfte in der inneren Gleitfläche ($\Delta Q_{i,j} = Q_{i-1,i} - Q_{i,i+1}$)
ΔT_i	unbekannte in Bewegungsrichtung wirkende Zusatzscherkraft am Gleitblock i, $T_i = T \cdot l_i$
b_i	Breite des Gleitblockes i
i_i	Länge der äußeren Gleitlinie am Gleitblock i
$l_{i,j}$	Länge der inneren Gleitlinie zwischen den Blöcken i und j
$\varphi'_{k,i}$	Reibungswinkel längs der äußeren Gleitlinie eines Gleitblockes i
$\varphi'_{d,mi,j}$	gewogenes Mittel des Reibungswinkels längs der inneren Gleitlinie zwischen den Gleitblöcken i und j
$\varphi'_{d,i}$	der mit dem Teilsicherheitsfaktor $\gamma_{\varphi'}$ nach Handbuch EC 7-1 versehene Reibungswinkel $\varphi'_{d,i} = \arctan(\tan \varphi'_{k,i} / \gamma_{\varphi'})$
$\varphi'_{d,i-1}$	Neigungswinkel der Gleitflächenkraft $Q_{i-1,i}$ gegen die Horizontale
$\varphi'_{d,i+1}$	Neigungswinkel der Gleitflächenkraft $Q_{i,i+1}$ gegen die Horizontale
ϑ_i	Neigungswinkel der äußeren Gleitlinie des Gleitblockes i gegen die Horizontale
ε_i	Geländeneigung im Gleitblock i, bezogen auf die Horizontale

Anmerkung: Bemessungswerte sind mit dem Index „d" gekennzeichnet.

⇒ Zahlenbeispiele: □ 4.32, □ 4.33, □ 4.56.

□ 4.32 Beispiel 63: Ermittlung der Sicherheit gegen Böschungsbruch nach der DGBM (Vergleichsberechnung zu □ 4.27)

Geg.: *Die dargestellte Böschung in bindigem Boden*

γ = 20,5 kN/m³;
$\varphi'_k = \varphi'$ = 17,5°;
$c'_k = c'$ = 21 kN/m³

BS-P

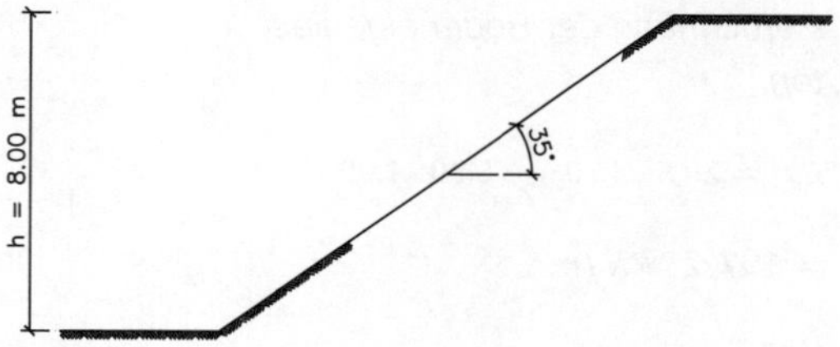

Ges.: *1. Lage des ungünstigsten Gleitkreises*

2. Nachweis nach der Direkten Gleitblock-Methode (DGBM): Ermittlung von ΔTi

3. Nachweis nach der Direkten Gleitblock-Methode (DGBM): Ermittlung von μ

Lösg: *Teilsicherheitsbeiwert nach □ 4.08:*
γ_G = 1,00; γ_Q =1,30, $\gamma_{\varphi'} = \gamma_{c'}$ =1,25 (BS-P)

1. Lage des ungünstigsten Gleitkreises

Bei den gegebenen Verhältnissen können die Koordinaten des ungünstigsten Gleitkreises nach dem Nomogrammverfahren von Janbu ermittelt werden.

$$\lambda_{c\varphi} = \frac{20{,}5 \cdot 8{,}0 \cdot \tan 17{,}5°}{21{,}0} = 2{,}5$$

Nomogrammablesung:

$$\frac{x_0}{h} = 0{,}38\,; \qquad \frac{y_0}{h} = 1{,}58$$

Damit sind die Koordinatenwerte:

$$x_0 = 0{,}38 \cdot 8{,}0 = 3{,}0\ m\,; \qquad y_0 = 1{,}58 \cdot 8{,}0 = 12{,}6\ m$$

und der ungünstigste Gleitkreis kann dargestellt werden.

2. Nachweis nach der Direkten Gleitblock-Methode (DGBM): Ermittlung von ΔT_i

Zur Abkürzung der Berechnung wird der Bruchkörper so gestaltet, dass er sich an diesem Gleitkreis orientiert.

Aus der maßstäblichen Zeichnung (auf der nächsten Seite) wird gemessen:

Lamellenbreiten:	*b_1 = 3,70 m; b_2 = 4,40 m; b_3 = 7,00 m*
Längen der äußeren Gleitlinien:	*l_1 = 6,40 m; l_2 = 5,00 m; l_3 = 7,00 m*
Längen der inneren Gleitlinien:	*$l_{0,1}$ = 0 m; $l_{1,2}$ = 5,20 m; $l_{2,3}$ = 4,60 m*
Neigungswinkel der äußeren Gleitlinien:	*ϑ_1 = 55°; ϑ_2 = 30°; ϑ_3 = 2°*

□ 4.32 Fortsetzung Beispiel 63: Ermittlung der Sicherheit gegen Böschungsbruch nach der DGBM (Vergleichsberechnung zu □ 4.27)

Berechnung der Bodeneigenlasten:

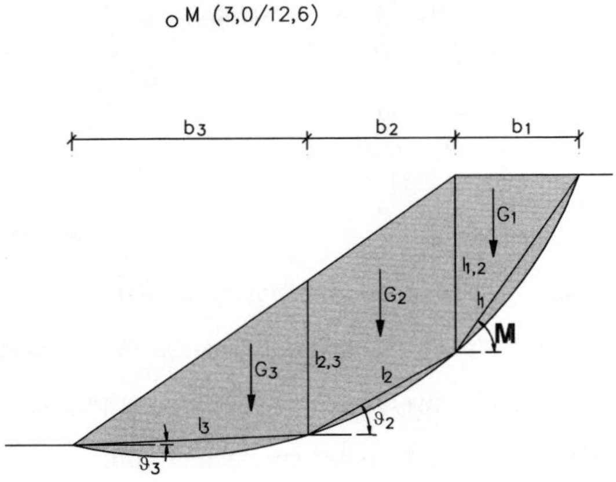

$$G_{d,1} = 20{,}5 \cdot 3{,}70 \cdot \frac{1}{2} \cdot 5{,}20 \cdot 1{,}00$$

$$= 197{,}2 \;\; kN/m$$

$$G_{d,2}$$

$$= 20{,}5 \cdot 4{,}40 \cdot \frac{1}{2} \cdot (5{,}20 + 4{,}60) \cdot 1{,}00$$

$$= 442{,}0 \;\; kN/m$$

$$G_{d,3} = 20{,}5 \cdot 7{,}00 \cdot \frac{1}{2} \cdot 4{,}60 \cdot 1{,}00$$

$$= 330{,}1 \;\; kN/m$$

Bemessungswerte der Scherfestigkeiten:

$$\rightarrow \varphi'_{d,i} = \arctan \frac{\tan 17{,}5°}{1{,}25} = 14{,}2°; \qquad c'_{d,i} = \frac{21{,}0}{1{,}25} = 16{,}8 \;\; kN/m^2$$

Kohäsionskräfte in den äußeren Gleitflächen:

$$C_{d,1} = c'_{d,1} \cdot l_1 = 16{,}8 \cdot 6{,}40 = 107{,}5 \;\; kN/m$$

$$C_{d,2} = c'_{d,2} \cdot l_2 = 16{,}8 \cdot 5{,}00 = 84{,}0 \;\; kN/m$$

$$C_{d,3} = c'_{d,3} \cdot l_3 = 16{,}8 \cdot 7{,}00 = 117{,}6 \;\; kN/m$$

Differenz der Kohäsionskräfte in den inneren Gleitlinien:

$$\Delta C_{1,2} = C_{0,1} - C_{1,2} = c_{d,0,1} \cdot l_{0,1} - c_{d,1,2} \cdot l_{1,2} = 0 - 16{,}8 \cdot 5{,}20 = -87{,}4 \;\; kN/m$$

$$\Delta C_{2,3} = C_{1,2} - C_{2,3} = 16{,}8 \cdot (5{,}20 - 4{,}60) = 10{,}1 \;\; kN/m$$

$$\Delta C_{3,4} = C_{2,3} - C_{3,4} = 16{,}8 \cdot 4{,}60 - 0 = 77{,}3 \;\; kN/m$$

Mit $U_{d,i} = \Delta U_{d,i,j} = W_{d,Hi} = 0$ vereinfacht sich die Gleichung für die Scherspannung

$$\Delta T = \left\{ \sum_{i=1}^{n} \frac{(-1)}{\cos(\vartheta_i - \varphi'_{d,i})} \cdot \begin{bmatrix} G_{d,i} \cdot \sin(\vartheta_i - \varphi'_{d,i}) - C_{d,i} \cdot \cos\varphi'_{d,i} \\ + \Delta C_{d,i,j} \cdot \sin(\vartheta_i - \varphi'_{d,i}) \end{bmatrix} \right\} \cdot \left[\frac{1}{\sum_{i=1}^{n} \frac{l_i \cdot \cos\varphi'_{d,i}}{\cos(\vartheta_i - \varphi'_{d,i})}} \right]$$

□ 4.32 Fortsetzung Beispiel 63: Ermittlung der Sicherheit gegen Böschungsbruch nach der DGBM (Vergleichsberechnung zu □ 4.27)

$$\Delta T = \left\{ \frac{-197{,}2 \cdot \sin(55° - 14{,}2°) + 107{,}5 \cdot \cos 14{,}2° + 87{,}4 \cdot \sin(55° - 14{,}2°)}{\cos(55° - 14{,}2°)} \right.$$

$$+ \frac{-442{,}0 \cdot \sin(30° - 14{,}2°) + 84{,}0 \cdot \cos 14{,}2° - 10{,}1 \cdot \sin(30° - 14{,}2°)}{\cos(30° - 14{,}2°)}$$

$$\left. + \frac{-330{,}1 \cdot \sin(2° - 14{,}2°) + 117{,}6 \cdot \cos 14{,}2° - 77{,}3 \cdot \sin(2° - 14{,}2°)}{\cos(2° - 14{,}2°)} \right\}$$

$$\cdot \left[\frac{1}{\dfrac{6{,}40 \cdot \cos 14{,}2°}{\cos(55° - 14{,}2°)} + \dfrac{5{,}00 \cdot \cos 14{,}2°}{\cos(30° - 14{,}2°)} + \dfrac{7{,}00 \cdot \cos 14{,}2°}{\cos(2° - 14{,}2°)}} \right]$$

$$\Delta T = \{42{,}9 - 43{,}3 + 160{,}4\} \cdot \left[\frac{1}{8{,}20 + 5{,}04 + 6{,}94} \right] = 7{,}95 \ kN/m^2 \ > \ 0$$

Somit ist der Nachweis gegen Böschungsbruch erbracht; die Standsicherheit ist gewährleistet.

3. ***Nachweis nach der Direkten Gleitblock-Methode (DGBM): Ermittlung von*** μ

Da die Gleichung (4.14) nach Janbu implizit ist, muss zunächst ein Ausnutzungsgrad gewählt werden. Zweckmäßigerweise nimmt man die Größe des maximal erlaubten Ausnutzungsgrades: $\mu = 1{,}0$.

Lam.-nr.	$G_{d,i}$	$\tan \vartheta_i$	$\cos \vartheta_i$	$G_{d,i} \cdot \tan \varphi'_{d,i}$	$c'_{d,i} \cdot b_i$	$G_{d,i} \cdot \tan \varphi'_{d,i} + c'_{d,i} \cdot b_i$	$\mu \cdot \tan \varphi'_{d,i} \cdot \tan \vartheta_i$	$\cos \vartheta_i^2 \cdot (1 + \mu \cdot \tan \varphi_{d,i} \cdot \tan \vartheta_i)$	$\frac{Spalte 7}{Spalte 9}$	$G_{d,i} \cdot \sin \vartheta_i$
-	[kN/m]	-	-	[kN/m]	[kN/m]	[kN/m]	-	-	[kN/m]	[kN/m]
1	2	3	4	5	6	7	8	9	10	11
1	197,2	1,428	0,574	49,7	62,2	111,9	0,360	0,448	281,6	250,1
2	442	0,577	0,866	111,5	73,9	185,4	0,146	0,859	255,2	215,8
3	330,1	0,035	0,999	83,3	117,6	200,9	0,009	1,008	11,5	199,4
								Σ	548,3	665,2

Somit ergibt sich der Ausnutzungsgrad μ *von*

$$\mu = \frac{548{,}3 + 0}{665{,}2 + 0} = 0{,}82 \quad \neq \ _{gewählt}\,\mu = 1{,}0$$

Folgerungen:

a) Soll die genaue Größe des Ausnutzungsgrades ermittelt werden, so muss so lange iteriert werden, bis Konvergenz zwischen dem gewählten und dem errechneten Ausnutzungsgrad vorliegt. Konvergenz liegt vor, wenn die Differenz der Ausnutzungsgrade (Annahme-Berechnung) weniger als 3% beträgt. Zweckmäßig wählt man für die Iteration den Wert des vorangegangenen Rechenschritts, d.h. im vorliegenden Fall:

□ 4.32 Fortsetzung Beispiel 63: Ermittlung der Sicherheit gegen Böschungsbruch nach der DGBM (Vergleichsberechnung zu □ 4.27)

1. Iterationsschritt mit μ = 0,82.

b) Aus der Struktur der Gleichung von Janbu ist zu erkennen: Wird mit der Wahl des maximalen Ausnutzungsgrades im ersten Durchlauf ein kleinerer rechnerischer Wert erzielt, so ist der geforderte Ausnutzungsgrad erreicht. Im umgekehrten Fall kann der Ausnutzungsgrad nicht mehr erreicht werden.

hier: *nach 1. Iterationsschritt: μ = 0,82 erhält man μ = 0,803 $\cong$ 0,80 (Differenz < 3%)*

nach 4. Iterationsschritt: μ = 0,800 erhält man μ = 0,800 $\cong$ 0,80 (Differenz sogar < 0,01%)

□ 4.33 Beispiel 64: Ermittlung der zulässigen Auflast oberhalb einer Böschung nach der DGBM

Geg.: *Die dargestellte Böschung in bindigem Boden (UM, steifplastisch)*

γ = 19 kN/m³; $\varphi'_k = \varphi'$ = 22,5°; $c'_k = c'$ = 5 kN/m³

BS-P

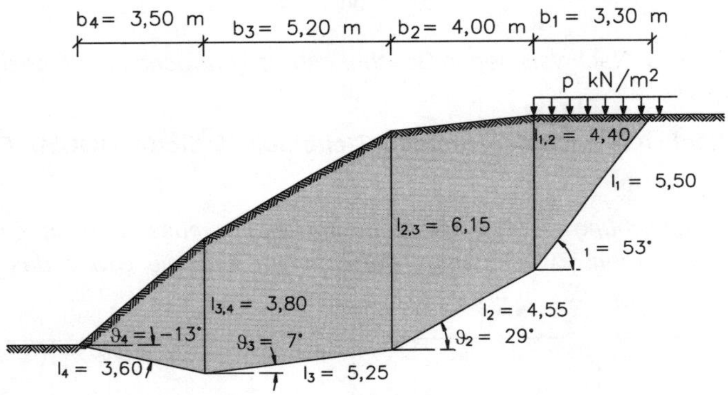

Ges.: *Wie groß darf die unbegrenzte Verkehrslast p_K [kN/m²] oberhalb der Böschung für den dargestellten Bruchkörper maximal werden, damit der Ausnutzungsrad gegen Versagen durch Böschungsbruch noch ausreicht?*

Lösg: *Teilsicherheitsbeiwert nach □ 4.08: γ_G = 1,00; γ_Q =1,30, $\gamma_{\varphi'} = \gamma_{c'}$ =1,25 (BS-P)*

Die angenommenen Gleitblöcke werden entsprechend der Geländeknickpunkte aufgeteilt. Die Längen und Winkel des Bruchkörpers werden einer maßstäblichen Zeichnung entnommen.

Bodeneigenlasten:

$$G_{d,1} = 19 \cdot 3{,}30 \cdot \frac{1}{2} \cdot 4{,}40 \cdot 1{,}00 + p \cdot 3{,}30 \cdot 1{,}30 = 137{,}9 + 4{,}29 \cdot p \; kN/m$$

$$G_{d,2} = 19 \cdot 4{,}00 \cdot \frac{1}{2} \cdot (440 + 6{,}15) \cdot 1{,}00 = 400{,}9 \; kN/m$$

□ 4.33 Beispiel 64: Ermittlung der zulässigen Auflast oberhalb einer Böschung nach der DGBM

$$G_{d,3} = 19 \cdot 5{,}20 \cdot \frac{1}{2} \cdot (6{,}15 + 3{,}80) \cdot 1{,}00 = 491{,}5\ kN/m$$

$$G_{d,4} = 19 \cdot 3{,}50 \cdot \frac{1}{2} \cdot 3{,}80 \cdot 1{,}00 = 126{,}4\ kN/m$$

Bemessungswerte der Scherfestigkeiten:

$$\rightarrow \varphi'_{d,i} = \arctan \frac{\tan 22{,}5°}{1{,}25} = 18{,}3°; \quad c'_{d,i} = \frac{5{,}0}{1{,}25} = 4{,}0\ kN/m^2$$

Kohäsionskräfte in den äußeren Gleitflächen:

$$C_{d,1} = c'_{d,1} \cdot l_1 = 4{,}0 \cdot 5{,}50 = 22{,}0\ kN/m$$

$$C_{d,2} = c'_{d,2} \cdot l_2 = 4{,}0 \cdot 4{,}55 = 18{,}2\ kN/m$$

$$C_{d,3} = c'_{d,3} \cdot l_3 = 4{,}0 \cdot 5{,}25 = 21{,}0\ kN/m$$

$$C_{d,4} = 4{,}0 \cdot 3{,}60 = 14{,}4\ kN/m$$

Differenz der Kohäsionskräfte in den inneren Gleitlinien:

$$\Delta C_{1,2} = C_{0,1} - C_{1,2} = 0 - 4{,}0 \cdot 4{,}40 = -17{,}6\ kN/m$$

$$\Delta C_{2,3} = C_{1,2} - C_{2,3} = 4{,}0 \cdot (4{,}40 - 6{,}15) = -7{,}0\ kN/m$$

$$\Delta C_{3,4} = C_{2,3} - C_{3,4} = 4{,}0 \cdot (6{,}15 - 3{,}80) = 9{,}4\ kN/m$$

$$\Delta C_{4,5} = C_{3,4} - C_{4,5} = 4{,}0 \cdot 3{,}80 - 0 = 15{,}2\ kN/m$$

Es gilt:

$$\Delta T_i = \left\{ \sum_{i=1}^{n} \frac{(-1)}{\cos(\vartheta_i - \varphi'_{d,i})} \left[G_i \cdot \sin(\vartheta_i - \varphi'_{d,i}) - C_i \cdot \cos(\varphi'_{d,i}) + \Delta C_{i,j} \cdot \sin(\vartheta_i - \varphi'_{d,i}) \right] \right\}$$

$$\cdot \left[\frac{1}{\sum_{i=1}^{n} \frac{l_i \cdot \cos(\varphi'_{d,i})}{\cos(\vartheta_i - \varphi'_{d,i})}} \right] \overset{!}{=} 0$$

Da ein Produkt dann null wird, wenn mindestens ein Faktor null ist, wird der Faktor für den Auflasteinfluss null gesetzt.

□ 4.33 Beispiel 64: Ermittlung der zulässigen Auflast oberhalb einer Böschung nach der DGBM

$$\sum_{i=1}^{n} \frac{(-1)\cdot \left[G_i \cdot \sin\left(\vartheta_i - \varphi'_{d,i}\right) - C_i \cdot \cos\left(\varphi'_{d,i}\right) + \Delta C_{i,j} \cdot \sin\left(\vartheta_i - \varphi'_{d,i}\right)\right]}{\cos\left(\vartheta_i - \varphi'_{d,i}\right)} \overset{!}{=} 0$$

Eingesetzt mit Zahlen:

$$\frac{-(137{,}9 + 4{,}29p)\cdot \sin(53° - 18{,}3°) + 22{,}0 \cdot \cos 18{,}3° + 17{,}6 \cdot \sin(53° - 18{,}3°)}{\cos(53° - 18{,}3°)}$$

$$+ \frac{-400{,}9 \cdot \sin(29° - 18{,}3°) + 18{,}2 \cdot \cos 18{,}3° + 7{,}0 \cdot \sin(29° - 18{,}3°)}{\cos(29° - 18{,}3°)}$$

$$+ \frac{-491{,}5 \cdot \sin(7° - 18{,}3°) + 21{,}0 \cdot \cos 18{,}3° - 9{,}4 \cdot \sin(7° - 18{,}3°)}{\cos(7° - 18{,}3°)}$$

$$+ \frac{-126{,}4 \cdot \sin(-13° - 18{,}3°) + 14{,}4 \cdot \cos 18{,}3° - 15{,}2 \cdot \sin(-13° - 18{,}3°)}{\cos(-13° - 18{,}3°)} \overset{!}{=} 0$$

$$\frac{-78{,}5 - 4{,}29p \cdot \sin 34{,}7° + 30{,}9}{\cos 34{,}7°} - 56{,}8 + 120{,}4 + 102{,}1 \overset{!}{=} 0$$

Aufgelöst nach p_k ergibt sich: $\max p_k = 36{,}3\ kN/m^2$

4.3.5 Lamellenfreies Verfahren

Zur überschlägigen Berechnung der Sicherheit gegen Böschungsbruch bei probeweise angenommenen Gleitkreisen und bei einer, höchstens zwei Bodenschichten genügt es, den Scherwiderstand punktförmig angreifend und den Bruchkörper als monolithische Scheibe anzunehmen (□ 4.34).

□ 4.34 Beispiel: Lamellenfreies Verfahren nach DIN 4084 zur Berechnung der Sicherheit gegen Böschungsbruch

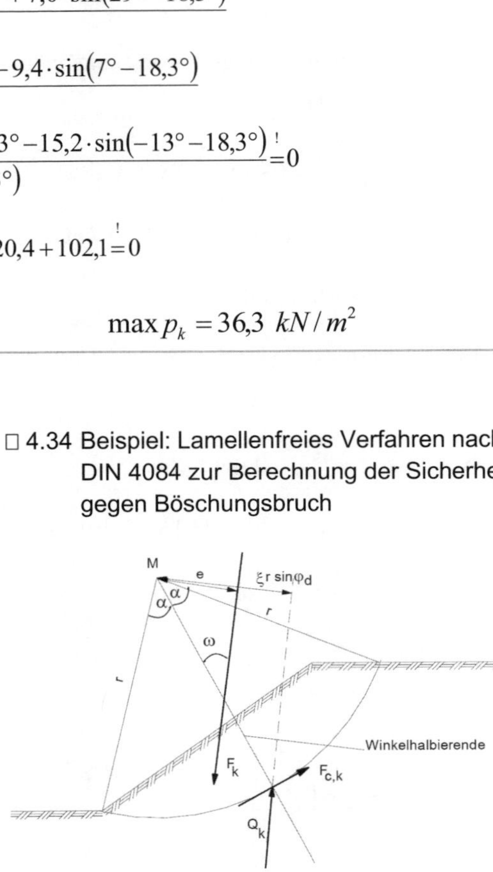

Nachweis Der Ausnutzungsgrad gegen Böschungs- oder Geländebruch wird wie folgt ermittelt:

$$\mu = \frac{E_d}{R_d} = \frac{F_d \cdot e}{\left(Q_d \cdot \xi \cdot \sin\varphi'_d + F_{c,d} \cdot \alpha_r / \sin\alpha_r\right)\cdot r} \tag{4.18}$$

$$Q_d = \left(F_d^{\,2} - 2 \cdot F_d \cdot F_{c,d} \cdot \sin\omega + F_{c,d}^{\,2}\right)^{0,5} \tag{4.19}$$

$$\xi = 0{,}5 \cdot (1 + \alpha_r / \sin\alpha_r) \tag{4.20}$$

$$F_{c,d} = 2 \cdot c_d \cdot r \cdot \sin\alpha_r \tag{4.21}$$

In dieser Gleichung bedeuten (bezogen auf die Längeneinheit senkrecht zur Bildebene):

μ Ausnutzungsgrad gegen Böschungs- oder Geländebruch

F_d Bemessungswert der Resultierenden aus einwirkenden Kräften und Lasten in kN/m

e Hebelarm der Kraft F_d um den Mittelpunkt

Q_d Bemessungswert der Gleitflächenkraft (Resultierende aus Normalkraft und Reibungskraft) in der Gleitfläche des Gleitkreises in kNm/m, siehe (4.19)

ξ siehe (4.20)

$F_{c,d}$ Bemessungswert der widerstehenden Kohäsionskraft in kN/m, siehe (4.21)

α_r halber Öffnungswinkel des Gleitkreises in Bogenmaß

r Radius des Gleitkreises

ω Winkel der Wirkungsrichtung von F_d zur Winkelhalbierenden des Öffnungswinkels

⇒ Zahlenbeispiel: □ 4.35.

⇒ Franke (1967). Gußmann (1978).

□ 4.35 Beispiel 65: Ermittlung des Ausnutzungsgrades bei Böschungsbruch im lamellenfreien Gleitkreisverfahren nach DIN 4084 (Vergleichsberechnung zu □ 4.27)

Geg.: *Die dargestellte Böschung in bindigem Boden*

γ = 20,5 kN/m³;
$\varphi'_k = \varphi'$ = 17,5°;
$c'_k = c'$ = 21 kN/m³

BS-P

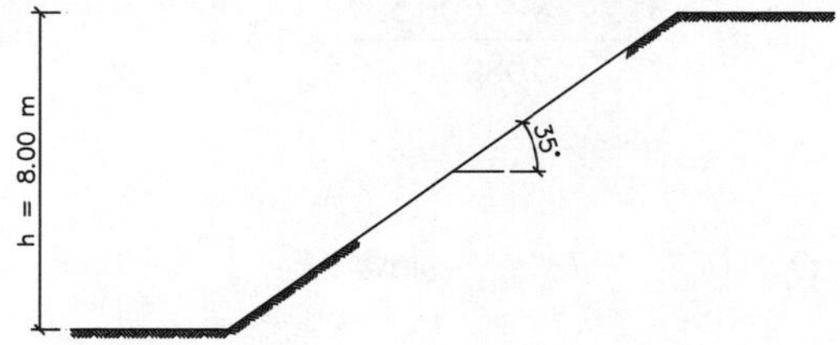

Ges.: *Nachweis nach dem lamellenfreien Verfahren*

Lösg: *Teilsicherheitsbeiwert nach □ 4.08:*
γ_G = 1,00; γ_Q =1,30, $\gamma_{\varphi'} = \gamma_{c'}$ =1,25 (BS-P)

Bemessungswerte der Scherfestigkeiten:

$$\varphi'_{d,i} = \arctan\frac{\tan 17{,}5°}{1{,}25} = 14{,}2°; \qquad c'_{d,i} = \frac{21{,}0}{1{,}25} = 16{,}8\ kN/m^2$$

□ 4.35 Fortsetzung Beispiel 65: Ermittlung des Ausnutzungsgrades bei Böschungsbruch im lamellenfreien Gleitkreisverfahren nach DIN 4084 (Vergleichsberechnung zu □ 4.27)

Aus der maßstäblichen Zeichnung wird abgelesen:

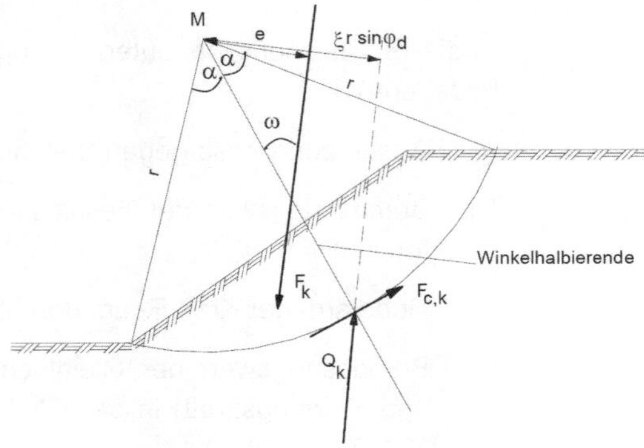

Dreieck:

$$G_{D,d} = 0{,}5 \cdot 17{,}1 \cdot 1{,}8 \cdot 20{,}5 \cdot 1{,}00$$

$$\approx 315\ kN/m$$

Hebelarm (bezogen auf M):

$x_D \approx 5{,}8\ m$ *(aus Zeichnung)*

Segment:

$$G_{s,d} = A_s \cdot \gamma \cdot \gamma_G$$

$$= \frac{r^2}{2}(2\alpha - \sin 2\alpha) \cdot \gamma \cdot \gamma_G = \frac{13{,}0^2}{2}(1{,}4312 - 0{,}9903) \cdot 20{,}5 \cdot 1{,}00 \approx 765\ kN/m$$

Abstand Kreismittelpunkt/Segmentschwerpunkt:

$$\overline{MS} = \frac{2r \cdot \sin^3 \alpha}{3(\alpha - \sin\alpha \cdot \cos\alpha)} = \frac{2 \cdot 13{,}0 \cdot 0{,}2824}{3(0{,}7156 - 0{,}4952)} \approx 11{,}1\ m$$

Hebelarm (bezogen auf M):

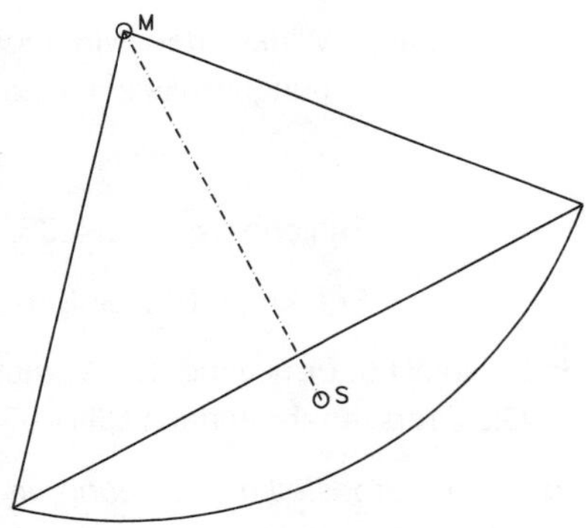

$x_s \approx 5{,}15\ m$ *(aus Zeichnung)*

Gesamtlast: $G_d = F_d = 315 + 765 = 1080\ kN/m$

Aus Zeichnung:

$$\omega = \alpha_r - \arctan(3{,}0/12{,}6) = 41 - 13{,}4 = 27{,}6^\circ$$

mit dem Hebelarm (bezogen auf M):

$$e = x_G = \frac{315 \cdot 5{,}8 + 765 \cdot 5{,}15}{1080} \approx 5{,}3\ m$$

$$F_{c,d} = 2 \cdot c_d \cdot r \cdot \sin\alpha_r \rightarrow \qquad F_{c,d} = 2 \cdot 16{,}8 \cdot 13 \cdot \sin 41^\circ = 286{,}6\ kN/m$$

$$Q_d = \left(F_d^{\,2} - 2 \cdot F_d \cdot F_{c,d} \cdot \sin\omega + F_{c,d}^{\,2}\right)^{0,5} = \left(1080^2 - 2 \cdot 1080 \cdot 286{,}6 \cdot \sin 29^\circ + 286{,}6^2\right)^{0,5}$$

$$Q_d = 917{,}8\ kN/m; \qquad \xi = 0{,}5 \cdot (1 + \alpha_r/\sin\alpha_r) = 0{,}5 \cdot \left(1 + \frac{41 \cdot \pi}{180^\circ \cdot \sin\alpha_r}\right) = 0{,}8578$$

$$\mu = \frac{E_d}{R_d} = \frac{F_d \cdot e}{(Q_d \cdot \xi \cdot \sin\phi_k/\gamma_\phi + F_{c,d} \cdot \alpha_r/\sin\alpha_r) \cdot r} = \frac{1080 \cdot 5{,}3}{\left(917{,}8 \cdot 0{,}8578 \cdot \sin 14{,}2^\circ + 286{,}6 \cdot \frac{41 \cdot \pi}{180 \cdot \sin 41^\circ}\right) \cdot 13}$$

$$\mu = \frac{E_d}{R_d} = \frac{5724{,}0}{6574{,}5} = 0{,}87$$

4.4 Geländebruch

Verfahren Ausnutzungsrad bei Geländebruch wird nach dem Lamellenverfahren nach DIN 4084 (€4.36) berechnet. Aber auch andere Verfahren sind zulässig.

Wasser Zur Berücksichtigung von Strömungskräften werden die in Abschnitt 4.2.4 beschriebenen Ansätze angewendet.

Gleitkreis Der ungünstigste Gleitkreis wird durch Probieren unter Berücksichtigung des in Abschnitt 4.2.3 genannten Vorschlags gefunden.

Schlanke Bauteile Schlanke Bauteile (z. B. Anker) können einen Geländebruch im Allgemeinen nicht verhindern. Sie werden aber von der Gleitfläche geschnitten. Zur Berücksichtigung der Ankerkraft werden die Sicherheitsgleichungen (4.13) daher im Nenner um den Anteil $M_{R,d} = \sum A_d \cdot a$ erweitert (€4.37).

4.36 Beispiel: Lamellenverfahren nach DIN 4084 zur Berechnung der Sicherheit gegen Geländebruch

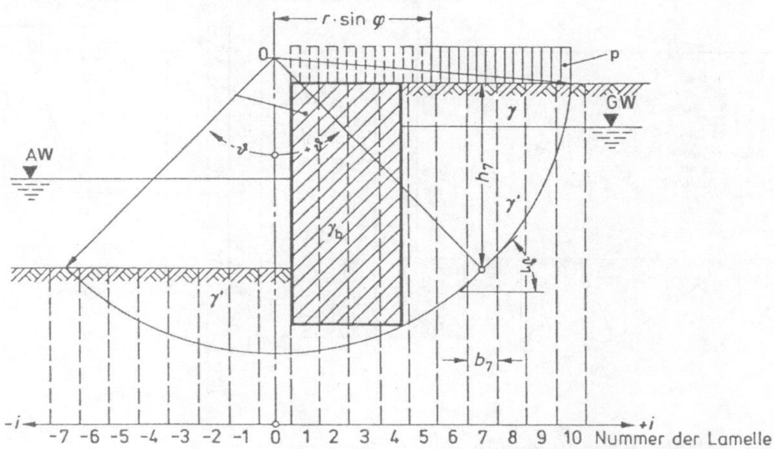

4.37 Beispiel: Berücksichtigung einer Ankerkraft

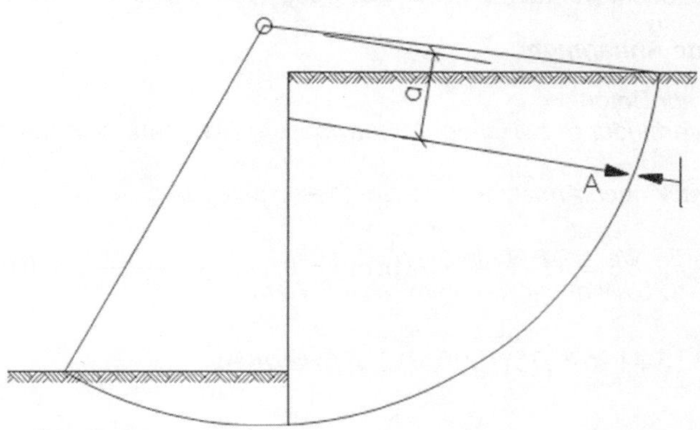

⇒ Zahlenbeispiel: €4.38.

□ 4.38 Beispiel 66: Berechnung des Ausnutzungsgrades bei Geländebruch einer Gewichtsstützwand

Geg.: *Die dargestellte Gewichtsstützwand; Auflast, Bodenschichten und -kennzahlen, Wasserstände, Gleitkreisradius und -mittelpunkt sowie Lamelleneinteilung siehe Skizze (Aufgabenstellung nach E. Schultze)*

Boden B: bindiger Boden (bB)

γ_r = 19,1 kN/m³; γ' = 9,1 kN/m³; $\varphi'_k = \varphi'$ = 22,5°; $c'_k = c'$ = 19,1 kN/m³

Boden N: nichtbindiger Boden (nbB)

γ_r = 16,6 kN/m³; γ' = 6,6 kN/m³; $\varphi'_k = \varphi'$ = 30,0°; $c'_k = c'$ = 0

BS-P

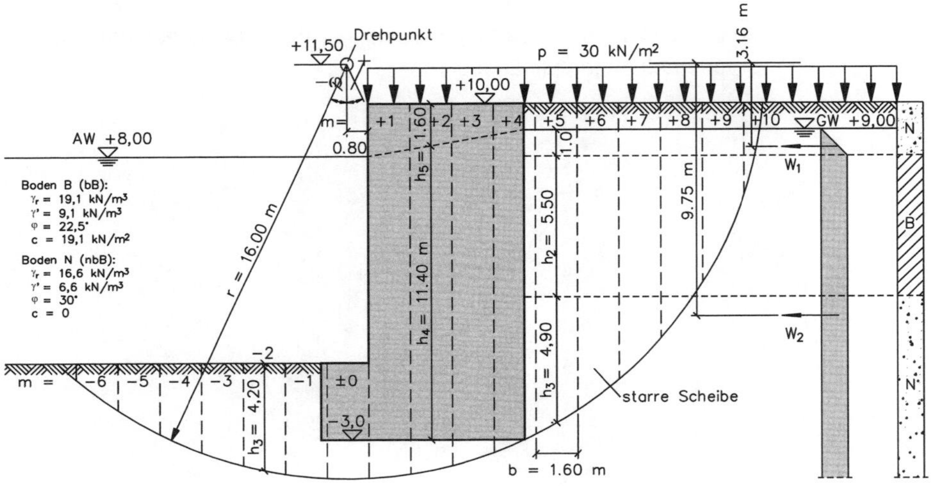

Ges.: *Nachweis nach dem Lamellen-Verfahren*

Lösg: *Teilsicherheitsbeiwert nach □ 4.08:* γ_G = 1,00; γ_Q =1,30, $\gamma_{\varphi'} = \gamma_{c'}$ =1,25 (BS-P)

1 Vereinfachende Annahmen:

a. *Lamelle + 4: nur Beton.*
b. *geradlinige Verbindung zwischen Außenwasser- (AW) und Grundwasser (GW)-Stand.*
c. *Strömungsdruck nach Ansatz a. = horizontaler Wasserdruck*

$W_1 = W_{1,k}$ = 5 kN/m mit Hebelarm $w_1 \approx 3{,}16$ m
$W_2 = W_{2,k}$ = 125 kN/m mit Hebelarm $w_2 \approx 9{,}75$ m

$$M_d = (5 \cdot 3{,}16 + 125 \cdot 9{,}75) \cdot 1{,}00 = 1234{,}6 \ kNm/m$$

□ 4.38 Fortsetzung Beispiel 66: Berechnung des Ausnutzungsgrades bei Geländebruch einer Gewichtsstützwand

d. Hier ist der Radius des Gleitkreises r = 16 m. Zur Vereinfachung der Tabellenrechnung wird die Anzahl der Lamellen (gleicher Breite) mit n = 10 angenommen.

Dann ist die Lamellenbreite: $b = \dfrac{r}{h} = 1{,}6\ m$.

Die Berechnung der Winkel ϑ *wird für* ϑ_7 *(Lamelle 7) gezeigt (Skizze). Ist m die Zahl der jeweiligen Lamelle, dann ist*

$$\vartheta_7 = \frac{x}{r} = \frac{m \cdot b}{n \cdot b} = \frac{7}{10} = 0{,}7$$

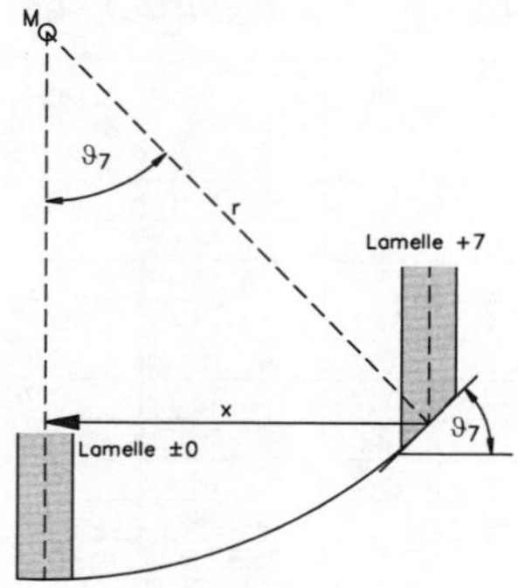

e. Die Kohäsion c_k *von Boden B wird nicht angesetzt (Hinterfüllung = gestörter Boden).*

f. Näherungsweise Berechnung der mittleren Höhe h_m *von Randlamellen, deren Breite b' kleiner ist als die generelle Breite b = 1,6 m.*

$$G_d = A \cdot \gamma \cdot \gamma_G \approx h_m \cdot 1{,}6 \cdot \gamma \cdot 1{,}00$$

$$\rightarrow h_m = \frac{A}{1{,}6}$$

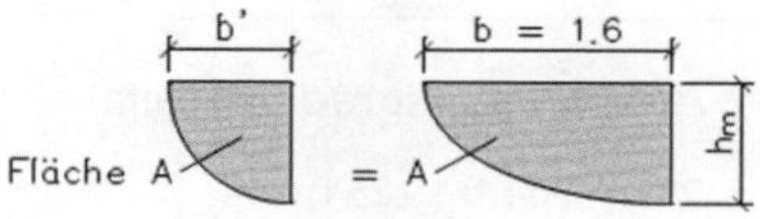

2 Tabelle 1 Berechnung von $p = \sum \Delta p$

Lam.-Nr.	nbB über Wasser (γ = 16,6)		nbB unter Wasser (γ' = 6,6)		bB unter Wasser (γ' = 9,1)		Beton über Wasser (γ = 23)		Beton unter Wasser (γ' = 13)		Auflast	$\sum \Delta p =$
	h_1	Δp_1	h_2	Δp_2	h_3	Δp_3	h_4	Δp_4	h_5	Δp_5	Δp_0	p
-7			0,16	1,1								1,1
-6			1,3	8,6								8,6
-5			2,4	15,8								15,8
-4			3,2	21,1								21,1
-3			3,8	25,1								25,1
-2			4,2	27,7								27,7
-1			4,4	29,0								29,0
0			1,4	9,2					3,0	39,0		48,2
+1			1,3	8,6			1,8	41,4	11,2	145,6	30	225,6
+2			1,1	7,3			1,6	36,8	11,4	148,2	30	222,3
+3			0,7	4,6			1,3	29,9	11,7	152,1	30	216,6
+4			≈ 0	0			1,0	23,0	12,0	156,0	30	209,0
+5	1,0	16,6	5,8	38,3	5,5	50,1					30	135,0
+6	1,0	16,6	4,7	31,0	5,5	50,1					30	127,7
+7	1,0	16,6	3,4	22,4	5,5	50,1					30	119,1
+8	1,0	16,6	2,0	13,2	5,0	45,5					30	105,3
+9	1,0	16,6	1,0	6,6	3,4	30,9					30	84,1
+10	0,3	5,2	0,25	1,7	0,09	0,8					30	37,7

□ 4.38 Fortsetzung Beispiel 66: Berechnung des Ausnutzungsgrades bei Geländebruch einer Gewichtsstützwand

3 Tabelle 2: Auswertung der Gleichung für den Ausnutzungsgrad bei Geländebruch

Lam.-Nr.	p_i	$G_{d,i} = p_i \cdot b$	$\sin \vartheta_i = \frac{m}{n}$	$\cos \vartheta_i$	$\tan \varphi_{d,i}$	$N = \cos \vartheta_i + \mu \cdot \tan \varphi_{d,i} \cdot$	$Z = G_{d,i} \cdot \tan \varphi_{d,i}$	$\frac{Z}{N}$	$G_{d,i} \cdot \sin \vartheta_i$
-7	1,1	1,76	-0,7	0,714	0,462	0,391	0,8	2,1	-1,2
-6	8,6	13,76	-0,6	0,800	0,462	0,523	6,4	12,2	-8,3
-5	15,8	25,28	-0,5	0,866	0,462	0,635	11,7	18,4	-12,6
-4	21,1	33,76	-0,4	0,917	0,462	0,732	15,6	21,3	-13,5
-3	25,1	40,16	-0,3	0,954	0,462	0,815	18,5	22,7	-12,0
-2	27,7	44,32	-0,2	0,980	0,462	0,888	20,5	23,1	-8,9
-1	29,0	46,40	-0,1	0,995	0,462	0,949	21,4	22,6	-4,6
0	48,2	77,12	0	1,000	0,462	1,000	35,6	35,6	0,0
+1	225,6	360,96	+0,1	0,995	0,462	1,041	166,7	160,1	36,1
+2	222,3	355,68	+0,2	0,980	0,462	1,072	164,3	153,2	71,1
+3	216,6	346,56	+0,3	0,954	0,462	1,093	160,1	146,5	104,0
+4	209,0	334,40	+0,4	0,917	0,462	1,102	154,5	140,2	133,8
+5	135,0	216,00	+0,5	0,866	0,462	1,097	99,8	90,9	108,0
+6	127,7	204,32	+0,6	0,800	0,462	1,077	94,4	87,6	122,6
+7	119,1	190,56	+0,7	0,714	0,462	1,037	88,0	84,8	133,4
+8	105,3	168,48	+0,8	0,600	0,331	0,865	55,8	64,5	134,8
+9	84,1	134,56	+0,9	0,436	0,331	0,734	44,6	60,7	121,1
+10	37,7	60,32	+1,0	0	0,462	0,462	27,9	60,3	60,3
							Σ	1206,9	964,0

4 Ausnutzungsgrad bei Geländebruch

$$\mu = \frac{16 \cdot 964{,}0 + 1234{,}6}{16 \cdot 1206{,}9} = 0{,}93 < 1{,}00$$

Der Nachweis ist erbracht.

4.5 Böschungsneigungen für Vorplanungen

4.5.1 Böschungsneigungen aus Tabellen

Tabellen

In einfachen Fällen (homogener Boden, kein Strömungsdruck) und für häufig vorkommende Bodenarten können Böschungsneigungen aus Tabellen entnommen werden, die aufgrund von Erfahrungen zusammengestellt worden sind.

Diese Ermittlung ersetzt keinen Nachweis nach Handbuch EC 7-1.

Die "Empfehlungen für den Bau und die Sicherung von Böschungen" (EBSB) enthalten Tabellenwerte über die Neigung von ständigen Böschungen in verschiedenen Böden, für Einschnitte und Dämme sowie für Böschungen an schiffbaren Gewässern (□ 4.39) und außerdem zahlreiche nützliche Regeln für die Ausbildung und Sicherung von Böschungen. ⇒ Dörken/ Dehne/ Kliesch Teil 1, Abschnitt 5.

□ 4.39 Beispiele: Böschungen an schiffbaren Gewässern (aus EBSB)

Kiesschüttung (unter Wasser)	1 : 4
Steinschüttung und Steinwurf (unter Wasser)	1 : 3
Steinsatz und Pflaster (im Trocknen eingebracht)	1 : 1,5
Böschungsbetonplatten (für Asphaltabdeckungen siehe besondere Empfehlungen)	1 : 1,5

Für Baugrubenböschungen sind in DIN 4124 "Baugruben und Gräben" für den Fall, dass die dort angegebenen Voraussetzungen vorliegen, verschiedene Böschungswinkel angegeben (siehe Abschnitt 1).

Für Böschungen im Bereich von Straßen enthalten die RAS-Q Regelneigungen für homogene Böden ohne Wasserführung und ohne Gefährdung durch Erosion (⇒ Dörken/ Dehne/ Kliesch, Teil 1, Abschnitt 5).

Nicht-bindige Böden Die Standsicherheit einer Böschung aus nichtbindigem Boden ohne Auflast ist gewährleistet, wenn der Böschungswinkel über den Nachweis nach Handbuch EC 7-1 ermittelt wurde (siehe Abschnitt 4.3.1)

⇒ Zahlenbeispiel: □ 4.23.

Wasser Von Wasser durchströmte Böschungen (z. B. bei Erdstaudämmen) sind keine "einfachen Fälle".

4.5.2 Nomogrammverfahren nach Taylor/ Fellenius

Für Vorbemessungen können mit Hilfe von Nomogrammen relativ schnell überschlägliche Standsicherheitsnachweise geführt werden. Mit den auf diese Weise bestimmten Abmessungen der Böschung kann anschließend die Standsicherheit der Böschung durch direkte Nachweise (siehe Abschnitt 4.3) überprüft werden.

Taylor/ Fellenius Das Nomogramm von Taylor / Fellenius (1947, □ 4.40) wird vor allem dann verwendet, wenn der mögliche Böschungswinkel gesucht ist.

Mit den Ausgangswerten

$$\tan \varphi'_d = \frac{\tan \varphi'_k}{\gamma_{\varphi'}} \tag{4.22}$$

$$c'' = \frac{c'_k}{\gamma_{c'}} \cdot 0{,}75 \tag{4.23}$$

und der Standsicherheitszahl

$$N = \frac{\gamma \cdot h}{c''} \tag{4.24}$$

wird der zulässige Böschungswinkel β abgelesen ($\gamma_{\varphi'}$, $\gamma_{c'}$ siehe □ 4.08).

⇒ Zahlenbeispiele: □ 4.41, □ 4.42.

□ 4.40 Nomogramm von Taylor / Fellenius zur Ermittlung des zulässigen Böschungswinkels β

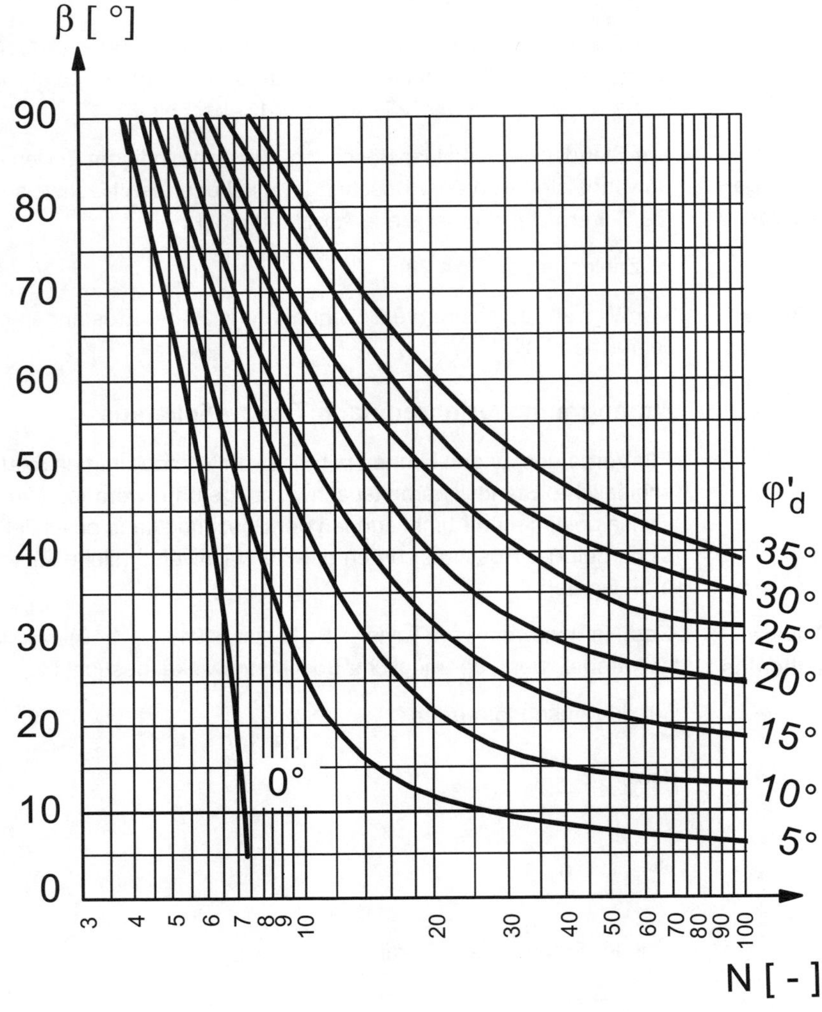

Eine Auflast p (kN / m²) kann dadurch berücksichtigt werden, dass die vorhandene Böschungshöhe h um die "zusätzliche Böschungshöhe" ("Auflasthöhe")

$$\Delta h = \frac{p}{\gamma} \tag{4.24}$$

vergrößert wird.

⇒ Zahlenbeispiele: □ 4.42, □ 4.44.

□ 4.41 Beispiel 67: Berechnung der Böschungsneigung nach Taylor / Fellenius (vergleiche Beispiele □ 4.27 und □ 4.35)

Geg.: *Die dargestellte Böschung in bindigem Boden*

$\gamma = 20{,}5\ kN/m^3$;
$\varphi'_k = \varphi' = 17{,}5°$;
$c'_k = c' = 21\ kN/m^3$

BS-P

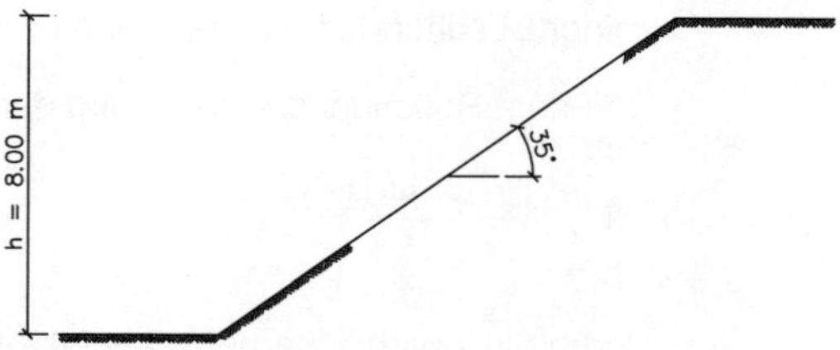

Ges.: *Mögliche maximale Böschungsneigung nach Taylor / Fellenius*

Lösg: *Teilsicherheitsbeiwert nach □ 4.08:*
$\gamma_G = 1{,}00;\ \gamma_Q = 1{,}30,\ \gamma_{\varphi'} = \gamma_{c'} = 1{,}25$ *(BS-P)*

Ausgangswerte: $\varphi'_d = \arctan\frac{\tan 17{,}5°}{1{,}25} = 14{,}2°$

$c" = \frac{21{,}0}{1{,}25} \cdot 0{,}75 = 12{,}6\ kN/m^2$; $N = \frac{\gamma \cdot h}{c''} = \frac{20{,}5 \cdot 8{,}0}{12{,}6} = 13{,}0$

Nomogrammablesung: $N = 13{,}0$

$\varphi'_d = 14{,}2° \rightarrow \beta \approx 40°\ (\hat{=} 1:1{,}2)$

□ 4.42 Beispiel 68: Böschung mit Auflast nach Taylor / Fellenius

Geg.: *Die dargestellte Böschung in bindigem Boden*

$\gamma = 20{,}0\ kN/m^3$; $\varphi'_k = \varphi' = 18{,}5°$;
$c'_k = c' = 18\ kN/m^3$

BS-P

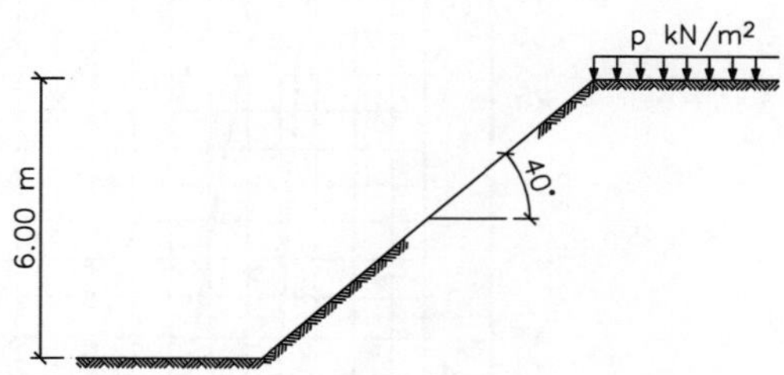

Ges.: *wie groß darf die Auflast p = pk (kN/m²) maximal werden?.*

Lösg: *Teilsicherheitsbeiwert nach □ 4.08:* $\gamma_G = 1{,}00;\ \gamma_Q = 1{,}30,\ \gamma_{\varphi'} = \gamma_{c'} = 1{,}25$ *(BS-P)*

Vorwerte für das Nomogrammverfahren von Taylor / Fellenius: $\beta = 40°$;

$\varphi'_d = \arctan\frac{\tan 18{,}5°}{1{,}25} = 15{,}0°$ → *Ablesung:* $N \approx 14 \rightarrow$ $c" = \frac{18{,}0}{1{,}25} \cdot 0{,}75 = 10{,}8\ kN/m^2$

Die Auflast wird als zusätzliche Böschungshöhe $\Delta h = \frac{p}{\gamma}$ *angesetzt.*

$N = \frac{\gamma \cdot (h + \Delta h)}{c''} \rightarrow \Delta h = \frac{c'' \cdot N}{\gamma} - h$; $\Delta h = \frac{10{,}8 \cdot 14}{20} - 6{,}0 = 1{,}56\ m$

Die maximal mögliche Auflast beträgt somit $\max\ p_k = \Delta h \cdot \gamma = 1{,}56 \cdot 20 \approx 31\ kN/m^2$

4.5.3 Nomogrammverfahren nach Janbu

Janbu

Mit dem Nomogramm von Janbu (1954, □ 4.45) wird meistens die Sicherheit einer Böschung überprüft, wenn deren Neigung und Höhe bereits vorliegen.

Mit dem Böschungswinkel β und dem Beiwert

$$\lambda_{c\varphi} = \frac{\gamma \cdot h \cdot \tan \varphi'_d}{c'_d} \tag{4.25}$$

kann die Standsicherheitszahl $N_{c\varphi}$ abgelesen werden. Damit wird der Ausnutzungsgrad

$$\mu = \frac{\gamma \cdot h}{N_{c\varphi} \cdot c'_d} \tag{4.26}$$

□ 4.40 Nomogramm von Janbu zur Berechnung des Ausnutzungsgrades beim Nachweis gegen Böschungsbruch

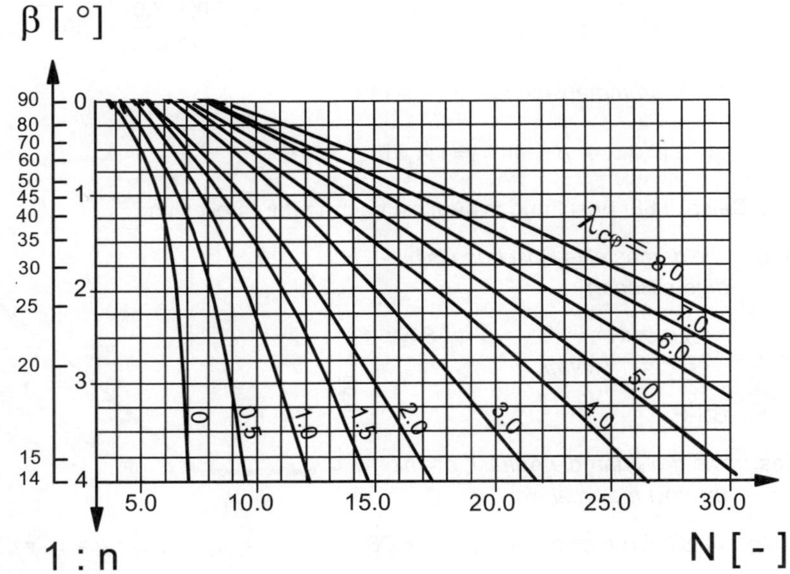

⇒ Zahlenbeispiel: □ 4.44.

□ 4.44 Beispiel 69: Berechnung des Ausnutzungsgrades für Böschungsbruch nach Janbu

Geg.: *Die dargestellte Böschung in bindigem Boden*

$\gamma = 20{,}5\ kN/m^3$;
$\varphi'_k = \varphi' = 17{,}5°$;
$c'_k = c' = 21\ kN/m^3$

BS-P

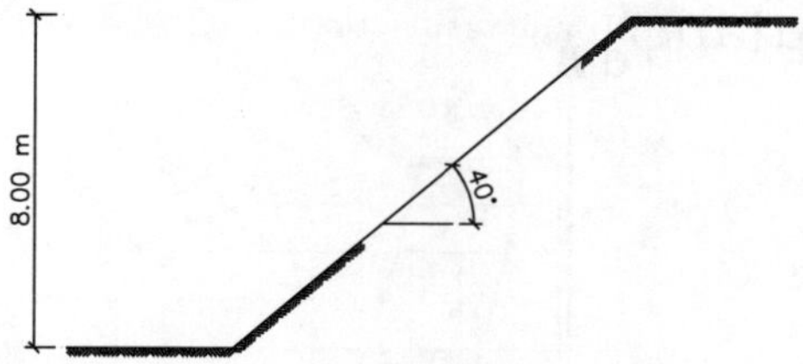

Ges.: *Der Ausnutzungsgrad* μ

Lösg: *Teilsicherheitsbeiwert nach □ 4.08:* $\gamma_G = 1{,}00$; $\gamma_Q = 1{,}30$, $\gamma_{\varphi'} = \gamma_{c'} = 1{,}25$ *(BS-P)*

Ausgangswerte (Bemessungswerte der Scherfestigkeiten):

$$\varphi'_{d,i} = \arctan \frac{\tan 17{,}5°}{1{,}25} = 14{,}2°; \qquad c'_{d,i} = \frac{21{,}0}{1{,}25} = 16{,}8\ kN/m^2$$

$$\beta = 40°$$

$$\lambda_{c\varphi} = \frac{20{,}5 \cdot 8{,}0 \cdot \tan 14{,}2°}{16{,}8} = 2{,}5$$

Nomogrammablesung:

$$\beta = 40°; \qquad \lambda_{c\varphi} = 2{,}5 \rightarrow N_{c\varphi} = 11$$

Damit wird der Ausnutzungsgrad: $\mu = \frac{\gamma \cdot h}{N_{c\varphi} \cdot c'_d} = \frac{20{,}5 \cdot 8{,}0}{11 \cdot 16{,}8} = 0{,}9 \leq erf\ \mu = 1{,}0$

4.5.4 Nomogrammverfahren nach Gussmann

Gussmann Mit dem Nomogramm von Gussmann (1978, □ 4.45) wird meistens die Sicherheit einer Böschung überprüft, wenn deren Neigung und Höhe bereits vorliegen.

Mit dem Böschungswinkel β und dem Beiwert

$$\frac{1}{\lambda} = \frac{c'_k}{h \cdot \gamma \cdot \tan \varphi'_k} = \frac{c'_d}{h \cdot \gamma \cdot \tan \varphi'_d} \tag{4.27}$$

kann der Hilfswert $\tan \varphi_d \cdot \mu$ bzw. 1/N abgelesen werden. Damit wird der Ausnutzungsgrad zu

$$\mu = \frac{\tan \varphi'_d \cdot \mu (= Ablesewert)}{\tan \varphi'_d} = \frac{h \cdot \gamma}{c'_d} \cdot \frac{1}{N} (= Ablesewert) \tag{4.28}$$

⇒ Zahlenbeispiel: □ 4.46.

□ 4.45 Nomogramm von Gussmann zur Berechnung des Ausnutzungsgrades beim Nachweis gegen Böschungsbruch

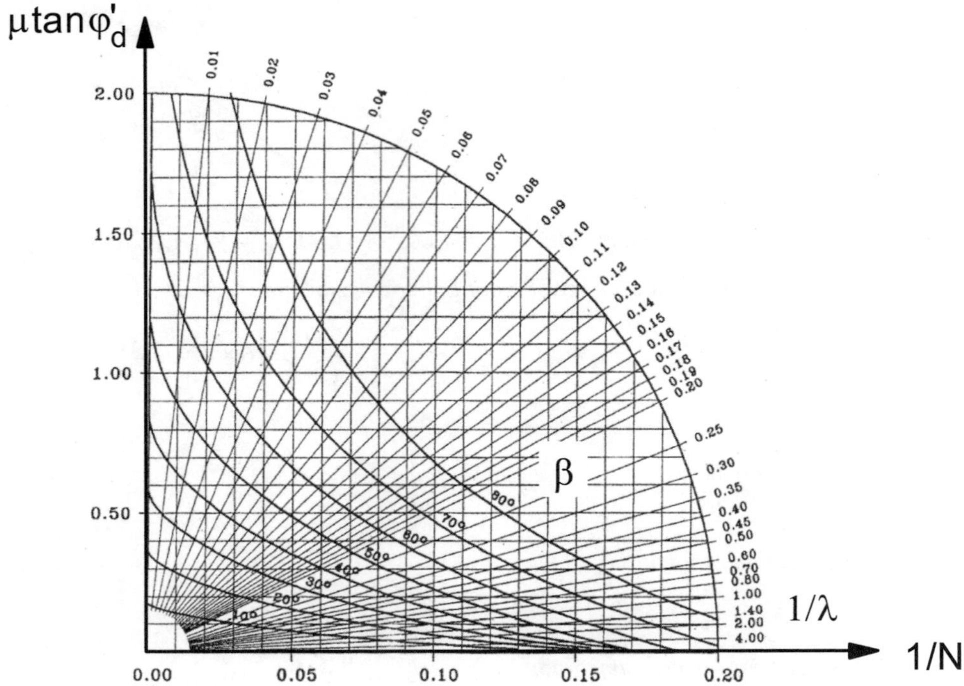

□ 4.46 Beispiel 70: Berechnung des Ausnutzungsgrades für Böschungsbruch nach Gussmann (vergleiche □ 4.44)

Geg.: *Die dargestellte Böschung in bindigem Boden*

γ = 20,5 kN/m³;
$\varphi'_k = \varphi' = 17{,}5°$;
$c'_k = c' = 21$ kN/m³

BS-P

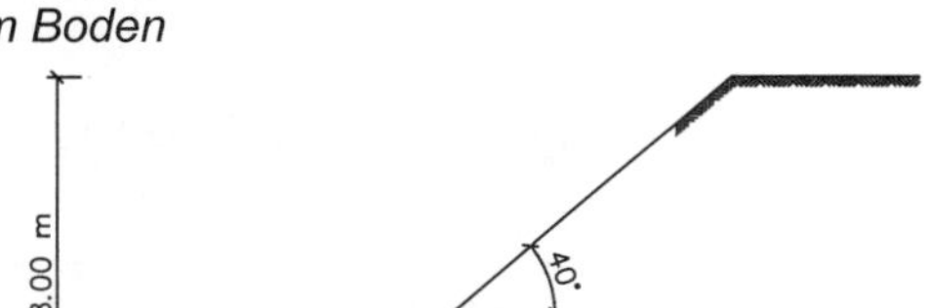

Ges.: *Der Ausnutzungsgrad* μ

Lösg: *Teilsicherheitsbeiwert nach □ 4.08:* $\gamma_G = 1{,}00$; $\gamma_Q = 1{,}30$, $\gamma_{\varphi'} = \gamma_{c'} = 1{,}25$ (BS-P)

Ausgangswerte: $\frac{\tan 17{,}5°}{1{,}25} = 0{,}2522$

$\beta = 40°$; $\frac{1}{\lambda} = \frac{c'_d}{h \cdot \gamma \cdot \tan\varphi'_d} = \frac{16{,}8}{8{,}00 \cdot 20{,}5 \cdot 0{,}2522} = 0{,}406$

Nomogrammablesung: $\rightarrow \mu \cdot \tan\varphi'_d \approx 0{,}20$ *bzw.* $1/N \approx 0{,}083$

Damit wird der Ausnutzungsgrad:

□ 4.46 Fortsetzung Beispiel 70: Berechnung des Ausnutzungsgrades für Böschungsbruch nach Gussmann (vergleiche □ 4.44)

$$\mu = \frac{\tan \varphi'_d \cdot \mu}{\tan \varphi'_d} = \frac{0{,}2}{0{,}2522} = 0{,}8 \le erf \;\; \mu = 1{,}0 \qquad \textit{bzw.}$$

$$\mu = \frac{\gamma \cdot h}{N_{c\varphi} \cdot c'_d} = \frac{20{,}5 \cdot 8{,}0}{16{,}8} \cdot 0{,}083 = 0{,}8 \le erf \;\; \mu = 1{,}0$$

4.5.5 Nomogrammverfahren nach Terzaghi

Terzaghi

Mit dem Nomogramm von Terzaghi (□ 4.47) lässt sich der Böschungswinkel β für einen wassergesättigten, nicht konsolidierten bindigen Boden ($\varphi_u = 0$, $c_u \neq 0$) ermitteln (Anfangsstandsicherheit).

□ 4.47 Nomogramm von Terzaghi zur Berechnung des zulässigen Böschungswinkels (Anfangsstandsicherheit)

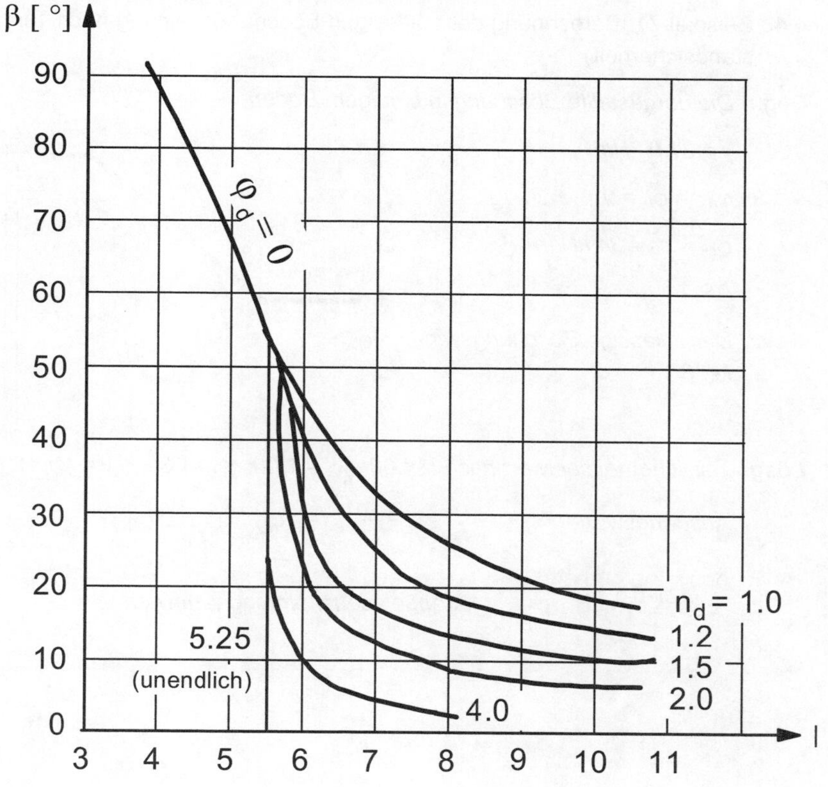

Mit

$$c^* = \frac{c_{u,k}}{2} \qquad (4.29)$$

und der Standsicherheitszahl

$$N = \frac{\gamma \cdot h}{c^*} \qquad (4.30)$$

und dem Tiefenfaktor

$$n_d = \frac{d+h}{h} \qquad (4.31)$$

wird der zulässige Böschungswinkel β aus dem Nomogramm ablesen.

⇒ Zahlenbeispiel: □ 4.48.

□ 4.48 Beispiel 71: Berechnung der zulässigen Böschungsneigung nach Terzaghi (Anfangsstandsicherheit)

Geg.: *Die dargestellte Böschung in bindigem Boden*

$\gamma = 21{,}0$ *kN/m³;*

$\varphi_{u,k} = \varphi_u = 0°$;

$c_{u,k} = c_u = 34$ *kN/m³*

BS-T

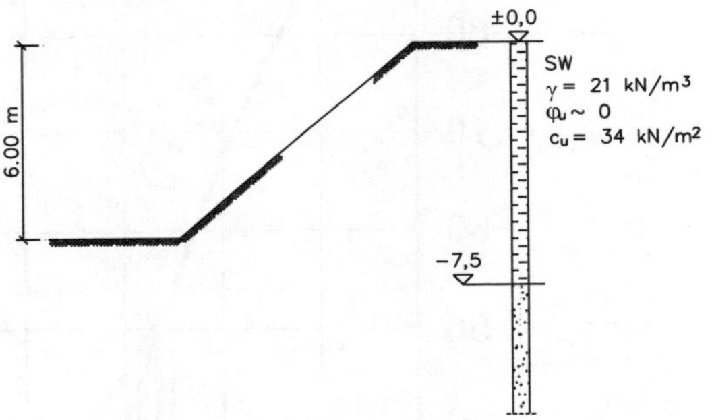

Ges.: *Der zulässige Böschungswinkel β*

Lösg: *Teilsicherheitsbeiwert nach □ 4.08:* $\gamma_G = 1{,}00$; $\gamma_Q = 1{,}30$, $\gamma_{\varphi'} = \gamma_{c'} = 1{,}15$ *(BS-T)*

Ausgangswerte: $c^* = \frac{34{,}0}{2} = 17$; $n_d = \frac{1{,}5 + 6{,}0}{6{,}0} = 1{,}25$

$N = \frac{21 \cdot 6{,}0}{17} = 7{,}40$ *Abgelesener Nomogrammwert:* $\beta \approx 20°$

4.6 Kontrollfragen

- Böschung? Hang?
- Unterschied zwischen einer Einschnitts- und einer Dammböschung?
- Böschungswinkel? Böschungsneigung?
- Wann entsteht ein Böschungsbruch / Geländebruch?
- Unterschied Grundbruch, Böschungsbruch, Geländebruch?
- Regelwerke?
- Böschungsbruch als räumlicher / ebener Fall?
- Welche Bruchfigur wird in der Berechnung angenommen?
- Annahmen über die Gleitlinie beim Böschungsbruch / Geländebruch?
- Natürliche Gleitlinie?
- Fußkreis / Grundkreis?
- Wo liegt im Allgemeinen der Mittelpunkt des ungünstigsten Gleitkreises beim Geländebruch?
- Ansatz der äußeren Kräfte auf den Gleitkörper?
- Unterschied zwischen γ_r, γ', γ, γ_φ, γ_c? Abhängigkeiten?
- Stellen Sie die unterschiedlichen Ansätze für die Berechnung des Ausnutzungsgrades bei den verschiedenen Berechnungsverfahren zusammen, die im vorliegenden Abschnitt beschrieben worden sind!
- Unterschied bleibende / vorübergehende Böschung?
- Was versteht man unter scheinbarer Kohäsion?
- Voraussetzungen für den rechnerischen Ansatz der scheinbaren Kohäsion?
- Auswirkungen von Rissen im oberen Bereich der Böschung?
- Maßnahmen bei beginnendem Böschungsbruch / zur dauerhaften Sicherung einer rutschgefährdeten Böschung?
- Wo findet man Angaben über die konstruktive Ausbildung und Sicherung natürlicher und künstlich angelegter Böschungen?
- Wann handelt es sich bei einer Böschungsberechnung um einen "einfachen Fall"?
- Wo findet man Empfehlungen (Tabellen) für die Neigung von ständigen / vorübergehenden Böschungen?
- Wie wird der Ausnutzungsgrad bei Böschungsbruch für einen nichtbindigen Boden ohne Wasser berechnet?
- Möglichkeiten für die Berechnung des Ausnutzungsgrads bei Böschungsbruch von bindigen Böden für Vorbemessungen?
- Folgende Diagrammverfahren sind zu beschreiben: a) Taylor / Fellenius, b) Janbu, c) Terzaghi. Anwendungen der einzelnen Verfahren? Berücksichtigung einer Auflast?
- Verfahren für den direkten Nachweis der Standsicherheit einer Böschung nach DIN 4084? Erläuterungen mit Skizzen!
- Ermittlung des ungünstigsten Gleitkreises a) nach dem Diagramm von Janbu, b) durch Probieren?
- Wie beeinflusst Strömungsdruck eine Böschung?
- Abgekürzter Nachweis für Böschungen mit drückendem Wasser (Diagrammverfahren)?
- Durch welche drei Ansätze kann der Wasserdruck in einer Böschung nach DIN 4084 (direkter Nachweis) erfasst werden? Erläuterungen und Vergleich!
- Wie wird die Strömungskraft $F_{S,k}$ nach der Näherung von Ohde berechnet?
- Angriffspunkt und Richtung der Strömungskraft nach Ohde bei einer Böschungsuntersuchung?
- Wann kann es zu einem plötzlichen Absinken des Außenwasserspiegels kommen?
- Welche Böden reagieren empfindlich / unempfindlich auf einen plötzlichen Regenguss?
- Wie sieht die Fläche zur Berechnung der Strömungskraft aus a) bei plötzlichem Absinken des Außenwasserspiegels, b) bei plötzlichem Regenguss? (Skizzen!).
- Welche Einflussfaktoren bestimmen die Standsicherheit einer Böschung?
- Wie wird die Standsicherheit einer Böschung auf einer natürlich vorgegebenen Gleitfläche berechnet?

- Kinematischer Standsicherheitsnachweis?
- Blockgleitverfahren?
- Verfahren mit zusammengesetzten Bruchmechanismen?
- Direkte Blockgleitmethode?
- Verfahren zur Ermittlung des Ausnutzungsgrades bei Geländebruch nach DIN 4084?
- Wie werden Strömungskräfte / eine Ankerkraft bei der Berechnung des Ausnutzungsgrades bei Geländebruch erfasst?
- Erläutern Sie die Vorteile von Rechenvereinfachungen (konstante Lamellenbreite, Lamellenzahl n = 10) bei der Ermittlung des Ausnutzungsgrades bei Geländebruch!

4.7 Aufgaben

4.7.1 Wie groß ist der Böschungswinkel von nichtbindigem Boden, wenn er a) trocken, b) feucht, c) unter Wasser ist und die Sicherheit in allen Fällen mit eins angenommen wird?

4.7.2 Ist der Böschungswinkel von der Böschungshöhe abhängig?

4.7.3 Wie kann man in einfachen Fällen (Diagrammverfahren) rechnerisch eine gleichmäßig verteilte Auflast berücksichtigen?

4.7.4 Voraussetzungen für die Anwendung der Diagrammverfahren?

4.7.5 Geg.: Böschungshöhe 7 m, γ = 18 kN/m³, φ' = 20°, c' = 21 kN/m². Ges.: Böschungswinkel nach dem Diagramm von Taylor / Fellenius.

4.7.6 Geg.: Sand, Böschungshöhe 4,5 m, γ = 19 kN/m³, φ' = 35°, a) Böschungswinkel für Baugrubenböschung, b) scheinbare Kohäsion für den Fall, dass nach DIN 4124 eine Baugrubenböschung unter 45° ausgeführt wird?

4.7.7 Geg.: Böschungshöhe 4 m, γ_r = 22 kN/m³, φ_u = 0°, c_u = 28 kN/m², feste Schicht 1,5 m unter Böschungsfuß. Ges.: Böschungswinkel nach dem Diagramm von Terzaghi (Sicherheit für Kohäsion soll 2,0 sein).

4.8 Weitere Beispiele

□ 4.49 Beispiel 72: Baugrubenböschung

Geg.: *In einem erdfeuchten Sand ist nach DIN 4124 für Baugruben ein maximaler Böschungswinkel von 45° zulässig, da in diesen Fällen die scheinbare Kohäsion berücksichtigt werden darf.*

Ges.: *Wie groß ist demnach die charakteristische scheinbare Kohäsion $c_{s,k}$ bei einer 5,0 m hohen Böschung in einem Sand mit γ = 18 kN/m³ und φ' = 35°(Vorbemessung)?*

Lösg: *Baugrubenböschungen sind nach BS-T zu behandeln.*

Teilsicherheitsbeiwert nach □4.08: $\gamma_G = 1{,}00$; $\gamma_Q = 1{,}20$, $\gamma_{\varphi'} = \gamma_{c'} = 1{,}15$ *(BS-T)*

$$\varphi'_d = \arctan\frac{\tan 35°}{1{,}15} = 31{,}3°; \qquad \beta = 45°$$

Diagrammablesung (Taylor / Fellenius): $N \approx 40$

Damit wird $c'' = \dfrac{\gamma \cdot h}{N} = \dfrac{18 \cdot 5{,}0}{40} = 2{,}25\ kN/m^2$

und die rechnerische Größe der scheinbaren Kohäsion:

$$c_{s,k}(\hat{=}\, c') = \frac{c''\cdot\gamma_{c'}}{0{,}75} = \frac{2{,}25 \cdot 1{,}15}{0{,}75} = 3{,}5\ kN/m^2$$

□ 4.50 Beispiel 73: Dammböschung mit Auflast

Geg.: *Die dargestellte Dammböschung in bindigem Boden*

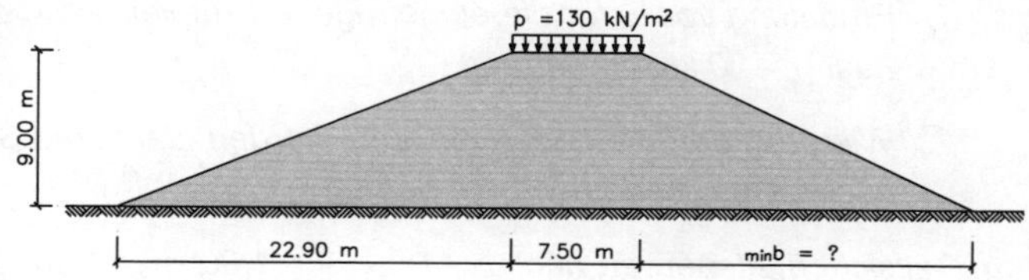

γ = 19,0 kN/m³;

$\varphi'_k = \varphi'$ = 19,2°;

$c'_k = c'$ = 15 kN/m³

BS-P

$p = p_k$ = *ständige Last*

Ges.: *Im Rahmen einer Vorbemessung ist zu ermitteln, welche Mindestbreite ($_{min}b$) der rechte Böschungsbereich aufweisen muss, damit noch ausreichende Sicherheit gegen Böschungsbruch gegeben ist.*

Das Diagrammverfahren von Taylor / Fellenius soll verwendet werden.

Lösg: *Teilsicherheitsbeiwert nach □4.08:* $\gamma_G = 1{,}00$; $\gamma_Q = 1{,}30$, $\gamma_{\varphi'} = \gamma_{c'} = 1{,}25$ *(BS-P)*

Vorwerte für das Diagrammverfahren von Taylor / Fellenius:

□ 4.50 Fortsetzung Beispiel 73: Dammböschung mit Auflast

$\beta = 40°$

$$\varphi'_d = \arctan\frac{\tan 19{,}2°}{1{,}25} = 15{,}6°; \qquad c" = \frac{15{,}0}{1{,}25}\cdot 0{,}75 = 9{,}0\ kN/m^2$$

$$N = \frac{\gamma\cdot(h+\Delta h)}{c''} = \frac{19\cdot\left(9{,}0+\frac{130}{19}\right)}{9{,}0} \approx 33$$

Mit $\varphi'_d = 15{,}6°$: $N = 33 \rightarrow \beta \approx 25°$

wird die Mindestbreite $_{\min}b = \frac{9{,}0}{\tan 25°} = 19{,}3\ m$.

□ 4.51 Beispiel 74: Sicherheit gegen Böschungsbruch in einer Prüfgleitfläche

Geg.: *Die dargestellte Böschung in bindigem Boden*

$\gamma = 20{,}0\ kN/m^3$; $\varphi'_k = \varphi' = 15{,}0°$;
$c'_k = c' = 20\ kN/m^3$

$p = p_k$ = *temporäre Last*

BS-P

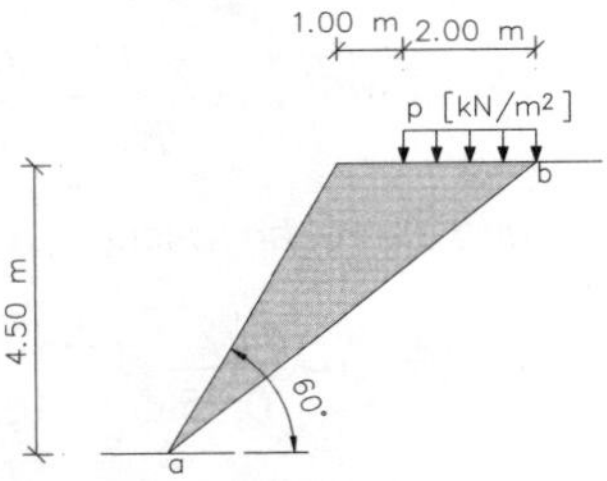

Ges.: *Im Abstand von 1 m von der Böschungskante soll eine 2 m breite vertikale Streifenlast aufgebracht werden.*

1. *Ermittlung von μ für die eingetragene Prüfgleitfläche a-b und den Fall, dass die Last p = 20 kN/m² beträgt.*
2. *Wie groß darf die Last p maximal werden, damit die Sicherheit auf der Prüfgleitfläche a-b gerade noch 1,4 beträgt?*

Lösg: *Teilsicherheitsbeiwert nach □ 4.08: $\gamma_G = 1{,}00$; $\gamma_Q = 1{,}30$, $\gamma_{\varphi'} = \gamma_{c'} = 1{,}25$ (BS-P)*

Bemessungswerte der Scherfestigkeiten:

$$\rightarrow \varphi'_d = \arctan\frac{\tan 15°}{1{,}25} = 12{,}1°; \qquad c'_{d,i} = \frac{20{,}0}{1{,}25} = 16{,}0\ kN/m^2$$

1. *Geometrische Werte:*

$$\tan 60° = \frac{4{,}5}{l_1} \rightarrow l_1 = \frac{4{,}5}{\tan 60°} = 2{,}6\ m$$

$$l = \sqrt{4{,}5^2 + (2{,}6+3{,}0)^2} = 7{,}2\ m$$

$$\tan\alpha = \frac{4{,}5}{5{,}6} = 0{,}8036 \rightarrow \alpha = 38{,}8°$$

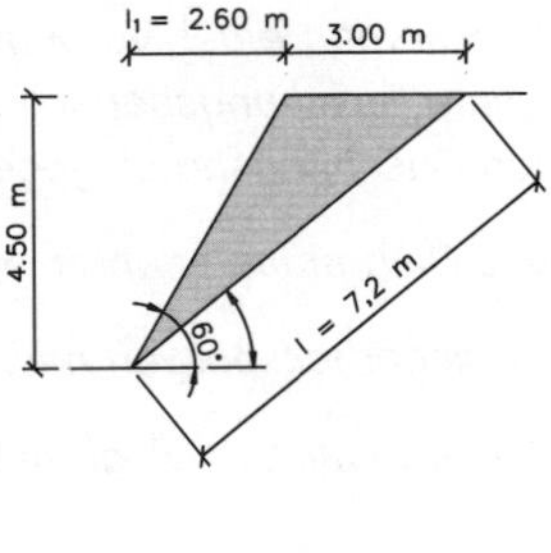

□ 4.51 Fortsetzung Beispiel 74: Sicherheit gegen Böschungsbruch in einer Prüfgleitfläche

Eigenlast des Gleitkörpers: $G_d = \frac{1}{2} \cdot 3{,}0 \cdot 4{,}5 \cdot 20 \cdot 1{,}00 = 135{,}0\ kN/m$

Kohäsionskraft in der Gleitfuge: $C_d = c'_d \cdot l = 16 \cdot 7{,}2 = 115{,}2\ kN/m$

Auflast: $P_d = p_k \cdot \gamma_Q \cdot b = 20 \cdot 1{,}30 \cdot 2{,}0 = 52{,}0\ kN/m$

Ausnutzungsgrad bei Böschungsbruch:

$$\mu = \frac{G_d \cdot \sin\alpha}{G_d \cdot \cos\alpha \cdot \tan\varphi'_d + c'_d} = \frac{(135{,}0 + 52{,}0) \cdot \sin 38{,}8°}{(135{,}0 + 52{,}0) \cdot \cos 38{,}8° \cdot \tan 12{,}1° + 115{,}2} = 0{,}50 < 1{,}0$$

2. *Ansatz:*

$$\mu \overset{!}{=} 1{,}0 = \frac{135{,}0 \cdot \sin 38{,}8° + P_k \cdot 1{,}30 \cdot \sin 38{,}8°}{135{,}0 \cdot \cos 38{,}8° \cdot \tan 12{,}1° + P_k \cdot 1{,}30 \cdot \cos 38{,}8° \cdot \tan 12{,}1° + 115{,}2}$$

Daraus ergibt sich P_k = 115,7 kN/m, so dass die maximal mögliche Streifenlast

$$_{\max} p = \frac{P}{b} = 115{,}7 \frac{115{,}7}{2{,}0} = 57{,}8\ kN/m^2$$ *beträgt.*

□ 4.52 Beispiel 75: Zulässiger Böschungswinkel ohne und mit Wassereinfluss

Geg.: *Die dargestellte Böschung in bindigem Boden*

γ = 19,5 kN/m³;
γ' = 11,0 kN/m³;

$\varphi'_k = \varphi'$ = 22,5°;
$c'_k = c'$ = 14 kN/m²

BS-P

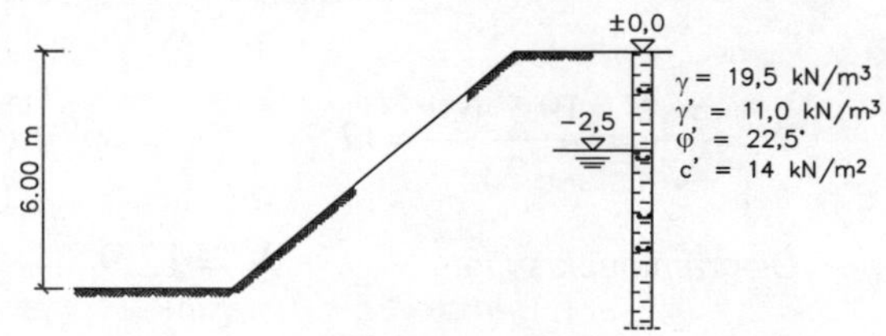

Ges.:

1. *Für die dargestellten Verhältnisse ist nach dem Diagrammverfahren von Taylor / Fellenius der mögliche Böschungswinkel zu ermitteln*

   1.1. ohne Grundwassereinfluss

   1.2. mit Grundwassereinfluss

   1.3. für den Sonderfall „plötzlicher Regenguss"

2. *Wie groß ist das angreifende Moment, wenn der horizontale Wasserdruck nach DIN 4084 angesetzt wird?*

Lösg: *Teilsicherheitsbeiwert nach □ 4.08: γ_G = 1,00; γ_Q =1,30, $\gamma_{\varphi'} = \gamma_{c'}$ =1,25 (BS-P)*

□ 4.52 Fortsetzung Beispiel 75: Zulässiger Böschungswinkel ohne und mit Wassereinfluss

1.1 *Ausgangswerte:*

$$\varphi'_d = \arctan \frac{\tan 22{,}5°}{1{,}25} = 18{,}3°; \qquad c'' = \frac{14{,}0}{1{,}25} \cdot 0{,}75 = 8{,}4\ kN/m^2$$

$$N = \frac{\gamma \cdot h}{c''} = \frac{19{,}5 \cdot 6{,}0}{8{,}4} = 13{,}9$$

Diagrammablesung: $N = 13{,}9$ $\quad \varphi'_d = 18{,}3° \rightarrow \beta \approx 45°$

1.2 *Beim Diagrammverfahren von Taylor / Fellenius kann - sehr ungünstig – der Reibungswinkel nochmals reduziert werden:*

$$\varphi'' = \varphi'_d \cdot \frac{\gamma'}{\gamma} = 18{,}3 \cdot \frac{11{,}0}{19{,}5} = 10{,}3°$$

Diagrammablesung: $N = 13{,}9$ $\quad \varphi'' = 10{,}3° \rightarrow \beta \approx 30°$

1.3 *Da bei dem unter Punkt 1.2. angewendeten Verfahren angenommen wird, dass über die gesamte Dammhöhe Wasserdruck ansteht, kann eine direkte Übertragung auf den Sonderfall „plötzlicher Regenguss" erfolgen, dabei ist aber BS-T zu beachten.*

Ausgangswerte: $\varphi'_d = \arctan \frac{\tan 22{,}5°}{1{,}15} = 19{,}8°; \quad c'' = \frac{14{,}0}{1{,}15} \cdot 0{,}75 = 9{,}1\ kN/m^2$

$$N = \frac{\gamma \cdot h}{c''} = \frac{19{,}5 \cdot 6{,}0}{9{,}1} = 12{,}9; \qquad \varphi'' = \varphi'_d \cdot \frac{\gamma'}{\gamma} = 19{,}8 \cdot \frac{11{,}0}{19{,}5} = 11{,}2°$$

Diagrammablesung: $N = 12{,}9$ $\quad \varphi'_d = 11{,}2° \rightarrow \beta \approx 34°$

2. *Bei den vorliegenden Verhältnissen darf der ungünstigste Gleitkreis nach dem Diagrammverfahren von Janbu berechnet werden.*

Ausgangswerte: $\beta = 45°$ *(aus Punkt 1.1)* $\quad \lambda_{c\varphi} = \frac{19{,}5 \cdot 6{,}0 \cdot \tan 22{,}5°}{14{,}0} = 3{,}5$

Diagrammablesung: $\frac{x_0}{h} = -\ 0{,}10; \quad \frac{y_0}{h} = 1{,}60$

Koordinatenwerte:

$x_0 = -\ 0{,}10 \cdot 6{,}0 = -\ 0{,}6\ m;$

$y_0 = 1{,}60 \cdot 6{,}0 = 9{,}6\ m$

Damit lässt sich der ungünstigste Gleitkreis zeichnen:

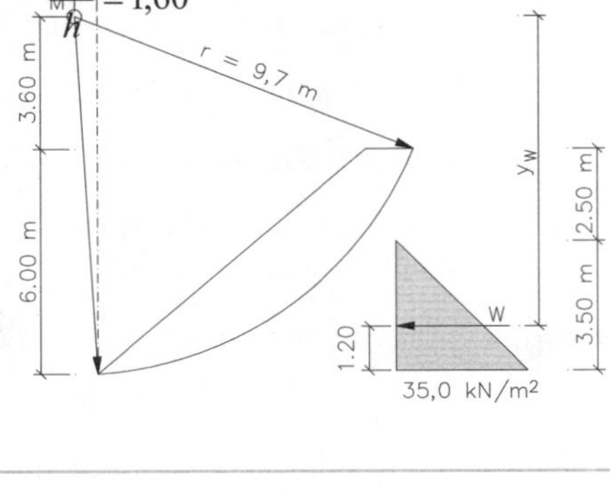

□ 4.52 Fortsetzung Beispiel 75: Zulässiger Böschungswinkel ohne und mit Wassereinfluss

Wasserdruckkraft: $W_d = \frac{1}{2} \cdot 35{,}0 \cdot 3{,}5 \cdot 1{,}00 = 61{,}25 \; kN/m$

Hebelarm von W (bezogen auf M): $y_W = 9{,}6 - 1{,}2 = 8{,}4 \; m$

Damit wird das Moment infolge des Wasserdrucks

$$M_{W,d} = 61{,}25 \cdot 8{,}4 = 514{,}5 \; kNm/m$$

□ 4.53 Beispiel 76: Durchsickerung eines homogenen Erdstaudammes

Geg.: *Die dargestellte Böschung in bindigem Boden*

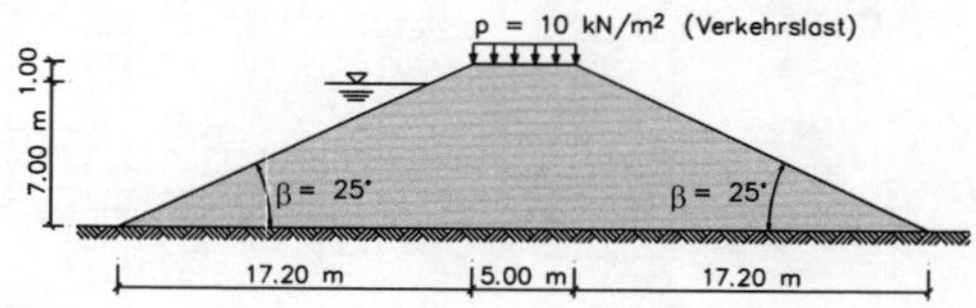

Dammschüttung: UM

γ = 19,5 kN/m³; γ' = 9,5/m³;
φ'_k = φ' = 26,0°; c'_k = c' = 15 kN/m³

Baugrund: UM, γ = 19,5 kN/m³; γ' = 9,5/m³; φ'_k = φ' = 26,0°; c'_k = c' = 20 kN/m³

Ges.: *Es ist für die luftseitige Böschung zu ermitteln:*

1. Austrittsstelle A der Sickerlinie

2. Ausnutzungsgrad bei Schub am Dammfuß

3. Ausnutzungsgrad bei Gleiten

Lösg: *hier gilt BS-P bei GEO-2 (s. Dörken/ Dehne/ Kliesch, Teil 2: γ_G = 1,35; γ_Q =1,50, $\gamma_{\varphi'}$ = $\gamma_{c'}$ =1,00, γ_{Gl}= $\gamma_{R,h}$ = 1,10 ; BS-P bei GEO-2)*

zu 1. *Nach Davidenkoff (1964) kann die Sickerlinie in einem homogenen Damm auf durchlässigem Untergrund ebenso wie in einem Damm auf undurchlässigem Untergrund ermittelt werden, da bei dieser Annahme die höchstmögliche - und damit ungünstigste - Lage der Sickerlinie erhalten wird:*

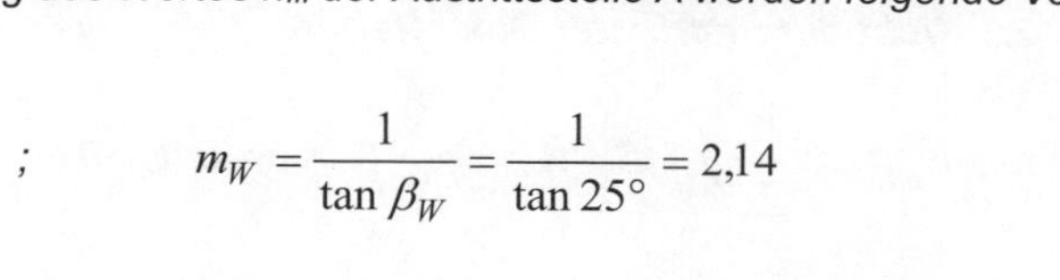

Das in o.a. Literatur angegebene Berechnungsverfahren nach Pawlowsky / Dachler basiert darauf, dass sich die Geometrie des Verlaufs der Sickerlinie aus 3 Teilen zusammensetzt. Für die Ermittlung des Wertes h_{III} der Austrittsstelle A werden folgende Vorwerte benötigt:

$$m_b = \frac{1}{\tan \beta_b} = \frac{1}{\tan 25°} = 2{,}14 \quad ; \qquad m_W = \frac{1}{\tan \beta_W} = \frac{1}{\tan 25°} = 2{,}14$$

□ 4.53 Fortsetzung Beispiel 76: Durchsickerung eines homogenen Erdstaudammes

$$\frac{L}{m_b \cdot H} = \frac{24{,}3}{2{,}14 \cdot 7{,}0} = 1{,}6\,; \qquad m_b \cdot \left(1{,}12 + \frac{1{,}93}{m_W}\right) = 2{,}14 \cdot \left(1{,}12 + \frac{1{,}93}{2{,}14}\right) = 4{,}3$$

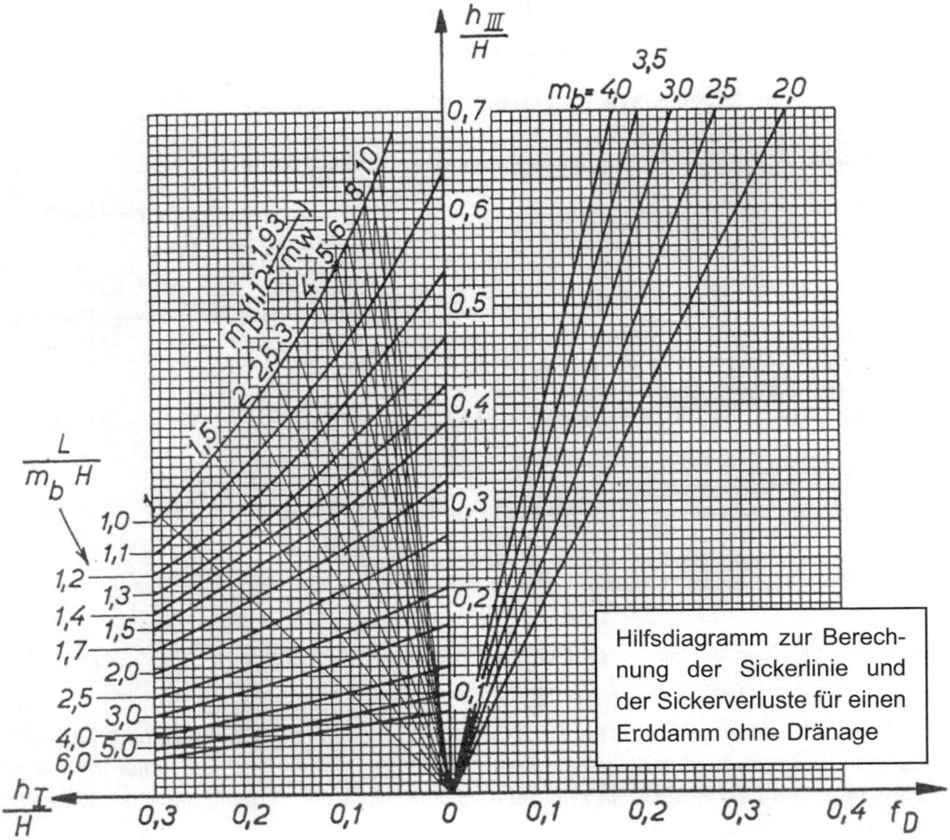

Aus dem Diagramm wird abgelesen: $\frac{h_{III}}{H} = 0{,}30$ *, so dass sich die Höhenlage der Austrittsstelle zu* $h_{III} = 0{,}30 \cdot 7{,}0 \approx 2{,}10$ *m ergibt.*

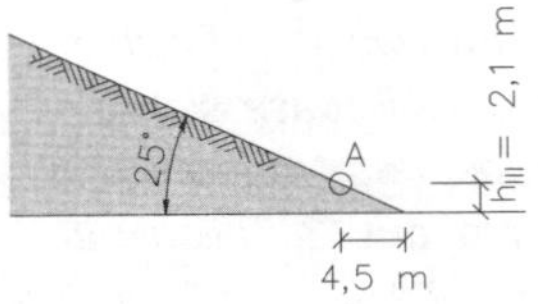

2.

2.1 Nicht durchströmter Dammfuß

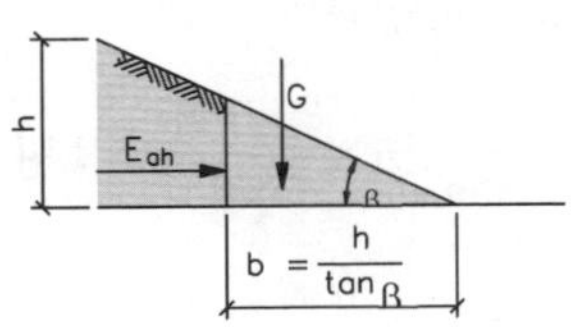

Mit $E_{ah,d} = \dfrac{1}{2} \cdot \gamma \cdot h^2 \cdot K_{ah} \cdot \gamma_G$ *(α = δ = 0; β ≠ 0)*

$$G_d = \frac{1}{2} \cdot h \cdot b \cdot \gamma \cdot \gamma_G = \frac{1}{2} \cdot h \cdot \frac{h}{\tan\beta} \cdot \gamma \cdot \gamma_G$$

□ 4.53 Fortsetzung Beispiel 76: Durchsickerung eines homogenen Erdstaudammes

wird der Ausnutzungsgrad bei Schub

$$\mu_{Schub} = \frac{E_{ah,d}}{G_d \cdot \tan\varphi_k / \gamma_{Gl}} = \frac{E_{ah,k}}{G_k \cdot \tan\varphi_d} = \frac{K_{ah} \cdot \tan\beta}{\tan\varphi_d}$$

2.1 Durchströmter Dammfuß

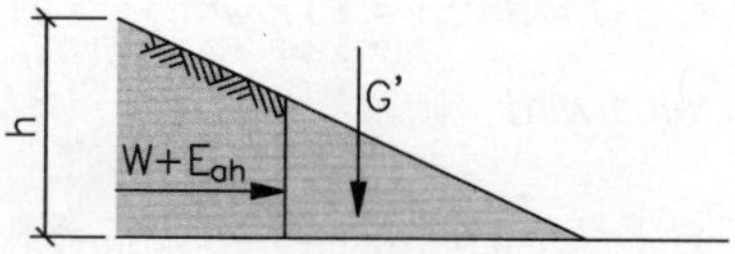

Mit $E_{ah,k} = \frac{1}{2} \cdot \gamma' \cdot h^2 \cdot K_{ah}$ *($\alpha = \delta = 0; \beta \neq 0$)*

$$W_k = \frac{1}{2} \cdot \gamma_W \cdot h^2$$

wird der Ausnutzungsgrad bei Gleiten: $\mu_{Gleiten} = \frac{\tan\beta \cdot \left(K_{ah} + \frac{\gamma_W}{\gamma'}\right)}{\tan\varphi_d}$

Berechnung für den vorliegenden Fall: GEO-2 nach Handbuch EC 7-1

Da der anstehende Böschungswinkel β größer ist als der Reibungswinkel φ', muss für den anstehenden Boden ein Bemessungswert des Reibungswinkels φ'_d unter Einbeziehung der vorhandenen Kohäsion ermittelt werden. Nach einem Vorschlag von Nendza (s. Dörken/ Dehne/ Kliesch, Teil 1) erhält man aus dem Schergesetz von Coulomb für eine Normalspannung von $\sigma_m = \frac{2}{3} \cdot \gamma \cdot h$

$$\tan\varphi_d = \frac{1}{\gamma_\varphi} \cdot \frac{c' + \sigma_m \cdot \tan\varphi'}{\sigma_m} = \frac{1}{1{,}10} \cdot \frac{15 + \frac{2}{3} \cdot 19{,}5 \cdot 8{,}0 \cdot \tan 26{,}0°}{\frac{2}{3} \cdot 19{,}5 \cdot 8{,}0} = \frac{63{,}50}{1{,}10 \cdot 104{,}00} = 0{,}5551 \quad \rightarrow \varphi'_d \approx 30°$$

Erddruckbeiwert für $\alpha = 0$; $\beta = 25°$; $\varphi' = 30°$; $\delta_a = 0$:

$$K_{ah}^g = \frac{\cos^2(0° + 30°)}{\cos^2 0° \cdot \cos 0° \cdot \left(1 + \sqrt{\frac{\sin 30° \cdot \sin(30° - 25°)}{\cos 0° \cdot \cos 25°}}\right)^2} \cdot \cos 0° = 0{,}50$$

Damit wird der Ausnutzungsgrad bei Schub am Dammfuß:

$$\mu_{Gleiten} = \frac{\tan\beta \cdot \left(K_{ah} + \frac{\gamma_W}{\gamma'}\right)}{\tan\varphi_d} = \frac{\tan 25 \cdot \left(0{,}50 + \frac{10}{9{,}5}\right)}{0{,}5774} = 1{,}25 > 1{,}0 \; (!)$$

□ 4.53 Fortsetzung Beispiel 76: Durchsickerung eines homogenen Erdstaudammes

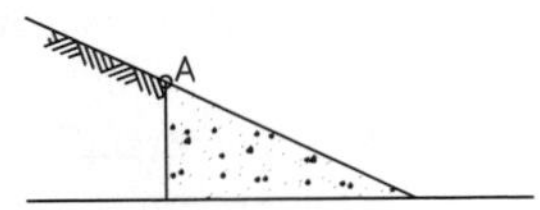

Der Ausnutzungsgrad bei Schub am Dammfuß ist also zu groß. Wenn im Auftriebsbereich der Sickerlinie ein sogenanntes Filterprisma aus grobkörnigem Material eingebaut wird (s. Skizze), werden die Verhältnisse verbessert, so dass folgende Kennwerte des Filtermaterials in die Sicherheitsgleichung einzusetzen sind:

$\varphi'_K = \varphi' = 35°$; $\gamma = 18\ kN/m^3$; $\gamma' = 11\ kN/m^3$

Damit wird

$$\mu_{Gleiten} = \frac{\tan\beta \cdot \left(K_{ah} + \frac{\gamma_W}{\gamma'}\right)}{\tan\varphi_d} = \frac{\tan 25 \cdot \left(0{,}50 + \frac{10}{11}\right)}{0{,}7002/1{,}10} = \frac{0{,}6571}{0{,}6366} = 1{,}03 \approx 1{,}0$$

Hierdurch lässt sich also gerade ausreichende Sicherheit erreichen. Im Dammfußbereich sollte daher zusätzlich eine flachere Böschungsneigung vorgesehen werden.

***3.** Sicherheit gegen Gleiten.*

Hierbei dürfen weder die Auflast auf der Dammkrone noch die Kohäsion in der Dammsohle angesetzt werden.

Vereinfachtes Modell für die Untersuchung:

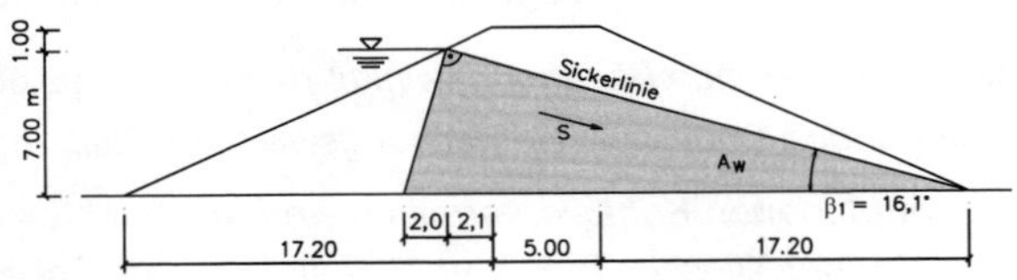

Hierbei ist:

β_1 = Winkel der geradlinig angenommen Sickerlinie

$$\tan\beta_1 = \frac{7{,}0}{17{,}2 + 5{,}0 + 2{,}1} = 0{,}2881 \rightarrow \beta_1 = 16{,}1°$$

G_d' = Eigenlast des unterhalb des Wassers liegenden Dammkörpers

$$G_d' = (17{,}2 + 5{,}0 + 17{,}2) \cdot \frac{1}{2} \cdot 7{,}0 \cdot 9{,}5 \cdot 1{,}35 = 137{,}9 \cdot 9{,}5 \cdot 1{,}35 = 1769\ kN/m$$

G_d = Eigenlast des oberhalb des Wassers liegenden Dammkörpers

$$G_d = \left[\frac{1}{2}(17{,}2 + 5{,}0 + 17{,}2 + 5{,}0) \cdot 8{,}0 - 137{,}9\right] \cdot 19{,}5 \cdot 1{,}35 = 1045\ kN/m$$

S_d = Strömungsdruckkraft im Dammkörper

$$S_d = A_W \cdot \gamma_W \cdot \sin\beta_1 \cdot \gamma_G = \frac{1}{2}(17{,}2 + 5{,}0 + 2{,}1 + 2{,}0) \cdot 7{,}0 \cdot 10 \cdot \sin 16{,}1° \cdot 1{,}35 = 345\ kN/m$$

$$S_{H,d} = S_d \cdot \cos\beta_1 = 345 \cdot \cos 16{,}1° = 331\ kN/m$$

□ 4.53 Fortsetzung Beispiel 76: Durchsickerung eines homogenen Erdstaudammes

$$S_{V,d} = S_d \cdot \sin \beta_1 = 345 \cdot \sin 16{,}1° = 96 \ kN/m$$

Damit wird Ausnutzungsgrad bei Gleiten

$$\mu_{Gleiten} = \frac{S_{H,d}}{(G_d + G_d' + S_{V,d}) \cdot tan\, \varphi_d} = \frac{331}{(1045 + 1769 + 96) \cdot tan\, 2\,6°\frac{}{1{,}10}} = \frac{331}{1290}$$

$$= 0{,}26 \quad < \quad erf \quad \mu = 1{,}0$$

Die Sicherheit gegen Gleiten des Damms reicht aus.

□ 4.54 Beispiel 77: Standsicherheitsnachweis mit ebener Prüfgleitfläche

Geg.: *die dargestellte Böschung in bindigem Boden.*

Es sind Schwindrisse vorhanden.

Die Prüfgleitfläche ist unter $\vartheta = 40°$ geneigt.

$\gamma = 20{,}0\ kN/m^3$; $\varphi'_k = \varphi' = 22{,}5°$;

$c'_k = c' = 30\ kN/m^3$

BS-P

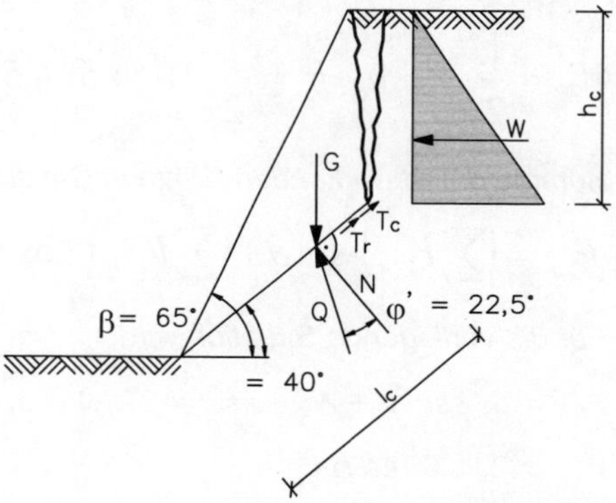

Ges.: *Ermittlung von μ*

Lösg: *Teilsicherheitsbeiwert nach □ 4.08: $\gamma_G = 1{,}00$; $\gamma_Q = 1{,}30$, $\gamma_{\varphi'} = \gamma_{c'} = 1{,}25$ (BS-P)*

Bemessungswerte der Scherfestigkeiten:

$$\rightarrow \varphi'_d = \arctan \frac{\tan 22{,}5°}{1{,}25} = 18{,}3°; \qquad c'_{d,i} = \frac{30{,}0}{1{,}25} = 24{,}0 \ kN/m^2$$

Zugrisstiefe:

$$h_c = \frac{2 \cdot c'}{\gamma \cdot \tan\left(45° - \frac{\varphi'}{2}\right)} = \frac{2 \cdot 30}{20 \cdot \tan\left(45° - \frac{22{,}5°}{2}\right)} = \frac{60{,}0}{20 \cdot 0{,}6682} \approx 4{,}5 \ m$$

Wirkungslänge der Kohäsion

$$\sin 40° = \frac{3{,}5}{l_c} \rightarrow l_c = 5{,}4 \ m$$

Eigenlast des Prüfgleitkörpers

$$G_k = \left(\frac{4{,}5 + 8{,}0}{2} \cdot 4{,}2 - \frac{1}{2} \cdot 3{,}7 \cdot 8{,}0\right) \cdot 20 = 229{,}0 \ kN/m$$

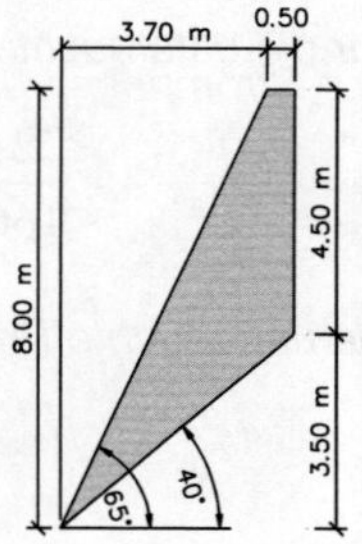

□ 4.54 Fortsetzung Beispiel 77: Standsicherheitsnachweis mit ebener Prüfgleitfläche

Auf die Prüfgleitfläche wirkende Normalkraft

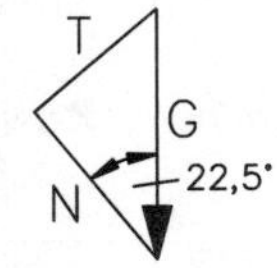

$$N_k = G_k \cdot \cos 22{,}5° = 211{,}6 \ kN/m$$

Reibungsanteil der erforderlichen Scherwiderstandskraft

$$T_{\varphi,d} = \frac{T_k}{\gamma_{\varphi'}} = \frac{N_k \cdot \gamma_G \cdot \tan \varphi'_k}{\gamma_{\varphi'}} = \frac{211{,}6 \cdot 1{,}00 \cdot \tan 22{,}5°}{1{,}25} = 70{,}1 \ kN/m$$

Kohäsionsanteil der erforderlichen Scherwiderstandskraft

$$T_{c,d} = \frac{T_{c,k}}{\gamma_{c'}} = \frac{c'_k \cdot l_c}{\gamma_{c'}} = \frac{30 \cdot 5{,}4}{1{,}25} = 129{,}6 \ kN/m$$

Wasserdruckkraft auf den Prüfgleitkörper infolge eindringenden Niederschlags

$$W_k = \frac{1}{2} \cdot \gamma_w \cdot h_c \cdot h_c = \frac{1}{2} \cdot 10 \cdot 4{,}5 \cdot 4{,}5 = 101{,}3 \ kN/m$$

Summe der einwirkenden Kräfte in Gleitflächenrichtung

$$F_{T,k} = \left(\sum F_{V,k}\right) \cdot \sin \vartheta + \left(\sum F_{H,k}\right) \cdot \cos \vartheta$$

Für die vorliegende Situation wird

$$F_{T,k} = G_k \cdot \sin \vartheta + W_k \cdot \cos \vartheta = 229{,}0 \cdot \sin 40° + 101{,}3 \cdot \cos 40° = 147{,}2 + 77{,}6$$
$$= 221{,}8 \ kN/m$$

Bemessungswert der widerstehenden Kräfte des Bodens an der Gleitfläche

$$R_{T,d} = T_{\varphi,d} + T_{c,d} = N_k \cdot \tan \varphi'_d + c'_d \cdot l_c$$

Mit $N_k = \left(\sum S_{V,k}\right) \cdot \cos \vartheta - \left(\sum S_{H,k}\right) \cdot \sin \vartheta$

ergibt sich die Widerstandskraft zu

$$R_{T,d} = (G_d \cdot \cos \vartheta - W_d \cdot \sin \vartheta) \cdot \tan \varphi'_d + c'_d \cdot l_c$$
$$= (229{,}0 \cdot 1{,}00 \cdot \cos 40° - 101{,}3 \cdot 1{,}00 \cdot \sin 40°) \cdot \tan 18{,}3° + 24 \cdot 5{,}4$$
$$= (175{,}4 - 65{,}1) \cdot 0{,}3307 + 129{,}6 = 166{,}1 \ kN/m$$

Für die untersuchte Prüfgleitfläche ergibt sich ein Ausnutzungsgrad von

$$\mu = \frac{F_{T,k} \cdot \gamma_G}{R_{T,d}} = \frac{221{,}8}{166{,}1} = 1{,}34 \ > \ 1{,}0$$

Die untersuchte Prüfgleitfläche liefert keine ausreichende Sicherheit.

□ 4.55 Beispiel 78: Nachweis der Sicherheit gegen Böschungsbruch nach Globalsicherheitskonzept (DIN 1054: alt); vergleiche □ 4.27

Geg.: *Die dargestellte Böschung in bindigem Boden*

γ = 20,5 kN/m³;
$\varphi'_k = \varphi'$ = 17,5°;
$c'_k = c'$ = 21 kN/m³

Lastfall 1 (BS-P)

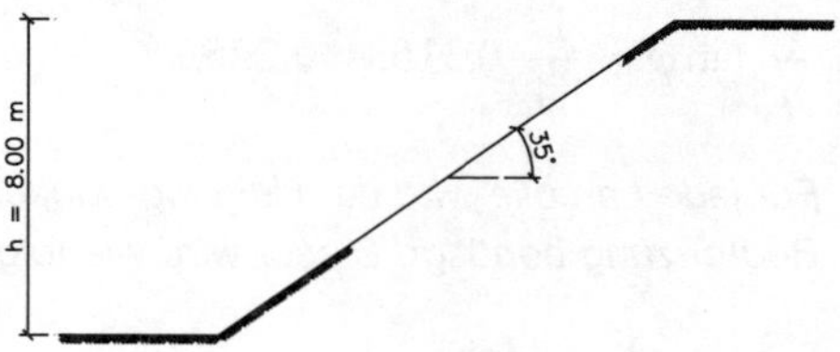

Ges.: *1. Lage des ungünstigsten Gleitkreises*

2. Nachweis nach dem Lamellenverfahren

Lösg: *Die geforderte Sicherheit: η = 1,4 (Lastfall 1)*

Bei den gegebenen Verhältnissen können die Koordinaten des ungünstigsten Gleitkreises nach dem Diagrammverfahren von Janbu ermittelt werden.

$$\lambda_{c\varphi} = \frac{20{,}5 \cdot 8{,}0 \cdot \tan 17{,}5°}{21{,}0} = 2{,}5$$

Diagrammablesung: $\frac{x_0}{h} = 0{,}38$; $\frac{y_0}{h} = 1{,}58$

Damit sind die Koordinatenwerte:

$$x_0 = 0{,}38 \cdot 8{,}0 = 3{,}0\ m; \quad y_0 = 1{,}58 \cdot 8{,}0 = 12{,}6\ m$$

und der ungünstigste Gleitkreis kann dargestellt werden.

Der Gleitkörper wird in (möglichst gleich große) Lamellen aufgeteilt.

Da die Sicherheitsgleichung von Bishop implizit ist, muss zunächst eine Sicherheit gewählt werden. Zweckmäßigerweise nimmt man die geforderte Sicherheit: η = 1,4.

Vorwerte für die Tabellenberechnung:

$\tan\varphi' = \tan 17{,}5° = 0{,}3153$

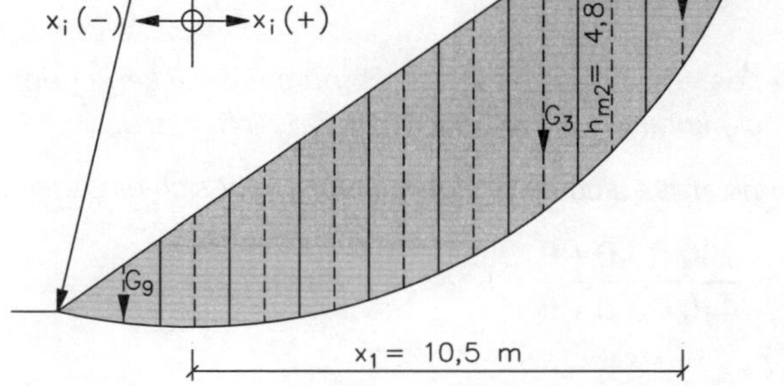

□ 4.55 Fortsetzung Beispiel 78: Nachweis der Sicherheit gegen Böschungsbruch nach Globalsicherheitskonzept (DIN 1054: alt); vergleiche □ 4.27

$$\frac{1}{\eta} \cdot \tan \varphi' = \frac{1}{1{,}4} \cdot 0{,}3153 = 0{,}2252$$

Für jede Lamelle wird der Neigungswinkel ϑ_i der - geradlinigen angenommenen - unteren Begrenzung benötigt. Dieser wird wie folgt ermittelt:

$$\sin \vartheta_i = \frac{x_i}{r} = \frac{x_i}{13{,}0}$$

Die Lamellengewichte G_i werden ausreichend genau durch Multiplikation der Lamellenbreite b_i mit der mittleren Höhe h_{mi} berechnet. Ihr Angriffspunkt ist bei Dreiecken der Drittelspunkt, bei Trapezen die Mitte.

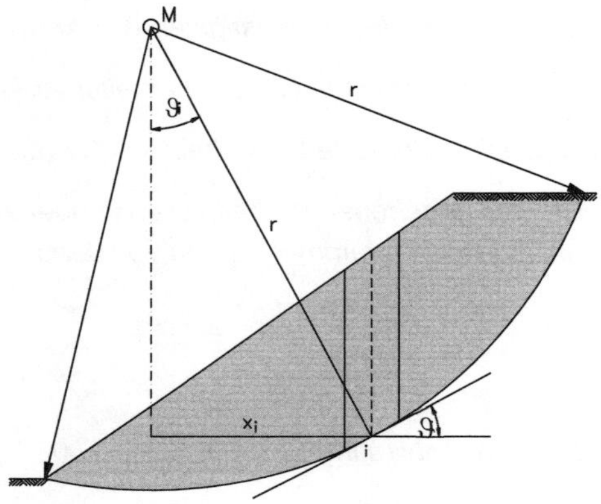

Lam.-nr.	G_i	$\sin \vartheta_i$	$\cos \vartheta_i$	$G_i \cdot \tan \varphi_i$	$c_i \cdot b_i$	$G_i \cdot \tan \varphi_i + c_i \cdot b_i$	$\frac{1}{\eta} \cdot \tan \varphi_i \cdot \sin \vartheta_i$	$\cos \vartheta_i + \frac{1}{\eta} \tan \varphi_i \cdot \sin \vartheta_i$	$\frac{Spalte7}{Spalte9}$	$G_i \cdot \tan \vartheta$
-	[kN/m]	-	-	[kN/m]	[kN/m]	[kN/m]	-	-	[kN/m]	[kN/m]
1	2	3	4	5	6	7	8	9	10	11
1	98,4	0,8077	0,5896	31,0	50,4	81,4	0,1819	0,7715	105,5	79,5
2										
3										
4										
5										
6										
7										
8										
9		-0,1115								
								Σ	≈ 700	≈ 440

Weitere Einflüsse $\sum M_s$ (z.B. durch Verankerungen) und $\sum M$ (z.B. durch Wasserdruck) kommen im vorliegenden Fall nicht hinzu.

Somit ergibt sich die Sicherheit von

$$\eta = \frac{700 \cdot 13{,}0 + 0}{440 \cdot 13{,}0 + 0} = 1{,}58 \neq \textit{gewählt } \eta = 1{,}4$$

□ 4.55 Fortsetzung Beispiel 78: Nachweis der Sicherheit gegen Böschungsbruch nach Globalsicherheitskonzept (DIN 1054: alt); vergleiche □ 4.27

Folgerungen:

a) Soll die genaue Größe der Sicherheit ermittelt werden, so muss so lange iteriert werden, bis Konvergenz zwischen der gewählten und der errechneten Sicherheit vorliegt. Zweckmäßig wählt man für die Iteration den Wert des vorangegangenen Rechenschritts, d.h. im vorliegenden Fall:

1. Iterationsschritt mit η = 1,58.

b) Aus der Struktur der Sicherheitsgleichung von Bishop ist zu erkennen: Wird mit der Wahl der Mindestsicherheit im ersten Durchlauf ein größerer rechnerischer Wert erzielt, so ist die geforderte Sicherheit erreicht. Im umgekehrten Fall kann die Mindestsicherheit nicht mehr erreicht werden.

□ 4.56 Beispiel 79: Ermittlung der Sicherheit gegen Böschungsbruch nach der DGBM (Vergleichsberechnung) mit geneigter Erddruckkraft ($\varphi'_{d,\ i+1} \neq 0$ und $\varphi'_{d,\ i-1} \neq 0$); (Vergleichsberechnung zu □ 4.32)

Geg.: *Die dargestellte Böschung in bindigem Boden*

γ = 20,5 kN/m³;
$\varphi'_k = \varphi'$ = 17,5°;
$c'_k = c'$ = 21 kN/m³

BS-P

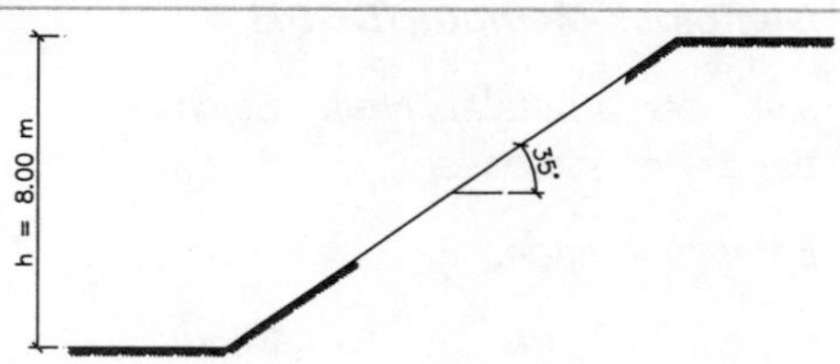

Ges.: *Nachweis nach der Direkten Gleitblock-Methode (DGBM): Ermittlung von ΔT_i*

Zur Abkürzung der Berechnung soll der Bruchkörper so gestaltet werden, dass er sich an folgendem Gleitkreis orientiert: Mittelpunkt (3,0/ 12,6)

Lösg: *Teilsicherheitsbeiwert nach □ 4.08: γ_G = 1,00; γ_Q =1,30, $\gamma_{\varphi'} = \gamma_{c'}$ =1,25 (BS-P)*

Die Neigungswinkel $\varphi'_{d,\ i+1}$ und $\varphi'_{d,\ i-1}$ der Erddrücke $Q_{k,\ i-1}$ und $Q_{k,\ i+1}$ in den Lamellenabschnitten sind so zu wählen, dass die Zusatzkraft ΔT_i möglichst groß ist.

Aus dem Kräftegleichgewicht ergibt sich über einige Rechenschritte:

$$\Delta Q_{d,i,j} = \frac{(-1)}{\cos(\vartheta_i - \varphi'_{d,i} - \varphi^*_{d,i})} \cdot \left[\begin{array}{l} G_{d,i} \cdot \sin(\vartheta_i - \varphi'_{d,i}) - C_{d,i} \cdot \cos\varphi'_{d,i} + U_{d,i} \cdot \sin\varphi'_{d,i} \\ + (U_{d,i-1,i} - U_{d,i,i+1}) \cdot \cos(\vartheta_i - \varphi'_{d,i}) - W_{d,Hi} \cdot \cos(\vartheta_i - \varphi'_{d,i}) \\ + (C_{d,i-1,i} - C_{d,i,i+1}) \cdot \sin(\vartheta_i - \varphi'_{d,i}) \\ + T_{d,i} \cdot \cos\varphi'_{d,i} \end{array} \right]$$

$\Delta Q_{i,j}$: Differenz der Gleitflächenkräfte in der inneren Gleitfläche ($\Delta Q_{i,j} = Q_{i-1,i} - Q_{i,i+1}$)

$\varphi^*_{d,i}$: Neigungswinkel der Differenz $\Delta Q_{i,j}$ der Gleitflächenkräfte gegen die Horizontale

□ 4.56 Fortsetzung Beispiel 79: Ermittlung der Sicherheit gegen Böschungsbruch nach der DGBM (Vergleichsberechnung) mit geneigter Erddruckkraft ($\varphi'_{d,\,i+1} \neq 0$ und $\varphi'_{d,\,i-1} \neq 0$); (Vergleichsberechnung zu □ 4.32)

Daraus wird die endgültige Gleichung für $\Delta T = \Sigma \Delta T_i$ zu:

$$\Delta T = \left\{ \sum_{i=1}^{n} \frac{(-1)}{\cos(\vartheta_i - \varphi'_{d,i} - \varphi^*_{d,i})} \cdot \left[\begin{array}{l} G_{d,i} \cdot \sin(\vartheta_i - \varphi'_{d,i}) - C_{d,i} \cdot \cos\varphi'_{d,i} + U_{d,i} \cdot \sin\varphi'_{d,i} \\ + \Delta U_{d,i,j} \cdot \cos(\vartheta_i - \varphi'_{d,i}) - W_{d,Hi} \cdot \cos(\vartheta_i - \varphi'_{d,i}) \\ + \Delta C_{d,i,j} \cdot \sin(\vartheta_i - \varphi'_{d,i}) + T_{d,i} \cdot \cos\varphi'_{d,i} \end{array} \right] \right\}$$

$$\cdot \left[\frac{1}{\sum_{i=1}^{n} \frac{l_i \cdot \cos\varphi'_{d,i}}{\cos(\vartheta_i - \varphi'_{d,i} - \varphi^*_{d,i})}} \right]$$

Wenn der gewählte Bruchmechanismus nur eine Bodenschicht betrifft, so ist $\varphi^*_{d,i} = \varphi'_{d,i}$ zu setzen.

Nachweis nach der Direkten Gleitblock-Methode (DGBM)

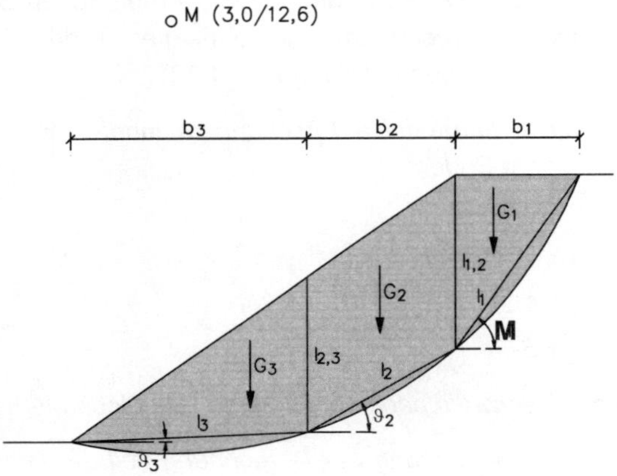

Aus der maßstäblichen Zeichnung wird gemessen:

Lamellenbreiten:

b_1 = 3,70 m; b_2 = 4,40 m; b_3 = 7,00 m

Längen der äußeren Gleitlinien:

l_1 = 6,40 m; l_2 = 5,00 m;

l_3 = 7,00 m

Längen der inneren Gleitlinien:

$l_{0,1}$ = 0 m; $l_{1,2}$ = 5,20 m; $l_{2,3}$ = 4,60 m

Neigungswinkel der äußeren Gleitlinien:

ϑ_1 = 55°; ϑ_2 = 30°; ϑ_3 = 2°

Berechnung der Bodeneigenlasten:

$$G_{d,1} = 20{,}5 \cdot 3{,}70 \cdot \frac{1}{2} \cdot 5{,}20 \cdot 1{,}00 = 197{,}2 \ kN/m$$

$$G_{d,2} = 20{,}5 \cdot 4{,}40 \cdot \frac{1}{2} \cdot (5{,}20 + 4{,}60) \cdot 1{,}00 = 442{,}0 \ kN/m$$

□ 4.56 Fortsetzung Beispiel 79: Ermittlung der Sicherheit gegen Böschungsbruch nach der DGBM (Vergleichsberechnung) mit geneigter Erddruckkraft ($\varphi'_{d,\,i+1} \neq 0$ und $\varphi'_{d,\,i-1} \neq 0$); (Vergleichsberechnung zu □ 4.32)

$$G_{d,3} = 20{,}5 \cdot 7{,}00 \cdot \frac{1}{2} \cdot 4{,}60 \cdot 1{,}00 = 330{,}1\ kN/m$$

Bemessungswerte der Scherfestigkeiten: $\rightarrow \varphi'_{d,i} = \arctan \dfrac{\tan 17{,}5°}{1{,}25} = 14{,}2°$

$\varphi^*_{d,i} \mathrel{\hat{=}} \varphi'_{d,i} = 14{,}2°$ *(homogener Boden);* $c'_{d,i} = \dfrac{21{,}0}{1{,}25} = 16{,}8\ kN/m^2$

Kohäsionskräfte in den äußeren Gleitflächen:

$$C_{d,1} = c'_{d,1} \cdot l_1 = 16{,}8 \cdot 6{,}40 = 107{,}5\ kN/m$$

$$C_{d,2} = c'_{d,2} \cdot l_2 = 16{,}8 \cdot 5{,}00 = 84{,}0\ kN/m$$

$$C_{d,3} = c'_{d,3} \cdot l_3 = 16{,}8 \cdot 7{,}00 = 117{,}6\ kN/m$$

Differenz der Kohäsionskräfte in den inneren Gleitlinien:

$$\Delta C_{1,2} = C_{0,1} - C_{1,2} = c'_{d,0,1} \cdot l_{0,1} - c'_{d,1,2} \cdot l_{1,2} = 0 - 16{,}8 \cdot 5{,}20 = -87{,}4\ kN/m$$

$$\Delta C_{2,3} = C_{1,2} - C_{2,3} = 16{,}8 \cdot (5{,}20 - 4{,}60) = 10{,}1\ kN/m$$

$$\Delta C_{3,4} = C_{2,3} - C_{3,4} = 16{,}8 \cdot 4{,}60 - 0 = 77{,}3\ kN/m$$

Mit $U_{d,i} = \Delta U_{d,i,j} = W_{d,Hi} = 0$ *vereinfacht sich die Gleichung für die Scherspannung*

$$\Delta T = \left\{ \sum_{i=1}^{n} \frac{(-1)}{\cos(\vartheta_i - \varphi'_{d,i} - \varphi^*_{d,i})} \cdot \begin{bmatrix} G_{d,i} \cdot \sin(\vartheta_i - \varphi'_{d,i}) - C_{d,i} \cdot \cos\varphi'_{d,i} \\ + \Delta C_{d,i,j} \cdot \sin(\vartheta_i - \varphi'_{d,i}) \end{bmatrix} \right\} \cdot \left[\frac{1}{\sum_{i=1}^{n} \frac{l_i \cdot \cos\varphi'_{d,i}}{\cos(\vartheta_i - \varphi'_{d,i} - \varphi^*_{d,i})}} \right]$$

□ 4.56 Fortsetzung Beispiel 79: Ermittlung der Sicherheit gegen Böschungsbruch nach der DGBM (Vergleichsberechnung) mit geneigter Erddruckkraft ($\varphi'_{d,\,i+1} \neq 0$ und $\varphi'_{d,\,i-1} \neq 0$); (Vergleichsberechnung zu □ 4.32)

$$\Delta T = \left\{ \frac{-197{,}2 \cdot \sin(55° - 14{,}2°) + 107{,}5 \cdot \cos 14{,}2° + 87{,}4 \cdot \sin(55° - 14{,}2°)}{\cos(55° - 14{,}2° - 14{,}2°)} \right.$$

$$+ \frac{-442{,}0 \cdot \sin(30° - 14{,}2°) + 84{,}0 \cdot \cos 14{,}2° - 10{,}1 \cdot \sin(30° - 14{,}2°)}{\cos(30° - 14{,}2° - 14{,}2°)}$$

$$\left. + \frac{-330{,}1 \cdot \sin(2° - 14{,}2°) + 117{,}6 \cdot \cos 14{,}2° - 77{,}3 \cdot \sin(2° - 14{,}2°)}{\cos(2° - 14{,}2° - 14{,}2°)} \right\}$$

$$\cdot \left[\frac{1}{\frac{6{,}40 \cdot \cos 14{,}2°}{\cos(55° - 14{,}2° - 14{,}2°)} + \frac{5{,}00 \cdot \cos 14{,}2°}{\cos(30° - 14{,}2° - 14{,}2°)} + \frac{7{,}00 \cdot \cos 14{,}2°}{\cos(2° - 14{,}2° - 14{,}2°)}} \right]$$

$$\Delta T = \{36{,}3 - 36{,}5 + 223{,}4\} \cdot \left[\frac{1}{6{,}94 + 4{,}85 + 7{,}58} \right] = 11{,}52 \; kN/m^2 \; > \; 0$$

Somit ist der Nachweis gegen Böschungsbruch erbracht; die Standsicherheit ist gewährleistet.

Anmerkungen:

Die Berechnung mit nicht geneigter Erddruckkraft ($\varphi'_{d,\,i+1} = 0$ und $\varphi'_{d,\,i-1} = 0$) liegt auf der sicheren Seite! (siehe Beispiel □ 4.32: $\Delta T = 7{,}95 \; kN/m^2 \; > \; 0$)

Anhang A: Symbole und Abkürzungen

(Begriffe, Formeln, Zeichen nach DIN 1080, Teil 6, EAB, EAU, DIN 1054 und DIN EN 1997-1)

Formelzeichen und Nebenzeichen	Benennung	Einheit (Beispiele)
A	Anker- oder Steifenkraft	kN/m
a	Lastausbreitungsmaß, Achsabstand	m
a	Lastausbreitungsmaß, Achsabstand	m
A‘	Rechnerische Sohlfläche	m^2
A_b	Pfahlfußfläche	m^2
A_c	Gedrückter Teil einer Sohlfläche	m^2
a_d	Bemessungswert einer geometrischen Angabe	-
a_i	äußerer Gleitkubus des Gleitkörpers i	-
A_k	Auftriebskraft, -spannung	kN; kN/m; kN/m^2
A_n	Querschnittsfläche (netto)	cm^2
a_{nom}	Nennwert einer geometrischen Angabe	-
a_s	Seitenlänge eines quadratischen Pfahles	m
$A_{s,i}$	Pfahlmantelfläche in der Schicht i	m^2
A_t	Querschnittsfläche eines Ankerzugglie-des (siehe DIN EN 1537)	m^2
a_1	Lichter Abstand zwischen Ankerplatten	m
Δa	Sicherheitszuschlag für die Nennwerte geometrischer Angaben bei speziellen Nachweisen	
B	Resultierende Auflagerkraft/Bodenreak-tion im Bodenauflager	kN/m
b	Fundamentbreite, Breite einer Lamelle	m
B_B	Resultierende Stützkraft aus den Bet-tungsspannungen im Bodenauflager	kN/m

Formelzeichen und Nebenzeichen	Benennung	Einheit (Beispiele)
$B_{h,d}$	Bemessungswert der Horizontalkomponenten der resultierenden Auflagerkraft einer Stützwand im Boden	kN/m
$B_{h,k}$	Horizontalkomponente der resultierenden charakteristischen Auflagerkraft einer Stützwand im Boden	kN/m
B_k	Charakteristischer Wert der seitlichen Bodenreaktion an einem Fundament	kN/m
$B_{v,k}$	Vertikalkomponente von B_k	kN/m
b_B	kürzere Fundamentbreite	m
b_L	längere Fundamentbreite	m
$b_{B'}$	Reduzierte Fundamentbreite b_B	m
$b_{L'}$	Reduzierte Fundamentbreite b_L	m
BS	Bemessungssituation	-
BS-P	Bemessungssituation P (Persistent Situations); ständige Einwirkungen	-
BS-T	Bemessungssituation T (Transient Situations); vorübergehende Einwirkungen	-
BS-A	Bemessungssituation P (Accidental situations); außergewöhnliche Einwirkungen	-
BS-P	Bemessungssituation E; bei Erdbeben	-
b'	Rechnerische Fundamentbreite	m
C	Ersatzkraft nach Blum, Kohäsionskraft in einer Gleitfläche eines Gleitkörpers	kN/m
c	Kohäsion des Bodens, Kohäsion in der Gleifläche einer Lamelle oder in der äußeren Gleitfläche eines Gleitkörpers, allgemein	kN/m^2
C_B	Faktor nach Beyer	*)
C_C	Krümmungszahl	*)
c_C	Kapillarkohäsion des nichtbindigen Bodens	kN/m^2; MN/m^2; kN/m^3

Formelzeichen und Nebenzeichen	Benennung	Einheit (Beispiele)
C_d	Bemessungswert für die Begrenzung einer Beanspruchung	kN/m
C_U (früher: U)	Ungleichförmigkeitszahl	*)
c_u	Kohäsion im undränierten Zustand. Scherfestigkeit des undränierten Bodens.	kN/m^2; MN/m^2; kN/m^3
$c_{u,k}$	Charakteristischer Wert der Kohäsion c_u des undränierten (nicht entwässerten) Bodens	kN/m^2
$c_{u;d}$	Bemessungswert von c_u	kN/m^2; MN/m^2; kN/m^3
$C_{U,F}$ (früher: U_F)	Ungleichförmigkeitszahl für den Filter	*)
c‘	Wirksame Kohäsion: Kohäsion im konsonlidierten Zustand	kN/m^2; MN/m^2; kN/m^3
c‘	effektive Kohäsion des dränierten Bodens nach DIN 18137-1	kN/m^2; MN/m^2; kN/m^3
D	Lagerungsdichte	*)
d	Einbindetiefe, Dicke einer lastverteilenden Schicht. Index zur Kennzeichnung von Bemessungswerten	m
d	Korngröße	mm
D_b	Pfahlfußdurchmesser	m
D_s	Pfahlschaftdurchmesser	m
D_{Pr}	Verdichtungsgrad	*)
E	Erddruckkraft, Beanspruchung	kN/m
e	Ordinate des Erddruckes, Abstand der Resultierenden F vom Gleitkreismittelpunkt	kn/m^2 / m
e	Porenzahl	*)
E_a	Aktive Erddruckkraft	kN/m
e_a	Ordinate des aktiven Erddruckes	kN/m^2

Formelzeichen und Nebenzeichen	**Benennung**	**Einheit (Beispiele)**
$E_{a,d}$	Bemessungswert der Aktiven Erddruckkraft, -last	kN; kN/m
$E_{a,k}$	Charakteristische Aktive Erddruckkraft, -last	kN; kN/m
$E_{ah,k}$	Horizontalkomponente der charakteristischen aktiven Erdruckkraft E	kN/m
$E_{av,k}$	Vertikalkomponente der charakteristischen aktiven Erddruckkraft	kN/m
E_d	Bemessungswert von Beanspruchungen	kN/m
E_{dst}	Bemessungswert der destabilisierenden Beanspruchungen	kN/m
$E_{G,d}$	Bemessungswert der Beanspruchungen aus ständigen Einwirkungen	kN/m
$E_{G,k}$	Charakteristischer Wert der Beanspruchung aus ständigen Einwirkungen	
E_{ij}	Erdruck in einer Schnittfläche	kN/m
e_L, e_B	Ausmittigkeiten von resultierenden bzw. repräsentativen Beanspruchungen in der Fundamentsohle	kN/m^2
E_M	Beanspruchung (Moment)	kNm/m
E_p	Erdwiderstand (passive Erddruckkraft)	kN/m
e_p	Ordinate des Erdwiderstands im Grenzzustand	kN/m^2
$_{min}e$	Porenzahl bei dichtester Lagerung	*)
$_{max}e$	Porenzahl bei lockerster Lagerung	*)
(mob) E_p	Mobilisierter Erdwiderstand im Gebrauchszustand	kN/m
$E_{p,d}$	Bemessungswert des Erdwiderstandes	kN/m
$e_{p,k}$	Charakteristischer Wert der Erdwiderstandsspannung	kN/m^2
$e_{p,mob,k}$	Mobilisierter Anteil von $e_{p,k}$	kN/m^2

Formelzeichen und Nebenzeichen	Benennung	Einheit (Beispiele)
$E_{p,k}$	Charakteristische Passive Erddruckkraft, -last	kN; kN/m
$E_{ph,d}$	Horizontalkomponente von $E_{p,d}$	kN/m²
$e_{ph,k}$	Horizontalkomponente von $e_{p,k}$	kN/m²
$E_{Q,d}$	Bemessungswert der Beanspruchung aus veränderlichen Einwirkungen	kN/m
$E_{Q,k}$	Charakteristischer Wert der Beanspruchung aus veränderlichen Einwirkungen	kN/m
$E_{Q,rep}$	Repräsentativer Wert der Beanspruchung aus veränderlichen Einwirkungen	kN/m
e_r	Zulässigen Ausmittigkeit der charakteristischen Sohldruckresultierenden eines runden Fundamentes	kN/m²
E_{rep}	Repräsentative Beanspruchung, allgemein	kN/m
E_s	Steifemodul	MN/m²
$E_{s,k}$	Charakteristischer Wert des Steifemoduls	kN/m
$E_{stb,d}$	Bemessungswert der stabilisierenden Beanspruchungen	kN/m
E_V	Verbleibende Erdruhedruckkraft unterhalb der Baugrubensohle	kN/m
E_v	Verformungsmodul	MN/m²
EQU	Grenzzustand „Verlust der Lagesicherheit" („Kippen")	-
E_0	Erdruhedruckkraft	kN/m
$E_{0,d}$	Bemessungswert der Erdruhedruckkraft, -last	kN; kN/m
$E_{0,k}$	Charakteristische Erdruhedruckkraft, -last	kN; kN/m
e_0	Ordinate des Erdruhedruckes	KN/m²
F	Einwirkung, resultierende Kraft	- / kN/m

Formelzeichen und Nebenzeichen	**Benennung**	**Einheit (Beispiele)**
F_A	Kraft eines Zuggliedes, Steifenkraft, Pfahlkraft	kN/m
F_{A0}	Festlegekraft vorgespannter Zugglieder	kN/m
F_C	Resultierende von Kohäsionskräften	kN/m
$F_{c;d}$	Bemessungswert der axialen Druckbelastung auf einen Pfahl oder eine Pfahlgruppe	kN/m
$F_{c,G,k}$	Charakteristischer Wert einer gleichzeitigen wirkenden Druckbeanspruchung eines Zugpfahls oder einer Zugpfahlgruppe infolge von ständigen Einwirkungen	kN/m
$f_{c,o,d}$	Bemessungswert der Festigkeit bei Druckbeanspruchung parallel zur Faserrichtung	kN/cm^2
$f_{c,9o,d}$	Bemessungswert der Festigkeit bei Druckbeanspruchung senkrecht zur Faserichtung	kN/cm^2
F_d	Bemessungswert einer Einwirkung	kN/m
F_k	Charakteristischer Wert einer Einwirkung	kN/m
$f_{m,d}$	Bemessungswert der Festigkeit bei Biegebeanspruchung	kN/cm^2
$f_{m,y,d}$	Bemessungswert der Festigkeit $f_{m,d}$ bei Biegebeanspruchung um die y-Achse	kN/cm^2
$f_{m,z,d}$	Bemessungswert der Festigkeit $f_{m,d}$ um die y-Achse	kN/cm^2
f_q	Multiplikationsfaktor für veränderliche Lasten	-
F_{rep}	Repräsentativer Wert einer Einwirkung	kN/m
f_s	spezifische Strömungskraft	kN/m^2
$F_{s,k}$	Charakteristische Reibungskräfte im Grenzzustand GZ 1A	kN; kN/m; kN/m^2

Formelzeichen und Nebenzeichen	Benennung	Einheit (Beispiele)
$F_{t;d}$	Bemessungswert der axialen Zugbelastung auf einen Pfahl oder eine Pfahlgruppe	kN/m
$F_{t,G,k}$	Charakteristischer Wert der Zugbeanspruchungen eines Pfahls oder einer Pfahlgruppe ungünstigen ständigen Einwirkungen	kN/m
$f_{t,k}$	Charakteristischer Wert der Zugfestigkeit des Stahlzuggliedes	N/mm^2; MN/m^2
$F_{t,Q,rep}$	Charakteristischer bzw. repräsentativer Wert der Zugbeanspruchung eines Pfahls oder einer Pfahlgruppe infolge von ungünstigen veränderlichen Einwirkungen	kN/m
$f_{t,0.1,k}$	Charakteristischer Wert der Spannung bei 0.1% bleibender Dehnung bei Spannstahl	N/mm^2; MN/m^2
$f_{t,0.2,k}$	Streckgrenze bzw. charakteristischer Wert der Spannung bei 0.2% bleibender Dehnung bei Betonstahl	N/mm^2; MN/m^2
$F_{u:d}$	Bemessungswert der Querbelastung eines Pfahles oder einer Pfahlgruppe	kN/m
G	Eigenlast, Index für ständige Einwirkung. Totale Eigenlast einer Lamelle oder eines Gleitkörpers	kN/m
g	Index zur Kennzeichnung der Eigenwichte des Bodens, Ständige Flächenlast	kn/m^2
$G_{dst;d}$	Bemessungswert der Querbelastung eines Pfahles oder einer Pfahlgruppe	kN/m
$G_{dst,k}$	Charakteristischer Wert ständiger destabilisierender vertikaler Einwirkungen	kN/m
GEO-2	Grenzzustand des Versagens von Baugrund	-
GEO-3	Grenzzustand des Versagens durch Verlust der Gesamtstandsicherheit	-

Formelzeichen und Nebenzeichen	**Benennung**	**Einheit (Beispiele)**
$G_{E,k}$	Charakteristische Gewichtskraft des an einer Zugpfahlgruppe angehängten Bodens	kN/m
G_k	Charakteristischer Wert der ständigen vertikalen Einwirkungen	kN/m
$G_{k,stb}$	Charakteristische ständige Einwirkung im Grenzzustand GZ 1A	kN; kN/m; kN/m^2
$G_{stb,d}$	Bemessungswert der ständigen stabilisierenden vertikalen Einwirkungen beim Nachweis gegen Aufschwimmen	kN/m
$G_{stb,k}$	Unterer charakteristischer Wert stabilisierender ständiger vertikaler Einwirkungen des Bauwerks	kN/m
$G'_{stb,d}$	Bemessungswert der ständigen stabilisierenden vertikalen Einwirkungen beim Nachweis der Sicherheit gegen Aufschwimmen	kN/m
GZ (alt)	Grenzzustand	-
GZ 1 (alt)	Grenzzustand der Tragfähigkeit	-
GZ 1A (alt)	Grenzzustand „Verlust der Lagesicherheit“	
GZ 1B (alt)	Grenzzustand „Versagen von Bauwerken und Bauteilen“	-
GZ 1C (alt)	Grenzzustand „“Verlust der Gesamtstandsicherheit“	-
GZ 2 (alt)	Grenzzustand der Gebrauchstauglichkeit	-
H	Horizontallast oder Einwirkungskomponente parallel zur Fundamentsohle. Baugrubentiefe	m
h	hydraulische Druckhöhe	m

Formelzeichen und Nebenzeichen	Benennung	Einheit (Beispiele)
h	Wasserspiegelhöhe eines beim hydraulischen Grundbruch untersuchten Bodenprismas. Wandhöhe. Index zur Kennzeichnung der waagerechten Komponente, Höhe einer Böschung, eines Geländesprungs oder einer Lamelle	m
HYD	Grenzzustand des Versagens (hydraulischer Grundbruch)	-
H'	Abstand von Geländeoberfläche bis Ende der Erddruckumlagerung	m
h'	Höhe des beim Nachweis des hydraulischen Grundbruchs untersuchten Bodenprismas	m
h_A	Höhe der ersten Steifenlage über der Baugrubenwand	cm, mm
h_c^*	Risstiefe in kohäsivem Boden	m
H_k	Charakteristischer Wert der Horizontallast H	kN/m
h_k	kapillare Steighöhe	m
$H_{G,k}$	Ständiger Anteil von H_k	kN/m
$H_{Q,rep}$	Veränderlicher und repräsentativer Anteil von H unter Berücksichtigung der Kombinationsregeln	kN/m
h_s	Ortshöhe der Grundwasseroberfläche über der Gleitlinie	m
h_u	hydrostatische Druckhöhe über der Gleitlinie	m
h_w	Wasserspiegelhöhe	m
$h_{w;k}$	Charakteristischer Wert der Wasserdruckhöhe am Fuß an eines auf hydraulischen Grundbruch untersuchten Bodenprismas	m
Δh	Wasserspiegeldifferenz zwischen Grundwasser und Außenwasser	m

Formelzeichen und Nebenzeichen	Benennung	Einheit (Beispiele)
$\Delta\Delta h$	Potentialunterschied zwischen zwei Potentiallinien	m
i	hydraulisches Gefälle	*)
i_{ij}	innere Gleitlinie zwischen den Gleitkörpern i und j	-
k	Verhältnis $\delta_d / \varphi_{cv,d}$	-
k	Durchlässigkeitsbeiwert	m/s
k	Index zur Kennzeichnung von charakteristischen Werten	-
K_a	Beiwert des aktiven Erddruckes	-
k_c	Knickbeiwert	
K_p	Beiwert des Erdwiderstandes	kN/m^2
k_s	Kriechmaß	mm
$k_{s,k}$	Charakteristischer Wert des Bettungsmoduls	MN/m^3
K_0	Beiwert des Erdruhedruckes	-
k_0	Ruhedruckbeiwert	-
$k_{0;ß}$	Ruhedruckbeiwert bei unter dem Winkel ß ansteigendem Gelände	-
L	Länge der Zugelemente	m
l	Fundamentlänge	m
l_a	Das größere Rastermaß einer Pfahlgruppe	m
l_b	Das kleinere Rastermaß einer Pfahlgruppe	m
I_C	Konsistenzzahl	*)

Formelzeichen und Nebenzeichen	Benennung	Einheit (Beispiele)
l_c	Länge einer Gleitlinie oder Bogenlänge eines Gleitkreises, soweit die Kohäsion wirkt	m
l_{ef}	Knicklänge	m
I_P	Plastizitätszahl	*)
Δl	Länge einer Stromlinie zwischen zwei Potentiallinien	m
l'	Rechnerische Fundamentlänge	m
M	Biegemoment	kNm/m
M_d	größtes Bemessungsmoment	kNm
M_R	widerstehendes Moment aus Kräften, die weder in F_A noch in R_s enthalten sind	kNm/m
M_s	einwirkendes Moment der in G_i und P_{vi} nicht enthaltenen Einwirkungen um den Mittelpunkt eines Gleitkreises	kNm/m
n	Anzahl von z.B. Pfählen oder Versuchen	-
n	Porenanteil	*)
N_d	größte Druckkraft	kN
n_z	Anzahl der Zugelemente	-
$_{max}n$	Porenanteil bei lockerster Lagerung	*)
$_{min}n$	Porenanteil bei dichtester Lagerung	*)
n_{10}	Anzahl der Rammschläge für 10 cm Eindringung bei Rammsonden	*)
n_{30}	Anzahl der Rammschläge für 30 cm Eindringung beim Standard Penetration Test (SPT)	*)
P	Krafteinwirkung auf eine Verankerung. Einzellast	kN/m
p	Großflächige Gleichlast, Last, auf eine Lamelle oder einen Gleitkörper einwirkend	kN/m^2 ; kN/m

Formelzeichen und Nebenzeichen	Benennung	Einheit (Beispiele)
P_d	Bemessungswert von P	kN/m
P_p	Prüflast beim Eignungstest eines Verpressankers	kN
Q	Veränderliche Last. Reaktionskraft in Gleitflächen, Index für ungünstige veränderliche Einwirkung. Gleitflächenkraft in einer Gleitfläche eines Gleitkörpers	kN/m
q	Durchfluss, flächenbezogen	$\frac{m^3}{(s \cdot m^2)}$
q	Über p = 10 kN/m² hinausgehender Anteil von großflächigen. Nicht ständige Flächenlast	kN/m²
$q_{b:k}$	Charakteristischer Wert des Spitzendrucks	kN/m²
q_c	Spitzenwiderstand der Drucksonde	kN/m²; MN/m²
$Q_{dst;d}$	Bemessungswert der destabilisierenden vertikalen veränderlichen Einwirkungen beim Auftriebsnachweis	kN/m
$Q_{dst,rep}$	Charakteristischer bzw. repräsentativer Wert veränderlicher destabilisierender vertikaler Einwirkungen	kN/m
Q_{rep}	Repräsentativer Wert der veränderlichen Einwirkungen	kN/m
q_s	Mantelreibung bzw Pfahlmantelreibung im Grenzzustand	kN/m²; MN/m²
$q_{s;i;k}$	Charakteristischer Wert der Mantelreibung in der Schicht i.	kN/m²; MN/m²
q_u	Einaxiale Druckfestigkeit	kN/m²; MN/m²
$q_{u,k}$	Charakteristischer Wert von q_u	kN/m²; MN/m²
q‘	Streifenlast	kN/m²
R	Reichweite nach Sichardt	m
R	Widerstand, Resultierende der Widerstände	- / kN/m

Formelzeichen und Nebenzeichen	Benennung	Einheit (Beispiele)
		-
r	Radius eines runden Gründungskörpers. Halbmesser eines Gleitkreises	m
R_a	Herauszieh-Widerstand eines Ankers	kN
$R_{a;d}$	Bemessungswert von R_a	kN/m; kN
$R_{a:k}$	Charakteristischer Wert von R_a	kN/m; kN
R_b	Pfahlfußwiderstand	kN/m; kN
$R_{b,cal}$	Aus Versuchsergebnissen der Baugrunduntersuchung berechneter Pfahlfußwiderstand im Grenzzustand der Tragfähigkeit	kN/m; kN
$R_{b,d}$	Bemessungswert des Pfahlfußwiderstands	kN/m; kN
$R_{b,k}$	Charakteristischer Wert des Pfahlfußwiderstands	kN/m; kN
R_c	Druckwiderstand des Bodens gegen einen Pfahl im Grenzzustand der Tragfähigkeit	kN/m; kN
$R_{c,cal}$	berechneter Wert von R_c	kN/m; kN
$R_{c,d}$	Bemessungswert von R_c	kN/m; kN
$R_{c,k}$	Charakteristischer Wert von R_c	kN/m; kN
$R_{c;m}$	Versuchswert von R_c aus einer oder mehreren Probebelastungen	kN/m; kN
$R_{c,tot,k}$	Charakteristischer Gesamtwiderstand einer kombinierten Pfahlplattengründung im Grenzzustand GEO-2	kN/m; kN
R_d	Bemessungswert des Widerstands gegen eine Einwirkung	kN/m; kN
Red E_p, $E_{p,red}$	Reduzierter Erdwiderstand	kN; kN/m
R_K	Charakteristischer Wert der Widerstände	kN/m; kN
R_M	resultierendes Moment um den Gleitkreismittelpunkt aus Widerständen	kNm/m

Formelzeichen und Nebenzeichen	Benennung	Einheit (Beispiele)
$R_{n,k}$	Normal zur Sohlfläche wirkende Komponente des Grundbruchwiderstandes	kN/m; kN
$R_{p,d}$	Bemessungswert des Erdwiderstands neben einer Gründung	kN/m; kN
R_s	Pfahlmantelwiderstand, Scherwiderstand eines Konstruktionsteils, das durch die Gleitfläche geschnitten wird, parallel zur Gleitflägce wirkend	kN/m
$R_{s,cal}$	Mantelreibungskraft, berechnet aus versuchsmäßig bestimmten Bodenkennwerten	kN/m; kN
$R_{s,d}$	Bemessungswert der Mantelreibungskraft an einem Pfahl	kN/m; kN
R_t	Herauszieh-Widerstand eines Einzelpfahls	kN/m; kN
$R_{t,d}$	Bemessungswert des Herauszieh-Widerstands eines Pfahles oder einer Pfahlgruppe; oder des materialbedingten Zugwiderstands eines Ankers	kN/m; kN
$R_{t,k}$	Charakteristischer Wert des Herauszieh-Widerstands eines Pfahles oder einer Pfahlgruppe	kN/m; kN
$R_{t,m}$	Herauszieh-Widerstand eines Einzelpfahls, der in einer oder mehreren Probebelastungen gemessen wurde	kN/m; kN
R_{tr}	Pfahlwiderstand gegen Querbelastung	kN/m; kN
$R_{tr,d}$	Bemessungswiderstand eines quer belasteten Pfahles	kN/m; kN
s	Setzungen. Waagrechte Verschiebungen der Baugrubenwand	cm, mm
$S_{dst,d}$	Bemessungswert einer destabilisierenden Strömungskraft im Boden	kN/m; kN
$S_{dst,k}$	Charakteristischer Wert einer destabilisierenden Strömungskraft im Boden	kN/m; kN
s_h	Waagerechte Verschiebung	mm

Formelzeichen und Nebenzeichen	**Benennung**	**Einheit (Beispiele)**
S'_k	Charakteristische einwirkende Strömungskraft	kN; kN/m; kN/m²
SLS	Grenzzustand der Gebrauchstauglichkeit	-
s_N	Standardabweichung von Pfahlprobebelastungsergebnisse	-
S_r	Sättigungszahl	*)
STR	Grenzzustand des Versagens von Bauwerken und Bauteilen und Baugrund	-
s_0	Sofortsetzung	mm
s_1	Konsolidationssetzung	mm
s_2	Kriechsetzung	mm
t	Tatsächliche Einbindetiefe von Baugrubensohle bis Unterkante der Wand	m
t_a	Zeitpunkt a	-
t_B	Von der Bettung erfasste Einbindetiefe	m
t_b	Zeitpunkt b	-
T_d	Bemessungswert des gesamten Scherwiderstands, der sich um einen Bodenblock entwickelt, in dem eine Zugpfahlgruppe wirkt, oder in einer Fuge zwischen Baugrund und Bauwerk	kN/m; kN
T_k	Charakteristischer Wert des Scher- bzw. Reibungswiderstands um den Bodenblock einer Zugpfahlgruppe oder in einer Fuge zwischen Boden und Bauwerk	kN/m; kN
t_0	Rechnerisch erforderliche Einbindetiefe ab Baugrubensohle bei freier Auflagerung	m
t_1	Theoretische Einbindetiefe ab Baugrubensohle bei voller Einspannung nach Blum	m
t'_1	Theoretische Einbindetiefe ab Baugrubensohle bei teilweiser Einspannung nach Blum	m

Formelzeichen und Nebenzeichen	Benennung	Einheit (Beispiele)
ΔT	gedachte Zusatzkraft an einem Gleitkörper parallel zu dessen äußerer Gleitfläche	kN/m; kN
u	Porenwasserdruck	kN/m²
U	resultierende Porenwasserdruckkraft auf eine Gleitfläche eines Gleitkörpers	kN/m; kN
u	Porenwasserdruck auf die Gleitfläche und andere Begrenzungsflächen eines Gleitkörpers	kN/m²
$U_{dst,d}$	Bemessungswert des destabilisierenden gesamten Porenwasserdrucks	kN/m; kN
ULS	Grenzzustand der Tragfähigkeit	-
UPL	Grenzzustand des Versagens (hydraulischer Grundbruch; Aufschwimmen; uplift)	-
Δu	Porenwasserüberdruck	kN/m²
v	Filtergeschwindigkeit	m/s
V	Vertikallast oder Komponente der Einwirkungs-Resultierenden normal zur Fundamentsohlfläche	kN/m; kN
V	Verschiebung. Index zur Kennzeichnung der senkrechten Komponente	kN/m²
V_d	Bemessungswert von V	kN/m; kN
$V_{dst,d}$	Bemessungswert einer destabilisierenden vertikalen Einwirkung auf ein Bauwerk	kN/m; kN
$V_{dst,k}$	Charakteristischer Wert einer destabilisierenden vertikalen Einwirkung auf ein Bauwerk	kN/m; kN
$V_{d,i}$	Bemessungswert der i-ten vertikalen Beanspruchung am Wand- oder Bohlträgerfuß	kN/m; kN
V_g	Variationskoeffizient	-

Formelzeichen und Nebenzeichen	**Benennung**	**Einheit (Beispiele)**
$V_{G,k}$	Ständiger Anteil von V_k	kN/m; kN
$V_{k,i}$	Charakteristischer Wert der i-ten vertikalen Beanspruchung an einem Wand- oder Pfahlfuß	kN/m; kN
V_k	Charakteristischer Wert der vertikalen Beanspruchung an einem Wand- oder Bohlträgerfuß bzw. normal zur Fundamentsohle	kN/m; kN
$V_{Q,rep}$	Veränderlicher und repräsentativer Anteil von V unter Berücksichtigung von Kombinationsregeln	kN/m; kN
V'_d	Bemessungswert der wirksamen Vertikallast bzw. Normalkomponente der auf die Fundamentsohle wirkenden Resultierenden	kN/m; kN
w	Wassergehalt	*)
W_n	Widerstandsmoment (netto)	cm^3
w_L	Wassergehalt an der Fließgrenze	*)
w_P	Wassergehalt an der Ausrollgrenze	*)
w_S	Wassergehalt an der Schrumpfgrenze	*)
w_{Pr}	optimaler Wassergehalt	*)
X_d	Bemessungswert einer Materialkenngröße	kN/m; kN; kN/m^2; MN/m^2
X_k	Charakteristischer Wert einer Materialkenngröße	kN/m; kN; kN/m^2; MN/m^2
z	Vertikalen Abstand	m
Z_d	Bemessungswert der Summe der einzelnen Zugkräfte $Z_{d,i}$	kN/m; kN
Z_e	Höhe der Resultierenden über dem Fußpunkt einer Lastfigur	kN/m; kN
Z‘	Höhe der resultierenden Auflagerkraft im Boden unter der Baugrubensohle	m
Δt_1	Einbindetiefenzuschlag bei Einspannung nach Blum	m

Formelzeichen und Nebenzeichen	**Benennung**	**Einheit (Beispiele)**
	GRIECHISCHE ZEICHEN	
α	Neigung einer Fundamentsohle gegen die Horizontale	Grad
α_a	Neigungswinkel der Achse eines kostruktiven elements oder eines Zugglieds gegen die Horizontale	Grad
α_r	halber Öffnungswinkel eines Gleitkreises	Grad
β	Geländeanstiegswinkel hinter einer Stützwand, Neigungswinkel der Oberfläche der Böschung zur Waagerechten	Grad
β	Neigungswinkel einer Böschung zur Horizontalen	°
β_m	mittlerer Böschungswinkel zweier Gleitkörperabschnitte	Grad
β_w	Winkel zwischen der Richtung der Strömung und der Waagerechten in einer durchströmten Böschung	Grad
δ	Wand- oder Sohlreibungswinkel, Neigungswinkel einer Resultierenden F oder einer Last P gegen die Horizontale in einem Lamellenschnitt	Grad
δ_a	Neigungswinkel beim aktiven Erddruck	Grad
δ_C	Neigungswinkel der Ersatzkraft nach BLUM	Grad
δ_d	Bemessungswert von δ	Grad
δ_E	Neigung der resultierenden Beanspruchung	Grad
δ_0	Erddruckneigungswinkel beim Erdruhedruck	Grad
δ_p	Neigungswinkel beim passiven Erddruck Erddruckneigungswinkel beim Erdwiderstand	Grad

Formelzeichen und Nebenzeichen	Benennung	Einheit (Beispiele)
δ_s	Sohlreibungswinkel	°
ε	Neigungswinkel einer Resultierenden F oder einer Last P gegen die Horizontale	Grad
ε_{ij}	Winkel zwischen den sich schneidenden äußeren Gleitlinien α_j und α_j	Grad
γ	Wichte. Wichte des Bodens über Wasser. Wichte des feuchten Bodens	kN/m³
γ'	Wichte des Bodens unter Auftrieb	kN/m³
γ_a	Teilsicherheitsbeiwert für Anker	-
$\gamma_{a;p}$	Teilsicherheitsbeiwert für Daueranker	-
$\gamma_{a;t}$	Teilsicherheitsbeiwert für befristet eingesetzte Anker	-
γ_B	Teilsicherheitsbeiwert für den Herauszieh-Widerstand von flexiblen Bewehrungselementen	-
γ_b	Teilsicherheitsbeiwert für den Pfahlfußwiderstand	-
γ_{cu}	Teilsicherheitsbeiwert für die Kohäsion im unkonsolidierten Zustand	-
$\gamma_{c'}$	Teilsicherheitsbeiwert für die wirksame Kohäsion	-
γ_d	Trockenwichte des Bodens	kN/m³
γ_E	Teilsicherheitsbeiwert für eine Beanspruchung	-
γ_{Ep}	Teilsicherheitsbeiwert für den Erdwiderstand	-
$\gamma_{EO,g}$	Teilsicherheitsbeiwert für ständige Einwirkungen aus Erdruhedruck	-

Formelzeichen und Nebenzeichen	Benennung	Einheit (Beispiele)
γ_f	Teilsicherheitsbeiwert für Einwirkungen, der die Möglichkeit einer ungünstigen Abweichung der Einwirkungen gegenüber den repräsentativen Werten berücksichtigt.	-
γ_F	Teilsicherheitsbeiwert für eine Einwirkung	-
γ_G	Teilsicherheitsbeiwert für eine ständige Einwirkung	-
$\gamma_{G,dst}$	Teilsicherheitsbeiwert für eine ständige destabilisierende Einwirkungen	-
γ_{GQ}	Gewichteter Teilsicherheitsbeiwert für Einwirkungen	-
$\gamma_{G,inf}$	Teilsicherheitsbeiwert für eine günstig wirkende ständige Einwirkung bei Pfählen	-
$\gamma_{G,stb}$	Teilsicherheitsbeiwert für eine ständige stabilisierende Einwirkung	-
γ_H	Teilsicherheitsbeiwert für die Einwirkungen aus Strömungskraft	-
γ_M	Teilsicherheitsbeiwert für eine Bodeneigenschaft unter Berücksichtigung von Modellunsicherheiten	-
γ_m	Teilsicherheitsbeiwert für eine Bodenkenngröße (Materialeigenschaft)	-
$\gamma_{m,i}$	Teilsicherheitsbeiwert für eine Bodeneigenschaft in der Schicht i	-
γ_N	Teilsicherheitsbeiwert für den Herausziehwiderstand von Bodennägeln	-
γ_Q	Teilsicherheitsbeiwert für eine veränderlichen Einwirkungen	-
γ_{qu}	Teilsicherheitsbeiwert für die einaxiale Druckfestigkeit	-

Formelzeichen und Nebenzeichen	Benennung	Einheit (Beispiele)
$\gamma_{Q,dst}$	Teilsicherheitsbeiwert für eine destabilisierende, einen hydraulischen Grundbruch verursachende Einwirkung	-
$\gamma_{Q,stb}$	Teilsicherheitsbeiwert für eine gegen hydraulischen Grundbruch stabiliserende Einwirkung	-
γ_R	Teilsicherheitsbeiwert für einen Widerstand	-
γ_r	Wichte des wassergesättigten Bodens	kN/m^3
$\gamma_{R,d}$	Teilsicherheitsbeiwert für Unsicherheiten des Widerstandsmodells	-
$\gamma_{R,e}$	Teilsicherheitsbeiwert für den Erdwiderstand	-
$\gamma_{R,h}$	Teilsicherheitsbeiwert für den Gleitwiderstand	-
$\gamma_{R,v}$	Teilsicherheitsbeiwert für für den Grundbruchwiderstand	-
γ_s	Teilsicherheitsbeiwert für die Pfahl-mantelreibung	-
γ_s	Kornwichte	kN/m^3
$\gamma_{S,d}$	Teilsicherheitsbeiwert für Modellun-sicherheiten bei Beanspruchungen	-
$\gamma_{s,t}$	Teilsicherheitsbeiwert für den Zugpfahlwiderstand	-
γ_t	Teilsicherheitsbeiwert für den Gesamtwiderstand eines Pfahles	-
γ_w	Wichte des Wassers	kN/m^3
γ_γ	Teilsicherheitsbeiwert für die Wichte	-
$\gamma_{\varphi u}$	Teilsicherheitsbeiwert für den Reibungsbeiwert tan φ_u	-

Formelzeichen und Nebenzeichen	Benennung	Einheit (Beispiele)
$\gamma_{\varphi'}$	Teilsicherheitsbeiwert für den Reibungswinkel (tanφ')	-
η	Anpassungsfaktor	-
η_D	Modellfaktor zur Berücksichtigung der Auswerteverfahren bei dynamischen Pfahlprobelastungen	-
η_E	Modellfaktor zur Anpassung der Teilsicherheitsbeiwerte bei der Anwendung von Pfahlwiderständen aus Erfahrungswerten	-
η_{Ep}	Anpassungsfaktor beim Erdwiderstand	-
η_M	Modellfaktor zur Anpsauung der Teilsicherheitsbeiwerte bei Mikropfählen	-
η_z	Anpassungsfaktor bei der Ermittlung des Scher- bzw. Reibungswiderstands aus dem Erddruck, der sich aus dem Bodenblock einer Zugpfahlgruppe entwickelt oder in einer Fuge zwischen Boden und Bauwerk	-
φ	Reibungswinkel in einer Gleitlinie eines Gleitkörpers, allgemein	Grad
φ'	innerer Reibungswinkel des dränierten (entwässerten) Bodens	°
φ_K	Charakteristischer Wert des inneren Reibungswinkels φ' des dränierten (entwässerten) Bodens	°
φ_m	mittlerer Reibungswinkel längs eines Lamellenschnittes, allgemein	Grad
(ers) φ_S	Ersatzreibungswinkel für weichen Boden	-
φ_s	Winkel der Gesamtscherfestigkeit eines nicht bindigen Bodens nach DIN 18137-1	Grad

Formelzeichen und Nebenzeichen	Benennung	Einheit (Beispiele)
φ_u	Reibungswinkel des undränierten Bodens; innerer Reibungswinkel des undränierten (nicht entwässerten) Bodens	Grad
$\varphi_{u,k}$	Charakteristischer Wert des inneren Reibungswinkels φ_u des undränierten (nicht entwässerten) Bodens	°
φ'	Reibungswinkel des dränierten Bodens (effektiver Reibungswinkel). Reibungswinkel des nichtbindigen bzw. konsolidierten bindigen Bodens	-
φ'_{Ers}	Ersatzreibungswinkel zur Ermittlung des Mindesterddruckes	-
κ	Faktor zur Festlegung oberer und unterer Grenzwerte für die aufnehmbare Setzung im Grenzzustand der Gebrauchstauglichkeit von Pfählen	-
μ	Korrekturfaktor zur Scherfestigkeitsbestimmung aus Drehflügelsondierungen. Ausnutzungsgrad, Ausnutzungsgrad des Bemessungswiderstands	-
μ_{ah}	Formbeiwerte für den räumlichen Aktiven Erddruck	-
θ	Richtungswinkel von H	Grad
ρ	Dichte des feuchten Bodens	t/m³
ρ_d	Trockendichte des Bodens	t/m³
ρ_{Pr}	Proctordichte	t/m³
ρ_r	Dichte des wassergesättigten Bodens	t/m³
ρ_s	Korndichte	t/m³
ρ_w	Dichte des Wassers	t/m³

Formelzeichen und Nebenzeichen	Benennung	Einheit (Beispiele)
σ	Totale Spannung	kN/m²
σ'	effektive Spannung, wirksame Spannung	kN/m²
σ_B	Bettungsspannungen im Bodenauflager	kN/m²
$\sigma_{E,d}$	Bemessungswert des Sohldrucks	kN/m²
$\sigma_{h,k}$	Charakteristische Horizontalspannung im Boden	kN/m²
$\sigma_{h,O}$	Horizontalkomponente des wirksamen Erdruhedrucks	kN/m²
σ_O	Vertikalen Sohldruckbeanspruchungen	kN/m²
σ_0	Sohlnormalspannung	kN/m²
σ_{0f}	Grundbruchspannung	kN/m²
σ_{ph}	Horizontalkomponente der Bodenreaktionsspannung	kN/m²
$\sigma_{R,d}$	Bemessungswert des Sohldruckwiderstandes	kN/m²
$\sigma_{stb,d}$	Bemessungswert der stabilisierenden totalen Vertikalspannung	kN/m²
σ_v	geologische Vorbelastung	kN/m²
$\sigma(z)$	Wandnormalspannung in der Tiefe z	kN/m²
τ_f	Scherfestigkeit	kN/m²
$\tau_{n,k}$	Charakteristischer Wert der negativen Mantelreibung	kN/m²
τ_0	Sohlscherspannung	kN/m²
$\tau(z)$	Wandschubspannung in der Tiefe z	kN/m²

Formelzeichen und Nebenzeichen	**Benennung**	**Einheit (Beispiele)**
ϑ	Gleitflächenwinkel	°
ϑ_a	Gleitflächenwinkel für Aktiven Erddruck	°
ϑ_p	Gleitflächenwinkel für Passiven Erddruck	°
υ'	Gleitflächenwinkel des Rutschkeils bei Winkelstützwänden	°
ω_{ph}	Beiwerte für den räumlichen Erdwiderstand	-
ω_R	Beiwerte für den Reibungsanteil beim räumlichen Erdwiderstand	-
ω_K	Beiwerte für den Reibungsanteil beim räumlichen Erdwiderstand	-
ξ_a	Streuungsfaktor für Verankerungen	-
ξ_1 , ξ_2	Streuungsfaktoren bei der Auswertung von statischen Pfahlprobebelastungen	-
ξ_3 , ξ_4	Streuungsfaktoren bei der Ableitung der Pfahltragfähigkeit aus Ergebnissen der Baugrunderkundung ohne Pfahlprobebelastungen	-
ξ_5 , ξ_6	Streuungsfaktoren bei der Auswertung von dynamischen Pfahlprobebelastungen	-
ψ	Faktor zur Ableitung des repräsentativen Wertes aus dem charakteristischen Wert (Kombinationsbeiwert)	-
ψ_A	Winkel zwischen der Gleitrichtung des Bruchmechanismus und der Ankerrichtung im Schnittpunkt der Gleitlinie mit dem Anker	Grad

*) Verhältnisgröße [1]

Anhang B: Literaturverzeichnis

Agatz, A., Lackner, E.	1977	Erfahrungen mit Grundbauwerken. 2. Auflage. Springer Verlag. Berlin
ARBED	1986	Spundwand-Handbuch. Teil 1. Grundlagen.
Arz, P., Schmidt, H. G., Seitz, J., Semprich, S.	1991	Grundbau. Betonkalender, Teil II. Verlag Ernst & Sohn. Berlin
Baldauf, H.,Timm, U.	1988	Betonkonstruktionen im Tiefbau. Verlag Ernst & Sohn. Berlin
Barley, A.D.	1992	Der Einsatz von Dauerankern im Wasserbau. Konferenzband Kaimauer-Workshop im Rahmen des Hafentages der SMM '92 am 30.9.92 in Hamburg
Bartels, H.J.	2000	Brückenwiderlager und Stützwände aus Stahlspundbohlen. Stahlinformations-Zentrum (Hrsg.) Dokumentation 549: Stahlspundwände (3) - Planung und Anwendung. Düsseldorf
Bartl, U.	2004	Zur Mobilisierung des passiven Erddrucks in kohäsionslosem Boden. Technische Universität Dresden, Dissertation 2004.
Baumann, V.	1984	Das Soilcrete-Verfahren in der Baupraxis. Vorträge der Baugrundtagung 1984 in Düsseldorf. Deutsche Gesellschaft für Erd- und Grundbau e.V.
Berhane, G.	2003	Experimental, Analytical and Numerical Investigations of Excavations in Normally Consolidated Soft Soils. Schriftenreihe Geotechnik, Universität Kassel, Heft 14 (2003).
Bielecki, R.	1998	Leitungsbau.de - der Informationsservice im Internet. Tiefbau Ingenieurbau Straßenbau. Heft 11 und Grabenböschungen. Geotechnik. Heft 11
Bilz, P., Brödel, C., Reinhardt, K.	1983	Nachweis der räumlichen Standsicherheit oberflächenbelasteter Baugruben- und Grabenböschungen. Geotechnik. Heft 1
Bishop, A.	1954	The use of the slip circle in the stability analysis of slopes. Géotechnique Vol. V, Number I
Blum, H.	1950	Beitrag zur Berechnung von Bohlwerken. Bautechnik. Heft 2
Bobe, R., Göbel, C.	1971	Grundbaustatik in Lehrprogrammen und Beispielen. Verlagsgesellschaft Rudolf Müller. Köln-Braunsfeld
Boley, C.	2009	Handbuch Geotechnik. Der Praxisleitfaden für Alle am Bau Beteiligten. Verlag Vieweg & Teubner. Braunschweig. Wiesbaden.

Brandl, H.	1992	Konstruktive Hangsicherungen. Grundbautaschenbuch. 4. Auflage. Verlag Ernst & Sohn. Berlin
Brehm, G.,Vogel, U., Wooge, M., Triantafyllidis, T.	1996	Tiefe Baugruben mit Schlitzwänden und Unterwasserbetonsohlen am Potsdamer Platz in Berlin. Vorträge der Baugrundtagung 1996 in Berlin. Deutsche Gesellschaft für Geotechnik e.V.
Breth, H., Stroh, D.	1970	Das Tragverhalten von Injektionsankern im Ton. Vorträge der Baugrundtagung 1970 in Düsseldorf. Deutsche Gesellschaft für Erd- und Grundbau e.V.
Breth, H., Romberg, W.	1972	Messungen an einer verankerten Wand. Vorträge der Baugrundtagung 1972 in Stuttgart. Deutsche Gesellschaft für Erd- und Grundbau e.V.
Breth, H., Stroh, D.	1976	Ursachen der Verformung im Boden bei tiefen Baugruben. Bauingenieur. Heft 3
Brinch Hansen, J., Lundgren, H.	1960	Hauptprobleme der Bodenmechanik. Springer Verlag Berlin
Briske, R.	1958	Anwendung von Erddruckumlagerungen bei Spundwandbauwerken. Bautechnik. Hefte 6 u. 7
Brux, G.	2001	Möglichkeiten und Grenzen der Anwendung des Düsenstrahlverfahrens. Tiefbau Ingenieurbau Straßenbau. Heft 1
Büttner, J.H.	1974	Neue Technik zur Herstellung dünner, horizontaler Injektionssohlen. Bautechnik. Heft 2
Buja, H.-O.	1998	Handbuch des Spezialtiefbaus. Werner Verlag. Düsseldorf
Conrad, F., Meißner, H.	1980	Wasserdichter Trog in Schlitzwandbauweise bei einer Bundesbahnüberführung. Geotechnik. Heft 3
Conrad, P.	1992	Kaimauerkonstruktionen in Spundwandbauweise aus Norddeutschland. Konferenzband Kaimauer-Workshop im Rahmen des Hafentages der SMM '92 am 30.9.92 in Hamburg
Davidenkoff, R.	1964	Deiche und Erddämme. Werner Verlag. Düsseldorf
Dechert, F.	1999	Stand der Berechnungstechnik nach den Vorschlägen zur Anwendung des Teilsicherheitskonzepts in der Geotechnik. Unveröffentlichte Diplomarbeit FH Frankfurt / M.
Deman, F., Scheuerer, M.	1997	Proberammungen von Spundwänden. Stahl-Informations-Zentrum (Hrsg.) Dokumentation 542: Stahlspundwände (2) - Planung und Anwendung. Düsseldorf
Döhl, G., Roth, S.	1989	Einbringen von Stahlspundwänden. Geotechnik. Heft 3
Dörken, W., Dehne, E., Kliesch, K.	2020	Grundbau in Beispielen, Teil 1, 7. Auflage. Bundesanzeigerverlag, Köln

Dörken, W., Dehne, E., Kliesch, K.	2020	Grundbau in Beispielen, Teil 2, 5. Auflage. Bundesanzeigerverlag, Köln
Dücker, H. P.	1992	Seeschiffmauern. Anforderungsprofil - Lösungsansätze - Entwicklungen. Konferenzband Kaimauer-Workshop im Rahmen des Hafentages der SMM '92 am 30.9.92 in Hamburg
Ehl, G.	1986	Gezieltes Nachverpressen zur Erhöhung der Tragfähigkeit von Verpressankern in bindigen Böden. Bautechnik. Heft 8
Ehrhard, T., Lutz, B.	1988	Aufgelöste Elementwand zur dauerhaften Hangsicherung. Tiefbau Ingenieurbau Straßenbau. Heft 12
Englert, K., Grauvogl,J., Maurer, M.	1999	Handbuch des Baugrund- und Tiefbaurechts. 2. Auflage. Werner Verlag. Düsseldorf
Englert, K. Stocker, M. (Hrsg.)	1993	40 Jahre Spezialtiefbau 1953 - 1993. Werner Verlag. Düsseldorf
Evers, G.	1992	Schlitzwand-Konstruktionen für Hafenbauwerke. Beispiele aus Frankreich. Konferenzband Kaimauer-Workshop im Rahmen des Hafentages der SMM '92 am 30.9.92 in Hamburg
Fellenius, W.	1947	Erdstatische Berechnungen mit Reibung und Kohäsion und unter Annahme kreiszylindrischer Gleitflächen. Verlag Ernst & Sohn. Berlin
Fischer, K.	1965	Beispiele zur Bodenmechanik. Verlag Ernst & Sohn. Berlin
Fischer, L.	2003	Charakteristische Werte - ihre Bedeutung und Berechnung. Bauingenieur, Heft 4
Franke, E.	1967	Einige Bemerkungen zur Definition der Standsicherheit von Böschungen und der Geländebruchsicherheit beim Lamellenverfahren. Bautechnik. Heft 12
Franke, E.	1974	Ruhedruck in kohäsionlosen Böden. Bautechnik, Heft 1
Franke, E., Heilbaum, M. H.	1988	Ein Beitrag zum Nachweis der Standsicherheit auf der tiefen Gleitfuge. Bauingenieur. Heft 9
Frank, R.	1997	Designer's Guide to EN 1997-1, Eurocode 7: Geotechnical Design Part 1: General Rules. London: Thomas Telford.
Fröhlich, O.	1963	Grundzüge einer Statistik der Erdböschungen. Der Bauingenieur 38, 1963, Heft 10
Gäßler, G.	1987	Vernagelte Geländesprünge - Tragverhalten und Standsicherheit. Veröffentlichungen des Institutes für Bodenmechanik und Felsmechanik der Universität Karlsruhe. Heft 108
Gäßler, G.	1989	Planung, Ausschreibung und Überwachung von Vernagelungsprojekten. Tiefbau Ingenieurbau Straßenbau. Heft 10

Gantke, F.	1970	Spundwand -Statik, Hoesch AG Dortmund
Gantke, F.	1967	Tabellen zur Berechnung von Spundwänden, Hoesch AG Dortmund
Gantke, F.	1973	Stahlspundwände bei den Bauwerken des rollenden Verkehrs, Hoesch AG Dortmund
Gerasch, W.-J.	1995	Expertensystem für Lärm- und Erschütterungsprognosen beim Einbringen von Spundbohlen. Stahl-Informations-Zentrum (Hrsg.) Dokumentation: Stahlspundwände (1) - Planung und Anwendung. Düsseldorf
Giese, S.	2004	Skript zum Seminar Geotechnik „Praktische Anwendungen der neuen DIN 1054. Innsbruck.
Gipperich, C. Triantafyllidis, T.	1997	Entwicklung eines rückbaubaren Verpressankers. Bauingenieur. Heft 5
Gudehus, G.	1981	Bodenmechanik. Enke Verlag. Stuttgart
Gudehus, G.	1990	Erddruckermittlung. In: Grundbautaschenbuch. Teil 1. 4. Auflage. Verlag Ernst & Sohn. Berlin
Gudehus, G.	1998	Erddruckermittlung. In: Betonkalender. Teil II, Verlag Ernst & Sohn. Berlin
Gudehus, G.	2004	Prognosen bei Beobachtungsmethoden. Bautechnik, Heft 1
Gudehus, G. Orth, W.	1985	Unterfangung mit Bodenvereisung. Bautechnik. Heft 6
Gudehus, G.	1998	Erddruckermittlung. In: Betonkalender. Teil II
Güttler, U. Seitz, J.M.	1990	Großer Schlitzwandschacht als Rechenmodell im Zentrifugenmodellversuch und in der Ausführung. Vorträge der Baugrundtagung 1990 in Karlsruhe. Deutsche Gesellschaft für Erd- und Grundbau e.V.
Güttler, U., Zentgraf, J.	1994	Kombiniertes Dichtwandsystem aus Stahlspundbohlen und Dichtpfählen. Bautechnik. Heft 5
Gußmann, P.	1978	Das allgemeine Lamellenverfahren unter besonderer Berücksichtigung von äußeren Kräften. Geotechnik. Heft 1
Gußmann, P.	1997	Böschungsgleichgewicht im Lockergestein. In: Grundbautaschenbuch. Teil 3. 3. Auflage. Verlag Ernst & Sohn. Berlin.
Haak, A., Idelberger, K.	1979	Baugruben-Sicherung. Merkblatt der Beratungsstelle für Stahlverwendung. Düsseldorf

Harder, H	2000	Betrachtungen zum Standsicherheitsnachweis natürlicher Sohldichtungen von Baugruben. Geotechnik 23 (2000), Heft 4, S. 276-281
Heil, H., Möller, H.	1992	Einkapselung eines CKW-Schadens mit Schmalwänden. Vorträge der Baugrundtagung 1992 in Dresden. Deutsche Gesellschaft für Erd- und Grundbau e.V.
Hentschel, H.	1998	11 km lange Dichtwand parallel zur Neiße. Tiefbau Ingenieurbau Straßenbau. Heft 7
Herzog, M.	1981	Die Standsicherheit von Erd- und Felsböschungen bei beliebiger Form der Rutschfläche. Bauingenieur. S. 89
Hettler, A., Meininger, W.	1990	Einige Sonderprobleme bei Verpressankern. Bauingenieur. Heft 9
Hettler, A.	1999	Gründung von Hochbauten. Verlag Ernst & Sohn
Hettler, A.	2002	Zur Kurzzeitstandsicherheit bei Baugrubenkonstruktion in weichen Böden. Bautechnik 76 (2002) Heft 9,S. 612-619
Hettler, A. Weißenbach, A.	2004	Empfehlungen des Arbeitskreises „Baugruben" (EAB), 4. Auflage. Vorträge der Baugrundtagung 2004 in Leipzig. Deutsche Gesellschaft für Geotechnik e.V.
Hettler, A., Stoll, C.	2004	Nachweis des Aufbruchs der Baugrubensohle nach der neuen DIN 1054: 2003-01. Bautechnik. Heft 7
Hettler, A.	2004	Verschiebung des Bodenauflagers bei Baugruben auf der Grundlage der Mobilisierungsfunktion von Besler.
Hettler, A.	2005	Nichtlinearer Bettungsansatz von Besler bei Baugrubenwänden. Bautechnik 82 (2005), Heft 9, S. 593-604
Hettler, A., Triantafyllidis, T., Weißenbach, A.	2018	Baugruben. 3. Auflage. Verlag Emst & Sohn. Berlin
Hilmer, K., Knappe, M., Nowack, F.	1987	Kontrollmessungen an einer vernagelten Wand. Bautechnik. Heft 2
Hilmer, K.	1991	Schäden im Gründungsbereich. Verlag Ernst & Sohn. Berlin
Hilpert M., Seitz M.	2005	Unveröffentlichte Diplomarbeit an der FH Franfurt SS 2005
Hoesch Stahl AG		Spundwandhandbuch Berechnung
Holschemacher, K. (Hrsg.)	2009	Entwurf- und Berechnungstafeln für Bauingenieure, 4. Auflage

Itzeck, H.	1997	Herstellung von Baugruben durch gefräste Einphasendichtwände mit eingestellter Spundwand. Stahl-Informations-Zentrum (Hrsg.) Dokumentation 542: Stahlspundwände (2) - Planung und Anwendung. Düsseldorf
Jahnel, C., Kriechbaum, J., Kliesch, K.	1999	Eingrenzung einer Rutschkörpergeometrie mit Hilfe oberflächengeophysikalischer Messmethoden, in: Die Bautechnik, 76 (1): 27-33, 7 Abb. 1999 Ernst& Sohn (Berlin)
Janbu, N.	1955	Application of composite slip surfaces of stability analysis. Proc. Europ. Conf. On stability of earth Slopes, 1954 Stockholm
Jelinek, R., Ostermayer, H.	1967	Zur Berechnung von Fangedämmen und verankerten Stützwänden. Bautechnik. Heft 5
Jessberger, H. L.	1982	Bodenverfestigung durch Einpressung und Vereisung. In: Grundbau-Taschenbuch, Teil 2, 3. Auflage. Verlag Ernst & Sohn. Berlin
Jessberger, H.L., Jordan, P.	1986	Statische und thermische Berechnung von Frostkörpern. Vorträge im Haus der Technik.
Jörger, R., Wieners, A.	1993	Wasserdichter Baugrubenverbau mit eingestellter Stahlspundwand für eine Tiefgarage in Wiesbaden. Tiefbau-Berufsgenossenschaft. Heft 11
Karius, R.	1995	Korrosionsschutz von Stahlspundwänden im Wasserbau durch Werksbeschichtung. Hansa. Heft 2
Karstedt, J.	1983	Beitrag zur räumlichen Gelände- und Böschungsberechnung. Geotechnik. Heft 3
Katzenbach, R., Boled-Mekasha, G., Wächter	2006	Gründung turmartiger Bauwerke. Betonkalender 2006. Verlag Ernst & Sohn, Berlin
Kilchert, M., Karstedt, J.	1983	Der Nachweis der äußeren Standsicherheit flüssigkeitsgestützter Erdschlitze. Geotechnik. Heft 2
Kilchert, M., Karstedt, J.	1984	Schlitzwände als Trag- und Dichtungswände. Band 2: Standsicherheitsberechnung von Schlitzwänden nach DIN 4126. Beuth Verlag. Berlin
Kirchdörfer, V.	1992	Einsatz von Stahlspundwänden im Bereich der Binnenwasserstraßen. Geotechnik. Heft 4
Kotte, G.	1994	Hangsicherung mit selbstbohrenden Injektionsankern. Tiefbau Ingenieurbau Straßenbau. Heft 6
Kotte, G.	1996	Sicherung von Baugruben. Tiefbau Ingenieurbau Straßenbau. Heft 5
Kotte, G.	1998	Verpresspfähle und -anker zur Baugrubensicherung. Tiefbau Ingenieurbau Straßenbau. Heft 7

Kotte, G.	1998	Bauweisen und Geräte für sicheren Grabenverbau. Tiefbau Ingenieurbau Straßenbau. Heft 3
Janbu, N.	1954	Stability analysis of slopes with dimensionless parameters. Havard Soil Mechanics, Series No. 46
Kalle, U., Zentgraf, J.	1992	Historische Entwicklung der Standsicherheitsnachweise von Stützwänden. Geotechnik. Heft 4
Karstedt, J.	1980	Tragfähigkeit einer Beton-Schlitzwand als Tiefgründungselement. Bautechnik. Heft 9
Kluckert, K.D.,	1996	20 Jahre HDI in Deutschland - von den Fehlerquellen über die Schäden zur Qualitätssicherung. Vorträge der Baugrundtagung 1996 in Berlin. Deutsche Gesellschaft für Erd- und Grundbau e.V.
Krahn, J.	2003	The limits of limit equilibrium analyses. Canadian Geotechnical Journal, Vol 40
Kranz, E,	1953	Über die Verankerung von Spundwänden. 2. Auflage. Verlag Ernst & Sohn. Berlin
Kuntsche, K.	2009	Geotechnik. 2. Auflage. Verlag Vieweg & Teubner. Braunschweig. Wiesbaden.
Kutzner, C.	1991	Injektionen im Baugrund. Enke Verlag. Stuttgart
Lackmann, T.	1991	Bodenstabilisierung mit Hochdruckinjektionsverfahren. Tiefbau-BG. Heft 2
Lund, N. C.	2000	Fachgerechte Planung und Ausschreibung von Spundwandbauwerken - Altlast Gewerbepark Bingen Ost. Stahl-Informations-Zentrum (Hrsg.) Dokumentation 549: Stahlspundwände (3) - Planung und Anwendung. Düsseldorf
Lundgren, H., Briske, R.	1957	Anwendung von Erddruckumlagerungen bei Spundwandbauwerken. Bautechnik. Hefte 7 u.10
Meissner, H., Petersen, H.	1990	Einpresstechniken zur Erddruckerhöhung und zum Anheben von Bauwerken. Bauingenieur. S. 83
Meseck, H., Ruppert, F.-R. Simons, H.	1979	Herstellung von Dichtungsschlitzwänden im Einphasensystem. Tiefbau. Heft 8
Meyer, N.	2000	Sanierung einer Baugrubensicherung. Tiefbau Ingenieurbau Straßenbau. Heft 1
Meyer, R.	2000	Wirtschaftlicher Spundwandeinsatz am Beispiel der Pferdeturmkreuzung in Hannover. Stahl-Informations-Zentrum (Hrsg.) Dokumentation 549: Stahlspundwände (3) - Planung und Anwendung. Düsseldorf

Möller, G.	2004	Geotechnik. Teil 1: Bodenmechanik. Werner Verlag. Düsseldorf
Möller, G.	2006	Geotechnik kompakt - Grundbau. Bauwerk Verlag. Berlin
Möller, G.	2007	Geotechnik. Bodenmechanik. Verlag Ernst & Sohn. Berlin
Möller, G.	2006	Geotechnik. Grundbau. Verlag Ernst & Sohn. Berlin
Mönnich, K.-D., Kramer, J.	1996	Tiefe Baugruben mit verankerter Unterwasserbetonsohle für die Verkehrsanlagen im Zentralen Bereich. Vorträge der Baugrundtagung 1996 in Berlin. Deutsche Gesellschaft für Geotechnik e.V.
Morgenstern, N.	1965	The analysis for the stability of general slip surfaces. In: Geotechnique, Vol 15, S.79-93
Mosch, K. H.	1979	Verbaugeräte und Verbauverfahren. Tiefbau. Heft 9
Müller-Kirchenbauer, H., Walz, B., Kilchert, M.	1979	Vergleichende Untersuchungen der Berechnungsverfahren zum Nachweis der Sicherheit gegen Gleitflächenbildung bei suspensionsgestützten Erdwänden. Veröffentlichung Grundbauinstitut der TU Berlin. Heft 5
Müller-Rochholz, J.	2005	Geokunststoffe im Erd- und Strassenbau. Werner-Verlag, Düsseldorf
Nawari, O., Hartmann, R., Lackner, R.	1997	Standsicherheitsberechnung nach der Direkten Gleitblockmethode. Die Bautechnik. Heft 1
Nitzsche, W.M., Wolff, F.	1989	Sanierung einer historischen Stützmauer mit Bodennägeln. Bauingenieur. Heft 8
Ohde, J.	1943	Einfache erdstatische Berechnungen der Standsicherheit von Böschungen. Archiv für Wasserwirtschaft No. 67
Orth, W.	1988	Sicherung einer kleinen Baugrube mit Bodenvereisung. Bauingenieur. Heft 6
Ostermayer, H., Werner, H.-U.	1972	Neue Erkenntnisse und Entwicklungstendenzen in der Verankerungstechnik. Vorträge der Baugrundtagung 1972 in Stuttgart. Deutsche Gesellschaft für Erd- und Grundbau e.V.
Ostermayer, H.	1995	Das Verhalten des Systems Bauwerk-Anker-Boden als Grundlage für den Entwurf verankerter Konstruktionen. Bauingenieur
Ostermayer, H.	1996	Verpressanker. Grundbautaschenbuch (Hrsg. U. Smoltczyk), Teil 2, 5. Auflage. Verlag Ernst & Sohn. Berlin

Placek, D., Londong, D.	1994	Tragverhalten eines großen, kreisrunden, horizontal nicht gestützten Schlitzwandschachtes. Vorträge der Baugrundtagung 1994 in Köln. Deutsche Gesellschaft für Erd- und Grundbau e.V.
Poremba, H.	1976	Stand der Injektionstechnik bei Herstellung chemischer Bodenverfestigungen. Vorträge der Baugrundtagung 1976 in Nürnberg. Deutsche Gesellschaft für Erd- und Grundbau e.V.
Raabe, E. W., Esters, K.	1986	Injektionstechniken zur Stillsetzung und zum Rückstellen von Bauwerkssetzungen. Vorträge der Baugrundtagung 1986 in Nürnberg. Deutsche Gesellschaft für Erd- und Grundbau e.V.
Radomski, H., Mayer, G.	1982	Auftriebssicherung durch Sohlverankerung. Geotechnik. Heft 2
Raisch, D.	1979	Stabilitätsuntersuchungen zur aufgelösten Elementwand im bindigen Lockergestein. Bauingenieur. Seite 299
Ranke, A., Ostermayer, H.	1968	Beitrag zur Stabilitätsuntersuchung mehrfach verankerter Baugrubenumschließungen. Bautechnik. Heft 10.
Reis, E., Schmiers, T.	1997	Einsatz von Spundwänden an Brückenbauwerken der Ausbaustrecke Leipzig - Dresden. Stahl-Informations-Zentrum (Hrsg.) Dokumentation: Stahlspundwände (2) - Planung und Anwendung. Düsseldorf
Richwien, W., Rizkallah, V.	2004	Empfehlungen des Arbeitsausschusses Ufereinfassungen EAU 2004. 10. Auflage. Vorträge der Baugrundtagung 2004 in Leipzig. Deutsche Gesellschaft für Geotechnik e.V.
Rieger, W.	1991	Ergänzende Auslegung der DIN 4124 für nicht verbaute Gräben bis 1,75 m Tiefe. Tiefbau-Berufsgenossenschaft. Heft 12
Rizkallah, V., Hilmer, K.	1989	Bauwerksunterfangung und Baugrundinjektion mit hohen Drücken (Düsenstrahlinjektion). Mitteilungen des Instituts für Grundbau, Bodenmechanik und Energiewasserbau, Universität Hannover.
Rizkallah, V.	2000/1	Exemplarische Darstellung von Spundwandkonstruktionen aus dem Seehafenbau an der deutschen Nordseeküste. Stahl-Informations-Zentrum (Hrsg.) Dokumentation 549: Stahlspundwände (3) - Planung und Anwendung. Düsseldorf
Rizkallah, V.	2000/2	Praxisgerechte Planung und Ausschreibung von Spundwandbauwerken - Vermeidung von Fehlern. Stahl-Informations-Zentrum (Hrsg.) Dokumentation 549: Stahlspundwände (3) - Planung und Anwendung. Düsseldorf
Roth, S.	1992	Stahlspundwand-Konstruktionen. Konferenzband Kaimauer-Workshop im Rahmen des Hafentages der SMM '92 am 30.9.92 in Hamburg
Rübener, R.	1985	Grundbautechnik für Architekten. 1.Auflage. Werner-Verlag, Düsseldorf
Rübener, R., Stiegler, W,	1992	Einführung in Theorie und Praxis der Grundbautechnik. Teil 1. 2. Auflage. Werner Verlag. Düsseldorf

Rübener, R., Stiegler, W.	1981	Einführung in Theorie und Praxis der Grundbautechnik. Teil 2. 1. Auflage. Werner Verlag. Düsseldorf
Rübener, R. Stiegler, W.	1992	Einführung in Theorie und Praxis der Grundbautechnik. Teil 3. 2. Auflage. Werner Verlag. Düsseldorf
Ruppert, F.-R.	1980	Bentonitsuspensionen für die Schlitzwandherstellung. Tiefbau Ingenieurbau Straßenbau. Heft 8
Rust, H.	1992	Stahl im Wasserbau - ein Dauerthema im HTG-Ausschuss für Korrosionsfragen. Geotechnik. Heft 4
Rybicki, R.	1978	Bauschäden an Tragwerken. Werner Verlag. Düsseldorf
Saul, R. u.a.	1993	Die neue Galata-Brücke in Istanbul. Besonderheiten der Berechnung und Bauausführung. Bauingenieur. S. 43-51
Schad, H.	2000	Verankerung von Verbauwänden und die rechnerische Simulation. Stahl-Informations-Zentrum (Hrsg.) Dokumentation 549: Stahlspundwände (3) - Planung und Anwendung. Düsseldorf
Schanz, T.	2006	Aktuelle Entwicklungen bei Standsicherheits- und Verformungsberechnungen in der Geotechnik — Numerik in der Geotechnik. Geotechnik, Heft 1
Schanz, T.	2000	Die numerische Behandlung von Stützwänden: Der Einfluss des Modellansatzes. Stahl-Informations-Zentrum (Hrsg.) Dokumentation 549: Stahlspundwände (3) - Planung und Anwendung. Düsseldorf
Schäfer, R.	2004	Auswirkung der Herstellungsmethode auf den Gebrauchszustand von Schlitzwänden in weichen bindigen Böden. Bautechnik 81 (2004) Heft 11, S 880-889
Scherle, M.	1977	Rohrvortrieb. Band I. Bauverlag. Wiesbaden.
Schwald, R., Schneider, H.	1992	Gesteuerte Absenkung eines offenen Zylinders. Vorträge der Baugrundtagung 1992 in Dresden. Deutsche Gesellschaft für Erd- und Grundbau e.V.
Schmidt, H.G.	1987	Der Bruchmechanismus von Zugpfählen. Bautechnik. Heft 6
Schmidt, H.G., Seitz, J.M.	1998	Grundbau. Betonkalender, Teil II. Verlag Ernst & Sohn. Berlin
Schmidt, H.H.	2006	Grundlagen der Geotechnik. Verlag Vieweg & Teubner. Braunschweig. Wiesbaden.
Schmidt-Vöcks, D.	2000	Einsatz von Stahlspundwänden für die Ufersicherungen bei der Erweiterung des Mittellandkanals unter Beachtung ökologischer Aspekte. Stahl-Informations-Zentrum (Hrsg.) Dokumentation 549: Stahlspundwände (3) - Planung und Anwendung. Düsseldorf

Schmitt, A.	1995	Rechnerische Behandlung der Dichtigkeit von Spundwandbauwerken. Stahl-Informations-Zentrum (Hrsg.) Dokumentation: Stahlspundwände (1) - Planung und Anwendung. Düsseldorf
Schneider, K.-J. (Hrsg.)	2009	Bautabellen für Ingenieure. 19. Auflage (und frühere Auflagen). Werner Verlag. Düsseldorf
Schnell, W.	1995	Verfahrenstechnik zur Sicherung von Baugruben. 2. Auflage. Teubner Verlag. Stuttgart
Scholz, B.	1999	Einkapselung eines teerölkontaminierten Geländes mit einer Dichtwand. Tiefbau Ingenieurbau Straßenbau. Heft 1
Schröder, B. (Hrsg.)	1966	Grundbautaschenbuch. Band 1. 2. Auflage. Verlag Ernst & Sohn. Berlin
Schultze, E.	1955	Vorlesung Grundbauwerke. Lehrstuhl für Verkehrswasserbau, Grundbau und Bodenmechanik, Technische Hochschule Aachen
Schultze, E.	1967	Vorlesung Bodenmechanik. 5.Ausgabe. Lehrstuhl für Verkehrswasserbau, Grundbau und Bodenmechanik, Technische Hochschule Aachen
Schultze, E.	1982	Standsicherheit von Böschungen. In: Grundbau-Taschenbuch. Teil 2. 3. Auflage. Verlag Ernst & Sohn. Berlin
Schulz, G.	1997	Die Spundwand als Gründungselement für Talbrücken. Stahl-Informations-Zentrum (Hrsg.) Dokumentation: Stahlspundwände (2) - Planung und Anwendung. Düsseldorf
Schulze, B., Brauns, J., Schwalm, I.	1991	Neuartiges Baustellen-Messgerät zur Bestimmung der Fließgrenze von Suspensionen. Geotechnik. Heft 3
Schulze, B.	1992	Injektionssohlen. Theoretische und experimentelle Untersuchungen zur Erhöhung der Zuverlässigkeit. Veröffentlichung des Instituts für Bodenmechanik und Felsmechanik. Universität Karlsruhe. Heft 126
Schulze, B., Kühling, G., Tax, M.	1992	Neue Zusatzmittel für feststoffreiche Feinstzement-Suspensionen. Bauingenieur. Heft 11
Schurr, E., Babendererde,S., Waninger, K.	1978	Aufgelöste Elementwand beim Stadtbahnbau in Stuttgart. Bauingenieur. S. 299
Siegmund, C.	2000	Die Direkte Gleitblock-Methode. Diplomarbeit (unveröffentlicht), FH Frankfurt am Main
Smoltczyk, U., Vogt, N.	2006	Entwurf, Berechnung und Bemessung in der Geotechnik. Teil 1:
Smoltczyk, U.	1992	Unterfangungen und Unterfahrungen. Grundbautaschenbuch. Teil 2. 4. Auflage. Verlag Ernst & Sohn. Berlin

Smoltczyk, U.	1993	Studienunterlagen Bodenmechanik und Grundbau. Verlag Paul Daxner. Stuttgart
Smoltczyk, U.	1996	Hat die europäische Normung in der deutschen Geotechnik eine Chance? Bautechnik. Heft 3
Smoltczyk, U. (Hrsg.)	2001	Grundbautaschenbuch, Teil 1. 6. Auflage. Verlag Ernst & Sohn. Berlin
Smoltczyk, U. (Hrsg.)	2001	Grundbautaschenbuch, Teil 2. 6. Auflage. Verlag Ernst & Sohn. Berlin
Smoltczyk, U. (Hrsg.)	2001	Grundbautaschenbuch, Teil 3. 6. Auflage. Verlag Ernst & Sohn. Berlin
Sommer, H., Wittman, P., Ripper, P.	1982	Tiefe Baugruben neben schwerer Bebauung im Frankfurter Ton. Bauingenieur. S. 335
Spencer, E.	1967	A method of analysis oft he stability of embanments assuming parallel inter-slice forces.
Starke, P.	1979	Erweiterte Nomogramme zur Trägerbohlwand- und Spundwandberechnung. Bautechnik. Heft 9
Stehn, H.-J.	1992	Einsatz von Beton-Schlitzwänden und Beton-Bohrpfahlwänden bei Kaimauern. Konferenzband Kaimauer-Workshop im Rahmen des Hafentages der SMM '92 am 30.9.92 in Hamburg
Stiegler, W.	1979	Baugrundlehre für Ingenieure. 5. Auflage. Werner Verlag Düsseldorf
Stötzer, E., Schwank, S.	1996	Suspensionsbehandlung - Suspensionsentsorgung. Vorträge der Baugrundtagung 1996 in Berlin. Deutsche Gesellschaft für Erd- und Grundbau e.V.
Stötzer, E., Schöpf, M., Schwank, S., Nakajima, Y.	1998	Tiefe runde Schächte - hergestellt im Schlitzwandverfahren. Vorträge der Baugrundtagung 1998 in Stuttgart. Deutsche Gesellschaft für Geotechnik e.V.
Stocker, M.	1976	Bodenvernagelung. Vorträge der Baugrundtagung 1976 in Nürnberg. Deutsche Gesellschaft für Erd- und Grundbau e.V.
Stocker, M., Gäßler, G.	1979	Ergebnisse von Großversuchen über eine neuartige Baugrubenwand-Vernagelung. Tiefbau Ingenieurbau Straßenbau. Heft 9
Stocker, M., Walz, B.	1992	Pfahlwände, Schlitzwände, Dichtwände. Grundbau-Taschenbuch. 4. Auflage. Teil 3. Verlag Ernst & Sohn. Berlin
Stockhammer, P., Baumann, V.	1976	Erfahrungen mit Abdichtungssohlen bei Baugruben im Grundwasser. Proc. Europ. Conf. SM Wien. Vol. 1.1
Suppelt, H.J.	1979	Leitungsgrabenbau - Verbaumethoden beim maschinellen Aushub. BMT. Heft 12

Széchy, K.	1963	Der Grundbau. Band 1. Springer Verlag, Wien, New York
Széchy, K.	1965	Der Grundbau. Band 2. Springer Verlag, Wien, New York
Tausch, N., Poremba, H.	1979	Herstellung von Sohldichtungen mittels Weichgelinjektionen. Geotechnik. Heft 4
Taylor, D.W.	1958	Fundamentals of Soil Mechanics. J. Wiley & Sons. New York.
Terzaghi, K., Jelinek, R.	1954	Theoretische Bodenmechanik. Springer Verlag. Berlin
Terzaghi, K., Peck, R.	1961	Die Bodenmechanik in der Baupraxis. Springer Verlag. Berlin
Triantafyllidis, T.	1997 / 1	Neue Erkenntnisse aus Messungen an tiefen Baugruben am Potsdamer Platz in Berlin. Beitrag zum 24. Tiefbaukolloquium der HOCHTIEF am 20.-21.3.1997 in Herdecke. Druckschrift der Brückner Grundbau GmbH
Triantafyllidis, T.	1997 / 2	Geomesstechnische Überwachung und Qualitätssicherung bei tiefen Baugruben am Beispiel des Potsdamer Platzes in Berlin. Interfels / Geomesstechnisches Seminar. Berlin. 21.5.1997. Druckschrift der Brückner Grundbau GmbH
Triantafyllidis, T.	2000	Ein einfaches Modell zur Abschätzungen von Setzungen bei der Herstellung von Rüttel-Injektionspfählen. Bautechnik 77 (2000) Heft 3 S.161-168
Triantafyllidis, T.	2003	Planung und Bauausführung im Spezialtiefbau. Teil 1: Schlitzwand- und Dichtwandtechnik. Verlag Ernst & Sohn. Berlin
Trott, M.	1997	Standsicherheitsberechnung von Böschungen nach der Direkten Gleitblock-Methode. Unveröffentlichte Diplomarbeit der FH Frankfurt am Main.
Türke, H.	1999	Statik im Erdbau. 3. Auflage. Verlag Ernst & Sohn. Berlin
Uffmann, H.-P.	1985	Bauausführung im Kanalbau. Tiefbau Ingenieurbau Straßenbau, Heft 12
Uffmann, H.-P.	1986	Fortentwicklung von Verbauverfahren für Rohrgräben. Tiefbau Ingenieurbau Straßenbau, Heft 8
Ugrinaj, O.	2004	Berechnung von Spundwandsystemen nach der DIN 1054: 2003-01. Unveröffentlichte Diplomarbeit der FH Frankfurt am Main
Ulrichs, K.R.	1979	Ergebnisse von Untersuchungen über Auswirkungen bei der Herstellung tiefer Baugruben. Tiefbau. Heft 9
Ulrichs, K.R.	1981	Untersuchungen über das Trag- und Verformungsverhalten verankerter Schlitzwände in rolligen Böden. Bautechnik. S. 124

Veder, C.	1975	Die Schlitzwandbauweise - Entwicklung, Gegenwart und Zukunft. Österreichische Ingenieur-Zeitschrift. Heft 8
Vogt, C.	1999	Experimentelle und numerische Untersuchungen zum Tragverhalten und zur Bemessung horizontaler Schraubanker. Institut für Geotechnik der Universität Stuttgart. Mitteilung 47
Vogt, N.	2003	Vertikales Gleichgewicht einer in den Suspensionsschlitz eingehängten Spundwand. Felsbau 21 (2003), Heft 5, S 18-25
Vogt, N., Schuppener,B., Weißenbach, A.	2006	Nachweisverfahren des EC 7-1 für geotechnische Bemessungen in Deutschland. Geotechnik, Heft 3, Bautechnik, Heft 9
Voth, B.	1977	Tiefbaupraxis, Band 1 bis 3, Bauverlag. Wiesbaden
Walter, L.	1991	Vibrationstechnik im Graben- und Baugrubenverbau. Tiefbau Berufsgenossenschaft. Heft 6
Walz, B., Pulsfort, M.	1983	Rechnerische Standsicherheit von suspensionsgestützten Erdwänden. Tiefbau Ingenieurbau Straßenbau. Hefte 1, 2
Waninger, K., Seitz, J.	1978	Aufgelöste Elementwand als Baugrubensicherung. TiefbauBG. Heft 1
Weiß, F.	1967	Die Standfestigkeit flüssigkeitsgestützer Erdwände. Bauingenieur-Praxis. Heft 70. Verlag Ernst & Sohn. Berlin
Weiß, F., Winter, K.	1985	Schlitzwände als Trag- und Dichtungswände. Band 1: Erläuterungen zu den Schlitzwandnormen DIN 4126, DIN 4127, DIN 18313. Beuth Verlag. Berlin
Weißenbach, A.	1962	Der Erdwiderstand vor schmalen Druckflächen. Bautechnik. Heft 6
Weißenbach, A.	1969	Berechnung von mehrfach gestützten Baugruben- Spundwänden und Trägerbohlwänden nach dem Traglastverfahren. Straße-Brücke-Tunnel, Hefte, 1,2,3,5. Verlag Ernst & Sohn. Berlin
Weißenbach, A., Gollup, P.	1995	Neue Erkenntnisse über mehrfach verankerte Ortbetonwände bei Baugruben in Sandboden mit tiefliegender Injektionssohle, hohem Wasserüberdruck und großer Bauwerkslast. Bautechnik. Heft 12
Weißenbach, A.	1998	Umsetzung des Teilsicherheitskonzepts im Erd- und Grundbau. Bautechnik. Heft 9
Weißenbach, A., Gudehus, G., Schuppener, B.	1999	Vorschläge zur Anwendung des Teilsicherheitskonzepts in der Geotechnik. Geotechnik. Sonderheft.

Weißenbach, A.	2001	Baugruben, Teil 3: Berechnungsverfahren. Verlag Ernst & Sohn. Berlin
Weißenbach, A.	2002	Empfehlungen des Arbeitskreises „Baugruben“ der Deutschen Gesellschaft für Geotechnik e.V. zu Baugruben in weichen Böden. Bautechnik, Heft 9
Weißenbach, A.	2002	Gelbdruck DIN 1054 „Sicherheitsnachweise im Erd- und Grundbau. Bauingenieur, Heft 4
Weißenbach, A.	2003	Berechnung von Baugrubenwänden nach der neuen DIN 1054. Bautechnik. Heft 12
Weißenbach, A.	2003	Empfehlungen des Arbeitskreises „Baugruben" der DGGT zur Anwendung des Bettungsmodulverfahrens und der Finite-Elemente-Methode. Bautechnik, Heft 2
Weißenbach, A:	2007	Kommentar zu DIN 1054. Verlag Emst & Sohn. Berlin
Weißenbach, A. Gudehus, G.	2004	Die neue DIN 1054: 2003-01. Vorträge der Baugrundtagung 2004 in Leipzig. Deutsche Gesellschaft für Geotechnik e.V.
Weißenbach, A. Hettler, A.	2011	Baugruben. Berechnungsverfahren. 2. Auflage. Verlag Emst & Sohn. Berlin
Werner, H.	1988	Computergestützte Berechnung von Baugrubenumschließungswänden. Bautechnik. Heft 11
Wetzel, O. W.	2004	Wendehorst Bautechnische Zahlentafeln. 31. Auflage. Teubner Verlag
Wetzel, O.W. (Hrsg.)	2007	Wendehorst . Beispiele aus der Baupraxis. Teubner Verlag
Wichter, L.	2000	Verankerungen und Vernagelungen im Grundbau. Verlag Ernst & Sohn
Wiechers, H.	1979	Messprogramm zur Erfassung von umweltbeeinträchtigenden Auswirkungen von tiefen Baugruben. Tiefbau. Heft 79
Wieners, A.	1995	Vermeidung und Eingrenzung von Umweltschäden durch dauerhafte Einkapselung kontaminierter Bereiche mit Stahlspundbohlen. Stahl- Informations-Zentrum (Hrsg.) Dokumentation: Stahlspundwände (1) - Planung und Anwendung. Düsseldorf
Wind, H., Wieners, A.	1997	Stahlspundwände - Entwicklung und Anwendung. Stahl-Informations-Zentrum (Hrsg.) Dokumentation: Stahlspundwände (2) - Planung und Anwendung. Düsseldorf
Witt, K.J. (Hrsg.)	2008	Grundbau-Taschenbuch, Teil 1: Geotechnische Grundlagen. 7. Auflage. Verlag Ernst & Sohn. Berlin
Witt, K.J. (Hrsg.)	2009	Grundbau-Taschenbuch, Teil 2: Geotechnische Verfahren. 7. Auflage Verlag Ernst & Sohn. Berlin

Wittke, K.-H.	1998	Stand und Entwicklung der Geotechnik in Deutschland. Geotechnik-Sonderdruck anlässlich der Baugrundtagung in Stuttgart
Ziegler, M.	2005	Geotechnische Nachweise nach DIN 1054. Einführung in Beispielen. Verlag Ernst & Sohn. Berlin

Anhang C: Normenverzeichnis

(E = Entwurf, V = Vornorm)

DIN	Teil	Ausgabe	Titel
1026-1		09.2009	Warmgewalzter U-Profilstahl – Teil 1: Warmgewalzter U-Profilstahl mit geneigten Flanschflächen; Maße, Masse und statische Werte
(1045-1) zurückgezogen		08.2008	Tragwerke aus Beton, Stahlbeton und Spannbeton - Teil 1: Bemessung und Konstruktion (Berichtigung 2, Ausgabe 2003-06)
(1045-1) zurückgezogen		08.2008	Tragwerke aus Beton, Stahlbeton und Spannbeton - Teil 1: Bemessung und Konstruktion (Berichtigung 2, Ausgabe 2003-06)
1052	10	05.2012	Herstellung und Ausführung von Holzbauwerken - Teil 10: Ergänzende Bestimmungen zu DIN EN 1995-1 und DIN EN 1995-1/ NA
(1052) zurückgezogen	B1	05.2010	Berichtigung 1 zu DIN 1052: 2008-12
(1054) zurückgezogen		01.2005	Baugrund - Sicherheitsnachweise im Erd- und Grundbau
(1054) zurückgezogen	A1	07.2009	Baugrund - Sicherheitsnachweise im Erd- und Grundbau; Änderung 1
(1054) zurückgezogen	B1	04.2005	Berichtigung 1 zu DIN 1054
(1054) zurückgezogen	B2	04.2007	Berichtigung 2 zu DIN 1054
(1054) zurückgezogen	B3	01.2008	Berichtigung 3 zu DIN 1054
(1054) zurückgezogen	B3	10.2008	Berichtigung 4 zu DIN 1054

DIN	Teil	Ausgabe	Titel
1054		12.2010	Baugrund - Sicherheitsnachweise im Erd- und Grundbau - Ergänzende Regelungen zu DIN EN 1997-1 und DIN EN 1997-1/ NA
1054	A1	08.2012	Baugrund - Sicherheitsnachweise im Erd- und Grundbau; Änderung 1
1054	A2	11.2015	Baugrund - Sicherheitsnachweise im Erd- und Grundbau; Änderung 2
(1055) zurückgezogen	T1	06.2002	Einwirkungen auf Tragwerke, Teil 1: Wichten und Flächenlasten von Baustoffen, Bauteilen und Lagerstoffen. Reverenznorm ENV 1991-1: 1994
1055	T2	11.2010	Einwirkungen auf Tragwerke, Teil 2: Bodenkenngrößen
(1080) zurückgezogen	T1	06.1976	Begriffe, Formelzeichen und Einheiten im Bauingenieurwesen; Grundlagen
(1080) zurückgezogen	T6	03.1980	Begriffe, Formelzeichen und Einheiten im Bauingenieurwesen; Bodenmechanik und Grundbau
4030	T1	06.2008	Beurteilung betonangreifender Wässer, Böden und Gase, Teil 1; Grundlagen und Grenzwerte
4030	T2	06.2008	Beurteilung betonangreifender Wässer, Böden und Gase, Teil 2; Entnahme und Analyse von Wasser- und Bodenproben
4074	T1	06.2012	Sortierung von Holz nach der Tragfähigkeit – Teil 1: Nadelschnittholz
4084		01.2009	Baugrund; Geländebruchberechnungen
4084	Beibl. 1	07.2012	Baugrund; Geländebruchberechnungen; berechnungsbeispiele
4093		11.2015	Bemessung von verfestigten Bodenkörpern - Hergestellt mit Düsenstrahl-, Deep-Mixing- oder Injektions-Verfahren

DIN	Teil	Ausgabe	Titel
4107	T2	03.2011	Geotechnische Messungen - Teil 2: Extensometer- und Konvergenzmessungen
4123		04.2013	Ausschachtungen, Gründungen und Unterfangungen im Bereich bestehender Gebäude
4124		01.2012	Baugruben und Gräben - Böschungen, Verbau, Arbeitsraumbreiten
4126		09.2013	Nachweis der Standsicherheit von Schlitzwänden
4126	Beiblatt 1	09.2013	Nachweis der Standsicherheit von Schlitzwänden - Erläuterungen
4127		02.2014	Erd- und Grundbau: Schlitzwandtone für stützende Flüssigkeiten; Anforderungen, Prüfverfahren, Lieferung, Güteüberwachung
18300		09.2016	VOB Vergabe- und Vertragsordnung für Bauleistungen – Teil C: Allgemeine Technische Vertragsbedingungen für Bauleistungen (ATV) - Erdarbeiten
18301		09.2016	VOB Vergabe- und Vertragsordnung für Bauleistungen – Teil C: Allgemeine Technische Vertragsbedingungen für Bauleistungen (ATV) - Bohrarbeiten
18303		09.2016	VOB Vergabe- und Vertragsordnung für Bauleistungen – Teil C: Allgemeine Technische Vertragsbedingungen für Bauleistungen (ATV) - Verbauarbeiten
18304		09.2016	VOB Vergabe- und Vertragsordnung für Bauleistungen – Teil C: Allgemeine Technische Vertragsbedingungen für Bauleistungen (ATV) - Ramm-, Rüttel- und Verpressarbeiten
18309		09.2016	VOB Vergabe- und Vertragsordnung für Bauleistungen – Teil C: Allgemeine Technische Vertragsbedingungen für Bauleistungen (ATV) – Einpressarbeiten

DIN	Teil	Ausgabe	Titel
18313		09.2019	VOB Vergabe- und Vertragsordnung für Bauleistungen – Teil C: Allgemeine Technische Vertragsbedingungen für Bauleistungen (ATV) – Schlitzwandarbeiten mit stützenden Flüssigkeiten
18537		05.2010	Anwendungsdokument zu DIN EN 1537:2001-01, Ausführung von besonderen geotechnischen Arbeiten (Spezialtiefbau) - Verpressanker
18551		08.2014	Spritzbeton - Nationale Anwendungsregeln zur Reihe DIN EN 14487 und Regeln für die Bemessung von Spritzbetonkonstruktionen
18800 (zurückgezogen)	T1	11.2008	Stahlbauten; Bemessung und Konstruktion
18800 (zurückgezogen)	T2	11.2008	Stahlbauten; Stabilitätsfälle: Knicken von Stäben und Stabwerken
18800 (zurückgezogen)	T3	11.2008	Stahlbauten, Stabilitätsfälle: Plattenbeulen
18801 (zurückgezogen)		09.1983	Stahlhochbau; Bemessung, Konstruktion, Herstellung
20301		01.1999	Gesteinsbohrtechnik - Begriffe, Einheiten, Formelzeichen
20302		02.1974	Gesteinsbohreinrichtungen; Begriffe
21521	T1	07.1990	Gebirgsanker für den Bergbau und den Tunnelbau; Begriffe
EN 206		07.2014	Beton - Teil 1: Festlegung, Eigenschaften, Herstellung und Konformität; Deutsche Fassung EN 206-1:2013
EN 338		07.2016	Bauholz für tragende Zwecke - Festigkeitsklassen; Deutsche Fassung EN 338:2016 Ausgabedatum: 2016-07-00

DIN	Teil	Ausgabe	Titel
EN 384		09.2013	Bauholz für tragende Zwecke - Bestimmung charakteristischer Werte für mechanische Eigenschaften und Rohdichte; Deutsche Fassung prEN 384:2013
EN 1990		12.2010	Eurocode 0: Grundlagen der Tragwerksplanung; Deutsche Fassung EN 1990:2002 + A1:2005 + A1:2005/AC:2010
EN 1536		10.2015	Ausführung von besonderen geotechnischen Arbeiten (Spezialtiefbau) - Bohrpfähle; Deutsche Fassung EN 1536:2010 + A1:2015
EN 1538		10.2015	Ausführung von besonderen geotechnischen Arbeiten (Spezialtiefbau) – Schlitzwände; Deutsche Fassung EN 1538 : 2010 + A1: 2015
EN 1610		12.2015	Verlegung und Prüfung von Abwasserleitungen und -kanälen, Deutsche Fassung EN 1610: 2015
EN 1610	Berichtigung 1	09.2016	Verlegung und Prüfung von Abwasserleitungen und -kanälen, Deutsche Fassung EN 1610: 2015; Berichtigung zu DIN EN 1610:2015-12
EN 1990		12.2010	Eurocode 0: Grundlagen der Tragwerksplanung; Deutsche Fassung EN 1990:2002 + A1:2005 + A1:2005/AC:2010
EN 1990	NA	12.2010	Nationaler Anhang - National festgelegte Parameter – Eurocode 0: Grundlagen der Tragwerksplanung
EN 1990	NA/ A1	08.2012	Nationaler Anhang - National festgelegte Parameter – Eurocode 0: Grundlagen der Tragwerksplanung; Änderung A1
EN 1991	T1	12.2010	Eurocode 1: Einwirkungen auf Tragwerke - Teil 1-1: Allgemeine Einwirkungen auf Tragwerke - Wichten, Eigengewicht und Nutzlasten im Hochbau; Deutsche Fassung EN 1991-1-1:2002 + AC:2009

DIN	Teil	Ausgabe	Titel
EN 1991	T1/ NA	12.2010	Nationaler Anhang - National festgelegte Parameter - Eurocode 1: Einwirkungen auf Tragwerke - Teil 1-1: Allgemeine Einwirkungen auf Tragwerke - Wichten, Eigengewicht und Nutzlasten im Hochbau
EN 1991	T1-1/ NA/ A1	05.2015	Nationaler Anhang - National festgelegte Parameter - Eurocode 1: Einwirkungen auf Tragwerke - Teil 1-1: Allgemeine Einwirkungen auf Tragwerke - Wichten, Eigengewicht und Nutzlasten im Hochbau¸ Änderung A1
EN 1992	T1-1	01.2011	Eurocode 2: Bemessung und Konstruktion von Stahlbeton- und Spannbetontragwerken - Teil 1-1: Allgemeine Bemessungsregeln und Regeln für den Hochbau; Deutsche Fassung EN 1992-1-1:2004 + AC:2010
EN 1992	T1-1/ NA	04.2013	Nationaler Anhang - National festgelegte Parameter - Eurocode 2: Bemessung und Konstruktion von Stahlbeton- und Spannbetontragwerken - Teil 1-1: Allgemeine Bemessungsregeln und Regeln für den Hochbau
EN 1992	T1-1/ NA/ A1	12.2015	Nationaler Anhang - National festgelegte Parameter - Eurocode 2: Bemessung und Konstruktion von Stahlbeton- und Spannbetontragwerken - Teil 1-1: Allgemeine Bemessungsregeln und Regeln für den Hochbau; Änderung A1
EN 1993	T1-1	07.2007	Eurocode 3: Bemessung und Konstruktion von Stahlbauten - Teil 1-1: Allgemeine Bemessungsregeln und Regeln für den Hochbau; Deutsche Fassung EN 1993-1-1:2005 + AC:2009
EN 1993	T1-1/ NA	08.2015	Nationaler Anhang - National festgelegte Parameter - Eurocode 3: Bemessung und Konstruktion von Stahlbauten - Teil 1-1: Allgemeine Bemessungsregeln und Regeln für den Hochbau

DIN	Teil	Ausgabe	Titel
EN 1993	T1-1/ NA/A1	07.2014	Nationaler Anhang - National festgelegte Parameter - Eurocode 3: Bemessung und Konstruktion von Stahlbauten - Teil 1-1: Allgemeine Bemessungsregeln und Regeln für den Hochbau
EN 1994	T1-1	12.2010	Eurocode 4: Bemessung und Konstruktion von Verbundtragwerken aus Stahl und Beton - Teil 1-1: Allgemeine Bemessungsregeln und Anwendungsregeln für den Hochbau; Deutsche Fassung EN 1994-1-1:2004 + AC:2009
EN 1994	T1-1/ NA	12.2010	Nationaler Anhang - National festgelegte Parameter - Eurocode 4: Bemessung und Konstruktion von Verbundtragwerken aus Stahl und Beton - Teil 1-1: Allgemeine Bemessungsregeln und Anwendungsregeln für den Hochbau
EN 1995	T1-1	12.2010	Eurocode 5: Bemessung und Konstruktion von Holzbauten – Teil 1-1: Allgemeines – Allgemeine Regeln und Regeln für den Hochbau; Deutsche Fassung EN 1995-1-1:2004 + AC:2006 + A1:2008
EN 1995	T1-1/ NA	08.2013	Nationaler Anhang – National festgelegte Parameter – Eurocode 5: Bemessung und Konstruktion von Holzbauten – Teil 1-1: Allgemeines – Allgemeine Regeln und Regeln für den Hochbau
EN 1996	T1-1	02.2013	Eurocode 6: Bemessung und Konstruktion von Mauerwerksbauten - Teil 1-1: Allgemeine Regeln für bewehrtes und unbewehrtes Mauerwerk; Deutsche Fassung EN 1996-1-1:2005 + AC:2009
EN 1996	T1-1/ NA	05.2012	Nationaler Anhang - National festgelegte Parameter - Eurocode 6: Bemessung und Konstruktion von Mauerwerksbauten - Teil 1-1: Allgemeine Regeln für bewehrtes und unbewehrtes Mauerwerk

DIN	Teil	Ausgabe	Titel
EN 1997	T1	03.2014	Eurocode 7: Entwurf, Berechnung und Bemessung in der Geotechnik - Teil 1: Allgemeine Regeln; Deutsche Fassung EN 1997-1:2004 + AC:2009
EN 1997	T1/NA	12.2010	Nationaler Anhang – National festgelegte Parameter - Eurocode 7: Entwurf, Berechnung und Bemessung in der Geotechnik - Teil 1: Allgemeine Regeln; Deutsche Fassung EN 1997-1: 2004
EN 10248	T1	05.2006	Warmgewalzte Spundbohlen aus unlegierten Stählen – Teil 1: Technische Lieferbedingungen; Deutsche Fassung EN 10248-1: 2006
EN 10248	T2	05.2006	Warmgewalzte Spundbohlen aus unlegierten Stählen - Teil 2: Grenzabmaße und Formtoleranzen; Deutsche Fassung EN 10248-2: 2006
EN 10249	T1	05.2006	Kaltgeformte Spundbohlen aus unlegierten Stählen - Teil 1: Technische Lieferbedingungen; Deutsche Fassung EN 10249-1: 2006
EN 10249	T2	05.2006	Kaltgeformte Spundbohlen aus unlegierten Stählen – Teil 2: Grenzabmaße und Formtoleranzen; Deutsche Fassung EN 10249-2: 2006
EN 12063		05.1999	Ausführung von besonderen geotechnischen Arbeiten (Spezialtiefbau) - Spundwandkonstruktionen; Deutsche Fassung EN 12063:1999
EN 12699		07.2015	Ausführung von besonderen geotechnischen Arbeiten (Spezialtiefbau) – Verdrängungspfähle; Deutsche Fassung EN 12699: 2015
EN 12715		10.2000	Ausführung von besonderen geotechnischen Arbeiten (Spezialtiefbau) – Injektionen; Deutsche Fassung EN 12715: 2000

DIN	Teil	Ausgabe	Titel
EN 12716		12.2001	Ausführung von besonderen geotechnischen Arbeiten (Spezialtiefbau) – Düsenstrahlverfahren (Hochdruckinjektion, Hochdruckbodenvermörtelung, Jetting): Deutsche Fassung EN 12716: 2001
EN 13 331	T1	11.2002	Grabenverbaugeräte – Teil 1: Produktfestlegungen; Deutsche Fassung EN 13331-1: 2002
EN 13 331	T2	11.2002	Grabenverbaugeräte – Teil 2: Nachweis durch Berechnung oder Prüfung; Deutsche Fassung EN 13331-2: 2002
EN 14487	T1	03.2006	Spritzbeton - Teil 1: Begriffe, Festlegungen und Konformität; Deutsche Fassung EN 14487-1:2005
EN 14487	T2	01.2007	Spritzbeton - Teil 2: Ausführung; Deutsche Fassung EN 14487-2:2006
EN 14487	T3	09.2006	Prüfung von Spritzbeton - Teil 3: Biegefestigkeiten (Erstriss-, Biegezug- und Restfestigkeit) von faserverstärkten balkenförmigen Betonprüfkörpern; Deutsche Fassung EN 14488-3:2006
SPEC 18140		02.2012	Ergänzende Festlegungen zu DIN EN 1536:2010-12, Ausführung von Arbeiten im Spezialtiefbau - Bohrpfähle
SPEC 18187		08.2015	Ergänzende Festlegungen zu DIN EN 12715:2000-10, Ausführung von besonderen geotechnischen Arbeiten (Spezialtiefbau) - Injektionen
SPEC 18537		09.2016	Ergänzende Festlegungen zu DIN EN 1537:2014-07, Ausführung von Arbeiten im Spezialtiefbau - Verpressanker
SPEC 18538		02.2012	Ergänzende Festlegungen zu DIN EN 12699:2001-05, Ausführung spezieller geotechnischer Arbeiten (Spezialtiefbau) - Verdrängungspfähle Ausgabedatum: 2012-02-00

Handbuch Eurocode 0 – Grundlagen der Tragwerksplanung		11.2011	**Vom DIN konsolidierte Fassung**
Handbuch Eurocode 1 - Einwirkungen	Band 1	06.2013	**Band 1: Grundlagen, Nutz- und Eigenlasten, Brandeinwirkungen, Schnee-, Wind-, Temperaturlasten - Vom DIN konsolidierte Fassung**
Handbuch Eurocode 2 - Betonbau	Band 1	07.2012	**Band 1: Allgemeine Regeln - Vom DIN konsolidierte Fassung**
Handbuch Eurocode 3 - Stahlbau	Band 2	03.2012	**Band 2:** Der zweite Teil stellt folgende Teile von Eurocode 3 zur Bemessung und Konstruktion von Stahlbauten im konsolidierten Originaltext bereit: **- Vom DIN konsolidierte Fassung**
Handbuch Eurocode 7 – Geotechnische Bemessung	Band 1	12.2015	**Band 1: Allgemeine Regeln - Vom DIN autorisierte konsolidierte Fassung**
Handbuch Eurocode 7 – Geotechnische Bemessung	Band 2	06.2011	**Band 2: Erkundung und Untersuchung - Vom DIN autorisierte konsolidierte Fassung**

Anmerkungen:

1. Die angegebenen Normen entsprechen dem Entwicklungsstand beim Abschluss der Manuskriptbearbeitung dieses Teils der Buchreihe. Maßgebend sind die jeweils neuesten Ausgaben der Normblätter des Deutschen Instituts für Normung e.V. (DIN).

2. Weitere Normen: siehe Dörken/Dehne/ Kliesch, Grundbau in Beispielen, Teil 1 und Teil 2, die ebenfalls dem Entwicklungsstand beim Abschluss der Manuskriptbearbeitung dieser Teile der Buchreihe entsprechen.

Anhang D: Empfehlungen, sonstige Regelwerke

Regelwerk	Verlag	Ausgabe	Titel
DWA-M542 (Entwurf)	Deutsche Vereinigung für Wasserwirtschaft	2015	Nachweiskonzept mit Teilsicherheitsbeiwerten für Staudämme und Staumauern
EAB	Ernst & Sohn, Berlin	2012	Empfehlungen des Arbeitskreises “Baugruben”– EAB der Deutschen Gesellschaft für Geotechnik e. V. (DGGT), 5. Auflage
EAB	Ernst & Sohn, Berlin	1994	Empfehlungen des Arbeitskreises “Baugruben”– EAB der Deutschen Gesellschaft für Geotechnik e. V. (DGGT), 3. Auflage
EANG	Ernst & Sohn, Berlin	2014	Empfehlungen des Arbeitskreises "Numerik in der Geotechnik"
EAU	Ernst & Sohn, Berlin	2012	Empfehlungen des Arbeitsausschuss „Ufereinfassungen“ der Hafenbautechnischen Gesellschaft e. V. und der Deutschen Gesellschaft für Geotechnik e. V. (Hrsg.), 11. Auflage
EAG-GTD	Ernst & Sohn, Berlin	2002	Empfehlungen zur Anwendung geosynthetischer Tondichtungsbahnen
EBGEO	Ernst & Sohn, Berlin	2010	Empfehlungen für den Entwurf und die Berechnung von Erdkörpern mit Bewehrungen aus Geokunststoffen, 2. Auflage
EBSB	Die Bautechnik, Heft 12	1962	Empfehlungen für den Bau und die Sicherung von Böschungen (EBSB). Arbeitskreis 8 a der Deutschen Gesellschaft für Erd- und Grundbau
EVB	Deutsche Gesellschaft für Geotechnik (Hrsg.)	1993	Verformungen des Baugrunds bei baulichen Anlagen
MSD	Bundesanstalt für Wasserbau	2011	Merkblatt Standsicherheit von Dämmen an Bundeswasserstraßen.

Regelwerk	Verlag	Ausgabe	Titel
MSD, Ergänzung	Bundesanstalt für Wasserbau	2012	Standsicherheit von Dämmen an Bundeswasserstraßen (MSD) - Ergänzende Hinweise zur Berechnung der Dammdurchströmung im Bereich von Bauwerken nach MSD
Richtlinie 836 (RiL 836)	Deutsche Bahn AG	2008	Erdbauwerke planen, bauen und instand halten
	VGE-Verlag	2006	Aktuelle Entwicklungen bei Standsicherheits- und Verformungsberechnungen in der Geotechnik, Abschnitt 4 (Geotechnik 1/2006)
	VGE-Verlag		Baugruben, Abschnitt 3 (Geotechnik 1/2002)
	Grundbauinstitut der TU Berlin	2002	Empfehlungen des Arbeitskreises „Baugrunddynamik"
	Deutsche Gesellschaft für Geotechnik (Hrsg.)	1989	Empfehlungen für die Anlage und Ausbildung von Bermen, S. 225
	VGE-Verlag	1996	Empfehlungen zum Einsatz von Mess- und Überwachungssystemen für Hänge, Böschungen und Stützbauwerke (Geotechnik 2/1996)
	VGE-Verlag	1997	Empfehlungen zum Erkennen und Erfassen von Rutschungen (Geotechnik 4/1997)
	Deutsche Gesellschaft für Geotechnik (Hrsg.)		Merkblatt für die Herstellung, Bemessung und Qualitätssicherung von Stabilisierungssäulen zur Untergrundverbesserung Teil 1 - CSV-Verfahren
	Deutsche Gesellschaft für Geotechnik (Hrsg.)	1993	Vorläufiges Merkblatt für Einpressarbeiten mit Feinstbindemitteln in Lockergestein (Sonderdruck aus BAUTECHNIK 70/1993)
	VGE-Verlag	2002	Musterlösung und Parameterstudie für dreifach verankerte Baugrube (Geotechnik 2/2002)

Anmerkung: Die in diesem Buch angegebenen Empfehlungen, Vorschriften und Merkblätter entsprechen dem Entwicklungsstand bei Abschluss der Manuskriptbearbeitung dieses Buchs. Maßgebend sind die jeweils neuesten Ausgaben der Regelwerke der angegebenen Verlage.

Anhang E: Firmenverzeichnis

Bereits für die vorangegangenen Auflagen haben wir von folgenden Firmen / Gesellschaften Informationsschriften, Handbücher und weitere Unterlagen sowie die Abdruckgenehmigungen erhalten. Hierfür möchten wir uns an dieser Stelle nochmals recht herzlich bedanken.

Bauer Spezialtiefbau GmbH

Brückner Grundbau GmbH

Emunds & Staudinger GmbH

Franki Grundbau GmbH

Hochtief AG

Implenia Spezialtiefbau GmbH (ehemals: Bilfinger Spezialtiefbau GmbH)

Krings Verbau GmbH

HSP Hoesch Spundwand und Profil GmbH

Keller Grundbau GmbH

Krupp GfT Gesellschaft für Anlagen-, Bau- und Gleistechnik mbH
Geschäftsbereich Bautechnik

Philipp Holzmann Aktiengesellschaft

ProfilARBED / ISPC Luxemburg
Vertrieb und Beratung in Deutschland:
Krupp GfT Gesellschaft für Anlagen-, Bau- und Gleistechnik mbH

Stahl-Informations-Zentrum

TESPA (Technical European Sheet Piling Association)
über: HSP Hoesch Spundwand und Profil GmbH

Anhang F: Lösungen

1 Baugruben und Gräben - Bauverfahren

1.16.1 Senkrechter Grabenverbau: Rechteckfigur, Erhöhung der Steifenlast um 20%. (2) Einfach gestützte / verankerte Trägerbohlwand: Rechteckfigur bis zur Baugrubensohle, Erhöhung der Stützkraft / Ankerkraft nach Abschnitt 2.1.4.4, (3) Einfach gestützte / verankerte Baugrubenspundwand: Rechteckfigur bis zum Belastungsnullpunkt, Erhöhung der Stützkraft / Ankerkraft nach Abschnitt 2.

1.16.2 5...10, (2) Ton, (3) Montmorillonit, (4) Suspension, (5) thixotrope, (6) Stützflüssigkeit, (7) Dickflüssigkeit.

1.16.3 1,16 m.

1.16.4 Die aufnehmbare Druckkraft hängt von der Knicklänge ab.

1.16.5 Bei der Trägerbohlwand wird ein Teil der Last über das Erdauflager abgetragen.

1.16.6 16,4 m³ / m.

1.16.7 Siehe diesbezügliche Skizzen in Abschnitt 1.2.

1.16.8 Siehe Scher-Verschiebungsdiagramm in Dörken / Dehne Teil 1, Abschnitt 4.9.

1.16.9 Siehe Abschnitt 1.6.

2 Tief gegründete Stützwände - Nachweise

2.6.1 $t \approx 2{,}1$ m, max $M \approx 36$ kNm / m.

2.6.2 Da der Erddruck bei einer bleibenden Spundwand nicht umgelagert wird, ist im Bereich der Sohle eine "versteckte Sicherheit" vorhanden.

2.6.3 Bei der nicht gestützten Spundwand und bei der verankerten, eingespannten Wand ist ein Zuschlag zur errechneten Einbindetiefe deshalb nötig, weil die Ersatzkraft C im Schwerpunkt der Erddruck-/ Erdwiderstandsfigur angreift, die Unterkante dieser Figur aber tiefer liegt. Bei der verankerten, frei aufgelagerten Spundwand ist zwar keine Ersatzkraft erforderlich. Hier wird die geringfügige Vergrößerung aus Sicherheitsgründen wegen evtl. Ungenauigkeiten bei der rechnerischen Erfassung vorgenommen.

2.6.4 0,34 m.

2.6.5 $t \approx 4{,}2$ m, max $M \approx 90$ kNm / m.

2.6.6 a) $u = 0{,}21$ m, b) $u = 0{,}32$ m.

2.6.7 a) Anker verlängern, b) Anker neigen.

3 Verankerungen

3.4.1 $t \approx 2{,}1$ m, max $M \approx 36$ kNm / m.

3.4.2 Da der Erddruck bei einer bleibenden Spundwand nicht umgelagert wird, ist im Bereich der Sohle eine "versteckte Sicherheit" vorhanden.

3.4.3 Bei der nicht gestützten Spundwand und bei der verankerten, eingespannten Wand ist ein Zuschlag zur errechneten Einbindetiefe deshalb nötig, weil die Ersatzkraft C im Schwerpunkt der Erddruck-/ Erdwiderstandsfigur angreift, die Unterkante dieser Figur aber tiefer liegt. Bei der verankerten, frei aufgelagerten Spundwand ist zwar keine Ersatzkraft erforderlich. Hier wird die geringfügige Vergrößerung aus Sicherheitsgründen wegen evtl. Ungenauigkeiten bei der rechnerischen Erfassung vorgenommen.

3.4.4 0,34 m.

3.4.5 $t \approx 4{,}2$ m, max $M \approx 90$ kNm / m.

3.4.6 a) $u = 0{,}21$ m, b) $u = 0{,}32$ m.

3.4.7 a) Anker verlängern, b) Anker neigen.

3.4.8 (1) Ankerkopf, (2) Stahlzugglied, (3) Verpresskörper, (4) Krafteinleitungslänge.

3.4.9 Siehe Abschnitt 3.1.3.

3.4.10 a) $t \approx 6{,}2$ m, max $M \approx 480$ kNm / m, b) $t \approx 2{,}75$ m, max $M \approx 144$ kNm / m, $A \approx 64$ kN/m, c) $t \approx 4{,}8$ m, max $M \approx 96$ kNm / m, $A \approx 52$ kN / m.

3.4.11 Eine "versteckte" Sicherheit liegt darin, dass der Erddruck an der Sohle nicht umgelagert wird und dadurch größer als in Wirklichkeit ist.

4 Böschungs- und Geländebruch

4.7.1 $\beta = \varphi$, b) $\beta > \varphi$ (wegen scheinbarer Kohäsion), c) $\beta = \varphi$.

4.7.2 Bei nichtbindigem Boden: nein. Bei bindigem Boden: ja.

4.7.3 Die Auflast wird in die Ersatzhöhe $\Delta h = p / \gamma$ umgerechnet. Dann geht man mit $h + \Delta h$ in das Diagramm.

4.7.4 homogener Boden, b) keine Strömungskraft (sie kann nur überschläglich nach Abschnitt 4.2.1.1 berücksichtigt werden), c) Kohäsion muss gegeben sein.

4.7.5 53°.

4.7.6 a) 30°, b) $c_s \approx 4$ kN / m².

4.7.7 28°.

Anhang G: Register

H

I

J

K

Anhang H: Berechnungsbeispiele (Übersicht)

1 Baugruben und Gräben – Bauverfahren

2 Tief gegründete Stützwände - Nachweise

3 Verankerungen

4 Böschungs- und Geländebruch